全国普通高等中医药院校药学类专业第三轮规划教材

药用植物学（第3版）

（供中药学、药学类等专业用）

主　审　万德光

主　编　严铸云　黄必胜　郭庆梅

副主编　王祥培　刘湘丹　陈　莹　许　亮　孙稚颖　宋军娜

编　者　（以姓氏笔画为序）

王光志（成都中医药大学）	王圆圆（甘肃中医药大学）
王祥培（贵州民族大学）	任广喜（北京中医药大学）
刘湘丹（湖南中医药大学）	许　亮（辽宁中医药大学）
孙稚颖（山东中医药大学）	严铸云（成都中医药大学）
严寒静（广东药科大学）	李　骁（内蒙古医科大学）
李国栋（云南中医药大学）	吴廷娟（河南中医药大学）
余　坤（湖北中医药大学）	宋军娜（河北中医药大学）
沈昱翔（安顺学院）	张　坚（天津中医药大学）
张　瑜（南京中医药大学）	张天柱（长春中医药大学）
张新慧（宁夏医科大学）	陈　莹（陕西中医药大学）
庞　蕾（西南大学）	赵玉姣（安徽中医药大学）
袁王俊（河南大学）	郭庆梅（山东中医药大学）
黄必胜（湖北中医药大学）	童　毅（广州中医药大学）

中国健康传媒集团

中国医药科技出版社

内 容 提 要

本教材为"全国普通高等中医药院校药学类专业第三轮规划教材"之一,根据本套教材编写指导思想,以及培养中医药继承和创新能力的需求,结合《中国药典》(2020 年版)和相关执业考试等编写而成。全书共分 10 章,包括药用植物的器官形态结构与发育、药用植物的鉴定分类、药用植物成药机制与生产调控,以及药用植物资源开发利用与保护等内容。本书为书网融合教材,即纸质教材有机融合数字化资源,便教易学。

本教材编写顺应当前生命科学新发展发展和"药用植物学"教学改革,实用性强,主要供高等中医药院校中药学类、药学类等专业教学使用,也可作为医药行业考试与培训的参考用书。

图书在版编目(CIP)数据

药用植物学/严铸云,黄必胜,郭庆梅主编. —3 版. —北京:中国医药科技出版社,2024.1

全国普通高等中医药院校药学类专业第三轮规划教材

ISBN 978 – 7 – 5214 – 3982 – 3

Ⅰ.①药… Ⅱ.①严… ②黄… ③郭… Ⅲ.①药用植物学 – 中医学院 – 教材 Ⅳ.①Q949.95

中国国家版本馆 CIP 数据核字(2023)第 140214 号

美术编辑 陈君杞

版式设计 友全图文

出版 **中国健康传媒集团** | 中国医药科技出版社

地址 北京市海淀区文慧园北路甲 22 号

邮编 100082

电话 发行:010 – 62227427 邮购:010 – 62236938

网址 www.cmstp.com

规格 889mm × 1194mm $^1/_{16}$

印张 21 $^1/_4$

字数 612 千字

初版 2015 年 1 月第 1 版

版次 2024 年 1 月第 3 版

印次 2024 年 1 月第 1 次印刷

印刷 北京金康利印刷有限公司

经销 全国各地新华书店

书号 ISBN 978 – 7 – 5214 – 3982 – 3

定价 68.00 元

版权所有 盗版必究

举报电话:010 – 62228771

本社图书如存在印装质量问题请与本社联系调换

获取新书信息、投稿、为图书纠错,请扫码联系我们。

出版说明

"全国普通高等中医药院校药学类专业第二轮规划教材"于2018年8月由中国医药科技出版社出版并面向全国发行，自出版以来得到了各院校的广泛好评。为了更好地贯彻落实《中共中央　国务院关于促进中医药传承创新发展的意见》和全国中医药大会、新时代全国高等学校本科教育工作会议精神，落实国务院办公厅印发的《关于加快中医药特色发展的若干政策措施》《国务院办公厅关于加快医学教育创新发展的指导意见》《教育部　国家卫生健康委　国家中医药管理局关于深化医教协同进一步推动中医药教育改革与高质量发展的实施意见》等文件精神，培养传承中医药文化，具备行业优势的复合型、创新型高等中医药院校药学类专业人才，在教育部、国家药品监督管理局的领导下，中国医药科技出版社组织修订编写"全国普通高等中医药院校药学类专业第三轮规划教材"。

本轮教材吸取了目前高等中医药教育发展成果，体现了药学类学科的新进展、新方法、新标准；结合党的二十大会议精神、融入课程思政元素，旨在适应学科发展和药品监管等新要求，进一步提升教材质量，更好地满足教学需求。通过走访主要院校，对2018年出版的第二轮教材广泛征求意见，针对性地制订了第三轮规划教材的修订方案。

第三轮规划教材具有以下主要特点。

1.立德树人，融入课程思政

把立德树人的根本任务贯穿、落实到教材建设全过程的各方面、各环节。教材内容编写突出医药专业学生内涵培养，从救死扶伤的道术、心中有爱的仁术、知识扎实的学术、本领过硬的技术、方法科学的艺术等角度出发与中医药知识、技能传授有机融合。在体现中医药理论、技能的过程中，时刻牢记医德高尚、医术精湛的人民健康守护者的新时代培养目标。

2.精准定位，对接社会需求

立足于高层次药学人才的培养目标定位教材。教材的深度和广度紧扣教学大纲的要求和岗位对人才的需求，结合医学教育发展"大国计、大民生、大学科、大专业"的新定位，在保留中医药特色的基础上，进一步优化学科知识结构体系，注意各学科有机衔接、避免不必要的交叉重复问题。力求教材内容在保证学生满足岗位胜任力的基础上，能够续接研究生教育，使之更加适应中医药人才培养目标和社会需求。

3.内容优化，适应行业发展

教材内容适应行业发展要求，体现医药行业对药学人才在实践能力、沟通交流能力、服务意识和敬业精神等方面的要求；与相关部门制定的职业技能鉴定规范和国家执业药师资格考试有效衔接；体现研究生入学考试的有关新精神、新动向和新要求；注重吸纳行业发展的新知识、新技术、新方法，体现学科发展前沿，并适当拓展知识面，为学生后续发展奠定必要的基础。

4.创新模式，提升学生能力

在不影响教材主体内容的基础上保留第二轮教材中的"学习目标""知识链接""目标检测"模块，去掉"知识拓展"模块。进一步优化各模块内容，培养学生理论联系实践的实际操作能力、创新思维能力和综合分析能力；增强教材的可读性和实用性，培养学生学习的自觉性和主动性。

5.丰富资源，优化增值服务内容

搭建与教材配套的中国医药科技出版社在线学习平台"医药大学堂"（数字教材、教学课件、图片、视频、动画及练习题等），实现教学信息发布、师生答疑交流、学生在线测试、教学资源拓展等功能，促进学生自主学习。

本套教材的修订编写得到了教育部、国家药品监督管理局相关领导、专家的大力支持和指导，得到了全国各中医药院校、部分医院科研机构和部分医药企业领导、专家和教师的积极支持和参与，谨此表示衷心的感谢！希望以教材建设为核心，为高等医药院校搭建长期的教学交流平台，对医药人才培养和教育教学改革产生积极的推动作用。同时，精品教材的建设工作漫长而艰巨，希望各院校师生在使用过程中，及时提出宝贵意见和建议，以便不断修订完善，更好地为药学教育事业发展和保障人民用药安全有效服务！

数字化教材编委会

主　审　万德光
主　编　严铸云　黄必胜　郭庆梅
副主编　王祥培　刘湘丹　陈　莹　许　亮　孙稚颖　宋军娜
编　者　（以姓氏笔画为序）

王光志（成都中医药大学）	王圆圆（甘肃中医药大学）
王祥培（贵州民族大学）	任广喜（北京中医药大学）
刘湘丹（湖南中医药大学）	许　亮（辽宁中医药大学）
孙稚颖（山东中医药大学）	严铸云（成都中医药大学）
严寒静（广东药科大学）	李　骁（内蒙古医科大学）
李国栋（云南中医药大学）	吴廷娟（河南中医药大学）
余　坤（湖北中医药大学）	宋军娜（河北中医药大学）
沈昱翔（安顺学院）	张　坚（天津中医药大学）
张　瑜（南京中医药大学）	张天柱（长春中医药大学）
张新慧（宁夏医科大学）	陈　莹（陕西中医药大学）
庞　蕾（西南大学）	赵玉姣（安徽中医药大学）
袁王俊（河南大学）	郭庆梅（山东中医药大学）
黄必胜（湖北中医药大学）	童　毅（广州中医药大学）

前言 PREFACE

　　药用植物学是药学生系统掌握植物药研究和应用相关的植物科学知识、理论和技能的一门专业基础课。在中医药理论指导下，药用植物学不断吸收、融合生命科学新知识和新成果，并在解决中药生产、科学研究等问题中得到不断完善和发展，逐步形成以形态构造为基础、鉴定分类为核心、植物成药性为桥梁的一门综合性学科。

　　本教材在上版教材基础上，遵从国家"十四五"规划教材思想编写指导，根据《中共中央国务院关于促进中医药传承创新发展的意见》《关于深化本科教育教学改革全面提高人才培养质量的意见》和《关于一流本科课程建设的实施意见》等文件精神，遵循本层次学生认知能力和思维发展规律，紧扣人才培养目标，结合生命科学新发展与培养中医药继承和创新能力的需求编写而成。

　　教材从药用植物学知识与中医药思维融合着手，介绍了植物形态构造、分类鉴定和植物成药性等内容。形态构造以个体发育为主线，强化植物形态、结构、功能和药用价值的综合关联。在目及以上层次按分子系统学研究的新成果（如 APG Ⅳ 系统）编排，科及以下层次采用恩格勒系统，以便同现行版《中国药典》和中药研究的相关著作衔接，药用类群在 APG 系统中的变化予以说明。教材中涵盖了《中国药典》（2020 年版）收录药材的基原植物；植物成药性部分帮助学生用生物学规律理解中药"形性－环境－性效"的关系。本教材为书网融合教材，即除纸质教材外，还融合了具有学科特色的数字化资源。教材旨在增强学生利用生命科学成果解决中药生产和资源利用等实际问题的能力，引导学生正确理解中医药的传承与创新。

　　本版教材由严铸云负责整体内容设计，编写绪论和审定全部纸质稿件；郭庆梅负责九章、十章的审定；黄必胜负责数字融合教材统筹和审定。第一章由严寒静、张天柱编写，第二、三章由陈莹、赵玉姣、李晓编写，第四章由孙稚颖、张瑜、张新慧、刘湘丹编写，第五章由许亮、任广喜、庞蕾、李国栋编写；第六章由沈昱翔编写；第七章由刘湘丹、袁王俊、吴廷娟、童毅、宋军娜、张坚、王圆圆编写；第八章由王祥培、沈昱翔编写；第九、十章分别由李晓、郭庆梅编写。王光志、余坤担任教材的秘书工作，王光志负责附录部分的编写，余坤负责数字教材部分的统稿。

　　本书修订过程中得到了各位编者及其所在单位的大力支持，同时还得到了成都中医药大学万德光教授的指导，在此一并致以诚挚的谢意！本学科发展快速，受编者水平与经验所限，教材难免存在不足不当之处，敬请各位读者和同行专家提出宝贵意见，以便再版修订完善，不胜感激！

编　者

2023 年 9 月

CONTENTS 目录

绪　论

PPT

学习目标

知识目标
1. **掌握**　药用植物学的概念及其在中医药发展中的地位和作用。
2. **熟悉**　药用植物学的研究对象、发展趋势和学习方法。
3. **了解**　药用植物学的发展简史，以及与其他学科和工作的关系。

能力目标　通过本章学习，能够树立科学的世界观和价值观；培养严谨求实的学习工作作风、科学求索精神和创新情感，树立中医药文化自信和家国情怀。

药用植物（medicinal plant）是指具有医疗用途的植物，入药部位包括植株全体或部分器官、组织或加工制品等。人类应用植物治疗疾病的记载可追溯到公元前 3000 年，直到 1897 年阿司匹林问世，人类健康与植物的紧密关系才开始降温。尽管现今世界的主流是化学药物，但植物药仍是一些国家或地区治疗疾病的重要药物，以及新药创制的源泉。同时，药用植物不仅是地球演化过程的自然产物，也是人类利用植物活动的结果，具有明显的地域性、民族性和文化性。药用植物也是维系生态结构稳定和生物大循环的重要成员，在践行绿色发展，促进人与自然和谐共生中发挥着重要的作用。

第一节　药用植物学研究的对象

地球上生存的 200 多万种生物中，绿色植物约有 40 万种。植物体的大小、形态结构、生活习性和营养方式等多种多样，共同组成了千姿百态、五彩缤纷的植物界。全球纪录的药用植物有 539 科，4958 属，28222 种。其中，中国约 12000 种，印度尼西亚约 7500 种，俄罗斯 2000～2500 种，全部欧洲国家 3000 多种。世界各国都在或多或少地使用植物药，但仅中医药知识体系完整地传承至今，并在秉承传承精华、守正创新中，形成了完整的中医药服务体系。

一、地球生命的生物界划分

植物界（Plantas）的内涵和外延，随着人类的认识不断深化而逐步改变。1735 年，瑞典博物学家林奈（Carolus Linnaeus）最先将生物分为植物界和动物界（Animalis），即两界系统。1866 年，德国人海克尔（E. Haeckel）提出三界系统，即原生生物界（Protista）、植物界和动物界。1938 年，美国人科帕兰（Copeland）提出四界系统，即原核生物界、原始有核界、后生植物界和后生动物界。1969 年，美国人魏泰克（R. H. Whittaker）提出五界系统，即原核生物界、原生生物界、植物界、菌物界、动物界（绪图 1）。1977 年，王大耜提出六界系统，即在五界基础上增加病毒界。1999 年，第 16 届国际植物学大会宣布：传统认识的植物由褐色植物、绿色植物、红色植物和真菌等四个独立的"界"组成。

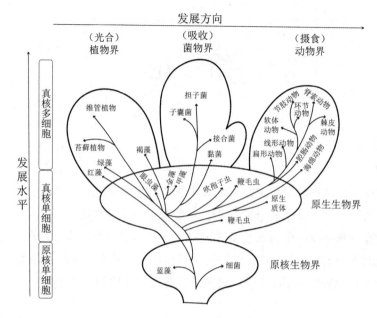

绪图1 魏泰克的五界分类系统图

分子系统学研究使生物分界问题变得越来越清晰。1990 年，美国人沃斯（Carl Woese）依据分子证据提出"生命的三域学说"。目前，生物学家普遍接受的生命之树（Tree of Life）由三个域（Domains）组成，地球生命划分成三域六大类群（绪图2），即古细菌域（Archaea）、真细菌域（Bacteria）和真核生物域（Eukarya），真核生物又进一步划分成原生生物界、植物界、菌物界（Fungi）和动物界。生物学家主张生物分界主要依据营养方式，同时考虑进化水平，并接受五界或六界的分类观点。即植物应是"含有叶绿素，能进行光合作用的真核生物"，植物界包括真核藻类、苔藓植物、蕨类植物、裸子植物和被子植物。本教材根据中药生产和应用的实际情况，仍沿用两界系统的植物范畴。

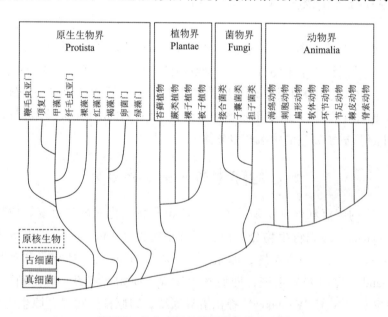

绪图2 生命之树的三域六大类示意图

二、药用植物学的研究对象

药用植物学（pharmaceutical botany）是研究药用植物分类鉴定和植物成药规律，指导药物资源发现和生产的一门科学。它研究的着眼点是药用植物的自然属性，包括种类、分布、医疗价值和利用状况，以及其发展变化趋势等；出发点则是其社会属性，以满足人类发展的需求和可持续发展为宗旨。二者以科学技术为纽带，相互联系，促使药用植物潜在生产力转化为现实的生产力。

药用植物学的研究对象是药用植物和人类社会组成的系统，主要有三方面。①医疗功能属性：包括鉴定分类、形态解剖、植物/医疗价值/环境的关系，种群数量和质量形成与变化规律及其价值评估等。②生态功能属性：包括药用植物在群落或生态系统的地位和作用，以及与其他成员之间的关系；药用植物与土壤间互作过程及其生态效应。③社会功能属性：包括药用植物与社会经济之间的关系，即人与药用植物相互作用过程中，它与健康产业和其他产业发展的关系等。

药用植物学是本草学、植物学和药学交叉融合的产物，也是一门古老并随科学技术进步而不断发展完善的学科。它具有自身的研究方法、对象和任务，学科体系比较完整和独立，并随科学技术进步和社会发展需求，可进一步分化出药用植物分类学、药用植物解剖学、药用植物生理学、药用植物生态学、药用植物资源学、药用民族植物学、药用植物种子学、药用植物代谢工程、药用植物资源环境工程等。

三、药用植物与生态文明

植物不仅构成地球绿色生态系统的支架，给生物提供栖息场所，还给人类提供了食物、药物、衣物、房屋，以及呼吸的空气和装点人类多姿的生活。早期人类将植物作为医药、信仰和文化的一部分，深刻影响着人类文明的进程。随着人类驯化改变植物，使之易于栽培和获得高产，推动人类能在城镇中定居并发展出更绚丽的文明。人类现代城市生活和文化也是建立在稳定的食物供给基础上，从而植物与人类的关系贯穿着人类发展史的始终。

绿色植物是地球化学循环的关键因素，也是人类生存和发展的基础。植物通过光合作用，吸收并固定 CO_2、释放 O_2 和积累有机物质，自然界有中 95% 以上的生物量是由植物光合作用产生，植物在全球碳循环，减少或降低温室效应中发挥重要作用。人类采集或栽培药用植物的活动都与生物多样保护和碳循环相关。中国是生物多样性最丰富的国家之一，拥有 37793 个植物种、12506 个真菌和细菌、病毒等物种，仅次于巴西，与哥伦比亚和印度尼西亚相近。遗传多样性是物种多样性的基础，物种多样性是生态系统多样性的根本，也是国民经济发展和人类文明进步的基础。保护生物多样性有利于改善人类生存环境，增加食品和资源供应，推动社会经济可持续发展。因此，党的二十大报告指出，要"提升生态系统多样性、稳定性、持续性"，以夯实生态文明建设的根基，2060 年实现"碳中和"的目标。

第二节 药用植物学发展简史

早期人类在采集植物充饥、御寒和医治疾病的过程中，就开始研究植物并逐步积累有关植物的形态、结构、生长习性和用途、用法等相关的知识。这些"研究"起初只是基本的信息交流，如哪里有何种植物可以食用或治病，口感如何。人类在观察植物过程中，逐步学会了采集植物以制造生活用品，制药以治病，以及驯化栽培植物以补充食源。人类在生存斗争中，有关植物的知识被有意和无意地积累和丰富起来，逐步形成了植物和药用植物科学。世界上各个国家各个民族都有应用植物药治病的历史，本草是 19 世纪以前承载和传播传统药用植物学知识的主要载体。

一、国外药用植物学发展简史

古希腊是现代西方文明的摇篮，罗马则是希腊文明的继承者。古希腊和古罗马文明孕育了欧洲医学和草药治病经验，并以神话方式传承草药知识。例如，古希腊神话记载，在皮利翁（Pelion）山洞里，喀戎（Chiron）向希腊英雄传授草药知识；荷马史诗记载，阿喀琉斯（Achilleus）将从喀戎处学得的草药知识传授给帕特罗克洛斯（Patroklos）。古埃及的埃伯斯纸草书（Ebers Papyrus，公元前1550年）是现存最早记载用植物治病的文物。医学之父希波克拉底（Hippocrates，公元前460—前370年）常应用植物药治病，如柳树叶治疗产后疼痛等。古希腊出现了采集草药并调制成药剂的切根人，这种切根人后来演变成药剂师。古希腊提奥夫拉斯图斯（Theophrastus，公元前372—前287年）在《植物问答录》中，系统记述了500多种药用植物，是当时药用植物学的典范，被誉为西方植物学之父，该书也是现存西方典籍中最早系统记述药物的著作。古罗马的塞尔萨斯（Celsus）编写百科全书（公元25—35年）中按药物效用分成不同组，包括泻下药芦荟、藜芦和海大戟属植物等，外伤用药麝香香草油、树脂、松节油等；麻醉药鸦片、殴伤牛草根、莨菪和茄属植物等。欧洲草药研究最突出的人物是古罗马的博物学家普利尼（Pling Elder – Caius, Plinius Secundus，公元23—79年）和西方药物学先驱迪奥斯科里德斯（Pedanius Dioscorides，公元40—90年），他们的著述中保存了欧洲古老的草药知识，其中《药物志》（Materia Medica，公元77年）客观记述有900多种药物，包括600多种植物药，该编写体例一直沿用至文艺复兴时期。

中世纪前期（10世纪以前）的医学主要由教会推动，修道院既是宗教场所，也是传习医学知识的学校。该时期出现一类描写百余种药用植物及其治疗作用的本草书。公元13世纪，博物学家圣阿伯图斯（Albertus Magnus Saint，公元1193—1280年）在《自然总论》中，记述了植物的治疗性能。文艺复兴以前，欧洲的植物研究几乎出于医学治疗的目的。14~15世纪出现过多种草药书籍，以及草药治疗学和草药的综合性书籍。例如，在鲁菲努斯（Fufinus）手稿中用大量插图描述了600多种植物，从此用插图描述植物成为草药著作编写的一种范式。欧洲文艺复兴时期是药用植物学辉煌发展的时期，许多草药学家、医生利用植物学知识进行草药品种考证，普遍用当地文字记述草药知识，常以《新草药书》命名他们的著作，如波克、雷恩哈特和雅各布斯等人。这些书籍基本包括：植物性状、采集、加工、贮存方法，药物考证，药物性味和功效，内用主治，外用主治，特殊剂型制作的方法等。多数草药书籍的品种考证详细，植物形态描述细致，配有精美、仿真度高的插图，收录的草药品种和处方配伍药物数量也繁多，如雅各布斯（Jacobus Theodorus Tabernaemontanus）的《新草药书》（New Kreuterbuch，1588年）收录药物达3000种。纽伦堡议会分别在1535年和1546年颁布了《纽伦堡药典》（Dispensatorium Noricum）。

在大航海时代和工业革命时期，欧洲向外扩张，收集了世界各地的植物，植物研究也从草药、草本植物转向植物界，掀起植物学的系统研究，从植物种类记述到建立分类系统和命名方法。例如，瑞典博物学家林奈（Carl Linnaeus，公元1707—1778年）创立双命名法（binomial nomenclature）并提出性分类系统。达尔文（C. R. Darwin）在《物种起源》（The origin of species，1859年）中提出的进化论观点，进一步推动了植物科学的发展。德国植物学家Adolf Engler（恩格勒）和Karl von Prantl（普兰特）于1897年在《自然植物科志》（*Die Natürlichen Pflanzenfamilien*，公元1887—1915年）提出反映植物进化关系的分类系统，对植物的识别、利用、研究和交流起到促进作用，百余年来建立有数十个分类系统。显微镜的发明和应用使植物研究进入显微结构的观察，19世纪德国人施莱登（Matthias Jakob Schleiden）和施旺（Theodor Schwann）建立细胞学说，证明生物体结构和起源上的同一性。

在20世纪以前，许多欧洲大学的医学院都开设植物学课程，传授药用植物知识，利用植物园来支持药学教育。从19世纪末阿司匹林问世，欧洲开始抛弃文艺复兴时期保留下来的草药治疗经验，到20世纪前半叶，化学合成药物成为医学治疗的主流，欧洲出现禁止使用草药事件，仅将草药作为提取化学药和发现新药的原料。20世纪末，欧洲又开始将草药作为化学合成药物的替代治疗手段。

二、中国药用植物学发展简史

华夏文明和中医药知识体系的传承没有出现断代，中国也是最早研究和应用药用植物的国家之一。黄河、长江和辽河流域各氏族部落在长期辨识、采集和种植植物过程中，植物学相关知识得到积累和传承。例如，新石器时期的河北武安磁山遗址（约 10300 年前）出现堆积的粟灰和榛子、小叶朴和胡桃等植物，浙江余姚河姆渡遗址出现稻、菱角、葫芦和红枣等，同期多处遗址的陶片上刻有植物的图形。说明当时人们掌握的植物学知识丰富，并借助象形图案传承植物分类的知识。上古时期常借助神话人物传承医药和植物学知识。例如，《史记》谓："神农氏尝百草，始有医药。"《淮南子·修务训》载："神农乃始教民播百谷，……尝百草之滋味，水泉之甘苦，……当此之时，一日而遇七十毒。"在夏、商、周时期，农业生产得到发展，出现酿酒、制酱、制糖和制醋，并出现植物形态的象形文字。西周（公元前1100—前 771 年）设置有从事动植物调查、辨名物、堪地形等工作的官吏，以及从事药物采集的专门人员，如《周礼·天官》（公元前 1000 年）载："医师掌医之政令，聚毒药以供医事。"说明当时的药用植物学知识已能指导药物采集和生产。

春秋战国时期（公元前 770—前 221 年）是奴隶社会进入封建社会的大变革时期，充满战乱和动荡，学术风气活跃，各种思想碰撞，百家争鸣。植物学和传统医药学知识得到初步整理和说明，出现农学、药物学和有关植物的著述。例如，《山海经》记述药物 203 种；《诗经》（公元前 600 年）记述植物132 种；《五十二病方》（公元前 400 年）载植物药 115 种。《尔雅》在《释草》和《释木》两篇记述植物 200 余种，有"华、荂、蕚、荣、英、蕊、子房"等花部名称。出土简帛医学文物都按疾病记载药物（单方或小复方），涉及药物 420 种，其中植物药 199 种。《汉书》中多次提及"本草"，汉建始 2 年（公元前 31 年）设置有"本草待诏"的官吏，《汉书·游侠传·楼护传》载"楼护字君卿、齐人，……护诵医经、本草。"说明至迟不超过西汉时期就有"本草"著作流传。《神农本草经》是现存最早的药学专著，载药 365 种（植物药 252 种、动物药 67 种、矿物药 46 种），提出植物 - 环境 - 生长期和存储时间等因素影响药物疗效的思想，采用按药物功能属性的三品分类方法。南北朝陈梁时期的陶弘景进行了以前本草学知识的系统整理、总结和创新，创建了自然属性分类方法，所著的《本草经集注》载药730 种，并成为后世编写本草著作的基本范式。

从唐宋时期至近代，药用植物的研究以鉴别、描述和新资源发掘为主，完善了道地药材的认知和应用。例如，唐朝以政府名义向全国征集、编修、颁布了世界首部国家药典《新修本草》（公元 657—659年），载药 850 种，开创了图文对照的记述方法。宋朝颁布世界首部雕版印刷的国家药典《开宝本草》（公元 973—974 年），载药 983 种，其后又有《嘉佑本草》（公元 1060 年）和《本草图经》两部药典，唐慎微将两书合一称《经史证类备急本草》（公元 1108 年），载药 1748 种。明·李时珍以科学求真和医者仁心的态度，博览群书，涉穷山深谷，遍足江南，历时 27 年，三易其稿，完成了本草巨著《本草纲目》（公元 1578 年），载药 1892 种，其中植物药 1100 多种，按自然属性分成 16 部 60 类，被誉为自然分类的先驱。清·吴其濬在《植物名实图考》和《植物名实图考长编》（公元 1848 年）记载植物2552 种，附有精美的绘图，描述细致而准确，具较高的品种考证和鉴定价值。同时，奈良时代中国的药学知识系统地传入日本，促进了日本的药用植物研究和应用。

清末李善兰和英·韦廉臣（A. William - son，1829—1890）合译的《植物学》（1858 年），是中国首部介绍欧洲植物科学的著作，创译了植物学的专业术语。20 世纪 30 年代，从欧美和日本回国的植物学家开始本土植物的研究和教育工作，并用植物学理论和方法研究药用植物。例如，钟观光对《植物名实图考》《本草纲目》等文献中的植物分种、分属检索，以及文献引证、地理分布和生态环境等逐一考证、修改、补充和注释。1930 年周树人将《药用植物》引入中学教育，1936 年韩士淑编写大学《药用植物学》教材，随后李承祜（1949）、孙雄才（1962）、丁景和（1985）、谢成科（1986）、杨春澍（1997）、姚振生等编写有多部《药用植物学》教材，推动了药用植物学人才培养和科学研究。在 20 世纪我国完成了植物和药用植物的调查、分类鉴定、编目等工作，出版了《中国植物志》和《中国药用植物志》等大型工具书。药用植物学也逐步形成了多分支学科的科学体系。

三、药用植物学发展的趋势

我国古本草是基于临床用途的不可分性进行药用植物种类的划分，20 世纪 30 年代以后才采用植物分类学的标准划分药用种类。现代科学技术的发展给药用植物学变革创造了条件。例如，1958 年 Steward 等利用胡萝卜根的韧皮部组织验证了植物细胞全能性，使药用植物研究进入细胞工程领域；电子显微镜的发明和应用使药用植物研究进入亚细胞水平；1953 年 DNA 结构阐明诞生的分子生物学，使药用植物研究进入分子水平；化学分离分析技术的发展，使药用植物研究进入代谢物水平。随着生命现象和生命层次认识的深入和完善，药用植物研究和认识也进入宏观生态、微观生态和分子生态学层次，以及资源生态领域；从宏生物模式认识植物，用生态学规律解决中药生产和利用中面临的问题。可见，药用植物学是随科学技术进步和社会发展需求，在不断发展和完善之中的学科。

从 2000 年公布拟南芥参考基因组，至今已有 800 余个植物种的 1000 多个基因组，1040 多个真菌基因组，10230 个细菌种 476020 株细菌的基因组。通过基因组和基因信息解读药用植物的生物学机制，揭示中药道地性的生物学本质，进行珍稀濒危中药资源的保护和可持续利用，基因组辅助育种培育优良品种；开发药材混伪品鉴别的分子标记；通过合成生物学生产重要的天然药物或新药原料。基因克隆、转基因、基因编辑、蛋白组和代谢组等领域的新技术、新方法不断涌现，提供了深入了解药用植物结构、功能和遗传等生命现象和药用价值的契机。

药用植物研究从个体生态进入种群、群落和生态系统。人们应用空间探测技术（如遥感技术、卫星定位系统和地理信息系统等）研究地表药用植物及其相关群落的时空分布和变化规律，进行资源调查、生产、利用和保护等。航天技术发展也给"空间药用植物学"研究提供了条件，1987 年 8 月 5 日首次航天搭载人参、甘草、东方罂粟、鸡冠花等植物的种子，陆续搭载包括丹参、板蓝根、黄芩、桔梗、白芷、知母、防风、决明、射干、白术等 29 种药用植物的种子，并开展了相关的育种研究工作，培育出多个航天育种新品系、新品种。总之，药用植物研究将继续从宏观和微观两极，围绕新资源、资源生产和品质调控等方面的认识论和方法论，以及相关的具体技术问题开展工作。今后，人类必将更加重视药用植物生物多样性和植物成药规律，以及"人与自然和谐规律"的研究，合理利用和保护药用植物资源，自觉融入建设一个更加和谐、稳定和可持续发展的人类未来行动中。

21 世纪以来，人们越来越重视化学药的不良反应和环境保护，欧美国家开始关注植物药，草药及其制剂的使用量逐步增加，欧洲草药出现复兴。尽管欧洲草药还是传统草药，但其质量标准、剂量和适应证等常依据现代药学研究的结果。草药仅被视为充实现代药学的植物来源，以寻找能为更多人带来健康的简单、低廉和环保的方法。即目前欧洲草药的复兴是现代药学框架下，植物药治疗学取代了欧洲传统草药学。而中药的生命力不仅源于疗效确切，更重要的是中医药理论指导，具有哲学基础和完整的理论体系。在药用植物研究和应用中，若不坚守中医理论指导下的守正创新，中药将难免不重蹈欧洲草药衰退之辙。

▷ 第三节　药用植物研究的意义和作用

　　药用植物学知识体系与内容将长期面向人类健康和国家发展的重大需求，服务于药学人才培养和大健康产业发展。药用植物学可为中药鉴定学、中药资源学、药用植物栽培学和中药化学等课程学习，以及将来从事中药资源发现、资源生产和贸易等工作，提供药用植物学的知识。它也给学习者和中医药工作者提供一种将相关知识系统化的思想和方法，以及参与科学研究和学术交流的基本工具和框架准则。在中医药现代化、产业化和走向世界中发挥极其关键的作用。

一、在中医药现代化中的作用

　　1. 确保中药基原准确性，保障临床用药安全有效　临床安全有效是中医药传承与发展之魂，中药基原物种的延续性是保障中医临床疗效的前提。500 种常用中药中，300 多种存在"同物异名"和"同名异物"现象。例如，贯众的同名异物品有紫萁 *Osmunda japonica* Thunb. 、荚果蕨 *Matteuccia struthiopteris*（L.）Todaro、狗脊蕨 *Woodwardia japonica*（L. f.）Sm、乌毛蕨 *Blechnum orientale* L. 、苏铁蕨 *Brainea insignis*（Hook.）J. Smith. 等 11 科 58 种蕨类植物；虎杖的异名有 155 个，益母草有 30 个。不正确处理好这类问题，就会危害临床用药的安全性和有效性。运用药用植物学的理论和方法，开展品种考证、基原植物调查和鉴定，是解决中药生产、科研和临床用药中名实混乱问题的重要措施。从历史角度还原中医临床用药的客观需求，确保中药来源的延续性和准确性是一项长期而艰巨的任务。

　　2. 阐释植物成药机理，深化和完善中药理论　中医药的"天人合一""天药合一"和"人药相应"的哲学思想，将药物的作用关联植物自身特征特性和生态环境等诸多因素，形成"以地寻药"、"以形寻药"和"地、形相合控药"等药物发现和品质控制的思路和方法。中药存在"多基原"、"单基原"、"同种异药"和"异缘同效"等现象。即同属多个近缘种作同一种中药使用（多基原）或只用一个物种（单基原）；同一物种因遗传、颜色、野生和栽培的差异（如赤芍和白芍），或野生和长期栽培（如川芎和藁本），或药用部位（如麻黄和麻黄根），或发育时期差异（如枳实、青皮和陈皮）等，它们因性效差异而成为不同的药物（同种异药）；也有亲缘关系较远物种（如川木通和木通）但作用相似（异缘同效）。这些现象蕴藏的科学内涵是发现中药新药和新资源，确保国家药物资源安全的重要理论问题。

　　中药成立的条件是性效差异性和中医临床用药可分性，即药物对人体作用的差异是否达到中医临床能区别对待的程度。植物亲缘关系越接近的物种，不仅形态和结构相似，生理生化特征和代谢类型也越相近，共有或相似化学成分也越多，这是"多基原"中药存在的生物学基础。植物化学成分合成、积累和分布具有种属、器官、组织和生长发育时期的特异性，这是"同种异药"的生物学基础。植物生存条件改变愈大，则生理生化特征的变化也愈大，如气候（光、温度、水分）、土壤、生物等因子不同引起化学成分特征改变，这是"同种异药"和"同种异质"的生态学基础。可见，何种植物能成为中药，具有何种性效，在哪些生长条件下以及何时能成为优质中药，这些问题是拓展中医临床药源、解决药源地域性限制等的理论和技术问题。因此，植物成药机理研究是药用植物学的核心工作内容和任务。

二、在中医药产业化中的作用

　　1. 查清药用资源，确保中医临床有药可用　药用植物调查是中药资源利用和保护的基础，也是维持中医临床有药可用的基石。全国中药资源普查（1958、1966 和 1983 年）后，《中药志》《全国中草药汇编》《中国中药资源志》《全国中草药汇编》和《中国中药区划》等著作在保障中医临床有药可用，支持经济建设中发挥了重要作用。资源调查也是发掘新药源的重要途径。例如，从萝芙木 *Rauwolfia verticillata*（*Lour.*）Baill. 研发出降压药"利血平"；黄山药 *Dioscorea panthaica* Prain et Burkill、穿龙薯蓣 *D. nipponica* Makino 根茎中研制出治冠心病药"地奥心血康"。依据本草文献，从黄花蒿 *Artemisia annua* L. 研制出抗疟的青蒿素（arteannuin）系列产品，使屠呦呦因发现青蒿素而成为首位获得诺贝尔生理学或医学奖（2015 年）的中国本土科学家。目前，从 2011 年启动的第四次全国中药资源普查，已进入整理分析阶段，在践行中医药"传承精华、守正创新"中将提供更现实、客观的支撑作用。

2. 建立药用资源生产新技术体系，确保临床用药　现代科学技术的发展，不断给药用植物及其活性产物高效生产注入新的活力。特别是功能基因组学、转录组学、蛋白组学和代谢组学等多组学技术和方法，广泛应用于阐明植物复杂代谢途径和代谢网络的分子机制，以及分子克隆和遗传转化技术的发展，有助于通过遗传工程技术改造药用植物次生代谢途径和遗传特性，以提高活性物质产量或降低有害产物积累。目前已建立有人参、西洋参、丹参、紫草、洋地黄、长春花、红豆杉、冬虫夏草、黄连等的细胞培养体系，银杏、长春花、青蒿、甘草、商陆、人参、西洋参、何首乌、丹参等 100 多种药用植物的毛状根，以及丹参、金鸡纳、洋地黄和西洋参等的冠瘿培养技术，获得了具有开发价值的多种次生代谢物。合成生物学的技术和方法已用于青蒿素、紫杉醇等重要天然产物的生产。总之，现代生物技术、生物信息技术和系统科学技术，正在减少资源消耗，提高资源产出等方面推动药用植物学发展，引领药用植物资源和新资源的开发利用。

三、在中医药国际化中的作用

1. 建立中医临床可用的全球药用植物资源　药用植物学不仅提供了中医药科学研究和学术交流的基本工具和框架准则，其理论和方法还引领药用植物资源和新资源的开发利用。科学家伊万诺夫总结了植物化学成分与植物系统发育的关系，肖培根提出了药用植物亲缘学说。依据这些规律寻找新药源能起到事半功倍的效果，避免盲目性。例如，从埃塞俄比亚的卫矛科植物卵叶美登木 *Maytenus ovatus* Loes 中发现极微量的抗癌成分美登木素（maytansine），并利用上述规律在肯尼亚发现美登木素含量较前种高 3.5 倍的巴昌美登木 *M. buchananii* R. Wilez.，继而又在近缘属的波特卫矛 *Euonymus bockii* Loes 中，发现美登木素含量比前者高 6 倍。中国学者发现降压植物萝芙木、国产血竭、云南马钱、新疆阿魏、白木香等。同时，上述规律也指导药用植物栽培地、采收部位和时间，协助推断化学成分结构。因此，发现植物代谢演化、形态建成、化学成分与中药性效之间的相关规律，并用于寻找中医临床可用的新药源，无疑是药用植物研究的重要内容。

2. 建立药用植物鉴定新技术与新方法　鉴定和分类是药用植物研究和利用的基础和核心工作，目前依据以双名法为基础的植物鉴定分类体系。在此方法以前，人类有数千年植物分类鉴定知识的积累，这些方法的继承和创新，将丰富种子、幼苗和营养器官、代谢物等方面的鉴定知识。同时，微观结构、次生代谢物、酶和核酸分析等技术和方法的发展，给研究和建立药用植物鉴定新技术与新方法注入了新的活力。分子标记技术（RAPD、RFLP、AFLP、SCAR、ISSR、SNP、cpSSR 等）和 DNA 序列分析技术用于药用植物遗传多样性、分子地理谱系、亲缘关系和物种鉴定等，解决了药用植物种质评价、保护和不完整植物的鉴定问题。例如，通过 ITS 序列分析，将黄甘草 *Glycyrrhiza eurycarpa* P. C. Li 并入胀果甘草 *G. inflata* Batal.，蜜腺甘草 *G. glandulifera* Kov. 并入光果甘草 *G. glabra* L.，解决了甘草基原物种的争议。采用 ITS2、*rbc*L、*mat*K 和 *psb*A - *trn*H 等序列建立药用植物 DNA 条形码鉴定技术体系，建成了包括 4000 余种药用植物的 DNA 条形码鉴定数据平台。

◎ 第四节 药用植物学及其相关学科

药用植物学是中药学和药学学科体系中的一门基础与应用学科，它关注如何认识和对待药用植物的相关理论与实践，并为其他相关学科发展提供药用植物学相关的信息。它提供的植物种类、数量、分布及其药用价值和应用等的时空变化等基础信息，直接服务于国民经济建设、国家资源安全和药物资源管理。药用植物学又是融合医药学、生物学为一体的交叉学科，解决其他学科不能解决的问题，内容独特又相对单一，是医药科学和植物科学间一个独立领域。药用植物学的理论基础涉及面广，不仅需要综合相关的自然科学知识，还涉及文化学、社会经济等知识。随着现代科技和生命科学的发展，以及系统论、控制论、信息论等思想和方法的引入，将促进药用植物学理论研究和应用的深化、创新和发展。

同时，药用植物学是中药学和药学及其相关专业人才培养中的一门专业基础课，并给中药鉴定学、中药资源学、生药学、民族植物学、药用植物栽培学（或中药栽培学）、中药化学和天然药物化学等课程的学习和科学研究提供药用植物学相关的基础知识和基本技能。药用植物学与药学领域的许多学科均有不同程度的联系。而中药学是学习药用植物学的基础，药用植物学又是学习上述等课程的基础，离开药用植物学理论、知识和技能就难学好其他相关课程。

◎ 第五节 学习药用植物学的目的和方法

药用植物学是药学生在本科阶段获得植物科学知识的唯一课程。中药资源调查，药用植物栽培、育种和管理，中药材鉴定和贸易，中药产品开发和科研样品采集等都需要厚实的药用植物学知识。因此，学习药用植物学可为学好其他相关课程和后续专业课程，以及从事中药生产和科学研究提供必需的药用植物学基本理论、基本知识和基本技能。

我们学习药用植物学的目的是掌握植物个体结构、生长发育与生殖的规律，掌握药用物种形成和系统发育的规律，以及药用植物与环境互作和成药的规律，从而了解植物、认识植物，继而利用和改造药用植物，以满足人类生存发展和健康保健的需求。本教材针对中药学及其相关专业的人才培养目标和教学要求，兼顾植物学知识的系统性和科学性，力求阐明药用植物学的基本概念、基本知识和基本技能，以及联系生产实际，反映本学科的发展水平和中医药行业的需求。教材内容在简要介绍植物体组成单位——细胞和组织的基础上，按照植物的生活史，植物发育的顺序，阐述营养器官（根、茎、叶）和繁殖器官（花、果实、种子）的形态、发生和结构的基本知识；介绍植物界的基本类群和药用植物分类的基本原理和知识，分述了被子植物中常用中药较多的代表性科、属或种的特征和药用价值。因此，认真学习和掌握教材内容，不仅对学好药用植物学课程十分重要，还对深入学习与药用植物相关的课程，以及进一步从事相关领域的研究和发展大有裨益。

学习药用植物学首先要树立辩证唯物主义的观点。自然界形形色色的植物类类群，复杂多样的性效，都是植物与环境相互作用过程中有规律地长期演化而来，充满自然辩证法的哲理。药用植物学以形态描述为主，目前多聚焦实验研究，揭示外部形态特征的物质和分子基础，植物形态特征与物种形成和演化的关系，以及植物形态特征与微生态和药用价值的关系。药用植物种类繁多，结构复杂多样，教学内容较多。因此，学习药用植物学过程中，要善于运用观察、比较和实践的方法。在学习理论知识的基础上，必须重视实验观察和实习课程，强化基本技能的训练，掌握好专业术语，从而做到记得活、记得准、记得全。还要强化自主学习、自觉学习意识，注意观察联系，以药用植物学理论知识解释生活和生产实践中的实际问题，以培养用实验方法去探索生命现象的本质和奥秘，以及实事求是的科学态度和科学研究的情感，给后续课程学习打下基础，提高自己认识自然和认识生命价值，领悟中医药有关"天药合一"的思想和能力。

复习思考题

1. 应如何从生物分界的认识和发展过程理解植物和药用植物的概念？
2. 怎样认识药用植物学的地位和作用？如何评价药用植物的经济效益？
3. 药用植物学对我国绿色发展进程和中医药走向世界有何作用？

书网融合……

思政导航　　　　本章小结　　　　微课　　　　题库

（严铸云）

第一章 植物细胞和组织的结构与功能

◎ **学习目标**

知识目标

1. 掌握 植物细胞的基本结构、细胞后含物的种类和鉴别、细胞壁的特化方式和作用，及其在中药鉴定中的应用。

2. 熟悉 植物细胞的生理功能、细胞代谢的一般过程、生长和分化方式，及其在细胞工程中的基础作用。

3. 了解 细胞全能性、染色体倍性，及其在药用植物育种中的应用。

能力目标 通过本章的学习，培养严谨求实、坚持不懈的学习精神，科学求索精神和创新情感，树立人与自然和谐共生的生命价值和生命价值观，明白协作共赢的道理。

植物生命系统的结构层次由小到大依次是细胞、组织、器官、个体、种群、群落、生态系统和生物圈。细胞是生命结构和功能的基本单位，从乔木到草本以及微小的藻类均由细胞构成，一切生命活动都在细胞中发生。组织是由形态相似、结构和功能相同的一群细胞和细胞间质联合构成，器官是由不同组织按照一定次序组合在一起，多个器官按照一定的次序组合在一起共同完成一种或几种生理功能，生物个体是由不同器官或系统协同完成复杂生命活动。

◎ 第一节 植物细胞的结构与功能

PPT

虎克（Robert Hooke）于 1665 年发现并命名"细胞（cell）"，1838～1839 年施莱登（Schleiden）和施旺（Schwann）建立细胞学说（cell theory），论证整个生物界在结构上的统一性，以及在进化上的共同起源。它不仅推动了生命科学的发展，也提供了辩证唯物论的自然科学证据。20 世纪以来，电子显微技术、同位素示踪、生物化学和分子生物学等工具和方法的应用，人类逐步认识了细胞各部分的结构和功能、生命活动及其调控过程。从细胞发现到现代细胞学说建立，经历了一代又一代科学家的不懈地努力和探索，极大地推动了生命科学与医学的进程。

一、细胞的概念

细胞是生物体（除病毒和噬菌体外）形态结构和生命活动的基本单位。单细胞植物由一个细胞构成，个体的新陈代谢、生长、发育和繁殖都由一个细胞完成；高等植物由无数的细胞组成，细胞是个体生长发育的基础。植物从受精卵、种子萌发、植株生长、发育和繁殖等一系列变化，都是细胞不断分裂、生长和生命活动的结果。同时，组成植物体的细胞之间出现了机能的分工和形态结构的分化，它们相互依存、彼此协作，共同完成个体的生命活动。在有机体所有代谢活动和执行功能的过程中，一切生化反应过程都是在细胞独立的、有序的自控代谢体系下完成，所以细胞也是代谢的基本单位。在多细胞生物中，各种组织执行特定的生理功能都是在细胞中进行，不同组织细胞之间有着广泛的信号联系，以分工协作方式保证多细胞生物的生命活动能够顺利进行。因此，细胞不仅是生物功能的基本单位，还是遗传的基本单位。生物体的每一个细胞都拥有全套的遗传信息，植物体细胞具有遗传上的全能性。

　　细胞是数十亿年生命演化的产物，依据细胞结构、基因组组成、DNA复制方式和细胞大小等不同，通常分成原核细胞（prokaryotic cell）和真核细胞（eukaryotic cell）两类。真核细胞是指细胞核被核膜包被，细胞质中存在多种细胞器的细胞；原核细胞则缺乏核膜和细胞器，而核物质（如DNA）集中在一定区域，称拟核（nucleoid）。原核细胞常比真核细胞小，DNA呈环状，DNA复制始于单点复制，不同的代谢活动不固定在一定的细胞器；而真核细胞的基因组以线性染色体形式存在，DNA复制始于多点复制，不同的代谢活动固定在特定的细胞器上，有利于各种代谢活动的高效进行。由原核细胞组成的生物称原核生物，几乎都是单细胞生物体，如支原体、衣原体、细菌、放线菌和蓝藻等；真核细胞组成的生物称真核生物，绝大多数藻类和陆生植物都是真核生物体。分子生物学和系统学研究发现，一类原核生物和其他原核生物差异大，而更接近真核生物，而定义成古核生物或古细菌（Archaea），而将其他原核生物称为真细菌（Bacteria）。

二、植物细胞的形状大小

　　植物细胞形状多样，常有球形、类圆形、椭圆形、多面体形、纺锤形、柱状体等。单细胞植物（如小球藻）的细胞处于游离状态，常呈球形或近球形。多细胞植物的细胞形态较复杂，特别是高等植物体的细胞呈现出与其功能相适应的各种形态变化。通常体表皮细胞多为扁平状，侧面观方形，表面观不规则；代谢活动旺盛的细胞多近于等径或略伸长的十四面体，具有支持作用的细胞呈纺锤形或圆柱形，具有输导功能的细胞则多呈长管状。

　　植物细胞一般较小，直径几微米至几十微米，不同种类细胞的体积差异很大。例如，分生组织细胞的直径 5～25μm，成熟组织的细胞常 15～65μm，而西瓜瓤细胞直径可达1mm，在放大镜下呈圆形颗粒；苎麻的纤维细胞长可达620mm。细胞体积小，比表面积大，有利于细胞之间及其内部的物质、信息和能量的交换。

三、植物细胞的结构与功能

　　植物细胞的大小和形状各异，但都有基本相同的构造。植物细胞由细胞壁（cell wall）、原生质体（protoplast）和后含物（ergastic substance）组成。原生质体是细胞中具有生命特征的物质，以及细胞所有代谢活动的场所，包括细胞膜（plasma membrane）、细胞质（cytoplasma）、细胞核（nucleus）等。原生质体的组成物质称原生质（protoplasm），其化学组成十分复杂，并处于不断变化中。水占细胞全重的60%～90%，包含溶于水的无机盐和离子状态的各种元素；有机物约占细胞干重的90%，包括蛋白质、核酸、脂类和糖类，以及酶、维生素、激素和抗生素等微量生理活性物质。此外，尚有一些贮藏物质和代谢产物，称后含物（图1－1）。

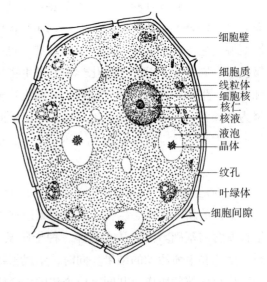

　　光学显微镜下，可观察到细胞壁、细胞质、细胞核、液泡（vacuole）和质体等结构，需特殊制样方法才能观察

图1－1　典型植物细胞的构造

到高尔基体（Golgi body）和线粒体等细胞器。通过光学显微镜观察到的细胞构造称显微结构（microscopic structure），光学显微镜的分辨率不小于0.2μm，有效放大倍数常不超过1200倍。电子显微镜的

放大倍数超过 100 万倍，在电子显微镜下观察到的细胞精细结构称超微结构（ultramicro scopic structure）或亚显微结构（submicroscopic structure）。

植物细胞的形状结构常因植物种类、细胞功能和发育期不同而异，而常将各种细胞的构造集中在一个细胞里加以说明，称典型植物细胞或模式植物细胞。

（一）细胞膜

细胞膜（cell membrane）是原生质外方与细胞壁紧密相接的一层薄膜，又称质膜（plasmalemma），由脂质、蛋白质和糖类组成，厚度 5~10nm，在细胞与环境的物质、能量和信息交换发挥重要作用。真核细胞内部还有复杂的膜结构，膜厚度 7~8nm，称内膜。内膜和质膜统称生物膜。

在电子显微镜下，质膜由两层染色深的暗层和中间一层染色浅的亮层组成，呈现"暗—明—暗"三条带结构。中间的明带是双分子类脂层，两侧各覆盖着一层蛋白质的分子层（暗带），这种三层结构称单位膜（unit membrane）。质膜的骨架是磷脂类物质，约占膜质量的 40%~50%，两层磷脂分子的尾部相对藏于内面组成磷脂双分子层，使膜两侧的水溶性物质不能自由通过。质膜内外表面或嵌入磷脂双分子层内部分布有约占膜质量 50% 的蛋白质（称膜蛋白），执行着膜的载体、受体、酶等许多重要功能。膜表面的寡糖类分子（称膜糖）常与蛋白质结合成糖蛋白或与脂质结合成糖脂，糖蛋白与细胞识别有关。同时，构成膜的磷脂和蛋白质都具有一定的流动性，在同一平面上能自由移动，使膜处于不断变动的状态。

质膜具有流动性和选择透性，物质以被动或主动运输的方式出入细胞，既能阻止胞内有机物渗出，又能调节水、无机盐和其他营养物质渗入细胞，并排出代谢废物，从而保持细胞完整性和胞内环境的稳定。当细胞处于高渗环境时，原生质体会因失水而收缩，出现质壁分离。同时，质膜在物质跨膜运输、外界信号接受和传递、细胞识别、细胞生命活动调节等过程中发挥着重要作用。

（二）细胞质

细胞质是指细胞核以外、质膜以内的原生质，包括胞基质（cytoplasmic matrix）和细胞器（organelle）。细胞器是指细胞内具有特定形态结构和功能的亚细胞结构，常包被有生物膜，如质体、线粒体、内质网和高尔基体等（图 1-2）。在光学显微镜下，仅能观察到质体、线粒体、液泡等少数亚细胞结构。细胞器悬浮在胞基质中，胞基质提供维持细胞器完整性所需的离子环境，以及细胞器行使功能所必需的物质，细胞器又提供胞基质支持结构。胞基质呈半透明、能流动的黏稠状，具有细胞中 25%~50% 的蛋白质和核酸、类脂、水分等物质，其中许多蛋白质都是酶，在胞基质中能进行细胞的多种新陈代谢活动。胞基质处于不断地运动状态，并带动其中的细胞器在细胞内作有规则

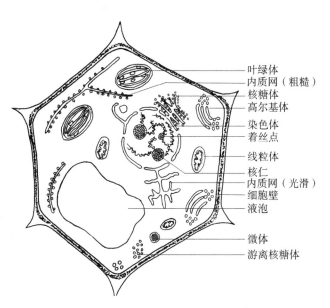

图 1-2　植物细胞的亚显微结构

的持续流动，称胞质运动（cytoplasmic movement）。胞质运动促进了胞内营养物质流动，利于新陈代谢进行，有一定促进细胞生长发育、通气和创伤修复等作用。胞质运动易受温度、光线和化学物质等的影响，邻近细胞受损伤时也容易刺激细胞质运动。

1. 质体（plastid）　绿色真核植物特有的、包被有双层膜的细胞器。在幼龄细胞中，尚未分化成熟

的质体，称原质体或前质体（proplastid）。分化成熟的质体，依据色素和功能的不同分为叶绿体、有色体和白色体3种（图1-3）。它们是一类合成和积累同化产物的细胞器，它们在一定条件下可相互转化，并有半自主性的DNA。

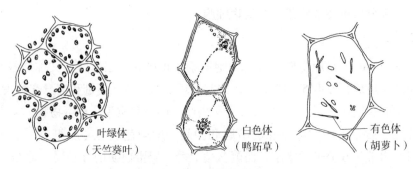

叶绿体
（天竺葵叶）　　　　白色体
（鸭跖草）　　　　有色体
（胡萝卜）

图1-3　质体的类型

（1）叶绿体（chloroplast）　绿色植物特有的细胞器，主要进行光合作用，存在于叶肉、幼茎皮层和厚角组织等细胞内。叶绿体长径$5 \sim 10 \mu m$，短径$2 \sim 3 \mu m$，一个细胞中具有十多个至数百个叶绿体。高等植物的叶绿体的形状大小比较接近，多呈球形、卵形或双凸透镜形的绿色颗粒状，在细胞中的分布与光照有关。

叶绿体的超微结构由双层质体被膜（plastid envelope）、基质（stroma）和类囊体（thylakoid）构成。类囊体是单位膜形成的扁平小囊，有些圆盘状的类囊体有规律地堆叠在一起，称基粒（granum）；连接基粒的类囊体部分称基粒类囊体或基质片层。在基粒之间有基质片层相联系，各类囊体的腔彼此相通。高等植物的叶绿体含有叶绿素和类胡萝卜素等光合色素，与电子传递系统一起位于类囊体膜上，类囊体的腔是CO_2转化成糖的场所。叶绿素是主要的光合色素，直接参与光合作用。胡萝卜素和叶黄素只能把吸收的光能传递给叶绿素，起辅助光合作用的功能。叶片的颜色与这三种色素的比例有关，如叶绿素占绝对优势时，叶片常呈绿色。

叶绿体基质中含有DNA、核糖体、类脂球、蛋白质颗粒、酶和淀粉等。光合作用的不同反应分别在类囊体和基质中完成。叶绿体DNA（cpDNA）呈环状双链，是一个独立于核基因组的叶绿体基因组，长$120 \sim 217kb$，含100多个编码基因。大多数植物的叶绿体基因组呈现单亲遗传的特性，常用于解析物种的系统发育关系。

（2）有色体（chromoplast）　指仅含胡萝卜素和叶黄素等色素的质体，色素比例不同而呈现黄色、橙色或橙红色等。有色体的色素中，尤以胡萝卜素易结晶，而使有色体呈多角形或不整齐的颗粒状或针形。有色体能赋予花、果实等呈现各种鲜艳的颜色，有利于吸引昆虫和其他动物传粉或传播种子。

（3）白色体（leucoplast）　指无色的质体，最小，常呈圆形、椭圆形、纺锤形或无色小颗粒，常存在于幼嫩组织和无色贮藏组织细胞中。根据白色体的功能和贮藏物质不同分为三类：合成贮藏淀粉的称造粉体（amyloplast）合成蛋白质贮藏的称蛋白质体；合成贮藏脂肪和脂肪油的称造油体。

在一定条件下各种质体可相互转化，前质体可发育成白色体，在光照下白色体能发育成叶绿体。例如，番茄花期的子房呈白色，子房壁细胞的质体是白色体；当子房受精发育成幼果时，在光照下原叶绿素形成叶绿素，白色体转化成叶绿体，幼果呈绿色；果实成熟过程中叶绿体转化成有色体，果实也由绿变红或其他颜色。

2. 线粒体（mitochondria）　是细胞进行有氧呼吸作用的主要场所，细胞呼吸和能量代谢中心，除细菌、蓝藻和厌氧真菌以外的生活细胞都有线粒体。线粒体较小，直径$0.2 \sim 1 \mu m$，长$1 \sim 2 \mu m$，经特殊染色后，在光学显微镜下呈颗粒状、棒状、丝状或分枝状。线粒体的数目随细胞生理状态不同而不同，细胞代谢活跃则线粒体较多，如分泌细胞。

在电子显微镜下，线粒体具有两层膜结构，外膜平整，内膜在许多部位向内皱褶成许多管状或隔板状突起，称嵴（cristae）。基质是内膜和嵴包围的腔，含有 DNA、蛋白质、核糖体、类脂球等。在内膜和嵴上许多带柄的球状小体，称电子传递粒（elementary particle），是可溶性腺苷酸三磷酸酶复合体。内膜和基质中，有多种与呼吸作用有关的酶和电子传递系统，嵴的数量变化常可作为判断线粒体的活性和细胞活力的标志。

线粒体具有半自主性的基因组。线粒体 DNA（mtDNA）多成双链环状，结构类似细菌 DNA，植物 mtDNA 约 300kb，合成 10% 左右的线粒体蛋白质。

3. 内质网（endoplasmic reticulum，ER）　是由封闭的膜系统及其围成的腔，并彼此相通形成的网状结构。在电子显微镜下，可见两层平行的单位膜形成一层层扁平的囊泡、槽库或池（cisterna），相互沟通成网管系统。内质网有两种类型：膜表面附着许多核糖体颗粒者，称粗面内质网（rough ER），主要是合成、运输蛋白质，产生构成新膜的脂蛋白和初级溶酶体所含的酸性磷酸酶；膜表面缺乏核糖核颗粒者，称光面内质网（smooth ER），主要与脂类、激素合成有关。

内质网在细胞质中呈网状分布，支持细胞，也把细胞质分隔成不同的区域，使不同的代谢活动在特定区域内进行。两种内质网可同时存在于一个细胞内，能相互连接、互相转化。粗面内质网还与外核膜相连，沟通细胞核和质；内质网与质膜相连，并通过胞间联丝与相邻细胞的内质网相通。同时，内质网也是其他细胞器的来源，如液泡、高尔基体、圆球体和微体等都来源于内质网分离出的小泡。

4. 高尔基体（golgi body）　是由一系列扁圆形的泡囊（cisterna）或槽库（saccules）、致密小泡（vesicles）和分泌小泡（secreting vesicles）组成的结构。从内质网上断裂下来的小泡移至高尔基体，与高尔基体融合，其中的物质经泡囊加工后，从泡囊上断裂下来，这些分泌小泡再移至细胞膜，并与膜融合，将所含的物质排到质膜外，形成细胞分泌物。高尔基体是蛋白质和糖类等细胞分泌物最后的加工、包装和运输场所，与细胞的分泌功能有关。例如，树脂道上皮细胞分泌的树脂，根冠细胞分泌的黏液等。高尔基体还参与合成和运输多糖物质，合成果胶、半纤维素和木质素等，参与细胞壁的生长或加厚。此外，初级溶酶体和分泌颗粒的形成均源自高尔基体的囊泡。

5. 溶酶体（lysosome）　是一类异质性细胞器，常是单层膜包被的球形小泡，直径 0.1~1μm；膜内充满蛋白酶、核糖核酸酶、磷酸酶、糖苷酶等多种水解酶类，特有酶是酸性磷酸酶。它们能催化蛋白质、多糖、脂质、DNA 和 RNA 等大分子物质分解，消化贮藏物质，分解受损细胞或失去功能的细胞碎片。溶酶体中通常是非活化酶，当溶酶体膜破裂或损伤时，酶释放并活化，降解细胞内各种化合物，结果使整个细胞被破坏，称自溶作用。细胞内含物的破坏是许多植物细胞，特别是维管植物细胞分化成熟的一种特征。此外，液泡、圆球体、糊粉粒等细胞器中也含有水解酶类。

6. 核糖体（ribosome）　是细胞内合成蛋白质的细胞器，也称核糖核蛋白体或核蛋白体。核糖体是非膜结构的颗粒状细胞器，含蛋白质约 60%，RNA 约 40%，在蛋白质合成中核糖体与 mRNA 结合在一起。常呈球形或长圆形，直径 10~15nm，附着于粗面内质网上或游离在细胞质中，细胞核、线粒体和叶绿体中也有核糖体。细胞质中游离的核糖体主要合成留存在细胞质中的蛋白质，如各种膜蛋白质；内质网上的核糖体主要合成输出到细胞外的蛋白质。

7. 液泡（vacuole）　是植物细胞特有的细胞器之一。在幼小细胞中，液泡很小，数量多，但不明显。随着细胞生长和分化，小液泡逐渐增大，通过彼此合并、扩张，发展成几个大型液泡或一个中央大液泡。成熟细胞中液泡占据细胞体积 90% 以上，并将细胞质连同细胞核等细胞器挤到细胞的周边（图 1-4）。

发育成熟方向

图1-4 洋葱根尖细胞（示中央大液泡的形成）

液泡外被的单层膜，称液泡膜（tonoplast），与质膜相通，共同控制着细胞内外水分和物质的交换。膜内充满细胞液，是细胞新陈代谢产生的混合物，多数是非生命物质。液泡中除大量的水外，还有糖类、有机酸和蛋白质等初生代谢产物，以及苷类、生物碱、单宁、有机酸、挥发油、树脂、草酸钙结晶等次生代谢产物，是药用植物活性成分主要存在的位置。细胞液的成分复杂，随植物种类、组织、器官和发育时期不同而异，如长春碱存在于长春花液泡中。

液泡中还含有多种水溶性色素，特别是花青素等，使植物的营养体、花和果实呈现蓝色、紫色、鲜红色等各种颜色。同时，液泡还参与胞内物质分解、积累和移动过程，以及细胞分化、成熟、衰老等生命活动。高浓度的细胞液能提高植物抗寒、抗旱、抗盐碱、抗重金属等的能力。

8. 细胞骨架（cytoskeleton） 广义的概念包括细胞核骨架、细胞质骨架、细胞膜骨架和细胞外基质，狭义仅指细胞质骨架。它是植物细胞质中存在的蛋白纤维网络结构体系，主要有微管、微丝和中间纤维等三种蛋白纤维。细胞骨架在稳定细胞形态，承受外力、维持细胞内部结构的有序性，细胞运动和物质运输，以及细胞壁的合成等方面起着重要作用。细胞骨架、遗传系统、生物膜系统并称"细胞内三大系统"。

此外，胞质内还有微体（microbody）、圆球体（spherosome）和内膜系统（endomembrane system）等细胞器。微体是由单层膜包被的球状、椭圆或哑铃状细胞器，内含一种或几种氧化酶类。有两种主要类型：①过氧物酶体（peroxisome），含有黄素氧化酶–过氧化氢酶系统，与叶绿体和线粒体共同参与光呼吸过程，同时可分解细胞代谢产生的有毒过氧化物。②乙醛酸循环体（glyoxysome），含乙醛酸循环酶系统，在种子萌发时使贮藏的脂肪转化成糖。这两种微体是同一细胞器在不同发育阶段的表现形式。圆球体是单层膜包被的球状小体，含有脂肪酶，是积累脂肪的场所；脂肪大量积累后就变成透明的油滴。内膜系统是指内质网、高尔基体、溶酶体和液泡等四类在结构与功能上相互联系的一系列膜性细胞器的总称，广义概念也包括线粒体、叶绿体、过氧化物酶体、细胞核等所有膜结合的细胞器。细胞内膜系统不仅提供了多种酶附着位点，还将细胞质区域化与功能化，使胞内相互区别的代谢反应能够同时进行，以满足细胞不同部位的需求。

（三）细胞核

细胞核（cell nucleus）是真核细胞原生质体中最大和最重要的结构，主要是控制蛋白质的合成，控制细胞生长、发育和遗传，进而控制植物体的生长、发育和繁殖。真核生活细胞通常有1个核，少数多核或无核。例如，藻菌类和乳汁管细胞、花粉囊成熟期绒毡层细胞有双核或多核，而成熟筛管无核。植物细胞核的直径5～20μm，可分为核膜、染色质、核仁和核基质等，后三者可统称核质。

（1）核膜（nuclear envelope） 由两层膜构成。外层膜上附有核糖体，有部分向外延伸并与粗面内质网相连，与细胞质沟通。内层膜光滑，并与染色质紧密接触。内外膜之间有20～40nm的间隙称核周隙，与内质网腔相通。两层膜在一定间隔处愈合形成核孔（nuclear pore），核孔具有选择通透性，控制细胞质与细胞核间的物质交换的通道。例如，核内产生的mRNA前体，只有加工成熟的mRNA才能通过核孔进入细胞质，而糖类、盐类和蛋白质能通过核膜出入细胞核。核膜内面有核纤层，核纤层成纤维网络状，与有丝分裂中核膜崩解和重组有关。

（2）核仁（nucleolus）　是细胞核中呈椭圆形或圆形的颗粒状结构，没有膜包被，折光性强，常一个或几个，富含蛋白质和 RNA，以及少量类脂和 DNA。在细胞分裂前期核仁开始变形，颗粒和纤丝逐渐消失，中期核膜破裂、核仁消失，末期子细胞核中产生新的核仁。核仁是核内合成和贮藏 RNA 主要场所。

（3）染色质（chromatin）　是分散在细胞核液中极易被碱性染料（如甲紫、醋酸洋红）着色的物质。在细胞分裂间期，染色质不明显，电子显微镜下显出一些交织成网的细丝。细胞分裂期，染色质聚缩成短粗、棒状的染色体（chromosome）。真核细胞的染色质主要由 DNA 和蛋白质所组成，以及少量的 RNA。染色体的数目、形状和大小因植物种类不同而异，同一物种相对稳定。二倍体植物具有两套染色体组，染色体组上的所有基因称为基因组（genome）。

（4）核基质（nuclear matrix）　是细胞核中由纤维蛋白构成的网架体系，又称核骨架，以前称核液（nuclear sap）。网孔中充满液体，主要由蛋白质、RNA 和多种酶组成，这些物质保证了 DNA 的复制和 RNA 的转录。

（四）细胞壁

植物细胞的质膜外有细胞壁（cell wall），它与液泡、质体一起构成了植物细胞不同于动物细胞的三大结构特征。细胞壁是有一定硬度和弹性的固体结构，起着保护和支持作用，与吸收、蒸腾、运输和分泌等功能密切相关。在细胞不同生长发育时期和不同植物组织中，细胞壁的成分、结构、硬度和弹性等也不相同。

1. 细胞壁的结构和化学组成　细胞壁由构架物质和衬质组成。细胞壁的基本构架是由微纤丝相互交织成的网状结构，微纤丝（microfibril）是由多条 100 或更多葡萄糖基链接成的长链状细丝。衬质填充在基本构架内，包括非纤维素多糖、蛋白质和水，以及木质素、角质、木栓质和蜡质等。衬质蛋白包括结构蛋白质类、酶及一些功能尚未明确的蛋白质；多糖包括果胶、半纤维素、胼胝质等；木质素是一类增加细胞壁机械强度的重要物质，但不是所有的细胞壁都具有。

细胞壁可分为胞间层、初生壁和次生壁三层（图 1-5），保持有生活原生质体的细胞，通常不具有典型的次生壁。

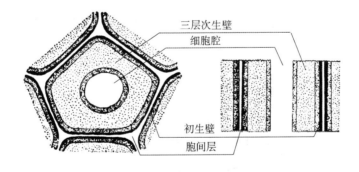

图 1-5　细胞壁的构造

（1）胞间层（intercellular layer）　是相邻细胞间共有的一层薄膜，又称中层（middle lamella）。胞间层源自细胞分裂时最早形成的分隔层，主要成分是果胶质，能使相邻细胞彼此粘连，缓冲胞间挤压，并不妨碍随初生壁生长再扩大表面积。细胞生长分化过程中，部分胞间层被果胶酶分解，这部分细胞壁彼此分离而形成细胞间隙（intercellular space），起着通气和贮藏气体作用。果实成熟时，果胶质分解使果肉细胞彼此分离，果实变软。实验室则常用硝酸和氯酸钾混合液、氢氧化钾或碳酸钠溶液等试剂，解离植物组织后进行观察，鉴定药材。

（2）初生壁（primary wall） 是细胞生长过程中原生质体分泌的造壁物质沉积在胞间层和质膜之间，厚 $1 \sim 3 \mu m$，主要成分是纤维素和果胶质，以及半纤维素和糖蛋白。初生壁具有可塑性和延展性，能随细胞生长而延伸。原生质体的分泌物持续填充到细胞壁构架中，使初生壁继续增长，称填充生长；在胞间层内侧沉积使细胞壁略增厚，称附加生长。许多细胞停止生长后，胞壁不再增厚并停留在初生壁阶段。一般将胞间层和初生壁合称复合胞间层（compound middle lamella）。

（3）次生壁（secondary wall） 是细胞体积不再增大后，在初生壁内侧继续沉积的壁层，厚 $5 \sim 10 \mu m$。植物体内具有支持和输导作用的细胞常具次生壁，以增强机械强度，这类细胞成熟时原生质体已死亡，仅留下细胞壁执行输导和支持功能。次生壁的纤维素含量高，微纤丝排列较初生壁致密；衬质成分是半纤维素，含极少果胶质，不含糖蛋白，常添加了大量木质素和其他物质，以增加次生壁的硬度。次生壁中不同层次微纤丝的方向不同，使细胞壁呈现不同的层次。植物细胞均有初生壁，但不是都具有次生壁。较厚的次生壁常可分为内、中、外三层，以中间的次生壁层较厚。因此，一个典型厚壁细胞（如纤维或石细胞）的细胞壁可见 5 层结构，即胞间层、初生壁、三层次生壁。

2. 纹孔和胞间连丝 多细胞植物体，细胞间通过纹孔和胞间连丝互相紧密联系而形成统一体。

（1）纹孔（pit） 细胞形成初生壁时，存在一些较薄的区域，称初生纹孔场（primary pit field）。次生壁沉积过程中，初生纹孔场处往往不附加次生壁物质，而留下许多凹陷的孔状结构，称纹孔。相邻两细胞间成对存在的纹孔称纹孔对（pit pair），中间由质膜、胞间层和初生壁构成的薄膜称纹孔膜（pit membrane），纹孔膜两侧没有次生壁的腔穴称纹孔腔（pit cavity），纹孔腔通往细胞腔的开口称纹孔口（pit aperture）。纹孔存在有利于细胞间沟通和水分及其他物质的运输。根据纹孔的式样，分为单纹孔、具缘纹孔和半具缘纹孔三种类型（图 1-6）。

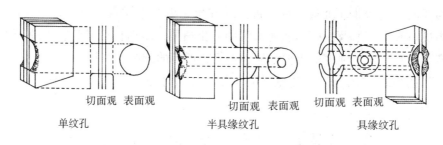

切面观　表面观　　　　　切面观　表面观　　　　　切面观　表面观

单纹孔　　　　　　　　　半具缘纹孔　　　　　　　　具缘纹孔

图 1-6　纹孔类型

1）单纹孔（simple pit） 呈圆筒形，纹孔的口、腔和膜大小相同，常见于韧型纤维和石细胞；次生壁特别厚时，单纹孔的纹孔腔状如一条长而狭的孔道或沟，称纹孔道或纹孔沟。

2）具缘纹孔（bordered pit） 在次生壁增厚时，向细胞腔内方拱状突起成纹孔缘（pit border），导致纹孔口小、纹孔腔大而呈圆锥形，纹孔口式样各异，常呈圆形或狭缝状。具缘纹孔常存在于纤维管胞、孔纹导管和管胞。松科和柏科植物管胞的具缘纹孔中，纹孔膜中央强烈增厚，形成纹孔塞，正面观呈现 3 个同心圆。纹孔塞具活塞样作用，能调节胞间液体流动。

3）半具缘纹孔（half bordered pit） 由单纹孔和具缘纹孔分别排列在纹孔膜两侧。导管或管胞与其邻接薄壁细胞壁上的纹孔对常属该类型，正面观具 2 个同心环。观察植物药材粉末时，半缘纹孔与无纹孔塞的具缘纹孔难以区分。

（2）胞间连丝（plasmodesmata） 穿过胞间层和初生壁沟，以连接相邻细胞的原生质体，常密集发生在初生纹孔场和纹孔膜上。胞间连丝使植物体各个细胞彼此连接成一个整体，起细胞间物质运输、信息传递和控制细胞分化的作用。在电子显微镜下，胞间连丝是质膜包围的直径 $40 \sim 50 nm$ 小管道，能通过最大分子达 1000Da。胞间连丝不易观察，但柿、黑枣、马钱子等的胚乳细胞中，胞间连丝分布较集中，经过染色处理能在显微镜下观察到（图1-7）。

3. 细胞壁特化　植物在长期的进化历程中，适应不同环境，发挥不同生理功能，细胞生长、分化也发生相应的变化。在细胞壁的纤维素构架中，通过添加不同衬质而改变细胞壁的性质，使细胞壁执行特定生理功能，称细胞壁特化。常见有木质化、木栓化、角质化、黏液质化和矿质化等类型。

（1）木质化（lignification）　细胞壁内填充了木质素，增加了细胞壁的硬度，加强了机械支持作用，又能透水。导管、管胞、纤维和石细胞等是典型的细胞壁木质化。木质化细胞壁加入间苯三酚试液和浓盐酸后，因木质化程度不同，显红色或紫红色反应；加氯化锌碘显黄色或棕色反应。

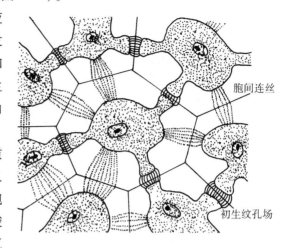

图1-7　象牙棕的胞间连丝

（2）木栓化（suberization）　细胞壁内填充了脂肪性的木栓质，栓化细胞壁常呈黄褐色，不易透气和透水，成为死细胞。木栓化细胞对植物内部组织具有保护作用，如树干的褐色树皮是由木栓化细胞与其他死细胞的混合体。木栓化细胞壁加入苏丹Ⅲ试剂显橘红色或红色，遇苛性钾加热则木栓质溶解成黄色油滴状。

（3）角质化（cutinization）　细胞壁内填充了脂肪性的角质，常在细胞壁外形成角质层或膜。角质化细胞壁或角质层可防止水分过度蒸发和微生物侵害，增加了保护植物内部组织的作用。角质化细胞壁或角质层的显微化学反应与木栓化类似。

（4）黏液质化（mucilagization）　细胞壁中的果胶质和纤维素等成分变成黏液的变化。黏液在细胞表面常呈固体状态，吸水膨胀成黏稠状态。例如，车前、亚麻、芥菜的种子表皮中都具黏液化细胞。黏液化细胞壁加入玫红酸钠乙醇溶液试液可染成玫瑰红色，加入钌红试液可染成红色。

（5）矿质化（mineralization）　细胞壁内填充了硅质（二氧化硅或硅酸盐）或钙质等，增强了细胞壁坚固性，使茎、叶表面变硬和变粗糙，增强植物的机械支持能力。例如，禾本科植物的茎、叶，木贼的茎和硅藻细胞壁内都含有大量的硅酸盐。硅质化细胞壁不溶于硫酸或醋酸，有别于草酸钙和碳酸钙。

四、植物细胞的后含物

植物细胞在生长、分化和成熟过程中，新陈代谢活动产生的代谢中间产物、废物和储藏物质等统称后含物（ergastic substance）。它是存在于细胞壁、细胞器或细胞质中的非生命物质。主要包括：贮藏物质，主要有淀粉、蛋白质和脂类等；生理活性物质，主要有维生素、激素、抗生素等；盐类的结晶，主要有钙盐、硅酸盐等；次生代谢，主要有生物碱、皂苷、黄酮等，以及挥发油、树脂、树胶等，这是中药的活性物质。后含物种类、形态和性质随植物种类而异，也是药材鉴别的依据之一。

（一）贮藏物质

贮藏物质主要分布在薄壁组织中，供植物生长发育中一定时期的需要。

1. 淀粉（starch）　是植物贮藏碳水化合物最普遍的形式。光合作用中，叶绿体形成的同化淀粉，然后转化成蔗糖、棉子糖、水苏糖和糖醇等可溶性糖，运输到贮藏细胞的造粉体内，再合成贮藏淀粉，通常呈颗粒状，称淀粉粒（starch grain）。淀粉粒合成的起始点称脐点（hilium），而围绕脐点的环状纹理称层纹（annular striation lamellae），它们是直链淀粉和支链淀粉交替沉积而呈现的明暗相间的纹理，乙醇脱水处理，层纹就随之消失。淀粉粒有圆球形、卵圆形、长圆形或多角形等形状，脐点有颗粒状、裂隙状、分叉状、星状等多种（图1-8）。

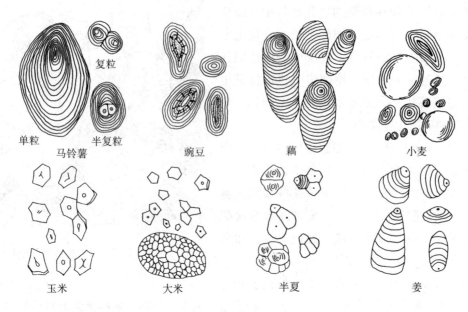

复粒

单粒   半复粒
马铃薯   豌豆   藕   小麦

玉米   大米   半夏   姜

图1-8 淀粉的类型和常见植物的淀粉粒

淀粉粒常按脐点和层纹关系可分成单粒、复粒和半复粒三种类型。单粒淀粉只有一个脐点。复粒淀粉具有2个以上脐点，且各脐点分别有各自的层纹围绕。半复粒淀粉具有2个以上脐点，各脐点除有自身的层纹环绕外，外面还有共同的层纹。不同植物的淀粉粒在形态、类型、大小、层纹和脐点等方面常各具特征，因而常用作药材鉴定的依据之一。

淀粉不溶于水，在热水中膨胀而糊化。直链淀粉遇碘试液显蓝色，支链淀粉遇碘试液显紫红色。植物常同时含有两类淀粉，加入碘试液显蓝色或紫色。在偏光显微镜下，甘油醋酸试液装片，淀粉粒常具偏光现象，但糊化淀粉粒无偏光现象。

2. 菊糖（inulin） 是果聚糖（fructosan），能溶于水，不溶于乙醇。菊糖在生活细胞中为溶解状态，经组织脱水或置乙醇中则可观察到球状、半球状或扇状的结晶。常见于菊科、龙胆科和桔梗科植物根的薄壁细胞（图1-9）。菊糖加α-萘酚乙醇试剂再加硫酸显紫红色，并溶解。

3. 蛋白质 贮藏蛋白质常处于非活性和比较稳定状态，存在于细胞质、液泡、细胞核和质体中，呈结晶或无定型的固体。结晶蛋白质具晶体和胶体二重性称拟晶体（crystalloid），形状不同，以方形多见，如在马铃薯块茎外围薄壁细胞中。无定形蛋白质常被一层膜包裹成圆球状的颗粒称糊粉粒（aleurone grain），部分糊粉粒既有无定形蛋白质，又包含有拟晶体。胚乳或子叶细胞常存在大量的糊粉粒，如禾本科植物胚乳的最外层一层或几层细胞中含糊粉粒较多，特称糊粉层（aleurone layer）（图1-10）；茴香的糊粉粒中还含有小草酸钙簇晶；蓖麻和油桐胚乳细胞中的糊粉粒除拟晶体外还含磷酸盐球形体。贮藏蛋白质遇碘显棕色或黄棕色，遇硫酸铜和苛性碱的水溶液则显紫红色。

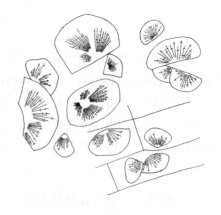

图1-9 菊糖（桔梗）

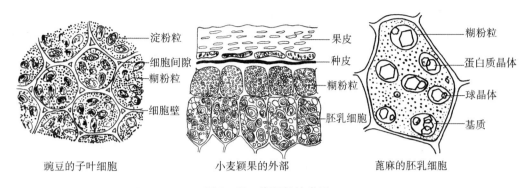

图 1-10 糊粉粒的类型

豌豆的子叶细胞　　　小麦颖果的外部　　　蓖麻的胚乳细胞

4. 脂肪和油 植物细胞中，脂肪和油可少量存在各细胞内，种子和果实中可大量存在，并常成小油滴或固体状。植物体中呈固体或半固体者称脂肪（fat），呈油滴状者称油（oil）。二者加苏丹Ⅲ试液显橘红色、红色或紫红色，加锇酸显黑色，加紫草试液显紫红色（图 1-11）。种子中存在的植物油用途广泛，如油菜籽和芝麻油供食用，蓖麻油作泻下剂，月见草油治高脂血症。

（二）生理活性物质

生理活性物质是细胞生命活动的产物，含量甚微，但它们对细胞分裂、生长发育和物质代谢等生命活动有非常重要的作用，主要包括维生素、植物激素、植物抗生素和植物杀菌素等。

（三）晶体

晶体通常是代谢废物集中到个别细胞，在液泡中形成结晶，避免了对细胞的毒害。晶体有不同的形态和成分，最常见的是草酸钙和碳酸钙结晶。此外，一些植物中还有其他类型晶体。例如，在禾本科植物茎、叶的表皮细胞内含有二氧化硅晶体，称硅胶晶体。柽柳叶中含石膏结晶，菘蓝叶含靛蓝结晶，吴茱萸和薄荷叶含橙皮苷结晶，槐花中含芸香苷结晶。

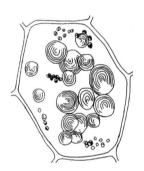

图 1-11 脂肪油
（椰子胚乳细胞）

1. 草酸钙结晶（calcium oxalate crystal） 细胞代谢产生的草酸与钙结合形成的草酸钙结晶，可减少草酸过多对细胞的毒害。结晶无色半透明或稍暗灰色，在植物中分布普遍，并随器官组织衰老，会逐渐增多。同种植物常见一种结晶形状，但少数植物存在两种或多种形状，如椿根皮同时存在簇晶和方晶。结晶的形状、大小在不同植物或植物不同部位存在一定差异，常是药材鉴定的依据之一。草酸钙结晶不溶于稀醋酸试液，加稀盐酸溶解而无气泡产生；但遇10%~20%硫酸试液便溶解并形成针状的硫酸钙结晶析出。常见的草酸钙结晶有以下形状（图 1-12）。

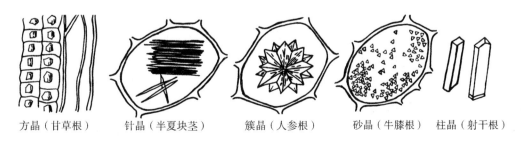

方晶（甘草根）　　针晶（半夏块茎）　　簇晶（人参根）　　砂晶（牛膝根）　　柱晶（射干根）

图 1-12 常见的几种草酸钙结晶体

（1）**单晶（solitary crystal）** 又称方晶或块晶，常呈正方形、长方形、八面形、三棱形等，常单独存在，如甘草根、黄皮树树皮等；有时呈双晶，如莨菪等。

（2）针晶（acicular crystal） 两端尖锐针状的晶体，细胞中常成束存在，称针晶束（raphides）。常见于黏液细胞中，如半夏块茎、黄精和玉竹的根状茎等。也有针晶不规则地分散在细胞中，如苍术根状茎、龙舌兰叶片。

（3）簇晶（cluster crystal；rosette aggregate） 由许多八面体、三棱形单晶体聚集而成，常呈多角形状，如人参根、大黄根状茎、椴树茎、天竺葵叶等。

（4）砂晶（micro – crystal；crystal sand） 呈细小三角形、箭头状或不规则形状，如颠茄、牛膝、地骨皮等。砂晶聚集的细胞较暗，易与其他细胞区别。

（5）柱晶（columnar crystal；styloid） 呈长柱形，长径/短径≥4。例如，射干、淫羊藿等药材的晶体。

2. 碳酸钙结晶（calcium carbonate crystal）

碳酸钙结晶是细胞壁的特殊瘤状突起上聚集了大量的碳酸钙和少量硅酸钙而形成，一端与细胞壁相连，状如一串悬垂的葡萄（图1-13），称钟乳体（cysyolith）。常见于桑科、爵床科、荨麻科等植物叶的表皮细胞中，如无花果、穿心莲等。碳酸钙结晶加醋酸或稀盐酸试液溶解，并有 CO_2 气泡产生，有别于草酸钙结晶。

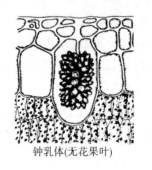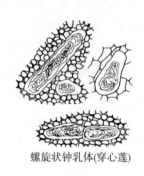

钟乳体(无花果叶)　　　　螺旋状钟乳体(穿心莲)

图1-13　碳酸钙结晶

（四）次生代谢物

次生代谢产物（secondary metabolites）是植物次生代谢产生的一类细胞生命活动或植物生长发育正常进行的非必需的小分子有机化合物。它们是植物长期演化中适应生态环境变化的结果，在处理植物与环境的关系中充当着重要的角色。次生代谢产物通常贮存在液泡或细胞壁中，其产生和分布具有种属、器官、组织和生长发育时期的特异性。常分为苯丙素类、醌类、黄酮类、鞣质类、生物碱、类萜、甾体及其苷、挥发油等。次生代谢产物常为植物药发挥治疗作用的物质基础，或重要药物（如奎宁碱、阿托品、吗啡）或工业原料（如橡胶）等。

五、植物细胞的分裂与增殖

植物细胞的增殖是通过细胞分裂不断增加细胞数量的生命现象。单细胞植物每分裂一次，就增加一倍新个体；细胞分裂为多细胞植物体的组建提供所需的细胞。从而细胞分裂对植物生长、发育、生殖具有重要意义。

（一）细胞周期

真核细胞分裂的主要方式是有丝分裂（mitosis）。连续分裂的细胞从一次有丝分裂结束到下一次有丝分裂结束所经历的整个过程称细胞周期（cell cycle）。在细胞周期中，控制各期转换的调控因子是一个 CDK/cyclin 异源二聚体复合体的蛋白激酶，催化亚基是 CDK，调节亚基是 cyclin，CDK 要与特定的细胞周期蛋白结合才具有激酶活性。这些蛋白激酶在细胞周期特定阶段发挥开启和关闭细胞功能的作用。细胞周期常划分为 DNA 合成前期（G_1 期）、DNA 合成期（S 期）与 DNA 合成后期（G_2 期）、有丝分裂期（M 期），前三个时期合称分裂间期。

1. G_1 期 是上一次分裂结束到 DNA 复制前的时期，主要是进行 RNA、蛋白质和酶合成，膜系统和细胞器也在此期合成和复制。

2. S 期 是核 DNA 复制开始到复制结束的时期。主要是进行 DNA 的半保留复制和组蛋白等的合成，使体细胞成 4 倍体，每条染色质丝都转变成由着丝点相连接的两条染色质丝。同时细胞质中合成组蛋白并转运入细胞核，进行中心粒复制。

3. G_2 期 是 DNA 复制结束到有丝分裂开始前的时期。中心粒复制完毕，形成两个中心体，还合成 RNA 和微管蛋白等。此期末两条染色单体已形成。

4. M 期 细胞经过间期后进入分裂期，细胞中开始出现了染色体及纺锤丝。细胞中已复制的 DNA 将以染色体的形式平均分配到子细胞中。

细胞周期运转十分有序，按照 G_1—S—G_2—M 次序进行，这是细胞周期有关基因有序表达的结果。细胞周期长短与核中 DNA 含量成负相关，与温度成正相关。

（二）细胞分裂

细胞分裂是植物个体生长、发育和繁殖的基础，也是生命延续的前提。细胞分裂主要的作用，一是增加细胞数量，使植物生长苗壮；二是形成生殖细胞，以繁衍后代。植物细胞分裂有三种方式：有丝分裂、无丝分裂和减数分裂。

1. 有丝分裂（mitosis） 又称间接分裂，是最普遍的细胞分裂方式，分裂导致植物生长，常有三种分裂方式（图 1-14）。有丝分裂是一个连续而复杂的过程，包括细胞核分裂和细胞质分裂。常分为间期、前期、中期、后期和末期 5 个时期。有丝分裂所产生的两个子细胞与母细胞具有相同的遗传信息。细胞分裂先是核分裂，随之是胞质分裂，最后产生新的细胞壁。

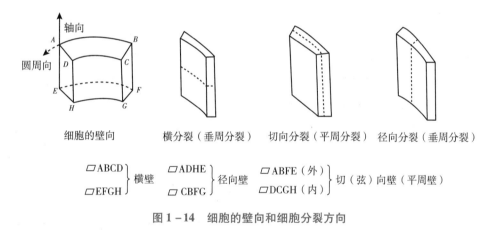

图 1-14 细胞的壁向和细胞分裂方向

（2）**无丝分裂（amitosis）** 又称直接分裂，分裂时细胞核的变化没有有丝分裂那样复杂，不出现染色体和纺锤体等一系列的形态变化。无丝分裂有横缢、芽生、碎裂、劈裂等多种方式，以横缢式常见。横缢式分裂时细胞核延长并缢裂呈两个核，在子核间又产生出新的细胞壁，将母细胞的细胞核和细胞质分成两个部分。无丝分裂速度快，消耗能量小，但不能保证母细胞的遗传物质平均地分配到两个子细胞中，从而影响遗传的稳定性。无丝分裂常见于原核生物，高等植物的某些器官中也可见，如愈伤组织、薄壁组织、生长点、胚乳、花药的绒毡层细胞，表皮、不定芽、不定根、叶柄等处。

（3）**减数分裂（meiosis）** 只发生在植物有性生殖产生配子的过程中。在减数分裂中，染色体仅复制一次，细胞连续分裂两次，两次分裂中将同源染色体与姐妹染色单体均分到 4 个子细胞中，最终形成的子细胞为单倍染色体（n），故称减数分裂。减数分裂产生的精子和卵细胞均为单倍体（n）。在以后发生有性生殖时，精子和卵细胞结合，恢复成为二倍体（2n），使得子代的染色体与亲代的染色体相同，保证了遗传的稳定性，成为保持物种稳定性的基础。同时，在减数分裂过程中，由于同源染色体发生联合、交叉和片段互换，使同源染色体上父、母亲本的基因发生重组，因而使后代的基因多样化，增强了适应性。栽培育种上常利用此特性进行品种间杂交，以培育新品种。

此外，细胞分裂还存在非正常的分裂类型。例如，细胞核分裂时细胞质不分裂，由此形成多核细胞，称核分裂。一些生物在减数分裂产生卵细胞过程中，不发生细胞质分裂，而产生四核细胞，随后三个核被降解，而产生一个单倍体的卵细胞。同时，叶绿体和线粒体也通过膜内陷或被拉开，分裂成两个细胞器。

六、植物细胞的生长、分化和信号传导

高等植物从受精卵到长成植株过程中，由一个受精卵发展出亿万细胞，以及一种细胞发展出多种形态和结构不同的细胞，要经历一系列有节律的细胞分裂、生长和分化。因此，植物发育的根本问题主要涉及细胞生长和分化两个同步进行的发育过程，以及伴随二者的代谢活动。细胞的生长（growth）是指细胞体积和重量增加的过程以及伴随二者的代谢活动，分化（differentiation）是指细胞形态结构和功能特化的过程。植物各种组织和器官的形成都取决于细胞的分化。

1. **植物细胞的生长** 根据细胞生理和形态特点，可将细胞生长过程划分成分生期、增长期和成熟期。分生期细胞具有分生能力，当原生质增加到一定程度时，便发生细胞分裂，有小部分分裂产生的细胞仍能持续分裂，其余细胞进入增长期。增长期细胞代谢加强，体积和重量迅速增加。植物细胞生长包括原生质体和细胞壁两方面的生长，原生质体生长最显著的特点是液泡化程度增加，最终形成中央大液泡。细胞壁生长包括表面积增加和胞壁的加厚，其生长过程受原生质体代谢活动严格控制。细胞生长方式有两种：一种是液泡吸水膨胀称细胞伸长（elongation），如根尖分裂的新细胞在伸长区吸水生长，使根向下生长；竹笋在雨后吸足水分，细胞伸长，使笋突出地面等。另一种是细胞鲜重和干物质随体积增大而增加称细胞实质性生长。原生质体分泌的胞壁构成物质，在细胞生长过程中以填充生长方式使细胞壁随原生质体长大而延伸；通常在细胞停止生长后，以敷加生长方式逐层增加成熟细胞壁的厚度。

细胞生长有一定限度，当体积达到一定大小后，便停止生长。细胞停止生长时，细胞开始特化，在形态上出现各种变化。细胞最终的大小，随植物种类和细胞类型而异，也受水分、光照和无机元素等环境因子的影响。

2. **植物细胞的分化** 多细胞植物体内不同的细胞执行不同的功能，与之相适应地，细胞在形态或结构和生理上表现出各种变化。植物细胞分化过程中，核的变化不明显，而细胞质和细胞壁则表现出分化细胞的特殊性质。例如，液泡化增大，质体分化，细胞器种类、大小和分布的变化，贮藏物质的合成和积累，次生壁的形成或部分细胞壁的消失等。细胞向不同方向分化与基因的表达有关，细胞分裂产生的子细胞，都得到与母细胞相等的全套遗传物质。细胞在分化时，不是所有的遗传物质在一个细胞的任何时期都能全部表达，某一时期特定基因的表达与植物生长过程中某些因子的影响和调控有关。每个细胞的全套遗传物质，在适宜条件下，多数生活细胞都能产生一株完整的植株，称细胞全能性（totipotency）。

细胞分化的机理极其复杂，并受到多种因素的作用而影响基因表达。这些因素主要包括：调控和激活基因并适时表达，核质的相互作用，信使 RNA 的产生，不同区域遗传物质的相互作用，胞内其他物质控制遗传物质活动，各种酶及其相互作用，激素、细胞和环境之间的相互作用等。同时，细胞分化的本质是遗传信息的部分表达或部分抑制。细胞分化受到细胞内外诸因素的影响，其中细胞极性是细胞分化的首要条件，生长素和细胞分裂素等是启动细胞分化的关键物质。细胞分化受细胞在植物体内位置的制约，同时光照、温度、湿度等环境因子使某些信息表达而另一些受抑制，一定程度上影响植物体内细胞的分化发育。细胞分化使多细胞植物体中细胞功能趋于专门化，植物进化程度愈高，植物体的结构越复杂，细胞分工越精细，细胞分化程度也越高，生命活动的效率也愈高。

3. **细胞信号系统与信号转导** 植物生长发育受遗传信息和环境信息的双重调控，遗传决定个体发

育的基本模式，但其在实现上很大程度上受控于环境信息。植物的不可移动性决定其接受环境变化信息，并及时作出相应反应，调节适应环境是植物生存的基本策略。高等植物有数以亿计的细胞，各种特化细胞之间既有明确分工又必须保持相互间协调，这涉及信号分子的传递，靶细胞通过受体接收信号，以及胞内信号的传导。这是生物体一种十分复杂又高度有序的重要生命活动。细胞信号分子有数十种，按作用范围可分为胞外信号分子和胞内信号分子。信号传导过程包括胞间信号传递、膜上信号转换、胞内信号转导和蛋白质可逆磷酸化四个阶段（图 1-15）。

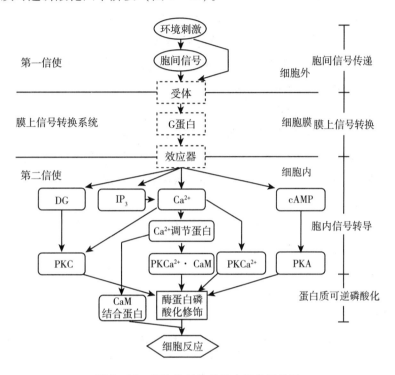

图 1-15　细胞信号传导的主要分子途径

IP$_3$. 三磷酸肌醇；DG. 二酰甘油；PKA. 依赖 cAMP 的蛋白激酶；PKCa^{2+}. 依赖 Ca^{2+} 的蛋白激酶；

PKC. 依赖 Ca^{2+} 与磷脂的蛋白激酶；PKCa^{2+}·CaM. 依赖 Ca^{2+}·CaM 的蛋白激酶

（1）胞外信号传递　胞外信号包括胞外环境刺激信号和胞间信号，合称第一信使（first messenger）或初级信使（primary messenger）。胞外环境信号是指机械刺激、磁场、辐射、温度、风、光、CO_2、O_2、土壤性质、重力、病原菌、水分、营养元素、伤害等影响植物生长发育的外界环境因子。胞间信号（intercellular signal）是指由植物体自身合成，能从合成部位运送到其他部位，并能作为其他细胞刺激信号的细胞间通讯分子。主要包括植物激素、NO、多肽、糖类、细胞代谢物、甾体、细胞壁碎片等胞间化学信号（chemical signal），以及电信号和水力信号等胞间物理信号（physical signal）。胞间信号主要通过共质体和质外体传导。物理信号通过电信号和水力信号（hydraulic signal）实现体内信息传递，电信号是植物体对外部刺激的最初反应。例如，敏感植物或器官（如含羞草的叶，茎卷须等）受刺激时产生运动反应伴随电波的传递；子叶受伤害而引起第一真叶产生蛋白酶抑制物（PIs）的过程中，主要传导方式是动作电位；同时电信号也能引起包括基因转录在内的生理生化变化。植物细胞对水力信号很敏感，如玉米叶片木质部压力的微小变化就能迅速影响其气孔的开度，即压力势降低时气孔开放，反之亦然。挥发性化学信号通过体内气腔网络传递，乙烯和茉莉酸甲酯（JA-Me）均属此类信号。脱落酸（ABA）、JA-Me、寡聚半乳糖、水杨酸等小分子化学信号主要木质部或韧皮部实现长距离传递到作用部位引起生理反应。例如，土壤干旱时根细胞迅速合成 ABA，并经木质部蒸输送到地上部分，引起叶片生长受抑和气孔导度的下降，而根部合成和输出细胞分裂素（CTK）的量显著减少。光信号通过跨膜信号转换形成第二信使，通过信号通路传递调节光形态构建反应。胞外环境信号在植物体转化成胞间信号或直接发挥调控作用，胞间信号通过共质体和质外体传递，第一信使并不直接参与细胞物质和能量代谢，而是将信息传递给"第二信使"进而发挥调节作用。

（2）跨膜信号转换机制　植物细胞信号传导过程可简单描述成：刺激与感受——信号传导——反应三个重要的环节。植物感受各种刺激过程中，受体的功能主要是识别并结合特异的信号物质，接收信息，告知细胞在环境中存在一种特殊的信号或刺激因素，并把识别和接收的信号准确无误地放大并传递到细胞内部。胞外信号通过细胞表面受体和质膜内受体感受，细胞表面受体主要包括离子通道连接受体、酶联受体和 G 蛋白偶联受体等。胞外信号通过后细胞膜转化成胞内信号的过程称跨膜信号传导（signal transduction），其中细胞表面的受体尤其是 G 蛋白偶联受体发挥着重要的作用。外界刺激可能通过细胞壁—质膜—细胞骨架蛋白变构而引起生理反应。

（3）胞内信号　胞外信号经跨膜信号转换，在胞内信号系统参与下生成第二信使或次级信使（secondary messenger）信息，主要包括钙离子（Ca^{2+}）、肌醇三磷酸（IP_3）、二酰甘油（DG）、环腺苷酸（cAMP）和环鸟苷酸（cGMP）等，以及 NO、H_2O_2、花生四烯酸、环 ADP 核糖、IP_4、IP_5、IP_6 等，通过钙信号系统、肌醇磷脂（inositide）信号系统、环核苷酸信号系统等发挥调节细胞的生理活动和新陈代谢的作用。

（4）蛋白质可逆磷酸化（phosphoralation）　几乎所有细胞信号传递途径的共同环节和中心环节，由蛋白激酶（protein kinase）、蛋白磷酸酶（protein phosphatase）完成，通过调节胞内蛋白质磷酸化或去磷酸化而进一步传递信息。植物细胞中的蛋白激酶主要包括类受体蛋白激酶和钙及钙调素依赖的蛋白激酶，依赖的 Ca^{2+} 蛋白激酶（CDPK）是植物特有的蛋白激酶。植物依耐蛋白激酶产生生理反应的时间可分为长期生理效应和短期生理效应。细胞内所有信号传导通路都不是完全独立，它们之间有着密切的相互联系，存在信号系统之间的"交流对话"，形成一个细胞内的精巧而复杂的网络信号转导和调控网络，共同控制着细胞生命活动。

4. 植物细胞的死亡　植物体中细胞的一切活动受到整体的调节和控制，细胞不断地分裂、生长和分化的同时，也不断地发生着细胞死亡。细胞死亡有两种形式：①细胞程序性死亡（programmed cell death，PCD），又称细胞凋亡（apoptosis），是植物体发育过程在特定发育阶段自然发生的细胞死亡过程，该过程是受某些特定基因编码的"死亡程序"控制。PCD 是细胞分化的最后阶段，细胞分化临界期就处于死亡程序执行中的某个阶段。PCD 包含启动期、效应期和清除期三个阶段，其间 caspase 家族起着重要作用。PCD 在植物发育过程中的细胞、组织平衡和特化，以及组织分化、器官建成和对病原体的反应等起着重要作用。PCD 中形态变化和生化变化都有严格的时序性，PCD 的产物既可被其他细胞吸收利用，也可用于构建自身细胞的次生壁。PCD 是植物长期演化产物，以保证其种族生物的世代延续。如木质部中运输水分和无机盐的成熟管状分子是没有原生质体的死细胞，其分化过程就是典型的 PCD 过程。② 坏死性死亡（necrosis）是指细胞某些外界因素的剧烈刺激，如物理、化学损伤或生物侵袭导致细胞的非正常性死亡。

◈ 第二节　植物组织的结构、分布与功能

PPT

一、植物组织与器官的概念

植物细胞分化形成多种类型的细胞，同种类型的细胞往往聚集在一起形成特定的细胞群。将来源相

同、形态结构相似、机能相同而又彼此密切结合和相互联系的细胞组成的细胞群称组织（tissue）。植物组织是植物进化过程中复杂化和完善化的产物，由同种类型细胞构成的组织称简单组织，由多种类型细胞构成的组织称复合组织。单细胞和多细胞的低等植物无组织分化，高等植物开始出现组织分化，植物进化程度越高，组织分化越明显，形态结构也越复杂。

不同组织有机结合、相互协同、紧密联系，形成不同的器官。根、茎、叶、花、果实和种子等器官都是由不同组织构成，各种组织既相互独立又相互协同，协同完成植物体整个生命活动过程。

二、植物组织类型

植物组织的种类很多，根据发育程度、形态结构和主要生理功能不同，分成分生组织、薄壁组织、保护组织、机械组织、输导组织和分泌组织，后 5 种组织由分生组织的衍生细胞发育而成，统称成熟组织（mature tissue）或永久组织（permanent tissue）。成熟组织并非一成不变，有些分化程度低的组织可进一步发育成其他组织，如薄壁组织细胞可脱分化成分生组织或特化为石细胞。

不同植物的同一组织通常具有不同的显微特征，在药材鉴别中是一种常用而又可靠的鉴别方法，特别是对某些药材性状鉴定较为困难的易混品种，或对某些中成药及粉末状药材。例如，直立百部、蔓生百部和对叶百部，这三种植物根的外部形态相似，但内部组织构造各不相同，易于区别。

（一）分生组织

植物胚胎发育早期所有胚细胞均有分裂能力，植物体形成之后只有特定部位才保持细胞分裂活动。这种保持继续分裂能力的细胞群称分生组织（meristem）。分生组织在植物生长发育过程中，常持续或周期性地保持强烈的分生能力，一方面为植物体产生其他组织细胞，另一方面维持自身的分裂能力。分生组织的细胞不断分裂、分化，形成各种不同类型的成熟细胞和组织，使植物体得以生长，如根、茎的顶端生长和加粗生长。

分生组织细胞具有以下特征：细胞体积小，无细胞间隙，细胞壁薄，细胞质浓，细胞核相对大，无明显液泡和质体分化，代谢旺盛，具极强的分生能力等。按照不同分类依据可分为不同的类型。

1. 根据分生组织性质和来源分类

（1）原分生组织（promeristem） 由种子的胚保留下来，位于根、茎最先端的一团原始细胞组成。这些细胞没有任何分化，可长期保持分裂机能。

（2）初生分生组织（primary meristem） 由原分生组织细胞分裂而来的细胞组成。这些细胞一方面仍保持分裂能力，同时细胞开始出现分化，其分生活动的结果是形成根、茎的初生构造。例如，茎的初生分生组织常产生初级分化，形成原表皮层（protoderm）、基本分生组织（ground meristem）和原形成层（procambium）。在此基础上，可进一步发育形成表皮、皮层、和初生维管组织等初生构造。

$$
\underset{\text{（细胞分裂）}}{\text{原分生组织}} \xrightarrow{\quad} \underset{\text{（细胞分裂和分化）}}{\text{初生分生组织}} \begin{cases} \text{原表皮层} \longrightarrow \text{表皮} \\ \text{基本分生组织} \longrightarrow \text{皮层、髓} \\ \text{原形成层} \longrightarrow \text{初生维管束部分} \end{cases}
$$
$$\text{（成熟组织）}$$

（3）次生分生组织（secondary meristem） 由已经分化成熟的薄壁组织（如表皮、皮层、中柱鞘、髓射线等）经过生理上和结构上的变化，重新恢复分生能力而形成的分生组织。它们与根、茎增粗和重新形成保护层有关，不是所有的植物次生分生组织。

这些组织在转变过程中，细胞质变浓，液泡缩小，最后恢复分裂能力，成为次生分生组织。例如，裸子植物和双子叶植物根的形成层、茎的束间形成层、木栓形成层等，这些分生组织一般成环状排列，与轴向平行。次生分生组织分生活动的结果形成次生构造，即次生保护组织和次生维管组织，使根和茎不断增粗。

2. 根据分生组织在植物体内分布和位置分类

（1）顶端分生组织（apical meristem） 位于根、茎的最顶端，最先端部分由胚性细胞组成，又称生长锥（图1-16）。这部分细胞能较长期保持旺盛的分生能力，虽然存在休眠期，但环境条件适宜时又能进行分裂。顶端分生组织活动与植物初生生长直接相关，细胞不断分裂、分化，使根、茎不断伸长或长高。同时，也有些植物发育到一定阶段后，顶端分生组织细胞发生质变发育成花或花序。顶端分生组织就其发生而言属于原分生组织，但原分生组织和初生分生组织之间无明显分界，所以顶端分生组织也包括初生分生组织。

（2）侧生分生组织（lateral meristem） 包括维管形成层（vascular cambium）和木栓形成层（cork cambium），与次生生长直接相关，主要存在于裸子植物和双子叶植物的根和茎中，一般成环状排列并与轴平行。维管形成层的细胞常呈长纺锤形，具有不同程度的液泡化，分裂活动时间较长，分裂出的细胞分化成次生木质部和次生韧皮部，使根和茎不断进行加粗生长。木栓形成层由薄壁细胞脱分化而来，一层长方形细胞，分裂活动时间短分裂出的细胞分化成木栓层和栓内层，在器官表面形成新的保护组织——周皮。

（3）居间分生组织（intercalary meristem） 存在于茎、叶、子房柄、花柄等成熟组织之中，由顶端分生组织保留在某些器官中局部区域分生组织细胞或由薄壁组织脱分化形成的分生组织，只能保持一定时间的分生能力，以后全部转变成成熟组织，居间分生组织相当于初生分生组织。例如，水稻、小麦、薏苡等禾本科植物茎节间的基部和韭菜、葱等百合科植物叶基部具有居间分生组织，稻、麦拔节生长或抽穗，雨后春笋的迅速生长，花生开花受精后入土结实，稻、麦倒伏后逐渐恢复向上生长，韭菜、葱等叶被割后仍能继续生长等，这些都是居间分生组织分裂活动的结果。

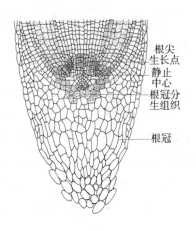

根尖
生长点
静止
中心
根冠分
生组织

根冠

图1-16 根尖顶端分生组织

（二）薄壁组织

薄壁组织（parenchyma）由薄壁细胞组成，在植物体内分布最广，占有体积最大，常是植物体的基本组成部分，又称基本组织（ground tissue）。薄壁组织的细胞是生活细胞，细胞体积较大，液泡大，形状各异，多呈球形、椭圆形、圆柱形、长方形、多面体等，排列疏松，具有细胞间隙，细胞壁薄，由纤维素和果胶质组成，纹孔是单纹孔。它在植物体内常担负同化、贮藏、吸收和通气等营养功能，又称营养组织。薄壁组织细胞分化程度较低，具有潜在的分生能力，在一定条件下可转变为分生组织或进一步发育成其他组织，如石细胞等。

根据细胞结构和生理功能不同，薄壁组织通常可分为以下几类（图1-17）。

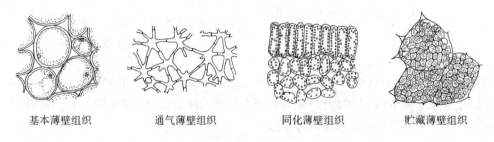

基本薄壁组织　　　通气薄壁组织　　　同化薄壁组织　　　贮藏薄壁组织

图1-17 薄壁组织的类型

（1）基本组织（ground tissue） 最常见普通的薄壁组织，通常存在植物体各部位。细胞形状多样，排列疏松，胞间隙和液泡较大，细胞质稀薄。例如，根或茎的皮层和髓部，这类细胞主要起填充和联系其他组织作用。

（2）同化组织（assimilation tissue）　常位于植株绿色部位，尤以叶肉最多，幼茎和幼果也有，又称绿色薄壁组织。其细胞形态多样，胞内含大量的叶绿体，胞间隙发达。细胞能利用水和 CO_2 进行光合作用制造有机物质（同化产物）。

（3）贮藏组织（storage tissue）　常见于植物的根、地下茎、果实和种子等，细胞贮藏有淀粉、蛋白质、脂肪、油和糖类等营养物质。一些肉质植物如仙人掌、芦荟等内具有贮藏大量水分和黏液的薄壁细胞称贮水组织（aqueous tissue）。

（4）吸收组织（absorbtive tissue）　主要位于植物根尖端的根毛区，包括表皮细胞和外壁向外突起形成管状结构的根毛（root hair）。根毛数量庞大，常具黏液，增大了与土壤接触面积，有利于根吸收土壤中水分和无机盐。

（5）通气组织（aerenchyma）　常见于水生或沼生植物体内，通气薄壁组织中胞间隙非常发达，常有一些薄壁细胞解体，彼此联接成大的气腔或气道，其中贮藏有大量空气，有利于植物体内的气体交换，也有支持植物体漂浮作用。例如，莲的叶柄和根状茎、灯心草的茎髓等都存在气腔或气道。

（6）传递细胞（transfer cell）　细胞壁内突生长，在胞腔内形成许多不规则的乳突状、指状、丝状或鹿角状突起的壁 – 膜复合体，扩大了质膜表面积，有利于细胞对物质的吸收和传递。它在主要发挥短距离物质运输的作用。叶的细脉附近、木质部和韧皮部、胚柄、蜜腺、盐腺等都存在该类细胞。

（三）保护组织

保护组织（protective tissue）位于植物体表面，由一层或数层细胞组成，起着减少水分蒸腾、防止机械损伤和其他生物侵害等作用。根据来源和结构的不同，常分为初生保护组织——表皮，次生保护组织——周皮。

1. 表皮（epidermis）　由原表皮分化而来，属初生保护组织。通常由一层生活细胞构成，少数植物表皮有 2~3 层细胞称复表皮，如夹竹桃叶和印度橡胶树叶。表皮常分布于幼茎、叶、花和果实的表面，由表皮细胞、气孔器的保卫细胞和副卫细胞，表皮毛或腺毛等附属物组成，其中表皮细胞是其最基本的成分。

（1）表皮细胞（epidermal cell）　生活细胞，常扁平而不规则，细胞镶嵌排列紧密，无细胞间隙。横切面观，表皮细胞常呈方形或长方形，液泡化明显，常无叶绿体，有时有白色体或有色体。细胞壁厚薄不一，内壁较薄，外壁较厚，常角质化并形成角质层，一些植物的表皮还有蜡被（图 1 – 18）。这对减少水分蒸腾、防止病原物侵染具有重要作用。有些植物的表皮细胞壁矿质化，如木贼茎和禾本科植物叶表皮细胞硅质化，气生表皮上常有许多气孔器和表皮毛。植物体表层的结构状况是植物抗病品种选育、农药和除草剂使用时须考虑的因素，也是带叶药材鉴定的特征之一。

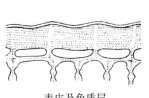
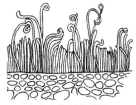

表皮及角质层　　　　　　　表皮上的杆状蜡被

图 1 – 18　角质层与蜡被

（2）气孔器（stomatal apparatus）　由两个保卫细胞（guard cell）及它们之间的孔隙、孔下室与副卫细胞（subsidiary cell）组成，常简称气孔（stoma）（图1–19）。保卫细胞比表皮细胞小，常呈肾形，与保卫细胞相邻接的表皮细胞称副卫细胞，其形状一般不同于表皮细胞。气孔多分布在叶片和幼嫩茎枝表面，它是细胞与环境进行气体交换的通道。气孔的张开和关闭还受到温度、湿度、光照和CO_2浓度等因素的影响，通常白天开放以进行光合作用，夜晚关闭，起着控制气体交换和调节水分蒸散的作用。

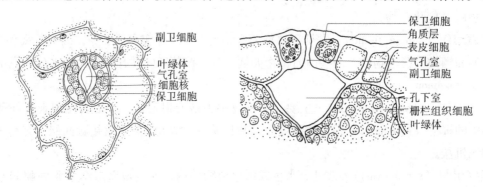

图1–19 叶的表皮与气孔器

保卫细胞与副卫细胞的排列关系称气孔轴式或气孔类型。被子植物气孔类型有35种，并随植物种类不同而异，通常是叶类和全草类药材鉴定的特征。双子叶植物常见气孔类型有以下几种（图1–20）。

图1–20 气孔的类型

1）平轴式（平列型，paracytic type） 副卫细胞2个，其长轴与保卫细胞的长轴平行。例如，茜草、菜豆、落花生、番泻和常山等植物的叶。

2）直轴式（横列型，diacytic type） 副卫细胞2个，其长轴与保卫细胞的长轴垂直。例如，石竹科、爵床科（穿心莲）和唇形科（薄荷）等植物的叶。

3）不等式（不等细胞型，anisocytic type） 副卫细胞3~4个，大小不等，1个明显较小。例如，十字花科（如菘蓝叶）、茄科烟草属和茄属等植物的叶。

4）不定式（无规则型，anomocytic type） 副卫细胞数目不定，大小基本相同，形状与其他表皮细胞相似。例如，艾叶、桑叶、枇杷叶、洋地黄叶等。

5）环式（辐射型，actinocytic type） 副卫细胞数目不定，形状较其他表皮细胞狭窄，围绕保卫细胞呈环状排列。例如，茶叶、桉叶等。

单子叶植物的气孔类型较复杂，如禾本科和莎草科植物的保卫细胞呈哑铃型，在两端球状部分的细胞壁较薄，中间狭窄部分较厚，该结构使保卫细胞易因膨压改变而引起气孔开闭。保卫细胞两侧还有两个平行排列、略呈三角形的副卫细胞，起着辅助开启气孔的作用，如淡竹叶、玉蜀黍叶（图1–21）等。

（3）毛状体（trichome） 指表皮细胞特化而成的突起物，具有保护、减少水分蒸发、分泌物质等作用。根据结构和功能，分为腺毛（glandular hair）和非腺毛或表皮毛（epidermal hair）。

1）腺毛 由腺头和腺柄组成，能分泌挥发油、树脂、黏液等物质（图1–22）。腺头常呈圆形，由1至多个细胞组成，腺柄有单细胞和多细胞之分，如薄荷、车前、洋地黄、曼陀罗等叶上的腺毛。腺头

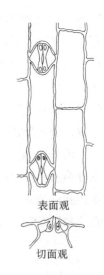

表面观

切面观

图1–21 玉米叶的表皮和气孔器

细胞 8 个或 6~7 个，排列在同一个平面上，略呈扁球形，腺柄短或无柄，称腺鳞。少数腺毛存在植物体薄壁组织内部的胞间隙中，称间隙腺毛，如广藿香茎、叶和绵马贯众叶柄及根茎内的腺毛。

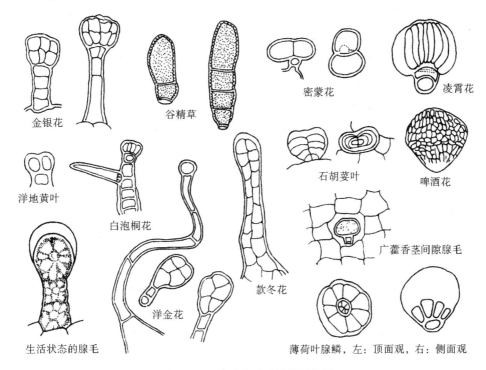

图 1-22　腺毛和腺鳞的常见类型

2）非腺毛　由 1 至多个细胞组成，无分泌作用，仅具有保护作用。常见有以下类型（图 1-23）。

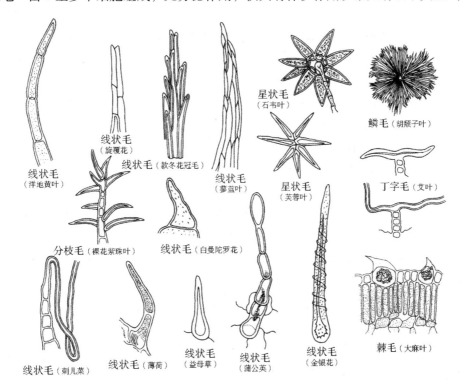

图 1-23　非腺毛的常见类型

①乳突状毛：表皮细胞外壁突起呈乳头状，如菊花、金银花花冠顶端的毛。

②线状毛：1至多个细胞，单列或多列排列呈线状。单细胞毛，如忍冬、番泻的叶；单列线状毛，如洋地黄叶；多列线状毛，如旋覆花。

③棘毛：细胞壁木质化，厚而坚硬，细胞内有结晶体沉积。例如，大麻叶的棘毛。

④钩毛：顶端弯曲成钩状，其余似棘毛。例如，茜草茎、叶上的钩毛。

⑤螫毛：顶端细胞硬脆，液泡中含蚁酸，能刺激皮肤引起剧痛。例如，荨麻的毛。

⑥分枝毛：细胞排成呈分枝状。例如，毛蕊花、裸花紫珠叶的毛。

⑦丁字毛：细胞排成呈丁字形。例如，艾叶和除虫菊叶的毛。

⑧星状毛：分枝呈放射状。例如，芙蓉和蜀葵叶、石韦叶和密蒙花的毛。

⑨鳞毛：突出部分呈鳞片状或圆形平顶状。例如，胡颓子叶的毛。

植物毛状体的形态和结构类型复杂，其细胞组成和空间排列式样不同，外壁雕纹式样也丰富多样，这些丰富的特征，常是药材鉴定的依据之一。需要注意，同一植物甚至同一器官上常存在不同类型的毛状体。例如，薄荷叶上既有非腺毛，又有腺毛和腺鳞。毛状体不仅强化了植物表面的保护作用，还能不同程度地阻碍阳光的直射，降低温度和气体流通速度，减少水分的蒸发，以及保护植物免受动物啃食和帮助种子撒播的作用。

2. 周皮（periderm） 属次生保护组织，由木栓层（cork，phellem）、木栓形成层（phellogen，cork cambium）和栓内层（phelloderm）组成的复合组织，是木栓形成层分裂活动形成（详见第二章）。常见于裸子植物和被子植物双子叶植物的老根和老茎表面，以及一些植物的块根、块茎表面。

木栓层由多层扁平细胞紧密排列组成，无胞间隙，死亡细胞，栓质化细胞壁不透水、不透气，具有很好的保护作用。木栓形成层为次生分生组织，向外形成木栓层，向内形成栓内层。栓内层为生活的薄壁细胞，细胞通常排列疏松，茎中栓内层细胞常含叶绿体，常称绿皮层。

（四）机械组织

机械组织（mechanical tissue）的细胞壁局部或全部加厚，有的木质化，起着支持和巩固作用。幼嫩器官的机械组织不发达，随着器官的成熟内部逐渐分化出机械组织。根据细胞形态和壁加厚方式不同，可分为厚角组织和厚壁组织。

1. 厚角组织（collenchyma） 分布在幼茎或叶柄等器官，支持力较弱。细胞壁不均匀加厚，具有原生质体的生活细胞，常会叶绿体，能参与木栓形成层的形成。纵切面观：细胞呈细长形，两端略呈平截状、斜状或尖形；横切面观：细胞呈多角形、不规则形。细胞壁由纤维素和果胶组成，是初生壁性质的加厚，具有坚韧性、可塑性和延伸性。它既支持植物直立，又能随器官伸长而延伸。根据细胞壁加厚方式不同，可分为以下四种类型（图1-24）。

（1）真厚角组织（angular collenchyma） 细胞壁在几个相邻细胞角隅处加厚，又称角隅厚角组织，是最常见的类型。例如，薄荷属、桑属和蓼属植物等。

（2）板状厚角组织（plate collenc） 细胞壁在内、外切向壁上加厚，又称片状厚角组织。例如，大黄属、细辛属、地榆属、泽兰属和接骨木属植物等。

（3）腔隙厚角组织（lacunate collenchyma） 细胞壁在面对发达胞间隙的部分加厚。例如，夏枯草属、锦葵属、鼠尾草属植物等。

（4）环状厚角组织（annular collenchyma） 细胞壁加厚比较均匀，横切面观细胞腔成圆形或近圆形。例如，月桂的主脉、五加科与木兰科的叶柄等。

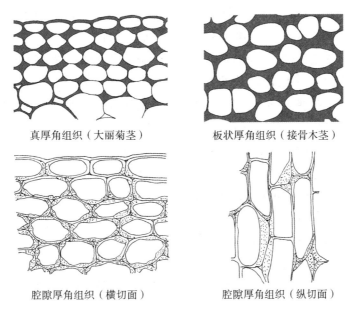

真厚角组织（大丽菊茎）　　　　板状厚角组织（接骨木茎）

腔隙厚角组织（横切面）　　　　腔隙厚角组织（纵切面）

图1-24　厚角组织的类型

2. 厚壁组织（sclerenchyma）　支持能力较强，是植物主要的支持组织。细胞壁全面次生加厚，常木质化，壁上具层纹和纹孔，成熟细胞是胞腔小的死细胞。次生厚壁成分主要是纤维素或木质素。细胞单个或成群分散在其他组织中，依据细胞形态不同，常划分成纤维和石细胞。

（1）**纤维（fiber）**　细胞两端尖细呈长梭形，胞腔狭长，次生壁明显，壁上有少数纹孔。纤维细胞单个或彼此嵌插成束分布。依据在植物体分布和壁特化程度不同，常分成木纤维和木质部外纤维。

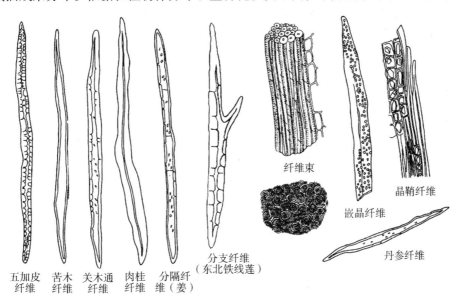

纤维束

晶鞘纤维

嵌晶纤维

丹参纤维

五加皮　苦木　关木通　肉桂　分隔纤　分支纤维
纤维　纤维　纤维　纤维　维（姜）（东北铁线莲）

图1-25　纤维束及纤维类型

1）**木纤维（xylem fiber）**　分布于木质部，较韧皮纤维短，长约1mm。细胞壁木化程度高，胞腔小，坚硬且无弹性，脆而易断，机械巩固较强。壁增厚程度随植物种类和生长部位与生长时期不同而异，春季产生的木纤维壁较薄，秋季的则较厚。例如，栎树、栗树等的木纤维壁强烈增厚，而黄连、大戟、川乌、牛膝等存在一些壁较薄的木纤维。沉香、檀香等的木纤维，细胞细长，像韧皮纤维，壁厚，具裂缝状单纹孔，纹孔较少，称韧型纤维（libriform fiber）。

2）木质部外纤维（extraxylary fiber） 指分布在韧皮部、皮层、栓内层和髓部等的纤维，以韧皮部最常见，也称韧皮纤维（phloem fiber）。细胞多呈长纺锤形，细胞壁厚，木化程度低，富含纤维素，坚韧而有弹性，纹孔较少常成缝隙状；横切面观呈圆形、长圆形或多角形等，壁常见同心纹层。在藤本茎的皮层、髓部中的纤维束常具环状排列，分别称皮层纤维、环髓纤维。在靠近维管束分布的纤维束呈环状排列，称环管纤维或周维纤维。一些单子叶植物茎中，纤维环状排列在维管束周围形成维管束鞘。在药材鉴定中，常见以下几种特殊纤维（图1-25）。

①晶鞘纤维（晶纤维，crystal fiber）：纤维束周围的薄壁细胞含晶体。薄壁细胞含方晶，如黄柏、甘草等；或簇晶，如石竹、瞿麦等；或石膏结晶，如柽柳等。

②嵌晶纤维（intercalary crystal fiber）：在纤维细胞次生壁外层镶嵌有方晶或砂晶。例如，南五味子根皮的纤维嵌有方晶，草麻黄茎的纤维嵌有砂晶。

③分隔纤维（septate fiber）：纤维胞腔中具有菲薄的横膈膜，长期保留有原生质体，贮藏有淀粉或油脂或树脂等。例如，姜、葡萄属、金丝桃属等植物。

④分支纤维（branched fiber）：纤维细胞呈长梭形且顶端具有明显的分枝。例如，东北铁线莲根中的纤维。

（2）石细胞（sclereid，stone cell） 细胞壁强烈加厚且木化的厚壁细胞。石细胞的形状不规则，形态多样，多为椭圆形、类圆形、类方形、不规则形等近等径的类型，也有分枝状、星状、柱状、骨状、毛状等类型；细胞壁的次生壁厚，呈现同心环状层纹，壁上有许多单纹孔，胞腔极小，成熟后是死细胞。石细胞广泛分布于植物各器官中。石细胞的分布部位和形状常是药材鉴定的重要特征之一（图1-26）。例如，三角叶黄连、白薇等髓部具石细胞，黄柏、黄藤、肉桂的树皮具石细胞；黄芩、川乌根中的石细胞呈长方形、类方形、多角形，厚朴、黄柏中的石细胞呈不规则状。一些植物的果皮和种皮中石细胞常构成坚硬的保护组织，如椰子、核桃、杏等坚硬的内果皮，以及菜豆、栀子、决明子的种皮。

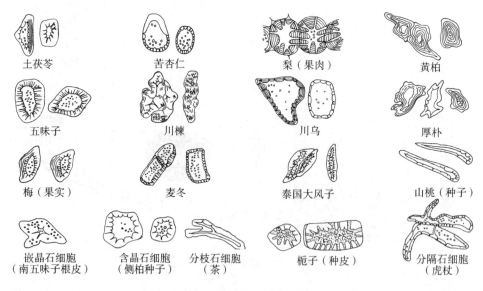

土茯苓　　　　苦杏仁　　　　梨（果肉）　　　黄柏

五味子　　　　川楝　　　　川乌　　　　厚朴

梅（果实）　　麦冬　　　泰国大风子　　山桃（种子）

嵌晶石细胞　　含晶石细胞　　分枝石细胞　　栀子（种皮）　　分隔石细胞
（南五味子根皮）（侧柏种子）　（茶）　　　　　　　　　　（虎杖）

图1-26 石细胞的类型

（五）输导组织

输导组织（conducting tissue）是维管束的主要组成部分，以及维管植物体内长距离运输的管状结构，它们在各器官间形成连续的输导系统。运输水分和无机盐的结构有导管和管胞，运输有机营养物质的结构有筛胞、筛管和伴胞。植物通过输导组织进行物质的重新分配。输导组织增强了植物对陆生生活的适应性。

1. 导管和管胞

（1）导管（vessel） 存在于被子植物的木质部，由一系列长管状或筒状的死细胞，以末端的穿孔相连而成的一条长管道，每1个细胞称导管分子（vessel element）。导管发育过程中伴随细胞壁的次生增厚和原生质体的解体，导管分子两端初生壁溶解形成不同式样的穿孔类型，具有穿孔的端壁称穿孔板（perforation plate）。端壁溶解形成穿孔的形态和数目不同，形成了不同类型的穿孔板。有的端壁溶解成一个大的穿孔称单穿孔板，椴树和一些双子叶植物的导管端壁上留有几条平行排列的长形穿孔称梯状穿孔板，麻黄属植物导管端壁具有许多圆形的穿孔称麻黄式穿孔板，紫葳科部分植物导管端壁上形成了网状穿孔板等（图1-27）。导管外形宽扁、端壁和侧壁近垂直的导管较末端尖锐的导管进化，单穿孔板较复穿孔板的导管进化。但少数原始的被子植物和一些寄生植物则无导管，如金粟兰科草珊瑚属植物；而少数裸子植物如麻黄科植物，以及真蕨类有导管。

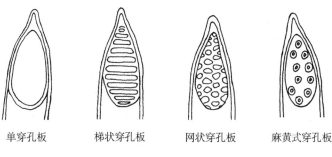

单穿孔板　　　梯状穿孔板　　　网状穿孔板　　　麻黄式穿孔板

图1-27 导管分子穿孔板的类型

导管分子的侧壁有不均匀的次生增厚和木化，留下许多不同类型的纹孔，相邻导管可经侧壁上的纹孔进行横向运输或侧向运输。根据导管发育先后及其侧壁次生增厚和木化方式不同，可将导管分为5种类型（图1-28，图1-29）。

1）环纹导管（annular vessel） 侧壁每隔一定距离有一环状木质化增厚次生壁。例如，南瓜茎、凤仙花幼茎、半夏块茎中的导管。

2）螺纹导管（spiral vessel） 侧壁有一或多条呈螺旋带状木质化增厚的次生壁，容易与初生壁分离。"藕断丝连"的丝就是螺旋带状次生壁分离的现象。

3）梯纹导管（scalariform vessel） 侧壁呈几乎平行的横条状木化增厚，并与未增厚的初生壁相间排列成梯形。例如，葡萄茎、常山根中的导管。

4）网纹导管（reticulate vessel） 侧壁呈网状木化增厚，网孔是未增厚的初生壁。例如，大黄、苍术根状茎中的导管。

5）孔纹导管（pitted vessel） 侧壁大部分木化增厚，未增厚部分形成单纹孔或具缘纹孔。例如，甘草根、赤芍根中的导管。

上述五种导管类型中，前两种出现较早，常发生在器官生长初期，导管直径小，输导能力弱，能随器官生长而延长；后三种多在器官生长后期分化形成，管直径大，导管分子较短，管壁较硬，抗压能力强，输导效率高。同一导管可同时存在螺纹和环纹、螺纹和梯纹等两种以上类型，如南瓜茎可见同一导管存在典型的环纹和螺纹。一些导管呈现出中间类型，如大黄根常见网纹未增厚的部分横向延长，出现梯纹和网纹的中间类型，称梯-网纹导管。

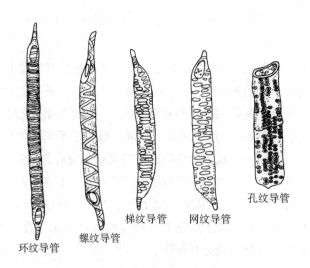

图 1-28 导管分子的类型

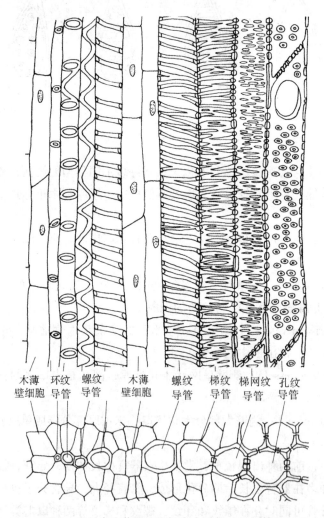

图 1-29 半边莲属植物初生木质部（示导管）

植物体内的水分运输不是由一条导管从根直到顶端，而是分段经过许多条导管曲折连贯地向上运输。水流可顺利通过导管腔及穿孔上升，也可通过侧壁上的纹孔横向运输。导管的运输能力不能永久保持，其有效期长短因植物种类而异，有的可达数年或数十年。当新导管形成后，早期的导管相继失去输导能力。这是由于导管邻接薄壁细胞膨胀，通过导管壁上未增厚部分或纹孔，连同其内含物侵入导管腔内形成大小不同的囊状突出物，称侵填体（tylosis）。侵填体含有的单宁、树脂、晶体和色素等物质能起抵御病菌侵害，有些物质还具有药物活性。

（2）管胞（tracheid） 分布于大多数蕨类和裸子植物中唯一的输水结构，而大多数被子植物同时存在管胞和导管。管胞是一种狭长管状、运输水和无机盐的死细胞，长 1~2mm，直径较小。管胞的两端斜尖，但不形成穿孔板，相邻管胞通过侧壁上的纹孔输导水分，所以以输导能力较导管低，是较原始的输导组织。在其发育过程中细胞壁形成厚的木化次生壁，也形成类似导管的环纹、螺纹、梯纹、孔纹等类型。因此，导管、管胞在药材粉末鉴定中有时难分辨，需采用解离的方法将细胞分开，观察管胞分子的形态（图 1 - 30）。

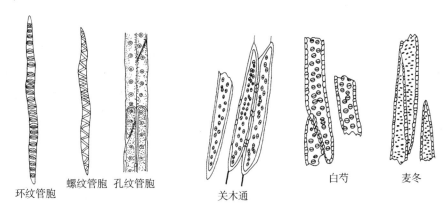

环纹管胞　　螺纹管胞　孔纹管胞　　　关木通　　　　白芍　　麦冬

图 1 - 30　管胞类型和药材粉末中的管胞碎片

2. 筛管、伴胞和筛胞

（1）筛管（sieve tube） 由多个长管状活细胞纵向连接而成的管状结构，每 1 个细胞称筛管分子（sieve tube element）（图 1 - 31）。筛管存在于被子植物的韧皮部，它是被子植物运输光合作用产物和有机物的结构。

筛管分子仅具纤维素和果胶组成的初生壁，端壁上有许多小孔称筛孔（sieve pore），壁上具有筛孔的区域称筛域（sieve area），分布有一个或多个筛域的端壁称筛板（sieve plate）。筛板上仅有一个筛域者称单筛板，如南瓜的筛管；具多个筛域者称复筛板，如葡萄的筛管。筛管分子是无核的生活细胞，早期有细胞核，在成熟过程，细胞核解体，许多细胞器退化，液泡膜破裂，最后仅有结构退化的质体和线粒体、变形的内质网、含蛋白质的黏液体（slime body）以及留存在筛管分子周缘的一薄层细胞质（图 1 - 32）。黏液体中存在与物质运输有关的特殊蛋白质，称 P - 蛋白（phloem protein）。黏液体分散在细胞中呈黏液状，穿过筛孔连接相邻筛管分子的束状原生质丝，称联络索（connecting strand）。联络索使筛管分子间彼此相连贯通，从而构成有机物质运输的通道。有些植物在筛管侧壁上还有筛孔，它们使相邻筛管彼此联系，从而实现植物体内有机物的有效输导。

筛孔中联络索四周逐渐积累有胼胝质（callose），随着筛管的成熟老化，胼胝质不断增多，最后在整个筛板上形成垫状物称胼胝体（callosity）。胼胝体形成后筛孔被堵塞，联络索消失，筛管也就失去运输功能。单子叶植物筛管的输导功能能保持到整个生活期，一些多年生双子叶植物在冬季来临前形成胼胝体，筛管暂时丧失输导作用，翌年春季，胼胝体溶解，筛管又逐渐恢复其功能。但部分较老的筛管形成胼胝体后，将永远丧失输导能力而被新筛管取代。在植物受到机械或病虫害等外界刺激时，胼胝体能迅速形成，封闭筛孔以阻止营养物流失。

（2）伴胞（companion cell） 是紧贴筛管并列的一个或多个小型、细长的生活壁薄细胞。伴胞和筛管由同一母细胞分裂发育而成，二者之间存在发达的胞间连丝，共同完成有机物的输导。伴胞的胞壁薄，核大，胞质浓，液泡小，线粒体丰富（图 1 - 31），含有多种酶，生理活动旺盛，筛管运输能力和伴胞代谢密切相关。伴胞会随着筛管的死亡而失去生理活性。

（3）筛胞（sieve cell）　单个狭长的细胞，无伴胞，直径较小，两端渐尖而倾斜，没有筛板，侧壁上具不明显的筛域。筛胞彼此相重叠而存在，而不是首尾相连，靠侧壁上筛域的筛孔运输，输导能力不及筛管，属较原始的输导结构。蕨类和裸子植物的韧皮部中仅有筛胞，没有筛管，是它们运输养料唯一的输导结构。

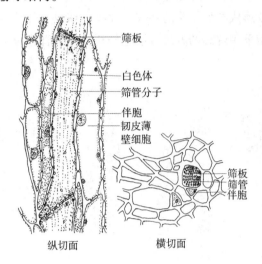

图 1-31　烟草韧皮部（示筛管及伴胞）

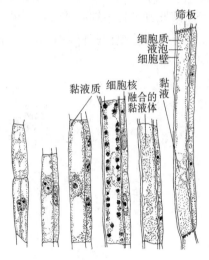

图 1-32　南瓜属筛管分子形成的各个阶段

（六）分泌组织

植物体中能产生分泌物质的有关细胞或特化细胞组合的结构，统称分泌组织（secretory tissue）。许多植物的分泌物具有重要的经济价值，如橡胶、生漆、芳香油和蜜汁等；或为重要的药物，如乳香、没药、樟脑、薄荷油等。植物分泌结构的不同式样在药材鉴定中也有一定价值。

植物分泌结构的来源各异，形态多样，分布方式也不尽相同，有的以单个细胞分散在其他组织中，也有集中或特化成一定的结构。植物分泌物质复杂，常见有糖类、蜜汁、黏液、乳汁、盐类、单宁、树脂和挥发油等，这些分泌物集聚在细胞内、胞间隙或腔道中，或由特化细胞的组合结构排出体外。有些分泌物（如蜜汁、芳香油）能引诱昆虫，以利于传粉或果实、种子传播；有些能泌溢出过多的盐分，使植物免受高盐危害；某些分泌物能抑制病原菌和其他生物，防止组织腐烂、帮助创伤愈合、免受动物啃食，以保护自身。

根据分泌物是否排除体外，可分为外分泌结构和内分泌结构（图 1-33）。

1. 外分泌结构（external secretory structure）　指分泌物排到植物体外的分泌结构。大部分在植物体表面，如腺毛、蜜腺、排水器等。除腺毛和腺鳞外（见保护组织），还有以下常见类型。

（1）蜜腺（nectary）　由细胞质浓厚的一至数层分泌细胞群组成，能分泌糖液的结构。分泌细胞壁较薄，无角质层或角质层很薄，蜜汁通过角质层扩散或由腺体表皮上的气孔排出。包括植物花部的花蜜腺和位于营养器官的花外蜜腺，如油菜、荞麦、酸枣、槐等的花蜜腺，桃、樱桃叶片基部的花外蜜腺。

（2）盐腺（salt gland）　指分泌盐类的结构，能排出过多的盐分。分布于盐碱地生长植物的体表，如柽柳属植物的茎、叶表面分布有盐腺。

（3）腺表皮（glandular epidermis）　指植物体某些部位具有分泌功能的表皮细胞，如矮牵牛、漆树等植物柱头的表皮为腺表皮。细胞呈乳头状突起，能分泌糖、氨基酸和酚类化合物等柱头液，有利于粘黏花粉和促进花粉萌发。

（4）排水器（hydathode）　指植物将体内多余水分排出体外的结构，由水孔和通水组织组成，常分布在叶尖和叶脉。水孔与气孔相似，但保卫细胞发育不完全，始终保持张开。通水组织是排列疏松而无叶绿体的叶肉组织。

2. 内分泌结构（internal secretory structure） 指将分泌物集聚在植物体的细胞内、胞间隙或腔道。常见有分泌细胞、分泌腔、分泌道和乳汁管（图1-33）。

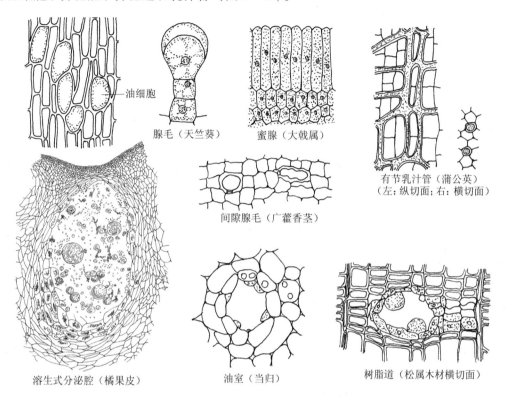

油细胞
腺毛（天竺葵）
蜜腺（大戟属）
有节乳汁管（蒲公英）
（左：纵切面；右：横切面）
间隙腺毛（广藿香茎）
溶生式分泌腔（橘果皮）
油室（当归）
树脂道（松属木材横切面）

图1-33 分泌组织

（1）**分泌细胞（secretory cell）** 指植物体内以单个细胞存在的分泌结构。分泌细胞可以是生活或非生活细胞，在胞腔内集聚有分泌物。常较周围细胞大，一般呈圆球形、椭圆形、囊状、分枝状等，甚至可扩大成巨大细胞，又称异细胞。当分泌物充满整个细胞时，细胞壁常木栓化，转变成仅贮藏分泌物。按分泌物不同可分为油细胞（木兰科、樟科），黏液细胞（半夏、玉竹、山药、白及），单宁细胞（豆科、蔷薇科、壳斗科、冬青科、漆树科），芥子酶细胞（十字花科、白花菜科），含晶细胞（蔷薇科、桑科、景天科）等。

（2）**分泌腔（secretory cavity）** 指一群最初具有分泌能力的细胞，发育过程中部分细胞溶解后形成囊状腔隙或细胞分离形成间隙，分泌物贮藏在腔穴中，又称分泌囊或油室。按其形成过程和结构，常可分为两类：①溶生式分泌腔（lysigenous secretory cavity），指分泌细胞的分泌物积累增多，最后使部分分泌细胞溶解破裂，在体内形成一个含有分泌物的腔穴，腔穴周围细胞常破碎不完整，如陈皮、橘叶等。②裂生式分泌腔（schizogenous secretory cavity），指发育过程中分泌细胞将分泌物排溢到胞间隙，使分泌细胞彼此分离，胞间隙扩大而形成的腔穴，分泌细胞完整地包围着腔穴，如金丝桃的叶以及当归的根等。

（3）**分泌道（secretory canal）** 指由一群分泌细胞彼此分离形成的一个长管状胞间隙腔道，腔道周围的分泌细胞称上皮细胞（epithelial cell），分泌物贮存在腔道中。按分泌物不同分为：树脂道（resin canal），贮藏物为树脂或油树脂，如松树茎的分泌道；油管（vitta），贮藏物为挥发油，如小茴香果实的分泌道；黏液道（slime canal），又称黏液管（slime duct），贮藏物为黏液，如美人蕉和椴树的分泌道。

（4）乳汁管（laticifer） 指分泌乳汁的管状结构，乳汁常呈白色或乳白色，少数为黄色、橙色或红色，成分复杂，有橡胶、糖类、蛋白质、生物碱、苷类、酶、单宁等。它是植物体内贮藏和运输营养物质的系统。按乳汁管的发育和结构，可分为两种类型：①无节乳汁管（nonarticulate laticifer），由一个细胞发育而成，随着植物生长不断延长和分枝，长者可达数米以上，如夹竹桃科、萝藦科、桑科以及大戟科大戟属等植物的乳汁管。②有节乳汁管（articulate laticifer），指由许多长管状细胞连接而成，连接处的细胞壁溶解贯通，成为多核巨大的管道系统，乳汁管分枝或不分枝，如菊科、桔梗科、罂粟科、旋花科等植物的乳汁管。

三、维管组织与组织系统

（一）维管组织

高等植物体内的导管、管胞、木薄壁细胞和木纤维等组成分子有机组合在一起形成木质部（xylem），筛管、伴胞、筛胞、韧皮薄壁细胞和韧皮纤维等组成分子有机组合在一起形成韧皮部（phloem）。由于木质部和韧皮部的主要分子呈管状结构，所以常将它们称维管组织（vascular tissue），主要起输导作用，并有一定的支持功能。通常将蕨类植物、裸子植物和被子植物合称维管植物。维管植物体内木质部和韧皮部紧密结合在一起形成的束状结构，称维管束（vascular bundle），维管束主要由韧皮部与木质部组成。维管束由原形成层分化而来，在不同植物或不同器官内，原形成层分化成木质部和韧皮部的情况不同，就形成了不同类型的维管束。被子植物中的韧皮部主要由筛管、伴胞、韧皮薄壁细胞和韧皮纤维组成，质地比较柔软；木质部主要由导管、管胞、木薄壁细胞和木纤维组成，质地比较坚硬。裸子植物和蕨类植物的韧皮部主要由筛胞和韧皮薄壁细胞组成，木质部主要由管胞和木薄壁细胞组成。维管束的木质部和韧皮部之间常有形成层，能持续进行分生生长，常称无限维管束或开放性维管束（open bundle）；蕨类植物和单子叶植物的维管束中不存在形成层，不能持续不断的分生生长，常称有限维管束或闭锁性维管束（closed bundle）。根据维管束中韧皮部与木质部排列方式和有无形成层，可将维管束分为下列几类型（图1-34，图1-35）。

（1）有限外韧维管束（closed collateral vascular bundle） 韧皮部位于木质部的外侧，中间无形成层的维管束类型。该类维管束不能再进一步发展扩大，称有限维管束或闭锁性维管束（closed bundle）。例如，蕨类植物和多数单子叶植物茎的维管束。

（2）无限外韧维管束（open collateral vascular bundle） 韧皮部位于木质部的外侧，中间有形成层的维管束类型。该类维管束通过形成层的分生活动，产生次生木质部和次生韧皮部，能继续发展扩大，称无限维管束或开放性维管束（open bundle）。例如，裸子植物和多数双子叶植物茎中的维管束。

（3）双韧维管束（bicollateral vascular bundle） 木质部内外两侧均有韧皮部，而无形成层。常见于茄科、葫芦科、夹竹桃科、萝藦科、旋花科、桃金娘科等植物的茎中。

（4）周韧维管束（amphicribral vascular bundle） 韧皮部围绕在木质部的四周，木质部位于中央，无形成层。例如，百合科、禾本科、棕榈科、蓼科及蕨类某些植物。

（5）周木维管束（amphivasal vascular bundle） 木质部围绕在韧皮部的四周，韧皮部位于中央，无形成层。例如，胡椒科植物和菖蒲、石菖蒲、铃兰等少数单子叶植物根状茎中的维管束。

（6）辐射维管束（radial vascular bundle） 韧皮部和木质部相互间隔交互呈辐射状排列。根初生构造的维管束属于该类型（详见第二章）。

维管束类型在不同植物类群中存在差异，所以是药材鉴别的特征之一。

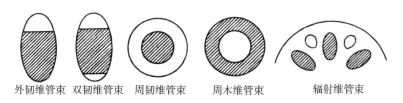

图 1 - 34　维管束的类型模式图

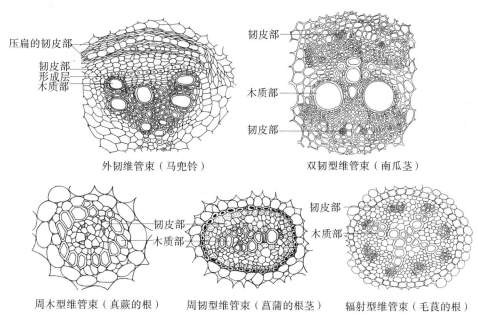

图 1 - 35　维管束的类型详图

（二）组织系统

植物体的各器官都有一定的结构和组织形式，其维管组织连成一体构成维管系统。而表皮和周皮覆盖于植物体表面组成皮系统，薄壁组织、厚壁组织和厚角组织等通常填充在皮系统和维管系统之间组成基本组织系统。维管植物的各器官基本上由这三种组织系统组成。

复习思考题

1. 植物组织结构、功能、分布有何特点？育种时常关注哪些类型和特征？
2. 导管和管胞有何异同点？简述它们出现和分布的地位和作用。
3. 植物细胞全能性与细胞分化在个体发育和系统发育上有何意义？

书网融合……

思政导航　　　　本章小结　　　　微课　　　　　拓展1　　　　拓展2　　　　题库

（严寒静　张天柱）

第二章 植物体的形态结构与发育

⊙ 学习目标

知识目标

1. 掌握 根、茎的初生构造和次生构造特点；叶的基本构造，以及不同生态环境下，叶的形态、结构与功能的适应性变化。

2. 熟悉 种子萌发和幼苗的特性；根尖的构造、侧根的形成；根、茎常见异常构造特征。

3. 了解 根、茎的发生过程；叶微形态特征的分类价值和应用；植物器官构造、功能与环境的相关性。

能力目标 通过本章学习，能够将根、茎的形态和结构特征运用于根类药材和茎类药材的鉴别。培养学生的品格修养，树立法治观念，树立可持续发展观。

植物器官（organ）是由多种组织按照相关规则组成，具有一定形态结构和特定功能的结构单位。植物通常由根、茎、叶、花、果实和种子等组成，前三者在植物营养生长期形成，负责植物的营养生长，称营养器官（vegetative organ）；后三者与植物繁衍有关，称繁殖器官（reproductive organ）。本章重点介绍各营养器官的形态结构、功能和生长发育过程。

≫ 第一节 种子萌发和幼苗形成 ▣ 微课1

PPT

种子（seed）是由胚珠发育而来的繁殖器官，也是种子植物生活史的起点。种子休眠增强了植物适应环境的能力，也是植物适应严寒、干旱等不良环境和抵御病虫害蔓延的最佳策略。种子最重要的生命活动就是萌发。

一、种子的萌发及其条件

种子萌发需要有生命力且完整的胚，以及适宜的温度，适量的水分，充足的空气。在干燥成熟的种子中，细胞的原生质体处于凝胶状态，代谢活动不活跃，几乎处于停止生长状态称休眠（dormancy）。在适宜条件下，生活力充沛的种子，一旦解除休眠，胚由休眠状态转为活跃状态，吸收胚乳或子叶的营养物质开始生长，形成幼苗的过程称种子萌发（germination）。从形态学角度，常把胚根突破种皮向外伸展的现象称种子萌发。种子萌发的前提是具有健全的结构，生命力较强并解除休眠，还需要水分充足、温度适宜和氧气足够等环境条件。

（1）水分充足 是种子萌发和发芽的必需条件。风干的种子含水量少，如粮食种子的含水量10%～14%，生理活动很微弱。种子在吸收充足的水分后，种皮才能膨胀软化，氧气才容易透入，胚乳或子叶贮藏的营养物质溶于水，经酶的分解并运转到胚，供胚吸收利用。种子萌发时需要的吸水量与其贮藏营养物质的性质有关，如种子富含淀粉的类型，种子萌发时最低吸水量是其本身重量的22.6%～60.0%；脂肪油含量丰富的种子，最低吸水量40.0%～60.0%；蛋白质含量丰富的种子，最低吸水量在80.0%

以上，甚至超过100%。

（2）适宜的温度　是种子萌发和发芽的重要条件。种子内部物质和能量转化是一系列酶参与的生化过程，种子内部营养物质分解和其他一系列生理活动，都需要在适宜的温度下进行，一般都有最低、最适和最高三个基点温度。温度的三基点是生产上确定播种适宜时间的重要依据。

（3）足够的氧气　是种子萌发和发芽所需能量的必需条件。种子在吸足水分和最适温度下，胚开始萌动，呼吸作用逐渐加强，需氧量急剧增加。充足的氧供给，有利于贮藏营养物质的彻底氧化并给种子萌发提供能量和物质。氧不足时，只能进行无氧呼吸而暂时维持生命，当产生的 CO_2 和酒精积累过多时，种子会出现烂根和烂种现象。

水分、温度和氧气是相互联系、相互制约地影响种子萌发和发芽的重要因素。根据种子的特性，在种子不同萌发阶段，调节水分、温度和氧气的关系，有利于种子的萌发。大多数植物的种子萌发与光线无明显关系，但烟草、莴苣和伞形科植物等少数植物的种子，需要在有光的条件下，萌发才能良好；而鸡冠花、苋菜洋、葱、曼陀罗等苗期喜阴的种子，只有在黑暗条件下才能很好萌发。

二、种子的萌发过程

种子在萌发前，首先吸水膨胀，种皮软化并被撑破，增加通透性并透入氧气。种子中存在的各种酶吸水后，在适宜的温度和充足的氧气下，酶活性增加，呼吸作用加强，胚乳或子叶中贮藏的营养物质在酶作用下被分解为简单可溶性物质并运往胚。胚细胞同化部分养料，使之成为原生质体的一部分，细胞体积增大。胚获得营养后，胚根、胚芽的分生区和胚轴的部分细胞不断进行分裂，使细胞数目增加，体积增大，整个胚体迅速伸长、长大。胚根首先突破种皮并向下生长形成主根，发育成直根系的主轴，由此产生各级侧根；在麦冬、小麦等须根系植物中，胚根生出后不久，又在胚轴基部生出几条和主根粗细相似的不定根，形成须根系。种子萌发先形成的根，可使早期的幼苗固定在土壤中，及时吸收水分和营养。胚根伸出后，胚轴也相应地生长和伸长，将胚芽或胚芽和子叶一起推出地面，胚芽发展成茎叶系统。胚根和胚芽不断发展，逐渐形成一株能独立生活的幼小植株。

三、幼苗的类型

幼苗一般指种子萌发形成具有根、茎和叶的幼小植物体。在种子萌发形成幼苗的过程中，由于胚轴的生长发育状况不同，出现了不同形态的幼苗。通常依据胚轴伸长情况不同，以子叶留在土里还是露出土面为标准，将幼苗划分成子叶出土幼苗和子叶留土幼苗两种类型（图2-1）。

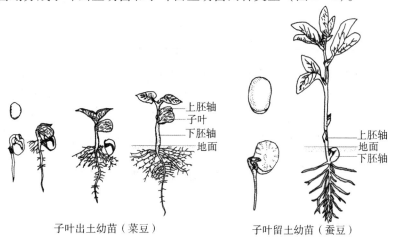

子叶出土幼苗（菜豆）　　　　　子叶留土幼苗（蚕豆）

图2-1　幼苗的类型

（1）子叶出土幼苗（epigaeous seedling）　种子萌发时，随胚根突出种皮，下胚轴背地性迅速伸长，将上胚轴和胚芽一起推出地面，结果是子叶出土。在子叶以下的主轴部分是下胚轴，子叶和第一片真叶之间的主轴是上胚轴。例如，甘草、当归、大豆等。在真叶未发育前，幼苗的子叶可暂时进行光合作用，以后胚芽发育形成地上茎和真叶，子叶内营养耗尽即枯萎脱落。

（2）子叶留土幼苗（hypogeous seedling）　种子萌发时，下胚轴伸长缓慢，仅上胚轴或中胚轴伸长生长，连同胚芽向上生长露出地面，子叶留于土中。例如，薏苡、百合、山药等。

幼苗的类型有一定生产指导意义，通常子叶出土幼苗的种子宜浅播，而子叶留土幼苗的种子播种宜稍深。

第二节　根的生长发育与结构 e 微课 2

根（root）是植物长期演化过程中，适应陆地生活环境逐渐发展和完善的营养器官。苔藓类有假根，蕨类、裸子和被子植物才出现真根。大部分植物的根都生长在地下，少数是气生、寄生等特殊类型。植物所需要的物质，部分由根从土壤中吸收并运输到地上部分，少部分由叶或嫩茎从空气中吸收。

一、被子植物根的发生和类型

植物体最早出现的根来自胚根，胚根细胞分裂和伸长所形成向下垂直生长的根，称初生根（primary root）。大多数双子叶植物和裸子植物的初生根直接向下生长形成主根（main root）或称直根（tap root）。主根生长达到一定长度，在一定部位从内部生出具一定角度的分支，分支上继续产生分支，这些各级大小的分支都称侧根（lateral root）。常将从主根上生出的侧根称一级侧根（或支根）或次生根（secondary root），一级侧根上生出的侧根，称二级侧根或三生根（tertiary root），以此类推。越靠近根基部的根越老，而越嫩的侧根越靠近根尖。因主根和侧根都是直接或间接由胚根发育而来，它们有固定的生长部位，称定根（normal root）。例如，桔梗、人参、白芷、胡萝卜等的根。

许多植物除了产生定根外，还能从茎、叶、老根或胚轴上生出许多根，这些根的产生无固定位置，统称不定根（adventitious root）。例如，玉蜀黍、薏苡、麦、稻等种子萌发后，胚根发育成的主根不久即枯萎，而由胚轴或茎基部节上长出许多大小、长短相似的不定根所代替。而人参根状茎（芦头）节上长出的不定根，药材上称为"芋"。不定根的功能、结构与定根相似，也能产生分支。常利用枝条、叶、根状茎、根等能产生不定根的特性，进行扦插、压条等繁殖。

植物体地下所有的根，称根系（root system）。依据根的形态不同常划分为直根系（tap root system）和须根系（fibrous root system）两类（图2-2）。主根和侧根界限明显的根系称直根系，如人参、沙参、桔梗等。不能明显区分主根和侧根的根系称须根系，此类根系的主根生长很短时间就停止或死亡，而由胚轴或茎基部节上长出许多不定根及其侧根组成。须根系所有根的大小、长短相似且簇生呈须状，如单子叶植物的玉蜀黍、稻、麦、葱，双子叶植物的白前、徐长卿、龙胆、桃儿七等。同时，植物根系在土壤环境中分布的深度和广度，与植物种类和遗传特性，以及土壤的物质组成和理化性质相关。

二、被子植物根的结构及其生长发育

（一）根尖的结构和根的伸长生长

根尖（root tip）指从根顶端到着生根毛的部分，长4~6mm，主根、侧根或不定根都具根尖。它是根伸长、分支、吸收、合成和分泌等生命活动最活跃的部位，损伤根尖会直接影响根的生长、发育和吸

收等功能。

1. 根尖分区　根据根尖各部位细胞的形态结构和功能，从根尖最顶端起，常分为根冠（root cap）、分生区（meristematic zone）、伸长区（elongation zone）和成熟区（maturation zone）。各区细胞形态不同，从分生区到成熟区细胞逐渐分化成熟，但除根冠外，各区之间并无严格的界限（图2-3）。

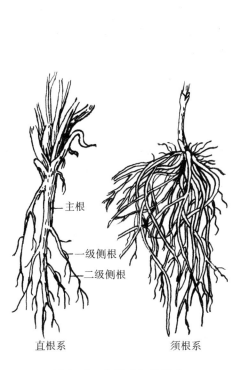

图2-2　直根系和须根系

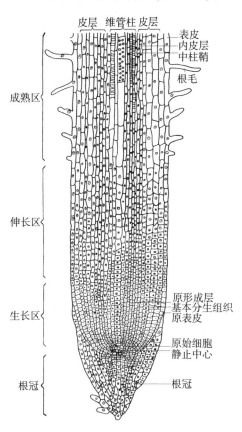

图2-3　根尖的构造

（1）根冠（root cap）　位于根尖最先端，呈帽状，保护其内分生组织。根冠由分生细胞、中央细胞和外部细胞构成，根冠分生细胞与分生组织邻接，通过分裂补充根冠细胞；根冠中央细胞呈柱状排列，富含造粉体，与向地性有关；根冠外部细胞随根生长不断脱落，细胞壁常黏液化并从根冠一直延伸到根毛区，可保护根尖免受土粒的磨损，利于根尖在土壤中的生长，同时分泌的黏液有利于根对无机元素的吸收。但寄生和典型的菌根植物无根冠。

（2）分生区（meristematic zone）　位于根冠之内，由原分生组织和初生分生组织构成，长1~3mm，呈圆锥状，称生长锥。分生区产生的新细胞少部分补充到根冠，大部分进入伸长区，分裂高峰常在中午或午夜。分生区最先端是原分生组织的原始细胞，其产生的细胞部分不分化，另一部分分化成初生分生组织。根尖的原分生组织有两种类型：一种有3层原始细胞，1层形成根冠，1层形成中柱，1层形成皮层，称封闭型（closed type）；另一种则所有结构来源于同一组原始细胞，至少皮层和根冠同源，称开放型（open type）。初生分生组织可分为原表皮、基本分生组织和原形成层等三层，原表皮是最外层，将分化发育成表皮；基本分生组织将分化成皮层；原形成层位于中央区，将分化成维管柱。分生区最前端的中心部分，有一群细胞分裂非常微弱或停止有丝分裂，核酸合成较低，这些细胞形成一个半圆形的区域称静止中心或不活动中心（quiescent center）。这群细胞有干细胞的功能，也是顶端分生细胞受损的补充源泉。

（3）伸长区（elongation zone）　位于分生区后方到出现根毛处，长2~5mm，细胞分裂活动逐步减弱。该区是细胞生长分化形成各种成熟组织的过渡区。细胞纵向迅速伸长生长,逐渐液泡化,相继分化出筛管和环纹导管。

(4) 成熟区 (maturation zone) 位于伸长区后方,由伸长区细胞进一步分化形成。细胞停止伸长,分化出各种成熟组织。最显著的特点是,表皮细胞的部分外壁向外突出形成根毛 (root hair),又称根毛区 (root - hair zone);数量众多的根毛极度扩大了根吸收表面积。根毛生长速度较快,但常几天即死亡,随着伸长区细胞不断地向前延伸,新的根毛也就连续地替代枯死的根毛,使根毛区能够不停地更换新环境。而水生植物常无根毛。

2. 根的初生生长 根的初生生长 (primary growth) 是指根尖顶端分生组织细胞经分裂、生长、分化形成根毛区各种成熟组织,使根伸长生长的过程。根长度增加的生长通常发生在根毛区以下的顶端区域,也称顶端生长。植物的顶端生长具有周期性,有活动的生长期和不活动的休眠期。根的伸长是顶端生长的结果,一方面根尖分生区的细胞不断分裂,增加细胞数量;另一方面,伸长区细胞迅速伸长生长,从而使根的长度不断增加。根尖分生区细胞分裂和伸长区细胞伸长驱动了根的伸长生长,使根尖不断向土壤推进,根不断转入新土壤环境,吸收更多的营养物质。

根的发育源于顶端分生组织,由原分生组织细胞分裂衍生的细胞,通过细胞分裂、生长、分化分别形成表皮、皮层、维管柱。初生生长过程中产生的各种成熟组织,称初生组织 (primary tissue);由初生组织的表皮、皮层和维管柱构成根的结构模式,称根的初生结构 (primary structure)。

(二) 双子叶植物根的初生结构

根的初生结构可由根尖成熟区的横切面进行说明,从外到内依次为表皮 (epidermis)、皮层 (cortex) 和维管柱 (vascular cylinder) 三部分 (图 2 - 4)。

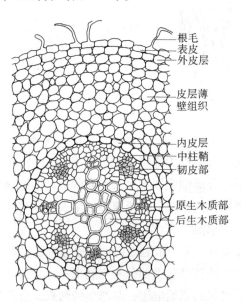

图 2 - 4 双子叶植物 (毛茛) 根的初生构造

1. 表皮 (epidermis) 位于根的最外层,由原表皮发育而来,常 1 层细胞,细胞排列整齐、紧密,无胞间隙、壁薄,外壁覆盖很薄的角质层,既富有通透性又能避免微生物的侵害,无气孔,部分细胞的外壁向外突出形成根毛。这些特征与根的吸收功能密切相适应,所以称吸收表皮。

2. 皮层 (cortex) 位于表皮之内维管柱之外由基本分生组织发育而来的多层薄壁细胞,在成熟区中占有最大的部分。细胞排列疏松,胞间隙明显,由外向内依次分为外皮层 (exodermis)、皮层薄壁细胞 (中皮层) (cortex parenchyma) 和内皮层 (endodermis)。

（1）外皮层（exodermis） 指邻接表皮的 1 层或几层细胞，细胞较小，排列整齐而紧密，无胞间隙。根毛死亡后，表皮随之破坏，此层细胞壁常增厚并栓化，起保护作用。

（2）皮层薄壁细胞（cortex parenchyma） 指外皮层与内皮层之间的数层细胞，又称中皮层。细胞壁薄，排列疏松，胞间隙明显。既能将根毛吸收的水分和无机盐转送到维管柱，又可将维管柱内的物质送出营养其他细胞或分泌到土壤，还有贮藏营养的作用。

（3）内皮层（endodermis） 指皮层的最内一层细胞，排列整齐而紧密，无胞间隙。细胞上下壁（横壁）和径向壁（侧壁）常有木质化或木栓化的局部增厚，增厚部分呈带状环绕细胞一整圈，称凯氏带（casparian strip）；横切面观，凯氏带在相邻细胞的径向壁上成点状，称凯氏点（casparian dots）（图 2-5）。部分植物内皮层细胞出现全面木栓化增厚，而在正对原生木质部角处留存细胞壁不增厚的内皮层细胞，称通道细胞（passagecell），起控制皮层与维管束间物质转运的作用（图 2-6），如鸢尾。

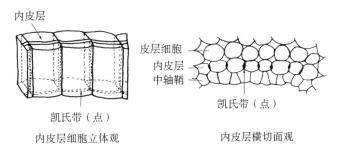

内皮层
皮层细胞
内皮层
中轴鞘
凯氏带（点）

凯氏带（点）

内皮层细胞立体观　　　　内皮层横切面观

图 2-5 内皮层及凯氏带

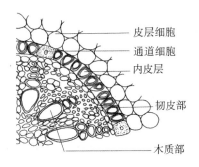

皮层细胞
通道细胞
内皮层
韧皮部
木质部

图 2-6 通道细胞（鸢尾属）

3. 维管柱（vascular cylinder） 指内皮层以内所有的部分，位于根中央，所占比例最小，也称中柱。由原形成层发育而来，是根中物质运输的主要部位。包括中柱鞘（perieycle）、初生木质部（primary xylem）和初生韧皮部（primary phloem），少数植物还有髓部（pith）。

（1）中柱鞘（pericycle） 是内皮层以内维管柱的最外 1 层薄壁细胞，也称维管柱鞘；少数植物有 2 层或多层细胞，如桃、桑、柳，以及裸子植物等。中柱鞘细胞排列整齐，无胞间隙，分化程度较低，具有分生潜力，经脱分化可恢复分生能力，与侧根、不定根、不定芽以及维管形成层和木栓形成层等的发生有关。

（2）初生木质部（primary xylem） 位于维管柱中央，呈辐射状，其脊状突起直接与中柱鞘相连，主要由导管和管胞组成，少有纤维和木薄壁细胞，裸子植物则主要是管胞。初生木质部分化成熟的顺序是由外向内发育，称外始式（exarch）；即位于初生木质部角隅处邻接中柱鞘的初生木质部先分化成熟，称原生木质部（protoxylem），其导管直径较小，多为环纹或螺纹；内方较晚分化成熟的初生木质部，称后生木质部（metaxylem），其管径较大，多为梯纹、网纹或孔纹，输导和支持能力较强。该发育方式与水分、无机盐的横向运输有关，最先形成的导管接近中柱鞘和内皮层，缩短了横向输导距离，而后期形成的导管，管径大，随着根加粗，提高了输导效率，更能适应植株生长发育对水分增加的需求。

横切面观，初生木质部的辐射棱角称脊（ridge），脊的数目因植物种类而异，但即使同一物种有时也发生较大变化，同时培养基中吲哚乙酸含量可影响初生木质部脊的数目。若初生木质部有 2 个脊，称二原型（diarch），如十字花科、伞形科植物；3 个脊，称三原型（triarch），如毛茛科唐松草属植物；4个脊，称四原型（tetrarch），以此类推，如果数目 7 个以上，则称多原型（polyarch）。双子叶植物的根常是二至六原型，单子叶植物都在六原型（hexarch）以上，部分棕榈科植物可达数百个脊。

（3）初生韧皮部（primary phloem）位于初生木质部辐射棱角之间，与木质部相间排列，体积小。其分化成熟的发育方式也是外始式，即原生韧皮部（proto phloem）位于外，后生韧皮部（metaphloem）位于内。被子植物根的初生韧皮部常有筛管和伴胞，少有韧皮薄壁细胞，偶有韧皮纤维，裸子植物的初生韧皮部主要是筛胞。

初生木质部和初生韧皮部之间有一至几层薄壁细胞，在双子叶植物和裸子植物中，这些细胞是原形成层保留的细胞，后期与部分中柱鞘细胞进一步脱分化共同形成维管形成层，进行根的次生生长。而单子叶植物二者之间为薄壁细胞。

绝大多数双子叶植物根不具髓部，少数种类的初生木质部分化不到中心，维管柱中央仍保留有未经分化的薄壁细胞，形成髓（pith），如细辛、龙胆等。

（三）双子叶植物根的次生生长与次生结构

大多数双子叶植物根在初生生长的基础上，进一步进行次生生长（secondary growth）。即由初生维管柱产生的侧生分生组织维管形成层（cambium）和木栓形成层（phellogen），并进行细胞不断分裂、生长和分化，使根不断增粗的生长过程称次生生长。次生生长过程产生的各种组织称次生组织（secondary tissue），由次生组织组成的结构称次生构造（secondary structure）。但多数双子叶一年生草本植物的根无或仅有短暂的次生生长，它们结构的大部分仍是初生组织。

1. 根的次生生长

（1）维管形成层的产生及其活动　根在开始进行次生生长时，位于初生木质部和初生韧皮部之间的原形成层细胞恢复分裂能力，进行切向分裂，形成条带状形成层，其条数与根的类型有关，即几原型的根就有几条（图 2 - 7A）。接着条带状形成层向左右两侧，逐渐沿初生木质部的脊发展，与正对初生木质部的中柱鞘细胞连接，此时与原生木质部邻接的中柱鞘细胞脱分化，恢复分生能力，其分裂产生的内侧细胞转变成形成层的一部分，这样把条带状形成层连接成一个波浪状的形成层环（cambium ring）（图 2 - 7B，图 2 - 7C），完全包围了木质部。由于形成层发生的时间和各部分细胞分裂的速度不同，通常初生韧皮部内侧邻接的形成层发生较早，易获得养分，先分裂，分裂快，产生较多的次生组织。而初生木质部辐射角处的形成层发生和活动较迟，产生次生组织少。如此，把凹陷处的形成层被新产生的次生组织推向外方，逐步使整个形成层形成一圆环（图 2 - 7D）。

形成层环各区的分裂速度近相等，细胞进行切向分裂，向内分裂、分化产生次生木质部（secondary xylem），加在初生木质部外方，向外产生次生韧皮部（secondary phloem），加于初生韧皮部内方。此外，部分形成层细胞也分裂产生一些径向延长的薄壁细胞，这些薄壁细胞呈辐射状排列，贯穿于次生木质部和次生韧皮部中，称维管射线（vascular ray）或次生射线（secondary ray）；位于木质部者称木射线（xylem ray），位于韧皮部者称韧皮射线（phloem ray）；在正对初生木质部辐射角处的韧皮射线因切向扩展而成喇叭口状，称次生维管射线（medullaryay）。维管射线是次生结构中新产生的组织，有横向运输水分和养料的作用，并兼有贮藏功能。

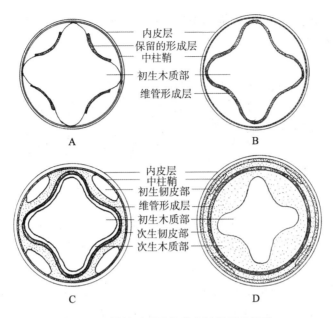

图 2-7　维管形成层的发生过程及其活动

多年生双子叶植物根的维管形成层每年都活动，在形成层不断进行细胞切向分裂过程中，通常产生木质部的数量远较次生韧皮部多，导致次生木质部所占比例远较次生韧皮部大。同时，形成层细胞还进行垂周分裂，使周长扩大，以适应根的增粗，形成层活动的结果使木质部和韧皮部由初生构造中相间排列转变为内外排列方式（图 2-8）。次生木质部由导管、管胞、木纤维和木薄壁细胞和木射线组成。次生韧皮部由筛管、伴胞、韧皮纤维和韧皮薄壁细胞和韧皮射线组成。由射线构成根维管组织的径向输导系统，而由导管、管胞、筛管、伴胞、纤维等构成轴向系统。

（2）木栓形成层的产生及其活动　在维管形成层分裂活动产生次生木质部和次生韧皮部使根不断加粗过程中，初生韧皮部及以外的组织未破裂之前，中柱鞘细胞恢复分裂能力形成木栓形成层（phellogen），并进行切向分裂，向外产生多层木栓细胞（cork cell）组成木栓层，覆盖在根外层起保护作用，木栓层细胞成熟后为死细胞；向内产生少量薄壁细胞组成栓内层。栓内层、木栓形成层和木栓层三种组织合称周皮（periderm）。由于木栓层的细胞壁木栓化，不透气、不透水，其外方的组织得不到水分和营养而死亡脱落，就由周皮起次生保护作用。

多年生双子叶植物根的维管形成层随季节进行周期性活动使根不断增粗，木栓形成层通常活动一个时期后就失去分裂能力，本身也分化成木栓细胞。最先的木栓形成层发生于中柱鞘细胞，每年需更新，新的

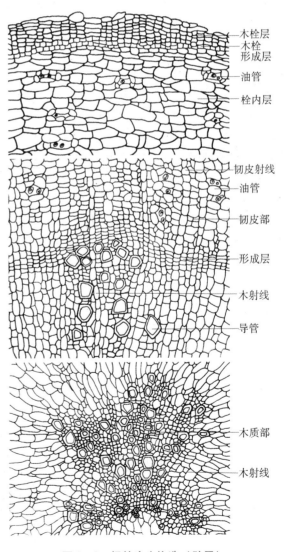

图 2-8　根的次生构造（防风）

木栓形成层常起源于栓内层细胞，并逐渐向内推移，最终由次生韧皮部的薄壁细胞脱分化、恢复分生能力产生木栓形成层（图2-9）。

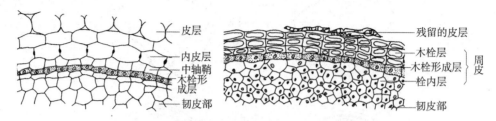

图2-9　木栓形成层发生及其产生的相关结构

2. 根的次生结构　根维管形成层和木栓形成层的产生和活动进行次生生长产生了新的结构，即根的次生结构，根的结构发生了很大的变化。初生结构中的皮层和表皮，由于木栓层的出现而逐渐死亡、脱落，周皮行使次生保护作用。

（1）周皮　由木栓层、木栓形成层和栓内层组成。横切面观，木栓层细胞常呈扁平状，排列整齐，多层相迭，壁木栓化，呈褐色；木栓形成层1~3层；栓内层数层，排列较疏松。根的栓内层比较发达时，称"次生皮层"（secondary cortex），药材学上仍习惯称皮层。植物学把周皮称根皮，而药材学中的根皮则是指形成层以外的部分，包括次生韧皮部和周皮，如药材牡丹皮、地骨皮、白鲜皮等。

（2）初生韧皮部　位于周皮内侧，维管形成层的活动导致初生韧皮部被挤压缩小，生活细胞破裂被吸收，部分分化形成韧皮纤维。

（3）次生韧皮部　由维管形成层的分裂活动产生，占韧皮部的主体，具有沿径向排列的薄壁细胞称韧皮射线。次生韧皮部常分化出各种分泌组织，如马兜铃根（青木香）具油细胞，人参有树脂道，当归有油室，蒲公英有乳汁管。部分薄壁细胞（包括射线细胞）中常含晶体和贮藏物质，如糖类、生物碱等。

（4）形成层　即维管形成层，原始细胞仅1层，在生长季节原始细胞刚分裂出来尚未分化的衍生细胞常与原始细胞相似，形成多层细胞，合称形成层区。

（5）次生木质部　位于初生木质部外方，占木质部的主体，是维管形成层的分裂活动向内产生的结构，其中有沿径向排列的薄壁细胞称木射线。

（6）初生木质部　维管形成层产生次生木质部不断从外挤压初生木质部，使之向根的中央压缩，其中的薄壁细胞被挤毁而被吸收，通常剩下导管、管胞和木纤维。显微镜下，可见原来2~4束的辐射状排列初生木质部，这也是区别老根和老茎的形态标志之一。

不同植物的次生结构总体上接近，但木本植物的次生木质部远较草本植物发达。根据根的生长发育过程和特点，用以下图解表示（图2-10）双子叶植物根的过程及其变化归纳。

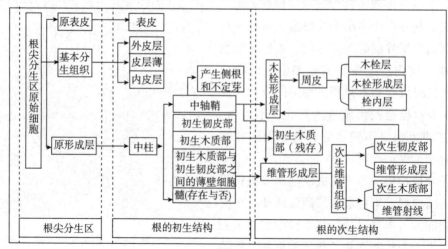

图2-10　根的生长发育及其结构形成过程

（四）单子叶植物根的结构

单子叶植物根通常不能进行次生生长，无次生结构，其结构与双子叶植物根的初生结构基本相似。在根毛区的横切面观，由表皮、皮层和维管柱三部分组成，但尚有下列几方面的特点。

1. 表皮　细胞 1 层，寿命短，根毛枯死后，常解体而死亡脱落。单子叶附生植物的气生根等表皮分裂成多层细胞，壁栓化，形成"根被"的保护组织，如百部、麦冬等。根被细胞也是兰科植物与真菌形成共生菌根的部位。

2. 皮层　根发育后期，外皮层常特化成栓化的厚壁组织，当表皮和根毛枯死后，替代表皮执行保护功能。大部分植物内皮层早期发育成具有凯氏带结构，发育后期大部分细胞常五面栓化增厚，横切面呈马蹄形，保留有通道细胞；也有些植物内皮层细胞全部栓化增厚，无通道细胞，由胞间连丝进行物质交换。

3. 维管柱　中柱鞘细胞是侧根发生的部位，在发育后期常部分或全部成木化厚壁组织，如竹类、菝葜等。维管柱为多原型，至少六原型，髓部发达如百部块根（图 2 – 11）。部分植物髓部细胞增厚木化，如鸢尾（图 2 -6）。

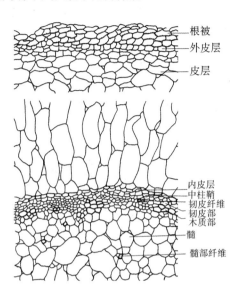

图 2 – 11　直立百部块根横切面详图

（五）侧根的形成

植物根能不断产生分支即侧根。侧根起源于中柱鞘，内皮层也不同程度参与侧根的形成，这种起源于皮层以内中柱鞘的发育方式，称内起源（endogenous origin）。当侧根发生时，部分中柱鞘细胞脱分化重新恢复分裂能力。首先进行平周分裂，增加细胞层数并向外突起；随后进行平周和垂周分裂，产生一团新细胞，形成侧根原基（root primordium），其顶端分化出生长锥和根冠，生长锥细胞继续进行分裂、生长和分化，逐渐伸入皮层。侧根不断生长产生的机械压力和根冠细胞分泌的酶将皮层和表皮细胞部分溶解，进而突破皮层和表皮伸出母根外，形成侧根。侧根的木质部和韧皮部与其母根木质部和韧皮部直接相连，形成一个连续的系统（图 2 – 12）。侧根原基在根毛区形成，在根毛区后方穿过皮层和表皮伸出母根外，进入土壤。

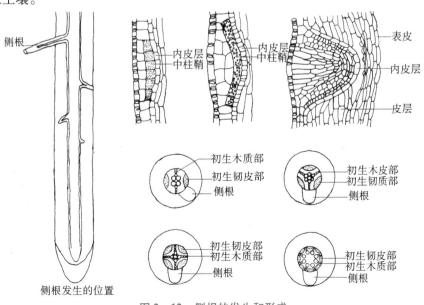

图 2 – 12　侧根的发生和形成

同种植物侧根常发生在固定的位置，该位置与初生木质部、初生韧皮部的位置有关。二原型根的侧根常发生于原生木质部与原生韧皮部之间；三原型和四原型根侧根在正对原生木质部的位置发生，多原型根中常在正对原生韧皮部或原生木质部的位置形成侧根。因此，侧根通常有规律地纵向排列成行，而且侧根在母根上伸展的角度也是相对稳定，这些特性是根系形态分析的基础。

（六）根的异常次生结构

一些双子叶植物的根，在次生生长过程中除正常的次生构造外，部分成熟薄壁细胞经脱落分化、恢复分生能力形成额外的形成层或木栓形成层，其活动结果产生了一些异常结构，如额外的维管束、附加维管柱、木间木栓等，称根的异常构造（anomalous structure）或三生构造（tertiary structure）。常见有以下几种类型（图2－13）。

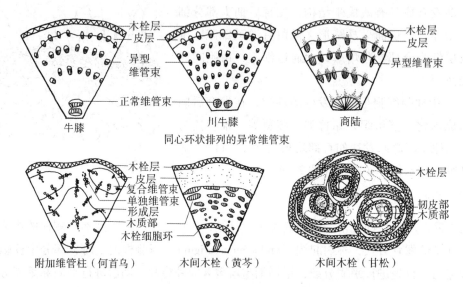

图2－13　根的异常构造示例

1. 同心环状排列的异常维管束　一些双子叶植物的根，在初生生长和早期次生生长中都发育正常。当次生生长发育到一定阶段，形成层常失去分生能力，而在韧皮部外侧的部分薄壁细胞恢复分生能力，额外产生片段状的形成层，向外分裂产生大量薄壁细胞和一圈异常的维管束，如此反复多次，形成多圈异常的维管束，其间有薄壁细胞相隔，一圈套住一圈，呈同心环状排列。在苋科、商陆科、紫茉莉科等植物常见这种异常构造，如牛膝根的横切面观，中央为正常的维管束，外方为数轮多数小型的异型维管束，并排列成3~4个同心环，川牛膝异型维管束排成5~8个同心环。又如商陆药材横切面上的异型维管束排成多轮凹凸不平的同心环状层纹，习称"罗盘纹"。

2. 附加维管柱（auxillary stele）　一些双子叶植物的根，在维管柱外围的薄壁组织中产生了附加的维管柱，形成异常的结构。如何首乌的块根在正常维管束形成之后，其皮层部分薄壁细胞恢复分生能力，产生许多单独或复合的异型维管束。从而在药材横切面上呈现一些大小不等的圆圈状纹理，习称"云锦花纹"。

3. 木间木栓（interxylary cork）　某些双子叶植物的根，次生木质部的薄壁细胞经脱分化、恢复分生能力，在次生木质部内再形成木栓带，称木间木栓或内涵周皮（included periderm）。如黄芩老根中央的木质部可见木栓环带，新疆紫草根中央也具木栓环带；甘松根中的木间木栓环带包围一部分韧皮部和木质部而把维管柱分隔成2~5束，在较老根部这些束常因束间组织死亡裂开而互相脱离，成为单独的束，使根形成数个分支。

（七）根瘤和菌根

植物的根与土壤中的微生物有着密切的关系。根分泌物质是很多微生物的营养来源，而土壤微生物分泌的一些物质又可直接或间接地影响根生长发育，有些微生物甚至侵入根的内部组织中，这种植物和微生物双方有着互利的关系，这种现象称为共生（symbiosis）。共生关系是两种生物间相互有利的共居关系，彼此间有直接的营养物质交流。种子植物和微生物间的共生关系现象，一般有根瘤（root nodule）和菌根（mycorrhiza）两种类型。

1. 根瘤　植物地下部分的瘤状突起，多见于豆科植物。根瘤是土壤中的一种细菌（根瘤菌）侵入根内而产生的共生体。根瘤菌由根毛侵入根的皮层，在皮层细胞内迅速分裂繁殖，同时皮层细胞受到根瘤菌分泌物的刺激也迅速分裂，产生大量新细胞，使皮层部分的体积膨大和凸出，形成根瘤。根瘤菌的最大特点是具有固氮作用。根瘤菌中的固氮酶能将空气中的游离氮（N_2）转变为氨（NH_3），为植物生长发育提供可以利用的含氮化合物。同时，根瘤菌也从根皮层细胞中摄取生活所需的水分和养料。根瘤菌不仅使与它共生的豆科植物得到氮素而获高产，同时由于根瘤的脱落，具有根瘤的根系或残株遗留在土壤内，也能提高土壤的肥力。利用豆科植物，如紫云英、野豌豆、田菁、苜蓿等作为绿肥，或将豆科植物与农作物间作轮种，可以增加土壤肥力和提高作物产量。除豆科植物外，在自然界还发现100多种其他植物也形成根瘤，如桤木、杨梅、罗汉松和苏铁等。

2. 菌根　植物根与土壤真菌形成的共生体。菌根主要有两种类型：外生菌根（ectotrophic mycorrhiza）和内生菌根（endotrophic mycorrhiza）。外生菌根是真菌菌丝包被在植物幼根的外面，有时也侵入根皮层细胞间隙中，但不侵入细胞内。有真菌共生的根，根毛不发达，甚至完全消失，菌丝代替了根毛的作用，增加了根系的吸收面积。例如，马尾松、云杉、榛、鹅耳枥等树的根上常有外生菌根。内生菌根是真菌菌丝通过细胞壁侵入幼根皮层细胞内，呈盘旋状态。在显微镜下，可以看到表皮细胞和皮层细胞内散布着菌丝，如胡桃、桑、柑橘、葡萄、杜鹃和兰科植物等的根细胞内都有内生真菌。除这两种外，还有一种内外生菌根（ectendotrophic mycorrhiza），即在根表面、细胞间隙和细胞内都有菌丝，如草莓、苹果、银白杨和柳树的根。

真菌将所吸收的水分、无机盐和转化的有机物质供给种子植物，而种子植物把它所制造和贮藏的有机养料，包括氨基酸供给真菌，它们之间是共生关系。共生真菌还可以促进根细胞内贮藏物质的分解，增进植物根部的输导和吸收作用，产生植物激素，尤其是维生素B，促进根系的生长。很多具菌根的植物在没有相应的真菌存在时，就不能正常地生长或种子不能萌发，如栎树在没有与它共生的真菌的土壤里生长，吸收养分就少，生长缓慢，甚至死亡。同样，某些真菌，如不与一定植物的根系共生，也将不能存活。在林业上，根据造林的树种，预先在土壤内接种需要的真菌，或预先让种子感染真菌，以保证树种良好地生长发育，这对荒地或草原造林有着重要的意义。

（八）根对环境的适应和生理功能

植物的根经历长期的生态适应性进化，已演化出适应陆地生活环境变化的、多种多样的形态特征和生理功能，主要有吸收、固着、支持、输导、合成、贮藏和繁殖等功能。吸收作用是根的主要生理功能，植物所需的物质（水、CO_2和无机盐等）除部分由叶或幼嫩茎从空气中获取外，大部分由根尖部位的根毛和幼嫩的表皮从土壤中吸收。根通过反复分支形成庞大的根系土壤紧密结合在一起，把植物固着在土壤中，并与地上部分发挥固着与支持作用。通过根毛和表皮吸收的水分和无机盐进入皮层细胞，经横向运输到根部维管组织并输送到茎叶。叶光合作用合成的有机物经茎输送到根，再由根部维管组织输送到各部分，一维持根的生长和生活所需。根能合成氨基酸、植物激素、生物碱、二萜等，氨基酸被输送到其他部位合成蛋白质，其他物质对调节地上部分生长发育、提高地上部分抗病虫的能力具有重要意义。根中的薄壁组织也是贮藏物质的场所，同时根能产生不定芽，特别在伤口处。因此，根除作繁殖材料外，还在食用、药用、制糖、制淀粉和酒精，以及制作工艺美术品等方面具有重要的价值。

三、其他高等植物的根

（一）苔藓植物的假根

苔藓植物是最原始的高等植物类群，也是植物从水生向陆生生活的过渡类群之一。植物体（配子体）矮小，没有真正的根、茎、叶分化，也缺乏维管系统。苔藓植物只有与根功能类似的结构，称假根。叶状苔藓的假根是单细胞，由腹面表皮细胞突起生长伸长而成，有简单假根和舌状假根两种类型。简单假根的细胞表面光滑，无任何增厚，起固着的作用；舌状假根的细胞特别长而成管状，细胞壁内突生长、分枝并增厚，起吸收作用。茎叶体从茎基部长出多细胞长丝状的假根，细胞间的横壁倾斜，假根能分枝和产生芽，具有吸收、固着和繁殖作用。

（二）蕨类植物的根

蕨类植物是最早分化出维管组织的陆生植物类群，植物体（孢子体）有真正的根、茎、叶等器官分化，但蕨类植物和种子植物的根是两次独立发生的演化。蕨类植物的维管系统主要由木质部和韧皮部组成，木质部有运输水分和无机盐的管胞，韧皮部有运输有机养料的筛胞。蕨类植物的根为不定根，生长于匍匐茎的下表面或茎变态形成的根托（石松类）上，或根状茎的节上或茎基（木贼类、真蕨类）。根常二叉分枝或不分枝，常有细小的侧根。根尖由根冠和顶端分生组织组成，终身只有由表皮、皮层和中柱组成的初生结构。

1. 表皮 细胞1层，部分表皮细胞向外突起生长形成根毛。

2. 皮层 由同一类型的薄壁细胞组成，或分为内、外两层，外层是薄壁细胞，内层是厚壁细胞。皮层最内层是具有凯氏带的内皮层。

3. 维管柱 原生中柱，木质部星芒状，外始式发育，有单原型、二至四原型或多原型。

蕨类植物的根有分枝，以及维管组织和机械组织，从而其吸收、固着和支持、输导作用较苔藓植物得到极大提高。

（三）裸子植物的根

裸子植物是介于蕨类植物和被子植物之间的类群。裸子植物的根与双子叶植物的根相似，具有庞大的直根系；根尖、根的初生和次生结构，以及侧根形成也类似于双子叶植物。但裸子植物的木质部由管胞组成，韧皮部由筛胞组成，绝大多数没有导管和筛管。只有少数种类（买麻藤纲）有导管、筛管和伴胞的分化，但来源和结构与被子植物仍然不同，筛管和伴胞不是同源细胞。裸子植物根的吸收、固着和支持、输导作用较蕨类植物又得到极大提高。

◎ 第三节　茎的生长发育与结构 🇪 微课3

PPT

茎（stem）是连接叶和根的轴状结构。大多数植物的主茎直立于地面，上有长短、粗细不一的分枝，少数生长于地下或水中。地上生态环境的变化相对较大，从而茎的形态结构比根更加复杂多样。主要有输导和支持，以及繁殖、贮藏等生理功能。

一、被子植物的茎

（一）茎生的长发育和形态

胚芽背地生长形成植物体的主茎。茎上着生叶的部位，称节（node）；相邻两节之间的部分，称节间（internode）；叶腋和茎的顶端具有芽（bud）；叶脱落后在节处留下的痕迹，称叶痕（leaf scar）。着生叶和芽的茎，称枝条；木本和高大草本植物的茎上存在内外气体交换的通道，称皮孔（lenticel）；枝条上有芽鳞痕（bud scale scar）（图 2 - 14）。有些植物的一部分枝条节间较长，称长枝（long shoot），常是营养枝；有的枝条节间短而节密集，称短枝（short shoot），常是花果枝。例如，梨树、苹果、银杏等的枝条有长短枝之分。

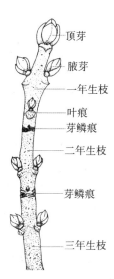

图 2 - 14 三年生枝条

叶腋和茎顶端通常有 3 个横向并列的芽，或纵列 2~4 个叠生芽。依照芽着生的位置、性质、构造和生理状态等标准，常有以下各种类型的芽（图 2 - 15）：生于叶腋的芽称腋芽，茎顶端芽称顶芽，二者称定芽，其余部位的芽称不定芽；芽开放后形成枝叶的称枝芽，发展为花或花序的称花芽，一个芽开放后既形成枝叶又形成花的芽称混合芽，如苹果、梨和海棠的芽；花芽和混合芽较枝芽肥大。外面包有鳞片的芽称鳞芽，如杨树、松树等，鳞片上有角质和毛茸等；外面无鳞片而仅有幼叶的芽称裸芽，如枫杨和胡桃的雄花芽。能开放形成枝条或花的芽称活动芽，处于不活动状态的芽称休眠芽。同时，当年形成、当年萌发的芽称早熟性芽，当年形成、必须等到翌年才能萌发的芽称晚熟性芽，芽形成后两年以上不萌发的芽称潜伏芽。当植物的顶芽被破坏，下面的休眠芽可转变成活动芽。在同一节上只生一个明显的芽称单芽，着生两个明显的芽称复芽；叶腋或茎端中央最充实的芽称主芽，位于主芽上方或两侧的芽称副芽。

图 2 - 15 芽的类型

顶芽活动使茎不断伸长和产生新叶；腋芽活动产生侧枝，侧枝再进一步产生分枝，形成多分枝的地上部分。每种植物有一定的分枝方式，种子植物常见的分枝方式有下列几种（图 2 - 16）。

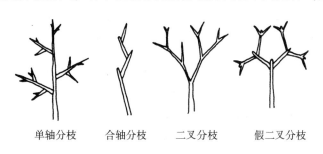

图 2 - 16 茎的分枝方式示意图

单轴分枝：植物主茎的顶芽活动始终占优势，形成直立而粗大的主干，树冠呈塔型，如樟树、杨树和桉树等乔木植物。

合轴分枝：植物主茎的顶芽生长缓慢或死亡，或形成花芽，由邻接顶芽的腋芽代替顶芽生长成主干，如此反复进行，由多腋芽发育的侧枝联合组成主干，树冠呈展开状态，多数被子植物以这种方式分枝，如马铃薯、番茄、无花果、柳树等。

假二叉分枝：常发生在对生叶的植物中，主轴的顶芽活动一段时期后停止活动或分化成花芽，有邻接顶芽的一对腋芽同时发育成两个次级主轴，如此反复进行，如石竹、桂花、紫丁香等。合轴分枝和假二叉分枝是被子植物主要的分枝方式，是进化的性状。二叉分枝可在石松、卷柏和芒萁等蕨类植物中找到典型的例子。

（二）茎的结构及其生长发育

1. 茎尖的结构和茎的生长　茎尖和根尖一样，具有一定的形态结构特征，生长分化过程也与根尖相似。在尖茎分生区前端，无类似根冠构造，由幼叶或芽鳞紧紧包裹；分生区基部侧面的细胞分裂产生叶原基（leaf primordium）和芽原基（bud primordium）等。

（1）茎尖分区　从顶端向下依次可分为分生区、伸长区和成熟区。

1）分生区　位于茎尖顶端，通常呈圆锥状，先端是分生组织，分生能力旺盛，称生长锥（growth cone）。生长锥基部周围有叶原基和腋芽原基，由生长锥细胞分裂、生长和分化形成茎内部各种组织，以及茎上的叶与侧枝等。在大多数被子植物中，生长锥结构及其细胞具有分区分化的特点，可分为原套（tunica）和原体（corpus）两部分。原套位于生长锥（原分生组织区）表面，由一至数层排列整齐、较小的细胞组成，主要进行垂周分裂，增加茎尖表面积而不增加细胞层数；原套的外层分化形成表皮，内层分化成部分皮层细胞。原体是位于原套内一群体积较大、排列不规则的细胞，可进行各个方向分裂以增大茎尖体积，原体进一步分化成皮层、维管束、髓和髓射线。第二层原套和第一层原体细胞分裂分化产生叶原基和腋芽原基。被子植物的原套有 1~8 层细胞，通常 2 层；单子叶植物的原套 1~2 层细胞，而裸子植物茎端无此结构。

大多数被子植物茎尖的原套和原体有各自的原始细胞，原套原始细胞位于顶端中央位置，下方是原体原始细胞，二者合成中央区（central zone）。原套原始细胞进行垂周分裂后，少部分保留为原始细胞，部分衍生成围绕生长锥侧面的周围分生组织（peripheral meristem），成为周围区的一部分。原体原始细胞进行各方向的分裂，外周的细胞成为周围分生组织，中央的细胞成为肋柱分生组织（rib meristem）或称髓分生组织区。周围区的活动可引起茎的伸长和增粗，最后形成表皮、皮层、髓射线和维管束；肋柱分生组织的细胞分裂分化形成髓。

2）伸长区　位于分生区下方，细胞沿纵轴方向迅速伸长。也是分生组织区向成熟组织的过渡区。

3）成熟区　位于伸长区下方，细胞停止生长，各种初生分生组织分化成熟，并构成茎的初生结构。

（2）茎的生长　茎是背地性生长，生长方式和根相似，主要有顶端生长、居间生长和增粗生长。

1）顶端生长　由顶端分生组织细胞分裂活动，使茎节数增加、节间伸长，引起茎不断伸长。

2）居间生长　由居间分生组织活动，引起节间伸长的方式。不是所有的植物茎都有这种生长方式，尤以禾本科作物具有农业生产意义。

3）增粗生长　由侧生分生组织活动引起的体轴增粗，该方式由次生分生组织活动引起，属于次生生长。例如，双子叶植物和裸子植物的根和茎有次生生长，而绝大多数单子叶植物无此生长方式。

2. 茎的初生结构　茎尖分生组织细胞经过分裂、生长、分化而形成的初生组织，构成了茎的初生结构。茎和根均是辐射对称的轴器官，茎的结构较根复杂，横切面也由表皮、皮层和维管柱三部分组成，但皮层较小，一般具明显的髓部（图 2 - 17，图 2 - 18）。

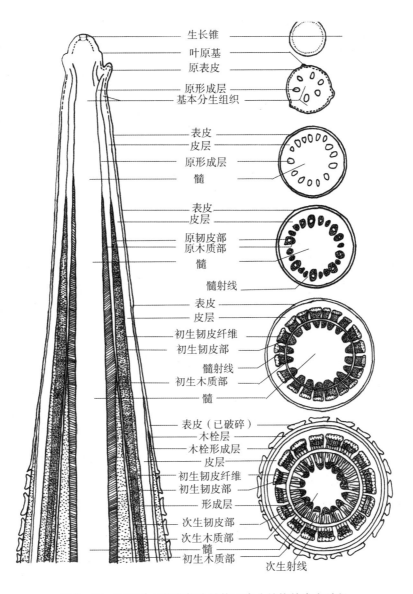

图 2-17 双子叶植物茎初生结构至次生结构的发育过程

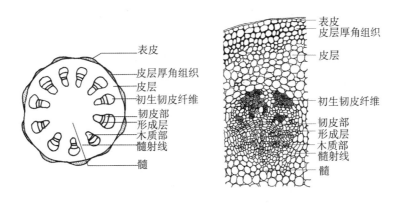

图 2-18 双子叶植物茎的初生构造（向日葵幼茎）

（1）表皮（epidermis） 位于茎表面的最外 1 层生活细胞，由表皮细胞、气孔器、各种毛状体或其他附属物组成。横切面观：表皮细胞呈长方形或方形、排列整齐而无胞间隙，一般不含叶绿体，有时含花青素，而使茎呈紫红色，如甘蔗、蓖麻等；细胞外壁稍厚，常具角质层，少数植物还具蜡被。

（2）皮层（cortex） 位于表皮和维管柱之间的多层生活细胞。横切面观：皮层所占比例较小，近表皮的皮层中常有呈束或连成圆筒状的厚角组织，其余皮层细胞常呈多角形、球形或椭圆形，壁薄，排列疏松，胞间隙明显；邻接表皮的细胞常具叶绿体，故嫩茎呈绿色。皮层与维管柱之间无明显界限，缺乏内皮层特征。少数植物的皮层最内1层或几层细胞富含淀粉粒，称淀粉鞘（starch sheath），如蚕豆、蓖麻等。一些植物皮层中还有纤维、石细胞，常将位于皮层内侧成环状纤维束称周围纤维或环管纤维，如马兜铃、南瓜等；或有分泌组织，如向日葵、松等；水生植物常具通气组织。

（3）维管柱（vascular cylinder） 位于皮层以内的所有组织，包括环状排列的维管束、髓和髓射线等，占比较大，无严格意义的中柱。

1）初生维管束（primary vascular bundle） 由初生韧皮部、初生木质部和束中形成层（fascicular cambium）组成的束状结构。大多数草本和藤本植物茎中各维管束以一定距离呈环状排列，束间区域较宽；一些草本植物和木本植物的各维管束近乎连成1环，束间分隔界限不明显。双子叶植物常为无限外韧型维管束，少数是双韧型维管束，如颠茄、南瓜、甘薯等。初生韧皮部由筛管、伴胞、韧皮薄壁细胞和韧皮纤维组成，分化成熟方向是外始式。初生木质部由导管、管胞、木薄壁细胞和木纤维组成，分化成熟方向是内始式（endarch）。初生韧皮部和初生木质部之间，遗留下的1~2层原形成层分生组织细胞称束中形成层。有些植物的初生韧皮部外侧，存在起源于韧皮部呈环状或帽状的纤维束，称初生韧皮纤维，如向日葵、大麻等的茎。

2）髓（pith） 位于茎的中心部分，由薄壁细胞组成，具有贮藏作用。有些植物的髓部还有石细胞、分泌细胞等；薄壁细胞常含有淀粉、结晶体等。一些植物近维管束处的髓部薄壁细胞较小、壁较厚、排列紧密，形成明显的周围区称环髓带（perimedullary region）或髓鞘（perimedullary sheath），如椴树等。草质茎的髓部较大，木本茎的髓部常较小，但旌节花、接骨木、泡桐等的髓部较大。部分植物在发育过程中髓中央部分细胞解体消失后形成中空的茎，如连翘、芹菜、南瓜等；少数植物髓部细胞形成一系列横髓隔，如猕猴桃、胡桃、通脱木、杜仲等。

3）髓射线（medullary ray） 位于相邻两个初生维管束之间的薄壁组织，外接皮层，内连髓部，又称初生射线（primary ray）。它是植物体内横向运输的通道，兼有贮藏作用；双子叶草本植物的髓射线较宽，木本植物髓射线较窄。茎次生生长时，与束中形成层相邻的髓射线细胞能恢复分裂能力，转变成束间形成层（interfascicular cambium）。

3. 茎的次生生长和次生结构 多数双子叶植物的茎同根一样，在初生生长的基础上，能进行次生生长，产生次生构造，也是由维管形成层和木栓形成层产生及其活动的结果。水生双子叶植物和单子叶植物一样不具有次生生长的特点。

（1）茎的次生生长

1）维管形成层的发生及其活动 茎在初生生长产生的维管束中就存在束中形成层，在次生生长开始时，束中形成层开始活动后，邻接束中形成层的髓射线细胞恢复分生能力，转变成束间形成层，并和束中形成层相互衔接，形成连续的形成维管形成层环（图2-17）。束中形成层在初生维管束间分隔界限明显时则很明显，反之则不明显。茎维管形成层有纺锤状原始细胞（fusiform initial）和射线原始细胞（ray initial）两种原始细胞。纺锤状原始细胞呈长梭形，沿茎长轴平行排列，是形成层的主要成员，主要进行切向分裂（平周分裂），向内向外产生新细胞，不断分化形成次生木质部和次生韧皮部，并沿茎长轴纵向平行排列，构成纵向的次生维管组织系统，即轴向系统。射线原始细胞近方形，分布于扁平的纺锤状原始细胞之间，与茎轴垂直排列，在纺锤状原始细胞分裂时也进行切向分裂，产生径向排列的维管射线并延长髓射线，构成径向的次生维管组织系统，即径向系统。纺锤状原始细胞不断进行切向分裂，分裂1次产生两个子细胞，1个向内分化出次生木质部原始细胞或向外分化出次生韧皮部原始细胞，另1个则保留为纺锤状原始细胞。通常形成数个次生木质部细胞后才形成1个韧皮部细胞，导致次生木质部细胞数量明显多于次生韧皮部细胞。随着木质部不断增大，维管形成层的位置也逐步向外推移，周径也随之扩大；纺锤状原始细胞主要通过径向、侧向和斜向的垂周分裂增加细胞数目，以扩大其周径。射线原始细胞也通过横向、侧向分裂增加细胞数目。维管形成层活动产生次生木质部和次生韧皮部的组成分子和根相同，只是各种成分的数量存在差异。

2）木栓形成层的产生及其活动　多数植物茎中最初形成的木栓形成层是由表皮内方的第一层皮层细胞恢复分生能力转变而成，如桃、梅和胡桃等；有些发生于表皮，如梨、苹果和柳等；也有些发生于初生韧皮部薄壁细胞，如棉花、葡萄和石榴等，这类植物在次生生长后则没有皮层。

木栓形成层细胞进行切向分裂，向外产生木栓层，向内产生栓内层。栓内层细胞是活细胞，数量少，常含叶绿体；木栓层、木栓形成层和栓内层共同组成周皮，代替表皮行使保护作用（图2-19）。在周皮上还存在皮孔（lenticel），代替气孔进行气体交换。皮孔常位于原来气孔或几个气孔的下方，木栓形成层在此处较其他部位活跃，向外衍生出大量排列疏松、胞间隙发达的薄壁细胞，称补充细胞；它们突破周皮，在树皮表面形成一些点线状突起或凹陷的结构，即皮孔。皮孔具有两种类型，一种结构上具明显的分层，栓化细胞形成封闭层；另一种结构简单，无封闭层。皮孔的形状、颜色和分布随植物种类而异，是药材鉴定的依据之一。

木栓形成层常活动数月后失去活力而转变成木栓层，多数树木又依次在其内方重新产生木栓形成层，形成新的周皮；如此其发生位置就会逐渐向内推移，最后可达次生韧皮部。老周皮内方组织被新周皮隔离后逐渐枯死，这些周皮以及被它隔离死亡组织的综合体常自然剥落，称落皮层（rhytidome）或树皮（bark）。部分植物的落皮层呈鳞片状脱落，如白皮松；或呈环状脱落的，如白桦；或裂成纵沟，如柳、榆；或呈大片脱落，如悬铃木；但也有的不脱落，如黄檗、杜仲。林业和药材学常将树干上人为剥下的皮称树皮，包括形成层以外部分，如厚朴、杜仲、肉桂、黄柏、秦皮等的药用部位均指该类树皮。

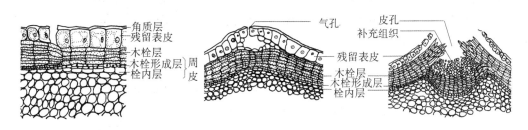

图2-19　双子叶植物茎木栓形成层分裂产生周皮及皮孔示意图

（2）茎的次生结构　双子叶植物茎在次生生长时，维管形成层和木栓形成层细胞不断分裂，向内、外产生次生组织，使茎不断增粗，结构也发生变化。以下简要说明第一次形成周皮时，茎的次生结构（图2-17）。

1）周皮　位于茎表面，由木栓层、木栓形成层和栓内层组成，其上分布有皮孔。

2）皮层　位于周皮内方，由薄壁细胞组成，有时有分泌组织或厚壁细胞。

3）初生韧皮部　位于皮层内方，常仅存呈束状分布的韧皮纤维。

4）次生韧皮部　位于初生韧皮部内方，常呈三角形，组成成分与根相似，但韧皮纤维较根发达。

5）维管形成层　位于次生韧皮部内方，次生分生组织，细胞近方形。

6）次生木质部　位于形成层内方，组成成分与根相似，但木纤维较发达。

7）初生木质部　位于次生木质部内方，主要组成是导管，内始式发育。

8）髓和髓射线　髓是位于中央的薄壁细胞，髓射线是次生分生组织中径向呈放射状排列的薄壁细胞，内连髓部，外通皮层，在皮层呈喇叭口。

藤本植物次生生长时，束间形成层不分化为维管组织，只分化出薄壁细胞，所以其次生维管组织仍呈分离状态，束间距离较宽，如木通马兜铃、川木通等，药材鉴别中称"车轮纹"。

4. 双子叶植物木本茎的结构　木本茎的次生组织发达，常分成树皮、维管形成层和木材三部分。

（1）树皮　维管形成层以外所有组织，包括落皮层、新周皮、皮层和次生韧皮部。

（2）维管形成层　位于树皮内方的单层细胞，有时可见形成层区。

（3）木材　维管形成层以内的所有组织，包括历年产生的次生木质部、初生木质部和髓。在横切面上可见春材（spring wood）、秋材（autumn wood）、年轮（annual ring），以及心材（heart wood）和边材（sap wood）等形态结构。

木本茎中次生木质部占有绝大部分，树木越大，次生木质部占比例也愈大。在温带和亚热带春季或热带雨季，气候温和，雨量充足，形成层活动旺盛，产生的次生木质部细胞径大、壁薄，质地较疏松，色泽较淡，称春材（spring wood）或早材（early wood）；温带夏末秋初或热带旱季，形成层活动逐渐减弱，产生的木质部细胞径小、壁厚，质地紧密、色泽较深，称秋材（autumn wood）或晚材（late wood）。横切面上，同一年的早材和晚材间没有明显的界线，但由于形成层在冬季停止活动，导致当年的秋材与翌年的春材间界限分明，形成一同心环层，称年轮（annual ring）或生长轮（growth ring）。有些植物（如柑橘）一年可形成3轮，这些同心环层称假年轮，这是由于形成层有节奏地活动，每年有几个循环的结果；也可因一年内气候特殊变化，或树叶被害虫吃掉，生长受影响而引起假年轮的形成。在有干、湿季节的热带地区，树木也产生年轮状环层。

木材的横切面，靠近形成层的部分颜色较浅，质地较松软，称边材（sap wood），其含有生活细胞，起着输导和贮藏作用。而中心部分颜色较深，质地较坚硬，称心材（heart wood）；由于养料和氧不易进入，组织老化或衰亡，同时有些射线细胞或轴向薄壁细胞通过纹孔侵入导管或管胞腔内，膨大并沉积树胶、单宁、挥发油、色素等代谢产物，形成部

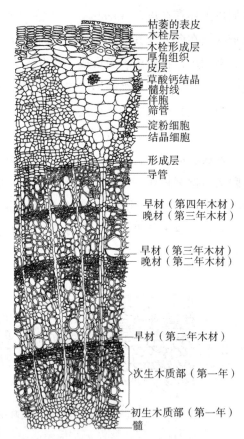

图2-20　四年生木质茎（椴树）的构造

分堵塞或完全堵塞导管或管胞腔的突起结构，称侵填体（tylosis），使导管或管胞丧失输导能力。心材比较坚硬，加强支持的作用，不易腐烂，且常含有多种代谢产物。因此，心材的药用价值比边材高，如苏木、檀香、降香等均是心材入药（图2-20）。

木质部各种组织纵横交错，十分复杂，要充分理解其结构，需从横切面、径向切面、切向切面进行比较观察，鉴定药材时常需观察三个切面的结构。

横切面（transverse section）是垂直于茎纵轴所做的切面，可见年轮呈同心环状，射线呈辐射状排列，射线的长度和宽度；导管、管胞、木纤维和木薄壁细胞等呈类圆形或多角形，并可见它们的直径大

小、细胞壁厚薄及胞腔大小等。

径向切面（radial section）是经过茎中心所做的纵切面。可见年轮呈垂直平行的带状；射线横向分布并与年轮垂直，射线的高度和长度；导管、管胞、木纤维等呈纵长筒状或棱状，以及它们的长度、直径、两端形状和次生壁的纹理。

切向切面（tangential section）是不过茎中心做的纵切面。可见年轮呈"U"形波纹；射线细胞群纺锤状呈不连续的纵行排列，射线的高度、宽度、细胞列数和两端细胞的形状；导管、管胞、木纤维等的特征与径向切面相似。

木材的三个切面中，射线的形状最突出，常作为判断切面类型的依据（图2-21）。

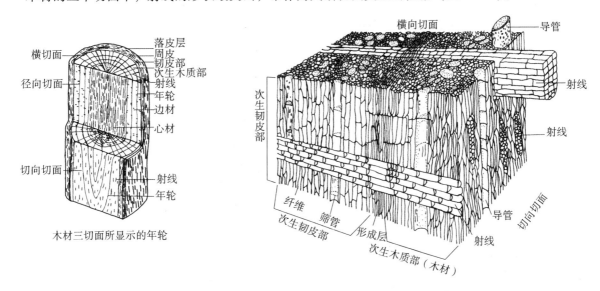

图2-21 木材三切面所示年轮及次生结构

5. 双子叶植物草质茎的次生结构 双子叶草本植物生长期短，草质茎次生生长有限，次生构造不发达，木质部的量较少，质地较柔软。其结构特征如下（图2-22）。

（1）最外层为表皮，常有各种毛状体、气孔、角质层、蜡被等附属物。少数在表皮下方产生木栓形成层，向外产生1~2层木栓细胞，向内产生少量栓内层，表皮仍未被破坏。

（2）次生构造不发达，有些植物种类仅具束中形成层，没有束间形成层；部分种类不仅没有束间形成层，束中形成层也不明显，如毛茛科草本植物。

（3）髓部发达，髓射线较宽，有些种类髓部中央破裂成空洞状。

6. 双子叶植物根状茎的结构 双子叶草本植物的根状茎，其构造与地上茎类似，构造特征如下（图2-23）。

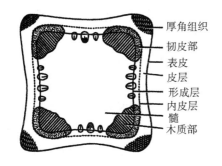

图2-22 薄荷茎的横切面简图

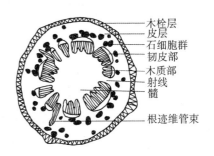

图2-23 黄连根状茎横切面简图

（1）表面常具木栓组织，少数种类具表皮或鳞叶。

（2）皮层较宽，常有根迹维管束（即与不定根中维管束相连的维管束）和叶迹维管束（与叶柄维管束相连的维管束）斜向通过。部分植物的皮层内侧具纤维或石细胞。

（3）维管束为外韧型，排列成环状。

（4）贮藏薄壁组织发达，机械组织不发达。

（5）中央具明显的髓部。

根据双子叶植物茎生长发育过程和特点，用以下图解表示（图2-24）说明茎生长发育过程及其变化。

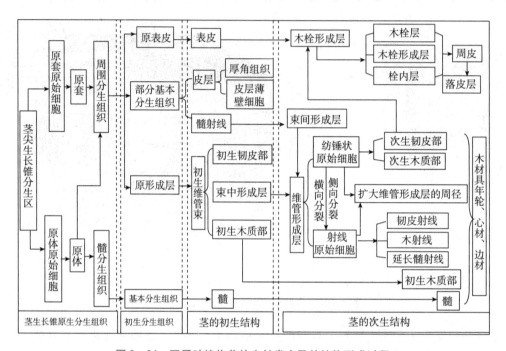

图 2-24　双子叶植物茎的生长发育及其结构形成过程

7. 单子叶植物茎的结构　单子叶植物茎缺乏形成层和木栓形成层，不能无限增粗，仅具初生构造。但玉米、甘蔗、棕榈等少数植物的茎也有明显增粗现象，其原因有两种：一是初生组织内的细胞长大，导致整体增大；二是茎尖叶原基和幼叶内方，有几层由顶端分生组织衍生的扁长形细胞所组成与茎表面平行的筒状结构，称初生增粗分生组织（primary thickening meristem）。该组织进行平周分裂增加细胞，沿伸长区向下逐渐减弱，常终止于成熟区，使顶端分生组织的下面几乎达到成熟区的粗度。

（1）单子叶植物地上茎的结构

1）表皮　由表皮细胞和气孔器组成，有长细胞和短细胞两种。长细胞是表皮的主要成分，细胞壁厚而硅质化和角质化，其垂周壁呈波状相互嵌合；短细胞有木栓化细胞和硅质化细胞，细胞硅化程度高低与抗病虫害能力的强弱有关。

2）基本组织　由薄壁细胞组成，邻接表皮的基本组织常为多层厚角或厚壁细胞。部分植物茎中央薄壁细胞解体形成髓腔，少数还有裂生通气道，如水稻。

3）维管束　由维管束鞘、初生木质部和初生韧皮部组成。维管束之间彼此分离，常具有两种排列式样，一种是维管束无规则地分散基本组织中，愈向外愈多，愈向中心愈少，近边缘的维管束较小，无皮层和髓之分，如石斛、玉米、高粱、甘蔗等（图2-25）。另一种是维管束较规则地排列成两圈，外环维管束较小，中央是髓；有些植物的茎长大时，髓部溶解形成髓腔，如水稻、小麦等。维管束虽排列方式不同，但其结构相似，均为有限外韧型维管束。维管束外周被厚壁组织组成的维管束鞘包围，维管束鞘内为初生韧皮部和初生木质部，无束中形成层，这是单子叶植物茎的主要特征之一。

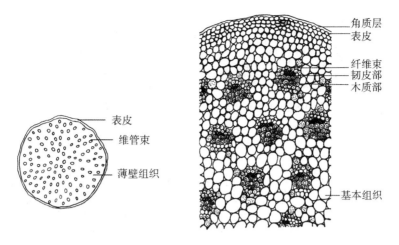

图 2-25　单子叶植物茎的构造（石斛茎的横切面）

有少数单子叶植物的茎有形成层及次生生长，如龙血树、芦荟、丝兰和朱蕉等的茎。它们的形成层起源和活动情况，不同于双子叶植物。常在初生维管束外方产生形成层，形成新的维管组织（次生维管束），排列方式也因植物种类不同而异，如龙血树的形成层起源于维管束外薄壁组织，向内产生维管束和薄壁组织，向外产生少量薄壁组织，次生维管束中韧皮部较少，位于维管束的中央部分，形成周木型维管束。

（2）单子叶植物根状茎的结构

1）表面仍为表皮或木栓化皮层细胞，少有周皮，如射干、仙茅。禾本科植物根状茎较特殊，表皮细胞平行排列，每行多为 1 个长细胞和 2 个短细胞纵向相间排列，长形细胞为角质化表皮细胞，1 个短细胞是栓化细胞，1 个是硅质细胞，如白茅、芦苇。

2）皮层常占的体积较大，常分布有叶迹维管束，维管束常为有限外韧型，但也有周木型，如香附；有的则兼具有限外韧型和周木型两种，如石菖蒲。

3）大多数植物有具凯氏带的内皮层，如姜、石菖蒲；也有部分植物的内皮层不明显，如知母。

4）有些植物的根状茎在皮层邻接表皮部位的细胞形成木栓组织，如生姜；有的皮层细胞发育成木栓细胞，形成"后生皮层"，代替表皮行使保护功能。

（三）茎和根状茎的异常结构

一些双子叶植物的茎和根状茎在形成正常构造外，还有部分薄壁细胞，恢复分生能力，发育成形成层，它们活动产生多数异型维管束，形成了异常构造。

（1）髓维管束　指双子叶植物茎或根状茎髓部的异型维管束。例如，胡椒科植物风藤的茎（海风藤）横切面除正常排成环状的维管束外，髓部还可见 6~13 个异型维管束。大黄根状茎横切面除正常的维管束外，髓部有许多星状的异型维管束，其形成层呈环状，外侧为由几个导管组成的木质部，内侧为韧皮部，射线星芒状排列；该结构形成了药材横切面"锦纹"的特征。此外，红景天根状茎的髓部也存在异型维管束（图 2-26）。

（2）同心环状排列的异常维管组织　某些双子叶植物茎内，初生生长和早期次生生长均正常。当次生生长发育到一定阶段，次生维管柱的外围又形成多轮呈同心环状排列的异常维管组织。如密花豆老茎（鸡血藤）的横切面，韧皮部可见 2~8 个红棕色至暗棕色环带，与木质部相间排列；其最内一圈呈圆环状，其余为同心半圆环。

（3）木间木栓　甘松根状茎的横切面可见木间木栓呈环状，包围一部分韧皮部和木质部把维管柱分隔为数束。

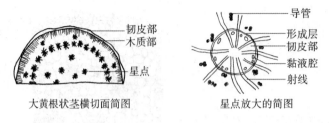

图 2-26　大黄根状茎横切面简图

二、其他高等植物的茎

（一）苔藓植物的茎

苔藓植物有叶状体和茎叶体两种形态。叶状体匍匐生于地面而有背腹之分，背面有1层表皮细胞，上有气孔；表皮下方的细胞向上直立状疏松排列，内含叶绿体，为同化组织。同化组织下方有多层排列紧密的薄壁细胞，贮藏有水分和养料。腹面的表皮细胞为1层，有些表皮细胞向下生长发育成假根或叶片状鳞片。

茎叶体的结构比叶状体复杂。茎有表皮、皮层和中柱的分化，表皮细胞1层，外壁较薄，其余三面稍增厚，含有叶绿体。皮层位于表皮下方，近表皮为厚角组织，增强茎的支持作用，近中柱为薄壁组织。中柱位于中央，由长柱形薄壁细胞组成，具有输导能力。

（二）蕨类植物的茎

陆生植物从蕨类植物开始出现输导水和养料的细胞群分化，即出现维管组织。它们在植物体内聚集，形成了不同排列的柱状结构称中柱。蕨类植物茎的中柱变化多样。最原始的原生中柱仅由木质部和韧皮部组成，无髓部，包括中央木质部呈圆形、韧皮部围绕在木质部四周的单中柱；木质部呈星芒状的星状中柱；木质部和韧皮部呈片状、束状并交织在一起的编织中柱。管状中柱较原生中柱进化，其中央有髓，木质部和韧皮部呈环状分布；包括木质部内外方均有韧皮部分布的双韧管状中柱，及韧皮部仅分布木质部外方的单韧管状中柱。管状中柱进一步分化，由多个分离的周韧维管束排列成环，形成网状中柱。较为进化的真中柱由多个分离的外韧维管束或双维管束排列成环。系统发育最高级的散生中柱，则是多个维管束散生分布于茎中。

蕨类植物茎的结构有表皮、机械组织、基本组织和中柱。表皮为茎的最外1层细胞，直接由皮层分裂形成而非原表皮，常具气孔和表皮毛。皮层位于表皮和中柱之间，外侧多为厚角组织或厚壁组织细胞，内部多为薄壁组织，内皮层有条状加厚的凯氏带。中柱的类型是植物界最多的类群，木质部分化成熟有外始式、内始式和中始式等多种。

蕨类植物的茎主要有输导和支持功能，地下茎具有贮藏和繁殖功能。

（三）裸子植物的茎

裸子植物与双子叶木本植物茎的形态结构和生长发育过程相似，但结构组成更单纯和原始。主要表现在维管组织组成分子的不同。

（1）次生木质部主要由管胞、木薄壁细胞、射线组成，无导管（少数如买麻藤具导管），无典型的木纤维，如柏科、杉科植物；或无木薄壁细胞，如松科；裸子植物的管胞兼有输送水分和支持作用。

（2）次生韧皮部由筛胞、韧皮薄壁细胞组成，无筛管、伴胞和韧皮纤维。

（3）松柏类茎的皮层、韧皮部、木质部、髓，甚至髓射线中常有树脂道。

PPT

◈ 第四节 叶的生长发育与结构

叶（leaf）是着生在茎节上的营养器官，通常呈绿色扁平体，含有大量叶绿体，具有向光性。叶是植物唯一完全暴露在空气中的营养器官，主要进行光合作用、气体交换和蒸腾作用，还有繁殖、贮藏、吸收和合成等功能。例如，贝母、百合、洋葱等的肉质鳞叶具贮藏作用，秋海棠、落地生根的叶有繁殖作用。除作食物或饲料源外，叶还具观赏和药用价值，如药材大青叶、枇杷叶、桑叶等。

一、叶的形态特征

（一）双子叶植物叶的组成

双子叶植物的叶由叶片、叶柄和托叶三部分组成，称完全叶（complete leaf）（图2-27），如桃、柳等的叶；缺少其中任何一部分或两部分的叶称不完全叶（incomplete leaf），如女贞、油菜等缺托叶，龙胆、石竹等缺叶柄和托叶，这些均属不完全叶。

1. 叶片（blade） 叶的主体和行使生理功能的主要部位，常呈绿色而薄的扁平体。可划分成近轴面（adaxial surface）或上表面和远轴面（abaxial surface）或下表面。叶片由叶端（leaf apex）、叶基（leaf base）和叶缘（leaf margin）等部分组成，其形态、大小等特征是识别植物的形态依据。贯穿叶片内的维管束称叶脉（veins），其中一至数条大的叶脉为主脉（一级脉），主脉的分枝称侧脉（二级脉），其余多级分枝的细小叶脉称细脉（三级或四级脉），细脉的末端称脉梢或盲脉。双子叶植物的叶脉常连接成网，脉梢游离于叶肉中，形成开放式脉序，

图2-27 叶的组成

称网状脉序（reticulate venation）；大多数单子叶植物的叶脉几乎平行排列，通过细脉相互连接，脉梢成封闭式，称平行脉序（parallel venation）

2. 叶柄（petiole） 连接叶片与茎枝的部分，常呈细圆柱形、半圆柱型或稍扁平状，起输导和支持作用。叶柄能扭曲生长调节叶片的位置和方向，使各叶片不重叠。一些植物的叶柄呈气囊状，如菱、水浮莲；呈叶片状，如台湾相思树；叶柄弯曲成缠绕状，如威灵仙；叶柄基部部分或全部扩大呈鞘状，如伞形科植物；叶柄基部膨大成关节状称叶枕，如含羞草、野葛、常春油麻藤。

3. 托叶（stipules） 常较小，着生在叶柄与茎枝连接部位，起保护幼叶和芽的作用。托叶保持到叶片发育成熟后称托叶宿存，或托叶在叶片发育成熟前脱落，称早落；有些植物的托叶脱落后在茎上落下疤痕，称托叶痕，如木兰属（Mangolia）植物具有环状的托叶痕。托叶的形状多样，如豌豆、木瓜等的托叶呈叶片状，茜草、猪殃殃等则与叶同形，大黄、何首乌等蓼科植物扩大成鞘状并包围茎，称托叶鞘（ocrte），金樱子、月季等与叶柄愈合成翅，菝葜属（Smilax）呈卷须状，刺槐、三颗针等呈刺状（图2-28）。

图2-28 常见的几种托叶类型

（二）单子叶植物叶的组成

禾本科、姜科、兰科、莎草科等单子叶植物叶有叶片、叶鞘，以及叶环、叶舌和叶耳等不同于双子叶植物。叶片呈条形或带形，平行脉或弧形脉；叶鞘包裹茎，保护腋芽和加强支持作用；叶片和叶鞘连接的部位称叶环，可以调节叶片的位置；叶片和叶鞘连接处内侧（腹面）的膜状突起物称叶舌，连接处两侧的边缘称叶耳。叶舌和叶耳的有无、形状和大小是识别禾本科植物的依据之一。

二、叶的发生和生长

叶由叶原基（leaf primordium）生长分化而来。双子叶植物的叶原基常由茎尖表层的第一、二层细胞发生，单子叶植物则由茎尖表层细胞发生。叶起源于茎尖分生组织表面的1至几层细胞，这种起源式称外起源（exogenous origin）。叶原基首先进行顶端生长、伸长形成圆柱状的叶轴，此时尚未分化出叶柄和叶片。具有托叶和叶鞘的植物，叶原基上部形成叶轴，叶原基基部的细胞发育早、分裂快，分化形成托叶和叶鞘，包围上部叶轴起到保护作用。叶轴的端生长不久停止，在叶轴两侧各出现1列边缘分生组织，细胞分裂，进行边缘生长，使叶轴变宽，形成具有背腹性的、扁平的叶片或叶片与托叶的雏形。复叶则通过边缘生长形成多数小叶片，没有进行边缘生长的叶轴基部分化为叶柄，当幼叶叶片展开时叶柄才随之迅速伸长，最终发育成为成熟叶。

在叶片不断增大的同时，内部组织也分化成熟。在边缘生长期，叶轴两侧的边缘分生组织经垂周分裂产生原表皮，并进一步发育成叶表皮；近边缘分生组织平周分裂和垂周分裂交替进行，形成基本分生组织和原形成层，并进一步发育成叶肉和叶脉。同种植物中叶肉细胞的层数基本恒定。在各层形成后，细胞停止平周分裂，只进行垂周分裂，增大叶片面积，但不增加叶片厚度。

叶是向基成熟方式，叶的生长发育达到一定的大小、形状后，就停止生长，但有些植物叶的基部保留有居间分生组织，可以随着节间生长而伸长。例如，禾本科植物的叶鞘，韭菜、葱的叶割后，仍能继续生长。

三、叶的组织结构

（一）叶柄的结构

叶柄的结构与茎的初生结构大体相似。叶柄横切面呈半圆形或圆形等，近轴面常平坦或凹下，远轴面凸出，由表皮、皮层和维管束三部分组成。最外一层为表皮，皮层中具有厚角组织，维管束常呈半圆形或圆形排列，木质部在近轴面或在内，韧皮部在远轴面或在外，两者间往往具一层形成层细胞，形成层活动期短；维管束因合并或分裂，其束数变化很大（图2-29）。

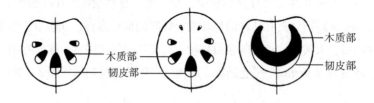

图2-29 三种类型叶柄横切面简图

（二）双子叶植物叶片的结构

叶片的形状、大小式样各异，但内部构造比较一致，由表皮、叶肉和叶脉三部分组成（图2-30）。

1. 表皮（epidermis） 覆盖整个叶片的表面，上表皮在叶片的近轴面（上表面），下表皮在远轴面（下表面）。表皮常为一层扁平的生活细胞，常无叶绿体，排列紧密，无胞间隙。顶面观，表皮细胞呈

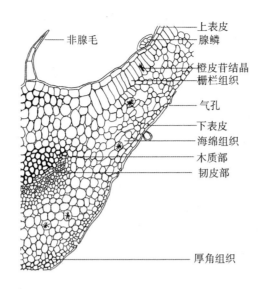

图 2 – 30　双子叶植物叶片（薄荷）横切面详图

不规则形，彼此嵌合；横切面观呈方形或长方形，外壁较厚，角质化并具角质层，有的具蜡质。少数植物表皮由多层细胞组成，称复表皮（multiple epidermis），如夹竹桃、海桐叶等。

　　表皮上常存在气孔、毛状体、排水器等附属物，上、下表皮常均有气孔，大多数植物下表皮的气孔较上表皮密集。气孔的形状、数目和分布等因植物种类和环境条件而异。

　　2. 叶肉（mesophyll）　位于上下表皮间的同化组织，也是植物进行光合作用的主要场所。按叶肉中薄壁细胞的形态和排列方式不同，分为栅栏组织（palisade tissue）和海绵组织（spongy tissue）。栅栏组织位于上表皮之下，细胞呈长圆柱形，一至数层，长径与表皮垂直。细胞排列紧密、整齐呈栅栏状，胞间隙小，细胞内含叶绿体较多，所以叶片上表面绿色较深。海绵组织位于栅栏组织与下表皮或栅栏组织之间，细胞呈不规则形，排列疏松，胞间隙发达，细胞内含叶绿体也少。叶肉组织在上、下表皮的气孔处有较大空隙，称孔下室（substomatic chamber）。叶肉组织明显分化为栅栏组织和海绵组织的叶，称两面叶（bifacial leaf）或异面叶（dorsiventral leaf）；叶上、下表皮下均有栅栏组织或叶肉组织分化不明显的叶，称等面叶（isobilateral leaf）。例如，番泻叶、桉叶的两面均有栅栏组织，而百合、玉米的叶肉组织无明显的分化（图 2 – 31），它们都属等面叶。

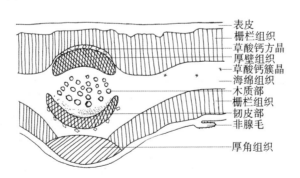

图 2 – 31　番泻叶的横切面简图（等面叶）

　　3. 叶脉（vein）　分布于叶肉之中，交错成网，起着输导和支持作用。各级叶脉的结构有所不同，主脉和较大的侧脉结构相似，由机械组织、薄壁组织和维管束组成。机械组织位于主脉维管束处上下表皮的内方，有厚角组织（如茶、棉花），或厚壁组织（如柑橘），在叶背面较发达。常不分化出叶肉组织，少数有一至数层栅栏组织，如番泻叶、石楠叶。较细的叶脉位于叶肉组织中，维管束外面常包围着 1 层或多层排列紧密的大型细胞，称维管束鞘（vascular bundle sheath）。叶脉越细结构越简单，先是形成层简化，机械组织减少，细脉末端仅 1~2 个短螺纹管胞，韧皮部仅存在短而狭的筛管分子和增大的伴胞；小叶脉处常有特化的传递细胞，能有效地从叶肉组织输送光合作用产物到达筛管分子。

（三）单子叶植物叶的结构

单子叶植物叶结构与双子叶植物相似，也由表皮、叶肉组织和叶脉三部分组成，但各部分的结构又有其特点。现以禾本科植物叶为例进行说明（图 2-32）。

1. 表皮 由长细胞与短细胞组成。长细胞呈长方形，长径与叶脉平行排列，横切面近方形，外壁角质化，并含有硅质；短细胞有硅质细胞和栓质细胞两种，位于叶脉外侧呈纵向相隔排列，硅质细胞腔内充满硅质体，栓质细胞的壁木栓化。表皮存在一些特殊的大形细胞，壁较薄，液泡发达，横切面上略排列呈扇形，称泡状细胞（bulliform cell），干旱失水时能使叶子卷曲，又称运动细胞（motor cell）。气孔呈纵向排列，保卫细胞呈哑铃型。

2. 叶肉 一般无明显栅栏组织和海绵组织分化，叶肉细胞间隙小，孔下室较大。一些植物的叶肉组织明显分化成栅栏组织和海绵组织，如淡竹叶。

3. 叶脉 有限外韧维管束近平行排列。主脉维管束处上下表皮内方常分布有厚壁组织，并与表皮层相连。维管束鞘常有 1~2 层或多层细胞，如玉米、甘蔗为 1 层较大薄壁细胞，水稻、小麦为 1 层薄壁细胞和 1 层厚壁细胞。

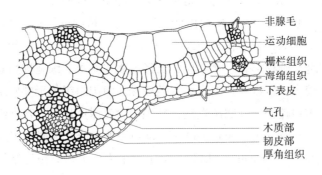

非腺毛
运动细胞
栅栏组织
海绵组织
下表皮
气孔
木质部
韧皮部
厚角组织

图 2-32　单子叶植物叶片（淡竹叶）横切面详图

（四）裸子植物叶的结构

裸子植物的叶多呈针形、条形或鳞形叶。以松属植物的针叶为例，松柏类植物叶在形态结构上具有旱生植物叶的特点。叶横切面呈半圆形，由表皮、下皮层（hypodermis）、叶肉和维管束组成。表皮细胞壁厚、腔小，角质层较厚；气孔纵向排列，下陷于下皮层中。下皮层为表皮内的几层厚角组织。叶肉组织无分化，细胞壁向内形成突起，叶绿体沿突起表面分布，扩展光合作用的能力；叶肉中有树脂道，具内皮层。外韧型维管束 1~2 束，木质部在近轴面（图 2-33）。

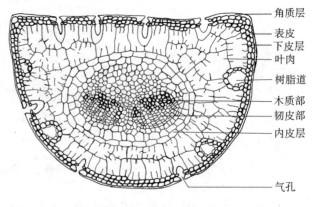

角质层
表皮
下皮层
叶肉
树脂道
木质部
韧皮部
内皮层
气孔

图 2-33　裸子植物针叶的结构

四、叶的生态类型

叶的形态结构，常随生态环境的不同而发生变化，特别是受水分和光照影响最大。根据植物与水分的关系，常分为旱生、水生和中生植物；根据植物与光照的关系，又分为阳生植物和阴生植物，以及同种植物的阳生叶和阴生叶。

1. 旱生植物的叶　植物在适应干旱环境过程中，叶的形态和结构主要朝降低蒸腾和贮藏水分两方面发展。旱生植物明显的特征是叶小而厚，表面与体积比小；表皮的角质层和蜡被较厚，表皮毛较发达，有时具有复表皮；气孔下陷或位于气孔窝内；栅栏组织发达，海绵组织和胞间隙不发达，叶脉稠密。有些旱生植物叶片肥而多汁，有发达的贮水组织。

2. 水生植物的叶　叶的形态和结构主要向有利于接受阳光和获得空气两方向发展。水生植物叶小而薄，表面与体积比大；表皮细胞壁薄，轻度角质化，含有叶绿体，常无气孔；叶肉不发达，无栅栏组织和海绵组织分化，胞间隙特别发达，具有通气组织；机械组织和输导组织减少。有些湿生植物具有水生植物的特点，如鸢尾、芦苇等。

3. 中生植物的叶　不同的中生植物或同种植物不同部位的叶片需求光照的情况不同，可分为阳生植物和阴生植物，同种植物的叶分为阳生叶和阴生叶。阳生植物的叶趋向旱生植物叶的结构特征，阳生叶有向旱生植物的叶发展的趋势。阴生植物趋向水生植物叶的结构特征，阴生叶有向水生植物的叶发展的趋势。

◈ 第五节　营养器官之间的联系

PPT

一、营养器官之间维管组织的联系

1. 维管组织结构的联系　植物根、茎、叶之间的维管组织，相互连接并贯穿植物体的各个部分，在植物体内形成复杂而完善的输导和支持的体系。种子萌发时，胚轴下端的胚根发育为主根，上端的胚芽发育为茎、叶系统。根和茎维管组织的联系在初生构造中比较复杂，由于根中维管束是辐射型，外始式发育，而茎维管束是无限外韧型，木质部内始式发育，韧皮部外始式发育。在根与茎交界处，维管组织的排列方式发生了转变。根与茎的维管组织发生转变的部位称过渡区（transition zone），通常位于下胚轴。根和茎的维管束转变方式和过程，因植物种类不同而有所差异。以二原型为例，根中维管束的初生木质部由内向外纵裂成两束，各向两侧反转180°，移至相邻韧皮部的内方，每两束木质部与同时分裂转移的韧皮部相连接，最后合并成为束，形成茎维管束（图2–34）。

茎维管束在节处分支进入叶柄，经多次分支形成叶脉。维管束从茎中维管柱分支点起，穿过皮层到叶柄基部的部分称为叶迹（leaf trace），叶子脱落后在叶痕上可见叶迹维管束。叶迹上方由薄壁组织所填充的区域称叶隙（leaf gap）。枝维管束也是主茎维管柱的分枝。主茎维管束分支经过皮层到枝的部分称枝迹（branch trace），枝迹上方薄壁组织所填充的区域，称枝隙（branch gap）（图2–35）。

营养器官维管组织由根通过下胚轴根茎过渡区与茎相连，再由茎节处的枝迹、叶迹与侧枝、叶相连，构成一个连续的维管系统，以保证植物生长发育过程中所需的有机物质、水和矿物质的转运。

2. 生理功能的联系　根的主要功能是从土壤中吸收水分和无机盐类，主要吸水部位是根尖的根毛和幼嫩的表皮，根毛细长，细胞壁薄，液泡大，保持相当大的浓度渗透压，能不断地从土壤溶液中吸收水分和矿养分，除小部分用于根生长发育和代谢活动外，大部分通过皮层进入根木质部导管，再由茎

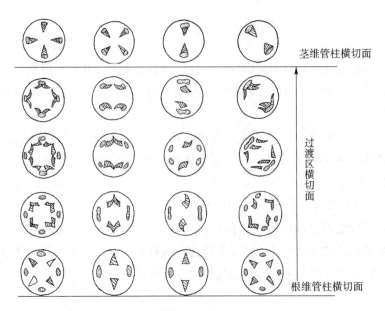

图 2-34　根、茎过渡区维管结构联系图解

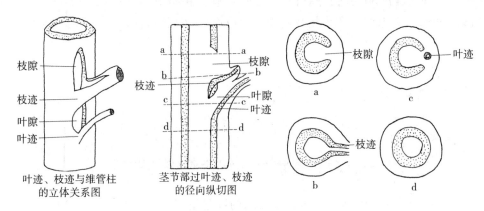

图 2-35　节部维管束关系图解

木质部输送到地上各部分；水中的 CO_2 也被根吸收，提供给光合作用。

　　茎主要是输送水分、无机盐类和有机营养物质到植物体各部分，并支持叶、花、果伸展在一定的空间，利于光合作用、开花、传粉及果实、种子散布。

　　叶是光合作用的主要场所，光合作用是利用太阳能将 CO_2 和水转变成有机物和氧气的过程，其合成的有机物主要是糖，糖再转变成淀粉，能量贮存在于糖和淀粉等有机物中，为植物体提供有机物、能量和氧气。叶又是植物蒸腾作用的主要器官，蒸腾失水对光合作用带来了一些损失，但随之也将空气中 CO_2 通过气孔进入叶肉组织，形成光合作用的产物。蒸腾作用引起根部吸水和向上运输，无机盐类随蒸腾液流上升并在植物体内运转。

　　植物体所需水分和无机盐类由根部吸收，所需有机物由光合作用提供，两者需通过茎的向上、向下运输供给植物体各部分。由此，根、茎、叶的生理功能发生着密切的联系，协调植物营养器官形态结构与生理活动的统一。

二、营养器官生长的相互影响

　　植物营养器官间存在着相互依赖、相互制约的关系，并在生长上表现出相关性。根在地下形成庞大的根系，保证水分、无机盐类等的吸收和供给，同时起固着和支持作用，使植物稳固地直立地上。茎生在地上，承载着枝、叶、花、果实，使地上的枝叶得以伸展；根吸收的水分、无机盐类等物质通过茎向上输送到枝叶，叶光合作用的有机产物和生理活性物质等通过茎向下输送到根部。植物地上的茎叶与地下的根存在相互依存和相互制约的关系，因此通过调节控制光照、水分、温度、矿物质等因素可改变植物地上部分与地下部分的生长，即"根冠比率"。

顶芽和侧芽、主根与侧根的生长发育也相互制约。顶芽生长发育好，主干就长得快，侧芽就受到抑制，生长发育缓慢，甚至不能发育成新枝。去掉顶芽，侧芽则生长较快，发育为新枝。主根与侧根也有类似的顶端优势。顶端优势的强弱随植物种类不同而异。主干与分枝之间的生长相关性一般认为与植物体内生长激素浓度有关，顶芽生长发育需要较高浓度生长素，侧芽生长发育需要较低浓度的生长素，大量生长素对侧芽生长起抑制作用。

复习思考题

1. 从组成和结构上分析种子对种子植物繁衍的意义。
2. 简述双子叶植物茎和单子叶植物茎的异同。
3. 如何观察并描述叶的形态？如何理解叶的构造、形态及功能的相关性？

书网融合……

思政导航　　　本章小结　　　微课1　　　微课2　　　微课3　　　题库

（陈　莹　赵玉姣　李　骁）

第三章　植物繁殖器官的结构和生长发育

学习目标

知识目标

1. 掌握　植物的繁殖方式和类型；花的组成和结构；果实的形态和类型；种子的结构和形成过程。

2. 熟悉　植物生殖结构的发育；花的类型；花程式和花图式的书写；果皮的构造。

3. 了解　果肉的构造，果实与种子的传播；花芽发生和花器官发育模型。

能力目标　通过本章学习，培养科学探索精神及生命责任和意义，体会生命之美。

植物的生命活动周期包括两个相互依存的方面，一方面维持植物个体的生存，另一方面保持种族的延续。植物个体的寿命长短不一，但都要经历生长、发育、衰老和死亡。植物生长、发育到一定阶段后，就要复制自己相似的个体，以维持种族延续，这种现象称繁殖（propagation）。繁殖是植物生命活动周期中一个重要的环节，也是所有生物体的重要生命现象之一。繁殖过程不仅增加了新个体，也丰富了后代的遗传多样性，产生活力更强、适应性更广的后代，使种族得以延续和发展。同时，在人类生产活动中，通过人工干预植物繁殖过程，可培育出特性各异的优良品种。

第一节　植物繁殖和繁殖器官 微课1

PPT

植物的繁殖方式常见有三种，营养繁殖（vegetative reproduction）、无性生殖（asexual reproduction）和有性生殖（sexual reproduction）。营养繁殖是指植物营养体的一部分与母体分开或不分开直接发育出新个体的方式，也称克隆生长。植物种类不同，营养繁殖的方式也不尽相同。植物适应环境变化的演化过程中，多细胞生物的细胞特化程度也越来越高，繁殖也由特定部分产生的生殖细胞进行。植物体产生的生殖细胞（generative cell）不经有性结合直接发育成新个体称无性生殖，通过两性细胞结合发育成新个体称有性生殖，有性生殖是植物繁殖的高级形式。植物在长期演化过程中，各类群植物形成了各具特色的繁殖方式。

一、孢子植物的繁殖

孢子植物是非自然的单系类群，常指能利用一种特化细胞（孢子）进行繁殖的一类植物，包括藻类、菌类、地衣、苔藓和蕨类植物。其繁殖方式包括营养繁殖、无性生殖和有性生殖三种类型。

1. 营养繁殖　孢子植物的营养繁殖方式有多种。裂殖是单细胞植物最普遍的一种营养繁殖方式，通过细胞分裂将母体细胞分为大小、形态和结构相似的两个子细胞，每个细胞又发育成一个新个体。例如，一些单细胞藻类和细菌普遍存在这种繁殖方式。一些丝状或叶状体的孢子植物，由于细胞间连接较弱或机械损伤，常发生断裂，每一断裂部分又通过细胞分裂发育成一个新个体，这种营养繁殖方式称断裂生殖（fragmentation）。发酵工程生产技术就是利用孢子植物的营养繁殖特性。

2. 无性生殖 无性生殖的生殖细胞称孢子，它是植物的营养细胞、藻丝，或植物体产生并不需经两性结合，从而无性生殖也称孢子生殖。例如，一些单细胞藻类不经配子结合产生不动孢子和游动孢子，一些丝状藻类产生厚垣孢子或游动孢子，地钱产生胞芽，地衣类产生藻细胞外缠绕一段菌丝的粉芽等，都属于无性生殖。孢子生殖是藻类、菌类、苔藓类和蕨类植物的主要繁殖方式，种子植物也存在无性生殖，但不是种子植物的主要繁殖方式。

在营养繁殖和无性生殖中，缺少有性过程的遗传重组，子代继承了和亲代相同的遗传信息，有利于保持亲代的特性。同时，无性生殖不经过复杂的有性过程和胚胎发育阶段，从而繁殖快，产生子代的数量多，有利于种族繁衍和性状保持，也称为克隆（clone）。例如，一些藻类在适宜环境下，会快速进行无性生殖，后代的数量成倍增加，形成水化。细菌在最适宜条件下，也常通过无性生殖增加数量。无性生殖的后代来自同一基因型，适应环境的能力受到限制，生活力常常出现逐渐衰退的现象。

3. 有性生殖 孢子植物的有性生殖存在从较原始的同配到进化的卵配方式，显示了有性生殖的演化过程。配子融合是孢子植物有性生殖最常见的方式，在植物体特定部分——配子囊（gametangium）中通过减数分裂形成单倍体的配子（gamete），配子释放后，两个不同性别的配子相遇，雄配子的原生质体流入雌配子细胞中进行质配（plasmogamy）和核配（karyogamy）形成合子（zygote），由合子萌发形成新植株。由于合子具备了双亲的遗传性信息，从而增强了后代生活力和更广泛适应性，有利于植物的进化和繁衍。根据配子的大小、形状、行为等的差异程度，孢子植物有性生殖可分为同配生殖、异配生殖和卵式生殖三种类型。

（1）同配生殖（isogamy） 两个相互结合的配子，形态、结构、大小和运动能力相同，从形态上难以区别。同配生殖是较原始的生殖方式，常见于藻类。

（2）异配生殖（heterogamy） 两种配子在形态和构造上与母体的营养细胞相似，但大小不相同，其中较大者为雌配子，小者即雄配子，两种不同配子结合形成合子，合子萌发为新个体。异配生殖方式常见于低等的球藻类。

（3）卵式生殖（oogamy） 两种不同性别的配子进一步分化，在形态、大小、结构和运动能力等方面均有明显差异。雄配子较小，细长，运动能力较强，有的具有鞭毛，称精子（sperm）；雌配子较大，卵球形，无鞭毛，不具运动能力，称卵子（egg）。产生精子和卵子的性器官分别称精子囊（antheridium）和卵囊（oogonium）。在苔藓、蕨类植物中进一步形成多细胞的有性生殖器官，分别称精子器和颈卵器。精子和卵子融合的过程称受精作用（fertilization），形成的合子称受精卵（fertilized egg），受精卵发育成新植株。从藻类、真菌到高等植物均可见到卵式生殖，它是高等植物各类群共有的繁殖方式。

二、种子植物的繁殖

1. 营养繁殖 植物的根、茎、叶等营养器官或其部分具有再生能力，在适当条件下能产生不定根和不定芽，并能发育成一个新个体，这是种子植物的营养繁殖或克隆。营养繁殖的后代保持了亲本的遗传特性，能提早开花和结实。营养繁殖可分成自然营养繁殖和人工营养繁殖。

（1）自然营养繁殖 植物长期演化形成的依赖营养器官繁衍种族的一种繁殖方式。被子植物常借助各种变态器官进行繁殖，如马铃薯的块茎，姜的根状茎，大蒜、百合、水仙的鳞茎等。

（2）人工营养繁殖 人类利用植物营养繁殖的特性，或植物细胞的全能性，人工营造条件进行植物繁殖。常采用的人工营养繁殖有以下几种。

1）分离繁殖（division） 人为地从亲本植株变态器官上分割一部分，直接培养成新植株的繁殖方式。常用的有根状茎、葡匐茎、块茎、鳞茎等。

2）扦插 截取植株营养器官一部分，将下端插入土壤或基质中，使其生根发芽长成新植株。常见有茎插、根插和叶插三种，常用 2,4-D、NAA、IBA 或 IAA 等处理，以促进插条生根，提高成活率。

3）压条　用于繁殖的枝条先不从亲本植株上分割，而埋入土壤或基质中，待长出根后，再从母体割离，移栽，成活率高，但繁殖的数量低。

4）嫁接　将一株植物的枝条或芽体移接到另一株带根植株上。目前，水果、花卉常用嫁接扩大优良品种的生产，嫁接成功率取决于嫁接技术，以及接穗与砧木的亲和性，常与二者的亲缘关系有关。

5）组织和细胞培养　采用植物组织培养技术，从植物器官的一小部分，在无菌人工培养基上，诱导出完整植株的繁殖方式，也称快速繁殖技术。组织培养技术能够快速获得大量的无病毒植株。常见的繁殖方式有以下四种途径。

①原球茎（protocorm）：将植物茎尖进行无菌培养，得到球状体，每个球状体上又可分化出数个球状体突起，这种小球体和种子发育而来的球状体非常相似，称原球茎。原球茎切割成数块后，进一步培养可形成完整的种苗。目前，兰花繁殖中广泛采用原球茎途径进行快速繁殖。

②愈伤组织（callus）：将离体组织或细胞诱导成愈伤组织，再将愈伤组织在分化培养基上诱导分化出芽和根，形成完整的种苗。常用于珍稀药用植物的繁殖。

③胚状体（embryoid）：组织培养中从体细胞产生的胚胎，其发育顺序和合子胚相似，称胚状体。该途径是从离体组织、细胞或原生质体获得胚状体，或从愈伤组织上得到胚状体，然后再将胚状体培养成完整的种苗。

④不定芽（adventitious）：从离体培养组织上直接形成不定芽，再由不定芽长成种苗。

以上四种途径因植物不同而异，同一种植物也可在相同或不同条件下沿不同途径培养新植株个体，即完整的种苗。

2. 无性生殖和有性生殖　无性生殖和有性生殖在种子植物生活史中的时间极短暂，这两种生殖过程都是通过植物开花、传粉和受精实现，即他们都是在花的结构里完成。在一朵花的雄蕊与雌蕊内分别形成单核花粉粒和单核胚囊的过程属于无性生殖，而从精子和卵细胞经传粉和受精形成合子的过程属于有性生殖。同时，在种子植物中，营养生殖和无性生殖常不区分使用。关于被子植物生殖详见下一节。

3. 种子植物的繁殖器官　在种子萌发成幼苗后，经过少则几周，多达数年或数十年的营养生长，才能转入生殖生长。被子植物在完成营养生长后，首先在植株的一定部位形成花芽，经开花、传粉、受精，最后形成果实和种子；裸子植物无真正的花，只形成裸露的种子。种子植物的花、果实和种子与植物的繁殖有关，称繁殖器官。种子孕育着新一代的原始体——胚，种子萌发后，胚发育成新一代的植物体，使种族得以延续和发展。

三、植物的生活史与世代交替

植物从生长发育的某一阶段开始，经一系列生长发育过程，产生下一代后又重现该阶段的现象，称为生活史（life history），也称生活周期（life cycle）。植物生活史中出现了两种个体，一是能产生配子，进行有性生殖的配子体（gametophyte），配子体是孢子发育而来的单倍体；另一种是能产生孢子，进行无性生殖的孢子体（sporophyte），孢子体是合子发育而成的 2 倍体。孢子体发育阶段称孢子体世代（或无性世代），配子体发育阶段称配子体世代（有性世代），这两个世代有规律地交替出现在植物生活史中的现象称世代交替（alternation of generation）。在植物自然演化过程中，无性世代和有性世代的交替出现，保证了植物能产生数量多、适应性强的后代，在两个世代交替转换中，减数分裂和受精作用是两个关键的环节。按减数分裂和受精作用之间的关系，可将生活史分为 4 种基本类型。

（1）生活史中仅有营养繁殖，无有性生殖，即没有减数分裂，核相无变化。

（2）生活史中仅有 1 个单倍体植物，进行无性生殖和有性生殖，或仅进行一种生殖方式。有性生殖中，减数分裂发生在合子形成后，新植物产生前。

（3）生活史中仅有 1 个 2 倍体植物，只进行有性生殖，减数分裂发生在配子囊产生配子之前。生活史中凡是出现有性生殖的植物，必然存在核相交替现象。

（4）生活史中有世代交替现象，即生活史中有 2 或 3 个植物体：单倍体进行有性生殖，合子萌发时不经过减数分裂，产生 2 倍植物体；该 2 倍体植物进行无性生殖，经减数分裂产生孢子，再发育成单倍植物体。因单倍植物体行有性生殖，是其有性世代的植物体，称配子体；而 2 倍植物体行无性生殖（孢子生殖），是无性世代的植物体，称孢子体。

植物的世代交替中，配子体占优势，或孢子体占优势。若孢子体与配子体在形态和大小上有着同样的发育程度，称"同形世代交替"；若孢子体和配子体在发育程度、形态大小都不同，称"异形世代交替"。同形世代交替是较低级的类型，异形世代交替中的孢子体世代越占优势则越属进步的表现。

◇ 第二节　被子植物花的组成结构与发育 ⓔ 微课 2

PPT

花是被子植物最重要的繁殖器官之一。花是适应于生殖功能的变态短枝，而花各部分则是变态的叶。尽管花的各部分与正常的叶在形态和功能上差异较大，但在形态发生、生长方式和维管系统等方面都与叶相似。

一、花的形态结构

被子植物一朵完整的花，由花柄、花托、花萼、花冠、雄蕊群和雌蕊群等六部分组成（图 3-1）。从形态学上，花萼、花冠、雄蕊群和雌蕊群具有叶的一般特性，花柄、花托是节间极度缩短而无分枝的变态枝。雄蕊群、雌蕊群是花生殖功能中最重要的组成部分；花萼和花冠合称花被，具保护和引诱昆虫传粉的作用；花柄及花托则主要起支持作用。

1. 花柄和花托　花柄（pedicel）是着生花的小枝，也称花梗；花柄顶端略膨大的部分称花托（receptacle），花的各部按一定方式着生于花托上。花托的形状多样，如厚朴、玉兰的花托呈圆柱状，草莓的花托呈圆锥状，金樱子、蔷薇的花托呈杯状，莲的花托膨大成倒圆锥状（称莲蓬）。花托顶部肉质增厚成扁平状、垫状、杯状或裂瓣状，并能分泌蜜汁称花盘（disk，disc），如柑橘、卫矛、枣等。

2. 花萼和花冠　花萼（calyx）是花的最外层变态叶，由萼片（sepal）组成，常呈绿色叶状。萼片分离者称离生萼，如毛茛、油菜；彼此连合者称合生萼，连合部分称萼筒，分离

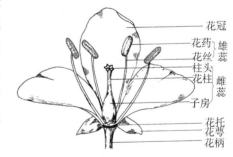

图 3-1　花的组成部分

部分称萼齿、萼裂片或萼檐，如地黄、丁香。一些萼筒一侧向外延长成管状或囊状，称距（spur），如凤仙花、金莲花等；有些植物在花萼外还有 1 轮萼状物称副萼，如棉花、木槿等；花萼似花冠且颜色鲜艳称瓣状萼，如乌头、飞燕草等；花萼呈毛状称冠毛（pappus），如蒲公英等；若花萼在开花前脱落则称早落萼，如白屈菜、虞美人等；花后仍保留萼片并在果期增大者，称宿存萼，如番茄、柿、茄等。

花冠（corolla）位于花萼内侧，由花瓣（petal）组成，常具鲜艳的颜色。花瓣彼此分离者称离瓣花（choripetalous flower），如桃、油菜等；花瓣合生者称合瓣花（synpetalous flower），如牵牛等；合瓣花合生部分称花冠筒，分离部分称花冠裂片或冠檐，冠筒与冠檐间宽展部分称喉（throat）；花瓣基部延伸成管或囊状物，称距（spur），如紫花地丁、耧斗菜等；花冠与雄蕊之间的瓣状或冠状结构称副花冠（corona），如水仙、萝藦等。

花萼和花冠的形状、大小、颜色和联合情况等多种多样，它们具有吸引动物传粉和保护雌雄蕊的作用。花萼和花冠合称花被（perianth），一些植物的花萼和花冠形态相似不易区分时统称花被，每一片花被称花被片（tepal），如百合、黄精等。同时具有花萼和花冠的花称重被花或双被花，仅有花萼的花称单被花，花萼和花冠均缺乏的花称无被花，如柳、杨梅等。

3. 雄蕊群 雄蕊（stamen）位于花冠的内方，着生在花托、花冠或花被上，一朵花中所有的雄蕊总称雄蕊群（androecium），有多数或1枚雄蕊，常与花被同数或其倍数。

雄蕊由花丝（filament）和花药（anther）两部分组成。花丝细长，中央具维管束，起支持花药和运输作用。花药是花丝顶端膨大的囊状物，常由4个或2个花粉囊（pollen sac）组成，分成左右两半，中间为药隔，花粉成熟后，花药自行开裂，散出花粉粒。有关雄蕊类型、花药着生和开裂方式将在第四章中详细介绍。

4. 雌蕊群 雌蕊（pistil）位于花中央或花托顶部，1朵花中的所有雌蕊总称雌蕊群（gynoecium），由1或多枚雌蕊组成。构成雌蕊的基本单位是心皮（carpel），心皮是适应生殖作用的变态叶。组成雌蕊的心皮数、联合情况有若干不同的类型（将在第四章详细介绍）。雌蕊上部承接花粉的部位称柱头（stigma），常扩展成各种形状。有些植物的柱头具有许多柱头毛，以增加承接花粉的面积。花柱（style）为柱头下连接子房的部分，是花粉管进入子房的通道，其长短随植物不同而异。雌蕊基部膨大的部分为子房（ovary），其内有一至数个子房室，外为子房壁。胚珠着生在子房室内，受精后，整个子房发育成果实，胚珠发育成种子。

一朵兼有雄蕊和雌蕊的花称两性花（bisexual flower），仅具其一的花称单性花（unisexual flower）。仅具雌蕊的花称雌花（pistillate flower），仅有雄蕊的花称雄花（staminate flower）。一朵花中既无雄蕊，也无雌蕊的花称无性花（asexual flower）或中性花（neutral flower）。雌花和雄花长在同株植物上称雌雄同株（monoecious），雌花和雄花分别长在不同植株上称雌雄异株（dioecious）。

5. 禾本科植物的花及小穗 禾本科植物花与双子叶植物花的组成不同，它们通常由1枚外稃，1枚内稃，2枚浆片，3枚或6枚雄蕊和1枚雌蕊组成。外稃是花基部的变态苞片，其中脉常延长成芒（awn）；内稃和浆片是花被变态而成，开花时，浆片吸水膨胀，撑开内稃和外稃，使雄蕊和柱头露出稃片外，以利于传粉受精，花后浆片退化。

禾本科植物的花常无柄，在小穗轴（rachilla）上交互排列为2行形成小穗（spikelet）；小穗是一种小型的穗状花序，常由一至多花和基部1对颖片组成，颖片实质属小总苞；小穗可再组合成为各式各样的复合花序。例如，麦穗为复穗状花序，小穗基部有2枚颖片（小总苞），内有小花数朵，基部2~3朵发育正常，能结实；上部的花发育异常，不结实；小花2枚稃片（变态小苞片），2枚浆片（变态花被片），雄蕊3枚，雌蕊1枚，柱头羽毛状，子房1室。

二、花器官发育过程的形态结构变化

被子植物的生活周期中，最明显的变化是从营养生长转变为生殖生长。植物从幼年期进入成年期后，其茎端分生组织具备了感应成花信号刺激、进而启动花芽分化能力的状态，称花熟状态（ripeness to flower state），而在此之前的营养生长阶段称幼年期（juvenile phase）。植物幼年期的长短，各不相同。植物达到花熟状态后，在适宜的外界条件下完成开花传粉的过程。植物成花过程可分为成花诱导（flower induction）、成花启动（floral evocation）和花的发育（floral development）三个阶段，经过成花诱导之后，植物茎尖分生组织不再发育形成叶原基和芽原基，而经过一系列内部变化分化成形态上可辨认的花原基（floral primordial），再逐渐发育成熟的花器官，最终完成传粉受精过程。

　　低等植物的生殖结构常是单细胞，高等植物出现多细胞的生殖结构，其中被子植物的生殖结构最复杂，具有真正的花。花和花序由花芽发育而来，而花芽的发育是顶端的营养分生组织转变成花或花序分生组织活动的结果。多数植物经过幼年期生长，达到一定生理状态后，在一定营养条件和光周期、温度的诱导下，一些茎尖生长锥停止分化叶原基和腋芽原基，生长点横向扩大，向上突起并逐渐变平。随后按一定的规律先后形成若干轮呈小突起状的花原基，花原基又分为花萼原基、花瓣原基、雄蕊原基、雌蕊原基，这些花原基进一步分化发育形成花的各部分，该过程称花芽分化（flower – bud differentiation）。花芽分化过程中，茎尖生长锥在生理状态上向花芽转化的过程称生理分化，花芽生理分化完成的状态称花发端。而随之开始花芽发育的形态变化过程称形态分化。花芽形成后，茎顶端分生组织也就全部分化。花芽分化是植物营养生长向生殖生长转变的生理和形态标志。花芽的形态随植物种类而异，一般花芽较枝芽肥大。一些植物的 1 枚花芽仅形成 1 朵花，如桃、玉兰、油茶等；也有些植物可分化出许多花而形成花序，如蚕豆、油菜、小麦等。

　　双子叶植物花芽分化的过程可分为花序原基分化、枝梗分化（复合花序类型）、花原基分化、苞片分化（花有苞片的植物）、花萼分化、花瓣分化、雌雄蕊分化、药隔形成、花粉母细胞形成、减数分裂、花粉粒形成期等。同一花轴上，苞片和枝梗原基的分化常为向顶分化；无限花序的花原基为向顶分化，有限花序的花原基为离顶次序分化；先分化的花原基先开花，易发育、结实；后分化的花原基后开花，常退化、脱落。花原基上各轮花器常从花托外周开始，先分化出花萼，然后逐渐向心分化花瓣、雄蕊、雌蕊；但有些植物的花原基不分化出雄蕊或雌蕊，有的在花原基分化初期虽分化雄蕊和雌蕊，但后期其中之一退化，这些都成为单性花。

　　禾本科植物花芽分化的全过程可分为生长点伸长、苞片分化、枝梗分化、小穗分化、颖片和外稃分化、小花分化、雌雄蕊分化、药隔形成、花粉母细胞形成、减数分裂、花粉粒形成等时期。一般是主穗轴最先分化，然后由低位级向高位级分化出苞片和枝梗。因种类不同，同一穗轴不同节位枝梗和小穗的分化顺序有向顶分化、向基分化与由中央向两端分化等。大麦、玉米、高粱等是先在穗轴节上形成共同原基，再分化出 2 ~ 3 个小穗原基。同一小穗以颖片、外稃、花原基的顺序分化。同小穗的花原基分化顺序，小麦是下位花先分化、先开花结实、上位花后分化、常退化；水稻、玉米、高粱和粟的小穗，仅 1 枚上位花先分化发育，下位花退化。同一花原基上先分化内稃，然后分化浆片、雄蕊和雌蕊。

三、花器官发育的分子模型

　　在花发育机理研究中，E. Coen 和 E. Meyerowitz（1991 年）等提出花器官发育的 ABC 模型，能通过改变 A、B、C 三类基因表达而控制花的结构。被子植物花的典型结构，由 4 轮同心花器官组成，从外至内依次是花萼、花瓣、雄蕊和心皮。控制花结构的基因按功能分为 A、B、C 三类，每类基因分别控制相邻两轮花器官的发育。即：A 类功能基因在第一、二轮花器官中表达，B 类功能基因在第二、三轮花器官中表达，而 C 类功能基因则在第三、四轮表达。其中 A 和 B、B 和 C 可相互重叠，但 A 和 C 相互拮抗，即 A 抑制 C 在第一、二轮花器官中表达，C 抑制 A 在第三、四轮花器官中表达。萼片发育由 A 类基因单独决定，花瓣发育则是 A 类和 B 类基因共同决定。心皮的发育由 C 类基因单独决定，而 C 类基因和 B 类基因一起决定了雄蕊的发育。一个有缺陷的 B 类基因可导致花瓣和雄蕊的缺失，在其位置上将发育出多余的萼片和心皮。当其他类型的基因发生突变时，也会发生类似的器官置换。在 ABC 模型中，B 类和 C 类同源异型基因与性器官分化和发育的关系更密切，这三类基因突变都会影响花的形态建成，尤其影响花的性器官产生，其中控制雄蕊和心皮形成的同源异型基因是最基本的性别决定基因。Angenent 和 Colombo 等（1995）将 ABC 模型修正为 ABCD 模型，将控制胚珠发育的基因列为 D 类功能基因；Theissen（2001）在拟南芥中发现 A –、B –、C –基因一起参与萼片发育的 E –基因，ABC 模型逐渐被修正为 ABCDE 模型。ABCDE 模型中，花发育由 5 类保守的同源异型基因（A、B、C、D、E）调控，这些同源异型基因不同组合决定不同花器官的特征，它们共同调控花器官的发育。其中 A + E 调控第一轮（花萼）的发育；A + B + E 调控第二轮（花冠）的发育；B + C + E 调控第三轮（雄蕊）的发育；C + E 调控第四轮（雌蕊）的发育；D + E 调控胚珠的发育。

四、雄蕊的结构和雄配子体发育

花芽中的雄蕊原基经细胞分裂、生长、分化，与花托相连的部分迅速伸长发育成花丝，同时顶部膨大发育成花药。花丝能将花药举出以利于传粉，以及给花药输送水分和营养。花丝的结构简单，最外一层是表皮，内为薄壁组织，中央有 1 维管束，上达花药，下连花梗。花药常有 4 个花粉囊，有些植物只有 2 个花粉囊（pollen sac）。花粉囊产生花粉粒（pollen grain），中间由药隔分成左右两半，药隔中维管束与花丝维管束相连，药隔支持花粉囊并供给花药发育所需的水分和养分。花粉粒成熟后，药隔同侧的 2 花粉囊互相连通，花药开裂，散出花粉粒进行传粉。

（一）花药的结构与发育

花药发育初期，由原表皮及其内侧的基本分生组织组成，随后花药四个角隅处分裂较快使其外观呈四棱形。以后在四个角隅处的表皮下均分化出纵列的、体积大、核大、胞质浓、分裂能力强的孢原细胞（archesporial cell）。孢原细胞先进行 1 次平周分裂，形成两层细胞，外层为初生壁细胞（primary parietal cell）或称初生周缘细胞，内层是造孢细胞（sporogenous cell），中部的细胞分裂、分化形成药隔细胞和维管束构成药隔。初生壁细胞继续平周和垂周分裂成 3~5 层细胞，连同其外的表皮共同组成花粉囊壁（花药壁）。花粉囊壁自外向内依次为：表皮（1 层细胞）、药室内壁（endothecium）（1 层细胞）、中层（middle layer）（1~3 层细胞）和绒毡层（t-apetum）（1 层细胞）（图 3-2）。①表皮细胞的外切向壁具薄角质层，有些植物表皮上具毛绒或气孔。②花药成熟时，药室内壁贮藏物质消失，除外切向壁外，均发生多条斜纵向条状的纤维素次生加厚，故称纤维层。同侧 2 个花粉囊交接处留下几个不加厚的薄壁细胞（裂口），花粉成熟时由此开裂，散出花粉粒。③中层细胞富含淀粉粒或其他储藏物，花药发育过程中逐步解体和被吸收。④绒毡层细胞较大，胞质浓，富含 RNA、蛋白质、油脂及类胡萝卜素等，合成识别蛋白质和合成、分泌胼胝质酶，对花粉粒发育起着营养和调节作用。花粉粒成熟时绒毡层细胞全部解体。

花粉粒成熟时，纤维层细胞失水产生的机械力使花药在裂口处断开，花粉粒由裂口处纵向形成的裂缝散出。花粉囊壁因绒毡层的解体而消失，或仅存痕迹，只剩有表皮及纤维层；有些植物的表皮也破损而仅余残迹。

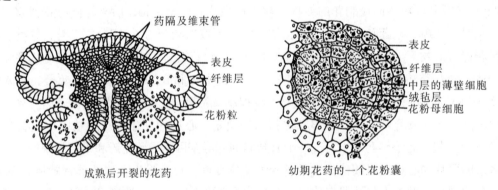

成熟后开裂的花药　　　　　幼期花药的一个花粉囊

图 3-2　花药的构造

（二）花粉粒的发育与形态结构

1. 花粉粒的发育　花粉囊壁内的造孢细胞经过几次有丝分裂，形成了多个花粉母细胞（pollen

mother cell)，少数植物的造孢细胞直接发育为花粉母细胞。随后花粉母细胞再经减数分裂形成 4 个单倍体的小孢子，最初 4 个小孢子集合在一起，称四分体（tetrad）。绝大多数植物的四分体会进一步分离形成 4 个花粉粒（图 3 - 3）。

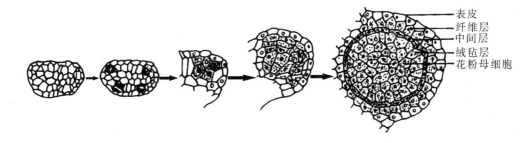

图 3 - 3　花粉粒的发育

小孢子刚从四分体释放出时，细胞小、液泡小、核在中央，称单核花粉粒；经过一个发育阶段后，小孢子长大并进行 1 次不均等有丝分裂，产生 2 个不等的细胞，进入雄配子体阶段；大的是营养细胞，小的是生殖细胞，二者均为仅有质膜的无壁裸细胞。约 70% 的被子植物中花粉成熟传粉时仅由 2 个细胞组成，称 2 细胞花粉（二核花粉粒）；其余 30% 的植物的花粉在成熟前，生殖细胞经减数分裂形成 2 个精细胞（精子），称 3 细胞花粉（三核花粉粒），如小麦、水稻等。

2. 花粉粒的形态结构及萌发　成熟花粉粒有内、外两层壁。外壁较厚而坚硬，主要由花粉素组成，化学性质极稳定，能抗高温、高压、耐酸碱、抗分解等；其上存在的一些蛋白质参与花粉与柱头的识别，以及人对花粉的过敏有关。花粉粒常呈圆球形、椭圆形、三角形、四边形或五边形等，淡黄色、黄色、橘黄色、墨绿色、红色或褐色等不同颜色，直径常 15 ~ 50μm；表面光滑或具各式雕纹，如瘤状、刺突、网状、凹穴等（图 3 - 4）。

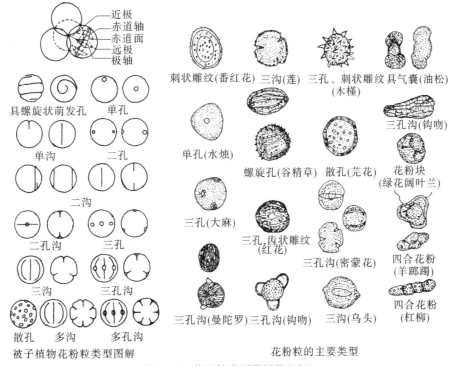

被子植物花粉粒类型图解　　　　花粉粒的主要类型

图 3 - 4　花粉粒类型图解及示例

花粉粒的内壁较薄，由果胶质和纤维素组成，也有一些与其受精识别有关的蛋白质和酶类；内壁上有的地方没有外壁，形成萌发孔（germ pore）或萌发沟（germ furrow）。花粉萌发时，花粉管便由此向外突出生长。同时，花粉粒的形状、颜色、大小、纹饰、萌发孔等特征随植物种类不同而异，是花粉鉴定的重要依据。

（三）花粉败育和雄性不育

被子植物开花散出的花粉，没有正常的精细胞或精子，这一现象称花粉败育（abortion）。花粉败育的原因包括：① 结构型（花药退化），如花药瘦小或畸形；或药隔中维管组织的导管、筛管分化不完全；或花粉囊壁的绒毡层肥大宿存或过早解离等。② 生理型（花粉败育），如花粉母细胞不能正常进行减数分裂；或减数分裂后，花粉停留在单核或双核阶段，不能产生精细胞；或绒毡层的细胞代谢异常等。③ 营养型，因营养因素导致雄蕊发育不良，常无花粉。④ 环境型，温度过低或严重干旱等，导致雄蕊发育异常等。

有些植物由于受遗传、生理、环境等因素影响，花药或花粉不能正常发育的现象，称雄性不育（male sterility）。雄性不育植物的雌蕊常发育正常，这种现象已见于 40 多个科的数百种植物。水稻、高粱、玉米、油菜、棉花、番瓜等植物育出的雄性不育植株群体，称雄性不育系。雄性不育系有的属遗传型雄性不育，如细胞核雄性不育（genic male sterility）、细胞质雄性不育（cytoplasmic male sterility）和核质互作型雄性不育（genic cytoplasmic sterility）等；有些属环境型雄性不育，受特定环境的影响导致雄性不育，如水稻的光敏核不育和温敏核不育等，它们分别在长日照和低温条件下才表现出雄性不育现象。此外，应用化学杀雄等方法诱导，也可产生非遗传性的雄性不育植株。

雄性不育在杂交育种中具有重要的作用，杂种一代有着很强的杂种优势。利用雄性不育系进行杂交育种，可免去人工去雄这一复杂的操作过程，既能节省大量人力，又保证了种子的纯度。我国科学家袁隆平利用雄性不育开展水稻杂交育种的研究与实践，使我国在这方面的工作居世界领先水平。

五、雌蕊结构与雌配子体发育

花芽中的雌蕊原基经过细胞分裂、生长和分化，上端先伸长，逐步发育成柱头和花柱，基部闭合发育成囊状的子房。雌蕊形成时，数枚心皮常内卷合成互相连合的一个雌蕊，或每枚心皮的边缘连合形成一个雌蕊。

（一）雌蕊的组成与结构

雌蕊可由一个或多个心皮构成，每个心皮向内卷合成雌蕊时，由边缘愈合形成的两条缝线，称腹缝线（ventral suture）；心皮中央（中脉）的部分称背缝线（dorsal suture）。腹缝线两侧各有一小型的维管束，称腹束（ventral apellary bundle），常与胚珠的维管束连接；背缝线有一大的维管束，称背束（dorsal apellary bundle）。背缝线的数目与心皮数相等。

柱头是承接花粉粒及其与雌蕊相互识别的场所，雌蕊成熟时柱头能产生许多液态分泌物的称湿柱头（wet stigma），如柑橘、百合等；柱头缺乏液态分泌物的称干柱头（dry stigma），如棉花、油菜等。大多数植物的柱头上具有乳突，在其角质膜外还覆盖有一层与花粉识别和萌发相关的蛋白质。花柱有空心型和实心型两种，空心型花柱中央有一条纵沟，花粉管在花柱沟中前行；实心型花柱中央有引导组织，花粉管在引导组织或薄壁细胞的胞间隙前行。

子房由子房壁、子房室、胚珠和胎座等组成，子房壁的内外两面都有一层表皮，表皮上常有气孔器和毛状体，内外表皮之间为薄壁组织和维管束。子房室是位于子房壁内侧的空腔，其数目与植物种类、心皮数目和胎座类型不同而异。胚珠通常沿腹缝线着生，其在子房壁上膨大的部位称胎座，胎座因植物种类不同而异。

（二）胚珠的组成与发育

胎座表皮下部分细胞经平周分裂，产生一团细胞并突起，形成胚珠原基。原基的基部发育成珠柄，前端发育形成珠心。因珠心基部的表皮层细胞分裂较快，产生环状的突起，逐渐向上生长扩展，将珠心包围，此包围珠心的组织即为珠被，有两层珠被者，先形成内珠被，后形成外珠被；同时在珠心前端留下 1 小孔，称珠孔。珠被以内是珠心，珠心细胞的大小相似，随后靠近珠孔处的表皮下，常有 1 个细胞长大形成具分生能力的孢原细胞。

（三）胚囊的发育和结构

珠心的孢原细胞进一步发育成大孢子母细胞（megaspore mother ceil）或称胚囊母细胞（embryosac mother cell），其发育式样因植物种类不同而异，有些植物直接由孢原细胞发育成大孢子母细胞，如合瓣花类群植物和小麦、水稻等；也有一些植物的孢原细胞分裂成内外 2 个细胞：靠近珠孔端的细胞称周缘细胞，远离珠孔端的细胞是造孢细胞（sporogenous cell），由造孢细胞直接发育成大孢子母细胞。大孢子母细胞经减数分裂产生大孢子（megaspore），由大孢子发育成胚囊（embryosac）。胚囊是被子植物的雌配子体，由卵细胞、助细胞、极核和反足细胞组成。

大孢子母细胞经减数分裂产生 4 个大孢子，按 4 个大孢子参与胚囊形成的情况，可将胚囊的发育分成单孢子胚囊、双孢子胚囊和四孢子胚囊。①单孢子胚囊：又称蓼型胚囊，大孢子母细胞减数分裂产 4 个单倍体大孢子，呈直线排列，仅 1 个大孢子参与胚囊发育，其余退化。②双孢子胚囊：又称葱型胚囊，大孢子母细胞减数分裂的第 1 次产 2 个单倍体细胞，近珠孔端者退化，另 1 个进行减数分裂的第二次分裂，只发生了核分裂但胞质不分裂，形成 2 个单倍体核大孢子，2 个核均参与胚囊发育。③四孢子胚囊：又称贝母型胚囊，大孢子母细胞在连续两次的减数分裂中，仅发生了核分裂，胞质不分裂，形成 4 个单倍体核的大孢子，4 个核均参与胚囊发育（图 3-5）。

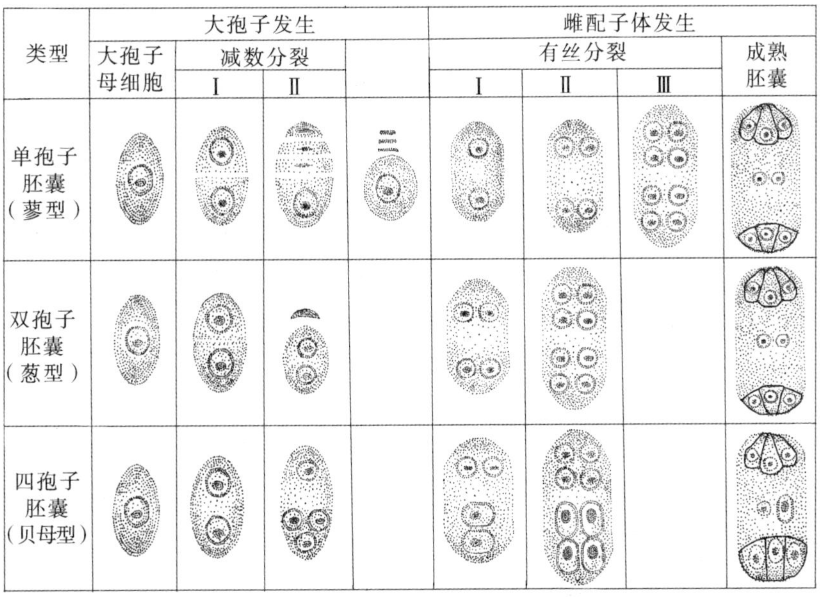

图 3-5　单孢子胚囊、双孢子胚囊与四孢子胚囊发育的模式图

大约 70% 的被子植物胚囊发育属于单孢子胚囊类型，其发育过程如下：大孢子母细胞减数分裂产生 4 个单倍体大孢子，呈直线排列，其近合点端的 1 个细胞发育、体积增大，其余 3 个退化，增大者为胚囊的第 1 个细胞，也称单核胚囊。大孢子增大到一定程度时，细胞核有丝分裂 3 次，但不发生胞质分裂，经历 2、4、8 个游离核阶段，最后产生细胞壁，发育成为成熟的胚囊。胚囊在 8 个游离核阶段，两端各有 4 个游离核，以后各端都有 1 个核移向中部，当细胞壁形成时成为 1 个具双核的大型细胞，称中央细胞（entral cell），其中 2 核称极核（polar nuclei）或极核细胞（polar nuclei cell）；近珠孔端余下的

3个核周围的胞质中产生细胞壁形成3个细胞，中间的是卵细胞（egg cell），两边各有1个助细胞（synergid）；近合点端的3个核形成3个反足细胞（antipodal cell）。如此形成了7个细胞，8个核的成熟胚囊，即雌配子体。胚囊发育过程中，珠心组织逐步溶解吸收，而胚囊逐渐占据胚珠中央大部分（图3-5至图3-7）。

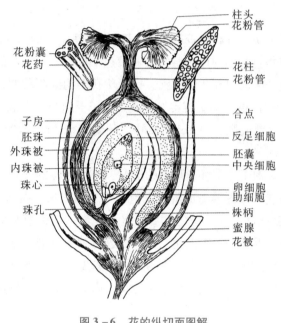

图3-6　花的纵切面图解

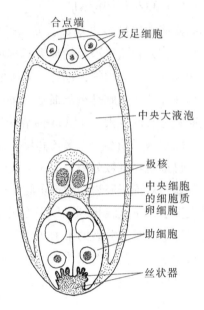

图3-7　成熟胚囊的构造

六、开花、传粉与受精

（一）开花与开花期

当花粉粒和胚囊或二者之一成熟时，花被打开，露出雄蕊、雌蕊，花粉散放，完成传粉过程，这种现象称开花（anthesis）。有些植物不待花苞开放就已完成传粉过程，甚至进一步结束受精，称闭花受精。开花的形态标志是：花丝直立，花药出现特定颜色，湿柱头则分泌黏液，分裂的柱头则裂片张开，柱头上突起明显等。

不同植物的开花年龄、开花季节和花期长短不完全相同。一年生植物当年开花、结果；二年生植物常第1年进行营养生长，第2年开花后完成生命周期；多年生植物在达到开花年龄后，在开花季节常能每年开花，延续多年；有少数多年生植物如竹子，一生只开花一次，开花后即死亡。每种植物开花的季节相对稳定，一株植物在同一生长季节内，从第一朵花开放到最后一朵花凋谢的时间称开花期。

（二）传粉

花开放后，花药开裂，成熟花粉自花粉囊散出，并借助一定的媒介被传送到同花或异花柱头上的过程，称传粉（pollination）。花粉落在同一朵花的柱头上的传粉现象，称自花传粉（self-pollination），如棉花、番茄等；这类花是两性花，雄蕊靠紧雌蕊且花药内向，雌、雄蕊常等高排列并同时成熟；如落花生、豌豆等的闭花传粉或闭花受精均属自花传粉。一朵花的花粉传送到另一朵花的柱头上，称异花传粉（cross pollination）；单性花，雄蕊、雌蕊非同时成熟，雌、雄蕊同时成熟但存在自交不亲和现象等是异花传粉花的特征。异花传粉是植物界最普遍的传粉方式，与自花传粉相比，异花传粉产生的后代具有较强的生活力和适应性。

传送花粉的媒介有风、动物和水等，常按传粉媒介分为风媒花、虫媒花、鸟媒花和水媒花等，以风媒花和虫媒花最常见。植物进化中也产生一些与传粉媒介相适应的形态结构特征，如虫媒花常花大、颜色亮丽、有蜜腺或有特殊气味等以吸引昆虫，而风媒花常花粉量大、花粉粒小而轻，柱头呈羽毛状并具黏液等特征。

（三）受精

受精（chalazogamy）是指精子与卵细胞相互融合的过程，传粉是受精必要的前提条件。花粉粒与柱头间相互识别，若亲和者则花粉粒在柱头上吸水膨胀，在酶的作用和膨胀压力使内壁在萌发孔处向外突出，逐渐形成花粉管（图3-8）。在角质酶和果胶酶的作用下，花粉管穿过已被侵蚀角质膜的柱头乳突，经过乳头的果胶质——纤维素壁，进入柱头组织。花粉管吸收花柱中的营养，经花柱道或引导组织不断生长深达胚珠。3核花粉粒，营养细胞和2个精子细胞都进入花粉管；2核花粉粒，则营养细胞和生殖细胞都进入花粉管后，生殖细胞分裂成2个精子，在花粉管内仍出现3个细胞。

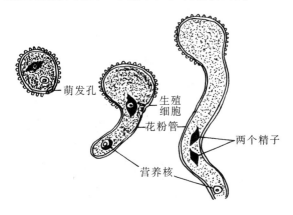

图3-8　花粉粒的萌发

花粉管经花柱进入子房后，常沿子房壁或胎座生长，经珠孔进入胚珠，称珠孔受精（porogamy）；少数植物的花粉管经合点处进入胚珠，称合点受精（chalazogamy）；还有少数植物的花粉管从胚珠中部进入胚珠，称中部受精（mesogamy）。花粉管进入胚珠后穿过珠心组织进入助细胞后，花粉管顶端形成1孔，释放其中的内容物进入胚囊，这些物质包括2个精细胞、营养核和少量细胞质。精子与卵子融合完成受精过程，形成2倍体的受精卵（合子）发育成胚；精子与中央细胞结合，形成3倍体的胚乳核，由此发育形成3倍体的胚乳。这种花粉管的1对精细胞分别与卵和中央细胞极核结合的现象，称双受精（double fertilization），是被子植物特有的现象。经该过程，产生恢复了2倍染色体数目的合子，保持了物种的相对稳定性，而又使父本和母本具有差异的遗传物质重组，为后代提供了变异的基础；合子在同源的3倍体胚乳中孕育，不仅保证了二者亲和一致，也为合子发育提供了更好的物质和信息保障，增强了后代的生活力和适应性。

◈ 第三节　种子的生长发育与结构

PPT

被子植物在完成双受精作用后，胚珠发育成种子（seed）。其中，胚囊中的受精卵发育成胚，受精极核（初生胚乳核）发育成胚乳，珠被发育成种皮，多数情况下珠心、胚囊中助细胞和反足细胞均被吸收而消失。成熟种子由胚、胚乳（或缺）和种皮三部分组成，种子的形成过程包括形态发生、成熟、脱水和休眠等阶段。

一、胚的发育

胚（embryo）是新一代植物的雏体，胚的发育从受精卵（合子）开始，合子会产生纤维素的壁，进入休眠状态，休眠期长短因植物种类而不同，也受到环境条件影响。例如，水稻合子休眠6小时，棉花2~3天，茶树5~6个月。休眠期合子内部发生诸多变化，如细胞质重新分配，液泡缩小并分布在珠孔端，细胞壁修复完整，细胞极性化加强，细胞器趋集合点端。合子渡过休眠后，第1次常不等横分裂，珠孔端的1个大细胞称基细胞（basal cell），合点端的1个小细胞称顶细胞（apical cell）。胚发育早期尚未出现器官分化时，称原胚阶段；该阶段能区分出细长的胚柄和球形的胚体，胚体来自顶细胞，基细胞进行横分裂形成单列的胚柄，1个邻接胚体的胚柄细胞挤入胚体，以后参与胚根发育；胚柄从胚囊和珠心吸取营养并转送到胚体。当球形胚体增大到一定程度时，胚体中间部位生长变慢，两侧加快，逐渐突起形成子叶原基，胚呈心形称心形胚；其子叶原基进一步发育生长，胚体类似鱼雷称鱼雷胚；此时胚内部出现了组织分化，以后在两枚子叶基部相连的凹陷处分化出胚芽，与胚芽相对的一端，由胚体基部细胞相接的一个胚柄细胞不断分裂、分化形成胚根，至此幼胚分化完成。随着幼胚的发育，胚轴和子叶显著延伸，最终成熟胚在胚囊内弯曲成马蹄形，胚柄退化消失（图3-9，图3-10）。

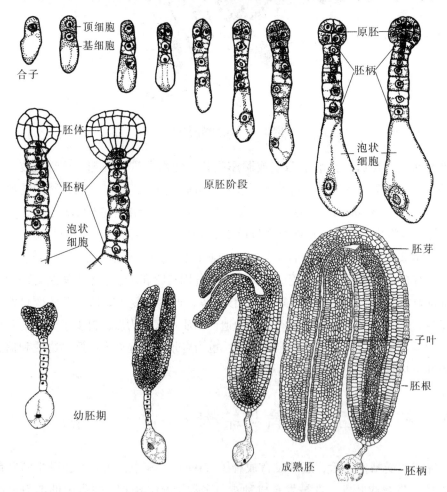

图3-9 胚的发育过程图示（荠菜）

单子叶植物胚发育的早期与双子叶植物相似，但在胚分化过程以及成熟胚的结构则差别较大。以小麦（图3-11）为例说明单子叶植物胚发育的基本特点。合子第1次分裂为横分裂，形成1个基细胞和1个顶细胞，然后顶细胞和基细胞继续向各个方向的分裂，形成基部稍长的梨形原胚。不久在梨形原胚

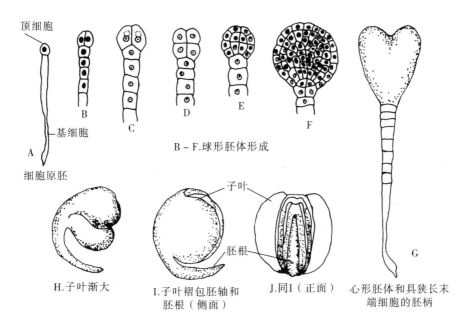

图 3-10 油菜胚的发育过程示意图

一侧偏上出现一小凹沟，此处生长慢，其上方生长快，后来形成盾片（子叶）的主要部分和胚芽鞘的大部分；在以后的发育中，胚中分化出胚芽鞘、胚芽、胚轴、胚根和胚根鞘，以及位于盾片对侧1枚不发达的外子叶，原胚基部形成盾片的下部和胚柄。单子叶植物的胚只形成1片子叶。从传粉后到胚发育成熟，冬小麦约16天，春小麦约22天，玉米需45天才接近成熟。

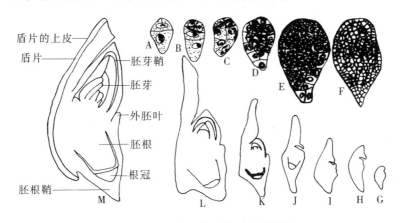

图 3-11 小麦胚的发育过程及结构

二、胚乳的发育

初生胚乳核常不经休眠或经短暂休眠（小麦0.5～1小时）后，即开始第1次分裂。胚乳核较合子早启动分裂，且初期分裂速度较快，利于为幼胚发育及时提供营养物质。胚乳的发育常分为核型、细胞型和沼生目型三类。①核型胚乳：在单子叶植物和离瓣花类植物中常见，主要特征是初生胚乳核第1次分裂和以后多次分裂，都不伴随壁的形成，各个胚乳核呈游离状态分散在胚囊中（图3-12，图3-13）。在胚乳发育后期，胚囊最外围的胚乳核之间出现细胞壁，此后向内心逐渐产生细胞壁而形成胚乳细胞，最后充满整个胚囊（图3-12，图3-13）。有一些植物仅在原胚附近形成胚乳细胞，而合点端保持游离核状态，如菜豆属；有的仅是胚囊周围形成少数层胚乳细胞，胚囊中央仍为游离核状态，如椰子的液体胚乳（椰乳）。②细胞型胚乳：初生胚乳核的分裂开始，就产生细胞壁，形成胚乳细胞，整个发育过程无游离核时期；大多数合瓣花类植物，如番茄、烟草，芝麻等属此类型（图3-14）。③沼生目型胚乳：核型胚乳与细胞型胚乳的中间类型，初生胚乳核的第1次分裂将胚囊分隔为两室（两个细胞），其中珠孔室比合点室宽大。随后核进行分裂形成游离核状态，发育后期，珠孔室最后形成细胞壁，而合点室始终保持游离核状态。

从发育过程来看，多数被子植物的胚乳细胞或游离核均是3倍体，但因核内复制等原因形成了多倍体的核，成熟的胚乳常是混倍体。无胚乳种子的胚乳在胚发育中后期消失，其营养转移到子叶中。通常在胚和胚乳发育中，珠心组织受挤压并被胚及胚乳消化吸收，大多数植物种子中无珠心组织，但也有些植物的珠心组织随种子发育而发育，形成类似胚乳的贮藏组织，称外胚乳（prosembryum），它是2倍体组织，主要为胚提供营养物质。

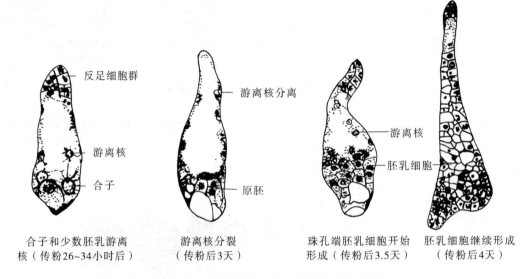

图3-12 玉米胚囊纵切面，示核型胚乳的发育过程

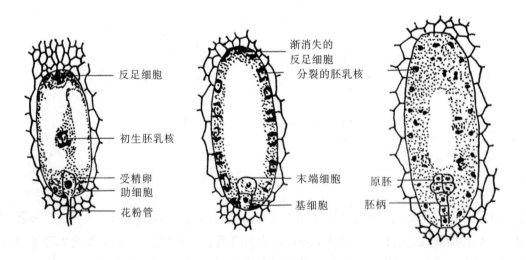

图3-13 双子叶植物核型胚乳的发育过程

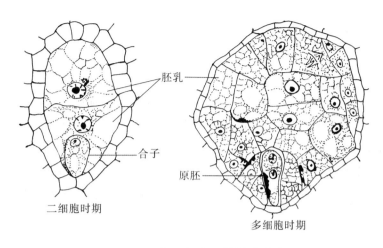

图 3 – 14 矮茄细胞型胚乳的初期发育图

三、种皮的发育

在胚和胚乳发育的同时，珠被发育形成种皮，包被胚和胚乳，发挥保护作用，珠孔形成种孔，倒生胚珠的珠柄与外珠被愈合处形成纵脊即种脊。珠被 1 层则形成 1 层种皮，如番茄，胡桃等；两层珠被时，外珠被常形成外种皮，内珠被形成内种皮。部分植物的两层珠被，在发育过程中，其中 1 层珠被退化而消失，只有 1 层珠被发育为种皮，如大豆、蚕豆等。禾本科植物的种皮极不发达，如小麦、水稻等仅剩下由内珠被内层细胞发育而来的种皮，其种皮与子房壁发育的果皮愈合在一起，不易分离。

四、胚胎的成熟和脱水

脱水是种子发育的最后阶段，以产生成熟的干种子。胚胎发育晚期，丰富蛋白（LEA 蛋白）伴随着脱水干燥过程，产生一类特异的小分子多肽，它们与种子耐脱水性密切相关，在种子成熟过程中起着保护组织免受损伤的作用。以玉米 *VIVIPAROUS*（*VP*）和拟南芥 *INSENSITIVE*（ABI，ABA 不敏感）基因为代表的一些转录因子对种子形成过程具有广泛的影响，尤其是脱水过程、胚生长抑制和许多种子特异蛋白基因的表达。ABA 具有调控许多种子特异蛋白基因表达的作用。

五、种子的基本形态

植物种子的形状、大小、色泽和附属物等因植物种类不同而异。例如，蚕豆、菜豆的种子呈肾脏形，豌豆、龙眼呈圆球状，花生呈椭圆形，瓜类的种子多呈扁卵形，豆薯的种子近方形，荞麦的种子三棱形，葱的种子盾形。椰子的种子很大，直径达 20cm，油菜、芝麻等的种子较小，而烟草、马齿苋和兰科植物的种子则细微。种子的颜色以褐色和黑色较多，也有其他颜色，如豆类种子就有黑、红、绿、黄、白等色。种子表面有的光滑发亮，也有的暗淡或粗糙。粗糙的表面通常有穴、沟、网纹、条纹、突起、棱脊等雕纹。成熟脱落后的种子上，还有明显的斑痕——种脐（种子从果实上脱落后留下的斑痕）。有的种子还具有翅、冠毛、刺、芒和毛等附属物，这些都有助于种子的传播。种子的重量差异很大，一个带着内果皮的椰子种子，可达几千克重，而马齿苋种子千粒重约 0.13g，寄生的列当种子更小，千粒重仅 0.0029 ~ 0.0049g。有时，同一种植物，不同发育时期和不同部位产生的种子也有差异，如棉花植株中偏下部位的种子呈宽卵形，而上部的种子则近椭圆形等。种子的形态结构在植物种类鉴别、商品检验、检疫和优良品种的判定等方面有重要意义。

第四节 果实发育及结构与传播 〔e〕微课3

果实（fruit）由子房发育而来，由果皮（pericarp）及其包裹的种子组成，它是被子植物有性生殖的产物和特有结构。果皮可分为外果皮（exocarp）、中果皮（mesocarp）和内果皮（endocarp）。仅由子房发育而来的果实称真果（true fruit），如桃、橘等大多数植物；有一些植物的果实除子房外，还有花托、花序轴和花被等其他花部位参与果实发育成果实，这种果实称假果（squrious fruit），如梨、苹果和西瓜等。果皮的结构、颜色、质地以及各层的发育程度，因植物种类不同而异，可作为植物分类和果实类药材鉴别的依据。

一、果实的结构

果皮的发育程度差异较大，这里以桃、柑橘、大豆、小麦以及梨、苹果、瓜蒌为例，说明常见的真果和假果的一般构造。

1. **真果的结构** 桃的果实由1个心皮的子房发育而来，能明显分成外、中、内三层；外果皮由一层表皮细胞和数层厚角组织组成，表皮具有气孔、大量毛状体和角质；中果皮由大型薄壁细胞和维管束组成，是主要的可食部分；内果皮由强烈木化的石细胞构成坚硬的核，内含1枚种子。柑橘的果实由多心皮的子房发育而来，外果皮坚韧革质，由表皮细胞及其下的数层厚角组织和薄壁组织组成，分布有许多油室；中果皮疏松，由维管束和薄壁细胞组成；内果皮由表皮和数层薄壁细胞组成膜质的结构，由内表皮和薄壁细胞发育出具柄的、纺锤形汁囊（juicy sac）。大豆的果实由1个心皮的子房发育而来，外果皮由一层表皮细胞及其下的厚壁组织组成；中果皮由大型薄壁细胞组成，内果皮由几层厚壁细胞组成。小麦的果皮和种皮不易分离，外表皮外侧由角质层，其下是一至数层被挤压的薄壁细胞，具有与长轴垂直横向延长的、壁木化加厚的横细胞，以及壁木化加厚并平行于长轴的管细胞。

2. **假果的结构较真果结构复杂** 梨、苹果是由下位子房及其外围组织发育而来的，称梨果。花托只参与果实基部很小一部分，而花被（花筒、萼筒，hypanthium）是其主要的外围组织；花筒有10个维管束，来自花萼和花瓣各5个；花筒与心皮之间有心皮维管束。食用部分主要来自花筒，子房发育的果皮具有厚壁细胞组成，内含种子。瓜蒌、南瓜的果实由下位子房和花托发育而来，心皮和外围组织界限不清，但可见花托维管束，这类果实称瓠果。

3. **聚合果和聚花果** 聚合果是离生心皮形成的果实，如木兰科、毛茛科等植物。聚花果是将整个花序视为一枚果实，如无花果、凤梨等。

二、果实的发育

子房在胚珠受精后，其新陈代谢活跃，整个子房迅速生长发育成果实。果实的生长发育包括细胞分裂、体积增大、质量增加等一系列过程，果实的成熟包括果实停止生长后发生的一系列生理生化变化过程。成熟果实的色、香、味以及质地等发生了一系列转变，其生物学意义是传播种子，食用或药用果实具有商品价值。果实的发育和花各部的关系见图3-15。

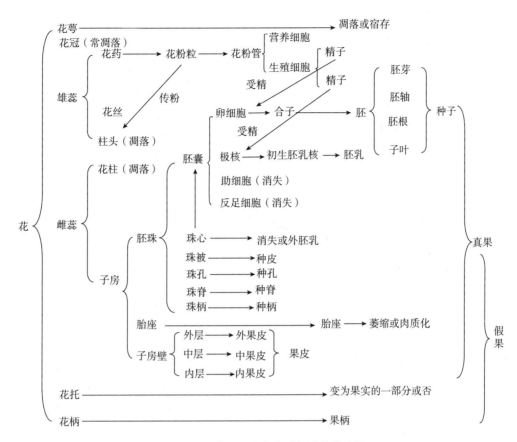

图 3-15　花和果实发育过程及其关系图

三、单性结实

果实与种子常是受精作用的产物，种子正常发育促进了果皮的发育，种子发育不正常，也常引起果实发育不正常。但一些植物不经受精作用也能发育成果实，称单性结实（parthenocarpy），这种果实不含种子，又称无籽结实。自然发生的单性结实称自发单性结实（autonomous parthenocarpy），如香蕉、无籽葡萄、无籽柿、无籽柑橘等。人工诱导下不经受精作用下形成无籽果实，称诱导单性结实（induced parthenocarpy），如用近缘植物花粉浸出液喷洒柱头上或生长素处理柱头等都可诱导形成无籽果实。无籽果实不一定都是由单性结实形成，也可能是受精后胚珠发育受阻而形成的无籽果实，还有些无籽果实是因四倍体和二倍体植物进行杂交而形成的不孕三倍体植株，如无籽西瓜。

四、果实和种子的传播

成熟果实或种子常常具有适应各种传播方式的特征和特性，如一些松属的种子具翅，能借风力传送。被子植物的果皮常常出现一些有助于果实与种子散放和传播的特化结构，使固着生活的植物扩大了后代生长与分布空间，利于其种族的繁衍，也为植物多样的适应性提供了条件。

1. 适应风力传播　这类果实和种子，多数小而轻，常具有翅或毛等附属结构，它们可由果皮、种皮、花柱、花萼等结构特化形成。如威灵仙、白头翁的瘦果具宿存的羽毛状花柱，蒲公英果实上具降落伞状的冠毛，杜仲、榆、白蜡树的果皮形成翅，柳、萝藦、马利筋的种子具绒毛等，都能随风飘扬传至远方。此外，罂粟的蒴果上部开裂有小孔，被风摇动时，种子随之陆续散布出来；兰科植物种子小而轻，也可随风飞扬（图 3-16）。

蒲公英的果实，花萼变为冠毛　　　　槭的果实，果皮展开成翅状

铁线莲的果实，具宿　　马利筋种子的纤毛　　棉花的种子，表皮
存的羽毛状花柱　　　　　　　　　　　细胞突出成绒毛

图 3 – 16　借风力传播的果实和种子

2. 适应动物和人类传播　是最普遍的传播方式，主要有以下几种情形。果实成熟后，色泽鲜艳，果肉甘美，吸引人和其他动物食用，食用果肉后将种子丢弃起到传播种子的作用，如桃、李、梅、枣、橄榄、梨、苹果、山楂、葡萄、柿等；或种子经过动物消化道，随粪便排出而散布，如西瓜、番茄、猕猴桃、无花果等。有些动物如松鼠具有贮藏食物的习性，将一些坚果或种子埋于地下，遗忘部分会萌发生长。有些植物果实或种子表面具有钩、刺毛或黏液，能附着在动物皮毛或人衣物上，借此传播到远方，如丹参、苍耳、鬼针草、山蚂蟥、小槐花、含羞草、苜蓿、牛膝、独行草等的果实（图 3 – 17）。

倒毛的
硬针刺

苍耳的果实　　鬼针草的果实　　　　鼠尾草属的一种（萼片上布有极多黏液腺）

黏液腺一部分放大

图 3 – 17　借助人和动物传播的适应结构

3. 适应水力传播　水生植物和沼泽植物主要借此方式传播。例如，莲的果托（莲蓬）能载运果实漂浮传播；菱的果皮坚硬，能防腐和防止鱼类咬食，下沉后随水流散布。椰果的中果皮疏松，富有纤维，能漂浮至远方，内果皮极坚厚，可防止水分侵蚀，果内液体状胚乳（椰汁）使椰果能在咸水的环境条件下萌发。

4. 果实自我开裂和弹力传播　一些裂果在种子成熟时，果皮急剧开裂而将种子远远弹出，如凤仙花等。凤仙花的果实成熟时，利用干燥时内、外果皮收缩力的不同，果皮向内卷缩、开裂而弹射种子。此类植物果实成熟后须及时收获，否则种子散布于田间，造成经济损失（图 3 – 18）。

一些植物有多种传播方式和途径。例如，酸浆的果实成熟后，能借助膨大的宿存萼进行风力传播，同时浆果酸甜可口，动物食用后随粪便传播种子，极大地增大了其种子的散播区域，同时粪便又为其种子萌发和生长提供了良好的肥料。

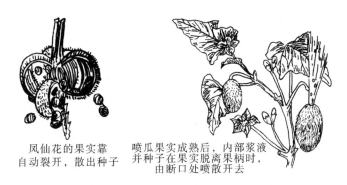

凤仙花的果实靠
自动裂开，散出种子

喷瓜果实成熟后，内部浆液
并种子在果实脱离果柄时，
由断口处喷散开去

图 3-18　靠果实开裂所产生的弹力散布种子的适应结构

复习思考题

1. 典型的花由哪些部分组成？各部分的形态和结构如何？

2. 简述双子叶植物和单子叶植物的胚分化过程的异同。

3. 果实的类型有哪些？请举例说明。哪些果实类型代表了科别特征？

书网融合……

思政导航　　　本章小结　　　微课1　　　微课2　　　微课3　　　题库

（陈　莹　赵玉姣　李　骁）

第四章　植物系统发育与药用植物分类

PPT

◉ 学习目标

　　知识目标

　　1. 掌握　植物界的分类等级及植物的命名方法；植物分类检索表的编制和使用；植物分类的形态学基础知识。

　　2. 熟悉　药用植物分类鉴定的目的和基本内容；植物界的基本类群和演化规律；植物分类依据及药用植物常用鉴定方法；被子植物的分类原则。

　　3. 了解　植物分类系统和分类基本原理；植物命名法规和栽培植物命名法规。

　　能力目标　通过本章学习，能够树立科学世界观和可持续发展观；培养严谨求实、大胆质疑的学习工作作风及科学求索精神和创新情感。

　　地球的绿色植物约有 40 万种，认识它们是利用和改造植物的前提。给植物每一分类群（taxon）正确命名和描述，并排成分类系统，这是植物系统学和分类学的任务。植物系统学和分类学是药用植物研究和利用的支撑，要合理利用药用植物资源和培育药用植物新品种，首先要正确辨识植物的种类。不同植物种类的成分和生理活性各不相同，误用不仅达不到治疗目的，还会使患者受害。植物亲缘关系和谱系地理学能指导药用植物新资源的发现，以及杂交育种和分子育种工作。同时，植物分类既是一种重要的科学思想，又是一种重要的逻辑方法，也是将获得各领域知识系统化最有用的指导思想和方法。

≫ 第一节　植物系统分类的原理和方法

　　生物起源、演化和各生物类群在演化树上的位置（系统发育关系）是生命科学研究探寻的最终目标，也是人类探索的最大哲学问题之一。生物分类学是生命科学体系的源头及其各分支学科健康发展的基础和前提。自然分类思想可追溯至周朝时期的《尔雅》（公元前 770 年）。《尔雅》是中国博物学的典籍祖本，记述了生物各门类的相关种类及其生活习性、生态环境等，至少包含了四级分类体系，体现了"类下分类和类上归类"的思想。古希腊学者亚里士多德（公元前 384 – 前 322 年）在《动物志》中将动物分为有血动物和无血动物两大类，并记述有 500 多种动物。虽然《尔雅》和《动物志》中体现了朴素的生物分类学思想，但没有出现"自然分类"术语和生物演化及其亲缘关系的概念和观点。尽管，在瑞典植物学家林奈的 *Systema Naturae*（1735，1758 年）中出现了"自然分类"字样，但他采用不变的和孤立的物种概念，物种和物种之间无演化和发展的关系。

一、植物分类的方法与分类系统 🅔 微课 1

　　由于人类认识植物的水平，以及利用植物的方式和方法不同，故在不同历史时期和领域出现了不同的分类思想、分类方法与分类系统。

　　1. 人为分类方法与人为分类系统　人类从实际需求和实用角度出发，采取容易辨别的性状和特征（形态、习性、用途）作植物分类的依据，只求识别和检索的便利，未考察各植物类群在演化上的亲缘关系，更没有反映植物界的发生和发展规律。这种分类方法称人为分类方法，以此建立的分类系统称人为分类系统（artificial system）。例如，李时珍在《本草纲目》中依据植物的外形及用途等分为草部、木部、谷部、果部和菜部；林奈根据植物雄蕊的有无、数目及着生情况分为显花植物、隐花植物等 24 纲，又根据心皮的特征进一步将这些纲划分目。

2. 自然分类方法与自然分类系统　随着人们对植物自然属性的认识不断深入，逐渐发现 18 世纪前的植物分类方法和系统存在明显的片面性，纷纷寻求能反映自然界植物类群的客观分类方法，从多方面的特征进行比较分析，以此建立的分类系统称自然分类系统（natural system）。例如，1789 年，法国植物学家裕苏（A. L. de Jussieu）在《植物属志》中发表了一个比较自然的系统，他将植物分为无子叶、单子叶、双子叶三大类，并划分出 100 个自然目（相当于科），每一个目包括的植物根据综合特征的相似放置在一起。裕苏被认为是自然分类系统的奠基者，后来相继发表的系统还有瑞士德堪多（A. P. de Candolle）系统（1813 年）、英国本生和虎克（Bentham - Hooker）系统（1862—1883 年）。

3. 系统发育分类法与系统发育系统　达尔文（Ch. Darwin）的进化论思想使人们认识到生物之间存在着不同程度的亲缘关系。系统学家们提出植物分类要考虑植物间亲缘关系，依据性状的演化趋势来进行分类。以此建立反映植物类群之间亲缘关系和植物界客观演化规律的分类系统，称系统发育系统（phylogeny system）。百余年来，人们所建立有数十个系统发育系统。例如，德国艾希勒（A. W. Eichler）分类系统（1883 年）、德国恩格勒（A. Engler）分类系统（1887—1915 年）、英国哈钦松（J. Hutchinson）分类系统（1926 年）、前苏联塔赫他间（A. Takhtajan）分类系统（1954 年）和美国克朗奎斯特（A. Cronquist）系统（1957 年）等。我国的胡先骕（1950 年）、吴征镒、张宏达等也提出了被子植物分类系统。Hennig 创立的分支（支序）分类学（1966，1981 年），提出"单系原则"、"共有衍征是确定共同祖先的唯一基础"和"姐妹群（二分支）"等原则，推动经典的生物描述性分类学上升到新的高度，目前系统发育系统学理论和分支分析成为生物分类学的主流方法。

二、被子植物的分类原则

被子植物化石中，最早出现的是常绿、木本植物，后期出现落叶木本和草本植物的类群。以此确认落叶、草本、叶形多样化、输导功能完善等属次生的性状。再依据花和果实的演化具有向高效、经济方向发展的趋势，确认花被退化或分化、花序复杂化、子房下位等属次生的性状。基于上述观点，大多数学者赞同的被子植物形态构造的演化趋势和分类原则，如表 4 -1 所示。

表 4 -1　被子植物形态特征的演化趋势

	初生的、原始的性状	次生的、较进化的性状
根	主根发达（直根系）	主根不发达（须根系）
茎	乔木、灌木	多年生或一二年生草本
	直立	藤本
	无导管，有管胞	有导管
	环纹、螺纹导管，梯纹穿孔，斜端壁	网纹、孔纹导管，单穿孔，平端壁
叶	单叶	复叶
	互生或螺旋排列	对生或轮生
	常绿	落叶

续表

	初生的、原始的性状	次生的、较进化的性状
花	单生	形成花序
	各部螺旋排列	各部轮生
	重被花	单被花或无被花
	各部离生	各部合生
	各部多数而不固定	各部有定数（3、4 或 5）
	辐射对称	两侧对称或不对称
	子房上位	子房下位
	两性花	单性花
	雌雄同株	雌雄异株
	花粉粒具单沟	花粉粒具 3 沟或多孔
	虫媒花	风媒花
果实	单果、聚合果	聚花果
	蓇葖果、蒴果、瘦果	核果、浆果、梨果
种子	种子多（花期胚珠多）	种子少（花期胚珠少）
	胚小、有发达胚乳	胚大、无胚乳
	子叶 2 枚	子叶 1 枚
生活型	多年生	一或二年生
	绿色自养植物	寄生、腐生植物

需要注意的是，要全面和辩证地看待这些原则，不能简单、孤立地根据一两条规律判断某类植物是进化还是原始。这是因为：①植物各器官的性状特征并非同步演化，常常有的特征已相当进化，而有的性状还保留在原始性。例如，唇形科植物花冠联合、不整齐、雄蕊 2~4 枚等都表现出是高级虫媒植物协同进化的结果，但子房上位又是比较原始的特征。②同一性状，在不同植物中进化意义不是绝对的，如两性花、胚珠多数、胚小是通常原始的性状，而在兰科植物中，恰恰是它的进化标志。③分类上各种性状的价值不等。人们习惯把某些性状看得比另一些性状重要些，通常认为生殖器官比营养器官性状更重要。因此，必须全面、综合地进行分析比较，才有可能得出正确的结论。

三、植物系统与分类的基本原理

自然分类（natural classification）是根据生物界自然演化过程和彼此之间亲缘关系进行分类，从形态、生理遗传、演化等方面的相似程度和亲缘关系来确定其在生物界的系统地位；但它在分支分类学前期和后期的含义不同。

1. 演化分类学的问题

（1）原始和进化　植物从祖先沿着某种途径演化成现在的式样，这个途径称演化趋势。自然突变是进化的源泉，突变又受到演化方向的控制，自然选择起着筛选突变的作用。繁殖器官系统信息非完美地强制性增加是植物进化的动力，自然选择是外在因素，而非进化的主要动力。个体发育能反映系统发育，帮助确定性状极性。个体发育越复杂，结构就越特化。从而要求复杂而精确的基因关系和发育调节过程的性状可能是较进化特征，反之较原始，但个体发育也不是总能提供清楚的系统发育证据。

普遍的形状是原始性状，反之是衍生性状；与原始性状相联系的特征也是原始的性状。在一个已知分类群中，大部分分类单位具有的性状是原始性状。但一个科中所有属或一个属中所有种并非同速进化，进化速率取决于进化驱动力、遗传可塑性和选择压力的类型。选择压力是指自然选择的有效性，在不同谱系中的进化速率也不相同，同时谱系进化速率在进化史的不同阶段变化也大。例如，Leppik 认为，木兰属植物的形态处于停滞状态，因其具有稳定的选择和相对协调的基因联合体，该基因联合体在个体发育中起着精确的互相协调作用，因而不会导致其灭绝。然而，经过长期的稳定后，可能出现爆发性进化的演化兴盛时期。进化速率除取决于遗传分子的进化速度外，环境因子也发挥着重要的作用。只有在环境边缘或波动地区才会出现活跃的演化，产生新的类群。

原始和进化（primitive and evolutionary）是一组相对的概念，原始性状只用于特定类群和分类单位，否则毫无意义。由于现存物种演化历史存在间断，确定原始分类单位的方法是该类群拥有大量的原始性状和化石记录。一个类群是原始，还是进化取决于它从祖先分离的时间。

（2）单系和复系的类群　类群（group）是植物分类鉴别和系统发育关系分析的基本单位，不同的类群具有不同的亲缘关系和自然历史演化过程。根据共同祖先关系或者系统发育关系，通常将类群的种系发生和演化过程分为单系类群、并系类群和复系类群。单系群（monophyletic group）指具有一个共同祖先的所有后裔成员，只有共近裔性状才能支持单系群。并系群（paraphyletic group）指成员具有同样最近的共同祖先，但没有包括该共同祖先的所有后裔。复系群（polyphyletic group）指成员具有二个以上的最近共同祖先。单系和复系是相对于具体研究的类群而言。

分支分类理论是目前系统发育分析的基础，分支分类学（cladistic taxonomy）认为分类单元应反映系统发育的过程，单系类群应包括最新的共同祖先。当这个类群包含所有最近祖先的后代时称全系类群，不含有时称并系类群；复系类群不包括最近祖先。自然分类群应是单系的类群，即单系科或自然科包括所用分类单位的类群，并且具有共同的进化历程。分类群分支的端点（即分裂点）可以包括在上一个分类群，也可以是下一个分类群。在分类学应用中，早期依据表型确定单系和复系，目前主要依据DNA 序列的统计分析。系统发育科通过性状连锁进行判断，若一个给定性状（存在于所有分类单元）与另一性状总是一起出现，即这个性状可能是单系，如菊科舌状花亚科的乳汁和舌状花冠。

（3）性状趋同和平行现象　性状（character）是识别生物和进行系统发育关系分析的基本要素，也称特征。它存在于植物体不同发育阶段的分子、细胞、组织、显微或各种宏观解剖构造等各层次中。一些重要的生物学习性、生理、生化和生态学特征也常被选择参与分析。每个具体性状在植物个体上所起的作用（或称权重）一定不同，从而分类研究中具体选取性状的数量和质量直接影响分析结果。

自然选择在宏观和微观水平上发挥不同的作用。宏观性状直观和易观察，相应的形态功能对应关系较清楚，不足的是性状数量少，当类群种类结构较简单或者个体微小时（如病毒），肉眼能观察的宏观形态性状数目有限，有时无法起到精确分析的作用，这时只能依靠分子性状。基于遗传信息的分子数据及其他微观信息为植物分类和系统学研究提供了一个新的选择。从数据量的角度，分子遗传信息分析较形态分析更有优势和更大的类群适用范围，但分子性状的功能清楚位点并不多、无法知道序列的变异频率、偏向、独立性，同源关系和可逆性，从而分子数据也不是万能良方。演化生物学研究证实，仅用现代生物的分子数据无法恢复和重建祖先类群和已绝灭种类的形态性状和功能习性。同时，宏观形态性状的数量只是相对"少"，利用几何形态学手段研究宏观性状，只要性状选取得当，形态性状也可以变成为"大数据"，使系统发育分析更加准确。在性状选择上也非越多越好，应防止盲目追求分子数据，导致大数据无休止使用，将分类学演变为整体相似性评价，而偏离分支系统学要求的单系原则。

形态性状的选择上应注意避免趋同和平行现象的特征。趋同现象是指相似的性状出现在两个以上无共同祖先的类群中，这是环境选择的结果，如仙人掌科和大戟科都有肉质茎是一种趋同现象。平行是指相似的性状出现在两个以上遗传相似、关系相近的谱系中，强调的是基因型。

2. 表征分类学和分支分类 表征分类（phonetic classification）是依据植物本身的各种性状，在广泛收集这些性状的基础上，基于性状的全面相似性进行分类。表征分类具有 6 条原则：①分类中采用的性状越多越好；②性状要等价加权；③任何两类群的相似性是每一性状的函数；④目标类群中，性状相关不同可以区别不同类群；⑤从性状相关中可获得系统发育的推论；⑥依据表型性的相似性进行分类，也是早期数量分类学的基础。表征分类要采用多个性状，首先确定性状的同源性，只有同源的性状才能比较。运算分类单位（OTU）数据矩阵进行聚类分析，获得相似性系数和树状图，用相似性系数确定分类群的界限。

分支分类（cladistic classification）遵从植物演化谱系关系而建立系统分类。在遗传突变、自然选择和其他因素作用下，生物不断分化，产生了多个分支。同一居群的个体存在基因交流，当随机突变超出二者间生殖联系后，一个居群就分化成两个生殖隔离的群体，即产生分支。表征分类使用数量性状和定性性状，分支分类则使用定性性状，包括二元性状、有序多态和无序多态性状，较少采用数量性状。

分支分类研究包括以下五步：①分析性状，明确哪些属祖征（plesiomorphy）、哪些属衍征（apomorphy）和哪些是趋同性状，只有衍征才具价值；②分析性状间的同源性以及历史演化顺序；③确定性状演化的极性，赋予性状演化的顺序编码；④选择合适的外类群（out group）；⑤获得原始数据矩阵，按最简约化原则计算获得分支图（cladogram）。性状的不同状态应具备功能相同、形态结构一致和同源等三个基本要素，同源是分支分类性状分析的关键，同源即具有共祖性状，注意去除趋同性状。外类群需要与内类群（研究的目标类群）有共同的祖先，用于与内类群比较。例如，研究五加科则可以用伞形科作外类群。外类群与内类群共有的性状是祖征，只发生在内类群的性状是衍征。

四、植物系统发育与分类的资料来源

植物体能表明种与种之间差异的任何资料都有分类学价值。林奈以来的经典分类学（classical taxonomy）仅利用形态、解剖结构和地理分布资料，20 世纪 50 年代发展起来的现代分类学（modern taxonomy）和实验分类学（experimental taxonomy）利用植物所有的性状，包括形态、解剖、细胞、孢粉、化学和地理分布等资料，并进行实验验证。20 世纪 80 年代以后发展起来的分子系统学则将 DNA 序列信息用到植物系统学研究中，使药用植物系统发育和分类进入新阶段。

1. 形态学和解剖学性状

（1）形态学性状 植物的形态学性状包括繁殖器官性状和营养器官性状。繁殖器官中，花、果实、种子的性状在被子植物分类中最常用，但花部各个性状在不同类群中存在不同的分类价值。例如，花萼和花瓣性状在毛茛科重要，花序和苞片在菊科和禾本科重要，果实在十字花科和伞形科重要。

营养器官中，茎和叶特征是识别植物的主要性状，但茎和叶的性状受环境影响较大，表现出趋同现象。因此，形态学性状用于分类时要注意环境、生理和生长发育的影响以及趋同现象。

（2）解剖学性状 解剖学性状常常作为外部形态性状的补充，维管束解剖特征及其系统意义的研究揭示蕨类、裸子植物、单子叶植物、双子叶植物的区别。解剖性状是一个重要的分类特征，有时比形态性状更重要，因内部结构的变异要远小于外部形态。同时，花粉、角质层、叶表皮层、气孔、叶脉、毛状体和种子表面超微结构特征也具有分类价值。解剖性状对种间分类意义不大，在研究时还应注意它们的发育阶段和成熟状况。

2. 化学性状 人类很早就将植物的化学性状用于植物识别，如区分植物是否可食，以及寻找药物。直到 20 世纪 50 年代才出现利用植物化学成分的数据辅助植物分类。植物体含有小分子和大分子两大类物质，小分子化合物包括初生代谢物（柠檬酸等）和次生代谢物（萜类、生物碱等）。大分子物质包括非信息载体（淀粉等）和信息载体（核酸和蛋白质）。其中，次生代谢物不仅丰富多样，其产生和分布还常具种属、器官、组织及生长发育时期的特异性，在研究植物分类和系统演化方面，可解决从种下等级到目级水平的分类问题。

3. **染色体性状**　染色体数目、形态结构和染色体行为等不同常代表了遗传上的差异，也是系统分类学上长期重视的性状。染色体的数量特征指染色体数目的多少，包括整倍性变异和非整倍性变异。结构特征包括染色体的核型和带型，核型指染色体的长度、着丝点的位置、随体的有无等，常以核型图表示；带型指染色体经特征染色显带后，带的颜色深浅、宽窄和位置顺序等，反映常染色质和异染色质分布差异。行为特征指减数分裂时染色体配对和它们随后分离的能力。根据染色体性状特征，可进行分类群的修订和完善。

4. **繁育系统性状**　繁育系统（breeding system）是指所有影响后代遗传组成的有性特征的总和，主要包括花的形态结构特征、开放式样、花各部的寿命、传粉者种类和频率、自交亲和程度以及交配系统。繁育系统限定变异式样，从而限定了分类的界限，主要存在两个层次的问题，一是种内近交和远交的相对比例，即自交率与异交率限定了居群内或居群间的变异程度；二是某个分类群与另一分类群进行互交繁育的可行程度，常常作为衡量分类群表型分离尺度，衡量分类的正确性。

自然界的物种或多或少能与近缘种杂交，很难找到遗传上存在隔离、有性而远交发育的非杂交种，即近缘种的生殖隔离是有条件的隔离。天然杂种常通过外部形态、解剖、化学、分子生物学、能育性F2代分离和人工再合成等进行识别。植物的天然杂种并不多，主要存在以下几种隔离机制。①地理隔离：地理上间断分布，如北美—东亚；②生态隔离：分布在不同生态环境，如高山—平地；③雌雄异熟引起的暂时隔离；④花期不同引起的季节隔离；⑤昆虫传粉专一性产生的行为隔离；⑥花结构不同使传粉媒介昆虫难以传粉的机械隔离；⑦繁殖行为隔离，包括花粉在柱头不能萌发的配子体隔离，或花粉萌发而不能受精的配子隔离，合子不发育或停止发育，F1代杂交不育等。杂交可育是生殖隔离机制丧失的结果，杂种群使二者之间常存在连续变异的性状，给植物分类鉴定带来困难。杂种常不稳定，但通过无性繁殖、双二倍化（异源4倍或6倍，或8倍体）形成异源多倍体（allopolyploid）等实现稳定，如乌头多倍体复合群包括多种杂交式样的异源4倍和8倍体。通常F1代杂种各方面的性状稳定后，可作种处理。植物学上很少坚持生殖隔离的生物学种，而综合考虑形态、遗传和分子特征的关联性，从形态学标准以及数量和质量性状进行具体物种的界定。

无融合生殖是自然界常见的现象，能产生稳定的外形，每个无融合生殖"居群"大体上代表一个遗传型。它们较小，但稳定，在分类上具有迷惑性，可给予特定的名称，但分类地位存在争议。居群内变异程度取决于繁育系统，其次是染色体数目、交换频度和居群大小等。生殖隔离的产生与居群内变异、自然选择和遗传漂变密切相关。

植物的小孢子发生、胚珠的发育和结构、胚囊的发育、胚和胚乳发育等重要的胚胎学特征，在植物亲缘关系研究中处于相对次要的地位。孢子和花粉粒的形态特征是植物发育中较保守的器官，其变异程度标志着进化水平。较高分类单元之间的孢粉结构差异较大，较低分类单元之间的差异较小。研究孢粉的形态，不仅为植物分类鉴定和化石孢粉鉴定提供依据，也为植物系统发育提供依据。

5. **地理学和生态学性状**　植物分类群的分布、变异以及适应环境状况一直是植物系统和分类学长期重视的性状。植物各类群之间存在着地理分化（通过花粉传播和种子迁移），现存植物类群的地理分布式样有间断分布、替代现象、多样性中心、重叠分布和岛屿化分布等。间断分布（disjunction）是指一个分类群被相当大的地区间隔开，如东亚—北美的间断，南美—澳大利亚、南非的间断，导致许多物种间断分布；间断分布是由连续分布发展而成，大多间断分布成因的研究缺乏直接证据，只能根据分布现状推测原因。两个相近分类群分布于不同的地理或生态区域，称替代现象（vicariance）。例如，松属植物不同种的分布就是一种连续的替代现象。而仅出现在有限地理区域的分类群称特有现象（endemism），其中分类群尚年轻而未散播到其他区域称新特有现象（neoendemism），分类群曾广泛分布而目前分布很局限称古特有现象（palaeoendemism）。某地区特有种的比例与该地区的隔离程度，或隔离后的时间有关。某属的物种集中分布在一至数个地区，称多样性中心（center of diversity）。起源中心常以二倍体为主，边缘出现多倍体，次级中心的多倍体要比原始中心多。

植物在不同生态环境下会发生适应性变化，包括外形、生理生化、细胞结构和代谢产物等，如生长在高山的植物较平地生长者，在株高、毛被和叶形等特性发生了明显变化，常称它们是生态型（ecotype）。生态型存在从一个极端到另一个极端的各种情况，若性状变异连续，就出现难解决的分类问题；若性状变异间断，就可划分成不同分类群，如亚种或变种等。植物的表型＝遗传＋环境，同一遗传型在不同生态环境下，其形态、解剖或化学成分性状发生较大变化，称表型可塑性（phenotypic plasticity），常不作独立分类单元处理。

6. 分子性状　分子性状常指 DNA 的序列特征，它能支撑以形态性状为基础的单系类群，帮助系统学家发现形态学不能揭示的问题。目前用于系统分析的分子资料主要来自一些特定的基因和非编码区域序列，或基因组分析，基因组分析正逐步成为主流。植物细胞具有叶绿体、线粒体和核基因组，在分子系统学中三种基因组的数据都得到了运用。目前的趋势是从转录组中挖掘单拷贝的核基因进行系统分析，转录组间隔区（ITS）在科属以下使用最多，用于解决一些种属间的关系；高拷贝非编码区 DNA 的变异速度快，适合种或种下水平的系统分析。简化基因组序列可用于近缘种或种下居群间的遗传多样性分析；叶绿体全基因组常用于种上水平的系统发育分析；目标富集混合测序可获得大量的寡拷贝核基因，用于系统发育重建，揭示类群间的杂交、多倍化、基因渐渗等复杂的网络进化历史，且该测序方法适用于高度降解的组织；全基因组比较分析在栽培种起源、物种居群水平的亲缘地理学分析、进化－发育等方面具有重要价值，有望成为专科、专属研究的主要手段。DNA 条形码（DNA barcode）是指生物体内能够代表该物种的、标准的、有足够变异的、易扩增且相对较短的 DNA 片段。中国学者确定了植物 DNA 条形码的 2＋X 方案，即在叶绿体基因组的 *rbc*L、*mat*K、*trn*H－*psb*A 中任选其 2 和核基因组 ITS 作 X，该条形码已成为植物和药用植物鉴定的分子工具，通过与国际数据库中的这些序列比对，常可确定目标材料的属，甚至种的身份。

五、植物物种形成的式样

物种形成（speciation）是指一个物种经分化产生另一物种的过程，即物种形成是衍征产生、祖征丧失的过程。物种形成有多种方式，在空间上分为异域和邻域方式，速率上有渐进式和飞跃式或量子式，机制上有基因和染色体之分，性质上有原初的和次生的（杂交种、多倍化种），各种方式又相互联系。例如，渐进式通常是异域的，机制上是基因突变的积累，也是原初的，这是最常见的物种形成方式，是自然选择作用的结果，常常经过生态宗（ecological race）的过程。又如，量子式物种形成常与染色体多倍化联系，常发生在分布区边缘。物种形成理论认为，基因是物种形成的基本单位，不同的物种可以在非控制物种差异适应性状的位点上存在基因流。遗传变异与物种演化主要是遗传物质发生了变化，包括基因突变、基因重组与染色体变异。基因突变是遗传变异的主要来源，基因流（gene flow）和重组是其直接来源。居群间基因交换，减数分裂过程中染色体交换和重组则带入了新的基因或等位基因，形成新基因型，增加居群中的基因型。

进化发生于遗传变异，同时需要自然选择的外动力。自然选择的结果是使居群适应所处的环境，不同基因型对环境适应的结果不一样。环境提供了稳定选择、定向选择和歧化选择等三种方式，稳定选择即环境长期稳定，有利于正常个体生长，而淘汰变异个体；巨大的环境变化会产生间断的选择（歧化选择），淘汰正常个体，而适应环境变异个体生长而形成新的生态型。例如，青藏高原的隆起，在横断山脉地区形成了大量的新物种。如果不存在自然选择，基因频率将保持恒定，并在每一代随机传给下一代，基因频率浮动。这样的变异对小居群影响很大，会产生分化，称遗传漂流（genetic drift）；而对大居群的影响不会显现。在小居群中，遗传漂流的影响大于自然选择，具有重要的进化意义。自然选择和适应是植物进化的动力，选择决定进化的方向，环境变化决定植物的演化，遗传与变异的统一则是进化的内动力。进化有复式进化、特式进化和简式进化（简化）等不同方式，进化速度在不同类群中差异较大，取决于不同的内外因素。例如，银杏、水杉等自晚侏罗纪繁盛以来就变化不大，而裸子植物的苏铁类和大多数被子植物的多样性都是在近几百万年中完成。

在植物演化过程中也出现濒危和特有植物。灭绝（extinction）指一个物种丧失通过繁殖维持生存的能力，自然灭绝是一种复杂的自然现象，也是进化的必然结果。灭绝使生物不断产生新的类型，又有不适应环境的类型走向衰亡。目前植物灭绝的威胁主要来自人类对栖息地的破坏。灭绝通常是从广泛分布变为局域分布，适应性逐渐丧失。稀有物种可能是新近发生，其适应性较弱，很容易被自然选择淘汰，也可能是采集导致稀有。特有植物（endemic plant）指仅局限分布在某地区的属种，其中历史上分布广泛而现野生居群仅存少量称古特有植物，主要是进化很慢的种群，如银杏、水杉等；而一些新分化形成的物种，称新特有植物。

六、物种生物学与亲缘地理学

物种生物学（biosystematics）是确定居群（population）的界限，探讨它们的进化关系、变异和进化动力。居群概念是物种生物学研究的基础，物种生物学主要涉及居群遗传学和繁育生物学的研究工作，直接相关的领域是细胞遗传学和生态学，其进化机制和过程是关注的重点。正逐步被系统发育（phylogeny）和亲缘地理学（phylogeography）名词取代。亲缘地理学也称谱系地理学或系统发生生物地理学，主要研究基因谱系（尤其种内和近缘种间）地理格局的历史演化以及形成原理和过程。从系统发育角度探讨类群的地理分布格局，估计影响现存地理空间分布格局的基因流、地质历史或生态阻断等。溯祖理论是谱系地理学的重要理论基础，依据现存居群中存在的中性遗传变异，回推该变异产生的历史过程，以及共同祖先基因型经历的历史事件等。选择适宜的分子标记以及获得全面的系统发育信息是该领域研究的关键。

⨝ 第二节　被子植物的系统发育与进化

药用植物的个体发育与中药材产量和质量形成密切相关，而确定中药基原植物和近缘物种又与系统发育密切相关。药用植物研究需要涉及植物个体发育和系统发育与进化的问题，尤其关注科、属和种等层次的系统发育问题。

一、植物的个体发育与系统发育

植物分类的基本单位是物种，每个物种又由多个居群或无数个体组成。每个个体都有发生、生长、发育至成熟的过程，该过程称个体发育（ontogeny）。在植物个体发育过程中，不仅外部形态发生一系列变化，内部结构也随之出现组织分化，直到这一分化过程完全结束，重新回归生活历史的原点。系统发育（phylogeny）相对个体发育而言，它是指某类群的形成和发展过程。在植物界、门、纲、目、科、属等各层次，甚至在一个包含较多种下单位（亚种、变种）的种中，也存在系统发育问题。

个体发育与系统发育是推动生物进化的两种不可分割的过程，系统发育建立在个体发育的基础上，而个体发育又是系统发育的环节。在个体发育过程中，新个体既有继承上一代个体特性的遗传性，又有不同于上一代的变异性。自然界对无数新一代个体的选择作用，使有利于种族发生的变异得以巩固和发展，由量的积累而到质的飞跃，这就产生出了新的物种。在植物界中，任何高等植物个体都是从 1 个受精卵细胞开始发育的，这相当于进化过程中的单细胞阶段；由受精卵经过一系列横分裂成为短小的丝状体，相当于丝状藻阶段；继而出现多方面的分裂，外形趋于复杂化，这与片状藻和分枝丝状藻阶段大体相符；最后内部出现组织分化，出现维管组织，这又象征进入维管植物的阶段。重演现象的发现也为进化论提供了有力的佐证。

二、植物的系统发育分类与进化

分类学是植物所有相关研究工作的基础，进化及物种生物学研究主要探讨种内和种间关系，以及变异、分化和起源的过程，常称小进化。系统发育研究主要探讨种以上所有类群的分化、发育、形成的模式、时间和地点，称大进化。二者研究的结果都会用于修订、完善分类系统，均是系统学的工作。古生物学和分子系统学研究表明，被子植物起源于早白垩纪或晚侏罗纪。由于植物的化石不足以及历史上发生的地质、气候变化还不十分清楚，有关被子植物发源地存在高纬度和低纬度起源的观点。虽然，赞同低纬度起源的学者较多，但被子植物的起源地区仍处于推测阶段。

被子植物可能祖先主要有多元论、二元论和单元论三种起源学说。多元论（多系起源）认为被子植物来源于许多不相亲近的祖先类群，如维兰（G. R. Wieland，1929）、胡先骕（1950）和米塞（Meeuse）等是多元论的代表。二元论（双系起源）认为被子植物来源于两个无直接关系的祖先类群，如兰姆（Lam）和恩格勒（Engler）是二元论的代表。单元论（单系起源）认为被子植物来源于一个共同的祖先，由种子蕨发展而来，如哈钦松、塔赫他间、克朗奎斯特等。综合分子系统学和形态学的结果揭示，被子植物是单系，但早期就存在多个演化分支；即从狭义来看，被子植物可视为多起源；从广义来看，被子植物可视为单起源。目前大多数系统发育学家接受种子蕨是被子植物的可能祖先，即主张单系起源的观点。

◈ 第三节　植物系统进化与分类的基础知识

药用植物研究涉及植物系统进化与分类问题，但基本和核心的分类单位是物种，它是中药、天然药和民族药所有研究的基石和保障。

一、分类学的各级单位

（一）植物分类阶元

植物分类阶元也称等级，植物分类系统是按照植物类群的等级高低和从属关系，按界、门、纲、目、科、属、种等顺序构成的阶层系统（表 4 - 2），其中界是最大的分类单位，种是基本的分类单位。每阶元都有拉丁名和相应的词尾。

表4-2 植物分类单位（等级、阶元）和阶层系统

分类等级			植物分类举例		
中文名	拉丁名	英文名	中文名	拉丁名	拉丁词词尾
界	Regnum	Kingdom	植物界	Regnum vegetable	
门	Divisio（phylum）	Division	被子植物门	Angiospermae	– phyta
纲	Classis	Class	双子叶植物纲	Dicotyledoneae	– opsida
目	Ordo	Order	伞形目	Umbellales	– ales
科	Familia	Family	五加科	Araliaceae	– aceae
属	Genus	Genus	人参属	*Panax*	
种	Species	Species	人参	*Panax ginseng* C. A. Mey	

　　植物科的拉丁名通常以 – aceae 结尾，但尚有 8 个科经国际植物分类协会（IAPT）协商同意保留其习用科名，也可用规范化的科名（表4–3）。

表4-3 8个科的保留科名和规范化科名

科名	习用名	规范名	科名	习用名	规范名
十字花科	Cruciferae	Brassicaceae	唇形科	Labiatae	Lamiaceae
豆科	Leguminosae	Fabaceae	菊科	Compositae	Asteraceae
藤黄科	Guttiferae	Hypercaceae	棕榈科	Palma	Arecaceae
伞形科	Umbelliferae	Apiaceae	禾本科	Gramineae	Poaceae

（二）物种的概念

　　物种（species）是具有一定形态和生理特征以及有一定自然分布区域的生物类群。同种植物个体起源于共同的祖先，有极近似的形态特征，个体间能进行自然交配并产生正常发育的后代；不同种的个体杂交常存在生殖隔离；一个物种由一至数个居群组成，居群由数个至无数个体组成。物种是生物进化和自然选择的产物，仍存在不同的观点，有形态学种（分类学种）、生物学种、遗传学种、进化学种、系统发育种和生态学种等不同的概念。分类中主要有：①严格按生殖隔离标准来划分的"生物学种"（biological species），生殖隔离的形成是类群独立发展进化的起点，是造成生物多样性的根本原因。②按形态学标准，即以形态特征的相关与间断（种内连续性、种间间断性）划分的"分类学种"（taxonomical species），也称形态学种（morphological species），这是分类鉴定工作中一个实用的单位，能凭肉眼辨认，具有较强直观效果，满足了多种用途分类的需要。

　　在分类学上，将具有相似特征的种归纳成属（genus），具有相似特征的属归纳成科（family），以此类推。在某一分类单元过大时，可在上级和下级单元之间增设"亚"类，如亚门（subdivision）、亚纲（subclass）、亚目（suborder）、亚科（subfamily）、亚属（subgenus）、亚种（subspecies）等，还可在科和属之间设立族（Trib.），在属和种之间设立组（Sect.）和系（Ser.）等。

（三）种下分类单位和相关名词

　　1. 种下分类单位　ICBN 承认的种下分类等级有亚种、变种、亚变种、变型和亚变型 5 种，其中亚种、变种和变型被广泛应用。亚种（subspecies，subsp.）是 1 个种内的居群形态上有变异，在地理分布、生态或季节上有隔离。变种（variety 或 varietas，var.）是 1 个种内的居群形态上有较稳定变异，分布范围比亚种小得多，与种内其他变种分布区相同。变型（form 或 forma，f.）是 1 个种内的居群有细小变异，但无一定分布区，是最小的植物分类单位。

2. 种下分类相关名词

（1）居群（population） 是物种在自然界存在的基本形式，是物种的结构单元，个体组成居群，居群组成物种。每一物种都有一定的空间结构，在其分散的、不连续的生长地所形成大小不等的群体；其中所有成员共有一个基因库，称居群。居群不等于多个个体的简单相加，它具有个体没有的新质。

（2）生态宗（ecological race） 指在同一地区适应不同生境、遗传上和表型上有区别，但互交能育的种内类群。常表现为邻近同域分布，它们在种分布区内的接触地带互交繁殖，但又在各自的生境中保持不同宗的特性。这些在生态上彼此替代，形态上可以识别的种下类群相当于分类学上的变种。

（3）地理宗（geographical race） 指种内在地理分布上各有其不同的区域，在形态上又有一定区别的类群。分类学上常把地理宗定为亚种，即地理亚种。

（4）地形梯度变异（topocline） 指种内变异除了生态宗和地理宗形式的分化外，还有与地形条件相联系的渐次变化系列或梯度变异式样。

（5）品种（cultivar, cv.） 栽培植物种内在形态上或经济价值上存在差异的居群，如色、香、味、形状、大小，植株高矮和产量等不同。例如，菊花的栽培品种有亳菊、滁菊、贡菊、杭菊等。若品种失去了经济价值，该品种就没有存在意义而被淘汰。中药界所说的"品种"含义不一，主要有：①既指分类学的"种"，有时又指栽培药用植物的品种；②指中药药味数目；③指配方饮片的数目；④指处方和剂型的总数；⑤药材商品的规格、种类数目的总和。

（四）属和科的概念

属（genus）是一个或是数个亲缘关系相近种的集合，有确定的间断性与其他属区分开来。划分标准有以下几点：该类群应尽可能是一个自然类群，即单系类群；属不应该仅具一个识别特征，而是一组特征的总和；属的大小无限制，但两个属间的种必须具有决定性差别。1 个属只有 1 个种，称单型属。

科（family）是一个或数个相近属的集合。科应是单元发生的类群，可包括一个属或多个属。大多数科被分类学家广泛接受，它们使分类保持相对稳定。

二、植物的命名 🅔 微课2

植物的名称是利用或研究植物的基础。由于语言、文字和文化背景等不同，同种植物在不同国家、不同民族或不同地区，各有其习用名称，常产生同物异名或同名异物等混乱现象，这对植物科学的普及与交流，尤其植物的利用极为不便，有必要给每一种植物制定国际上统一使用的科学名称，即学名（scientific name）。国际植物学会议（IBC）制定了《国际藻类、菌物和植物命名法规》（International Code of Nomenclature for Algae, Fungi and Plants, ICNAFP）和《国际栽培植物命名法规》（International Code of Nomenclature for Cultivated Plants, ICNCP）。

1. 植物的双名法（binomial nomenclature） 指每种植物学名由两个拉丁词组成，第 1 个词是属名，第 2 个是种加词，最后附上命名人的姓名缩写。完整的学名一般包括表 4 - 4 中三个部分。如：厚朴 *Magnolia officinalis* Rehd. et Wils., Magnolia（木兰属）是属名，officinalis（药用的）是种加词，命名人是 Rehd. 和 Wils，其中"et"表示"和"的意思。

表 4 - 4　完整的植物学名的构成

属名	+	种加词	+	命名人
名词主格（首字母大写，斜体）		形容词（性、数、格同属名）或名词（主格、属格）（全部字母小写，斜体）		姓氏或姓名缩写（每个词的首字母大写，正体）

属名（name of genus）是植物各分类等级中最重要的名称，它不仅是学名的主体，种加词依附的支柱，也是科名构成的基础。属名通常采用拉丁名词的单数主格，首字母须大写。属名可以用植物特征、习性、用途、地方俗名、神话传说等的单词。例如，桔梗属 *Platycodon* 源自希腊语 platys（宽广）＋ kodon（钟），表示其宽钟形花冠；人参属 *Panax*，panax 是能治百病的，表示其用途。

种加词（specific epithet）用以区别同属中的不同种，通常采用形容词，或同位名词主格或名词属格，首字母须小写。形容词的性、数、格与属名一致，通常用植物特征、地名、习性、人名等表示。例如，掌叶大黄 *Rheum palmatum* L.，种加词 *palmatum* 来自 palmatus（掌状的），表示该植物叶掌状分裂，与属名同为中性、单数、主格；黄花蒿 *Artemisia annua* L.，种加词 *annua*（一年生的），表示生长年限，与属名同为阴性、单数、主格。名词主格或属格作种加词时，其数、格与属名一致，而性则不必一致。例如，掌叶覆盆子 *Rubus chingii* Hu，纪念秦仁昌先生，姓氏词尾为辅音，加"ii"而成 *chingii*。

命名人（author's name）是给该植物命名的作者，常用拉丁字母拼写，且每个词的首字母大写；中国人统一用汉语拼音拼写。命名人姓氏较长时，用缩写，加以缩略号"."表示。例如，银杏 *Ginkgo biloba* L.，L. 是 Carolus Linnaeus 的缩写。共同命名人则用 et 连接不同作者，如紫草 *Lithospermum erythrorhizon* Sieb. et Zucc.，由德国 P. F. von Siebold 和 J. G. Zuccarini 共同命名发表。若首次命名人未合格发表，特征描述者在发表该种时，仍将首次命名人作该名称的命名者，两作者之间用"ex"（从、自）连接，如需缩短引证，则正式描述者应予保留。例如，延胡索 *Corydalis yanhusuo* W. T. Wang ex Z. Y. Su et C. Y. Wu，表示该名称由王文采创建，苏志云和吴征镒在整理紫堇属时，描述其特征并合格发表，故在 W. T. Wang 之后用"ex"相连。

种下等级则在完整的种名后面，分别加上等级的缩写 subsp. 或 ssp.（亚种）、var.（变种）或 f.（变型），然后加上种下等级附加词（或称亚种名、变种名或变型名），最后附以命名人的姓氏或姓氏缩写。例如，鹿蹄草 *Pyrola rotundifolia* L. ssp. *chinensis* H. Andres（亚种）；重齿毛当归 *Angelica pubescens* Maxim. f. *biserrata* Shan et Yuan（变型）。

2. 学名的重新组合　指由 1 个属转移到另 1 个属或由亚种、变种升为种，或降级处理等。重新组合时应保留原种加词和原命名人，并将原命名人加括号以示区别。例如，射干 *Belamcanda chinensis*（L.）DC.，示 Linnaeus 将射干命名为 *Iris chinensis* L.，经 De Candolle 研究归入射干属 *Belamcanda*。

3. 栽培植物的命名　遵从 ICNCP 的规定，ICNCP 是处理农业、林业和园艺上使用特殊植物类别命名的独立文件，只处理栽培植物两个类级：品种（cultivar）和品种群（group）。ICNCP 规定了品种加词的构成和使用。栽培品种名称是在种加词后加栽培品种加词，其首字母大写，外加单引号，后不附以命名人。例如，菊花 *Dendranthema morifolium*（Ramat.）Tzvel. 经栽培后，培育出不同的药用品种，形成了不同商品药材，分别命名为亳菊 *Dendranthema morifolium* 'Boju'、滁菊 *Dendranthema morifolium* 'Chuju'、贡菊 *Dendranthema morifolium* 'Gongju' 等。

按 ICNAFP 规定发表名称的种加词，当该类群的地位合适于品种时，可作 ICNCP 中的品种加词使用。例如，百合 *Lilium brownii* F. E. Brown. var. *viridulum* Backer 处理为品种时其名称为 *Lilium brownii* 'Viridulum'。

三、植物分类和鉴定的工具

（一）检索表及其应用 e 微课3

植物分类检索表（key of plant taxonomy）是鉴定植物的重要工具，在植物志和植物分类学专著中都列为重要内容之一。它有两个方面的功能：一是通过植物志和植物分类专著中的检索表可以很快查出所列科、属、种之间的区别特征；二是通过检索表可以根据植物特征迅速查出其所属的科、属、种或其他类群。使用和编制植物分类检索表也是药用植物学的重要技能之一。

1. 植物分类检索表的编制 植物分类检索表采用法国学者拉马克（Lamarck）提出的二歧归类的原则进行编制，即比较所考察的各种植物或各个分类等级的关键性特征，一般是相对立的特征，根据特征的异同分为两大类，相同的归为一项，不同的归为另一项。在每一项下依据上述原则再进行分类，编制相应的项号，逐级往下，直至完成所有归类工作，达到区分各种植物或各个分类等级的目的。

2. 植物分类检索表的类型和使用 植物分类检索表根据检索对象的不同可分成不同的门、纲、目、科、属、种等分类单位的检索表，也可有亚纲、亚科、族等相应次一级的检索表，常用的是分科、分属和分种检索表。

植物检索表根据排列方式的不同，又分为定距式检索表、平行式检索表和连续平行式检索表。其中定距式检索表最为常用，平行式检索表次之，连续平行检索表用得极少。

（1）定距式检索表 编制时每对相对特征，编同样序号，并列在左边等距离处，每对相同序号仅能使用一次，下一级序号比上级序号右移一个字符，如此编排下去，直到编制终点（表4-5）。该检索表便于查阅，但浪费篇幅。

表4-5 高等植物分门检索表（定距式）

1. 植物体有茎、叶，而无真根 ··· 苔藓植物门
1. 植物体有茎、叶和真根。
　2. 植物以孢子繁殖 ··· 蕨类植物门
　2. 植物以种子繁殖。
　　3. 胚珠裸露，不为心皮包被 ··························· 裸子植物门
　　3. 胚珠被心皮构成的子房包被 ····················· 被子植物门

（2）平行式检索表 编排时每对特征并列在相邻的两行中，两两平行，便于比较；数字号码均写在左侧第一格中，每行后面为分类群名或数字；若为数字，则另起一行，与另一对相对应特征平行排列，直到编制的终点（表4-6）。

表4-6 高等植物分门检索表（平行式）

1. 植物体有茎、叶，而无真根 ··· 苔藓植物门
1. 植物体有茎、叶和真根 ··· 2
2. 植物以孢子繁殖 ··· 蕨类植物门
2. 植物以种子繁殖 ··· 3
3. 胚珠裸露，不为心皮包被 ··· 裸子植物门
3. 胚珠被心皮构成的子房包被 ··· 被子植物门

（3）连续平行式检索表：编制时每对特征用两个不同序号表示，后一序号加括号，表示相对比的特征。数字依次排列，排列整齐不退后（表4-7）。

表4-7 高等植物分门检索表（连续平行式）

1.（2）植物体有茎、叶，而无真根 ··· 苔藓植物门
2.（1）植物体有茎、叶和真根。
3.（4）植物以孢子繁殖 ··· 蕨类植物门
4.（3）植物以种子繁殖。
5.（6）胚珠裸露，不为心皮包被 ··· 裸子植物门
6.（5）胚珠被心皮构成的子房包被 ··· 被子植物门

使用检索表鉴定植物时，首先，要选择合适、完整的检索表资料。其次，必须熟悉、正确理解检索

表中使用的名词术语的含义，仔细观察被查植物的形态特征（尤其是花和果实），然后从第一项开始逐项检索。若其特征与某一项不符，则应查相对应的另一项，直到检索出结果为止。检索的过程也是学习、掌握分类学知识的过程。因此，在检索过程中，必须力求认真细心，并要有足够的耐心反复练习，才可熟能生巧，得心应手。

（二）其他工具及其应用

植物分类和鉴定工作除使用检索表外，还经常利用标本馆、图书馆、网络信息数据库和实验室等。标本馆不仅是收集保存植物标本的场所，也是植物分类研究、系统演化等的必要场所。通过鉴定整理的标本，必要时可与标本馆中已鉴定的标本比对，核实鉴定的准确性。中国的大部分标本都进行了数字化工作，公开的标本资源平台有：中国国家标本资源平台（http://www.nsii.org.cn/）、哈佛大学标本馆（http://www.huh.harvard.edu）和英国皇家邱园标本馆（http://www.rbgkew.org.uk/collections/herbcol.html）。

图书馆收藏有大量分类学文献可以查阅，如专科、专属的研究专著、植物志、研究报告、植物分类研究的论文和杂志，以及各类电子数据库可以利用。此外，一些网络平台上的植物识别的APP，如花伴侣、形色等在野外也能发挥辅助鉴别的作用。同时，植物分类和鉴定工作需要的植物形状特征需要在实验室获取，"实验室＋标本馆＋活植物试验地"是植物进化和分类鉴定的研究范式。

第四节　植物界的基本类群和演化规律

地球上最早出现的植物是原核藻类，诞生在约38亿年前的海洋。陆生真核植物出现至少有20亿年历史，在长期与环境协同互作与发展中，出现了形态结构、生活习性等复杂表现的各种类群，其间有些类群衰退，有的种类繁荣，旧物种不断消亡，新物种不断产生，呈现着地球各时期的植物繁荣景象。

一、植物界的基本类群

生物各类群的划分尚未达成共识，门的数目至今尚无定论。本教材沿用分16门的观点（图4-1）。人们通常又将具有某些共同特征的门归为更大的类群，形成植物界的七类，藻类植物、菌类植物、地衣植物、苔藓植物、蕨类植物、裸子植物和被子植物，藻类植物包括蓝藻门到褐藻门的8个门，菌类植物包括细菌门、黏菌门和真菌门；依据一些特征可再将这七类进一步聚类。

1. 低等植物（lower plant）和高等植物（higher plant）　藻类、菌类、地衣合称低等植物，它们在形态上无根、茎、叶分化，构造上无组织分化，生殖器官单细胞，合子离开母体发育，不形成胚，又称无胚植物（noembryophyte）；苔藓、蕨类、裸子、被子植物合称高等植物，在形态上有根、茎、叶分化，构造上有组织分化，生殖器官多细胞，合子在母体发育形成胚，又称有胚植物（embryophyte）。

2. 孢子植物（spore plant）和种子植物（seed plant）　藻类、菌类、地衣、苔藓、蕨类用孢子进行繁殖，称孢子植物；由于它们不开花、不结果，又称隐花植物（cryptogamia）。裸子植物和被子植物开花结果，并用种子繁殖，常称种子植物或显花植物（phanerogamae）。

3. 颈卵器植物（archegoniatae）和维管植物（tracheophyte）　苔藓植物、蕨类植物的雌性生殖器官是颈卵器，裸子植物也有颈卵器或退化痕迹，常合称颈卵器植物。在蕨类、裸子和被子植物有维管系统，常合称维管植物。

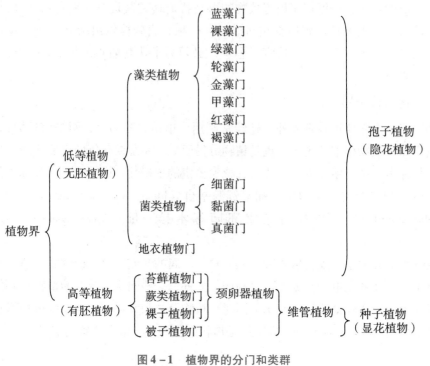

图 4 – 1   植物界的分门和类群

二、植物界的演化规律

植物界发生和演化是一个漫长的历史过程，与自然条件的改变紧密相关，每次环境的巨大变迁，必然导致某些不适应变化的植物衰退、绝迹或形成化石，也必然会出现某些生命力强的植物，适应变化的环境，并进一步发展和繁盛。

1. 由简单到复杂   植物在形态结构方面，由单细胞个体到多细胞群体，再到多细胞有机体，逐渐出现细胞分工、组织分化和不同器官的形成。生活史中，由无核相交替到有核相交替再到世代交替，世代交替又由配子体占优势的异型世代交替向孢子体占优势的异型世代交替发展。在生殖方面，由营养繁殖到无性生殖，进而演化出有性生殖，有性生殖又由同配生殖到异配生殖，最后演化到卵式生殖；从无胚到有胚等。

2. 由水生到陆生   生命发生于水中，原始植物也生活在水中。在地球沧海桑田的变迁中，植物由水域向陆地发展。植物体形态结构也逐渐发生了适应陆地生活的转变，如从无根到有根，再到出现真根，从无输导组织到输导组织形成及进一步完善，这些都利于植物在陆生环境中吸收和输导水分；机械组织加强，使植物体成功直立于地面；保护组织出现能有效调控水分蒸腾；叶面积的发展，有利于营养物质制造和积累；高等种子植物的精子失去鞭毛和形成花粉管，使受精作用不再受水的限制。孢子体逐渐发达和配子体逐渐简化，能在短暂而有利的时间内发育成熟，并完成受精作用；由合子发育成孢子体，能获得双亲遗传性，具有较强的生活力，能更好适应多变的陆地环境。

植物体逐渐复杂和完善是进化的总趋势，但某些种类在特殊环境中，却朝着特殊方向发展和变化，由此形成了丰富多样的植物界。尽管，进化的陆生植物有着更为发达而完善的孢子体和愈加简化的配子体，但绝不能把植物界的发展机械地理解成简单的、直线上升的演化过程。

⟫ 第五节　药用植物分类工作的内容

药用植物的分类和鉴定始于人类利用植物治疗疾病，最早依据治疗疾病的作用和形态特征进行分类。在中医药发展过程中，古代医药家主要依据中药性效的不可分性和植物或药用部位形态进行药用植物的分类，从 20 世纪 30 年代逐渐开始采用植物分类的原理和方法进行药用植物的分类鉴定。

一、药用植物分类鉴定的目的

药用植物分类是指运用植物分类的原理和方法开展药用植物的鉴定分类工作。首先，确定药用植物的科学名称，澄清名实混乱，保证临床用药安全有效，并提供一种药用植物研究和国际交流的便利方法。其次，从各研究领域收集相关信息资料，借助计算机统计学分析，构建全球、区域、国家或地区的药用植物数据库，存储药用植物名录、分布区域、图像、描述、同源植物、分子信息、临床用途和其他用途等信息，并提供资料的上传、下载和利用的联机检索平台，不仅有利于中药资源的深入发掘，开展药用植物引种、驯化、育种和种质保存与交换等工作，还能提供珍稀濒危药用植物以及药用植物遗传和生态多样性有重要价值的数据和资料，使药用植物资源更合理地服务于人类健康事业。

二、药用植物分类鉴定的基本内容

药用植物分类是医药工作中产生最早和最基本的内容。依据人类利用植物的目的和途径，药用植物分类鉴定工作的最基本内容，包括进行药用植物的鉴定、描述、命名，以及确立其亲缘关系，以便不同领域的研究者利用。

1. 鉴定　是指确定植物名称和分类地位的过程。自然界的许多植物类群，具有各自的不同特征，因而就可以将某类群与其他的类群区分开来，这种区分就是鉴定。通常利用文献资料或已知的分类群进行对照、比较和分析，来辨认未知植物，确定其在现存分类系统中的正确位置。

2. 描述　是指记录药用植物的特征状态并将其罗列出来。简单描述只列出分类学特征，以便将相近分类群分开，这些特征称检索特征。一个分类群的检索特征确定了它的界限。描述常用一定模式来记录：习性、根、茎、叶、花、萼片、花瓣、雄蕊、心皮和果实等。对每一特征，要列出其特征属性，用植物学的专业术语来描述，利于文献数据编辑。

3. 命名　是指给被鉴定的药用植物一个正确的名称。植物的命名需遵从国际植物命名法规（International Code of Botanical Nomenclature，ICBN），栽培植物的命名需遵从栽培植物国际命名法规（International Code of Nomenclature for Cultivated Plants，ICNCP）。

4. 分类　是指对药用植物进行分群归类，依据相似性把被鉴定的药用植物归并到已有分类阶元（如种、属、科、目、纲和门）的等级系统中，给 1 个新分类群确定 1 个适合位置和等级。分类地位一旦确定，就能提供一个信息储存、重新获得和使用的重要途径。

三、药用植物分类研究的基本方法

综合目前植物系统发育与分类的研究文献，结合药用植物各方面研究特点，将药用植物系统分类研究的基本流程，归纳成几点。

（1）查阅文献和标本，确定目标分类单元，进行分布区中野生居群和栽培的调查采样工作，以及引种进行同质园栽培观察。

（2）开展形态、解剖、孢粉、染色体、DNA 序列、基因组学、微生物组和代谢物分析，以及药理实验和生物活性等实验分析。

（3）采用数学分析和系统发育分析工具进行各种性状的综合分析，进一步确定种、属、科，明确地理分布格局的现状、历史和药材产量与质量。

（4）基于系统发育、分类学、生物地理学和中药学的理论，综合历史文献和性状、药材产量与质量研究结果，进行分类学处理和植物成药机制分析，明确药用物种及其近缘类群，以及药材产量及质量与遗传和环境的关系。

四、药用植物鉴定的程序和方法

药用植物鉴定是中药研究和应用工作最基本的部分，也是中药生产、开发和利用的基础环节。形态学的经典分类法是最基础的方法，主要包括四个步骤。

（1）观察并描述植物形态　观察活体或完整植物标本的各个器官，特别注意其繁殖器官（花、果实或孢子囊、子实体等）的特征，同时做好详细记录。依据的原则有"自下而上、自内而外、从突出到一般、从具体到概况"等，顺序一般是：根、茎、叶、花序、花、果实、种子；先叶片、后叶柄和托叶；先雄蕊的花丝，后花药和花粉；雌蕊先子房，后花柱和柱头等。如果标本特征不全，还需深入产区，采集实物标本，以便进一步鉴定。

（2）核对文献　结合产地、别名、效用等线索，查考植物分类著作，如《中国植物志》《高等植物图鉴》和《植物分类学报》等，确定待定标本的学名。在此过程中需要使用上述的植物分类和鉴定的工具。

（3）核对标本　若与文献记述不一致时，还须核对模式标本及原始文献。自己无法完成时，送有关分类专家请求帮助鉴定。

（4）深入研究　如果有条件，可将采回来的植物栽培在植物园进行动态观察，不仅可提高鉴别的准确性，还可对其进行深入研究，取得更多成果。

⬙ 第六节　植物分类的形态学基础知识

在学习分科知识和分类鉴定之前，首先要掌握植物分类中常用的形态学基础知识，即形态术语（term）。在适应性演化过程中，被子植物在形态方面出现了各式各样的特征，植物分类鉴定工作常将这些形态性状作为主要依据，并制定一系列术语用以描述这些性状。它们是学习植物分类的基础。

一、植物的生长习性

植物常按生长习性和茎的质地分为木本、草本和藤本（图 4 - 2）。

1. 木本植物（wood plant）　植物体的木质部发达，质地坚硬，多年生。按植物高度和分枝部位不同分为：①乔木（tree），植株高大直立，高 5m 以上，主干明显，下部不分枝，如厚朴、杜仲、槐树、杨树等；有常绿乔木和落叶乔木之分。②灌木（shrub），植株主干不明显，高不足 5m，常近基部分枝呈丛生状，如枸杞、小檗、月季、夹竹桃、木芙蓉等；也有常绿灌木和落叶灌木之分。③小灌木（small shrub），低矮的灌木，高度不足 0.5m，如胡枝子、北极花等。④亚灌木（under shrub）或半灌木（sub-shrub），植株多年生，仅茎基部木化，上部分枝草质，于花后或冬季枯萎，如草麻黄、草珊瑚、菊花等。

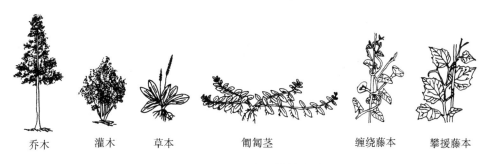

乔木　　灌木　　草本　　　　葡匐茎　　缠绕藤本　攀援藤本

图 4 - 2　植物生长习性的类型

2. 草本植物（herbaceous plant 或 herb）　植物体的木质部较不发达至不发达，茎较柔软或多汁。按生活周期长短分为：①一年生草本（annual herb）在一年内完成生活周期，即当年开花、结实和死亡，如大豆、番茄、红花等。②二年生草本（biennial herb）在两个年份内完成生活周期，常第一年进行营养生长，第二年春季开花，如白菜、蚕豆、油菜等。③多年生草本（perennial herb）生活周期超过二年以上的草本植物，地上部每年死亡而地下部分仍保持生活力者称宿根草本（perennial root herb），如人参、白及、黄精；植物体保持常绿若干年而不凋者称常绿草本（evergreen herb），如麦冬、黄连等。

3. 藤本植物（vine 或 liana）　植物体细长，不能直立，只能依附于其他植物或支持物上，缠绕或攀附向上生长。依据茎的质地不同，又将茎木质者称木质藤本（woody vine），如密花豆、五味子等；茎木质程度低，质地柔软者称草质藤本（herbaceous vine），如牵牛、鸡矢藤等。

二、根的形态及其变态类型 🄔 微课4

植物的根有直根系和须根系，直根系来源于定根，由主根和侧根组成，须根系由不定根组成。根通常呈圆锥形或圆柱形，越向顶端越细。在长期适应生活环境变化的过程中，根的形态构造和生理机能发生了变化，即变态；这种变化能遗传给后代，并成为鉴别植物的特征。侧根和不定根都可能发生变态，常见的变态根有以下几种（图 4 - 3，图 4 - 4）。

1. 贮藏根（storage root）　根的部分或全部肉质肥大，贮藏组织发达，有大量的贮藏物质。依据发生来源及形态不同可分为两种。①肉质直根（fleshy tap root）：由主根发育而成，1 株植物只有 1 个肉质直根，其上部具有下胚轴和节间极度缩短的茎，如胡萝卜、白芷、桔梗、人参等。膨大呈圆锥状者称圆锥根，如胡萝卜、白芷、桔梗；呈圆柱形者称圆柱根，如菘蓝、丹参、牛膝；呈圆球形者称圆球根，如芜青、珠子参。同时，它们膨大加粗方式和贮藏组织的来源有差异，如胡萝卜是韧皮部，萝卜是木质部。②块根（tuberous, root tuber）：由不定根或侧根膨大发育而成，1 株植株上可形成多个块根，不具有胚轴和茎的部分，形状不规则，多由异常生长引起膨大。何首乌是侧根膨大，而天门冬、麦冬、郁金、百部是不定根膨大。膨大呈纺锤状的称纺锤状根，如百部、天门冬；呈块状者称块状块根，如番薯、何首乌；呈掌状者称掌状块根，如手掌参。块根的大小、色泽、质地也是识别植物的特征。

2. 支柱根（prop root）　又称支持根，由茎上产生的不定根，可伸入土中起支持作用。小型支柱根常见玉蜀黍、薏苡、甘蔗等禾本科植物；较大型支柱根见于露兜树属等。榕树从茎枝生出许多不定根，垂直向下，到达地面后伸入土壤，以后因次生生长形成粗大的木质支持根，起支持和呼吸作用，榕树以该方式扩展树冠而呈现"独木成林"的景观。此外，一些热带树种如香龙眼、漆树科和红树科等植物的侧根向上侧隆起生长，与树干基部相接部位形成发达的木质板状隆脊称板根（buttresse），以增强对巨大树冠的支持力量。

3. 气生根（aerial root）　生长在地面以上空气中而不伸入土里的不定根，能吸收、贮藏空气中的

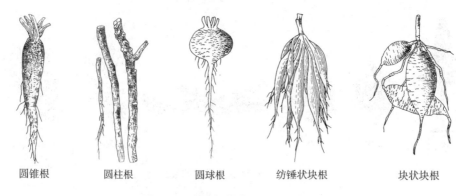

图 4 - 3　变态根的类型（地下部分）

圆锥根　　　圆柱根　　　圆球根　　　纺锤状块根　　　块状块根

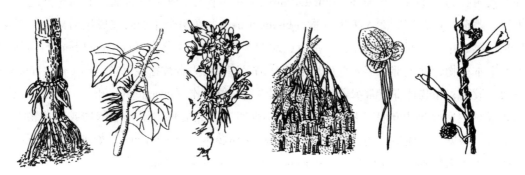

支持根（玉米）　攀援根（常春藤）　气生根（石斛）　呼吸根（红树）　水生根（青萍）　寄生根（菟丝子）

图 4 - 4　变态根的类型（地上部分）

水分。例如，石斛、吊兰、榕树等暴露于空中的根。

　　4. 攀缘根（climbing root）　植物茎细长柔弱不能直立，其上长出具攀附作用的不定根。这些根顶端扁平或成吸盘状，以固着在石壁、墙垣、树干或其他物体表面而攀缘上升，有攀缘吸附作用。例如，薜荔、络石、常春藤等。

　　5. 附生根（epiphytic root）　附贴在树木的树皮上，并从树皮缝隙内吸收蓄存水分的不定根。多见于热带森林中兰科、天南星科等植物，其表面有多层厚壁细胞组成的根被，可贮存水分并供内部组织用，内部细胞常含叶绿素，有一定的光合作用能力。

　　6. 呼吸根（respiratory root）　部分生长在沼泽地区或海岸低处的一些植物，如水龙、红树、落羽松等的部分根向上生出地面并进行呼吸，其外有呼吸孔，内有发达的通气组织，利于通气和贮存气体，以适应土壤缺氧环境。

　　7. 水生根（water root）　水生植物飘浮在水体的须状根，如浮萍、菱等。

　　8. 寄生根（parasitic root）　寄生植物从寄主吸收营养物质的特化器官，吸器可伸入寄主体内与其维管系统相通，吸收寄主的水分和营养物质以供自身生长发育，也称吸器（haustorium）。完全依靠寄主养分生活的植物称全寄生植物，如菟丝子、列当等；在吸收寄主养分的同时也制造部分养料者称半寄生植物。寄生植物在吸取寄主养料的同时，寄主的毒性成分也进入其体内，如马桑寄生。

三、茎的生长习性及其变态类型

　　茎（stem）来源于胚芽，是支持地上部分以及连接叶和根的轴状结构，通常生长在地面以上，也有部分生长于地下或水中。茎一般呈圆柱形，少数呈方形（如薄荷、紫苏）、三角形（如荆三棱、香附）

或扁平形（如仙人掌、竹节蓼）。茎通常实心，芹菜、胡萝卜、南瓜等部分植物空心；禾本科植物茎节间中空、节实心，节和节间明显，特称秆。茎有节和节间，顶端有顶芽，叶腋有腋芽，茎枝有叶痕或托叶痕、芽鳞痕、皮孔，芽有鳞叶或缺等。这些可作为植物的识别特征，或茎、皮类药材鉴别的特征。

（一）茎的生长习性

按茎的生长习性，可分为直立茎、缠绕茎、攀缘茎和匍匐茎（图4-2）。①直立茎（erect stem）：垂直向上生长，不依附他物的茎。②缠绕茎（twining stem）：不能直立而缠绕他物上升的茎。例如，五味子、忍冬、葎草从左到右螺旋缠绕上升，牵牛、马兜铃从右到左螺旋，何首乌、猕猴桃则无一定规律。③攀缘茎（climbing stem）：茎不能直立而借助卷须、吸器等结构攀附他物上升。例如，栝楼是茎卷须，豌豆是叶卷须，爬山虎是吸盘，钩藤是钩，薜荔是不定根攀附。④匍匐茎（stolon）：茎细长、平卧地面，节上生不定根。例如，过路黄（金钱草）、积雪草、红薯。⑤平卧茎（repent stem）：茎细长、平卧地面，节上无不定根。例如，蒺藜、地锦。

（二）茎的变态类型

茎的变态可分为地下茎和地上茎的变态。

1. 地上茎的变态　主要有以下类型（图4-5）。①叶状茎（leafy stem）：又称叶状枝（phylloclade），茎变态成绿色扁平或针叶状，代替叶进行光合作用，叶退化成膜质鳞片状或刺状，如仙人掌、竹节蓼、天门冬等。②刺状茎（shoot thorn）：又称茎刺或枝刺，枝变态成粗短坚硬分枝或不分枝的刺，常生叶腋，不易剥落，如山楂、酸橙、皂荚、枸橘等。而蔷薇、花椒等的茎表皮或皮层突起形成较多的刺，刺易剥落，称皮刺（prickle）。③钩状茎（hook-like stem）：茎的侧轴变态而成钩状，粗短坚硬，不分枝，如钩藤。④茎卷须（stem tendril）：攀缘植物的部分分枝或茎端变态成柔软卷曲的细丝，呈卷须状，由腋芽（如栝楼、爬山虎、丝瓜等）或顶芽（如葡萄）发育形成。⑤小块茎（tubercle）和小鳞茎（bulblet）：有些植物的腋芽常形成不规则块状，称小块茎，如山药的零余子（珠芽）；也有植物由叶柄上的不定芽形成小块茎，如半夏；某些植物由腋芽或花芽形成小鳞茎，如卷丹的腋芽形成小鳞茎，洋葱、大蒜花序中花芽形成小鳞茎。小块茎和小鳞茎均有繁殖能力，可作无性繁殖的材料。⑥假鳞茎（false bulb）：一些植物茎基部肉质膨大呈卵球形至椭圆形，具贮存水分和养分功能，绿色的还可进行光合作用。常见于附生兰类，如石仙桃、羊耳蒜等。⑦肉质茎（succulent stem）：质地柔软多汁，肉质肥厚的茎，如芦荟、仙人掌等。

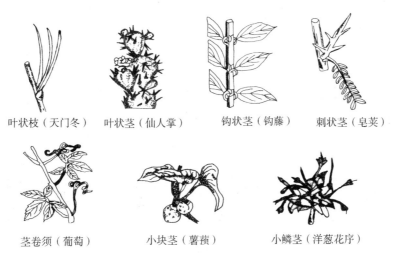

叶状枝（天门冬）　　叶状茎（仙人掌）　　钩状茎（钩藤）　　刺状茎（皂荚）

茎卷须（葡萄）　　小块茎（薯蓣）　　小鳞茎（洋葱花序）

图4-5　地上茎的变态类型

2. 地下茎的变态　一些植物的部分分枝变成贮藏或繁殖器官生于土壤中，称地下茎（subterraneous

stem），主要有以下类型（图4-6）。①根状茎（根茎）（rhizome）：匍匐或直立生长在土壤中，节和节间明显，节上有退化的鳞片叶，具顶芽和腋芽。根状茎的形态及节间长短随植物种类而异，如人参、三七等为短而直立，川芎、白术等呈团块状，白茅、芦苇等细长，黄精则具明显茎痕。②块茎（tuber）：粗短肉质肥大呈不规则块状，由茎基部腋芽伸入土壤形成，具顶芽和缩短的节和节间，节上具芽及鳞片叶或后期脱落，如天麻、半夏、马铃薯等。③球茎（corm）：呈球形或扁球形、直立生长的地下茎，节和节间明显，节上的膜质鳞片较大，顶芽发达，腋芽常生于其上半部，基部具不定根，如慈菇、荸荠等。④鳞茎（bulb）：鳞叶肉质增厚的地下芽，呈球形、扁球形或圆盘状，中央基部为一个扁平而节间极度缩短的茎，称鳞茎盘，节上生肉质肥厚鳞叶并包围鳞茎盘，顶端有顶芽，叶腋有腋芽，基部具不定根。例如，百合、贝母的鳞叶窄，呈覆瓦状排列，外面无外皮覆盖，称无被鳞茎；洋葱鳞叶阔，内层被外皮完全覆盖，称有被鳞茎；大蒜的肉质部分是围绕花梗基部肥大的腋芽（即蒜瓣），蒜瓣之外覆盖的膜质部分是其鳞叶。

根状茎（玉竹）　　根状茎（生姜）

块茎（半夏）　　球茎（荸荠）　　鳞茎（洋葱）　　鳞茎（百合）

图4-6　地下茎的变态类型

四、叶的形态及其变态类型 ⓔ 微课5

叶由叶片、叶柄和托叶组成，三者俱全的叶称完全叶，否则称不完全叶。每种植物叶常有一定的形态特征，叶的形态也是植物分类的依据之一，但观察时应以大多数叶的形态为准。

（一）叶序

叶序（phyllotaxy）是叶在茎枝上的排列方式，主要有四种类型（图4-7）。①互生（alternate）：每节仅着生1枚叶，交互而生，沿枝呈螺旋状排列，如桑、榕等。②对生（opposite）：每节相对着生2枚叶，若相邻两节的叶排列呈十字形称交互对生，如薄荷、忍冬等；相邻两节的叶均排列在茎两侧称二列状对生，如女贞、醉鱼草等。③轮生（whorled）：每节着生3枚或3枚以上叶，轮状排成。如夹竹桃、轮叶沙参等。④簇生（fascicled）：多枚叶着生在节间缩短的茎枝（短枝）上，密集成簇，如银杏、落叶松等。若多枚叶着生在根头部极度短缩且节间不明显的茎上称基生叶（basal leaf）；基生叶集生而成莲座状时称莲座状叶丛（rosette），如蒲公英、车前等。此外，有些植物具2或2种以上的叶序，如栀子、桔梗等。不论哪种叶序，叶在枝条上往往不相互遮盖，通过叶柄伸展的角度和长度不同形成镶嵌状的排列称叶镶嵌（leaf mosaic）。叶镶嵌使各叶片能有效地接受阳光，有利于光合作用。

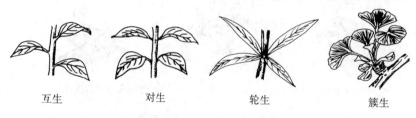

互生　　　　对生　　　　轮生　　　　簇生

图4-7　叶序的类型

（二）叶的形态

叶的形态常指叶片形态，包括叶形、叶端、叶基、叶缘、叶脉和脉序、叶片分裂状况、叶片质地和表面附属物等各部分形态特征。

1. **叶形** 指整个叶片轮廓的几何形状，常按长宽比例及最宽处的位置来确定（图4-8）。叶的基本形状有针形（acicular）、条形（线形）（linear）、披针形（lanceolate）、椭圆形（elliptical）、卵形（ovate）、心形（cordate）、肾形（reniform）、圆形（orbicular）、剑形（ensiform）、盾形（peltate）、带形（banded）、箭形（sagittate）、戟形（hastate）等。此外，也有一些特殊的形态，如蓝桉呈镰刀形、杠板归呈三角形、菱呈菱形、车前呈匙形、银杏呈扇形、葱呈管形、秋海棠呈偏斜形等。植物叶常不是典型的几何形状，从而描述时常用"长""广""倒"等加以说明，如长圆形、倒卵形、广卵形等；或结合两种形状进行复合描述，如卵状椭圆形、椭圆状披针形等。

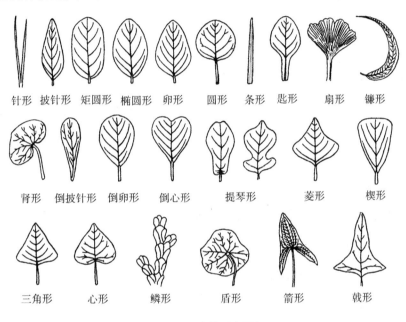

针形　披针形　矩圆形　椭圆形　卵形　圆形　条形　匙形　扇形　镰形

肾形　倒披针形　倒卵形　倒心形　提琴形　菱形　楔形

三角形　心形　鳞形　盾形　箭形　戟形

图4-8 叶的形态图解

2. **叶端的形态** 常见有芒尖（aristate）、尾尖（caudate）、渐尖（acuminate）、急尖（acute）、钝形（obtuse）、截形（truncate）、微凹（retuse）、微缺（emarginate）、倒心形（obcordate）等（图4-9）。

卷须状　芒尖　尾状　渐尖　急尖　骤尖　钝形

凸尖　微凸　微凹　微缺　倒心形

图4-9 叶端的形态图解

3. **叶基的形态** 常见有楔形（cuneate）、钝形（obtuse）、心形（cordate）、耳形（auriculate）、渐狭（attenuate）、歪斜（obique）、抱茎（amplexicaul）、穿茎（perfoliate）等（图4-10）。

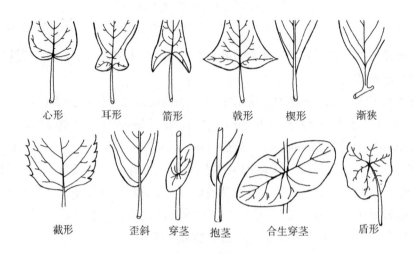

心形　　耳形　　箭形　　戟形　　楔形　　渐狭

截形　　歪斜　穿茎　抱茎　合生穿茎　盾形

图4-10　叶基的形态图解

4. 叶缘的形态 常见有全缘（entire）、波状（undulata）、牙齿状（dentate）、锯齿状（serrate）、重锯齿（double serrate）、圆锯齿（crenate）（图4-11）。

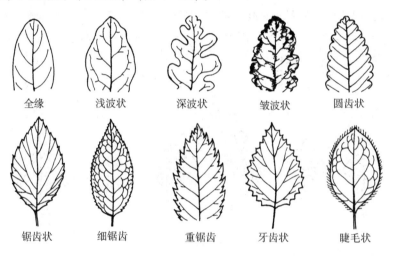

全缘　　浅波状　　深波状　　皱波状　　圆齿状

锯齿状　　细锯齿　　重锯齿　　牙齿状　　睫毛状

图4-11　叶缘的形态图解

5. 叶片的分裂 叶缘无缺刻或小齿称全缘叶，大部分植物的叶片边缘不整齐，具齿或深浅不一的缺刻，其凸出部分称裂片（lobe），凹入部分称缺刻（incision）。按叶裂片排列方式不同分为羽状分裂和掌状分裂；按叶缺刻的深浅程度不同又分为浅裂（lobate）、深裂（parted）和全裂（divided）三种（图4-12）。缺刻的深度不足叶片宽度1/4称浅裂，如药用大黄、南瓜；缺刻的深度大于叶片宽度1/4称深裂，如唐古特大黄、荆芥；缺刻深度几乎达主脉基部或中脉形成数个全裂片称全裂，如大麻、白头翁。

6. 叶脉和脉序 叶脉是贯穿叶内的维管束，起输导和支持作用，其中与叶柄相连最粗大的叶脉称主脉或中脉（midrib），主脉分枝形成侧脉（lateral vein），侧脉分枝形成细脉（veinlet）。叶片中叶脉的分布及排列式样称脉序（venation），常见有三种类型（图4-13）。①分叉脉序（dichotomous venation）：一条叶脉分为大小相等的两个分支，同一叶上有多级的二叉分支是较原始的脉序，蕨类植物和少数裸子植物如银杏的脉序类型。②平行脉序（parallel venation）：各叶脉大致相互平行，主脉与侧脉及侧脉间相连细脉不成网状。单子叶植物多是平行脉序，按侧脉形状或主脉分支位置又分为直出平行脉（淡竹叶）、横出平行脉（芭蕉）、射出平行脉（棕榈）和弧形脉（黄精、玉竹）等。③网状脉序（netted venation）：叶脉有多级分支，主脉、侧脉和细脉区别明显，最小细脉连结成网状，是双子叶植物的特征。若主脉1条，分出的侧脉排列呈羽状，细脉与主、侧脉交织成网状称羽状网脉；主脉基部分出数条侧脉直达每一裂片，排列呈掌状，细脉与主、侧脉交织成网状称掌状网脉。此外，少数单子叶植物如薯蓣、天南星等也具网状脉序，但其叶脉末梢全部连接在一起，没有游离脉梢，有别于双子叶植物。

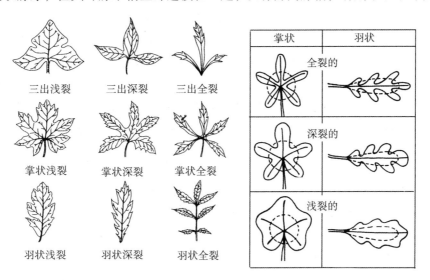

图 4 – 12　叶片的分裂类型

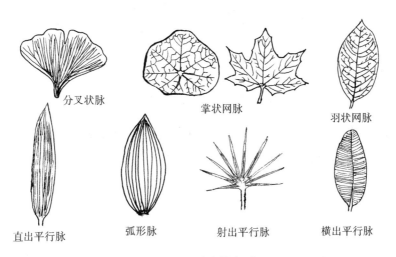

图 4 – 13　脉序的类型

7. 叶片质地　常分为膜质、草质、纸质、革质和肉质等。膜质（membaranceous）叶片薄而半透明如半夏，有的干薄而脆，不呈绿色称干膜质（scarious），如麻黄的鳞片叶；草质（herbaceous）叶片薄而柔软，如薄荷、商陆等；纸质（chartaceous）叶片薄而柔韧，似纸张样，如糙苏；革质（coriaceous）叶片厚而较坚韧，略似皮革，如枇杷、山茶等；肉质（succulent）叶片肥厚多汁，如芦荟、景天等。

8. 表面附属物　叶因表面附属物不同而表现出光滑、被粉、被毛、粗糙等特征，叶面光滑如女贞、枸骨等，叶面粗糙如无花果、蜡梅等，叶面被毛如茵陈、洋地黄等。

（三）单叶和复叶

单叶（simple leaf）是指一个叶柄上只着生一枚叶片，如厚朴、女贞等。复叶（compound leaf）指一个叶柄上着生 2 枚以上叶片，其上的叶称小叶（leaflet），小叶的柄称小叶柄（petiolule）。复叶的叶柄称总叶柄（common petiole），总叶柄以上着生小叶的轴状部分称叶轴（rachis）。典型的复叶，小叶柄和叶轴之间具明显的关节，单叶全裂时与小叶柄不明显复叶的区别在于单叶的裂片之间有或多或少的叶片相连。按小叶排列方式不同，复叶又分为以下四种类型（图 4 – 14）。①三出复叶（ternately compound leaf)：叶轴上的小叶为 3 枚。3 枚小叶均生于叶轴顶端称掌状三出复叶，如三叶木通、酢浆草、大血藤等；若中央 1 枚小叶生于叶轴顶端，其余 2 枚小叶生于叶轴下端的两侧，称羽状三出复叶，如大豆、野葛等。②掌状复叶（palmately compound leaf）：叶轴缩短，顶端聚生 3 枚以上小叶，呈掌状排列，如五加、三七、人参等。③羽状复叶（pinnately compound leaf）：叶轴较长，小叶在叶轴两侧排成羽毛状。顶生小叶 1 枚者称奇数羽状复叶；顶生小叶 2 枚者称偶数羽状复叶。若叶轴不分枝，小叶直接着生其上称一回羽状复叶，如决明、皂角等；叶轴作一次分枝，其上着生小叶称二回羽状复叶，如合欢、云实等；叶轴分枝 2 次为三回羽状复叶，如南天竹、苦楝等，依此类推。④单身复叶（unifoliate compound leaf）：叶轴上具 2 枚叶片上下叠生在一起，形似单叶而叶片之间具一明显的关节，如芸香科柑橘、柠檬等。

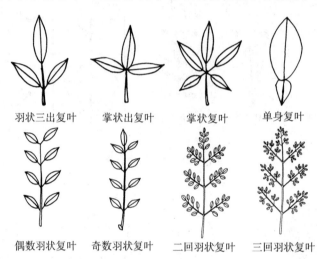

图 4 - 14　复叶的类型

复叶与着生单叶的小枝有时难以区分，要区别它们首先是分清叶轴与小枝。叶轴顶端无顶芽，小枝顶端有顶芽；小叶叶腋无侧芽，仅总叶柄腋内具芽，小枝上具腋芽；小叶在叶轴上排在同一平面，小枝上的单叶常成不同的角度；复叶脱落是整个脱落或小叶先落，然后叶轴连同总叶柄一起脱落；而小枝一般不脱落，仅其上的叶脱落。

（四）异形叶性

异形叶性（heterophylly）指一些植物在同一植株上具不同形状的叶，称异形叶性。异形叶性可发生在不同的生态环境，如慈菇沉水叶呈线形，浮水叶椭圆形，挺水叶箭形。也可出现在植物的不同发育阶段，如一年生人参具 1 枚三出复叶，二年生有 1 枚掌状复叶，三年生有 2 枚掌状复叶，四年生有 3 枚掌状复叶，以后每年递增 1 叶，最多可达 6 枚；蓝桉幼枝上的叶对生卵形、无柄，老枝叶互生镰形、有柄（图 4 - 15）。此外，益母草、川贝母等也存在异形叶性。

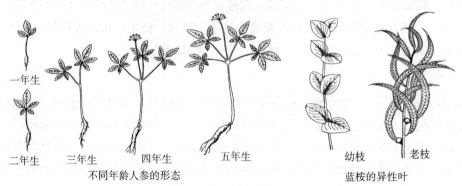

不同年龄人参的形态　　　蓝桉的异性叶

图 4 - 15　复叶的类型

（五）叶的变态

叶与外界环境接触面最广，变态类型较多，常见的变态叶有以下类型（图 4 - 16）。①苞片（bract）：生于花冠下面的一种变态叶，起着保护花的作用。苞片的形状、大小、质地及在花梗上着生的位置变化较大；苞片呈绿色、叶状，称苞叶或叶状苞片，如川贝母；苞片在花梗上端轮状着生并邻近花萼处称副花萼，如草莓、蜀葵等；着生于花序外围的 1 至多数苞片合称总苞片（involucre），花序中每朵小花下较小的苞片称小苞片（bractlet）。总苞的形状、大小、颜色、数目等变化较大，如鱼腥草的总苞片呈白色叶状，九重葛呈红色叶状，天南星科植物呈佛焰状，苍耳呈囊状并具细刺。②鳞叶（scale leaf）：特化或退化成鳞片状的叶。鳞叶肥厚多汁，贮藏大量营养物质称肉质鳞叶，如百合、洋葱等；鳞叶膜质、菲薄，常不呈绿色，如麻黄、姜、荸荠等。木本植物的冬芽（鳞芽）外常被有褐色鳞叶，起保护芽的作用。③叶刺（leaf thorn）：叶全部或一部分变成坚硬的刺状。托叶变成刺状称托叶刺，如刺槐、酸枣；小檗属植物的托叶刺呈三叉针刺，俗称"三棵针"；或叶尖、叶缘变成刺状，如红花、枸骨等。④叶卷须（leaf tendril）：叶全部或一部分变为卷须，适应攀缘生长。如豌豆的前端几枚小叶变成卷须，菝葜属植物的托叶变成卷须。⑤捕虫叶（insectivorous leaf）：叶片变态成囊状、盘状或瓶状，上有腺毛，能分泌黏液和消化液，能够诱捕昆虫并消化，从中获得营养，如捕蝇草、茅膏菜、猪笼草。⑥叶状柄（phyllode）：叶片退化，而叶柄变成绿色扁平的叶片状。如幼苗期的台湾相思树的初生叶是羽状复叶，后生叶的小叶完全退化仅存叶状柄。

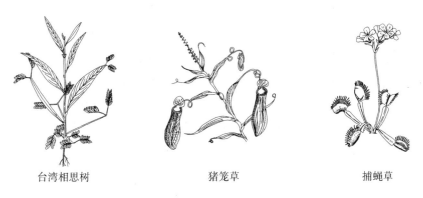

台湾相思树　　　　　　猪笼草　　　　　　捕蝇草

图 4 - 16　几种典型的变态叶

五、花和花序

被子植物在长期适应性进化过程中，花的花柄、花托、花萼、花冠、雄蕊群和雌蕊群等六部分以及花序，都可能产生各种适应性变异，形成各种各样的类型。

（一）花 🄴 微课6

1. 花的类型　被子植物花的形态构造多种多样，依据不同特征常有多种的分类体系。

（1）完全花和不完全花　一朵花中具有花萼、花冠、雄蕊群、雌蕊群四部分者称完全花（complete flower），如油菜、桔梗等；缺少一部分或几部分者称不完全花（incomplete flower），如鱼腥草、南瓜等。

（2）重被花、单被花、无被花和重瓣花　花中同时具有花萼和花冠者称重被花（double perianth flower），如桃、甘草等。仅一轮花被的花称单被花（simple perianth flower），如芫花、大麻、荞麦等；一些单被花的花被片不显著甚至呈膜状，如菠菜、桑等。有些植物的花被明显有两轮或两轮以上，但内、外瓣片在形态和色泽等方面无明显区分，称同被花（homochlamydeous flower），每一瓣片称花被片（tepal），如厚朴、玉兰、白头翁等的花。一些植物的花不具花被，称无被花（achlamydeous flower）或裸花（naked flower），无被花常具显著的苞片，如杨、胡椒、杜仲等（图4-17）。植物的花瓣排列层数和数目常常稳定，但一些栽培植物的花瓣可呈多层排列且数目比正常情况下多，称重瓣花（double flower），如樱花、月季、碧桃等栽培植物。

图4-17 花的类型

（3）两性花、单性花和无性花 一朵花中同时有正常发育的雄蕊和雌蕊，称两性花（bisexual flower），如桔梗、油菜等；花仅有正常发育的雄蕊或雌蕊，称单性花（unisexual flower），其中只有雄蕊者称雄花（male flower），仅有雌蕊者称雌花（female flower）。雄花和雌花生于同一株植物上，称单性同株或雌雄同株（monoecism），如南瓜、半夏等；若雌花和雄花分别生于不同植株上，称单性异株或雌雄异株（dioecism），如银杏、天南星等。同一株植物上既有两性花，又有单性花，称杂性同株，如朴树；若同种植物的两性花和单性花分别生于不同植株上称杂性异株，如葡萄、臭椿等。有些植物花中雄蕊和雌蕊均退化或发育不全，称中性花或无性花（asexual flower），如八仙花花序周围的花。

（4）辐射对称花、两侧对称花和不对称花 通过花的中心具两个以上对称面的花称辐射对称花（actinomorphic flower）或整齐花，十字形、幅状、管状、钟状、漏斗状等花冠均属此类型，如桃花、油菜花等。若花被各片的形状、大小不一，通过中心只能作一个对称面的花称两侧对称花（zygomorphic flower）或不整齐花，蝶形、唇形、舌状花冠属此类型，如蚕豆、蒲公英等。通过花的中心不能作任何对称面的花称不对称花（asymmetric flower），如美人蕉、缬草等极少数植物。

（5）五数花、四数花和三数花 花的每轮以5为基数（雄蕊和心皮除外），称5数花或花5基数，是双子叶植物花的典型类型；每轮以4为基数，称4数花或花4基数，如十字花科植物；每轮以3为基数，称3数花或花3基数，如樟科、木兰科和单子叶子植物。

2. 花冠的类型

（1）花瓣的离合、花冠筒的长短和花被裂片的深浅不同，形成了各种类型的花冠。常见有以下几种特殊的类型（图4-18）。①蔷薇型花冠（roseform corolla）：5枚离生的无柄花瓣具向外延伸的檐，呈辐射对称排列，如蔷薇、玫瑰、月季等。②十字形花冠（cruciferous）：花瓣4枚，离生，上部外展排列成十字形，如油菜、菘蓝、萝卜等十字花科植物。③蝶形花冠（papilionaceous corolla）：花瓣5枚，离生，以蝶形卷叠或下降覆瓦状排列呈蝶形，上方1枚最外且最大称旗瓣（banner），两侧各1枚较小称翼瓣（ala），下方2枚形小并联合成龙骨状称龙骨瓣（carina）；如大豆、甘草、黄芪等。若花冠以上升覆瓦状排列，龙骨瓣最大位于外侧，旗瓣最小位于最内，翼瓣居中的花冠称假蝶形花冠；即旗瓣两侧都被翼瓣覆盖，2枚翼瓣另一边都被龙骨瓣覆盖，其中1枚翼瓣另一边压着龙骨瓣；如决明、红花羊蹄甲等。蝶形和假蝶形花冠是豆科主要的花冠类型。④唇形花冠（labiate corolla）：冠下部合生成筒状，上部二唇形，上唇常2裂，下唇3裂，如丹参、益母草等唇形科植物。若上唇很短，2裂，下唇3裂，称假单唇形，如筋骨草属；若无上唇，5枚裂片均在下唇，称单唇形，如石蚕属植物。⑤管状花冠（tubular corolla）：筒呈细长管状，如大蓟、红花等的管状花。⑥舌状花冠（ligulate corolla）：筒短，花冠上部向一侧延伸成扁平舌状，如向日葵、蒲公英等菊科植物的舌状花。⑦漏斗状花冠（funnelform corolla）：筒较长，自下向上逐渐扩大成漏斗状，如牵牛、甘薯、曼陀罗等。⑧钟状花冠（campanulate corolla）：筒短而宽，上部裂片扩大成钟状，如桔梗、沙参等桔梗科植物。⑨高脚碟状花冠（salverform corolla）：

筒呈细长管状，上部裂片水平展开成碟状，如络石、长春花等植物的花冠。⑩辐（轮）状花冠（wheel – shaped corolla）：筒很短，裂片由基部向四周扩展呈水平状展开，形似车轮，如枸杞、龙葵等茄科植物。以及坛状花冠（urceolate corolla）：冠筒膨大成卵形，上部收缩成一短颈，然后短小的冠裂片向四周辐射状伸展，如柿树、乌饭树属。

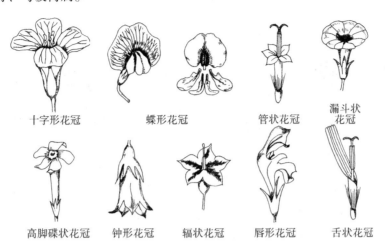

十字形花冠　　蝶形花冠　　管状花冠　　漏斗状花冠

高脚碟状花冠　　钟形花冠　　辐状花冠　　唇形花冠　　舌状花冠

图4－18　花冠的类型

（2）花被卷迭式（aestivation，prefloration）指花瓣和萼片在花芽内排列的方式和关系。不同植物的花被卷迭式也不同，常见的有以下几种（图4－19）：①镊合状（valvate）：各枚花被片的边缘互相靠近而不覆盖排成一圈，如葡萄、桔梗等。若各花被片的边缘微向内弯称内向镊合，如沙参的花冠；若各花被片的边缘微向外弯称外向镊合，如蜀葵的花萼。②旋转状（contorted）：各枚花被片边缘彼此以一边重叠成回旋状，如夹竹桃、龙胆、栀子等的花冠。③覆瓦状（imbricate）：各枚花被片边缘彼此覆盖，但其中有1枚完全在外，1枚完全在内，如紫草的花冠；若覆瓦状排列的花被中，有2枚完全在外，2枚完全在内，称重覆瓦状（quincuncial），如野蔷薇、桃等的花冠。

镊合状　　内向镊合状　　外向镊合状　　旋转状　　覆瓦状　　重覆瓦状

图4－19　花被的卷迭式

3. 雄蕊的类型

（1）特殊的雄蕊类型　雄蕊由花丝和花药组成，不同植物花中雄蕊数目、花丝长短、联合程度和排列方式等不同，常有以下特殊类型（图4－20）。①离生雄蕊（distinct stamen）：雄蕊彼此分离，长度类似，如桃、梨等植物。②单体雄蕊（monadelphous stamen）：所有雄蕊的花丝连合成一束呈圆筒状，而花药彼此分离，如蜀葵、木槿、棉花等锦葵科植物和苦楝、远志等。③二体雄蕊（diadelphous stamen）：雄蕊的花丝连合形成两束（其数目相等或不等），如紫堇、延胡索等植物的雄蕊6枚，每3枚连合形成2束；而蚕豆、扁豆、甘草等豆科植物的10枚雄蕊，常9枚连合，1枚分离。④多体雄蕊（polyadelphous stamen）：雄蕊多数，花丝分别连合成多束，如金丝桃、元宝草、酸橙等植物。⑤冠生雄蕊（epipetalous stamen）：雄蕊着生在花冠上，如茄、龙胆等。⑥二强雄蕊（didynamous stamen）：雄蕊4枚，1对较长，1对较短，如紫苏、益母草、地黄等唇形科和玄参科植物。⑦四强雄蕊（tetradynaous stamen）：雄蕊6枚，4枚较长，2枚较短，如菘蓝、油菜、萝卜等十字花科植物。⑧异长雄蕊（heterandrous stamen）：同一朵花中具有大小不相同的雄蕊，如决明属植物。⑨聚药雄蕊（syngenesious stamen）：所有雄蕊的花药连合成筒状，而花丝彼此分离，如红花、向日葵等菊科植物。⑩聚合雄蕊（polymerization stamen）：雄蕊的花丝和花药完全融合，如南瓜属植物。有少数植物花中的部分雄蕊不具花药，或仅留痕迹，称不育雄蕊或退化雄蕊，如鸭跖草。也有少数植物的雄蕊变态而呈花瓣状，如姜、美人蕉等。

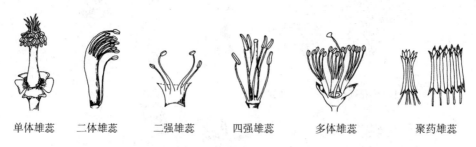

| 单体雄蕊 | 二体雄蕊 | 二强雄蕊 | 四强雄蕊 | 多体雄蕊 | 聚药雄蕊 |

图 4-20　雄蕊群的类型

（2）花药着生方式　花药主要有以下着生方式（图 4-21）。①基着药（basifixed anther）：花药基部着生于花丝顶端，如樟、茄。②全着药（adnate anther）：花药全部附着在花丝上，如紫玉兰。③背着药（dorsifixed anther）：花药背部着生于花丝上，如马鞭草、杜鹃。④个字着药（divergent anther）：花药上部连合，着生在花丝上，下部分离，略成个字形，如地黄、泡桐等。⑤丁字着药（versatile anther）：花药横向着生于花丝顶端，与花丝成丁字状，如百合、小麦等。⑥广歧着药（divaricate anther）：花药左右两半完全分离平展，垂直于花丝，如薄荷等。

| 丁字着药 | 个字着药 | 广歧着药 | 全着药 | 基着药 | 背着药 |

图 4-21　花药着生方式

（3）花药开裂的方式　花药是花丝顶端膨大的囊状物，常由 4 个或 2 个花粉囊（polen sac）组成，分成左右两半，中间为药隔，花粉成熟后，花药自行开裂，散出花粉粒。花药常见有以下开裂方式（图 4-22）。①纵裂：花粉囊沿纵轴开裂，如水稻、百合。②横裂：花粉囊在中部横裂一缝，如木槿、蜀葵。③瓣裂：花粉囊侧壁上裂成几枚小瓣，花粉由瓣下小孔散出，如香樟、淫羊藿。④孔裂：花粉囊顶部裂 1 小孔，花粉由小孔散出，如杜鹃、茄等。

4. 雌蕊的类型　雌蕊的心皮组成、子房的位置、胎座的类型和胚珠都有不同的类型。

（1）雌蕊群的类型　心皮（carpel）是组成雌蕊的单位，被子植物的雌蕊可由 1 至多枚心皮组成，按心皮数、联合情况，有以下几种类型（图 4-23）。①单雌蕊（simple pistil）：1 朵花中仅由 1 枚心皮组成的雌蕊，如扁豆、桃、杏等。②离生雌蕊（apocarpous pistil）：1 朵花中由数枚心皮彼此分离形成的雌蕊，如八角、五味子、厚朴、草莓等。③复雌蕊（compound pistil）：又称合生雌蕊，

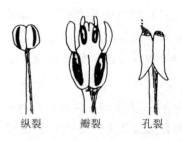

| 纵裂 | 瓣裂 | 孔裂 |

图 4-22　花药开裂的方式

1 朵花中由 2 枚或 2 枚以上心皮彼此联合形成的雌蕊。常有 3 种类型，柱头、花柱分离，子房合生，如梨；柱头分离，子房、花柱合生，如南瓜、向日葵；柱头、花柱、子房都合生，如百合、油菜。心皮数

目可由柱头或花柱的分裂数目、子房上主脉的数目以及子房室数等进行判断。

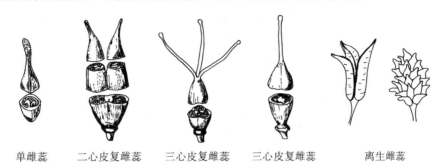

| 单雌蕊 | 二心皮复雌蕊 | 三心皮复雌蕊 | 三心皮复雌蕊 | 离生雌蕊 |

图 4 – 23　雌蕊的类型

（2）子房的位置　子房着生在花托上，子房与花托连生的情况各有不同，常有下列几种类型（图 4 – 24）。①子房上位（superior ovary）：仅子房底部与花托相连。花被、雄蕊均着生于子房下方的花托上，这种花也称下位花（hypogynous flower），如毛茛、百合等。若花托下陷略呈杯状，子房着生于凹陷花托中，仅子房底部与花托相连，而花被、雄蕊着生于花托边缘，这种花称周位花（perigynous flower），如桃、玫瑰等。②子房下位（inferior ovary）：子房完全埋藏在花托内并与花托愈合，花被、雄蕊着生于花托边缘，这种花称上位花（epignous flower），如栀子、黄瓜等。③子房半下位（half – inferior ovary）：子房下半部与花托或花筒愈合，上半部外露，花被、雄蕊着生于花托边缘，这种花也称周位花，如桔梗、马齿苋等。

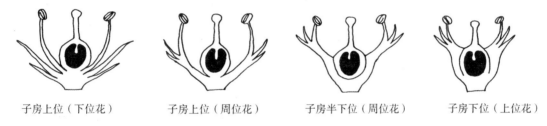

| 子房上位（下位花） | 子房上位（周位花） | 子房半下位（周位花） | 子房下位（上位花） |

图 4 – 24　子房的位置示意图

（3）胎座及其类型　胚珠（ovule）在子房内着生的部位称胎座（placenta）。子房壁上胎座分布及胚珠排列的式样称胎座式（placentation），常见有以下类型（图 4 – 25）。①边缘胎座（marginal placentation）：单心皮雌蕊，胚珠沿腹缝线边缘纵行排列，如野葛、决明、大豆、甘草、豌豆等植物。②侧膜胎座（parietal placentation）：复雌蕊子房 1 室，胚珠沿着相邻两心皮的腹缝线着生，如罂粟、紫花地丁等；十字花科植物的子房因假隔膜形成 2 室；葫芦科中，3 个侧膜胎座向内侵入子房腔，常在中央相遇形成假胎座轴，如南瓜、丝瓜等。③中轴胎座（axile placentation）：复雌蕊子房多室，胚珠着生于因心皮边缘愈合后向内卷并在中央汇聚成的中轴上，如百合、柑橘、桔梗等。④特立中央胎座（free – central placentation）：复雌蕊子房 1 室，胚珠着生在隔膜消失留下的独立中轴周围，中轴上部也与子房顶部分离，如石竹、马齿苋、报春花等。⑤基生胎座（basal placentation）：子房 1 室，单胚珠着生于子房基部，如菊科植物。⑥顶生胎座（apical placentation）：子房 1 室，单胚珠着生于子房顶部，如樟科植物。⑦全面胎座（superficial placentation）：胚胎着生于胚珠子房内壁和隔膜上，属原始的胎座类型，如睡莲等。

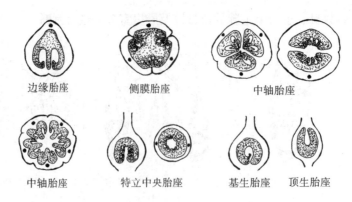

图 4 - 25 胎座的类型

（4）胚珠的类型 胚珠（ovule）是大孢子囊，由珠柄（funicle）、珠被（integument）、珠孔（micropyle）和珠心（nucellus）组成，常呈椭圆形或近圆形，其数目、类型随植物种类不同而异。珠柄是胚珠基部与胎座相连的短柄。大多数被子植物的胚珠有 2 层珠被，外层称外珠被（outer integument），内层称内珠被（inner integument）；裸子植物和少数被子植物仅有 1 层珠被，极少数种类无珠被。珠孔是珠被的顶端不相连合而留下的一个小孔，是花粉管进入珠心实现受精的通道。珠被内为珠心，其中央发育形成胚囊（embryo sac），成熟的胚囊常有 8 个细胞，其中 1 个卵细胞、2 个助细胞、3 个反足细胞和 2 个极核细胞。珠被、珠心基部和珠柄汇合处称合点（chalaza），是维管束进入胚囊的通道。胚珠生长过程中各部分的生长速度不同，使珠孔、合点与珠柄的位置各异而形成胚珠的不同类型（图 4 - 26）。①直生胚珠（orthotropous ovule）：胚珠各部生长均匀，胚珠直立，珠柄在下，珠孔在上，珠孔、珠心、合点与珠柄在一条直线上，如大黄、胡椒、核桃等。②横生胚珠（hemitropous ovule）：胚珠因一侧生长快，另一侧生长慢，使整个胚珠横列，珠孔、珠心、合点成一直线与珠柄垂直，如锦葵、玄参、茄等。③弯生胚珠（campylotropous ovule）：珠被、珠心生长不均匀，胚珠弯曲成肾形，珠孔、珠心、合点与珠柄不在一条直线上，如大豆、石竹、曼陀罗等。④倒生胚珠（anatropous ovule）：胚珠一侧生长迅速，另一侧生长缓慢，使胚珠呈 180°倒转，合点在上，珠孔下弯并靠近珠柄，形成长而明显的纵脊称珠脊，珠孔、珠心、合点几乎在一条直线上，大多数被子植物属此胚珠类型，如落花生、杏、百合等。⑤拳卷胚珠（circinotropous ovule）：珠柄非常长，并且卷曲环绕包住胚珠的类型。如仙人掌、漆树等。

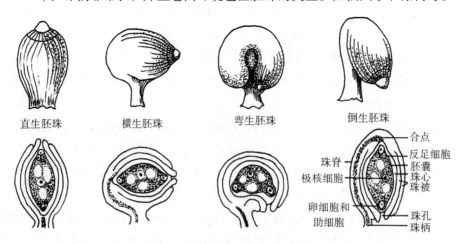

图 4 - 26 胚珠的构造及类型

5. 花程式和花图式

（1）花程式　采用字母、符号及数字等简要描述花部主要特征的方式，称花程式（flower formula）。内容包括花的性别、对称性、花萼、花冠、雄蕊群、雌蕊群。若为单性花，需分别记录，一般雄花在前，雌花在后。用 ☿ 表示两性花，以 ♀ 表示雌花，以 ♂ 表示雄花；＊表示辐射对称花，↑或卜表示两侧对称花；K（或 Ca）代表花萼，C（或 Co）代表花冠，P 代表花被，A 代表雄蕊群；G 代表雌蕊群，在 G 的上方或下方加"–"表示子房位置，如 G̱ 表示子房上位；Ḡ 表示子房下位；G̲ 表示子房半下位。花各部分的数目在各字母的右下角以 1、2、3、4……10 表示，以 ∞ 表示 10 枚以上或数目不定；以 0 表示该部分缺少或退化；在雌蕊的右下角依次以数字表示心皮数、子房室数、每室胚珠数，并用"："相联。各部分的数字加"（）"表示联合；数字之间加"＋"表示排列的轮数或按形态分组。

桑的花程式：♂P₄A₄；♀P₄G̲₍₂:₁:₁₎ 表示：桑花为单性花；雄花花被片 4 枚，分离；雄蕊 4 枚，分离；雌花花被片 4 枚，分离，雌蕊子房上位，由 2 心皮合生，1 室，每室 1 枚胚珠。

玉兰的花程式：☿＊P₃₊₃₊₃A∞G̲∞:₁:₂ 表示：玉兰花为两性花；辐射对称；单被花，花被片 3 轮，每轮 3 枚，分离；雄蕊多数，分离；雌蕊子房上位，心皮多数，分离，每室 2 枚胚珠。

紫藤的花程式：☿↑K₍₅₎C₅A₍₉₎₊₁G̲₍₁:₁:∞₎，表示：紫藤花为两性花；两侧对称；萼片 5，联合；花瓣 5，分离；雄蕊 10，9 合 1 离二体雄蕊；雌蕊子房上位，1 心皮，1 室，每室胚珠多数。

桔梗的花程式：☿＊K₍₅₎C₍₅₎A₅Ḡ₍₅:₅:∞₎，表示：桔梗花为两性花；辐射对称；萼片 5，联合；花瓣 5，联合；雄蕊 5 枚，分离；雌蕊子房半下位，由 5 心皮合生，5 室，每室胚珠多数。

贴梗海棠的花程式：☿＊K₍₅₎C₅A∞Ḡ₍₅:₅:∞₎，表示：贴梗海棠花为两性花；辐射对称；萼片 5，联合；花瓣 5，分离；雄蕊多数，分离；雌蕊子房下位，由 5 心皮合生，5 室，每室胚珠多数。

（2）花图式　以花的横剖面投影为依据，采用特定图形表示花各部分的数目、相互位置、排列方式和形状等的图解，称花图式（flower diagram）（图 4 - 27）。花图式上方用小圆圈表示花轴或茎轴的位置，在花轴对方用部分涂黑带棱的新月形图案示苞片；苞片内方用由斜线组成或黑色的带棱的新月形图案示花萼；花萼内方用黑色或空白的新月形图案示花瓣；雄蕊用花药横断面形状、雌蕊用子房横断面形状绘于中央。

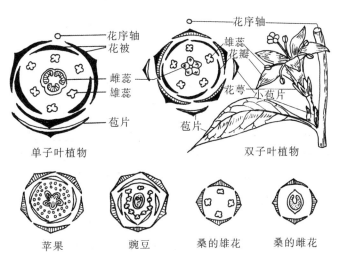

图 4 - 27　花图式

花程式和花图式记录花部结构特征各有优劣，花程式能简单清晰地表现花部主要结构，但不能完整表达出花各轮的关系和花被卷迭情况等特征；花图式直观形象，但需要训练绘制技巧，且不能表达子房与花其他部分的相对位置等。花程式和花图式常单独或联合用于表示某分类单位（如科、属）花特征。

（二）花序 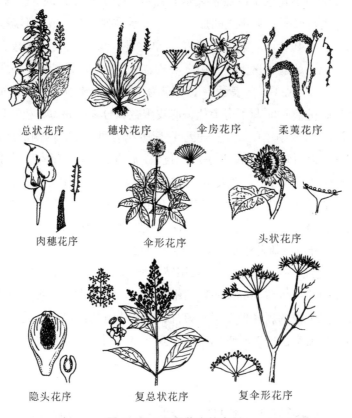 微课7

花序（inflorescence）是指花在花轴上排列方式和开放顺序。有些植物的花单生于茎顶或叶腋，称单生花，如玉兰、牡丹等；多数植物的花按一定顺序排列在总花梗上，也称花序轴（rachis）或花轴，花序轴分枝或不分枝；支持整个花序的轴称总花梗，无叶的总花梗称花葶（scape）。花柄或花序轴基部有苞片（bract），有些苞片密集成总苞（involucre），如向日葵。花序常分为有限花序和无限花序。

1. 无限花序（总状花序类）（indefinite inflorescence） 是指花轴在开花期间可继续生长，不断产生新的花，花由下而上或由边缘向中心开放，又进一步分为以下类型（图4-28）。

总状花序　　穗状花序　　伞房花序　　柔荑花序

肉穗花序　　　伞形花序　　　头状花序

隐头花序　　　复总状花序　　　复伞形花序

图4-28　无限花序的类型

（1）简单花序（simple inflorescence） 花序轴不分枝，其上直接生长小花，常见以下几种类型。①总状花序（raceme）：花轴细长且不分枝，其上着生许多花柄近等长的小花，如菘蓝、荠菜、油菜等。②穗状花序（spike）：花轴细长且直立，其上着生许多花柄极短或近无柄的小花，如车前、马鞭草等。③柔荑花序（catkin）：花轴常柔软下垂，其上密集着生许多无柄或近无柄的单性花，整个花序一起脱落，如胡桃、杨、柳等。④肉穗花序（spadix）：花轴肉质、肥厚呈粗短，其上密集着生许多无柄的单性花，如玉米；有些具一大型苞片，称佛焰苞（spathe），如天南星、半夏等。⑤伞房花序（corymb）：花轴上着生不等长花柄的花，向上依次渐短，整个花序的花近乎排在同一平面上，如山楂、绣线菊等。⑥伞形花序（umbel）：花轴缩短，花轴顶端着生许多花柄近等长的小花，放射排列呈伞状，如人参、刺五加、葱等。⑦头状花序（capitulum）：花轴极短并膨大成头状或盘状的花序托，其上密生许多无柄花，花序下方苞片集成总苞，如向日葵、蒲公英等。⑧隐头花序（hypanthodium）：花轴特别肥大而凹陷成中空囊状体，在凹陷内壁上着生许多无柄单性花，顶端仅有1小孔与外界相通，如无花果、薜荔等。

（2）复合花序（compound inflorescence） 花序轴具分枝，分枝为简单花序，常见以下几种类型。①复总状花序（compound raceme）：花序轴具多分枝，每分枝上各成1总状花序，整个花序如圆锥状，又称圆锥花序（panicle），如槐树、女贞等。②复穗状花序（compound spike）：花序轴具分枝，每分枝各成1穗状花序，如小麦、香附等。③复伞房花序（compound corymb）：花序轴上的分枝呈伞房状，每分枝上又形成伞房花序，如石楠、麻叶绣线菊、花楸等。④复伞形花序（compound umbel）：花序轴顶端集生许多近等长的伞形分枝，每分枝又形成伞形花序，如柴胡、当归、蛇床等。

2. **有限花序（聚伞花序类）（definite inflorescence）**　是指开花期间，花轴顶端或中心的花先开，花轴顶端不再向上产生新的花芽，仅在顶花下方产生侧轴，侧轴又是顶花先开，其开花顺序是由上而下或从内向外依次开放。常见以下几种类型（图4-29）。①单歧聚伞花序（monochasium）：花轴顶端生1朵花，而后在顶花下方产生1侧轴，侧轴顶端同样生1朵花，如此反复形成的花序。若花轴的分枝均在同一侧生出而使花序呈螺旋状卷曲，称螺旋状聚伞花序（hericoid cyme），如紫草、附地菜等；若分枝左右交替生出，则称蝎尾状聚伞花序（scorpioid cyme），如射干、姜等。②二歧聚伞花序（dichasium）：花轴顶端生1朵花，而后在其下方两侧同时各产生1等长侧轴，每侧轴再以同样方式继续开花和分枝，如卫矛、石竹、大叶黄杨。③多歧聚伞花序（pleiochasium）：花序轴顶端生1朵花，而后在其下方同时产生数个侧轴，侧轴比主轴长，各侧轴又形成小的聚伞花序。大戟、甘遂等大戟属植物的多歧聚伞花序轴下常生有杯状总苞，边缘常具5枚蜜腺，包围着许多无被雄花，1朵无被雌花在总苞中央，又称杯状聚伞花序或大戟花序。④轮伞花序（verticillaster）：聚伞花序生于对生叶的叶腋排列呈轮状，如益母草、薄荷等唇形科植物。

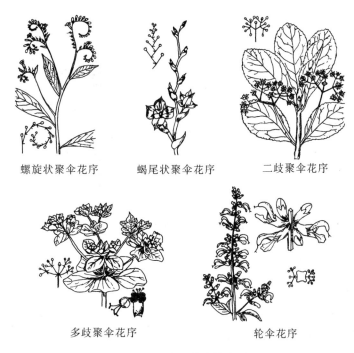

螺旋状聚伞花序　　蝎尾状聚伞花序　　二歧聚伞花序

多歧聚伞花序　　　　轮伞花序

图4-29　有限花序的类型

花序的类型常随植物种类而异，同科植物常具有相同类型的花序。但有些植物在花轴上生有两种不同类型的花序形成混合花序，如楤木的伞形花序排成圆锥状，葡萄的聚伞花序排成圆锥状，豨莶的头状花序排成圆锥状，紫苏的轮伞花序排成假总状等。

六、果实 Ⓔ 微课8

果实（fruit）是被子植物有性生殖的产物和特有结构。被子植物的花经传粉和受精后，花萼、花冠、雄蕊以及雌蕊的柱头、花柱常枯萎或脱落，胚珠发育成种子，子房或子房外其他部分（如花被、花托及花序轴）共同参与发育成果实，花柄发育成果柄。果皮包裹种子，起到保护和传播种子的作用。果实形态结构的差异常作为植物分类和果实类药材鉴别的依据。

（一）根据果实的来源分类

根据是否有子房以外部位参与果实形成，可分为真果（true fruit）和假果（spurious fruit, false fruit）。真果指仅由子房发育而成的果实，包括果皮和种子两部分，如杏、桃、柑橘等。由子房和其他部分如花被、花托及花序轴等共同参与形成的果实称假果，假果的结构比较复杂，如苹果、梨的主要食用部分是由花托和花被筒合生部分发育而来；南瓜、冬瓜较坚硬的皮部是花托和花萼发育成的部分及外果皮，主要食用部分是中果皮和内果皮；无花果、凤梨（菠萝）肉质化部位是由花序轴和花托等发育而成。

（二）根据心皮和花部的关系分类

单雌蕊或复雌蕊的子房发育形成的果实称单果（simple fruit），即 1 朵花只形成 1 个果实。离生雌蕊的每枚雌蕊形成 1 枚小单果，许多小单果聚生于同一花托上的果实称聚合果（aggregate fruit），如草莓、八角、乌头、莲等。有些植物的整个花序一同发育形成果实称聚花果（collective fruit），也称复果（multiple fruit），其中每朵花发育成 1 枚小果，聚生在花序轴上，成熟后从花轴基部整体脱落，如桑葚是由雌花序发育而成，每朵花的子房各发育成 1 枚瘦果，包藏于肉质肥厚多汁的花被内；凤梨是由多数不孕花着生在肉质肥大花序轴上形成的果实；无花果是由隐头花序发育形成，其花序轴肉质并内陷成囊状，囊内壁上着生许多小瘦果，称隐头果（syconium）（图 4-30）。

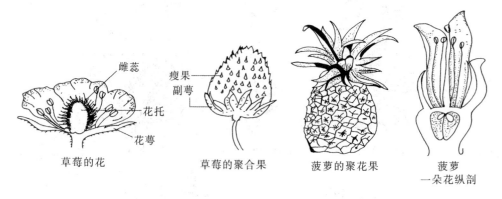

草莓的花　　　草莓的聚合果　　　菠萝的聚花果　　　菠萝一朵花纵剖

图 4-30　聚合果和聚花果

（三）根据果实成熟时果皮的性质分类

按果实成熟时果皮的性质，分为肉质果和干果。

1. 肉质果（fleshy fruit） 果实成熟后果皮肉质多浆，不开裂。常见以下 5 种类型（图 4-31）。①浆果（berry）：单雌蕊或复雌蕊子房发育形成的果实，内含 1 至数枚种子。外果皮薄，中果皮和内果皮肉质肥厚、多浆，如葡萄、枸杞、忍冬、番茄等。②柑果（hesperidium）：复雌蕊的上位子房发育形成的果实。外果皮厚且革质，内含多数油室；中果皮常呈白色海绵状，具多数分支的维管束（橘络）；内果皮膜质坚韧，分隔成数室，内壁上生有许多肉质多汁的囊状毛，是其可食部分。柑果也是一种特殊类型的浆果，芸香科柑橘属和金橘属特有的果实类型，如橙、柚、橘、柠檬等。③核果（drupe）：单雌蕊的子房发育而成，常含 1 枚种子。外果皮薄，中果皮肉质肥厚、多汁，内果皮木质坚硬，如桃、杏、梅、李等。④瓠果（pepo）：是一种假果，由 3 心皮复雌蕊具侧膜胎座的下位子房与花托、花萼参与共同发育而成的果实，内含多枚种子。花托、花萼发育部分与外果皮形成坚韧的果实外层，中、内果皮及胎座肉质，是其主要食用部分。葫芦科特有的果实类型。⑤梨果（pome）：是一种假果，由 2~5 个心皮，复雌蕊的下位子房与花筒（花托和花被筒合生部分）一同发育而成的果实，常 2~5 室，每室常含

2 枚种子。花托和花被筒合生部分发育膨大成肉质可食部分，外、中果皮与花筒无明显界限，内果皮坚韧，革质或木质。蔷薇科梨亚科特有的果实类型，如苹果、梨、山楂等（图 4 - 32）。

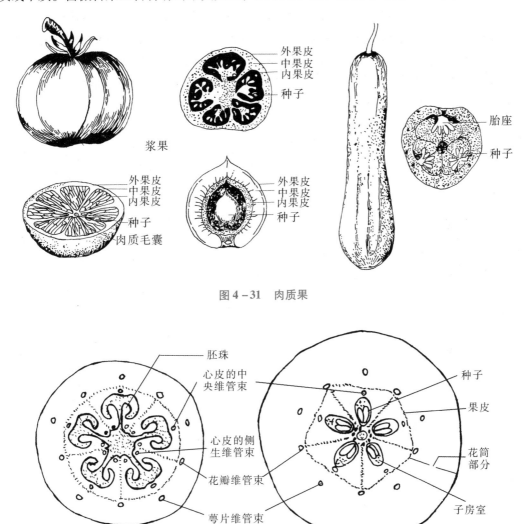

图 4 - 31 肉质果

图 4 - 32 梨果的结构

2. 干果（dry fruit） 果实成熟后，果皮干燥；按果皮开裂与否，分为裂果和不裂果（图 4 - 33）。

（1）裂果（dehiscent fruit） 果实成熟后果皮自行开裂，散出种子。按雌蕊心皮数目、开裂方式不同，又可分为以下类型。①蓇葖果（follicle）：单雌蕊或离生雌蕊发育形成的果实，成熟时沿腹缝线或背缝线一侧纵向开裂。有些植物 1 朵花中只形成 1 个蓇葖果，如淫羊藿；或 1 朵花形成 2 个蓇葖果，如杠柳、徐长卿等；也有些植物 1 朵花形成数个蓇葖果（称聚合蓇葖果），如牡丹、八角、梧桐等沿腹缝线开裂，厚朴、玉兰沿背缝线开裂。②荚果（legume）：单雌蕊发育形成的果实，成熟时沿腹缝线和背缝线同时开裂，果皮裂成 2 片。豆科植物特有的果实类型，其形态多样，少数荚果成熟时不开裂，如落花生、紫荆、皂荚；有些荚果成熟时断裂成含单粒种子的荚节，如含羞草、山蚂蟥；也有荚果呈螺旋状，并具刺毛，如苜蓿；还有荚果在种子间缢缩呈念珠状，如槐。③角果：两心皮复雌蕊侧膜胎座的子房发育而成的果实，在发育过程中子房室内由心皮边缘合生处生出一假隔膜，将子房分隔成 2 室，种子多数，着生在假隔膜两侧，果实成熟时果皮沿两侧腹缝线开裂，成 2 片脱落，假隔膜仍留在果柄上。十字花科特有的果实类型，果长大于 2 倍果宽的角果称长角果（silique），如萝卜、油菜等；果长不足 2 倍果宽的角果称短角果（silicle），如菘蓝、荠菜、独行菜等。④蒴果（capsule）：复雌蕊子房发育而成的果实，子房1至多室，每室含多数种子。成熟果实具有多种开裂方式，常可分为四类。一是纵裂：沿心皮纵轴方向开裂，其中沿腹缝线纵裂的称室间开裂，如马兜铃、蓖麻等；沿背缝线纵裂的称室背开裂，如百合、鸢尾、棉花等；沿背、腹缝线同时纵裂，但子房间隔膜仍与中轴相连的称室轴开裂，如牵牛、曼陀罗等。二是孔裂：成熟果实子房各室上方裂开形成小孔，种子由小孔散出，如罂粟、桔梗等。三是盖裂：果实成熟时沿心皮周围呈环状横裂，上部果皮呈帽状脱落，如马齿苋、车前等。四为齿裂：果实顶端呈齿状开裂，如王不留行、瞿麦等。

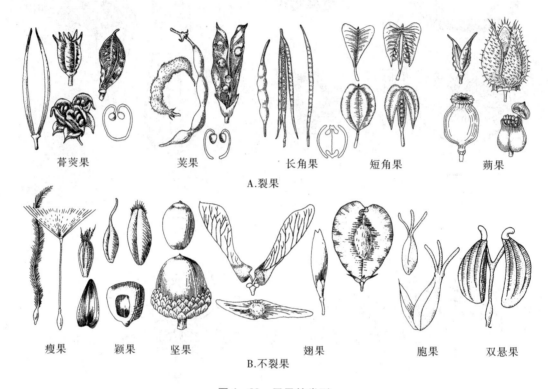

蓇葖果　　　　莢果　　　　长角果　　　短角果　　　蒴果

A.裂果

瘦果　　颖果　　坚果　　　　翅果　　　　　胞果　　双悬果

B.不裂果

图4-33　干果的类型

（2）不裂果（闭果）（indehiscent fruit）　果实成熟后，果皮不开裂或分离成几部分，但种子仍包裹在果皮中，常含种子1枚。常见以下类型。①瘦果（achene）：单室、单种子的不开裂小干果，成熟后果皮与种皮易分离，如何首乌、白头翁、毛茛等；菊科植物的瘦果是由下位子房与萼筒共同发育形成，称连萼瘦果，也称菊果，如蒲公英、红花、向日葵等。②颖果（caryopsis）：果皮与种皮愈合，仅含1粒种子的不开裂干果。禾本科植物特有的果实类型，如小麦、玉米、薏苡等；农业上常把颖果称"种子"。③坚果（nut）：果皮木质坚硬，内含种子1枚，成熟时果皮和种皮分离。如栗、榛等的褐色硬壳即是果皮，壳斗科植物的坚果基部外面常附有总苞发育成的壳斗；有些坚果特别小，无壳斗，称小坚果，如益母草、薄荷、紫草等。④翅果（samara）：单室、单种子具翅的不开裂干果，果皮一端或周边向外延伸成翅状，如杜仲、榆、臭椿、白蜡树等。⑤胞果（utricle）：又称囊果，果皮薄且多少呈膀胱状膨胀疏松地包围单粒种子的小干果，果皮与种皮易分离，由复雌蕊上位子房发育形成，如青葙、地肤子、藜等。⑥双悬果（cremocarp）：不开裂的干果，由2心皮复雌蕊发育而成，果实成熟时分裂成2个具单粒种子的分果（schizocarp），双双悬挂在心皮柄（carpophorum）上端，心皮柄的基部与果柄相连。如当归、白芷、小茴香等。

复习思考题

1. 目前药用植物分类的证据资料有哪些？各有何优缺点？

2. 利用校园植物，解剖识别记录花冠、雄蕊、雌蕊、胎座、花序的类型。

3. 果实的类型有哪些？哪些果实类型代表了科别特征？草莓、桑葚、无花果、菠萝、石榴、桃、西瓜、柑橘、椰汁、向日葵的可食用部分分别是什么？

4. 观察校园药用植物，并编制校园 20 种常见植物的分类检索表。

书网融合……

思政导航　　　　本章小结　　　　微课1　　　　微课2　　　　微课3　　　　微课4

微课5　　　　微课6　　　　微课7　　　　微课8　　　　题库

（孙稚颖　张　瑜　张新慧　刘湘丹）

第五章　孢子植物的分类与药用类群

学习目标

知识目标

1. **掌握**　孢子植物的概念；各分类群的特征及其系统位置。
2. **熟悉**　藻类、菌类、地衣、苔藓和蕨类植物中主要药用类群，以及常用药用植物。
3. **了解**　孢子植物药用情况、经济用途，以及在自然界和环境保护中的作用。

能力目标　通过本章学习，培养观察、比较和分析的能力，树立从全球视野看待环境保护和治理的环保意识；增强中医药文化自信和守正创新的意识，以提高从业能力，坚守职业操守的社会责任心。

孢子植物（spore plants）是指生殖时产生孢子，不开花结果的植物类群。其中，藻类、菌类及地衣植物无根、茎、叶，以及组织分化，生殖器官单细胞，合子发育时离开母体，不形成胚，合称低等植物或无胚植物（non - embryophyte）或原植体植物（thallophytes）。苔藓类和蕨类属于高等植物，生殖器官多细胞，合子在母体内发育成胚；苔藓植物为叶状体或茎叶体植物，具假根；蕨类植物有根、茎、叶和组织分化。

第一节　藻类的分类与药用类群　📱微课 1

PPT

一、藻类概述

藻类植物（algae）是一类含有光合色素和自养的原植体植物，全球约有 6 万种。尽管它们是一个多系类群，但具有一些共同的特征。

1. 原植体植物　植物体（简称藻体）大小差别很大，最小者仅几微米，大者则可达 100m 以上（如巨藻）。藻体形态有单细胞（如衣藻）、多细胞群体（如小球藻）、丝状体（如水绵）、管状体、叶状体（如海带）或枝状体（如马尾藻）等，高等藻类已有简单组织分化，称薄壁组织体，如海带有"叶片"、柄和固着器的分化，但都没有真正的根、茎、叶的分化，体内也无维管组织。

2. 具有光合色素和色素体　藻体细胞内均具有能光合作用产生各种光合作用产物的光合片层和色素体。不同藻类具有不同的光合色素，如蓝藻的藻蓝素，红藻的藻红素，金藻、黄藻、硅藻具有叶绿素 a、c 和叶黄素，绿藻具有叶绿素 a、b 和胡萝卜素。藻类各种色素构成杯状、星杯状、带状或颗粒状的色素体（或称载色体），它们在不同藻类中的形状、大小均不同。色素成分及比例不同，使藻体呈现不同颜色。藻类贮藏的光合作用产物也不同，如蓝藻贮藏蓝藻淀粉（cyanophycean starch）、蛋白质粒，绿藻为淀粉、脂肪，红藻为红藻淀粉（floridean starch）、红藻糖（floridose），褐藻为褐藻淀粉（laminarin）、甘露醇等。

3. **繁殖方式相似**　包括营养繁殖、无性生殖和有性生殖。营养繁殖是藻类繁殖的主要方式，有细胞分裂、藻体断裂或产生营养繁殖小枝、珠芽等。无性生殖产生各种类型的孢子，如游动孢子（zoospore）、不动孢子（aplanospore）、拟亲孢子（autospore）、四分孢子（tetraspore）、单孢子和果孢子（carpospore）等。产生孢子的一种囊状结构的细胞称孢子囊（sporangium），一个孢子发育成一个新个体。有性生殖产生配子（gamete），产生配子的囊状结构细胞叫配子囊（gametangium）。配子两两结合产生合子（zygote），合子脱离母体后进行有丝分裂直接产生新植株，或减数分裂产生孢子再发育成新一代植株，合子均不发育成胚。藻类的生活史有三种类型（图5-1）。

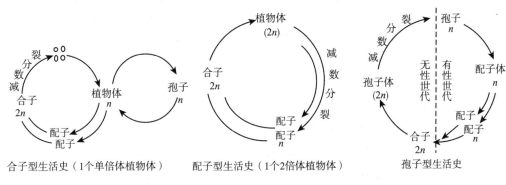

图5-1　藻类植物的生活史类型

4. **生境与分布相似**　大多数藻类生活在海水和淡水中，少数生于潮湿的土壤、树皮、石头和墙垣等上。水生藻类又有浮游于水中，也有固着在水中岩石上或附着于其他物体上。有些海藻生活于100m深的海底，也有些藻类生活在南、北极或终年积雪的高山，有些蓝藻能生活在高达85℃的温泉中，有些藻类与真菌共生。

5. **属多系类群**　藻类不是一个具有自然亲缘关系的类群，包含有4~5个分支，有原核细胞生物（蓝藻）和真核细胞生物（其余藻类）两类。根据细胞内色素种类、贮存营养物质，以及植物体形态构造、细胞壁成分、鞭毛数目、着生位置和类型、繁殖方式和生活类型等差异，分为蓝藻门、裸藻门、绿藻门、轮藻门、金藻门、甲藻门、红藻门、褐藻门。其中蓝藻门的生物学研究意义较大，绿藻门、红藻门、褐藻门的药用价值大。

二、蓝藻门 Cyanophyta

藻体为单细胞、多细胞群体或丝状体，不具鞭毛，原生质体分化成中心质（centroplasm）和周质（periplasm）两部分，中心质即原核或拟核，无核膜和核仁，DNA环状、裸露。蓝藻和细菌都无真正的细胞核，也称蓝藻细菌。周质中有光合片层和核糖体，无质体、线粒体等细胞器。光合片层分布有叶绿素a、藻蓝素（phycocyanin）、藻红素（phycoerythrin）、β-胡萝卜素和叶黄素等。细胞壁成分主要是肽葡聚糖，外层有果胶酸（pecticacid）和少量纤维素构成的胶质鞘。贮藏营养物质有藻蓝淀粉和蓝藻颗粒体等。

蓝藻无有性生殖，主要通过细胞直接分裂方式进行营养繁殖，丝状体从异形胞处断裂形成藻殖段（homogonium），再经细胞分裂形成新的丝状体。少数产生孢子进行无性生殖，由原生质体分裂形成圆球状的内生孢子，以及藻体细胞顶端处的壁破裂，顺次缢缩分裂形成的外生孢子。

蓝藻是地球上最原始和古老的类群，已存在35亿年，寒武纪是蓝藻时代，在系统树独立于其他藻类。现存1纲，3目4科，160多属，1500余种，从两极到赤道均有分布；我国有106属，759种。大多数生活在淡水和湿地，少数气生、寄生、共生等。固氮作用的蓝藻有60多种，我国报道过10余种。

【药用藻类】葛仙米 *Nostoc Commune* Vauch.（图5-2）念珠藻科。植物体由多数圆球形细胞组成不分枝的单列丝状体，形如念珠；由一个公共的胶质鞘包裹而形成片状或团块状体。在丝状体上相隔一定距离产生异型胞（herterocyst）和壁厚孢子。两个异型胞之间丝状体分成许多小段，每小段即形成藻殖段（连锁体）。产全国各地。俗称"地木耳"，供食用和药用，藻体能清热、收敛、明目。

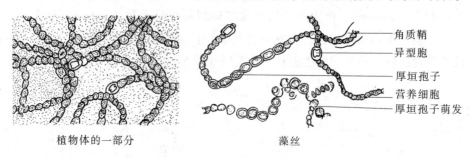

植物体的一部分　　　　　　　　藻丝

右侧标注：角质鞘、异型胞、厚垣孢子、营养细胞、厚垣孢子萌发

图5-2　念珠藻属

常见药用藻类还有：海雹菜 *Brachytrichia quoyi*（C. Ag.）Born. et Flah. 产热带或暖温带海洋；藻体能解毒、利水。发菜 *Nostoc flagilliforme* Born. et Flah. 产我国西北地区；藻体食用或药用。钝顶螺旋藻 *Spirulina platensis*（Nordst.）Geitl.，多地养殖；富含蛋白质、维生素等，能增强免疫力和防治营养不良。

三、褐藻门 Phaeophyta

褐藻是藻类植物中较高级的类群，没有单细胞或群体。藻体主要是纤维状薄壁组织体或假薄壁组织体，即有类似根、茎、叶的分化，构造上有类似表皮、皮层和髓部的分化。营养细胞有两层壁，内层主要是纤维素，外层主要是褐藻胶组成。细胞内有细胞核和粒状或小盘状的色素体，色素体1至数个，含叶绿素a、c和大量的类胡萝卜素，墨角藻黄素、岩藻黄素等的含量超过其他色素，以致藻体呈褐色。贮藏的营养物质主要是褐藻淀粉、甘露糖醇、油脂等，有些种类的碘含量较高。

大多数褐藻有同型世代交替和异型世代交替，同型世代交替的孢子体和配子体形状、大小相似，如水云属（*Ectocarpus*）；异型世代交替的孢子体和配子体形状、大小差异较大，多数种类的孢子体发达，如海带。褐藻以藻体断裂方式进行营养繁殖；无性生殖产生游动孢子和静孢子；有性生殖有同配、异配和卵式生殖；游动孢子和配子均有2根不等长的鞭毛。

褐藻门约有250属，1500余种，常分为等世代纲（Isogeneratae）、不等世代纲（Heterogeneratae）和无孢纲（Cyclosporae）。绝大多数海产，营固着生活，从潮线一直分布到低潮线下约30m处，是构成海底"森林"的主要类群，经济价值大。《中华人民共和国药典》收录有昆布和海藻。

【药用藻类】海带 *Laminaria Japonica* Aresch.（图5-3）海带科。植物体有孢子体和配子体两种。孢子体较大，褐色，长2~4m，由固着器、柄和带片组成（图5-3A）。固着器二叉分枝如根状；柄粗而短呈叶柄状；带片扁平，无中脉，宽20~50cm。带片和柄均分化出表皮层、皮层、髓部3部分（图5-3B）。髓部由细长丝状细胞和喇叭状丝状细胞组成，具有输导作用。孢子体成熟时，在带片两面丛生许多棒状的单室孢子囊，外观上呈深褐色斑块状。孢子囊内的孢子母细胞（2n）经减数分裂和有丝分裂，产生32个具侧生不等长双鞭毛的游动孢子。游动孢子萌发后，分别形成体型较小的雌、雄配子体。雄配子体各分枝的顶端形成1个具有精子的精子囊；雌配子体不分枝，顶端膨大发育成具有卵细胞的卵囊。卵细胞成熟后，在母体外与精子结合，合子萌发即萌发成幼小的孢子体（新的海带）。产辽东半岛至广东沿海，有大量栽培。叶状体（昆布）能消痰、软坚散结、利水消肿；也供食用和防治缺碘。

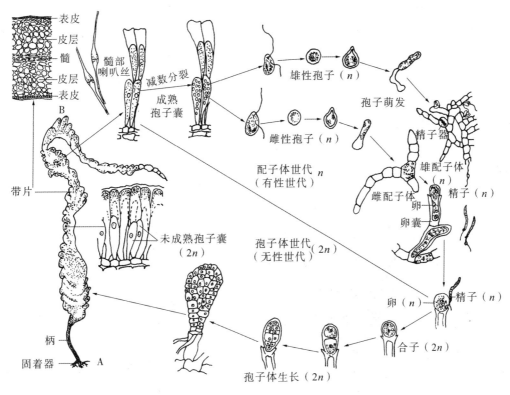

图 5 - 3　海带属植物生活史

翅藻科植物昆布 *Ecklonia kurome* Okam. 分布于辽东至福建沿海，藻体与海带同等入药，也食用。同科植物裙带菜 *Undaria pinnatifida*（Harv.）Suringar 在部分地区也习作"昆布"入药。

海蒿子 *Sargassum pallidum*（Turn.）C. Ag.（图 5 - 4）马尾藻科。藻体高 30 ~ 60cm，褐色。固着器盘状，主干多单生，圆柱形，两侧有羽状分枝。产我国黄海、渤海沿岸，生于潮线下 1 ~ 4m 的岩石上。藻体（海藻）能软坚散结、消痰、利水，药材称"大叶海藻"。羊栖菜 *S. fusiforme*（Harv.）Setch. 产辽东半岛至海南沿海，长江口以南沿海较多，藻体与海蒿子同等入药，药材称"小叶海藻"。

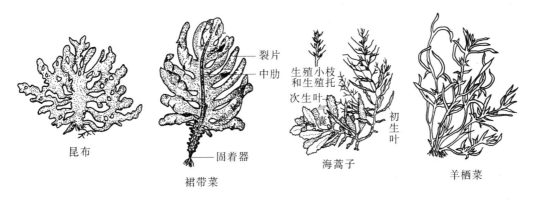

图 5 - 4　常见的药用褐藻

四、红藻门 Rhodophyta

红藻多为丝状体、片状体或枝状体，少为单细胞或群体。藻体常有一定的组织分化，如类似表皮、皮层和髓部。营养细胞有两层壁，内层主要由纤维素组成，外层主要由果胶组成，含琼胶、海萝胶等红藻特有的果胶类化合物。色素体 1 枚，含叶绿素 a 和 b、β - 胡萝卜素、藻红素、藻蓝素等，藻红素含量最高，以致藻体常呈紫色或玫瑰红色。贮藏的营养物质主要是红藻淀粉和红藻糖。

红藻细胞没有鞭毛，也缺乏退化的鞭毛结构。红藻的繁殖有营养繁殖、无性生殖和有性生殖。无性生殖产生无鞭毛的不动孢子；有性生殖为卵式生殖。

红藻门有 500～600 属，6000 余种，分为红毛藻纲（Bangiophyceae）和红藻纲（Rhodophyceae）。绝大多数生活在海水中，常固着于岩石等物体上。

【药用藻类】石花菜 *Gelidium amansii* Lamx.（图 5－5）石花菜科。藻体紫红色或红棕色，扁平直立，丛生，4～5 次羽状分枝，小枝对生或互生。产渤海、黄海、台湾北部。藻体能清热解毒、缓泻，也是提取琼胶（琼脂）的原料。

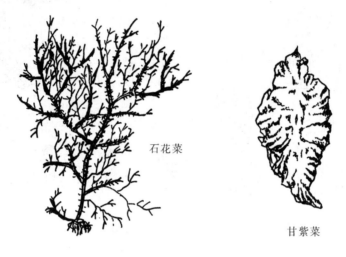

石花菜

甘紫菜

图 5－5　常见的药用红藻

常见药用藻类还有：甘紫菜 *Porphyra tenera* Kjellm.（图 5－5），产辽东半岛至福建沿海，有大量栽培；藻体能清热利尿、软坚散结、消痰，也供食用。琼枝 *Eucheuma gelatinae*（Esp.）J. Ag. 藻体用途同石花菜。鹧鸪菜（美舌藻）*Caloglossa leprieurii*（Mont.）J. Ag. 的藻体，含美舌藻甲素及海人藻素，能驱蛔、消痰、化食。海人藻 *Digenea simplex*（Wulf.）C. Ag. 藻体能驱蛔虫、鞭虫、绦虫。

五、绿藻门 Chlorophyta

绿藻的形态结构多样，有单细胞、球状群体、丝状体和叶状体等。细胞与高等植物相似，有类似叶绿体的色素体，以及相似的色素、贮藏物质和细胞壁成分。叶绿体被双层膜包裹，但缺乏叶绿体内质网，色素有叶绿素 a、叶绿素 b、α－胡萝卜素、β－胡萝卜素和叶黄素等。贮存的营养物质主要是叶绿体合成的淀粉、蛋白质和油脂；光合代谢途径也类似绿色高等植物；细胞壁内层主要是纤维素，外层是果胶质，常黏液化。游动孢子有 2 或 4 条顶生鞭毛。

绿藻的繁殖有营养繁殖、无性生殖和有性生殖。单细胞绿藻依靠细胞分裂，或产生多种孢子进行繁殖，如衣藻产生的游动孢子，小球藻产生的不动孢子等；多细胞丝状体可直接断裂成片段，再长成新个体。有性生殖有同配、异配和卵式生殖，由配子结合形成合子，合子直接萌发成为新个体；或经减数分裂形成孢子，孢子再发育形成新个体。有些种类出现世代交替现象，以有性世代较显著。

绿藻约有 430 属，6000～8000 种，常分为绿藻纲（Chlorophyceae）和结合藻纲（Conjugatophyceae）。淡水藻类约占 90%，海水种类约 10%，少数种类生长在终年积雪处。一些绿藻能寄生于动物体内，或与真菌共生形成地衣。

【药用藻类】石莼 *Ulva lactuca* L.（图 5－6）石莼科。植物体有孢子体和配子体两种，具有 2 层细胞的膜状体；黄绿色，边缘波状，基部具多细胞固着器。无性生殖产生具 4 条鞭毛的游动孢子。有性生殖产生具 2 条鞭毛的配子，配子结合形成合子，合子直接萌发成新个体。由合子萌发成的藻体（孢子体，2n）只产生孢子；由孢子萌发的藻体（配子体，n）只产生配子。产于沿海海湾，俗称"海白菜"或"海青菜"。藻体能软坚散结、清热解毒、祛痰、利水；也供食用。

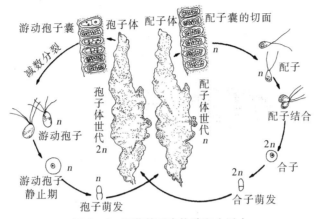

图 5-6　石莼的形态构造和生活史

常见药用藻类还有：水绵 *Spirogyra nitida*（Dillw.）Link.，藻体能治疮疡、烫伤；蛋白核小球藻 *Chlorella pyrenoidosa* Chick.，产全国大部分地区，藻体富含蛋白质、维生素 C、维生素 B 和小球藻素（抗生素），可作为营养剂及防治贫血、水肿、肝炎等。

第二节　菌类的分类与药用类群 微课 2

PPT

一、菌类概述

菌类植物不是一个具有自然亲缘关系的类群，通常是一类形态结构简单并不含光合色素的异养型生物的统称。它们的形体微小、生长旺盛、繁殖快、代谢类型多、适应能力强、易变异、种类多、分布广；营养方式有寄生（parasitism）、腐生（saprophytism）和共生（symbiosis）。在两界分类系统中，菌类分为细菌门（Bacteriophyta）、真菌门（Eumycophyta）、黏菌门（Myxomycophyta），并与地衣（Lichens）和藻类一起称原植体植物。在四界和五界系统中，它们从植物中分立出来，分属原核生物界、真菌界和原生生物界。本教材按两界分类系统，重点介绍常用中药分布的真菌门。

二、细菌门 Bacteriophyta

细菌（bacteria）与蓝藻同属单细胞的原核生物，体积小，长宽 0.5~5μm。绝大多数是异养菌，少数化能自养（如硝化细菌）或光合自养（如着色杆菌）菌。繁殖主要是裂殖，数芽殖。细菌的种类多，数量大，全球广布。

细菌按基本形态分为球菌（coccus）、杆菌（bacillus）和螺旋菌（spirilla），以杆菌在自然界最常见。细菌的细胞壁主要是肽聚糖（peptidoglycan），依据细胞壁组成差异常分为革兰阳性菌和革兰阴性菌。按照亲缘关系可分为古细菌和真细菌两类。

放线菌（actinomyces）是指一类具有分支菌丝的单细胞革兰阳性细菌，菌丝在培养基上呈放射状生长。放线菌生长通常比细菌慢而比真菌弱，菌体形态和繁殖方式又类似真菌，主要以孢子繁殖。菌丝按形态和功能分为营养菌丝、气生菌丝和孢子丝三种（图 5-7）。迄今，约有 70% 的抗生素来自放线菌，如红霉素、链霉素、氯霉素、卡那霉素、金霉素、达托霉素、万古霉素、制霉菌素等。放线菌也是抗癌剂、酶抑制剂、免疫抑制剂等重要药物的来源。

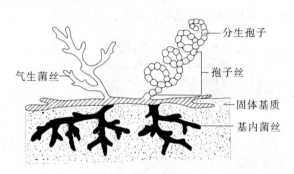

气生菌丝

分生孢子

孢子丝

固体基质

基内菌丝

图 5-7　链霉菌的一般形态和构造

三、黏菌门 Myxomycophyta

黏菌（myxomycetes）是指在生长期或营养期为无壁多核的原生质团（plasmodia，也称变形体），不出现菌丝，繁殖期产生具细胞壁孢子的异养型真核生物。它是介于真菌和原生动物之间的类群，营养期结构、行为和以吞噬方式摄食等特征似原生动物，但繁殖方式又类似真菌，可形成子实体，产生具纤维素壁的孢子，孢子再发育成新个体。大多数黏菌腐生生活，1995 年 Hawksworth 将其归入原生生物界。

四、真菌门 Eumycophyta

真菌（fungus）是指单细胞或多细胞异养真核微生物，无光合色素和质体，细胞壁含几丁质和纤维素。一般有营养体和孢子两种基本形态，绝大多数为多细胞体，少数为单细胞，如酵母和一些低等的壶菌。真菌细胞壁由几丁质、纤维素、葡聚糖、甘露聚糖、半乳聚糖等构成，低等真菌以纤维素为主，高等真菌以几丁质为主，酵母菌以葡聚糖为主。细胞结构有特殊的隔膜、鞭毛、膜边体、微体、壳质体（几丁质酶体）、伏鲁宁体等。

真菌营养体常由纤细的管状菌丝（hypha）构成，组成一个菌体的全部菌丝称菌丝体（mycelium）。在高等真菌的菌丝内形成横隔膜（septum），将菌丝分成多个细胞，每个细胞有 1 至多枚细胞核，称有隔菌丝（septate hypha）；低等真菌的菌丝是 1 个多核的长管状细胞，称无隔菌丝（nonseptate hypha）（图 5-8）。一些真菌在不良环境下或进入有性生殖阶段，菌丝相互紧密缠绕形成具有一定外部形态和内部结构的菌丝体，它们是不同类型的营养结构和繁殖结构。常见的有：①根状菌索（rhizomorph, funiculus）是由大量菌丝聚集成的绳索状结构，

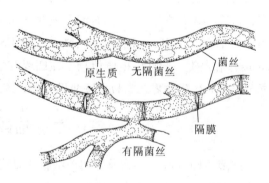

原生质　无隔菌丝

菌丝

隔膜

有隔菌丝

图 5-8　有隔菌丝和无隔菌丝

外形似根，能促进菌体蔓延和抵御不良环境，一般生于树皮下或地下；常见于引起木材腐朽的担子菌。②菌核（sclerotium）是由菌丝聚集和黏附形成质地坚硬的核状休眠体，能提高菌体耐受干燥、高温和低温等不良环境的能力，在适宜条件下又能萌发为菌丝体或产生子实体，如中药的茯苓、猪苓、雷丸等就来源于菌核。③子座（stroma）是指高等真菌在进入有性生殖阶段后由菌丝密集缠绕形成的团块、棒状、柱状或垫状等容纳子实体的褥座状结构。④子实体（fruiting body, sporophore）是指在高等真菌繁

殖期，在子座表面或内部形成具有一定形态和结构、能够产生孢子的菌丝体，如蘑菇的子实体呈伞状。

　　真菌的繁殖有营养繁殖、无性生殖和有性生殖三种方式。①营养繁殖：单细胞真菌能通过营养细胞直接分裂产生子代；有些真菌细胞的一定部位形成一个突起，产生芽孢子（blastospore），称出芽生殖（图5-9）；有些营养菌丝断裂形成节孢子（arthrospore）；真菌菌丝断裂片段也能产生新个体。②无性生殖：真菌能产生大量的无性孢子，如游动孢子（zoospore）、孢囊孢子（sporangiospore）和分生孢子（conidium）等进行无性生殖（图5-10）。③有性生殖：以细胞核的结合为特征，包括同配生殖、异配生殖、接合生殖、卵式生殖等多种方式，产生有性孢子；有性生殖过程通常包括质配、核配以及减数分裂三个阶段。

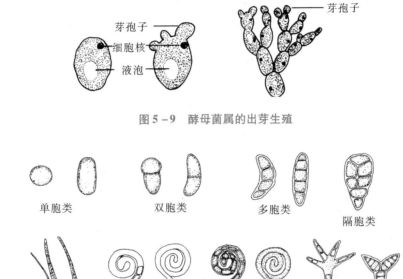

图5-9　酵母菌属的出芽生殖

图5-10　各种类型的分生孢子

　　全球真菌估计有220~380万种，目前描述过的种类约有15万种，其中大型真菌4万种；危害人类健康的真菌约300余种。在生产和生活中，常习惯按营养体的外观形态分为霉菌、酵母、蕈菌三类。尽管，真菌的起源没有确切的结论，但它是一个不同于植物和动物的独立生物类群——真菌界。真菌分类常依据形态学、细胞学、生理学和生态学等特征，尤其是有性繁殖阶段的形态特征。真菌的分类系统较多，本教材采用Ainsworth等（1973）将真菌分为鞭毛菌亚门Mastigomycotina、接合菌亚门Zygomycotina、子囊菌亚门Ascomycotina、担子菌亚门Basidiomycotina、半知菌亚门Deuteromycotina（表5-1）。药用真菌主要分布在子囊菌和担子菌亚门，少数在半知菌亚门。以下介绍这三个亚门。

表5-1　真菌各亚门的主要特征比较表

类　别	菌丝特征	无性繁殖	有性繁殖	代表类群
鞭毛菌亚门	无隔多核、分枝菌丝	孢囊孢子（游动）	卵孢子	绵霉
接合菌亚门	无隔多核、分枝菌丝	孢囊孢子（静止）	接合孢子	毛霉、根霉
子囊菌亚门	有隔菌丝、分枝菌丝	分生孢子	子囊孢子	酵母菌、赤霉
担子菌亚门	有隔菌丝、分枝菌丝	多数无无性繁殖	担孢子	伞菌属、木耳属
半知菌亚门	有隔菌丝、分枝菌丝	分生孢子	至今没发现	曲霉、青霉

（一）子囊菌亚门 Ascomycotina

　　子囊菌（sac fungi）是真菌中较繁盛的类群，全球约有2720属，28650余种。绝大多数种类是有隔菌丝组成的菌丝体，少数单细胞（如酵母菌）。子囊菌最突出特征是产生子囊果、子囊和子囊孢子。《中华人民共和国药典》收录的药材有冬虫夏草。

子囊菌的生活史包括无性阶段和有性阶段。无性繁殖时，单细胞类群出芽繁殖，多细胞类群产生分生孢子、节孢子和厚垣孢子等。有性阶段包括二核阶段、二倍体阶段和减数分裂三个阶段，始于菌丝融合变成的二核体菌丝团，但二核阶段短，无锁状结构（图5-11）。有性生殖形成子囊（ascus），内生有性孢子—子囊孢子（ascospore），每子囊内有4、8、16…枚子囊孢子，不同真菌的子囊孢子数目不等。低等子囊菌的子囊裸生，高等子囊菌的子囊被包围在一包被内形成子实体，称子囊果（ascocarp）。子囊果的形态是子囊菌分类的重要依据，通常有以下3种类型。①闭囊壳（cleistothecium）：子囊果球形，无孔口而完全封闭；②子囊壳（perithecium）：子囊果球形或瓶状，顶端具孔口；③子囊盘（apothecium）：子囊果盘状或杯状开口，子囊与侧丝（子囊之间的营养菌丝）平行排列形成子实层（hymenium）（图5-12）。

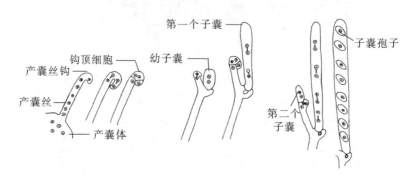

图5-11　子囊发育的细胞学特征

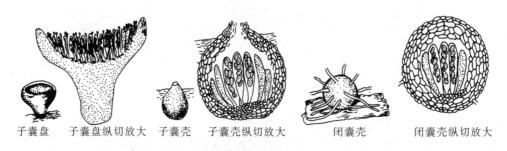

图5-12　子囊果类型

【**药用真菌**】冬虫夏草 *Cordyceps sinensis* (Berk.) Sacc. （图5-13）麦角菌科。寄主是鳞翅目蝙蝠蛾科昆虫的幼虫。夏秋季子囊孢子侵入寄主幼虫体内，发育成菌丝体，染病幼虫钻入土中越冬，菌丝继续生长并充满虫体，在虫体内菌丝形成菌核。翌年夏初，虫体头部长出有柄的棒状子座，伸出土层，子座上部膨大，表层下生有一层子囊壳，壳内生有许多长形的子囊，子囊各产生8个线形多细胞的子囊孢子，子囊孢子散发后，断裂成许多节段，重新侵染其他寄主幼虫。产青藏高原海拔3000m以上的高山草甸。带子座的菌核（冬虫夏草）能补肺益肾，止血化痰。

虫草属真菌有400余种，我国约110种，其中蛹草 *C. militaris* (L.) Link.、凉山虫草 *C. liangshanensis* Zang, Liu et Hu 和亚香棒虫草 *C. hawkesii* Gray 等带子座的菌核与冬虫夏草有相似生理活性。蝉花菌 *C. sobolifera* Hill Berk. et Br. 的带子座的菌核（称蝉花）能散

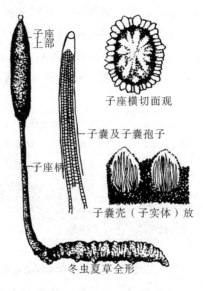

图5-13　冬虫夏草

风热，退翳障，透疹。目前从冬虫夏草中获得的蝙蝠蛾拟青霉，经液体发酵培养，生产多种增强免疫、预防心脑血管疾病的制剂。

　　常见的药用子囊菌还有：酿酒酵母 *Saccharomyces cerevisiae* Hansen（酵母菌科）用于酿酒和制作面包、馒头等，菌体制成酵母菌片可治疗消化不良，或用于提取核酸、谷胱甘肽、细胞色素 C、辅酶 A 等。麦角菌 *Claviceps purpurea*（Fr.）Tul.（麦角菌科）的菌核（称麦角），主产东北、西北、华北等地；麦角含麦角毒碱、麦角胺、麦角新碱等活性成分，常用作子宫收缩剂和内脏器官出血的止血剂，麦角胺用于治疗偏头痛和放射病。竹黄 *Shiraia bambusicola* P. Henn. 的菌核，能祛风除湿，活血舒筋，止咳。红曲 *Monascus purpureus* Went. 的培养物，能活血止痛，健脾消食和胃。

（二）担子菌亚门 Basidiomycotina

　　担子菌（basidiomycete）是一类高等真菌。全球有 1928 属，41270 余种。绝大多数种类由有隔菌丝构成菌丝体，尤以二核菌丝体最发达；典型的二核菌丝体、担孢子、锁状联合是担子菌的典型特征。担子菌在能与大部分植物形成外生菌根菌，是自然生态系统中木质纤维素最主要的分解者，也是食用菌和药用菌的重要来源，少部分担子菌是植物致病菌和人畜致病菌。《中华人民共和国药典》收录有茯苓、茯苓皮、猪苓、灵芝、马勃、云芝、雷丸等药材。

　　担子菌的无性繁殖由菌丝通过芽殖、裂殖及产生分生孢子或粉孢子进行。有性阶段包括二核阶段、二倍体阶段和减数分裂三个阶段，形成担子（basidium）和担孢子（basidiospore）。担孢子萌发形成的单核单倍体的菌丝体称初生菌丝体（primary mycelium），生活期短。初生菌丝进行质配而不进行核配形成的双核菌丝体称次生菌丝体（secondary mycelium），生活期长，是担子菌主要的营养体。双核菌丝的细胞分裂时，在两核之间的细胞壁一侧形成一个喙状突起并向下弯曲，1 个核移入突起中后，两核分裂各形成 2 个子核，子核分别移向细胞的两端，同时中部产生横隔，形成两个子细胞。当突起中的 1 个子核移入上端细胞后，突起基部形成隔膜，突起向下与原细胞壁融合沟通后，留在突起中的 1 个子核移入下端细胞，即由一个双核细胞形成两个相同的双核细胞，这种细胞分裂形式称锁状联合（clamp connection）。绝大多数担子菌以锁状联合方式发育成繁茂的担子果（也称次生菌丝体或子实体），担子果的大小、形态、质地、颜色等是担子菌分类的重要依据。担子果成熟后，双核菌丝顶端膨大成为担子，担子顶端或侧面伸出 4 个小梗，减数分裂产生的 4 个单倍体的核进入小梗，发育成 4 个担孢子（图 5 - 14）。

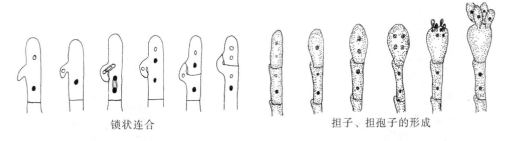

锁状连合　　　　　　　　　担子、担孢子的形成

图 5 - 14　索状联合、担子、担孢子的形成

　　担子菌最新的分类系统包括 4 个亚门、18 个纲、68 个目、241 个科。多数食用和药用的大型担子菌属层菌纲，以伞菌类最常见（图 5 - 15）。伞菌的担子果包括菌盖（pileus）、菌褶（gills）、菌柄（stipe）等结构。菌盖常呈伞状、半球形。菌盖下面为菌褶，菌褶表面为子实层，子实层内有担子和侧丝，担子上形成担孢子。菌盖下面的柄称菌柄，部分伞菌子实体幼小时，菌盖边缘与菌柄之间连有一层菌膜，称内菌幕（partial veil），菌盖打开时残存在菌柄上的部分称菌环（annulus）；一些类群在幼小子实体外面包被一层膜，称外菌幕（universal veil），子实体扩大菌柄伸长时，外菌幕破裂，在菌柄基部留下杯状的菌托（volva）。这些结构可作伞菌鉴别的依据。

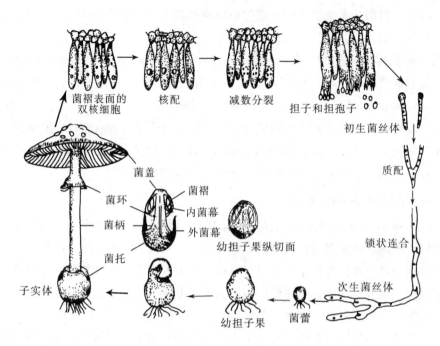

图 5 – 15 伞菌的形态和生活史

【药用真菌】灵芝 Ganoderma lucidum（Leyss ex Fr.）Karst.（图 5 – 16）多孔菌科。子实体木质化，菌盖半圆形或肾形，初生时黄色渐变成红褐色，有漆样光泽，具环状棱纹和辐射状皱纹，子实层生于菌盖下的菌管；菌柄近圆柱形，侧生或偏生，与菌盖同色。担孢子卵形、褐色，内壁有许多小疣，产全国多省区，生阔叶树木基部，多栽培。子实体（灵芝）能补气安神，止咳平喘。紫芝 G. sinense Zhao Xu et Zhang 产长江流域以南各地，子实体与赤芝同等入药。

茯苓 Poria cocos（Schw.）Wolf.（图 5 – 17）多孔菌科。菌核球形或不规则块状，表面粗糙、皱缩，灰棕色或黑褐色，内部白色或淡棕色，粉粒状。子实体平伏在菌核表面，初生时白色渐变成浅褐色，菌管单层，孔多角形。担孢子长椭圆形，表面平滑，无色。生松属植物根上，多栽培，菌核（茯苓）能利水渗湿，健脾宁心。

图 5 – 16 灵芝

图 5 – 17 茯苓的菌核

猪苓 *Polyporus umbellatus* (Pers.) (图5-18) 多孔菌科。菌核呈长块状或不规则块状，表面凹凸不平，皱缩或有瘤状突起，灰色、棕黑色或黑色。子实体常合生，菌柄基部相连成一丛菌盖，菌盖伞形或半圆形，表面浅褐色至茶褐色，菌管口微小，担孢子卵圆形。寄生在阔叶落叶树根上。菌核（猪苓）能利水渗湿，抗肿瘤。

脱皮马勃 *Lasiophaera fenzlii* Reich. (图5-19) 灰包科。子实体近球形或长圆形，成熟时浅褐色；外包被薄，成熟时呈碎片状剥落，内包被纸状，成熟后消失，遗留成团的孢体。孢体紧密，有弹性，灰褐色至淡烟色。孢子球形，褐色，外具小刺。产大多数省区。子实体（马勃）能清肺利咽，止血。同科真菌大马勃 *Calvatia gigantean* (Batsch ex Pers.)、紫色马勃 *C. lilaciana* (Mont. et Berk.) Lloyd 的子实体与脱皮马勃同等入药。

图5-18 猪苓

图5-19 脱皮马勃子实体

常用的药用担子菌还有：多孔菌科真菌彩绒革盖菌 *Coriolus versiolor* (L. ex Fr.) Quel，产大多数省区，子实体（云芝）能健脾利湿，清热解毒；云芝多糖具抗肿瘤、增强免疫力和保肝活性。白蘑科真菌雷丸 *Omphalia lapidescens* Schroet，主产西南和甘肃，菌核（雷丸）能杀虫消积。常见食用和药用担子菌还有：木耳 *Auricularia auricula* (L. ex Hook.) Underw.、银耳 *Tremella fuciformis* Berk.、蜜环菌 *Armillariella mellea* (Vahl. ex Fr.) Karst.、猴头菌 *Hericium erinaceus* (Bull. ex Fr.) Pers.、长裙竹荪 *Dictyophora indusiata* (Vent. ex Pers.) Fisch.；蜜环菌也是栽培天麻使用的共生菌。

（三）半知菌亚门 Deuteromycotina

半知菌（imperfect fungi）是指一类尚未发现有性繁殖阶段，仅以分生孢子进行无性繁殖的真菌。半知菌的菌丝发达，有隔菌丝，一旦发现其有性阶段，将其重新归属到所属类群；目前发现有性阶段的半知菌多属子囊菌。已发现有性阶段的半知菌可分别使用无性阶段和有性阶段的两个名称。半知菌的分类常依据分生孢子的颜色、形态和产生方式等特征。全球约有1880属，26000余种，许多是动物或植物的寄生菌或共生菌，也有部分是发酵食品或中药的菌种。《中华人民共和国药典》收录的药材有僵蚕。

【药用真菌】青霉属 *Penicillium* Link 丛梗孢科，现属子囊菌。菌丝无色、淡色或颜色鲜明，具横隔；分生孢子梗具横隔，光滑或粗糙，顶端生有扫帚状分枝，称帚状枝。帚状枝由单轮或两轮至多轮分枝系统构成，最顶端的小梗上产生分生孢子，分生孢子球形、椭圆形或短柱形，多呈蓝绿色，有时无色或呈其他淡色（图5-20）。青霉种类多，分布广泛，与人类生活密切相关。例如，青霉素产生菌产黄青霉 *P. chrysogenum* Thom、特异青霉 *P. notatum* Westling，以及抗真菌药灰黄霉素的产生菌展青霉 *P. patulum* Bainier 等；同时黄绿青霉 *P. citreoviride* Bioruge、橘青霉 *P. citrinum* Thom.、岛青霉 *P. islandicum* Sopp 能引起大米霉变，产生"黄变米"，它们产生的真菌毒素损害动物的神经系统、肝和肾。

常用的药用半知菌有：球孢白僵菌 *Beauveria bassiana* (Bals.) Vuill. 寄生于家蚕幼虫体内，使家蚕病死，干燥后的虫体（僵蚕）能祛风定惊，化痰散结。曲霉菌 *Aspergillus* (Micheli) Link. （丛梗孢科）是酿造工业和食品工业的重要菌种来源，有些种类则对农作物和人类产生极大危害。例如，黑曲霉 *A. niger* Van Tieghen. 能够引起粮食和中药霉变，烟曲霉 *A. fumigates* Fresen. 可引起人、畜和禽类的肺曲霉病，杂色曲霉 *A. versicolor* (Vuill.) Tirab. 产生的杂色曲霉素损伤肝脏，黄曲霉 *A. flavus* Link 产生的黄曲霉素能引起肝癌。

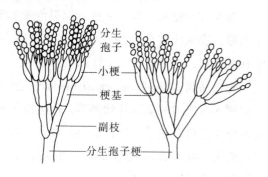

图 5 - 20　青霉分生孢子梗示意图

⟫ 第三节　地衣的分类与药用类群 📱微课3

PPT

一、地衣概述

地衣（lichens）是藻类和真菌共生的复合体。由于藻类和菌类长期紧密地结合在一起，在形态、构造、生理和遗传上都形成一个单独固定的复合有机体。地衣体中的共生藻（photobiont）和共生菌（mycobiont）之间的共生关系具有高度专一性，从而使地衣物种得以稳定遗传和种族延续。共生真菌绝大多数属子囊菌，少担子菌；共生藻有绿藻和蓝藻共 20 多属，其中绿藻约占 90%。现有研究表明，每种地衣是由 1 种子囊菌 + 1 种担子菌 + 1 种藻类组成的共生复合体。

地衣全球广布，常附生在树干、树枝、树叶、地表、岩石上，大多数种类喜光，耐寒和耐旱性强，但要求空气新鲜，尤其对 SO_2 敏感。地衣分布有地衣多糖、异地衣多糖等抗肿瘤、抗病毒成分，以及缩酚酸类及其衍生物等抗菌、抗氧化、抗辐射成分。此外，地衣也可作为空气污染的指示植物。

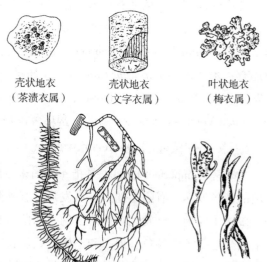

壳状地衣　　　　壳状地衣　　　　叶状地衣
（茶渍衣属）　　（文字衣属）　　（梅衣属）

枝状地衣（长松萝）　　枝状地衣（雪茶）

图 5 - 21　地衣的形态

二、地衣的形态和结构

地衣体中共生菌占大部分，并主导地衣的形态结构，藻细胞分布在内部形成藻胞层或均匀分散在疏松的髓层中，菌丝缠绕并包围藻细胞。藻细胞将光合作用制造的有机物供给菌丝，菌丝将吸收的水分、无机盐、二氧化碳供给藻细胞。藻类与真菌是不对等的共生关系，真菌受益最多，将二者分开培养，藻类能生长繁殖，真菌则饿死。根据地衣体外形特征，常分为枝状地衣、叶状地衣和壳状地衣三个基本类型（图 5 - 21）。

1. 壳状地衣（crustose lichens）　叶状体很薄，以菌丝牢固地紧贴在基质上，有的以假根伸入基质，难以剥离。地衣中约 80% 种类属壳状地衣，如岩石上生长的茶渍属（*Lecanora*）和生于树上的文字衣属

（*Graphis*）等。

2. 叶状地衣（foliose lichens）　叶状体以假根或脐疏松地附着在基质上，易剥离，如生于草地的地卷属（*peltigera*）和生在岩石或树上的梅衣属（*Parmelia*）等。

3. 枝状地衣（fruticose lichens）　个体呈树枝状，直立或下垂，仅基部附着在基质上，如直立的石蕊属（*Cladonia*），悬垂分枝于树枝上的松萝属（*Usnea*）。

根据藻细胞在地衣体中的分布情况，通常又按地衣体的结构分成异层地衣和同层地衣两个类型（图5-22）。藻胞层明显，排列在上皮层和髓层之间的地衣为异层地衣；没有明显的藻胞层和髓层之分，藻细胞分散在上皮层之下的髓层菌丝之中的地衣为同层地衣；同层地衣种类较少。叶状地衣大多数为异层地衣，壳状地衣多数无皮层，或仅具上皮层，髓层菌丝直接与基物密切紧贴。枝状地衣都是异层型，与异层叶状地衣的构造基本相同，但枝状地衣各层的排列是圆环状，有的中央有1条中轴（如松萝属），有的中空（如地茶属）。

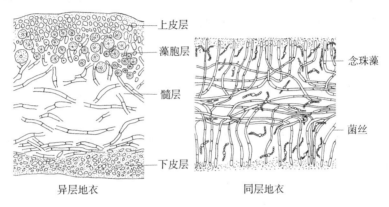

上皮层
藻胞层
髓层
下皮层
异层地衣

念珠藻
菌丝
同层地衣

图5-22　异层地衣与同层地衣

三、地衣的主要药用类群

地衣约有500属，30000余种。我国有200属，3085余种，全国广布；其中药用地衣有70余种。根据地衣中真菌类型，常将地衣分为三纲，即子囊衣纲、担子衣纲和不完全衣纲。

1. 子囊衣纲（Ascolichens）　地衣体能产生子囊和子囊孢子，约占地衣总数的99%。常见的药用地衣：松萝 *Usena diffracta* Vain 菘萝科。地衣体下垂，黄绿色，分枝少，中央有韧性丝状轴，易与皮剥离。产于全国大部分地区，生于深山老林树干上或岩壁上。全草能止咳平喘，活血通络，清热解毒；在西南地区常作"海风藤"入药。同属植物长松萝 *U. longissima* Ach.，全株细长不分枝，长可达1.2m，两侧密生细而短的侧枝，形似蜈蚣。分布和功用同松萝。

常见的药用地衣还有：石蕊 *Cladonia rangiferina*（L.）weber ex F. H. Wigg.，全草能祛风，镇痛，凉血止血。冰岛衣 *Cetraria islandica*（L.）Ach.，全草能调肠胃，助消化。肺衣 *Lobaria pulmonaria* Hoffm.，全草能健脾利水，解毒止痒。石耳 *Umbilicaria esculenta*（Miyoshi）Minks，全草能清热解毒，止咳祛痰；可食用。

2. 担子衣纲（Basidiolichens）　地衣体的子实体由担子菌产生，藻类为蓝藻。分布在南美洲亚热带地区，目前在中国尚未有记录。

3. 不完全衣纲（Lichens imperfectii）　地衣体未见子囊和子囊孢子，或二核菌丝体。常见的药用地衣有，地茶（雪茶）*Thamnolia vermicularis*（Sw.）Ach. ex Schaer. 地茶科。地衣体树枝状，白色至灰白色，长期保存则变橘黄色；常聚集成丛，长圆条形或扁带形。生于高寒山地或积雪处，产四川、陕西、云南等地。全草能清热解毒，平肝降压，养心明目。

PPT

第四节　苔藓植物分类与药用类群 e 微课 4

一、苔藓植物的主要特征

苔藓植物（bryophytes）是一类结构比较简单、早期登陆成功的陆生绿色植物。植物体由多细胞组成，世代交替明显，植物体为配子体，具有以下特征。

（1）植物体有茎、叶分化，但无真正的根。根由单细胞或单列细胞形成的假根，有吸收水分、无机盐和固着的作用。一些种类无茎、叶分化的扁平叶状体，如地钱。植物体内未分化出真正的维管组织，输导能力不强。因此，苔藓植物矮小，大多数仅几厘米高。

（2）雌、雄生殖器官均是多细胞。雌性生殖器官称颈卵器（archegonium），外形如瓶状，上部细狭部分称颈部（1 层颈壁细胞，1 列颈沟细胞），下部膨大部分称腹部（多层颈壁细胞，1 个腹沟细胞和 1 个大的卵细胞）。雄性生殖器官称精子器（antheridium），外形常呈棒状或球状，有 1 层壁细胞，内有多数精子，精子长而卷曲，有两条等长的鞭毛。

（3）合子发育成胚。精子借水游到颈卵器内与卵细胞结合，卵细胞受精后成为受精卵（合子）（$2n$），合子在颈卵器内发育成胚（幼孢子体），胚依靠配子体的营养发育成孢子体（$2n$）。颈卵器和胚的出现是苔藓植物由水生向陆生过渡的重要进化性状。

（4）孢子体寄生在配子体上。苔藓植物的世代交替明显（图 5 - 23），配子体发达（即植物体），孢子体不发达，并寄生在配子体上，不能独立生活，由配子体供给营养，这是苔藓植物独有的特征。孢子体由基足（foot）、蒴柄（seta）和孢蒴（capsule）组成。基足伸入配子体内摄取养料和水分，细长的蒴柄将孢蒴举在空中，利于孢子散发；孢蒴（即孢子囊）内部的造孢组织分裂形成大量孢子母细胞，每孢子母细胞经减数分裂，形成 4 枚孢子（n）。

（5）孢子萌发产生原丝体。孢子在适宜的环境中萌发成丝状体（即原丝体），原丝体生长一段时间，再发育出新的配子体（即新植株），配子体性成熟时再产生颈卵器和精子器。

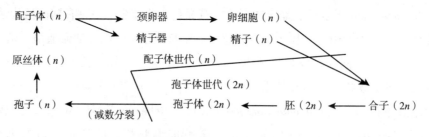

图 5 - 23　苔藓植物生活史示意图

二、苔藓植物药用类群的分类

苔藓植物约有 23000 种，其中苔类 7200 种，藓类 12700 种，角苔类 215 种；全球广布。我国苔类有 62 科，174 属，1084 种；藓类有 93 科，466 属，2016 种；角苔类有 4 科，9 属，27 种；药用植物约 20 科，50 余种。1953 年休斯特（Schuster）将苔藓植物分为苔纲（Hepaticae）、藓纲（Musci）和角苔纲

（Anthocerotae），分子系统树支持分为三个独立的谱系。

（一）苔纲 Hepaticae

苔纲植物的营养体（配子体）多呈扁平的叶状体，少茎叶体；常有背腹之分，两侧对称。单细胞假根。叶无中肋，细胞内叶绿体多数，无淀粉核。孢子体构造简单，常无蒴轴（columella）、蒴盖（lid）、蒴齿（peristome），成熟孢蒴呈四瓣纵裂，具有弹丝。原丝体不发达，每一原丝体常只发育成一个植株。苔类植物有87科，6200种，多生于阴湿的土表、岩石和树干上。

【药用苔类】地钱 *Marchantia polymorpha* L.（图5-24）地钱科。植物体（配子体）呈绿色、扁平、叉状分枝的叶状体，生长点位于分叉凹陷处。叶状体背面深绿色，生有突出的圆形杯状体（称胞芽杯），杯中产生若干枚绿色带柄的胞芽，胞芽脱落后能发育成新的植物体。腹部表皮生多数多细胞鳞片和单细胞假根，具有吸收、固着和保持水分的作用。横切面观，叶状体有多层细胞，其背面有一层表皮，分布有菱形或多边形的小区，各区中央有一个通气孔，通向气室。表皮下方有排列疏松的同化组织，细胞内含有较多的叶绿体。同化组织下面是数层排列紧密的大型薄壁细胞，含叶绿体较少，属贮藏组织。配子体雌雄异株，生殖时叶状体的背部长出伞状具柄的雌器托或雄器托，雄器托呈边缘浅裂的圆盘状，内有许多精子；雌器托边缘深裂成星芒状，两芒之间倒悬许多颈卵器。成熟的颈卵器中腹沟和颈沟细胞解体，精子游入颈卵器与卵细胞结合形成合子。合子在颈卵器内先发育成胚，直接在配子体上发育成孢子体。孢子体成熟后，孢蒴内孢子母细胞经减数分裂发育成孢子，同时具有长条形、壁上有螺旋状增厚的弹丝。孢蒴成熟后开裂，孢子借弹丝散出，在适宜环境中萌发成雌性或雄性原丝体，进而发育成新的雌、雄配子体。全球广布，我国各地均产。全草能治疗黄疸性肝炎，外用治烧烫伤等。

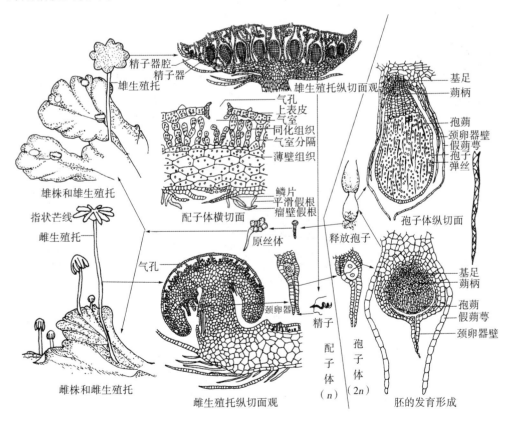

图5-24　地钱的雌生殖托、雄生殖托与生活史

常见苔纲药用植物还有：叶状体类型的石地钱 *Reboulia hemisphaerica* (L.) Raddi.，全草治疗疮疖肿毒，烧烫伤，跌打肿痛，外伤出血；蛇苔 *Conocephalum conicum* (L.) Dum. 的全草，能清热解毒、消肿止痛，外治疔疮、蛇咬伤。茎叶体类型的光萼苔 *Porella platyphylla* L. 刺激皮肤导致接触性皮炎。

（二）藓纲 Musci

藓类植物多呈辐射对称、无背腹之分的茎叶体。单列细胞假根。叶在茎上呈螺旋状排列，常具中肋，细胞内叶绿体多数，无淀粉核。孢子体结构较苔类复杂，孢蒴有蒴轴及蒴盖、蒴齿，无弹丝。原丝体发达，每一原丝体常形成多个植株。藓类植物约有 130 科，13000 余种，生长于阴湿的土表和岩石上。

【药用藓类】葫芦藓 *Funaria hygrometrica* Hedw. （图 5 - 25）葫芦藓科。植株矮小直立，高 2～3cm，有茎叶分化；茎细而短，基部分枝，下生多数假根。叶螺旋状着生，叶片除中肋外，由 1 层细胞构成。雌雄同株，雌、雄性生殖器官分别生于不同枝端。雄枝端的叶较大，开展，聚生成花朵状，中央有多数橘红色的棒状精子器，并间生有隔丝，总称雄器苞（perigone）。精子器内有许多螺旋状、具 2 鞭毛的精子。雌枝端叶片紧包成芽状，其内有数个颈卵器，总称雌器苞（perigynium）。受精后，合子在颈卵器内发育为胚，胚逐渐发育形成孢子体，常仅一个颈卵器能发育成孢子体。孢子体生长过程中颈卵器腹部断裂，基足伸入雌枝端组织中吸取养料和水分，蒴柄伸长，孢蒴构造比较复杂，其内的孢子母细胞经减数分裂形成孢子。孢子成熟时孢蒴开裂，孢子散出，在适宜环境中萌发成绿色、分枝的丝状体，即能独立生活的原丝体。原丝体上形成多个芽体，每个芽体再形成具有茎、叶和假根的配子体。我国均有分布，习见于田园、庭园、路旁。全草主治风湿痹痛，鼻窦炎，跌打损伤，痨伤吐血等。

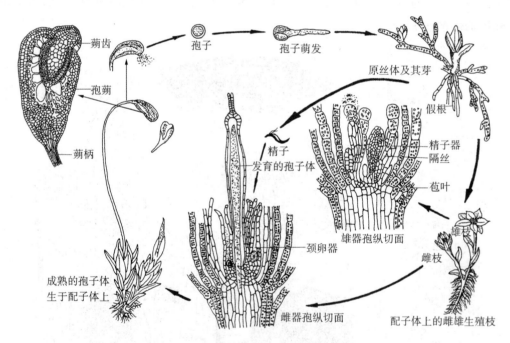

图 5 - 25 葫芦藓的孢子体、配子体及生活史

常见的药用藓类还有：暖地大叶藓（回心草）*Rhodobryum giganteum* (Schwaegr.) Par.，全草能清心明目、安神；尖叶提灯藓 *Mnium cuspidatum* Hedw.，全草能清热止血；仙鹤藓 *Atrichum undulatum* (Hedw.) P. Beauv.，全草能清热解毒、凉血止血；大金发藓（土马骔）*Polytrichum commune* L. ex Hedw.，全草能清热解毒、凉血止血。

（三）角苔纲 Anthocerotae

植物体（配子体）为叶状体；细胞内仅有 1~8 个大型叶绿体，叶绿体内有淀粉核；精子器和颈卵器均生于配子体表皮下；孢子体无蒴柄，孢蒴基部有居间分生组织可使孢蒴伸长，孢蒴细圆柱形，具蒴轴。本纲仅角苔目，常见有中华角苔 *Anthoceros chinensis* (Steph.) Chen，全草能清热解毒，排脓。

PPT

第五节　蕨类植物分类与药用类群 📱微课5

一、蕨类植物的主要特征

蕨类植物（pteridophyta）又称羊齿植物，它们相较苔藓植物进一步适应陆生环境，具有真正的根、茎、叶，体内出现维管组织，孢子体和配子体均能独立生活，孢子体占优势的异形世代交替明显。无性生殖产生孢子囊和孢子；有性生殖器官是颈卵器和精子器，受精卵发育成胚。蕨类植物是介于苔藓植物和种子植物之间的类群，它既是高等的孢子植物、颈卵器植物，又是原始的维管植物。

（一）形态构造特征

蕨类的维管组织较原始，绝大多数无导管、筛管和伴胞，受精作用离不开水，但较苔藓植物又产生了许多进化特征。

1. 孢子体发达，出现真根和维管组织　孢子体（即植物体）远较配子体发达，多为多年生草本，少木本（如桫椤）；常具真正的根，不定根须根状，少数原始类群（如松叶蕨）具假根。植物体内分化出维管组织，多为较原始的原生中柱（protostele）、管状中柱（siphonostele）、网状中柱（dictyostele）和散状中柱（atactostele），极少为真中柱，常无形成层，不能进行次生生长（图 5-26）。中柱类型也是蕨类植物鉴别依据之一。例如，贯众类药材中，粗茎鳞毛蕨 *Dryopteris crassirhizoma* Nakai. 的叶柄横切面有 5~13 个大小相似维管束，排列成环；荚果蕨 *Matteuccia struthiopteris* (L.) Todaro. 为 2 个条状维管束，排成八字形；狗脊蕨 *Woodwardia japonica* (L. f.) Sm 是 2~4 个肾形维管束，排成半圆形；紫萁 *Osmunda japonica* Thunb. 是 1 个呈 U 字形维管束；以上特征可鉴别不同基原的"贯众"（图 5-27）。绝大多数蕨类植物仅具有根状茎，石松类和木贼类具气生茎（aerialstem）或兼具根状茎，苏铁蕨、桫椤等少数种类具高大直立的地上茎。原始类群无毛和鳞片，进化类群常有毛而无鳞片，高等蕨类具鳞片，如真蕨类的石韦、槲蕨等（图 5-28）。

图 5-26　蕨类植物中柱类型图解

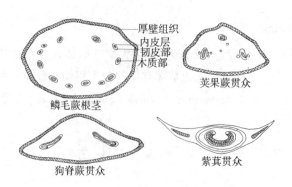

图 5-27　四种贯众药材的叶柄横切面简图

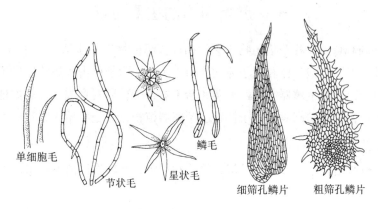

图 5-28　蕨类植物毛和鳞片的类型

依据叶的起源和形态结构不同，常分为小型叶和大型叶两类。小型叶（microphyll）较原始，仅具 1 条叶脉，无叶隙（leafgap）和叶柄（stipe）；大型叶（macrophyll）属进化类型，具叶柄，叶隙有或无，叶脉分支形成各种脉序。大型叶仅存在真蕨类，幼时拳卷，成长后分化出叶柄和叶片，叶片单一或一回至多回羽状分裂；叶片中轴称叶轴，第 1 次分裂出的叶片称羽片（pinna），羽片的中轴称羽轴（pinnarachis），从羽片分裂出的叶片称小羽片，小羽片的中轴称小羽轴，最末次裂片上的中肋称主脉或中脉。按叶的功能又分为营养叶（foliage leaf）与孢子叶（sporophyll）。营养叶仅进行光合作用而不产生孢子囊和孢子，又称不育叶（sterilefrond）；孢子叶能产生孢子囊和孢子，又称能育叶（fertilefrond）。有些植物的叶形状相同，无营养叶和孢子叶之分，称同型叶（homomorphic leaf）或一型叶；也有孢子叶和营养叶形状完全不同，称异型叶（heteromorphic leaf）或二型叶（图 5-29）。

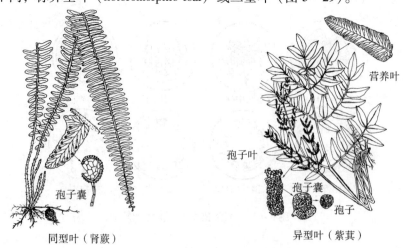

图 5-29　蕨类的同型叶和异型叶

2. 孢子囊常聚集成孢子叶穗、孢子囊群或孢子果　孢子囊是孢子体（植株体）上产生孢子的多细胞无性生殖器官，孢子囊群的发育、着生方式、形态与结构都是鉴别蕨类植物的重要特征。厚孢子囊由孢子叶的一群原始细胞发育产生，成熟时常具多层囊壁，孢子囊较大，孢子较多，属较原始类型；小型叶蕨类和大型叶蕨类中的原始类群属此类型。薄孢子囊由孢子叶上一个原始细胞发育产生，成熟时仅有1 层囊壁，属较进化类型；大型叶蕨类大部分类群属此类型。小型叶蕨类的孢子囊单生于孢子叶近轴面的叶腋或基部，孢子叶常紧密或疏松地集生在枝顶形成球状或穗状，称孢子叶穗（sporophyll spike）或孢子叶球（strobilus），如石松、木贼等。大型叶蕨类的孢子生于孢子叶背面、边缘或集生于特化的孢子叶上，常不形成孢子叶穗，由许多孢子囊聚集成不同形状的孢子囊群或孢子囊堆（sorus），进化种类常具膜质的囊群盖（indusium）（图 5 – 30）；水生蕨类孢子囊聚集成孢子果（sporocarp）。孢子囊壁由不均匀的增厚形成环带，环带的着生位置有顶生环带、横行中部环带、斜行环带、纵行环带等各种类型（图 5 – 31），孢子囊开裂方式与环带有关，环带对孢子的散布有重要作用。

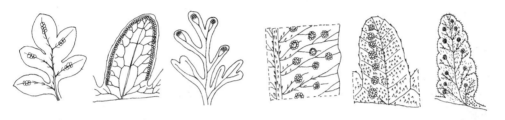

| 无盖孢子囊群 | 边生孢子囊群 | 顶生孢子囊群 | 有盖孢子囊群 | 脉背生孢子囊群 | 脉端生孢子囊群 |

图 5 – 30　孢子叶上孢子囊群的着生位置

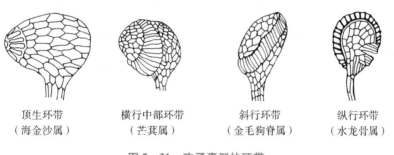

| 顶生环带 | 横行中部环带 | 斜行环带 | 纵行环带 |
| （海金沙属） | （芒萁属） | （金毛狗脊属） | （水龙骨属） |

图 5 – 31　孢子囊群的环带

蕨类植物的孢子是在孢子囊中经减数分裂产生的单细胞单倍体结构，其形状、大小和结构因种类不同而异。绝大多数蕨类产生的孢子形态大小相同，萌发的配子体两性，称孢子同型（isospore）。部分蕨类的孢子有大、小之分，大、小孢子分别发育成雌、雄配子体，称孢子异型（heterospore）。在形态上又可分成两类：一类是肾形、单裂缝、两侧对称的二面型孢子；一类是圆形或钝三角形、三裂缝、辐射对称的四面型孢子（图 5 – 32）。孢子壁上常具突起或纹饰，有的具弹丝。

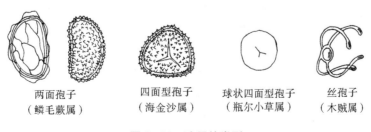

| 两面孢子 | 四面型孢子 | 球状四面型孢子 | 丝孢子 |
| （鳞毛蕨属） | （海金沙属） | （瓶尔小草属） | （木贼属） |

图 5 – 32　孢子的类型

3. 多数蕨类的配子体能独立生活　蕨类植物的配子体又称原叶体（prothallus），生长在潮湿的环境，生活期短。石松类的配子体呈块状或圆柱状，埋于或半埋于土中，通过菌根获取营养；大多数蕨类的配子体呈扁平的叶状体，具假根和叶绿体，能独立生活。配子体腹面着生球形的精子器和瓶状的颈卵器，精子器内产生具鞭毛的精子，借水为媒介进入颈卵器与卵结合，受精卵在颈卵器内发育成胚。待幼孢子体长大后，其配子体会死亡，孢子体即行独立生活。

蕨类的有性生殖属卵式生殖，受精过程必须在有水环境下才能完成。蕨类植物是孢子体发达的异型世代交替，配子体虽小，但大多数可短时独立生活（图 5 – 33）。

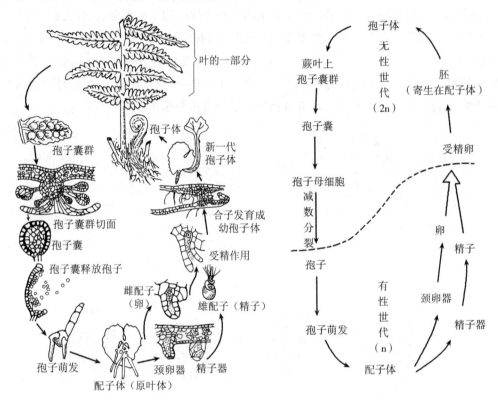

图 5 – 33　蕨类植物的生活史图解

（二）化学成分的分布

蕨类植物的黄酮类、酚类、甾体等成分具有分类价值，普遍分布酚类和三萜类化合物，化学成分也趋于复杂多样，但较被子植物简单。

1. 黄酮类　在蕨类分布较广泛，常见有芹菜素（apigenin）、芫花素（genkwanin）和木樨草素（luteolin）等。真蕨类常见黄酮醇，小型叶蕨类常见双黄酮类，以黄酮类的 C – 糖苷最普遍。

2. 酚类　羟基桂皮酸类分布较广，如咖啡酸（caffeic acid）、阿魏酸（ferulicacid）和绿原酸（chlorogenicacid）等；这类成分具抗菌、止血、止咳或升高白细胞等作用。丁酰基间苯三酚衍生物是驱绦虫成分，毒性较大，在鳞毛蕨属（*Dryopteris*）中普遍存在，如绵马酸类（filicicacids）、粗素蕨类（dryocrassin）等。

3. 生物碱类　主要分布在小叶型蕨类，如石松属有石松碱（lycopodine）、石松毒碱（clavatoxine）、垂穗石松碱（lycocernuine）等，金不换碱（kimpakaine）具较强的镇痛作用；石杉科千层塔 Huperzina serrata（Thunb）Trev 等含石杉碱（huperzine）类化合物，其中石杉碱甲（huperzine A）是治疗阿尔茨海默病的药物。

4. 三萜类和甾体　石松含有石杉素（lycoclavinin）、石松醇（lycoclavanol）等，蛇足石杉含千层塔醇（tohogenol）、托何宁醇（tohogininol）等三萜类化合物。昆虫变态蜕皮激素存在于紫萁、狗脊蕨、多足蕨等，是一类有经济价值的甾体化合物。

此外，蕨类植物尚含有香豆素、二萜类、鞣质和挥发油等化合物，以及多种微量元素、硅及硅酸，其中某些成分值得深入研究开发利用。

二、蕨类植物药用类群的分类

现代蕨类植物约 13000 种，全球广布，以热带、亚热带为多。蕨类植物曾被认为是一个自然分类群，秦仁昌系统分为 5 个亚门，63 科，223 属。分子系统学证实，蕨类植物门非单系类群，包括石松类和蕨类两大谱系，石松类是现代维管植物最基部分支，而其余蕨类是种子植物的姊妹群。蕨类植物 PPG 系统（2016 年）将现存蕨类分成 2 纲，14 目，51 科，337 属（图 5 - 34）。我国有石松类 3 科，12 属，178 种和 6 个种下等级；蕨类 38 科，177 属，2231 种和 226 个种下等级。以西南地区和长江流域以南地区种类较丰富，药用石松类和蕨类有 39 科，400 余种。《中华人民共和国药典》收录的药材有伸筋草、卷柏、木贼、紫萁贯众、海金沙、狗脊、绵马贯众、石韦和骨碎补等。本教材将石松类和蕨类都处理为纲的方式，介绍主要药用的类群。

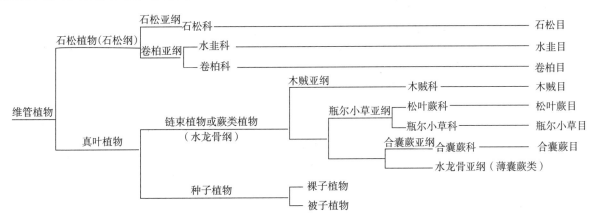

图 5 - 34 PPG I 系统发育简树

（一）石松纲 Lycopodiopsida

石松纲植物在石炭纪最繁茂，有高大乔木，后相继灭绝，现存 3 目，3 科，18 属，1330 余种，其中水韭目和卷柏目是关系较近的姊妹群。

1. 石松科 Lycopodiaceae

【形态特征】陆生或附生草本。茎二叉分枝，主茎长而匍匐，具根状茎和不定根，常具原生中柱。小型叶，钻形、线形至披针形，有中脉，螺旋状或轮状排列。孢子叶穗圆柱形或不明显，孢子囊圆球状肾形，无柄；孢子同型，球状四面形。

【资源分布】现存 5 属，300 余种，全球广布。国产 5 属，66 种；分布于华东、华南、西南等地；已知药用 4 属，9 种。分布有芹菜素、芫花素和木樨草素等黄酮类化合物，以及石松碱、石松毒碱、金不换碱等生物碱。

【药用植物】石松 *Lycopodium japonicum* Thunb.（图 5 - 35）常绿草本，具匍匐茎和直立茎，二叉分枝。叶线状钻形，长 3 ~ 4mm。孢子枝高出营养枝，孢子叶穗有柄，常 2 ~ 6 个生于孢子枝顶端；孢子囊肾形，孢子淡黄色，外壁有网纹。产除东北、华北以外的各省区。全草（伸筋草）能祛风散寒，舒筋活血，利尿通经。

同属植物垂穗石松（铺地蜈蚣、灯笼草）*L. cernuum* L. 不同于石松的是，茎叶较细弱，孢子叶穗无柄，下垂；产华东、华南、西南。扁枝石松 *L. complanatum* L. 的孢子枝远高于营养枝，孢子囊穗1个；产东北、华北、华南、西南。以上2种在产地也习作"伸筋草"药用。此外，玉柏 *L. otscurum* L.、扁枝石松 *L. complnetm* L. 等的全草与石松功效类似。

常用药用植物还有，石杉属（*Huperzia*）的蛇足石杉 *Huperzia serratum* Thunb.，产西北地区外的省区，是提取石杉碱甲（huperzine A）的资源植物。

图 5 - 35　石松

2. 水韭科 Isoetaceae

【形态特征】茎粗短块状，原生中柱，具真根。小型叶，细长条形，丛生，叶舌在近轴面。厚孢子囊生于孢子叶的特化小穴中，大孢子囊生于外围叶上，小孢子囊生内部叶上。孢子异型。配子体孢子囊内发育；精子螺旋形，具多条鞭毛。

【资源分布】现存水韭属（*Isoetes*），约70种；分布于温带、热带，水生或沼生。国产中华水韭 *I. sinensis* Palmer（图5-36）等3种，均属国家一级保护野生植物。

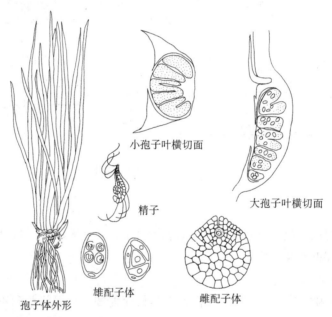

小孢子叶横切面

精子

大孢子叶横切面

雄配子体

雌配子体

孢子体外形

图 5 - 36　水韭

3. 卷柏科 Selaginellaceae

【形态特征】土生或石生多年生草本。茎常背腹扁平，横走或直立，原生中柱或管状中柱。单叶，鳞片状，无柄，背腹各2列，交互对生，腹面基部有1叶舌。孢子叶穗四棱柱形或扁圆形。孢子囊单生孢子叶基部；孢子异型，大孢子常4枚，小孢子多数，均为球状四面形。

【资源分布】现存卷柏属，700余种，全球分布。国产72种，25种药用。分布有双黄酮，如穗花杉双黄酮、扁柏双黄酮和异柳杉素等。

【药用植物】卷柏（还魂草）*Selaginella tamariscina*（Beauv.）Spring（图5-37）常绿草本。主茎短，下生多数须根，上部分枝多而丛生，莲座状。中叶（腹叶）斜向上，侧叶（背叶）斜展，交互排成4列。孢子叶穗顶生，四棱形，孢子囊圆肾形。全国各地均产。全草（卷柏）生用能活血通经，炒炭能化瘀止血。垫状卷柏 *S. pulvinata*（Hook. et Grev.）Maxim. 的全草与卷柏同等入药。

常见药用植物还有：翠云草 *S. uncinata*（Desv）Spring 产长江流域及福建、台湾，全草能清热解毒、利湿通络、止血生肌；深绿卷柏 *S. doederleinii* Hieron 的全草能祛风、消肿；江南卷柏 *S. moellendorfii* Hieron 全草能清热，止血，利湿。

图 5 - 37 卷柏

（二）水龙骨纲 Polypodiopsida

现存 11 目，48 科，319 属，10500 种。水龙骨纲包含木贼亚纲（Equisetidae）、瓶尔小草亚纲（Ophioglossidae）、合囊蕨亚纲（Marattiidae）和水龙骨亚纲（Polypodiidae）。木贼亚纲现仅存木贼目木贼科；瓶尔小草亚纲包括松叶蕨目（Psilotalse）和瓶尔小草目（Ophioglossales），仅存 2 科；合囊蕨亚纲仅包括合囊蕨目（Marattiales），水龙骨亚纲包括水龙骨目（Polypodiales）、紫萁目（Osmundales）和桫椤目（Cyatheales）等 7 个目，300 多科，种类最多。

4. 木贼科 Equisetaceae

【形态特征】多年生草本。根状茎横走，细长；茎具明显的节和节间，节间中空，分枝或不分枝，表面粗糙，富含硅质，纵脊多条。孢子叶盾形，在小枝顶端排成穗状；孢子圆球形，具十字形弹丝 4 条。

【资源分布】仅存 1 属，约 30 种，分布于热、温、寒三带。国产 10 余种，全国广布；8 种药用。分布有山柰酚 - 3,7 - 双葡萄糖苷、槲皮素等黄酮类化合物。

【药用植物】木贼 *Equisetum hyemale* L.（图 5 - 38）地上茎不分枝，棱脊 20 ~ 30 条，粗糙。叶鞘基部和鞘齿成黑色 2 圈。孢子叶穗顶生，长圆形，无柄；孢子同型。产东北、华北、西北及四川。全草（木贼）能散风热、退目翳。

常见药用植物还有：节节草 *E. ramosissima* Desf.，茎多分枝，叶鞘基部无黑色圈，鞘齿黑色；笔管草 *E. ramosissimum* Desf. subsp. *debile*（Roxbex Vauch.）Hauke，茎分枝，叶鞘基部有黑色圈，鞘齿非黑色；全国各地旱地常见杂草；二者的全草能疏风止泪、退翳、清热利尿、祛痰止咳。问荆 *E. arvense* L.，营养枝和孢子枝常轮状分枝；全草能清热凉血，止咳，利尿。

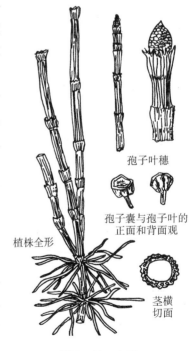

图 5 - 38 木贼

5. 松叶蕨科 Psilotaceae

【形态特征】小型蕨类，植物体仅具假根，根茎粗，横行。地上茎多回二叉分枝，枝有棱或扁压状，直立或下垂，绿色。小型叶，无叶脉或仅具中脉；叶二型，不育叶钻状，鳞片状或披针形；孢子叶二叉形或先端分叉，无叶脉。孢子囊 2 ~ 3 个聚生在枝端或叶腋，融合为聚囊。孢子肾形，具单裂缝。

【资源分布】现存 2 属，广布热带及亚热带。国产仅松叶蕨，产西南至东南。分布有穗花杉双黄酮、芹菜素 - 7 - O - 鼠李葡萄糖苷、芹菜素碳糖苷、松叶蕨苷等。

【药用植物】松叶蕨 *Psilotumnudum*（L.）Beauv.（图 5 - 39）全草解毒消炎，利水止血，收敛，活血通经，祛风湿，逐血破瘀。用于风湿痹痛、坐骨神经痛、痛风、麻木、肺痨、胆囊炎、痢疾、水肿、小儿高热、咳嗽、反胃呕吐、妇女闭经、吐血、内伤出血、外伤出血、跌打损伤、烧烫伤、毒蛇咬伤。

6. 瓶尔小草科 Ophioglossaceae

【形态特征】陆生小草本，少附生，直立或少悬垂。根状茎短而直立，肉质粗根，叶二型，营养叶单一，全缘，1~2枚，披针形或卵形，叶脉网状，孢子叶有柄；孢子囊形大，无柄，沿囊托两侧排列，形成狭穗状，横裂。孢子四面形。

【资源分布】现存4属，约80种。国产3属，22种，12种药用。

【药用植物】瓶尔小草 *Ophioglossum vulgatum* L.（*O. nipponicum* Miyabe et Kudo）多年生小草本，高10~20cm；单叶，幼时不拳卷，孢子囊穗圆柱形，自营养叶基部抽出。产秦岭以南各地。全草能清热凉血，解毒镇痛；用于肺热咳嗽，肺痈，肺痨吐血，目赤肿痛，胃痛，疔疮痈肿，蛇虫咬伤，跌打肿痛。

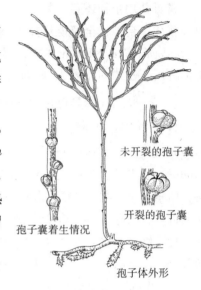

未开裂的孢子囊

开裂的孢子囊

孢子囊着生情况

孢子体外形

图 5-39 松叶蕨

7. 合囊蕨科 Marattiaceae

【形态特征】大型土生蕨类，茎直立，球状。叶片1~4回羽状；叶脉分离。孢子囊群两排汇合成聚合囊群，沿叶脉着生，成熟后两瓣开裂，露出孢子囊群。孢子椭圆形，单裂缝。

【资源分布】现存4属，约150种。国产3属，约30种；已知药用2属，约10种。

【药用植物】福建观音座莲 *Angiopteris fokiensis* Hieron.，株高1~2m，根状茎肉质肥大，直立呈莲座状。叶簇生，叶柄粗壮肉质，基部扩大成蚌壳状并相互覆叠成马蹄形。叶奇数，2回羽状。孢子囊群呈两列生于侧脉前端羽片边缘。产广东、广西和福建；根状茎能清热祛风，解毒消肿，调经止血。还可制取淀粉或食用。

8. 紫萁科 Osmundaceae

【形态特征】根茎粗短直立，被叶柄残基，无鳞片。叶片幼时被棕色腺状绒毛，老时脱落，1~2回羽状，叶脉二叉分支。薄孢囊壁1层，生于强烈收缩变形的孢子叶羽片边缘，顶端具几个增厚的细胞（盾状环带），自腹面纵裂。孢子圆球状四面形。

【资源分布】现存3属，22种；分布于温带、热带。国产1属，9种；6种药用。分布有脱皮甾酮（ecdysterone）、脱皮酮（ecdysone）等昆虫变态激素类。

【药用植物】紫萁 *Osmundajaponica* Thunb.（图5-29）多年生草本。根状茎块状。叶丛生，营养叶三角状阔卵形，顶部以下2回羽状；孢子叶小羽片狭窄，卷缩成线状，沿主脉两侧密生孢子囊，成熟后枯死。产秦岭以南温带及亚热带地区。根茎及叶柄残基（紫萁贯众）能清热解毒，止血杀虫。

9. 海金沙科 Lygodiaceae

【形态特征】陆生缠绕植物。根茎横走，有毛而无鳞片。叶轴无限生长，细长，缠绕攀援，沿叶轴相隔一定距离具互生的短枝（距），顶上具一被毛茸的休眠小芽，从其两侧生出一对开向左右的羽片。羽片1~2回分裂，近2型；不育羽片生叶轴下部，能育羽片生上部。孢子囊生于能育羽片小脉顶端，孢子囊穗流苏状。孢子囊梨形，横生短柄上；环带顶生。孢子四面形。原叶体绿色，扁平。

【资源分布】现存1属，45种，分布于热带、亚热带。国产10种，5种药用。分布有黄酮类、萜类、香豆酸和肉豆蔻酸、棕榈酸等。

【药用植物】海金沙 *Lygodium japonicum*（Thunb.）Sw.（图5-40）根茎被黑褐色节毛。能育叶羽片卵状三角形，不育叶羽片三角形。孢子囊穗暗褐色；孢子表面有疣状突起。产于长江流域及以南各地。孢子（海金沙）能清利湿热，通淋止痛。根茎（海金沙根）和地上部分（海金沙藤）能清热解毒，利湿消肿。

10. 蚌壳蕨科 Dicksoniaceae

【形态特征】植株小树状，主干粗大，直立或短而平卧，密被金黄色长柔毛，无鳞片。叶大型，3~4回羽状；叶柄长而粗。孢子囊群生叶背面，囊群盖2瓣开裂，形似蚌壳状，革质；孢子囊梨形，环带稍斜生，具柄；孢子四面形。

【资源分布】现存5属，40余种；分布热带及南半球。国产1属，2种；1种药用。分布有原儿茶醛、金粉蕨亭、蕨素（pterosin）等。

【药用植物】金毛狗脊 *Cibotium barometz*（L.）J. Sm.（图5-41）植株高2~3m。根状茎粗壮肥大，密被金黄色长茸毛。叶3回羽裂全裂，末回羽片边缘具粗锯齿。孢子囊生于裂片下面小脉顶端，囊群盖2瓣裂。产华东、华南及西南地区。根茎（狗脊）能祛风湿、补肝肾、强腰膝。

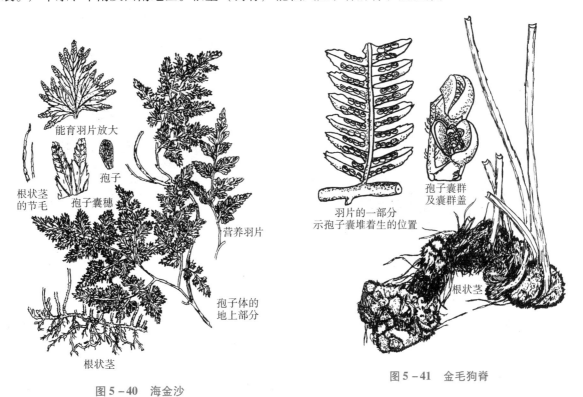

图5-40　海金沙

图5-41　金毛狗脊

11. 中国蕨科 Sinopteridaceae

【形态特征】草本。根茎直立或斜生，被栗褐色至红褐色鳞片。叶簇生，1~3回羽状；叶柄栗色或褐黑色。孢子囊群圆形或长圆形，沿叶缘小脉顶端着生，被叶缘反折形成的膜质囊群盖；孢子囊球状梨形；孢子球形、四面形或两面形。

【资源分布】现存14属，300余种，分布于亚热带地区。国产9属，60种，分布全国各地；已知药用6属，16种。分布有黄酮类化合物。

【药用植物】野雉尾金粉蕨 *Onychium japonicum*（Thunb.）Kunze（图5-42）常绿草本。根茎横走，被披针形棕色鳞片。叶2型，4~5回羽状深裂，裂片先端短尖。孢子囊群生裂片背面边缘的横脉上；囊群盖膜质，与中脉平行。产于长江流域各地，北至河北、河南、秦岭等地。全草"野鸡尾"能清热解毒、利尿、退黄、止血。

12. 鳞毛蕨科 Dryopteridaceae

【形态特征】草本。根状茎粗短，直立或斜生，连同叶柄多被鳞片。叶丛生，叶1型，1至多回羽状。孢子囊群圆形，背生或顶生于小脉，囊群盖盾形或圆形，有时无盖。孢子两面形，表面具疣状突起或有翅。

【资源分布】现存14属，1700余种，分布于温带、亚热带。国产13属，700余种，分布全国各地；已知药用5属，60余种。分布有黄酮醇、二氢黄酮类、多酚类、三萜类和有机酸等；绵马酸类是鳞毛蕨属（*Dryopteris*）特征性成分。

【药用植物】粗茎鳞毛蕨 *Dryopteris crassirhizoma* Nakai（图5-43）多年生草本。根状茎粗壮，直立，连同叶柄密生棕色大鳞片。叶簇生，2回羽状全裂，裂片紧密。孢子囊群着生于叶片中部以上的羽片下面；囊群盖肾圆形，棕色。产东北地区及河北。根状茎及叶柄残基（绵马贯众）能清热解毒，驱虫，止血。

贯众 *Cyrtomimium fortune* J. Sm. 根状茎短，斜生或直立。叶丛生，叶1回羽状，羽片镰状披针形。孢子囊群圆形。产华北、西北及长江以南各地。根茎及叶柄残基习作"贯众"药用，能清热解毒，杀虫。

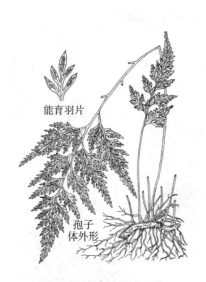

图5-42 野雉尾金粉蕨

图5-43 粗茎鳞毛蕨

13. 水龙骨科 Polypodiaceae

【形态特征】陆生或附生。根茎横走，粗壮，肉质，被阔鳞片；鳞片基部盾状着生，边缘具睫毛状锯齿。叶同型或2型；全缘，叶片深羽裂或羽状半裂至1回羽状分裂；网状脉；叶柄与根状茎有关节相连。孢子囊群圆形或线形，有时布满叶背，无囊群盖；孢子囊梨形或球状梨形；孢子两面型或四面型。

【资源分布】现存58属，600余种，主要分布于热带。我国41属，160余种，产长江流域及以南各地；已知药用约20属，93种。分布有芒果苷、柚皮苷、山柰酚等黄酮类，以及何帕烷型、羊齿烷型五环三萜及环劳顿醇型四环三萜等。

【药用植物】石韦 *Pyrrosia lingua*（Thunb.）Farwell（图5-44）常绿草本，高10~30cm。根状茎长而横走，密生褐色披针形鳞片。叶近2型，远生；叶片阔披针形，革质，叶背密生淡棕色或硅红色星状毛。孢子囊群在侧脉间紧密而整齐地排列，无囊群盖。产长江以南各地。叶（石韦）能清热止血、利尿通淋。庐山石韦 *P. sheareri*（Bak.）Ching 根状茎粗短，叶基常不对称；产长江以南。有柄石韦 *P. petilosa*（Christ.）Ching 根状茎细长，不育叶长为能育叶的1/2~2/3；产东北、华北、西南及长江中下游地区。二者的叶与石韦同等入药。

槲蕨 *Drynaria fortunei*（Kze.）J. Sm.（图5-45）附生草本。根茎密被钻状披针形鳞片。叶2型；营养叶枯黄色，革质，羽状浅裂，无柄；孢子叶纸质，绿色，羽状深裂。孢子囊群圆形，生叶背主脉两侧，排成 1 行，无囊群盖。产秦岭以南等；附生于岩石上或树干上。根茎（骨碎补）能疗伤止痛、补肾强骨，外用消风祛斑。同属植物秦岭槲蕨 *D. Sinica* Diels、团叶槲蕨 *D. bonii* Christ、石莲姜槲蕨 *D. propinqua*（Wall.）J. Sm. 的根茎在产地也习作 "骨碎补" 入药。

图 5-44 石韦和庐山石韦

图 5-45 槲蕨

复习思考题

1. 查阅资料，分析藻类开发健康产品的途径、现状和前景。

2. 查阅资料，了解菌类有哪些药理活性，对健康有哪些益处？

3. 查阅文献资料，总结我国目前的药品标准收载药用蕨类情况，以及中国各民族使用蕨类药用植物的现状。

4. 蕨类资源的开发利用应开展哪些方面的研究工作？

书网融合……

思政导航　　本章小结　　微课 1　　微课 2　　微课 3　　微课 4

微课 5　　拓展 1　　拓展 2　　拓展 3　　拓展 4　　题库

（许　亮　任广喜　庞　蕾　李国栋）

第六章　药用裸子植物的分类

PPT

◎ 学习目标

知识目标
1. **掌握**　裸子植物主要特征和系统地位，以及相关的名词术语。
2. **熟悉**　裸子植物各分类群的特征及其重要药用植物。
3. **了解**　裸子植物的全球分布情况，以及生态和经济价值。

能力目标　通过本章学习，奠定裸子植物分类鉴定和相关药材鉴别的基础知识和技能。培养资源保护意识、不怕吃苦、科学求真精神，以及欣赏植物之美的情怀。

　　裸子植物（gymnosperms）和被子植物（angiosperms）合称种子植物（spermatophyte），它们最重要的特征是能产生种子，种子最早出现在上泥盆纪裸子植物的种子蕨目。花粉管的出现，使受精作用完全不受水环境的限制；胚珠包裹有1~2层珠被和心皮保护，提高了抵抗和适应不良环境的能力；种子也为植物繁殖、散布和保障下一代成长提供了更有利的条件。因此，花粉管和种子的出现在植物系统演化上具有里程碑式的意义。同时，松柏类裸子植物的树干直立、挺拔、常绿，具有很高的观赏价值，常用于比拟坚贞不屈的精神品格。

◈ 第一节　裸子植物的主要特征

一、形态特征

　　裸子植物和蕨类植物均有颈卵器和维管组织，孢子体发达，相比蕨类植物有以下进化特征。

　　1. 孢子体发达，具有形成层和次生结构　裸子植物常是单轴分枝的高大乔木，有形成层和次生结构；网状中柱，木质部多数仅有管胞，极少有导管（买麻藤纲），韧皮部只有筛胞而无筛管和伴胞。

　　2. 胚珠和种子裸露　裸子植物的孢子叶多数聚生成球果状，称孢子叶球（strobilus）或花；常单性，同株或异株；小孢子叶聚生成小孢子叶球（staminate strobilus），或称雄球花或雄花，每枚小孢子叶（雄蕊）下面着生2至多枚贮满小孢子（花粉）的小孢子囊（花粉囊）；大孢子叶（心皮）羽状分裂，或特化成珠鳞（ovuliferous scale）、珠领、珠托或套被，丛生或聚生成大孢子叶球（ovulate strobilus），或称雌球花或雌花，大孢子叶近轴面（腹面）或边缘生1至数枚胚珠，不卷包形成子房。胚珠受精后发育成有翅或无翅的种子；种子由胚、胚乳和种皮组成，胚来自受精卵，是新一代孢子体（2n）；胚乳是雌配子体的一部分，是配子体世代（n）；种皮来自珠被，上一代孢子体（2n）。种子给胚提供了保护和营养，种子寿命延长，散播机会得以增加，有利于植物的繁殖。但裸子植物的胚珠（种子）裸露，无心皮（果皮）包被，胚乳来源于雌配子体，这是它有别于被子植物的重要特征。

　　3. 配子体简化，出现花粉管　裸子植物的配子体比蕨类植物简化，完全寄生在孢子体上。许多小孢子母细胞（花粉母细胞）经减数分裂成无数小孢子（单核花粉粒），小孢子经过3次分裂发育成4个细胞（包括2个退化的原叶体细胞、1个生殖细胞和1个管细胞）的雄配子体（2~3核花粉粒）。精子多数无鞭毛，一般在小孢子囊（花粉囊）发育成4核花粉时由风力传送，经珠孔进入胚珠，在珠心上方萌发产生花粉管，直达胚囊；通常传粉后生殖细胞分裂形成1个柄细胞和1枚精细胞（精子），花粉管将精子送到颈卵器内与成熟卵细胞结合，完成受精作用（图6-1）。花粉管使受精作用摆脱了水的限制，在植物适应陆生生活具有重要进化意义。大孢子母细胞（胚囊母细胞）经减数分裂形成4个子细胞，仅合点端1个细胞发育成大孢子（单核胚囊），大孢子在经多次分裂形成雌配子体（成熟胚囊），其中单倍体的胚乳占大部分，在近珠孔端产生2至多个结构简单的颈卵器，仅2或4个颈壁细胞，1个腹沟细胞和1个卵细胞，无颈沟细胞（图6-2）。

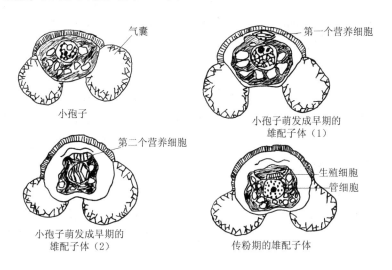

图6-1　松属雄配子体的发育图解

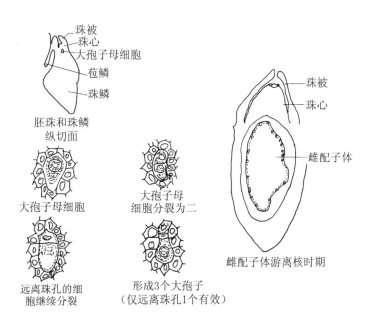

图6-2　松属雌配子体的发育图解

4. 常具有多胚现象　裸子植物普遍存在多胚现象（polyembryony），其产生途径有两种。一种是简单多胚现象，由1个雌配子体上的多个颈卵器中卵细胞分别受精，各自发育成1个胚，形成多个胚，即原生多胚；另一种是裂生多胚现象，由 1 个受精卵发育的原胚分裂成几个胚，即裂生多胚。

总之，花粉管和种子的出现，是植物进化史上的一次飞跃。裸子植物既保留了颈卵器，又产生种子，表明它是一群介于蕨类植物与被子植物之间的维管植物。同时，被子植物和蕨类植物在生殖器官形态结构上，使用两套在系统发育上密切相关的对应名词术语，它们在裸子植物中常并用或混用。

二、化学成分特征

裸子植物的化学成分较蕨类复杂多样，主要有黄酮、萜类、生物碱和挥发油等。

1. 黄酮类　普遍分布有黄酮类和双黄酮类化合物，其中双黄酮类是其特征性成分。黄酮类常见有槲皮素（quercetin）、山柰酚（kaempferol）、杨梅树皮素（myrcene）等。双黄酮类多分布于银杏科、柏科等，特别是穗花杉双黄酮（amentoflavone）分布较普遍，但在松科和买麻藤纲中未见报道；柏科植物中的柏双黄酮（cupressuflavone）、扁柏双黄酮（hinokiflavone）、桧黄素（hinokiflavone），以及银杏叶中的银杏双黄酮（ginkgetin）、异银杏双黄酮（isoginkgetin）等化合物具有扩张动脉血管等活性。

2. 生物碱类　三尖杉科、红豆杉科、罗汉松科、麻黄科及买麻藤科普遍分布有生物碱。例如，三尖杉酯碱（harringtonine）、高三尖杉酯碱（homoharrgtonine）、紫杉醇（taxol）等二萜类生物碱，以及麻黄碱、伪麻黄碱等有机胺类生物碱，它们大多具有很高的药用价值。

3. 萜类及挥发油　裸子植物中较普遍存在萜类及挥发油，挥发油中含有蒎烯、苧烯、小茴香酮（fenchone）、樟脑等。松柏类常富含挥发油及油树脂，常作为化工、医药的原料来源。

此外，裸子植物中还分布有树脂、有机酸、木脂素类、昆虫蜕皮激素等。

◈ 第二节　裸子植物的分类

裸子植物出现在约 3.5 亿年前的古生代晚期泥盆纪，历经古生代石炭纪、二叠纪到新生代第四纪，繁盛在中生代。现存裸子植物是从新生代第三纪逐步演化，又经第四纪冰川繁衍至今。现存裸子植物有 13 科，83 属，约 1000 种。我国是裸子植物种类最多、资源最丰富的国家，有 11 科，45 属，291 种，119 个种下等级，包括引种 2 科 51 种；其中第三纪孑遗植物或"活化石"植物，如银杏、银杉、水杉、粗榧、金钱松等是我国特产种；已知药用约 100 种。

在《中国植物志》中，裸子植物采用 4 纲分类系统，系统发育研究表明裸子植物包含五大类群。本教材综合前人研究并兼顾与后续课程学习和药学著作衔接，按苏铁纲、银杏纲、杉柏纲、松纲和买麻藤纲的顺序介绍，分纲检索表见表 6 - 1。

表 6 - 1　裸子植物分纲检索表

1. 花无假花被；茎的次生木质部无导管；乔木或灌木。
　　2. 叶为大型羽状分裂或复叶，聚生于茎顶，茎不分枝 ……………………………………………… 苏铁纲
　　2. 叶为单叶，不聚生于茎顶端，茎多有分枝。
　　　　3. 叶扇形，二叉状脉序；花粉萌发时产生 2 个有纤毛的游动精子 ………………………………… 银杏纲
　　　　3. 叶针形或鳞片状，非二叉状脉序；花粉萌发时不产生游动精子。
　　　　　　4. 大孢子叶宽厚或特化成珠托或套被；珠鳞和苞鳞半愈合或完全愈合 ………………………… 杉柏纲
　　　　　　4. 大孢子不特化成珠托或套被，珠鳞和苞鳞分离 ………………………………………………… 松纲
1. 花有假花被；茎的次生木质部有导管；亚灌木或木质藤本 ………………………………………………… 买麻藤纲

一、苏铁纲 Cycadopsida

常绿木本。茎干粗壮，常不分枝。叶羽状深裂，集生茎上部。球花顶生，雌雄异株，精子具多数鞭毛。现存苏铁科和泽米铁科（Zaminaceae），10 属，330 余种，分布于热带和亚热带地区。苏铁科有 1属，110 余种，我国不产泽米铁科。

1. 苏铁科 Cycadaceae

【形态特征】茎干粗壮，不分枝；宿存叶基形成甲胄结构。叶羽状深裂，坚硬，丛生茎顶。雌雄异株；雄球花木质长棒状，小孢子叶（雄蕊）多数，鳞片状或盾状，下面生多数 1 室小孢子囊，精子纤毛多数；雌球花丛生茎顶，中上部扁平羽状，下部柄状，边缘生 2～8 枚胚珠。种子核果状。胚乳丰富，子叶 2 枚。

【资源分布】现存 1 属，110 余种；国产 25 种，已知药用 4 种，分布于西南、东南、华东等地，各地常栽培。分布有氰苷、双黄酮衍生物等。

【药用植物】苏铁 *Cycas revoluta* Thunb.（图 6－3）羽状裂片 100 对以上，条形，硬革质，边缘向下反卷，先端有刺状尖头；种子核果状。产我国南方，常栽培。种子能理气止痛、益肾固精；叶能收敛、止痛、止痢；根能祛风活络。

图 6－3　苏铁

常见药用植物还有：华南苏铁 *C. rumphii* Miq. 的根，用于无名肿毒；宽叶苏铁 *C. balansae* Warb.（*C. siamensis* Miq.）的根、茎、叶，用于黄疸型肝炎和慢性肝炎。

二、银杏纲 Ginkgopsida

落叶乔木，有长、短枝之分。单叶扇形，二叉脉序。雌雄异株；精子多纤毛。种子核果状。现存 1 目 1 科 1属 1 种，中国特产种，多数国家和地区有引种栽培。

2. 银杏科 Ginkgoaceae

【形态特征】同纲的特征。

【资源分布】野生种群仅存浙江天目山，世界各地多有引种栽培。分布有黄酮类、二萜内酯类和酚酸类活性成分，白果酸类属毒性成分。《中华人民共和国药典》收录的药材有白果和银杏叶。

【药用植物】银杏 *Ginkgo biloba* L.（图 6－4）落叶乔木。叶扇形，二叉脉序，在长枝上螺旋状散生，短枝上 3～5 叶簇生。雌雄异株，小孢子叶球柔荑花序状；大孢子叶球有长柄，柄端有 2 个杯状扩大的珠领，各生 1 枚胚珠。种子外种皮肉质，有臭味，成熟时橙黄色；中种皮骨质，白色；内种皮膜质，淡红褐色。子叶 2 枚。去掉外种皮的种子（白果）能敛肺定喘、

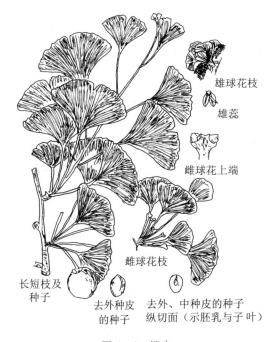

图 6－4　银杏

止带缩尿；叶（银杏叶）能活血化瘀、通络止痛、敛肺平喘、化浊降脂，也是生产银杏叶提取物（GBE）的原料。

三、杉柏纲 Coniferopsida

常绿或落叶乔木，茎多分枝，常有长、短枝之分，具树脂道。叶鳞片形、披针形、钻形、条形或刺形，单生、螺旋状着生或交互对生。孢子叶常排成球果状，雌雄异株或同株；精子无鞭毛；大孢子叶宽厚称珠鳞，或特化为珠托或套被；珠鳞和苞鳞半愈合或完全愈合。现代裸子植物中杉柏纲植物的种类最多，分布最广；现存有6科，58属，380余种；国产有4科，21属，69种，富有特有属、种和第三纪孑遗植物。《中华人民共和国药典》收录的药材主要分布柏科和红豆杉科。

3. 柏科 Cupressaceae

【形态特征】常绿或落叶乔木、灌木，无长、短枝之分。叶鳞形、条状披针形或刺状，交互对生或轮生，或螺旋状排列。雌雄同株或异株。大、小孢子叶螺旋状或交互对生；小孢子常具2~4个花粉囊，花粉无气囊；苞鳞与珠鳞合生或半合生，珠鳞腹面有胚珠1至多枚。球果当年成熟，种鳞木质或革质，种子2~9枚；子叶2枚。

【资源分布】现存约30属，130余种；南北半球均有分布。国产12属，36种，全国分布；已知药用有10属30种。分布有双黄酮类、生物碱、香豆素和挥发油等。《中华人民共和国药典》收录的药材有侧柏叶、柏子仁。

【药用植物】

（1）侧柏属（*Platycladus* Spach） 常绿乔木；小枝扁平，排成一平面，直展或斜展；鳞形叶二型，交叉对生；雌雄同株，球花单生枝顶；球果卵状椭球形，当年成熟；种鳞4对，木质，熟时张开，中间的2对种鳞能育，各具1~2粒种子。仅侧柏 *Platycladus orientalis*（L.）Franco（图6-5）1种，产南北各地；我国特产种。枝叶（侧柏叶）能凉血止血、化痰止咳；种子（柏子仁）能养心安神、润肠通便。

（2）柏木属（*Cupressus* L.） 与侧柏属的区别是，球果翌年成熟，种鳞4~8对，盾形；种子具窄翅。全球约20种，国产5种，分布于黄河以南各地。柏木（*C. funebris* Endl.）小枝排成一平面，下垂；我国特产种。球果用于感冒发热、胃痛呕吐、烦躁失眠；枝叶用于吐血、血痢、痔疮、烫伤；柏树油用于风热头痛、白带。

（3）刺柏属（*Juniperus* L.） 小枝不排成一平面，叶全为刺状或鳞形，或兼有两种叶形；球果熟时种鳞愈合，肉质，不开裂；种子无翅。全球约60种，国产25种，分布于西北部、西部及西南部的高山地区。刺柏 *J. formosana* Hayata 和杜松 *J. rigida* Sieb. et Zucc. 的嫩枝叶称"刺柏叶"，藏医、蒙医用其清肾热，利尿，燥"协日乌素"，愈伤，止血；也是生产刺柏叶膏的原料。圆柏 *J. chinensis* L. ［*Sabina chinensis*（L.）Ant.］、祁连圆柏 *J. przewalskii* Kom.（*Sabina przewalskii* Kom.）和垂枝柏 *J. recurva* Buch. -Hamilt. ex D. Don［*Sabina recurva*（Hamilt.）Ant.］的嫩枝叶称"圆柏"，藏医、蒙医用途似"刺柏叶"。叉子圆柏 *J. sabina* L.（*Sabina vulgaris* Ant.）的果实称"新疆园柏实"；嫩枝叶称"园柏叶"，维医用药。

（4）杉木属（*Cunninghamia* R. Br.） 常绿乔木，叶条状披针形，叶和孢子叶均螺旋状着生；小孢子叶有3个倒垂的花粉囊；苞鳞较珠鳞大，下部合生，珠鳞有胚珠3枚。我国特有属，2种。杉木 *Cunninghamia lanceolata*（Lamb.）Hook.（图6-6）叶绿色，上面无明显的白粉，仅下面有2条白粉气孔带。分布于秦岭以南地区。心材用于漆疮，风湿毒疮，脚气，奔豚，心腹胀痛。

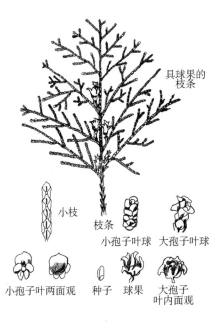

图 6-5　侧柏

图 6-6　杉木

4. 红豆杉科（紫杉科）Taxaceae

【形态特征】常绿乔木或灌木。叶披针形或条形，螺旋状着生，或基部扭曲排成 2 列，下面中脉两侧各有 1 条气孔带。单性异株；小孢子叶有 3~9 个花粉囊，花粉无气囊；胚珠直生，基部具盘状或漏斗状的珠托。种子包于肉质假种皮中。

【资源分布】现存 5 属，23 种，主产北半球。国产 4 属，12 种；已知药用 3 属，10 种。分布有黄酮类、生物碱类、萜类、挥发油和鞣质等，紫杉醇是重要的抗癌药。《中华人民共和国药典》收录的药材有榧子。

【药用植物】

（1）红豆杉属（*Taxus* L.）　种子当年成熟，坚果状，生于杯状、红色的肉质假种皮中。全球有 11 种，主产北半球；国产 4 种，1 变种，已列入国家一级保护野生植物。红豆杉 *T. wallichiana* var. *chinensis*（Pilg.）Florin（图 6-7），产甘肃南部至广东、广西和西南，中国特有树种，叶能治疗癣，种子能消积，树皮是提取紫杉醇的原料。同属植物西藏红豆杉 *T. wallichiana* Zucc.、川滇红豆杉 *T. florinii* Spjut 和东北红豆杉 *T. cuspidata* Sieb. et Zucc. 等，以及引种栽培的曼地亚红豆杉 *T. × media* 均可作提取紫杉醇的原料。

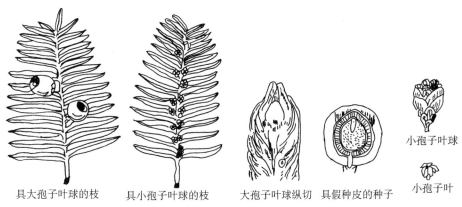

具大孢子叶球的枝　　具小孢子叶球的枝　　大孢子叶球纵切　具假种皮的种子　　小孢子叶球

小孢子叶

图 6-7　红豆杉

（2）榧树属（*Torreya* Arn.） 常绿乔木，枝轮生；雄球花单生叶腋；雌球花无梗，两个成对生于叶腋；种子全部包于肉质假种皮中。全球有 7 种，国产 5 种。榧树 *T. grandis* F ort. ex Lindl（图 6 - 8）树皮不规则条状纵裂，二、三年生枝暗绿黄色或灰褐色；叶先端有凸起的刺状短尖头，基部圆或微圆，叶背气孔带与中脉带等宽；种子核果状。产长江中下游地区。种子（榧子）能杀虫消积，润肺止咳，润燥通便。香榧 *T. grandis* Fort. ex Lindl cv. Merrilli 的种子是著名干果。

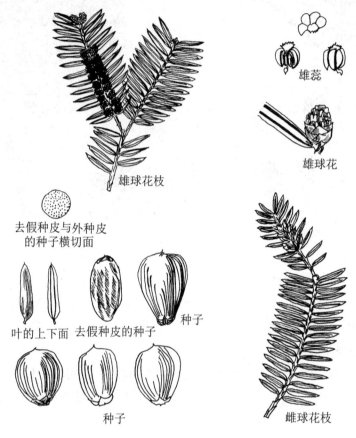

图 6 - 8　榧树

5. 三尖杉科（粗榧科）Cephalotaxaceae

【形态特征】常绿乔木或灌木。叶条形或条状披针状，在侧枝上常扭转排成 2 列，上面中脉凸起，下面具两条白色气孔带。球花单性，雌雄异株；雄球花 6～11 聚生成头状花序，小孢子叶 4～16，花粉无气囊；雌球花具长柄，成对腋生。种子第二年成熟，核果状，全部包于珠托发育成的假种皮中，淡紫褐色，被白粉。

【资源分布】现存 1 属，9 种。国产 7 种，3 变种，分布于黄河以南及西南各地；已知药用 6 种，3 变种。分布有生物碱、双黄酮类。

【药用植物】

三尖杉 *Cephalotaxus fortunei* Hook. f.（图 6 - 9）常绿乔木。叶条状，气孔带被白粉。雄球花具明显总梗。种子椭圆状卵形，长约 2.5cm。产长江流域及以南各地，中国特有树种。种子能润肺，消积，杀虫，枝叶是提取三尖杉碱的原料。粗榧 *C. sinensis*（Rehd. et Wils.）Li、篦子三尖杉 *C. oliveri* Mast 等与三尖杉功用相似。

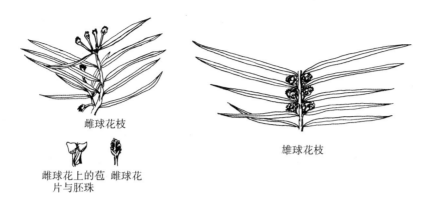

雌球花枝

雌球花上的苞 雌球花
片与胚珠

雄球花枝

图 6-9 三尖杉

四、松纲 Pinopsida

常绿或落叶乔木，常具树脂道。叶针形或条形，叶和大、小孢子叶均螺旋状着生；小孢子叶有 2 个花粉囊，花粉多数气囊，或无；苞鳞与珠鳞分离，珠鳞腹面有 2 枚倒生胚珠，发育成 2 枚种子。种子常具一膜质翅，或无；有胚乳，胚具 2~16 枚子叶。本纲现存松科，松科为一独立谱系，并与买麻藤纲植物为姊妹群。

6. 松科 Pinaceae

【形态特征】同纲的特征。

【资源分布】现存 11 属，230 余种，主要分布于北半球。国产 11 属，113 种，占全球种类 1/2 左右，全国各地均有分布；已知药用 8 属，48 种。分布有黄酮类、多元醇、生物碱、树脂、挥发油、鞣质和酚类等。《中华人民共和国药典》收录的药材有松花粉、油松节和土荆皮。

【药用植物】

(1) 松属（*Pinus* L.） 常绿乔木，具长、短枝；叶针形，常 1 束 2、3 或 5 针，基部包有膜质叶鞘；花粉两侧具气囊；球果第 2 年成熟，种鳞宿存，背面上方具鳞盾与鳞脐。全球约 110 种，国产 22 种 10 变种，多数供药用。马尾松 *P. massoniana* Lamb.（图 6-10） 叶 2

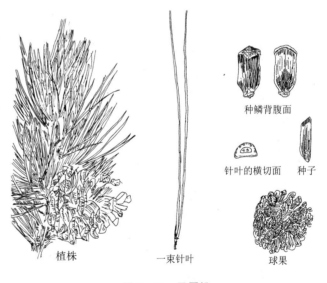

种鳞背腹面

针叶的横切面 种子

植株 一束针叶 球果

图 6-10 马尾松

针 1 束，柔软，长 12~20cm，横切面半圆形，树脂道 4~8 个边生，维管束 2 条。产长江流域及以南各地。花粉（松花粉）能燥湿、收敛、止血；树枝的瘤状节（松节）能祛风除湿、活血止痛，是生产松节油的原料；油树脂除去挥发油后留存的固体部分（即松香）能燥湿祛风、生肌止痛；叶能明目安神、解毒。油松 *P. tabulaeformis* Carr. 不同于马尾松的是，叶较粗硬，长 10~15cm；球果卵圆形，熟时不脱落；鳞盾肥厚，鳞脐凸起有尖刺；北方常见树种；与马尾松同等药用。云南松 *P. yunnanensis* Franch. 产西南地区，用途同马尾松。同属植物红松 *P. koraiensis* Sieb. et Zucc. 产小兴安岭以南至长白山区，其松节、树脂能舒筋止痛、祛风除湿，种子能润肺滑肠、滋补强壮。

(2) 金钱松属（*Pseudolarix* Gord.） 落叶乔木；叶在长枝上螺旋状排列，在短枝上簇生，条形，柔软；球果直立，卵球形，当年成熟；苞鳞短于种鳞，不露出。仅金钱松 *Pseudolarix amabilis*（Nelson）Rehd. 1 种，产长江以南各地，根皮（土荆皮）能杀虫、止痒。

五、买麻藤纲（倪藤纲）Gnetopsida

灌木或木质藤本；次生木质部具导管，无树脂道；叶对生或轮生；雌雄异株或同株，有类似花被的盖被（假花被）；胚珠1枚，珠被1层；精子无鞭毛；颈卵器极度简化或无；种子包于由盖被发育成的假种皮中。本纲由三类谱系组成，并与松科有共同祖先，现存3科，3属，约100种；国产2科，2属，共26种。《中华人民共和国药典》收录的药材主要分布在麻黄科。

7. 麻黄科 Ephedraceae

【形态特征】小灌木或亚灌木。小枝对生或轮生，绿色，节和节间明显。叶鳞片状，对生或轮生，基部合生成鞘。球花单性异株，稀同株；雄球花常单生，有细长柄，小孢子叶2~8，着生于柄顶端呈"雄蕊"状，外包有膜质苞片；雌球花由多数交互对生的苞片组成，仅顶端1~3枚苞片生有1~3枚胚珠，每胚珠均有顶端开口的囊状盖被包围，胚珠具1~2层珠被，珠被上部延长成珠孔管（micropylar tube），自假花被开口处伸出。种子成熟时，盖被发育成革质假种皮，雌球花的苞片常变为肉质，红色或橘红色，包于胚珠外呈浆果状，俗称"麻黄果"。

【资源分布】现存1属，约60种，分布于亚洲、美洲、欧洲东部及非洲北部的干旱、荒漠地区。国产12种，4变种，分布于西北、东北、华北及西南；已知药用15种。分布有麻黄碱类多种生物碱，以及挥发油、黄酮和有机酸等。《中华人民共和国药典》收录的药材有麻黄和麻黄根。

【药用植物】

草麻黄 *Ephedra sinica* Stapf.（图6-11）草本状灌木，无直立木质茎，高20~40cm，小枝丛生，草质，节间长3~4cm。叶鳞片状，对生而下部1/3~2/3合生成鞘状，上部2裂，裂片锐三角形，反曲。雌雄异株；雄球花复穗状；雌球花单生枝顶，苞片4，成熟时肉质红色。种子常2枚。产辽宁、吉林、内蒙古、河北、山西、河南西北部及陕西等地。草质茎（麻黄）能发汗解表、止咳平喘、利尿，也是提取麻黄碱的原料；根（麻黄根）能收敛止汗。中麻黄 *E. intermedia* Schr. et Mey. 产东北、华北、西北大部分地区；直立小灌木，高达1m以上，节间长3~6cm，叶3裂与2裂并存；珠被管常呈螺旋状弯曲，种子常3粒。木贼麻黄 *E. equisetina* Bge. 产华北、西北大部分地区及四川，小灌木，木质茎发达，高达1m；节间细而较短，长1~2.5cm；雌球花1~2，常2个对生于节上；种子常1粒。上述两种植物的草质茎和根与草麻黄同等入药。

8. 买麻藤科 Gnetaceae

【形态特征】常绿木质藤本，茎节关节状膨大。单叶对生，全缘，革质，具羽状网脉。球花多单性异株，呈细长穗状，具多轮合生的环状总苞（由多数轮生苞片合生而成）；雄球花序单生或再组成聚伞状，每轮总苞具多数小孢子叶，排成2~4轮，上端1轮不育；雌球花序侧生在老枝上，每轮总苞有大孢子叶4~12，各具2层盖被，外层较厚，内被盖即珠被，珠被顶端延长成珠被管，伸出盖被，无颈卵器。种子核果状，包于红色或橘红色肉质假种皮中，胚乳丰富。

【资源分布】现存1属，40种，分布于亚洲、非洲及南美洲。国产7种，分布于分布长江流域及以南和西南部；已知药用8种。分布有苯丙素类，如买麻藤定（gnetins）和买麻藤叶林（gnetifolin）。

【药用植物】小叶买麻藤 *Gnetum parvifolium*（Warb）C. Y. Cheng ex Chun（图6-12）叶椭圆形至狭椭圆形或倒卵形，长4~10cm。球花单性同株；种子核果状，无柄，肉质假种皮红色或黑色，长度不足2cm。产福建、广东、广西及湖南。藤、根能祛风活血、消肿止痛；买麻藤 *G. montanum* Markger. 叶较大、较长，球花单性异株，种子具短柄。分布于广东、广西、云南。功效似小叶买麻藤。

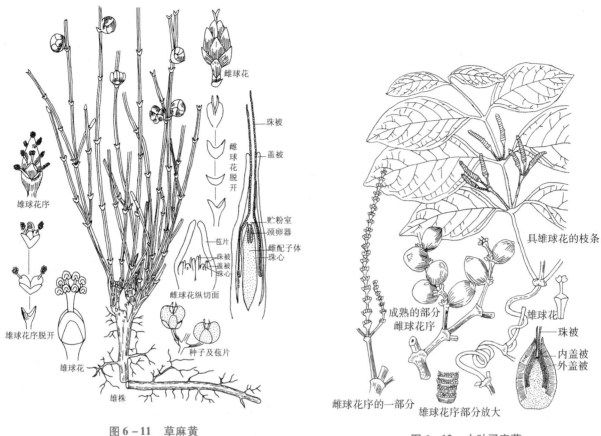

图 6-11　草麻黄

图 6-12　小叶买麻藤

复习思考题

1. 裸子植物与苔藓植物和蕨类植物相比，在适应陆生生活方面有哪些进步的特征？三者间最主要的区别是什么？

2. 裸子植物的种子在结构和来源上与被子植物的种子有何异同？

3. 查阅资料，试述裸子植物中含生物碱植物开发利用的现状和建议。

书网融合……

思政导航　　　　　本章小结　　　　　微课　　　　　拓展　　　　　题库

（沈昱翔）

第七章 被子植物的系统与药用植物分类

○ **学习目标**

知识目标

1. **掌握** 被子植物的主要特征；重点科和重点属的识别特征，以及其代表性药用植物。
2. **熟悉** 常见科的识别特征，以及其代表性药用植物。
3. **了解** 被子植物主要的分类系统，重点科、属的化学成分种类。

能力目标 通过本章学习，掌握药用植物重要分类群的特征，以及药用植物鉴定分类理论知识和技能。培养学生系统生物学的思想、认识论和方法论，崇尚科学，守正创新精神，具有正确的生命观和人生价值观，以及热爱大自然的情怀。

被子植物（angiosperms）是植物界最高级、种类最多的类群，自新生代以来就在地球上占绝对优势。在陆地生态系统中占主导地位，直接或间接给人类生产、生活和医疗保健等方面提供了重要的资源。全球被子植物约29万余种，我国有272科，3423属，32854种和6930个种下分类群，其中药用植物约1200种，占中药资源总数的78.5%，也是常用中药和药用植物种类最多的植物类群。

▷ 第一节 被子植物主要特征和分类

PPT

一、被子植物的主要特征 🅔 微课1

被子植物生存在多种多样的自然环境，适应性广泛多样，这与其结构上复杂化、完善化，生殖方式高效化和多样化，提高了生存竞争能力密不可分。被子植物除了裸子植物具有的胚珠受精后发育成种子，花粉产生花粉管传送精子，以及有胚乳等特征外，还具有以下更加进化的特征。

1. 孢子体进一步完善和多样化 被子植物的木质部常具有导管，韧皮部具有筛管和伴胞，输导组织更加完善，使体内水分和营养物质运输更加快捷有效，适应环境变化的能力加强。在生态习性上，从高大乔木到微小、短寿命的小草。在生态适应上，既有土生、水生、砂生和附生等绿色自养植物，也有寄生、腐生和真菌异养的植物。

2. 具有真正的花 被子植物才出现了由花托、花被（花萼、花冠）、雄蕊群、雌蕊群等组成的繁殖器官，即真正的花。花被的出现既加强了生殖保护作用，又增强了传粉效率，提供了异花传粉的条件。在长期适应性进化过程中，花各部在数目和形态更加复杂化、多样化和特化，以适用于虫媒、风媒、鸟媒和水媒传粉，造就了极其丰富多样的被子植物。

3. 子房包藏胚珠并发育成果实 被子植物由心皮组成子房，胚珠包藏在子房内得到很好的保护，有效避免了昆虫啃食和水分丧失。胚珠受精后发育成种子，子房壁发育成果皮，两者共同构成果实。果实既能保护种子，又具不同质地、色、香、味和开裂方式，以及钩、刺、翅、毛等附属结构，这些都有助于种子传播。

4. 具有双受精现象和新型胚乳　被子植物的花粉萌发产生花粉管和 2 个精细胞，传粉受精时 2 个精细胞由花粉管送入 8 核胚囊后，1 个与卵细胞结合形成合子，将来发育成 $2n$ 的胚；另 1 个与 2 个极核结合，发育形成 $3n$ 的胚乳。这种卵细胞和 2 个极核同时受精，是被子植物特有的现象，称双受精现象。这种具有双亲特性的胚乳，为幼胚发育提供营养，使下一代具有更旺盛的生命力。

5. 配子体进一步简化　被子植物的雌、雄配子体高度简化，均不能独立生活，终生寄生在孢子体上。雄配子体为 2 核或 3 核的成熟花粉粒；雌配子体为 7 细胞 8 核的成熟胚囊，即 3 个反足细胞、1 个中央细胞（具 2 个极核）、2 个助细胞、1 个卵细胞，助细胞和卵细胞合称卵器。雌、雄配子体在结构上比裸子植物更简单、更进化。

被子植物的上述特征，使它在适应陆生环境中具备了优越于其他植物类群的生存条件，并在地球上得到飞速发展，成为地球上最繁茂的类群。也使地球第一次出现色彩鲜艳、类型繁多、花果丰茂的景象。同时，果实和种子中贮存的高能产物，使直接或间接地依赖植物为生的动物（尤其是昆虫、鸟类和哺乳类）获得了相应的发展，迅速地繁盛起来，构成了生机蓬勃的地球生命世界。

二、被子植物系统演化两大学派

被子植物的系统演化研究，首先要确定植物的原始类型和进化类型，被子植物具有真正的花，是它区别于其他植物类群的最主要特征。花从何发展而来？目前存在着两大学派的两种假说。

1. 恩格勒学派和假花学说　该学派认为原始的被子植物为单性花、单被花和风媒花植物，次生的进化类型为两性花、双被花和虫媒花植物。他们的观点是建立在设想被子植物来源于具有单性花的高级裸子植物中弯柄麻黄（*Ephedra campylopoda* C. A. Mey）的基础之上，这种理论称为假花学说（pseudanthium theory）（图 7 - 1）。恩格勒学派的韦特斯坦（Wettstein）提出该学说，认为被子植物的花来源于裸子植物的单性花序（单性孢子叶球），每一个雄蕊和心皮分别相当于 1 个极端退化（特化）的雄花序和雌花序，雄花的苞片变为花被，雌花的苞片变为心皮，每个雄花的小苞片消失，只剩下 1 个雄蕊，雌花的小苞片退化后只剩下胚珠，着生在子房基部。因裸子植物，尤其是麻黄类，都是以单性花为主，故设想原始的被子植物具有单性花。因此，被子植物中具有单性花的柔荑花序类植物是原始类型。

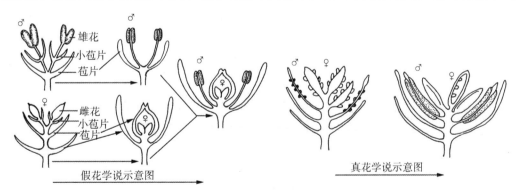

图 7 - 1　假花学说与真花学说

2. 毛茛学派和真花学说　该学派认为原始的被子植物具有两性花，是由已灭绝的具有两性孢子叶球的本内苏铁类演化而来的，其理论称为真花学说（euanthium theory）（图 7 - 1）。该学说是由美国植物学家柏施（Bessey）提出，认为本内苏铁其孢子叶球基部的苞片演变成花被，小孢子叶演变为雄蕊，大孢子叶演变为雌蕊（心皮），孢子叶球的轴则缩短演变为花轴或花托，即本内苏铁植物的两性球花演化成被子植物的两性花，单性花由两性花演变而来。依此理论，现代被子植物中的多心皮类，特别是木兰目植物为原始类群，即两性花、双被花和虫媒花为原始特征；单性花、单被花和风媒花为进化的次生特征。目前赞同该学派的学者较多，如哈钦松、塔赫他间、克朗奎斯特等。

三、被子植物主要分类系统简介

植物系统学家和分类学家依据不同的系统发育理论，结合古植物学和其他现有资料，提出了数十个分类系统。由于被子植物起源、演化的证据不足，迄今仍没有一个完善的被子植物分类系统。20 世纪中叶以后，提出或修订过的系统主要有 10 个，即恩格勒（A. Engler）系统、克朗奎斯特（A. Cronquist）系统 、佐恩（R. F. Thorne）系统、塔赫他间（A. Takhtajan）系统、哈钦松（J. Hutchinson）系统、索奥（C. R. Soo）系统、达格瑞（R. Dahlgren）系统、买希尔（H. Melchior）系统、吴征镒系统和张宏达系统，以及被子植物系统发育研究组综合分子系统学研究成果提出的 APG 系统。以下简要介绍目前影响最大的主流系统。

1. 恩格勒系统 德国植物学家恩格勒在 1892 年编制的分类系统，在他和 K. Prantl（普兰特）于 1997 年在《植物自然分科志》（Die Natürichen Pflanzen – familien）中采用的分类系统。这是第一个比较完整的系统分类系统，它以假花学说为理论基础，把具有柔荑花序类植物作为被子植物中最原始的类型，将其排列在系统的前面，而把木兰目、毛茛目等看作是较进化的类型。经多次修订后，在《植物分科志要》第 12 版（1964 年）中，将被子植物独立为被子植物门，共有 62 目，344 科，其中双子叶植物 48 目，291 科，单子叶植物 14 目，53 科；将双子叶植物移至单子叶植物之前。目前，除英、法等国外，大多数国家采用该系统。《中国植物志》、多数地方植物志和标本馆（室），以及《中华人民共和国药典》《中国药用植物志》和中草药著作都采用恩格勒系统。

2. 哈钦松系统 英国植物学家哈钦松在 1926 年和 1934 年先后出版的两卷《有花植物科志》（The Families of Flowering Plants Ⅰ，Ⅱ）中发表了该系统。在 1973 年修订的第 3 版《有花植物科志》中，共有 111 目，411 科，其中双子叶植物 82 目，342 科；单子叶植物 29 目，69 科。哈钦松系统以真花学说为理论基础，认为多心皮的木兰目、毛茛目是被子植物中原始类群，单子叶植物比双子叶植物进化，起源于双子叶植物中的毛茛目；双子叶植物以木兰目和毛茛目为起点，由木兰目演化出木本植物一支，毛茛目演化出草本植物一支，两支平行发展。该系统过分强调木本和草本两个来源，导致许多亲缘关系很近的科在系统位置上相隔很远。北京大学、华南植物研究所、广西植物研究所、昆明植物研究所等的标本馆，以及由上述研究所编写的《广州植物志》《广东植物志》《广西植物志》和《云南植物志》采用该系统。

3. 塔赫他间系统 苏联植物学家塔赫他间于 1954 年在《被子植物起源》中发表了该系统。塔赫他间系统以真花学说为理论基础，广泛采用了解剖学、孢粉学、植物细胞分类学和化学分类学等资料，认为木兰目是最原始的被子植物，草本由木本演化而来。首次打破了传统，把双子叶植物分为离瓣花亚纲和合瓣花亚纲的概念，增加了亚纲的数目，使各目的排列更合理。在分类等级的亚纲和目之间，增设了"超目"一级分类单元。该系统经过多次修订，在 1997 年修订的分类系统中，包含 2 纲，17 亚纲，71 超目，232 目，591 科。

4. 克朗奎斯特系统 美国学者克朗奎斯特于 1957 年发表在《双子叶植物目、科新系统纲要》（Outline of a new system of families and orders of dicotyledons）中。1968 年在其所著《有花植物分类和演化》中进行了修订，1981 年又作了修改。克朗奎斯特系统接近于塔赫他间系统，把被子植物门分成木兰纲和百合纲，但取消了"超目"一级分类单元，科的划分也少于塔赫他间系统。该系统在各级分类的安排上比前几个系统似乎更合理。经多次修订后的系统包含 2 纲，11 亚纲，83 目，383 科。其中双子叶植物（木兰纲）有 6 亚纲，4 目，318 科；单子叶植物（百合纲）有 5 亚纲，19 目，65 科。目前，我国部分植物园、标本馆以及一些教材采用该系统。

5. APG（Angiosperm Phylogeny Group）系统　是被子植物系统发育研究组（Angiosperm Phylogeny Group）以分支分类学和分子系统学为研究方法提出的被子植物分类系统。于 1998 年、2003 年、2009 年和 2016 年分别提出了 APGⅠ、APGⅡ、APGⅢ和 APGⅣ。该系统着眼于"目"级，其次是"科"级，提出被子植物不应分为双子叶植物和单子叶植物，而是直接将其分成一些单起源的类群。该系统采用了最新的植物系统学研究资料，尤其参考大量的 DNA 序列分析数据，依据分支分类学的单系原则界定植物分类群（尤其是目和科）的范围，打破被子植物分为单子叶植物与双子叶植物两大类的传统思路。APGⅣ共确定了 64 个目，416 个科。基本类群由六大主要分支构成，即 ANA 基部群、木兰类、金粟兰目、单子叶植物、金鱼藻目、真双子叶植物。无油樟目（Amborellales）、睡莲目（Nymphaeales）、木兰藤目（Austrobaileyales）共同被称为被子植物的基部类群，系统发育关系相对稳定，而核心被子植物包含了约99.95%的被子植物，又可被划分为真双子叶、单子叶、木兰类、金鱼藻目和金粟兰目等 5 大类群。木兰类植物仍是较原始的类群，置于早期被子植物 ANA 之后。金粟兰目因其系统位置无法确定，暂作木兰类的旁系群处理。单子叶植物仍作为相对独立的一支，鸭跖草类则是单子叶植物的核心类群。蔷薇类和菊类为核心真双子叶植物（Core Eudicots）的两大主要分支，金鱼藻目为真双子叶植物的水生旁系群。目前 APGⅣ分类系统的框架和科级界定基本成熟，国内外一些大学教材已开始采用该系统，我国植物分类界也普通采用。

第二节　药用被子植物的分科概述

被子植物被划分为被子植物基部类群（ANA）和核心被子植物，而核心被子植物又可被划分为真双子叶、单子叶、木兰类、金鱼藻目和金粟兰目等 5 大类群，其中金粟兰目是木兰类植物的姊妹群，金鱼藻目是真双子叶植物的姊妹群，真双子叶植物又包括真双子叶植物基部类群、超蔷薇类、超菊类三大分支（图 7 - 2）。鉴于植物系统发育关系在药用植物资源发现上具有重要的指导作用，而《中华人民共和国药典》、药学著作和相关教材普遍采用恩格勒系统。本教材采用 APG 系统的基本框架，在科水平仍然遵从恩格勒系统的界定范围，变化较大的科中再加以说明。

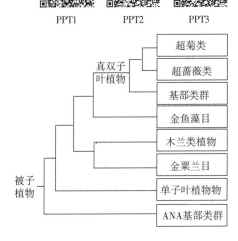

PPT1　PPT2　PPT3

图 7 - 2　被子植物系统发育树

一、被子植物基部群

被子植物基部群包含无油樟目 Amborellales、睡莲目 Nymphaeales 和木兰藤目 Austrobaileyales。《中华人民共和国药典》收录的药材分布在睡莲科和五味子科，五味子科参见木兰科中相关类群。

（一）睡莲目 Nymphaeales

本目包含独蕊草科 Hydatellaceae、莼菜科 Cabombaceae 和睡莲科 Nymphaeaceae，均水生。《中华人民共和国药典》收录的药材分布在睡莲科。

1. 睡莲科 Nymphaeaceae　　　　$\hat{\male\female} * K_{3\sim\infty} C_{3\sim\infty} A_\infty \underline{G}_{(3\sim\infty;1:1\sim3)}, \overline{G}_{(3\sim\infty;3\sim\infty;1\sim\infty)}$

【形态特征】水生草本。根茎横走，粗大。叶两型，出水叶心形或盾状。花单生；两性，辐射对称；萼片 3 至多数；花瓣 3 至多数；雄蕊多数，螺旋状着生；子房上位至下位；心皮 3 至多数离生或合生。坚果埋于海绵质花托内或浆果状。

【资源分布】全球5属，60~70种，广布温带和热带地区。国产3属，8种，均药用。分布有黄酮、酚酸、生物碱、木脂素等类型化合物。《中华人民共和国药典》收录的药材有芡实、藕节、莲子、莲子心、莲房、莲须和荷叶等。

【药用植物】莲 *Nelumbo nucifera* Gaertn.（图7-3）叶柄长，有刺毛。萼片4~5，早落；花瓣多数，粉红色或白色。花托直径5~10cm。坚果椭圆形或卵形。全国各地均有栽培。根茎节部（藕节）能收敛止血，化瘀；种子（莲子）能补脾止泻，止带，益肾涩精，养心安神；种子中的幼叶及胚根（莲子心）能清心安神，交通心肾，涩精止血；花托（莲房）能化瘀止血；雄蕊（莲须）能固肾涩精；叶（荷叶）能清暑化湿，升发清阳，凉血止血。

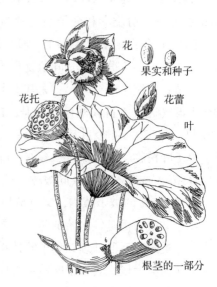

图7-3 莲

芡实 *Euryale ferox* Salisb. 一年生草本。叶面皱褶，叶柄、叶背脉和花梗、花萼均多刺。萼宿存；子房下位。果实浆果状，密生硬刺。我国南北均产，生池塘、湖沼。种仁（芡实）能益肾固精，补脾止泻，除湿止带。

二、单子叶植物

单子叶植物是一次起源的单系类群，APG Ⅳ系统中包含11目，77科，6万余种。主要特征是：子叶1枚。草本，少木本（如竹类、棕榈类），须根系，茎内维管束散生，无形成层。平行脉或弧形脉，稀网状或羽状脉。

（二）泽泻目 Alismatales

本目包含天南星科、泽泻科、岩菖蒲科、花蔺科、水鳖科、冰沼草科、水麦冬科和眼子菜科等14个科，我国均有分布。《中华人民共和国药典》收录的药材分布在天南星科和泽泻科。

2. 天南星科 Araceae $\male * P_{0,4\sim6} A_{4\sim6} \underline{G}_{(1\sim\infty:1\sim\infty:1\sim\infty)}$；$\male P_0 A_{(1\sim12),1\sim12}$；$\female P_0 \underline{G}_{(1\sim\infty:1\sim\infty:1\sim\infty)}$

【形态特征】草本。直立或攀缘；具块茎或根茎；富含苦味汁液。叶常基生，网状脉；叶柄基部有膜质鞘。肉穗花序，具佛焰苞；花小，两性或单性；两性花常具4~6枚鳞片状花被，单性花无被，雌雄同株或异株；雌花位于花序下部，雄花位于上部，有时中间有中性花；雄蕊1~10余枚，或与花被片同数；子房上位，1至多室（常2~3室），胚珠1至多数。浆果。

【资源分布】全球117属，4000余种，主要分布于热带及亚热带地区。国产35属，210种，分布于长江以南各地；已知药用22属，106种。分布有生物碱、苷类和挥发油。《中华人民共和国药典》收录的药材有天南星、半夏、白附子、石菖蒲、藏菖蒲和千年健等。

【药用植物】

（1）天南星属（*Arisaema* Mart.）具块茎；叶1~2枚，掌状3裂，或鸟足状或放射状全裂；佛焰苞下部管状，上部开展，花后脱落，附属器仅达佛焰苞喉部；雌雄异株，无花被；雌花密集，子房1室，2胚珠；浆果红色。约150种，国产82种，主产西南各地。一把伞天南星 *A. erubescens*（Wall.）Schott（图7-4）叶裂片11~23；附属器向两头略狭，长2~4cm，下部有中性花。全国大部分地区均产。块茎（天南星）能燥湿化痰、祛风止痉、散结消肿。异叶天南星 *A. heterophyllum* Blume 和东北天南星 *A. amurense* Maxim. 与天南星同等入药。

（2）半夏属（*Pinellia* Tenore）　具块茎；叶基生，叶柄基部常具珠芽；叶 3 裂或鸟趾状全裂；佛焰苞绿色，内卷成筒状；雌雄同序，无花被；雄花序生于上部，下部雌花序与佛焰苞合生，单侧着花，子房 1 室，1 胚珠。约 6 种，国产 5 种，产南北各地。半夏 *P. ternate*（Thunb.）Breit.（图 7-5）块茎球形，较小；幼苗时单叶全缘；成年株叶片 3 全裂，叶柄有一珠芽；佛焰苞管喉闭合；浆果绿色。产全国大部分地区均产。块茎（半夏）能燥湿化痰、降逆止呕、消痞散结。掌叶半夏 *P. pedatisecta* Schott 块茎较大，周围常具数个小块茎，叶鸟趾状全裂。产华北、华中和西南。块茎习作"虎掌南星"入药。

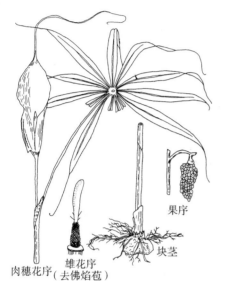

图 7-4　一把伞天南星

图 7-5　半夏

（3）犁头尖属（*Tyohonium* Schott.）　具块茎；叶戟形或 3~5 裂或鸟足状分裂。佛焰苞有 1 阔而短的管，管部宿存，喉部收缩，檐部张开，常紫色，花后脱落；雌雄同序，雌花序和雄花序之间有明显间隔，无花被；子房 1 室，胚珠 1~2。约 35 种，国产 13 种。独角莲 *T. giganteum* Engl. ［*Sauromatum giganteum*（Engl.）Cusimano & Hett.］（图 7-6）块茎卵球形或卵状椭圆形；叶基生，叶片三角状卵形，基部箭形；肉穗花序几无梗，佛焰苞紫色；浆果红色。产北方及湖北、四川和西藏。块茎（白附子）能祛风痰、定惊搐、解毒散结、止痛。

（4）菖蒲属（*Acorus* L.）　常绿芳香草本；根茎肉质；叶基生，剑形，基部叶鞘二列嵌合状；佛焰苞与叶片同形同色，宿存；肉穗花序圆柱形，花两性，花被 6。约 4 种，我国均有分布。本属在 APG 系统中独立成菖蒲目菖蒲科。石菖蒲 *A. tatarinowii* Schott（图 7-7）叶剑状线形，无中肋；佛焰苞较肉穗花序长 2~5 倍；产黄河以南各地；根茎（石菖蒲）能开窍豁痰、醒神益智、化湿开胃。菖蒲 *A. calamus* L. 植株高大，叶中肋明显突起；我国南北均产；根茎（藏菖蒲）能温胃、消炎止痛。

常用药用植物还有：千年健 *Homalomena occulta*（Lour.）产海南、广西及云南；根茎（千年健）能祛风湿、壮筋骨。

浮萍科（Lemnaceae）在 APG 系统中已并入天南星科。紫萍 *Spirodela polyrrhiza*（L.）Schleid. 多年生漂浮植物；叶状体扁平，阔倒卵形，表面绿色，背面紫色，背面中央生根。我国南北各地均产。全草（浮萍）能宣散风热，透疹，利尿。

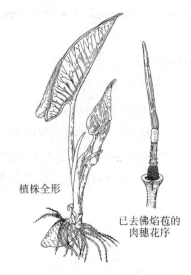

图 7-6 独角莲

胚珠

花

植株

子房纵切面

图 7-7 石菖蒲

3. 泽泻科 Alismataceae　　　☿ ＊ $P_{3+3} A_{6~\infty} \underline{G}_{6~\infty:1:1}$；♂ ＊ $P_{3+3} A_{6~\infty}$；♀ ＊ $P_{3+3} \underline{G}_{6~\infty:1:1}$

【形态特征】水生或沼生草本；具根茎、块茎或球茎。单叶基生，叶柄长，基部鞘状。轮生总状或圆锥花序；花两性或单性，整齐，雌雄同株或异株；花被片 6，2 轮，外轮 3 枚萼状，宿存，内轮 3 枚瓣状，白色；雄蕊 6 或多数；心皮 6 至多数，轮状或螺旋状排列，胚珠 1 枚，花柱宿存。聚合瘦果。

【资源分布】全球 16 属，约 100 种，分布于北半球温带至热带地区。国产 6 属，18 种；已知药用 2 属，12 种。分布有原萜烷型三萜类、二萜类、倍半萜、生物碱和有机酸等。《中华人民共和国药典》收录的药材有泽泻。

【药用植物】东方泽泻 *Alisma orientale*（Samuel.）Juz.（图 7-8）沼生草本；块茎类球形或卵圆形；基生叶具长柄，长椭圆形至卵状椭圆形；圆锥花序顶生；瘦果扁平，狭倒卵形。福建、江西、四川等地有栽培。块茎（泽泻）能利水渗湿、泄热、化浊降脂。同属植物泽泻 *A. plantago - aquatica* L. 与东方泽泻同等入药。

慈菇 *Sagittaria trifolia* L. var. *sinensis*（Sims）Makino（图 7-9）球茎卵圆形或球形；叶基生，卵形至宽卵形；大型圆锥花序，花 3~5 朵轮生；花单性，雌花生于花序下部，雄花生在花序上部；聚合瘦果腹背有翅。产于长江流域及以南各地，有栽培；球茎能清热止血、行血通淋、消肿散结；也供食用。

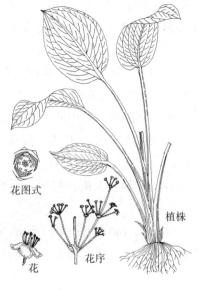

花图式

花　　花序

植株

图 7-8 东方泽泻

图 7-9 慈菇

（三）薯蓣目 Dioscoreales

本目包含薯蓣科、沼金花科和水玉簪科等 3 个科，我国均有分布。《中华人民共和国药典》收录的药材分布在薯蓣科。

4. 薯蓣科 Dioscoreaceae　　　$\male * P_{3+3,(3+3)} A_{3+3}$；$\female * P_{3+3} \overline{G}_{(3:3:2)}$：$\male\female P_{(3+3)} A_{3+3} \overline{G}_{(3:1:\infty)}$

【形态特征】缠绕草质藤本，具根茎或块茎。叶互生，少对生或轮生，单叶或掌状复叶，基出脉掌状，侧脉网状。花小，花两性或单性异株或同株；花被 6，2 轮，离生或基部合生；雄蕊 6；3 心皮合生，子房下位，3 室或 1 室，每室胚珠 2 或数目不定；花柱 3。蒴果具 3 棱形的翅，成熟后顶端开裂。种子常有翅。

【资源分布】全球约 4 属，800 余种，分布于热带和温带地区。国产 2 属，58 种，主要分布于西南至东南各地；已知药用 1 属，37 种。普遍分布有甾体皂苷和生物碱类，多种植物是提取甾体皂苷元的原料。《中华人民共和国药典》收录的药材有山药、黄山药、粉萆薢、绵萆薢、穿山龙等。

【药用植物】薯蓣 *Dioscorea opposite* Thunb.（图 7 - 10）茎右旋缠绕，根茎长圆柱形；叶在茎下部互生，中部以上对生，叶片卵状三角形至宽卵形，叶腋内常有珠芽（零余子）；花单性异株；蒴果三棱状扁圆形或三棱状圆形。主产河南、湖南、江西、贵州等。根茎（山药）能补脾养胃、生津益肺、补肾涩精。

常用药用植物还有：穿龙薯蓣 *D. nipponica* Makino 根茎（穿山龙）能祛风除湿、舒筋通络、活血止痛、止咳平喘。粉背薯蓣 *D. hypoglauca* Palobin 根茎（粉萆薢）能利湿去浊、祛风除痹。绵萆薢 *D. septemloba* Thunb.、福州薯蓣 *D. futschauensis* Uline ex R. Kunth 根茎（绵萆薢）能利湿去浊、祛风通痹。黄独 *D. bulbifera* L. 的块茎（黄药子）能化痰消瘿、清热解毒、凉血止血。盾叶薯蓣 *D. zingiberensis* C. H. Wright 根茎能消肿解毒，黄山药 *D. panthaica* Prain et Burk. 根茎（黄山药）能理气止痛、解毒消肿，二者也是提取薯蓣皂苷元的原料。

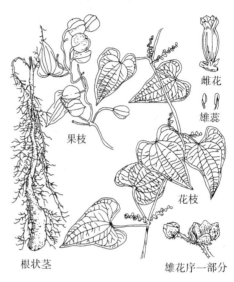

雌花

雄蕊

果枝

花枝

根状茎

雄花序一部分

图 7 - 10　薯蓣

（四）露兜树目 Pandanales

本目包含百部科、露兜树科、莓草科、翡若翠科和环花草科等 5 个科。《中华人民共和国药典》收录的药材分布在百部科。

5. 百部科 Stemonaceae　　　$\male\female * P_{2+2} A_{2+2} \underline{G}_{(2:1:2\sim\infty)}$

【形态特征】直立或攀缘草本，稀亚灌木。块根肉质。单叶互生、对生或轮生，全缘，基出脉、平行脉和横脉均明显。花序腋生或贴生于叶中脉；花两性，整齐；花被片 4，2 轮，瓣状；雄蕊 4，花丝极短，药隔明显伸长；子房上位或半下位，2 心皮，1 室；胚珠 2 至多数。蒴果 2 瓣裂。

【资源分布】全球 3 属，30 种，分布于亚洲、美洲和大洋洲的亚热带地区；国产 2 属，11 种，产秦岭以南各地；已知药用 2 属，6 种。分布有生物碱和甾体类化合物。《中华人民共和国药典》收录的药材有百部。

【药用植物】直立百部 *Stemona sessilifolia*（Miq.）Miq.（图 7 - 11）直立半灌木。块根纺锤状；叶 3 ~ 4 枚轮生；花柄常出自茎下部鳞片腋内；花被片 4，淡绿色，内侧 1/3 紫红色，附属体披针形，黄色；子房上位。产浙江、江苏、安徽、江西、山东、河南等地。块根（百部）能润肺、下气止咳、杀虫灭虱。蔓生百部 *S. japonica*（Bl.）Miq.、对叶百部 *S. tuberosa* Lour. 与直立百部同等入药。

（五）百合目 Liliales

本目包含百合科、菝葜科、藜芦科、秋水仙科、翠菱花科、白玉簪科、花须藤科、六出花科、金钟木科和鱼篓藤科等 10 个科，我国均有分布。《中华人民共和国药典》收录的药材分布在恩格勒系统的百合科。

6. 百合科 Liliaceae 微课 3　　　　　　　　　　　　　　$♀ P_{3+3,\ (3+3)} A_{3+3} \underline{G}_{(3;3;1\sim\infty)}$

【形态特征】草本，稀灌木或藤本；具根茎、鳞茎、块茎或块根。茎直立、攀缘状或成叶状枝。单叶互生或基生，少对生、轮生或退化成鳞片状。花单生或排成总状、穗状、圆锥花序；花两性，稀单性，整齐；花被片 6，花瓣状，2 轮，离生，每轮 3 枚，或合生，顶端 6 裂；雄蕊 6，2 轮，花药基生或丁字状着生，药室 2，纵裂；子房上位，3 心皮，3 室，中轴胎座。蒴果或浆果（图 7-12）。

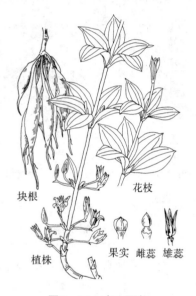

图 7-11　直立百部

外形　　　　　花图式　　　　　子房横切

图 7-12　百合科的花

【资源分布】全球约 230 属，4000 余种，全球分布，以亚热带及温带地区较多。国产 60 属，570 余种，全国各地均有分布，以西南地区种类较多；已知药用 52 属，374 种（表 7-1）。《中华人民共和国药典》收录的药材有百合、川贝母、浙贝母、黄精、玉竹、重楼、麦冬、大蒜、韭菜子、土茯苓、山麦冬、天冬、平贝母、伊贝母、芦荟、知母、湖北贝母、薤白和菝葜等。

表 7-1　百合科药用属分属检索表

```
1. 植株具根茎或块根。
  2. 叶轮生茎顶端，雄蕊 8~12 枚 ·········································· 重楼属 Paris
  2. 叶基生或茎生，雄蕊 6 枚。
    3. 叶退化，具叶状枝 ··················································· 天门冬属 Asparagus
    3. 叶正常，不具叶状枝。
      4. 成熟种子小核果状。
        5. 子房上位 ····················································· 山麦冬属 Liriope
        5. 子房半下位 ················································· 麦冬属 Ophiopogon
      4. 浆果或蒴果。
        6. 叶肉质肥厚 ················································· 芦荟属 Aloe
        6. 叶非肉质。
          7. 雄蕊 3 枚 ············································· 知母属 Anemarrhena
          7. 雄蕊 6 枚。
```

8. 蒴果 ･･ 萱草属 *Hemerocallis*
8. 浆果 ･･ 黄精属 *Polygonatum*
 1. 植株具鳞茎。
  9. 具有被鳞茎，植株常具葱蒜味，伞形花序 ････････････････････････････････ 葱属 *Allium*
  9. 具无被鳞茎，植株无葱蒜味。
   10. 花被片基部有蜜腺窝，花药基部着生 ･･･････････････････････････････ 贝母属 *Fritillaria*
   10. 花被片基部无蜜腺窝，花药丁字着生 ･･･････････････････････････････ 百合属 *Lilium*

【药用植物】

（1）百合属（*Lilium* L.） 无被鳞茎，鳞叶肉质，多数；茎直立，常不分枝；花大，单生或成总状花序，花被常漏斗状，色彩艳丽，花被6，2轮，基部有蜜槽；雄蕊6，丁字着药；子房上位，3心皮，3室。蒴果革质，种子多数。约80种，国产39种，以西南和华中最多。百合 *L. brownii* F. E. Brown var. *viridulum* Baker（图7-13）鳞茎球形；叶倒卵状披针形；花喇叭形，有香气，乳白色，稍带紫色；子房圆柱形，柱头3裂。蒴果矩圆形，有棱。产华北、华南、中南、西南及陕西、甘肃等地。肉质鳞叶（百合）能养阴润肺、清心安神。卷丹 *L. lancifolium* Thunb. 肉质鳞叶与百合同等入药。

（2）贝母属（*Fritillaria* L.） 鳞茎卵球形，肉质鳞叶2～3枚，无鳞被；叶对生、轮生或散生；花单生或成总状花序，花钟状俯垂，花被6，分离，基部具蜜腺窝；雄蕊6；子房上位，3心皮，3室。蒴果，具6宽翅。约60种，国产20多种，多数种类药用。川贝母 *F. cirrhosa* D. Don 叶常对生，先端卷曲；花1～3朵，紫色至淡黄绿色，具紫色斑点或小方格；叶状苞片3枚，蜜腺窝在背面明显凸出；雄蕊长约为花被片的3/5。主产西藏、四川和云南接壤地区，有栽培。鳞茎（川贝母）清热润肺、化痰止咳、散结消痈。暗紫贝母 *F. unibracteata* Hsiao et K. C. Hsia 产四川西北部及青海东南部，甘肃贝母 *F. przewalskii* Maxim. 产甘肃、四川、青海接壤地区，梭砂贝母 *F. delavayi* Franch. 产西藏、青海、云南及四川，太白贝母 *F. taipaiensis* P. Y. li 产陕西、四川、重庆接壤地区，瓦布贝母 *F. unibracteata* Hsiao et K. C. Hsia var. *wabuensis*（S. Y. Tang et S. C. Yue）Z. D. Liu, S.

雌、雄蕊　花枝　鳞茎

图7-13 百合

Wang et S. C. Chen 产四川西北部，上述5种的鳞茎与川贝母同等入药。药材按性状不同分别习称"松贝""青贝""炉贝"和"栽培品"，其中"炉贝"来源于梭砂贝母，"栽培品"主要来源于太白贝母、瓦布贝母。同属植物浙贝母 *F. thunbergii* Miq. 产浙江、江苏，鳞茎（浙贝母）能清热化痰止咳、解毒、散结消痈。湖北贝母 *F. hupehensis* Hsiao et K. C. Hsia 产湖北、重庆，鳞茎（湖北贝母）能清热化痰、止咳、散结。新疆贝母 *F. walujewii* Regel 和伊犁贝母 *F. pallidiflora* Schrenk 产新疆，鳞茎（伊贝母）能清热润肺、化痰止咳。平贝母 *F. ussuriensis* Maxim. 产东北，鳞茎（平贝母）能清热润肺、化痰止咳。

（3）黄精属（*Polygonatum* Mill.） 根茎长；叶互生、对生或轮生；花腋生，花被合生成管状，顶端6裂，裂片顶端常具乳突状毛；浆果。约40种，广布北温带；国产31种。本属在APG系统中归属百合目藜芦科。黄精 *P. sibiricum* Delar. ex Red（图7-14）根茎结节状膨大；叶4～6枚轮生，条状披针形，先端卷曲；花2～4朵腋生，下垂，花被乳白色至淡黄色。产东北、华北、西北、华东等地区。根茎（黄精）能补气养阴、健脾、润肺、益肾。滇黄精 *P. kingianum* Coll. et Hemal.、多花黄精 *P. cyrtone-*

ma Hua 的根茎与黄精同等入药。同属植物玉竹 *P. odoratum*（Mill.）Druce 根茎扁圆柱形；叶互生，椭圆形至卵状矩圆形，背面灰白色，叶柄基部扭曲成二列状；花 1~3 朵腋生。产东北、西北、华东、华中地区及台湾。根茎（玉竹）能养阴润燥、生津止渴。

（4）重楼属（*Paris* L.）　根茎肉质，圆柱状，具环节；叶 4 至多枚，轮生茎顶；花单生叶轮中央；花被片离生，宿存，2 轮，每轮 4~10 枚，外轮花被片叶状，绿色，内轮花被片条形；雄蕊与花被片同数，花药基着；蒴果或浆果状。约 10 种，国产 7 种 8 变种，多数作重楼药用。本属在 APG 系统中归属百合目藜芦科。华重楼（七叶一枝花）*P. polyphylla* Smith var. *chinensis*（Franch.）Hara（图 7-15）叶 5~8 枚轮生，常 7 枚；外轮花被片绿色，狭卵状披针形，内轮花被片狭条形；雄蕊 8~10 枚。产华东、华南及西南等地区。根茎（重楼）能清热解毒、消肿止痛、凉肝定惊。云南重楼 *P. polyphylla* Smith var. *yunnanensis*（France.）Hand.-Mazz. 的根茎与华重楼同等入药。

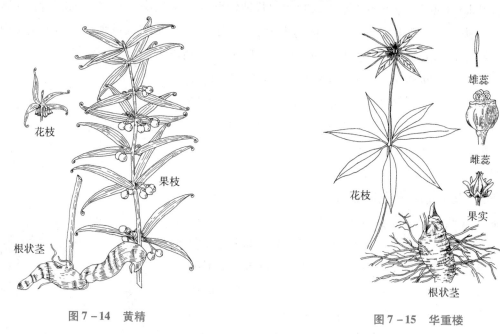

图 7-14　黄精　　　　　　　　　　　　图 7-15　华重楼

（5）菝葜属（*Smilax* L.）　攀缘或直立小灌木，根茎块状；茎常有刺。叶互生，叶柄两侧具翅状鞘，鞘的上方有 1 对卷须或无卷须；伞形花序腋生，花小，单性异株；花被片 6，离生，2 轮；雄花 6 或更多；子房上位，3 室，每室 1~2 胚珠；浆果。约 300 种，广布于全球热带地区；国产 60 余种。本属在 APG 系统独立成百合目菝葜科。光叶菝葜 *S. glabra* Roxb.（图 7-16）攀缘灌木，根茎肥厚；叶狭椭圆状披针形至狭卵状披针形，革质，叶下面粉白色；浆果紫黑色。产长江流域及以南各地。根茎（土茯苓）能解毒、除湿、通利关节。菝葜 *S. china* L. 根茎能祛风利湿、解毒散瘀。

（6）沿阶草属（*Ophiopogon* Ker-Gawl.）　多年生草本，块根肉质；叶基生成丛或散生茎上，叶狭如禾草，叶鞘膜质；总状花序生花葶顶端；花单生或 2~7 朵簇生；子房半下位，3 室，每室 2 胚珠；花柱三棱柱状或细圆柱状；外果皮早期破裂露出种子；种子浆果状，球形或椭圆形，成熟后呈暗蓝色。约 50 种，国产 33 种，分布于华南、西南。本属在 APG 系统中归属天门冬目天门冬科。麦冬 *O. japonicus*（L. f.）Ker-Gawl.（图 7-17）块根椭圆形或纺锤形；叶基生成丛，条形；总状花序，花被片稍下垂而不展开，白色或淡紫色。全国大部分地区均有栽培，主产长江流域。块根（麦冬）能养阴生津、润肺清心。

（7）葱属（*Allium* L.）　多年生草本，具葱蒜气味；鳞茎具薄膜包被；叶基生，条形或圆筒形，实心，少空心；花葶从鳞茎基部长出；伞形花序生于花葶顶端，开放前具一闭合的总苞，开放时总苞破裂；子房上位，3室，每室1至数胚珠；蒴果室背开裂，种子黑色。约500种，国产110种，分布在东北、华北、西北和西南地区。本属在APG系统中归属天门冬目石蒜科。小根蒜（薤白）*A. macrostemon* Bunge（图7-18）和薤（藠头）*A. chinense* G. Don 的鳞茎（薤白）通阳散结，行气导滞。同属植物蒜（大蒜）*A. sativum* L.，原产亚洲西部或欧洲，世界普遍栽培；鳞茎（大蒜）解毒消肿，杀虫，止痢。韭（韭菜）*A. tuberosum* Rottler ex Spreng.，原产亚洲东南部，世界普遍栽培；种子（韭菜子）温补肝肾，壮阳固精。洋葱 *A. cepa* L.，原产亚洲西部，世界广泛栽培；鳞茎（洋葱）供食用和药用。

图7-16　光叶菝葜

图7-17　麦冬

常用药用植物还有：天门冬 *Asparagus cochinchinensis* (Lour.) Merr.，产华东、中南，块根（天冬）能养阴润燥、清肺生津。短葶山麦冬 *Liriope muscari* (Decne.) Baily 和湖北麦冬 *Liriope spicata* (Thunb.) Lour. var. *prolifera* T. T. Ma，产长江中游地区，块根（山麦冬）能养阴生津、润肺清心。知母 *Anemarrhena asphodeloide* Bge.，产东北、华北和西北地区；根茎（知母）能清热泻火、滋阴润燥。剑叶龙血树 *Dracaena cochinchinensis* (Lour.) S. C. Chen，产云南、广西和海南；树脂（国产血竭）能活血化瘀、止痛，外用能止血、生肌、敛疮。以上各种属在APG系统中归属天门冬目天门冬科。库拉索芦荟 *Aloe barbadensis*（APG系统中归属天门冬目阿福花科），南方有栽培，叶汁浓缩干燥物（芦荟）能泻下通便、清肝泻火、杀虫疗疳。藜芦 *Veratrum nigrun* L.（APG系统中归属百合目藜芦科），产东北、华北、西北和西南地区，鳞茎（藜芦）有毒，涌吐、杀虫。

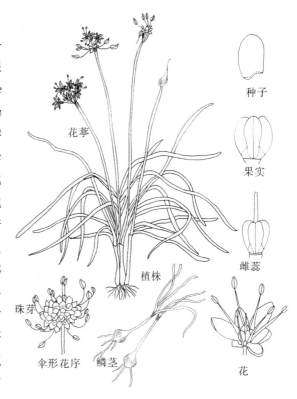

图7-18　小根蒜

>>> **知识链接** ○- -

　　恩格勒系统中的百合科在APGⅣ中被拆分重组为几个科：百合科、天门冬科、阿福花科、藜芦科、秋水仙科、菝葜科等，其中最大的三个科为天门冬科 Asparagaceae（包含原百合科大部分种类）、百合科、阿福花科 Asphodelaceae。这三个科在花序上有显著区别：百合科通常为顶生的单生或少数花；天门冬科和阿福花科为总状或圆锥花序；其中天门冬科花序顶生，常为倾斜或直立的花序；阿福花科花序侧生于茎下部，常为直立的花序。石蒜科大部分种类没有变动，把百合科中的葱属（伞形花序），移到了石蒜科，以便区别于广义百合科的总状或圆锥花序。

- ●

（六）天门冬目 Asparagales

　　本目包含兰科、仙茅科、鸢尾科、石蒜科、天门冬科等14个科，也是APGⅣ系统单子叶植物分支中最大的目，其中兰科是被子植物第二大科。《中华人民共和国药典》收录的药材分布在兰科、仙茅科、鸢尾科、石蒜科、天门冬科。天门冬科的主要药用类群参见本教材百合科中相关类群，仙茅科参见石蒜科中相关类群。

7. 兰科 Orchidaceae

$\male ↑ P_{3+3} A_{1\sim2} \overline{G}_{(3:1:\infty)}$

　　【形态特征】多年生陆生、附生或真菌异养草本，根与共生真菌形成菌根，陆生和真菌异养种类常具根茎或块茎，附生种类常具肉质肥厚的气生根。茎直立、悬垂或攀缘，常基部或全部膨大成1节或多节的假鳞茎。单叶互生，常2列，有时退化成鳞片状。花葶顶生或侧生，总状、穗状、圆锥花序或花单生；花两性，两侧对称；花被片6，2轮，外轮有1枚中萼片和2枚侧萼片，内轮侧生2枚花瓣大小相似，中央1枚特化成唇瓣，形态各异；子房常扭转180°而使唇瓣位于下方；雄蕊和雌蕊合生成合蕊柱，顶端为1个花药，花粉粒常黏合成花粉团，具花粉团柄和黏盘，腹面有柱头穴和舌状蕊喙；子房下位，3心皮，1室，侧膜胎座，少3室的中轴胎座。蒴果。种子极多，细小，无胚乳（图7-19）。

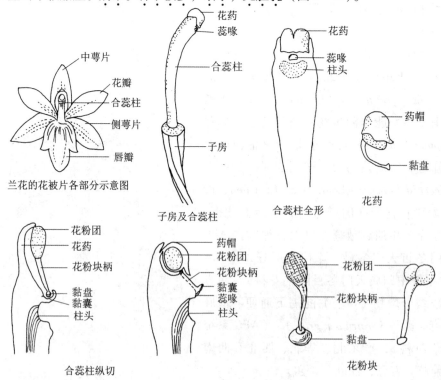

图7-19　兰科花的构造

【资源分布】全球约 750 属，28500 种，世界广布，主产热带和亚热带地区。国产 192 属，1761 种；已知药用 76 属，约 290 种。分布有生物碱类、多糖类、酚苷类和菲醌类等。《中华人民共和国药典》收录的药材有天麻、白及、石斛和山慈菇等。

【药用植物】

（1）石斛属（*Dendrobium* Sw.）　附生草本，假鳞茎丛生，伸长呈茎状，茎节明显；叶互生，基部有关节，常具抱茎的鞘。总状花序生茎上部节上，数花或仅 1 花；花常艳丽，侧萼片与蕊柱足合生成萼囊，唇瓣 3 裂或不裂，花粉团蜡质，4 个，无附属物。约 1000 种，国产 74 种。石斛（金钗石斛）*D. nobile* Lindl.（图 7 – 20）茎肉质，稍扁圆柱形，节间干后金黄色；叶长圆形，先端不等侧 2 裂；花大，常白色带淡紫色；唇瓣远比花瓣大，中央具紫红色大斑块。分布于我国长江以南和西南等地，常见栽培。茎（石斛）益胃生津，滋阴清热。霍山石斛 *D. huoshanense* C. Z. Tang & S. J. Cheng、鼓槌石斛 *D. chrysotoxum* Lindl.、流苏石斛 *D. fimbriatum* Hook. 及其同属植物近缘种的茎与石斛同等入药。

（2）白及属（*Bletilla* Rchb. f.）　陆生草本，假鳞茎扁平，具环纹；叶数枚，近基生，叶柄互相卷抱成茎状；总状花序顶生，萼片与花瓣近似，唇瓣中部以上常具明显 3 裂，花粉块 8，成 2 群，具不明显的花粉块柄，无黏盘。约 6 种，国产 4 种。白及 *B. striata*（Thunb.）Rchb. f.（图 7 – 21）假鳞茎具荸荠状环带，肉质富黏性；叶狭长，折扇状，基部收狭成鞘并抱茎；花紫红色，唇瓣 3 裂。产长江以南各地。块茎（白及）收敛止血，消肿生肌。

图 7 – 20　石斛

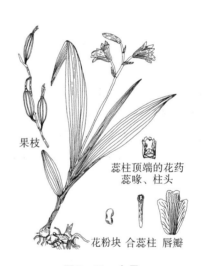

图 7 – 21　白及

（3）天麻属（*Gastrodia* R. Br.）　真菌异养型草本，具稍肉质块茎或圆柱状根茎，常平卧，具环节；茎直立，常黄褐色；叶退化成鳞叶；总状花序顶生；萼片与花瓣合生成花被筒，仅顶端 5 裂，唇瓣贴生于蕊柱足末端，藏于花被筒内；花粉团 2。约 20 种，国产 13 种，多数药用。天麻 *G. elata* Blume（图 7 – 22）与蜜环菌共生；块茎肉质肥厚，节较密；茎基部具抱茎膜质鞘，叶退化成膜质鳞片状；总状花序，花橙黄、淡黄或黄白色，萼片与花瓣合生成坛状；唇瓣先端具不规则短流苏；合蕊柱有短的蕊柱足；蒴果倒卵形，棱不明显。多地有栽培。块茎（天麻）息风止痉，平抑肝阳，祛风通络。

常用药用植物还有：杜鹃兰 *Cremastra appendiculata*（D. Don）Makino、独蒜兰 *Pleione bulbocodioides*（Franch.）Rolfe 或云南独蒜兰 *P. yunnanensis*（Rolfe）Rolfe，三者的假鳞茎（山慈菇）清热解毒，化痰散结；手参 *Gymnadenia conopsea*（L.）R. Br. 的块茎（手参）、绶草 *Spiranthes sinensis*（Pers.）Ames 的全

草（盘龙参）和金线兰 *Anoectochilus roxburghii*（Wall.）Lindl. 的全草（金线兰）等也供药用。

8. 鸢尾科 Iridaceae ♀ * ↑ $P_{(3+3)} A_3 \overline{G}_{(3:3:\infty)}$

【形态特征】多年生草本，具根茎、球茎或鳞茎。叶基生或茎生，剑形或条形，排成两列，基部互相套迭成鞘状。蝎尾状聚伞花序或穗状，稀单花；花两性，色泽艳丽，辐射或两侧对称；花被片6，2轮，下部合生成管状；雄蕊3；花柱上部3分枝呈扁平瓣状或圆柱形；子房下位，3心皮3室，中轴胎座。蒴果；种子多数。

【资源分布】全球66属，2085种，世界广布，以南非为分布中心。国产2属，61种；已知药用2属，39种。分布有异黄酮类、叫酮类和胡萝卜素类化合物。《中华人民共和国药典》收录的药材有射干、西红花和川射干等。

【药用植物】番红花 *Crocus sativus* L.（图7-23）球茎扁圆球形，膜质包被黄褐色。叶基生，条形，边缘反卷，基部有膜质鞘。花紫红色，有香味，花被管细长；雄蕊3；花柱细长，柱头3，略扁，顶端有齿，橙红色。原产欧洲南部，我国有引种栽培。柱头（西红花）活血化瘀、凉血解毒、解郁安神。

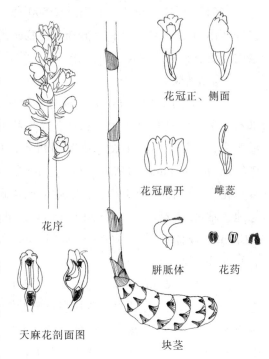

花冠正、侧面

花冠展开　　雌蕊

花序

天麻花剖面图

胼胝体　　花药

块茎

图7-22　天麻

射干 *Belamcanda chinensis*（L.）DC.（图7-24）根茎呈不规则的块状，黄色。叶剑形，互生，基部鞘状抱茎，无中脉。二歧聚伞花序顶生；花橙色，散生深红色斑点；外轮的略宽大；柱头3裂。蒴果，种子圆球形，黑紫色，有光泽。产全国各地。根茎（射干）清热解毒，消痰，利咽。

常用药用植物还有：鸢尾 *Iris tectorum* Maxim. 茎基部残留有膜质叶鞘及纤维，根茎二歧分枝；叶基生，宽剑形；花蓝紫色；花被管细长，上端膨大成喇叭形。产全国各地。根茎（川射干）清热解毒、祛痰、利咽。马蔺 *I. lactea* Pall. var. *chinensis*（Fisch.）Koidz.，产华南以外的地区；种子（马蔺子）凉血止血、清热利湿。

花柱及柱头　　雄蕊　　植株

图7-23　番红花

果实

雌蕊

雄蕊　　植株

图7-24　射干

9. 石蒜科 Amaryllidaceae $\male * P_{3+3, (3+3)} A_{3+3} \underline{G}, \overline{G}_{(3:3:\infty)}$

【形态特征】多年生草本，具鳞茎，稀根茎。叶基生，条形，2列，基部具鞘。伞形花序生于花葶顶端或单花，常有1至数枚膜质苞片组成的总苞；花两性，辐射对称；花被裂片6，2轮；雄蕊6，花丝分离，或有副花冠；子房下位，3室，中轴胎座。蒴果，种皮多数，常有黑或蓝色的壳。

【资源分布】全球约100属，1600余种，广布温带至亚热带地区。国产6属，161种；已知药用6属，约30种。分布有生物碱和甾体皂苷类化合物，特征成分有石蒜碱类。《中华人民共和国药典》收录的药材有仙茅。

【药用植物】

（1）石蒜属（*Lycoris* Herb.） 鳞茎近球形或卵形，鳞茎皮褐色或黑褐色；叶于花前或花后抽出，带状；花茎单一，直立，实心；总苞片2枚，膜质；伞形花序顶生，花4~8朵；蒴果常具三棱；种子近球形，黑色。约20种，分布于东亚；国产15种。石蒜 *L. radiate* (L'Hér.) Herb.（图7-25）和中国石蒜 *L. chinensis* Traub 的鳞茎有小毒，含多种生物碱，是提取加兰他敏和力可拉敏的原料。

（2）仙茅属（*Curculigo* Gaertn.） 根茎短；叶基生，数枚，具折扇状脉；花两性，常黄色，单生或排列成总状或穗状花序；子房下位，常被毛，顶端有喙或无喙；浆果，不开裂。约20种，分布于热带以至亚热带地区；国产7种，产华南与西南。APG系统将本属和小金梅草属 *Hypoxis* 独立成仙茅科 Hypoxidaceae。仙茅 *C. orchioides* Gaertn.（图7-26）根茎粗厚，直生。叶基生，线状披针形或披针形。总状花序具4~6花；子房狭长，顶端具长喙。产长江流域以南。根茎（仙茅）补肾阳、强筋骨、祛寒湿。

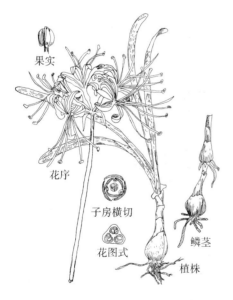

图7-25 石蒜

图7-26 仙茅

>>> **知识链接**

传统分类的石蒜科是以子房下位、伞形花序为主要共衍征定义的自然类群。而在APG系统中，原石蒜科中花序非伞形的类群，如仙茅属 *Curculigo* 和小金梅草属 *Hypoxis* 则独立成仙茅科 Hypoxidaceae；同时出于合并小科的原则，把与石蒜科构成姐妹群，因子房上位而置于原广义百合科的成员，如百子莲属 *Agapan-thus* 和葱属 *Allium* 也并入石蒜科，由伞形花序替代子房下位，成为石蒜科最重要的特征。

（七）棕榈目 Arecales

本目包含棕榈科和我国不产的鼓槌草科。《中华人民共和国药典》收录的药材分布在棕榈科。

10. 棕榈科 Arecaceae   ♀ * $P_{3+3}A_{3+3}\underline{G}_{(3:1\sim3:1)}$；♂ * $P_{3+3}A_{3+3}$；♀ * $P_{3+3}\underline{G}_{(3:1\sim3:1)}$

【形态特征】常绿乔木或灌木，稀藤本；茎常不分枝，具叶痕。叶大型，互生或集生茎顶，羽状或掌状分裂，叶柄基部常扩大成纤维鞘。肉穗花序，多分枝或不分枝，具佛焰苞；花小，两性或单性，雌雄同株或异株；花被片和雄蕊均6；子房上位，3心皮。核果或坚果，外果皮肉质或纤维质；种子1枚，胚乳均匀或嚼烂状。

【资源分布】全球183属，2450种，广布热带至暖温带地区。国产18属，77种，主产华南地区；已知药用16属，25种。分布有黄酮类、生物碱、单宁酸和缩合鞣制。《中华人民共和国药典》收录有棕榈、槟榔、大腹皮和血竭等药材。

【药用植物】

（1）棕榈属（*Trachycarpus* H. Wendl）　叶掌状分裂；肉穗花序短，从叶丛抽出，分枝密集；佛焰苞多数，革质；雌雄异株，果实阔肾形或长圆状椭圆形。8种，国产3种。棕榈 *T. fortunei*（Hook. f.）H. Wendl.（图7-27）乔木，单生，叶鞘的网状纤维包着树干；花序粗壮，多次分枝，从叶腋伸出；果实肾形，有脐。产长江以南各省区。叶柄（棕榈）收敛止血。

（2）槟榔属（*Areca* L.）　乔木或丛生灌木，茎具环状叶痕；叶簇生于茎顶，羽状全裂，羽片多数；花序生于叶丛之下，佛焰苞早落；雌雄同序；果实顶端具宿存柱头；胚乳深嚼烂状。约60种，国产2种。槟榔 *A. catechu* L.（图7-28）茎单生，乔木状；雄蕊6；果实较大，卵球形，熟时橙黄色。产热带地区。果皮（大腹皮）行气宽中，行水消肿；成熟种子（槟榔）杀虫，消积，行气，利水，截疟。

常用药用植物还有：麒麟竭 *Daemonorops draco*（Willd.）Blume（*Calamus draco* Willd.），分布于印度尼西亚等国。果实渗出树脂的加工品（血竭）活血定痛、化瘀止血、生肌敛疮。椰子 *Cocos nucifera* L.，产台湾、海南、云南，多栽培；根（称椰树根）止痛止血；成熟果壳经干馏收集的馏出液（称椰馏油）为抗霉菌药；成熟种子的胚乳（称奶桃）滋补强身，温肾壮阳，生血益肝。

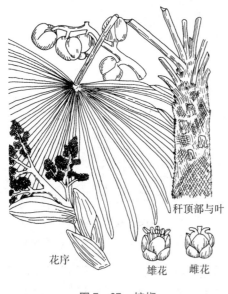

图7-27　棕榈

图7-28　槟榔

（八）鸭跖草目 Commelinales

本目包含鸭跖草科、田葱科和雨久花科等5个科，《中华人民共和国药典》收录的药材分布在鸭跖草科。

11. 鸭跖草科 Commelinaceae　　　　　　　　　　　　　$\female * P_{3+3} A_{6\sim3} \underline{G}_{(3:3\sim2;1\sim\infty)}$

【形态特征】草本，茎具明显的节和节间，节部略膨大；叶互生，具闭合叶鞘。常蝎尾状聚伞花序，有时圆锥状。花两性，极少单性，辐射对称。花被片6，2轮，萼片3，常为舟状或龙骨状，无蜜腺，花瓣3，常艳丽；雄蕊6，全育或2~3枚能育，花丝常有念珠状长毛；子房上位，中轴胎座，2~3室。蒴果，种子胚乳丰富，种脐背面或侧面具盘状胚盖。

【资源分布】全球约40属，650种，主要分布于热带，少数分布于亚热带。国产15属，59种；已知药用9属，约32种。分布有黄酮及其苷类、生物碱和苯丙烷类化合物。《中华人民共和国药典》收录的药材有鸭跖草。

【药用植物】鸭跖草 *Commelina communis* L.（图7-29）一年生披散草本，茎匍匐生根，多分枝；叶卵状披针形，长3~9cm，宽不过2cm；佛焰苞边缘分离，顶端急尖；花瓣3，深蓝色；蒴果2室，每室2粒种子。全球广布；地上部分（鸭跖草）清热泻火，解毒，利水消肿。

常见药用植物还有：大苞水竹叶 *Murdannia bracteata*（C. B. Clarke）J. K. Morton ex Hong，产华南和云南南部；全草（称痰火草）化痰散结，利尿通淋。蛛丝毛蓝耳草 *Cyanotis arachnoidea* C. B. Clarke，产长江流域以南；根（称露水草根）祛风活络，利湿消肿，退虚弱。

（九）姜目 Zingiberales

本目包含姜科、闭鞘姜科、芭蕉科、美人蕉科、鹤望兰科、兰花蕉科、蝎尾蕉科和竹芋科等8个科，《中华人民共和国药典》收录的药材分布在姜科。

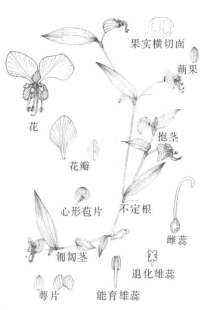

图7-29　鸭跖草

12. 姜科 Zingiberaceae　　　　　$\female \uparrow K_{(3)} C_{(3)} A_1 \overline{G}_{(3:1\sim3;\infty)}$

【形态特征】多年生芳香草本，具根茎或块茎，有时根末端膨大成块根。叶2列或螺旋状排列，基部具开放或闭合的叶鞘，顶端有叶舌。花单生或穗状、总状圆锥花序，茎生或生于由根茎抽出的花葶上；花两性，两侧对称；花被片6，2轮，外轮萼状，合生成管，顶端3齿裂；内轮花冠状，基部合生，上部3裂，后方裂片常较大；能育雄蕊1枚，退化雄蕊2或4，常花瓣状；内轮2枚联合成唇瓣；子房下位，3心皮3室，中轴或侧膜胎座。蒴果或浆果状；种子有假种皮，常成团块状（图7-30）。

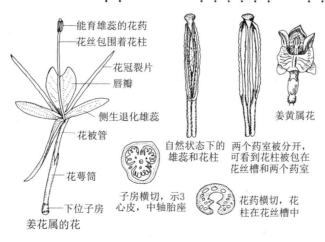

图7-30　姜黄属和姜花属花的结构

【资源分布】全球 51 属，约 1300 种，分布于泛热带，分布中心位于亚洲南部和东南部。国产 20 属，216 种；已知药用 10 属，约 100 种。分布有单萜、倍半萜、黄酮类和挥发油。《中华人民共和国药典》收录的药材有红豆蔻、草豆蔻、高良姜、益智、豆蔻、草果、砂仁、郁金、姜黄、莪术、片姜黄、干姜、生姜和山柰等。

【药用植物】

(1) 姜属 (*Zingiber* Mill.) 根茎块状，芳香辛辣；叶 2 列；花葶由根茎抽出，穗状花序，苞片覆瓦状紧密排列；花冠白色或黄绿色，侧生退化雄蕊小，并与唇瓣连合成具有 3 裂片的唇瓣，中轴胎座；蒴果；种子黑色，被白色假种皮。约 80 种，主产热带地区；国产约 12 种。姜 *Z. officinale* Roscoe（图 7 – 31）根茎肥厚，淡黄色，短指状分枝，具辛辣味；叶长披针形，叶枕明显，叶舌膜质，短小；穗状花序球果状。全国栽培。根茎（生姜）解表散寒，温中止呕，化痰止咳，解鱼蟹毒；干燥根茎（干姜）温中散寒，回阳通脉，温肺化饮。

(2) 砂仁属 (*Amomum* Roxb.) 根茎匍匐状，茎基部略膨大成球形；花葶自根状茎抽出，花序穗状、总状或圆锥花序；苞片覆瓦状，小苞片常管状。花萼、花冠均圆筒状，唇瓣显著，侧生退化雄蕊钻状或线形，与唇瓣分离。蒴果不裂或不规则开裂，种子具辛香味。约 150 种，国产 24 种。砂仁（阳春砂）*A. villosum* Lour. ［*Wurfbainia villosa*（Lour.）Skornick. & A. D. Poulsen］（图 7 – 32）假茎直立，疏生，高大；叶片披针形，宽 3 ~ 7 cm，两面无毛；唇瓣圆匙形，白色，顶端 2 裂，药隔附属体 3 裂；蒴果紫红色，果皮密生柔刺；种子多角形，香气浓郁，味苦凉。产海南、广东、广西及云南，栽培或野生于山地阴湿之处。果实（砂仁）化湿开胃，温脾止泻，理气安胎。绿壳砂 *A. villosum* Lour. var. *xanthioides* T. L. Wu & Senjen 或海南砂 *A. longiligulare* T. L. Wu 的果实与砂仁同等入药。同属植物白豆蔻 *A. kravanh* Pierre ex Gagnep.、爪哇白豆蔻 *A. compactum* Soland ex Maton 在热带地区有引种；果实（豆蔻）化湿行气，温中止呕，开胃消食。草果 *A. tsao – ko* Crevost & Lemaire，产云南、广西、贵州、四川；果实（草果）燥湿温中，截疟除痰。

图 7 – 31　姜

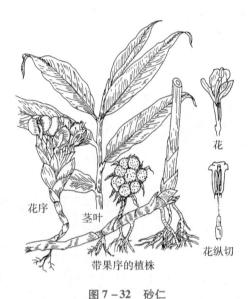

图 7 – 32　砂仁

(3) 姜黄属 (*Curcuma* L.) 根茎肉质，芳香，根末端常膨大成块根；穗状花序顶生，苞片大，基部合生成囊状；花冠漏斗状，侧生退化雄蕊花瓣状，基部与花丝合生，唇瓣中心部分加厚，全缘或 2 裂；花药丁字形，基部有距，无药隔附属物；子房 3 室；蒴果 3 瓣裂。约 50 种，国产 12 种，产东南部至西南部。姜黄 *C. longa* L.（图 7 – 33）根茎分枝多而丛生，断面橙黄色，芳香，具块根；叶片长圆形或椭圆形，两面无毛；苞片卵形或长圆形，淡绿色，内有多花；上部苞片白色，边缘染淡红晕，其内无花；侧生退化雄蕊与花丝及唇瓣的基部相连成管状；蒴果球形。华南、西南地区多有栽培。根茎（姜黄）破血行气，通经止痛；块根（郁金）活血止痛，行气解郁，清心凉血，利胆退黄。同属植物广西莪术 *C. kwangsiensis* S. G. Lee & C. F. Liang、温郁金 *C. wenyujin* Y. H. Chen & C. Ling（*C. aromatica* Salisb.）或莪术（蓬莪术）*C. phaeocaulis* Valeton 的块根与姜黄块根同等入药；根茎（莪术）行气破血，消积止痛；温郁金的根茎（片姜黄）破血行气，通经止痛。

（4）山姜属（*Alpinia* Roxb.）　根茎肥厚，横走；圆锥或总状花序顶生；花萼管状，花冠中央裂片多少盔状；唇瓣平展或下弯，较阔，常较花冠裂片大，显著，色彩美丽，花丝常较花冠或唇瓣短，侧生退化雄蕊缺或极小；蒴果球状。约 250 种，国产 46 种。益智 *A. oxyphylla* Miq.（图 7-34）茎丛生，根茎短。叶片披针形，宽 3~6cm，基部近圆形，边缘具脱落性小刚毛；叶舌长，2 裂；总状花序顶生，花萼筒状，3 齿裂；唇瓣倒卵形，先端边缘皱波状；蒴果，果皮有显露的维管束；种子被淡黄色假种皮。产海南广东和广西。果实（益智）暖肾固精缩尿，温脾止泻，摄唾。同属植物红豆蔻（大高良姜）*A. galanga*（L.）Willd. 产台湾、广东、广西和云南等地，果实（红豆蔻）散寒燥湿，醒脾消食；草豆蔻 *A. katsumadae* Hayata（*A. hainanensis* K. Schumann）分布于华南，近成熟种子（草豆蔻）燥湿行气，温中止呕；高良姜 *A. officinarum* Hance 分布于华南，根茎（高良姜）温胃止呕，散寒止痛；山姜 *A. japonica*（Thunb.）Miq. 分布于东南部、南部至西南部，根茎（称山姜）祛风通络，理气止痛。

常用药用植物还有：山柰 *Kaempferia galanga* L. 产台湾、广东、广西、云南等地；根茎（山柰）行气温中，消食，止痛。闭鞘姜亚科（APG 系统中独立为闭鞘姜科 Costaceae）的闭鞘姜属（*Costus*）植物含薯蓣皂苷元衍生物，是提取薯蓣皂苷元的原料之一。

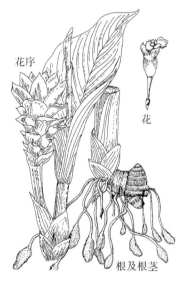

图 7-33　姜黄

图 7-34　益智

（十四）禾本目 Poales

本目包含禾本科、香蒲科、谷精草科、灯心草科、莎草科、帚灯草科、须叶藤科、凤梨科、黄眼草科等共 14 个科。《中华人民共和国药典》收录的药材分布在香蒲科、谷精草科、灯心草科、莎草科和禾本科。

13. 莎草科 Cyperaceae　　　　　　　$\male * P_0 A_{3\sim1} \underline{G}_{(2\sim3:1:1)}$；$\delta * P_0 A_{3\sim1}$；$\female * P_0 \underline{G}_{(2\sim3:1:1)}$

【形态特征】草本，常具根茎；茎（秆）常三棱形，实心。叶基生或秆生，排成 3 列；叶条形，叶鞘闭合，或仅具叶鞘，无叶舌。花小，2 至数花集成小穗，单一或组成各式花序，总苞 1 至数枚；花两性或单性同株，生于鳞片（颖片）腋内，鳞片2列或螺旋状；花被片缺或退化成下位鳞片或下位刚毛；雄蕊3（少1~2）；子房上位，2~3心皮合生，1室，1胚珠。小坚果或瘦果，有时被苞片形成的囊包被，种子有胚乳。

【资源分布】全球106属，约5400种，全球广布，主产北温带地区。国产33属，1089种；已知药用16属，约110种。分布有黄酮类、生物碱、强心苷和挥发油等。《中华人民共和国药典》收录的药材有香附。

【药用植物】香附子（莎草）*Cyperus rotundus* L.（图7-35）根茎匍匐，具椭圆形块茎。秆锐三棱形。叶基生。3列，叶鞘棕色，常裂成纤维状。穗状花序具多个小穗；小穗具多朵花，小穗轴具白色透明的翅；叶状苞片2~3枚，常长于花序。雄蕊3，花药长，线形，暗血红色，药隔突出于花药顶端；柱头3。小坚果三棱状。全国广布。根茎（香附）疏肝解郁，理气宽中，调经止痛。

常见药用植物还有：荆三棱 *Bolboschoenus yagara*（Ohwi）Y. C. Yang & M. Zhan 产东北、华东及贵州和台湾等地，块茎（称黑三棱）破血行气，消积止痛。荸荠 *Eleocharis dulcis*（N. L. Burman）Trinius ex Henschel 产长江流域及以南各地，地上部分（称通天草）利水消肿，清化湿热；球茎加工成的淀粉（称荸荠粉）能清热，化痰，明目。短叶水蜈蚣 *Kyllinga brevifolia* Rottb. 产长江流域及以南各地；全草（称水蜈蚣）祛风利湿，止咳化痰。

14. 禾本科 Poaceae $\quad ♀ * P_{2~3} A_{3~6} \underline{G}_{(2~3:1:1)}$

【形态特征】草本，少木本（竹类）；茎特称秆（禾类）或竿（竹类），节和节间明显，节间常中空。单叶互生，排成2列，常由叶片、叶鞘组成（竹类称箨叶和箨鞘），叶片条形至披针形，叶鞘常一侧开放并覆盖，叶片和叶鞘连接处常有叶舌和叶耳（竹类称箨舌和箨耳）。花在小穗轴上交互排列为2行，再组合为各式各样的复合花序；小穗轴基部有2枚颖片（总苞片）；花常两性，小穗轴上具1至数花，小花基部有2枚稃片（苞片），在外者称外稃，顶端具芒或无，在内者称内稃；花被片退化成小鳞片称浆片，常2~3枚；雄蕊常3或6枚，花药丁字形着生；子房上位，2心皮1室，1胚珠，花柱2或3枚，柱头羽毛状。颖果，种子淀粉质胚乳丰富（图7-36）。

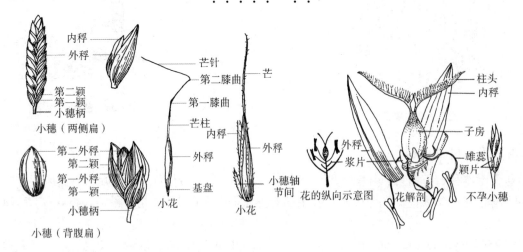

图7-35 香附子

图7-36 禾本科植物小穗、小花及花的构造

【资源分布】全球约700属，11000种，世界广布，被子植物的第5大科。国产227属，2356种；

已知药用85属，约170种。分布有生物碱、三萜、黄酮、香豆素、有机酸和挥发油等。《中华人民共和国药典》收录的药材有麦芽、芦根、谷芽、淡竹叶、稻芽、薏苡仁、白茅根、天竺黄和竹茹等。

【药用植物】

（1）竹亚科（Bambusoideae） 灌木或乔木状，竿木质，节间中空。竿生叶（箨叶，即笋壳）与枝生叶（营养叶）明显不同；箨叶由箨鞘、箨片、箨舌和1对箨耳组成，箨片小而中脉不明显，箨鞘厚革质；枝生叶常绿，具短柄，叶片披针形，具明显中脉，叶片和叶鞘连接处形成关节，叶片易从关节处脱落。浆片3，雄蕊3或6。本亚科135属，约1500种，主产于东南亚和我国亚热带地区；国产37属，500多种。

淡竹 *Phyllostachys nigra*（Lodd. ex Lindl.）Munro var. *henonis*（Mitford）Stapf ex Rendle（图7-37）竿高7～18m，竿壁厚，秆环及箨环隆起明显；箨鞘黄绿色至淡黄色，具黑色斑点和条纹，顶端极少有深褐色微小斑点，箨叶长披针形；枝生叶1～5枚，叶片狭披针形；分布于黄河流域以南地区。淡竹、青竿竹 *Bambusa tuldoides* Munro 和大头典竹 *Sinocalamus beecheyanus*（Munro）McClure var. *pubescens* P. F. Li（*B. beecheyana* Munro）茎秆的中间层（竹茹）能清热化痰，除烦，止呕。青皮竹 *Bambusa textilis* McClure 或中华空竹（薄竹、华思劳竹）*Schizostachyum chinense* Rendle［*Cephalostachyum chinense*（Rendle）D. Z. Li & H. Q. Yang］的竿内分泌物（天竺黄）能清热豁痰，凉心定惊。

本亚科常见药用植物还有：灰竹（净竹）*Phyllostachys nuda* McClure 及同属数种植物的鲜竿的茎经火烤后所流出的液体（称鲜竹沥）能清热化痰；粉箪竹 *Lingnania chungii*（McClure）McClure

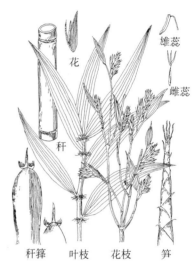

图7-37 淡竹

［*Bambusa chungii* McClure］或撑篙竹 *Bambusa pervariabilis* McClure 卷而未放的幼叶（称竹心）能清心除烦，利尿解毒。

（2）禾亚科（Agrostidoideae） 一年生或多年生草本。秆常草质，秆生叶即是普通叶，叶片常狭长披针形或线形，中脉明显，叶鞘明显，叶片与叶鞘连接处无关节，不易从叶鞘脱落。浆片2，雄蕊3或6。本亚科约570属，8200种，主产东南亚和我国亚热带地区；国产170余属，近2000种。

淡竹叶 *Lophatherum gracile* Brongn.（图7-38）根中部膨大呈纺锤形块根，秆稀疏丛生。叶片披针形，具明显小横脉，基部收窄成柄状，叶舌质硬，背有糙毛。小穗线状披针形，第一小花两性，其他均为中性小花；雄蕊2。颖果与内、外稃分离。分布于华东、华南、西南等地区。茎叶（淡竹叶）能清热泻火，除烦止渴，利尿通淋。

薏米 *Coix lacryma-jobi* L. var. *ma-yuen*（Rom. Caill.）Stapf（图7-39）一年生草本。秆高达1.5m，多分枝。叶片条状披针形。总状花序，总梗长；雄小穗在花序上部，每小穗有2小花，雄蕊3；花序下部的雌小穗为骨质总苞所包被，总苞质地较薄，暗褐色或浅棕色，有纵长直条纹，先端具颈状短喙。颖果球形，腹面具宽沟，包藏于白色光滑的骨质总苞内。产长江中下游及以南地区，我国东南部地区常见栽培或逸生。种仁（薏苡仁）能利水渗湿，健脾止泻，除痹，排脓，解毒散结。

本亚科常用药用植物还有：稻 *Oryza sativa* L. 和粟 *Setaria italica*（L.）P. Beauv.，南北均有栽培；成熟果实经发芽干燥炮制后的加工品（稻芽和谷芽）能消食和中，健脾开胃。大麦 *Hordeum vulgare* L.，南北各地均有栽培；成熟果实经发芽干燥炮制后的加工品（麦芽）能行气消食，健脾开胃，回乳消胀。芦苇 *Phragmites communis* Trin.，全国广布，根茎（芦根）能清热泻火，生津止渴，除烦，止呕，利尿。

大白茅（白茅）*Imperata cylindrica*（L.）P. Beauv. var. *major*（Nees）C. E. Hubb.，黄河以南各省区均有分布；根茎（白茅根）能凉血止血，清热利尿。小麦 *Triticum aestivum* L. 的轻浮瘪瘦的果实（浮小麦）能固表止汗，益气，除热。玉蜀黍 *Zea mays* L. 的花柱和柱头（即玉米须）能利尿消肿，平肝利胆。

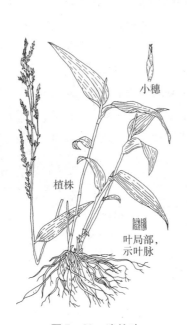

图 7-38 淡竹叶

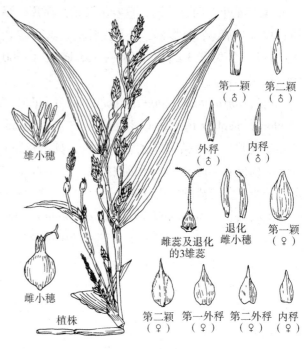

图 7-39 薏米

禾本目重要的药用植物还有：

香蒲科（Typhaceae）植物水烛（水烛香蒲）*Typha angustifolia* L.、香蒲（东方香蒲）*T. orientalis* Presl 或同属植物的干燥花粉（蒲黄）能止血，化瘀，通淋。

谷精草科（Eriocaulaceae）植物谷精草 *Eriocaulon buergerianum* Koern. 的全草或干燥头状花序（谷精草）能疏散风热，明目退翳；华南谷精草 *E. sexangulare* L. 的干燥头状花序（称谷精珠）能散风，明目，退翳。

灯心草科（Juncaceae）植物灯心草 *Juncus effusus* L. 的干燥茎髓或干燥茎或全草（灯心草）清心火，利小便；野灯心草 *J. setchuensis* Buchen. ex Diels 的干燥地上部分（称川灯心草）能利水通淋，清热，安神，凉血止血。

三、金粟兰目分支

（十五）金粟兰目 Chloranthales

金粟兰目在 APG 系统中是一个独立支系，仅金粟兰科 Chloranthaceae。

15. 金粟兰科 Chloranthaceae ☿ * P_0 $A_{(1\sim3)}$ $\overline{G}_{1:1:1}$

【形态特征】草本或灌木，茎节常膨大。单叶对生，叶柄基部常联合；托叶小。花小，单性或两性，排成穗状、头状或圆锥花序。两性花无花被；雄蕊 1~3 枚合生，花丝极短；单雌蕊，子房下位，1 顶生胚珠。单性花：雄花多数，雄蕊 1 枚；雌花少数，萼管浅杯状，3 齿裂。浆果状核果。

【资源分布】全球 5 属，70 种，分布于热带和亚热带地区。国产 3 属，16 种；已知药用 2 属，15 种。分布有倍半萜内酯、黄酮类、有机酸和挥发油等。《中华人民共和国药典》收录的药材有肿节风。

【药用植物】草珊瑚 *Sarcandra glabra*（Thunb.）Nakai（图 7-40）常绿半灌木。叶卵状披针形或卵状椭圆形，边缘具粗腺齿；托叶鞘状。穗状花序顶生，雄蕊 1。浆果球形，熟时鲜红色。产长江流域及以南地区。全草（肿节风）能清热凉血，活血消斑，祛风通络。

金粟兰属（*Chloranthus*）和草珊瑚属多种植物的根及根茎、全草药用，能清热解毒、消肿止痛。

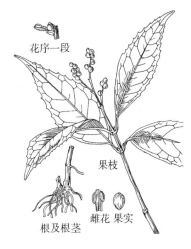

花序一段

果枝

根及根茎　　雌花　果实

图 7-40　草珊瑚

四、木兰类植物

木兰类植物包含胡椒目 Piperales、木兰目 Magnoliales、樟目 Laurales 和白樟目 Canellales，有 19 科。《中华人民共和国药典》收录的药材分布在前 3 个目中。

（十六）胡椒目 Piperales

本目包含三白草科、胡椒科、马兜铃科。《中华人民共和国药典》收录的药材分布在三白草科、胡椒科和马兜铃科。

16. 三白草科 Saururaceae

$P_0 A_{3\sim8} \underline{G} \, \substack{♀ \\ 3\sim4:1:2\sim4,\,(3\sim4:1:\infty)}$

【形态特征】多年生草本。单叶互生，托叶与叶柄合生或缺。穗状或总状花序，基部常有总苞片；花小，两性，无花被；雄蕊 3~8；心皮 3~4，离生或每离生心皮有胚珠 2~4，或合生成 1 室，侧膜胎座，胚珠多数。蒴果或浆果。

【资源分布】全球 4 属，7 种，分布于东亚和北美。国产 3 属，4 种，均药用。分布有黄酮类和挥发油。《中华人民共和国药典》收录有鱼腥草和三白草。

【药用植物】蕺菜 *Houttuynia cordata* Thunb.（图 7-41）全株具鱼腥气。叶心形，具腺点；托叶下部与叶柄合生。穗状花序顶生，总苞片 4，白色瓣状；雄蕊 3，花丝下部与子房合生；3 心皮合生，子房上位。分布于长江流域及以南各省。全草（鱼腥草）能清热解毒，消痈排脓，利尿通淋。

常用药用植物还有：三白草 *Saururus chinensis*（Lour.）Baill. 产河北、山东、河南和长江流域及以南各地；地上部分（三白草）能利尿消肿，清热解毒。

17. 胡椒科 Piperaceae

$♂ P_0 A_{1\sim10};\ ♀ P_0 \underline{G}_{(2\sim5:1:1)};\ ♀ P_0 A_{1\sim10} \underline{G}_{(2\sim5:1:1)}$

【形态特征】藤本、灌木或草本，常有辛辣香气。单叶，互生，稀对生或轮生，全缘，托叶常与叶柄合生或缺。穗状花序或再排成伞形花序，基部具总苞；花小，无花被，两性或单性异株，或间有杂性；雄蕊 1~10；子房上位，心皮 2~5，1 室，1 直立胚珠。浆果小，果皮肉质、薄或干燥。种子具丰富的外胚乳。

【资源分布】全球 8 或 9 属，约 3100 种，分布于热带和亚热带地区。国产 4 属，70 余种，产东南至西南部；已知药用 2 属，34 种。分布有生物碱和挥发油等。《中华人民共和国药典》收录有胡椒、荜茇和海风藤。

【药用植物】胡椒 *Piper nigrum* L.（图 7-42）常绿藤本，节膨大。叶阔卵形至卵状长圆形。雌雄异株，穗状花序与叶对生，苞片匙状长圆形，腹面贴生于花序轴上，仅顶部分离；雄蕊 2。浆果球形。产海南、广西、台湾、云南等地。鲜果红色，除去果皮后呈白色，称"白胡椒"；而未成熟果实干后果皮皱缩、黑色，称"黑胡椒"。果实（胡椒）能温中散寒，下气，消痰。

图 7 - 41 蕺菜

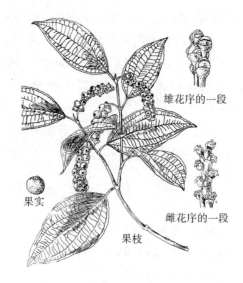

图 7 - 42 胡椒

常用药用植物还有：荜茇 *Piper longum* L.，广东、广西和福建有栽培；果穗（荜茇）能温中散寒，下气止痛。风藤 *P. kadura*（Choisy）Ohwi，产台湾、福建、浙江等；茎藤（海风藤）能祛风湿，通经络，止痹痛。石南藤 *P. wallichii*（Miq.）Hand. - Mazz.、山蒟 *P. hancei* Maxim. 和毛蒟 *P. puberulum*（Benth.）Maxim. 的全株能祛风除湿、散寒止痛、行气活血，叶能行气止痛，化痰止咳。

18. 马兜铃科 Aristolochiaceae 微课4　　　　$\female * \uparrow P_{(3)} A_{6\sim12} \overline{G}_{(4\sim6;4\sim6;\infty)} \overline{\underline{G}}_{(4\sim6;4\sim6;\infty)}$

【形态特征】草本或藤本。单叶互生，叶基常心形，无托叶。花单或簇单，3 基数，两性，常具腐肉臭气；花被 1（～2）轮，辐射或两侧对称，下部合生并膨大成管状、球状或瓶状，顶端 3 裂或向一侧延伸成舌状；雄蕊 6～12，花丝短，离生或与花柱、药隔合生成合蕊柱，子房下位或半下位，4～6 室。蒴果。

【资源分布】全球 5～8 属，600 余种，分布于热带和亚热带，以南美洲较多。我国 4 属，90 余种；已知药用 3 属，70 余种。分布有生物碱、挥发油和硝基菲类化合物等，硝基菲类的马兜铃酸（aristolochic acid）及其同系物是马兜铃科的肾毒性和潜在致癌物质；挥发油中黄樟醚也是致癌物质。

【药用植物】

（1）马兜铃属（*Aristolochia* L.）　藤本；总状花序；花被管状常膨大，檐部向一侧延伸成舌状，常有腐肉臭味；合蕊柱肉质；子房下位，侧膜胎座；种子具翅。约 350 种，国产 39 种。本属植物各部位的马兜铃酸类物质含量较高，而不再被《中华人民共和国药典》收录。马兜铃 *A. debilis* Sieb. et Zucc.（图 7-43）草质藤本；叶三角状卵形；单花腋生，花被管基部球形；雄蕊 6；子房下位。产黄河以南各地。北马兜铃 *A. contorta* Bge. 产东北、华北和西北地区。

（2）细辛属（*Asarum* L.）　多年生草本；根茎纤细，横走；根稍肉质，芳香辛辣；叶近心形；单花腋生，辐射对称，雄蕊 12 枚，2 轮；子房半下位，中轴胎座；蒴果浆果状。约 90 种，国产 30 种。辽细辛（北细辛）*A. heterotropoides* Fr. Schmidt var. *mandshuricum*（Maxim.）Kitag.（图 7-44）根多而细长；基生叶常 2 枚，叶片心形至肾状心形；花被壶状，紫褐色，顶端 3 裂向下反卷；蒴果半球形。产东北。根及根状茎（细辛）能祛风散寒，通窍止痛，温肺化饮。汉城细辛 *A. sieboldii* Miq. var. *seoulense* Nakai 和华细辛 *A. sieboldii* Miq. 的根及根状茎与辽细辛同等入药。

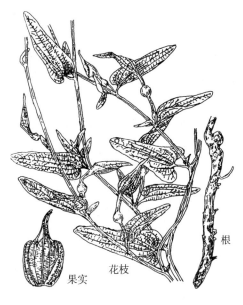

图 7 - 43　马兜铃

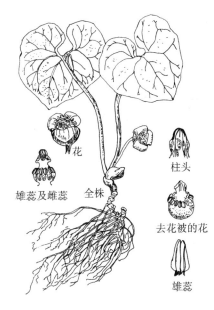

图 7 - 44　辽细辛

（十七）木兰目 Magnoliales

本目包含木兰科、肉豆蔻科、单心木兰科、瓣蕊花科、帽花木科和番荔枝科，《中华人民共和国药典》收录的药材分布在木兰科和肉豆蔻科。

19. 木兰科 Magnoliaceae 微课5　　　　　　$\male \female * P_{6\sim15} \underline{G}_{\infty:1:1\sim2}$

【形态特征】木本，具香气。单叶互生，托叶包被幼芽，早落，节处留一环状托叶痕。花单生，两性，稀单性，整齐；花被片 6～12，每轮 3 枚，渐分化成花萼和花瓣；雄蕊和心皮多数，螺旋状排列在花托上，雄蕊花丝短，在花托下半部，雌蕊在上半部，每心皮有胚珠 1～2 枚。聚合蓇葖果或聚合浆果。

【资源分布】全球18属，335种，主要分布于亚洲东南部和南部。国产14属，165种，分布于东南部和西南部；已知药用9属，91种（表7－2）。分布有异喹啉类生物碱、木脂素、倍半萜和挥发油等。《中华人民共和国药典》收录的药材有南五味子、五味子、厚朴、厚朴花、滇鸡血藤、八角茴香、地枫皮和辛夷等。

表 7 - 2　木兰科部分属检索表

1. 乔木或灌木；叶革质或纸质，全缘；花两性；聚合蓇葖果。
　2. 托叶包被幼芽；小枝具环状托叶痕；雄蕊和雌蕊螺旋状排列于伸长的花托上（木兰亚科）。
　　3. 花顶生，雌蕊群无柄或具柄。
　　　4. 每心皮具 3～12 胚珠 ·· 木莲属 Manglietia
　　　4. 每心皮具 2 胚珠 ··· 木兰属 Magnolia
　　3. 花腋生，雌蕊群具明显的柄 ···································· 含笑属 Michelia
　2. 无托叶，芽具多枚芽鳞；雄蕊和雌蕊轮状排列于花托上（八角亚科）·········· 八角属 Illicium
1. 木质藤本；叶纸质或近膜质，罕革质；花单性，雌雄异株或同株；聚合浆果（五味子亚科）。
　5. 果期花托不伸长，聚合果排成近球状或椭圆体状 ········· 南五味子属 Kadsura
　5. 果期花托伸长，聚合果排成穗状 ···························· 五味子属 Schisandra

【药用植物】

（1）木兰亚科 Magnolioideae　乔木或灌木，小枝具环状托叶痕。花两性，雌雄同株。花大，美丽；雄蕊和雌蕊螺旋状排列于伸长的花托上。聚合蓇葖果。

1）木兰属（*Magnolia* L.）　单花顶生；花被片 9～15；每心皮 2 胚珠。约90种，产亚洲温带及热带；国产31种，集中在秦岭以南。望春玉兰 *M. biondii* Pampan.（图 7－45）落叶乔木；叶椭圆状披针形，基部不下延；花先叶开放；萼片3，近线形；花瓣6，匙形，白色，外面基部带紫红色；聚合果圆柱形，稍扭曲；种子深红色。产陕西、甘肃、河南、湖北、四川等地。花蕾（辛夷）能散风寒、通鼻窍。

同属植物玉兰 *M. denudata* Desr.、武当木兰 *M. sprengeri* Pampan. 的花蕾与望春花同等入药。同属植物厚朴 *M. officinalis* Rehd. et Wils.（图7-46）落叶乔木；叶大，革质，集生于枝顶，倒卵形，基部楔形；蓇葖果基部圆。产陕西、甘肃、湖北、四川、重庆、贵州等；多栽培品。干皮、根皮和枝皮（厚朴）能燥湿消痰，下气除满；花蕾（厚朴花）能芳香化湿，理气宽中。凹叶厚朴 *M. officinalis* subsp. Rehd. et Wils. *biloba*（Rehd. et Wils.）Law（图7-46）叶先端凹缺；主产浙江、福建、湖南、江西等地，与厚朴同等入药。

2）木莲属（*Manglietia* Bl.）常绿乔木；单花顶生，外轮3片花被片近革质，每心皮具胚珠4颗或更多。约30种，分布于亚洲热带和亚热带；国产22种。木莲 *M. fordiana* Oliv.，产华南和西南，果实能通便，止咳。

3）含笑属（*Michelia* L.）单花叶腋，雌蕊群有柄，每心皮有胚珠2至数颗；聚合蓇葖果穗状；50余种，分布于亚洲热带、亚热带及温带；国产41种，以西南部较多。白兰 *M. alba* DC.，南方有栽培；花能化湿、行气、止咳。

4）鹅掌楸属（*Liriodendron* L.）落叶乔木；叶分裂成"马褂"形；单花顶生，无香气，叶同时开放。2种，国产1种。鹅掌楸 *L. chinense*（Hemsl.）Sarg.，产秦岭以南；根和树皮能驱风除湿，止咳，强筋骨。

图7-45 望春玉兰

图7-46 厚朴和凹叶厚朴

（2）八角亚科 Illicioideae 乔木或灌木。无托叶，叶革质。雌雄同株；花小，雄蕊和雌蕊轮状排列于花托上。蓇葖果轮状。仅八角属（*Illicium* L.），约50种，国产28种，产西南部、南部至东部，除八角 *I. verum* Hook f. 外，其他种类的果实多有剧毒。在APG系统中八角属归属木兰藤目五味子科。八角 *I. verum* Hook. f.（图7-47）乔木；蓇葖果常8个排成八角形。果实（八角茴香）温阳散寒、理气止痛。同属植物地枫皮 *I. difengpi* B. N. Chamg et al. 树皮（地枫皮）能祛风除湿、行气止痛。

（3）五味子亚科 Schisandroideae 木质藤本；叶纸质或近膜质，具腺齿，无托叶；花单性异株，稀同株；聚合浆果。包含五味子属（*Schisandra* Michx.）和南五味子属（*Kadsura* Kaempf. ex Juss.），APG系统中归属木兰藤目五味子科。

1）五味子属（Schisandra Michx.）叶纸质；花被片5~12（20），2~3轮，中轮最大；雄蕊4~60枚；心皮12~120枚；结果时花托延长，聚合浆果排列成长穗状。约30种，国产19种，南北各地均产。五味子 *S. chinensis*（Turcz.）Baill.（图7-48）雌雄异株，花被片6~9；雄蕊5；心皮17~40；聚合浆果红色。产于东北、华北和宁夏、甘肃。果实（五味子）能收敛固涩，益气生津，补肾宁心。同属植物华中五味子 *S. sphenanthura* Rehd. et Wils. 分布于山西、陕西、甘肃、华中和西南，果实（南五味子）能收敛固涩，益气生津，补肾宁心。

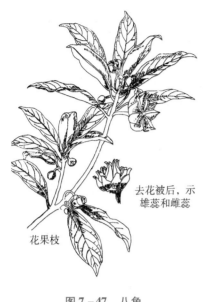

图 7-47　八角

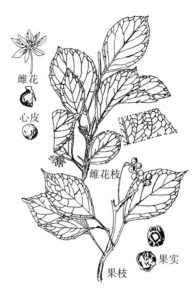

雌花

心皮

雌花枝

果枝

果实

图 7-48　五味子

2）南五味子属（Kadsura Kaempf. ex Juss.）与五味子属不同的是，聚合浆果排成密集球形或椭圆体形。28 种，约国产 10 种，产东南部至西南部。异形五味子 Kadsura interior A. C. Smith 分布长江流域及以南各地，藤茎（滇鸡血藤）能活血补血，调经止痛，舒筋通络。

木兰目重要的药用植物还有： 肉豆蔻科（Myristicaceae）植物肉豆蔻 *Myristica fragrans* Houtt.，我国热带有引种；种仁（肉豆蔻）能温中行气，涩肠止泻。

（十八）樟目 Laurales Juss. ex Bercht. & J. Presl

本目包含樟科、蜡梅科、莲叶桐科、坛罐花科等 7 个科。《中华人民共和国药典》收录的药材分布在樟科。

20. 樟科 Lauraceae　　$\male\female * P_{3+3,3+3+3} A_{3+3+3,3+3+3} \underline{G}_{(3:1:1)}$

【形态特征】木本，具油细胞，有香气，稀寄生草本（无根藤属 Cassytha）。单叶互生，革质，全缘，三出脉或羽状脉，无托叶。圆锥花序、总状花序或丛生成束；花两性，整齐，稀单性，各部轮状排列，常 3 基数；花被片 6 或 4，2 轮；雄蕊 9 或 12，花药瓣裂，外 2 轮内向，第 3 轮外向，花丝基部 2 腺体或无，第 4 轮雄蕊退化；子房上位，3 心皮，1 室，1 顶生胚珠。核果或浆果状。

【资源分布】全球 45 属，2000~2500 种，分布于热带、亚热带地区。国产 20 属，551 种，分布于长江以南各地；已知药用 13 属，125 种。分布有异喹啉类生物碱、缩合鞣质和挥发油，以阿朴菲型生物碱最广泛，挥发油集中在樟属、山胡椒属、木姜子属。《中华人民共和国药典》收录的药材有肉桂、桂枝、乌药、荜澄茄和天然冰片等。

【药用植物】

（1）樟属（*Cinnamomum* Trew）　常绿，叶常三出脉；圆锥花序，花两性，3 基数，花后花被片脱落，花药 4 室，均上下各 2。约 250 种，国产 46 种，产长江以南各地。樟 *C. camphora* (L.) Persl（图 7-49）乔木；叶卵状椭圆形，离基三出脉，脉腋具腺体；圆锥花序腋生；萼片 6；雄蕊 4 轮；果球形，紫黑色。新鲜枝、叶提取加工制品（天然冰片）能开窍醒神，清热止痛。

同属植物肉桂 *C. cassia* Presl. （图 7 - 50）乔木；叶革质，长椭圆形或近披针形，离基三出脉。圆锥花序腋生或近顶生；果实椭圆形，果托浅杯状。在华南地区和云南、广西有栽培。树皮（肉桂）能补火助阳，引火归元，散寒止痛，温通经脉；嫩枝（桂枝）能发汗解肌，

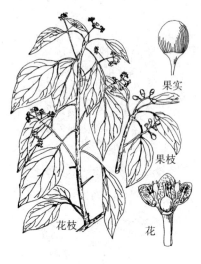

图 7 - 49 樟

图 7 - 50 肉桂

（2）木姜子属（*Litsea* Lam.） 常绿或落叶，多羽状脉；伞形花序，花单性异株，3 基数，花药 4 室。约 200 种，国产 50 余种。山鸡椒 *L. cubeba*（Lour.）Pers. 产长江流域及以南地区；果实（荜澄茄）能温中散寒，行气止痛。

（3）山胡椒属（*Lindera* Thunb.） 不同于木姜子属的特征是花时总苞已脱落，花药 3 室。约 100 种，国产 40 余种。乌药 *L. aggregata*（Sims）Kosterm. 产长江以南；块根（乌药）能行气止痛，温肾散寒。

五、真双子叶植物基部群

真双子叶植物包含基部群和核心双子叶植物，核心双子叶植物又包括蔷薇类分支和菊类分支，共有 44 目，295 科。其中基部群包含毛茛目、山龙眼目、昆栏树目和黄杨目，《中华人民共和国药典》收录的药材分布在毛茛目中。

（十九）毛茛目 Ranunculales

本目包含毛茛科、小檗科、木通科、防己科、罂粟科、星叶草科和领春木科等 7 个科，我国均有分布。《中华人民共和国药典》收录的药材分布前 5 个科中。

21. 罂粟科 Papaveraceae　　　　　　　　　　　$♀ * ↑ K_{2\sim3} C_{4\sim6} A_{\infty,4\sim6} \underline{G}_{(2\sim\infty:1:\infty)}$

【形态特征】草本，常具乳汁或有色汁液。叶常分裂，无托叶。花单生，或成总状或圆锥花序；花两性，辐射对称或两侧对称；萼片 2，早落；花瓣 4 ~ 6，2 轮；雄蕊多数，高生或 4 ~ 6 枚联合成 2 体；子房上位，心皮 2 至多数，1 室，侧膜胎座，花柱短，柱头盾状或头状。蒴果瓣裂或顶孔裂；胚小，胚乳丰富。

【资源分布】全球 38 属，700 余种；主产北温带。我国 19 属，443 种，以西南部最多；已知药用 15 属，130 种。分布有异喹啉类生物碱，其中原托品型生物碱最普遍，小檗碱型和苯丙菲啶型生物碱次之。《中华人民共和国药典》收录的药材有罂粟壳、延胡索、夏天无、苦地丁、白屈菜等。

【药有植物】

（1）罂粟属（*Papaver* L.） 乳汁白色；叶互生，羽状分裂；花单生，艳丽，无花柱，柱头盘状；蒴果球形，孔裂。约100种，国产5种。罂粟 *P. somniferum* L.（图7-51）叶基部抱茎，具粗齿或缺刻；花大，花瓣4，白色至紫红色。原产于南欧，严禁非法种植。未成熟果实割的取乳汁是提取吗啡、可待因，以及毒品海洛因、鸦片等的原料；已割取乳汁的成熟果壳（罂粟壳）能敛肺，涩肠，止痛。从唐代开始，罂粟作为治病良药，直到近代国外势力将吸食鸦片方法传入中国，才成为祸害国人的毒品。

（2）紫堇属（*Corydalis* DC.） 无乳汁；叶1至多回羽状分裂或掌状分裂；总状花序具苞片，花两侧对称，花瓣4枚，上面1枚延伸呈距或囊；雄蕊6，2束；蒴果线形至卵形，2瓣裂。约428种，国产298种。延胡索 *C. yanhusuo* W. T. Wang ex Z. Y. Su et C. Y. Wu（图7-51）块茎球状；叶二回三出全裂，末回裂片披针形；总状花序顶生，花冠紫红色；2心皮。多地有栽培，主产安徽、浙江、湖北、河南。块茎（延胡索）能行气止痛，活血散瘀。夏天无 *C. decumbens*（Thunb.）Pers. 主产华东地区及湖南、江西；块茎（夏天无）能活血止痛，舒筋活络，祛风除湿。地丁草 *C. bungeana* Turcz. 产东北、西北、华北地区；全草（苦地丁）能清热解毒，散结消肿。

常用药用植物还有：白屈菜 *Chelidonium majus* L. 产东北、华北及新疆、四川等地；全草（白屈菜）能镇痛，止咳，消肿毒。博落回 *Macleaya cordata*（Willd.）R. Br. 产华中、华南和西南地区；全草能消肿，止痛，杀虫；还用于生产生物农药。

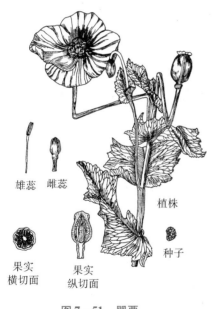

图7-51 罂粟

雄蕊　雌蕊

植株

果实横切面　果实纵切面　种子

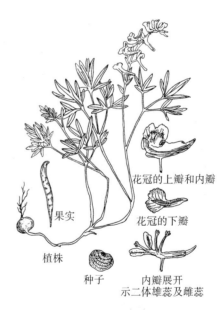

图7-52 延胡索

花冠的上瓣和内瓣

果实

花冠的下瓣

植株

种子　内瓣展开示二体雄蕊及雌蕊

22. 防己科 Menispermaceae 微课6 $\male * K_{3+3} C_{3+3} A_{3\sim6,\infty}; \female * K_{3+3} C_{3+3} \underline{G}_{3\sim6;1;1}$

【形态特征】藤本。单叶互生，叶柄两端常肿胀，无托叶。花小，单性异株；聚伞花序或再排列成圆锥、总状或伞形；花萼、花瓣均6枚，2轮；雄蕊6~8，分离或合生；心皮3~6，分离，子房上位，1室。核果，核常呈马蹄形或肾形。

【资源分布】全球65属，350余种，主要分布于热带和亚热带地区。国产19属，约80种，分布于长江流域及以南各地；已知药用15属，67种。分布有生物碱、皂苷、挥发油等，以原小檗碱类和双苄基异喹啉生物碱最丰富。《中华人民共和国药典》收录的药材有防己、亚乎奴、北豆根、青风藤、黄藤和金果榄等。

【药用植物】粉防己 *Stephania tetrandra* S. Moore（图 7-53）草质藤本。主根柱状，肉质。叶阔三角形，盾状着生。花序头状，腋生，在下垂的枝条上作总状排列；花单性，4 数。核果近球形，红色。产我国东部及南部。根（防己）能祛风止痛，利水消肿。

常用药用植物还有：青牛胆 *Tinospora sagittata* (Oliv.) Gagnep.，产长江流域，块根（金果榄）能清热解毒，消肿止痛。锡生藤 *Cissampelos pareira* var. *hirsuta* (Buch. ex DC) Forman，产云南、广西、贵州，全株（亚乎奴）能消肿止痛，止血，生肌。蝙蝠葛 *Menispermum dauricum* DC.，产东北，根茎（北豆根）能清热解毒，祛风止痛。青藤 *Sinomenium acutum* (Thunb.) Rehd. et Wils.，产长江流域及以南各地，藤茎（青风藤）能祛风湿，通经络，利小便。黄藤 *Fibraurea recisa* Pierre.，产云南、广西、广东，藤茎（黄藤）能清热解毒，泻火通便。金线吊乌龟 *Stephania cephalantha* Hayata，产黄河以南，块根（称白药子）能散瘀消肿，止痛；木防己 *Cocculus orbiculatus* (L.) DC.，产大部分区；根（称木防己）能祛风止痛，利尿消肿。

果核，示侧面

果核，示正面

果枝 花

块根

图 7-53 粉防己

23. 小檗科 Berberidaceae

$\female * K_{3+3} C_{3+3} A_{3-9} \underline{G}_{(1:1:1-\infty)}$

【形态特征】灌木或草本。单叶互生，或羽状复叶，托叶存在或缺。花两性，辐射对称；瓣萼相似，各 2~3 轮，每轮 3 枚，分离；雄蕊与花瓣同数而对生；子房上位，1 心皮，1 室。浆果、蒴果、蓇葖果或瘦果。

【资源分布】全球 15 属，650 余种，主产北温带、东非和南美热带。国产 11 属，303 种，产南北各地；已知药用 11 属，约 140 种。《中华人民共和国药典》收录的药材有淫羊藿、巫山淫羊藿、功劳木、三颗针。

【药用植物】

（1）小檗属（*Berberis* L.）　灌木，茎内皮黄色，枝常具刺；单叶，叶片和叶柄连接处有关节；花黄色，萼片、花瓣、雄蕊常 6，花药活瓣状开裂；浆果。约 500 种，国产约 250 种，根皮和茎皮可提取小檗碱。匙叶小檗 *B. vernae* Schneid.（图 7-54）叶纸质，匙状倒披针形，先端圆钝，叶缘全缘；穗状总状花序；花黄色，花瓣先端近急尖，基部具爪和 2 枚腺体。产甘肃、青海、四川。根（三颗针）能清热燥湿、泻火解毒。金花小檗 *B. wilsonae* Hemsl.、细叶小檗 *B. poiretii* Schneid. 和假蠔猪刺 *B. soulieana* Schneid. 的根与匙叶小檗同等入药。

（2）十大功劳属（*Mahonia* Nuttall）　与小檗属不同的是，该属羽状复叶，枝无刺。约 60 种，我国产 35 种，根皮和茎皮可提取小檗碱。阔叶十大功劳 *M. bealei* (Fort.) Carr. 和十大功劳 *M. fortunei* (Lindl.) Fedde. 产长江流域及以南，茎（功劳木）清热燥湿，泻火解毒。

（3）淫羊藿属（*Epimedium* L.）　草本，根茎横生；单叶或 1~3 回羽状复叶，革质，具齿；花瓣 4，常呈距状。约 50 种，国产约 40 种。箭叶淫羊藿（三枝九叶草）*E. sagittatum* (Sieb. et Zucc.) Maxim.（图 7-55）常绿草本；一回三出复叶，小叶基部心形，侧生小叶不对称；圆锥花序顶生；萼片 2 轮，内轮 4 枚，瓣状，白色；花瓣囊状，淡棕黄色，有矩；雄蕊 4；蓇葖果。产长江以南各地，以及陕西、甘肃。叶（淫羊藿）能补肾阳，强筋骨，祛风湿。淫羊藿 *E. brevicornu* Maxim.、柔毛淫羊藿 *E. pubescens* Maxim. 和朝鲜淫羊藿 *E. koreanum* Nakai 等的叶与箭叶淫羊藿同等入药；巫山淫羊藿 *E. wushanense* T. S. Ying 产重庆、四川、贵州、湖北，叶（巫山淫羊藿）能补肾阳，强筋骨，祛风湿。

图 7-54　匙叶小檗

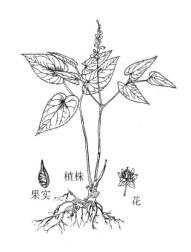

图 7-55　箭叶淫羊藿

　　常见药用植物还有：桃儿七 *Sinopodophyllum hexandrum*（Royle）Ying，分布于乏喜马拉雅山地区，果实（小叶莲）能调经活血；根和根茎（称桃儿七）能祛风除湿，活血解毒，止咳，止痛；根和根茎是提取抗癌药"鬼臼毒素"的原料。八角莲 *Dysosma versipellis*（Hance）M. Cheng ex Ying 和六角莲 *D. pleiantha*（Hance）Woodson 的根茎能化痰散结、祛瘀止痛、清热解毒。南天竹 *Nandina domestica* Thunb. 的根、茎、叶能清热除湿，通经活络；果实（称南天竹子）能止咳平喘。鲜黄连 *Plagiorhegma dubia* Maxim. 的根和根茎能清热燥湿、凉血止血。

24. 毛茛科 Ranunculaceae 🅔 微课7

$$\female * ↑ K_{3\sim\infty} C_{2\sim\infty,0} A_\infty \underline{G}_{1\sim\infty:1:1\sim\infty}$$

　　【形态特征】草本，稀灌木或木质藤本。单叶或复叶，互生或基生，少对生；无托叶。花单生或排成聚伞花序、总状花序和圆锥花序；花常两性；辐射对称或两侧对称；瓣萼明显，常各 5 枚，萼绿色，或瓣化而缺花瓣；雄蕊和心皮多数，离生，螺旋状排列在花托上，子房上位。聚合蓇葖果或聚合瘦果，稀浆果。

　　【资源分布】全球 55 属，2500 余种，广布，多见于北温带和寒温带。国产 35 属，1519 种，全国广布；已知药用 30 属，约 500 种（表 7-3）。分布有苄基异喹啉类生物碱，如木兰花碱、小檗碱；二萜类生物碱，如乌头碱；三萜类及其皂苷类、强心苷等；毛茛苷（ranunculin）是本科的特征性成分。《中华人民共和国药典》收录的药材有黄连、白头翁、威灵仙、川木通、川乌、草乌、天葵子、升麻、猫爪草、白芍、赤芍、牡丹皮等。

表 7-3　毛茛科部分属检索表

1. 草本；叶互生或基生。
　2. 花辐射对称。
　　3. 瘦果，每心皮有 1 胚珠。
　　　4. 有由 2 枚对生或 3 枚以上轮生苞片形成的总苞；叶基生。
　　　　5. 果期花柱不延长 ·· 银莲花属 *Anemone*
　　　　5. 果期花柱延长成羽毛状 ·································· 白头翁属 *Pulsatilla*
　　　4. 无总苞，叶基生和茎生。
　　　　6. 花无花瓣 ··· 唐松草属 *Thalictrum*
　　　　6. 花有花瓣，花瓣有蜜腺 ·································· 毛茛属 *Ranunculus*
　　3. 蓇葖果，每心皮有 2 枚以上胚珠。
　　　7. 有退化雄蕊。
　　　　8. 总状或复总状花序；无花瓣；退化雄蕊位于发育雄蕊外侧 ·········· 类叶升麻属 *Actaea*
　　　　8. 单花或单歧聚伞花序；有花瓣；退化雄蕊位于发育雄蕊内侧 ·········· 天葵属 *Semiaquilegia*
　　　7. 无退化雄蕊。
　　　　9. 心皮有细柄；花小，黄绿色或白色 ·························· 黄连属 *Coptis*
　　　　9. 心皮无细柄；花大，黄色、近白色或淡紫色 ················ 金莲花属 *Trollius*
　2. 花两侧对称；后面萼片船形或盔形，无距；花瓣有长爪 ············· 乌头属 *Aconitum*
1. 常藤本；叶对生；花被片 4 枚或 6 枚 ····························· 铁线莲属 *Clematis*

【药用植物】

（1）毛茛属（*Ranunculus* L.） 草本；叶基生或茎生，掌状分裂或三出复叶；花单生或聚伞花序；花两性，整齐，5基数，花瓣黄色，基部有蜜腺；聚合瘦果。约400种，国产78种。猫爪草 *R. ternatus* Thunb. 一年生铺散小草本，簇生有多数纺锤形肉质小块根。主产华东和华中地区。块根（猫爪草）能化痰散结，解毒消肿。毛茛 *R. japonicus* Thunb.（图7-56）全体被粗毛；叶3深裂，中裂片3浅裂，侧裂片2裂；花瓣亮黄色；聚合瘦果近球形。全国均有分布。全草能利湿消肿，止痛，退翳，截疟杀虫。

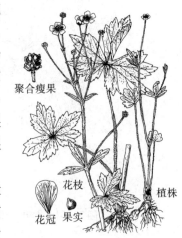

图7-56 毛茛

（2）乌头属（*Aconitum* L.） 草本，具膨大直根或块根；叶掌状分裂；总状花序；花两侧对称，萼片5，瓣状，上萼片常呈盔状或圆筒状；花瓣2，特化成由距、唇、爪组成的蜜腺叶；有退化雄蕊；心皮3~5，聚合蓇葖果。约350种，国产167种。乌头 *A. carmichaelii* Debx.（图7-57）直根旁生有1~2枚不定根膨大呈倒圆锥形的更新芽，称"附子"；叶掌状2~3回深裂或全裂；萼片蓝紫色，上萼盔帽状。产黄河以南至南岭以北。栽培品的母根（川乌）能祛风除湿，温经止痛；子根（附子）能回阳救逆，补火助阳，散寒止痛。同属植物北乌头 *A. kusnezoffii* Reichb.，产东北、华北；块根（草乌）能祛风除湿，温经止痛；叶（草乌叶）能清热，解毒，止痛。黄花乌头 *A. coreanum*（Lévl.）Raipaics，产东北和河北北部，块根（称关白附）能祛寒湿、止痛；短柄乌头 *A. brachypodum* Diels，产四川、云南，块根（称雪上一枝蒿）能祛风，止痛。

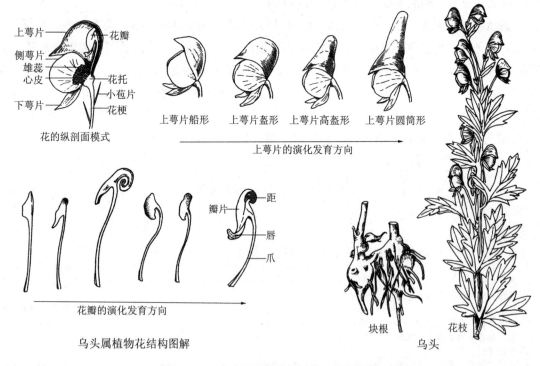

图7-57 乌头属植物花的结构图解及乌头

（3）黄连属（*Coptis* Salisb.） 常绿草本；根茎黄色；叶基生，具长柄，3或5全裂。萼片5，瓣状，花瓣较萼窄短；雄蕊多数；心皮5~14，基部具明显的柄；蓇葖果。约16种，国产6种。黄连 *C. chinensis* Franch.（图7-58）叶3全裂；花黄绿色，花瓣条状披针形；雄蕊20枚；心皮8~12枚。产于重庆、陕西、湖北、湖南、贵州、四川等地。根茎（黄连）能清热燥湿，泻火解毒。三角叶黄连 *C. deltoidea* C. Y. Cheng & Hsiao 和云连 *C. teeta* Wall. 的根茎与黄连同等入药。

（4）铁线莲属（*Clematis* L.）　木质藤本，少直立草本；羽状复叶，稀单叶，对生；萼片 4～5，瓣状，无花瓣；聚合瘦果，宿存花柱伸长呈羽毛状。约 250 种，国产 110 种。威灵仙 *C. chinensis* Osbeck（图 7 - 59）藤本，茎叶干后成黑色小片常 5 枚，全缘；圆锥状聚伞花序，萼片 4，白色；聚合瘦果 3～7 枚。产长江中下游及以南地区。根和根茎（威灵仙）能祛风湿，通经络。棉团铁线莲 *C. hexapetala* Pall. 和东北铁线莲 *C. mandshurica* Rupr. ［*C. terniflora* DC. var. *mandshurica*（Rupr.）Ohwi］的根和根茎与威灵仙同等入药。小木通 *C. armandii* Franch. 和绣球藤 *C. montana* Buch. - Ham. ex DC. 产秦岭及以南地区，藤茎（川木通）能利尿通淋，清心除烦，通经下乳。同属多种植物的茎藤在产区也常作"川木通"药用。

图 7 - 58　黄连

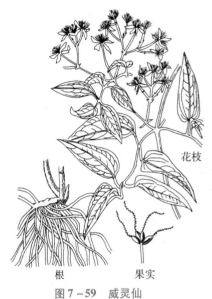
图 7 - 59　威灵仙

（5）升麻属（*Cimicifuga* L.）　直立草本；根茎粗壮，黑色；1～3 羽状复叶；花序细长，花梗短，萼片 4～5，瓣状，无花瓣；聚合蓇葖果，蓇葖果具短柄。约 18 种，国产 8 种。升麻 *C. foetida* L. 2～3 回羽状复叶，花两性，花序多分支，心皮密被灰色柔毛。产横断山脉地区。根茎（升麻）能发表透疹，清热解毒，升举阳气。大三叶升麻 *C. heracleifolia* Kom. 和兴安升麻 *C. dahurica*（Turcz.）Maxim. 主产东北地区，根茎与升麻同等入药。

（6）白头翁属（*Pulsatilla* Adans.）　草本，根茎常有长柔毛；叶掌状或羽状分裂，基生，具长柄；花单生花葶，总苞 3 枚，萼片瓣状，蓝紫色；聚合瘦果；宿存花柱羽毛状。白头翁 *P. chinensis*（Bunge）Regel 全株密被白色长柔毛，叶片 3 全裂；花蓝紫色或黄色；宿存花柱下垂如白发。产东北至四川各地。根（白头翁）能清热解毒，凉血止痢。

（7）芍药属（*Paeonia* L.）　宿根草本或灌木，根肥大；1～2 回三出羽状复叶，互生；花大，顶生或腋生，雄蕊离心发育，花盘杯状或盘状；聚合蓇葖果，果皮革质。约 35 种，国产 18 种。在 APG 系统中芍药属归属虎耳草目芍药科。芍药 *P. lactiflora* Pall.（图 7 - 60）宿根草本，根粗壮，圆柱形；二回三出复叶，叶缘具骨质细乳突；心皮 2～5 枚，花盘肉质，包裹心皮基部；聚合蓇葖果，具喙，光滑无毛。产东北、华北地区，以及陕西和甘肃南部，全国各地多有栽培。栽培品去外皮，经水煮后的干燥根（白芍）能平肝止痛，养血调经，敛阴止汗。野生者直接干燥的根（赤芍）能清热凉血，散瘀止痛。川赤芍 *P. veitchii* Lynch 产青藏高原的东缘和南缘，其根与野生芍药同等作赤芍入药。牡丹 *P. suffruticosa* Andr.（图 7 - 61）落叶灌木，根皮厚，表面灰褐色至紫棕色；顶生小叶宽卵形，3 裂至中部；杯状花盘，革质，包裹心皮；蓇葖果密生褐黄色毛。全国各地均有栽培。根皮（牡丹皮）能清热凉血，活血化瘀。

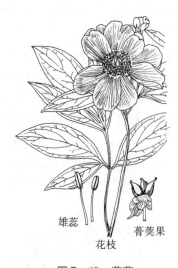

雄蕊
蓇葖果
花枝

图 7-60 芍药

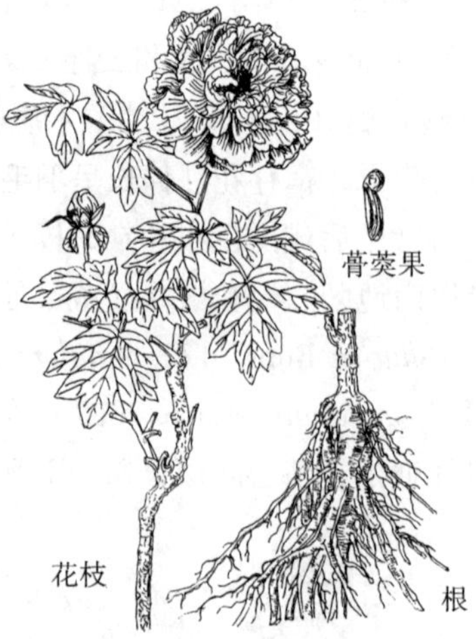

蓇葖果
花枝
根

图 7-61 牡丹

常用药用植物还有：天葵 *Semiaquilegia adoxoides*（DC.）Makino 产长江流域中下游；块根（天葵子）能清热解毒，消肿散结。腺毛黑种草 *Nigella glandulifera* Freyn et Sint，新疆有栽培，种子（黑种草子）能补肾健脑，通经，通乳，利尿。多被银莲花 *Anemone raddeana* Regel 产东北，根茎（两头尖）能祛风湿，消痈肿。

毛茛目重要的药用植物还有：木通科（Lardizabalaceae）植物木通 *Akebia quinata*（Thunb.）Decne.、三叶木通 *A. trifoliata*（Thunb.）Koidz. 或白木通 *A. trifoliata*（Thunb.）Koidz. var. *australis*（Diels）Rehd. 产长江流域各地，藤茎（木通）能利尿通淋，清心除烦，通经下乳；果实（八月札）能舒肝理气，活血止痛，除烦利尿。野木瓜 *Stauntonia chinensis* DC. 产长江中下游及以南各地，带叶茎枝（野木瓜）能祛风止痛，舒筋活络。大血藤 *Sargentodoxa cuneata*（Oliv.）Rehd. et Wils 产长江流域及以南地区，藤茎（大血藤）能清热解毒，活血，祛风止痛。

六、真双子叶植物超蔷薇类分支

超蔷薇类分支共有 18 目，包括基部的虎耳草目和葡萄目，真蔷薇类分支含豆类和锦葵类两大次级分支。《中华人民共和国药典》收录的药材分布在虎耳草目、葡萄目、蒺藜目、豆目、蔷薇目、壳斗目、葫芦目、卫矛目、金虎尾目、牻牛儿苗目、桃金娘目、缨子木目、无患子目、锦葵目和十字花目。

（二十）虎耳草目 Saxifragales

本目包含虎耳草科、景天科、芍药科、金缕梅科、连香树科、虎皮楠科、鼠刺科、茶藨子科、小二仙草科、扯根菜科和锁阳科等 14 个科。《中华人民共和国药典》收录的药材分布在景天科、锁阳、金缕梅科、虎耳草科和芍药科（参见毛茛科芍药属）。

25. 虎耳草科 Saxifragaceae　　　　$\male\female * \uparrow K_{4\sim5} C_{4\sim5,0} A_{4\sim5,8\sim10} \underline{G}, \overline{G}, \overline{\underline{G}}_{(2\sim5:\ 2\sim5:\infty)}$

【形态特征】草本，少灌木。单叶或复叶，常互生，无托叶。聚伞状、圆锥或总状花序；花两性，常整齐；花萼与花瓣 4 或 5，萼片瓣状；雄蕊与花瓣同数或其倍数；心皮 2，稀 3~5，多少合生，子房上位至下位，中轴胎座或侧膜胎座，胚珠多数。蒴果、浆果、蓇葖果或核果。

【资源分布】全球 38 属，620 余种，分布于北温带。国产 14 属，268 种，南北均产；已知药用 24 属 155 种。分布有黄酮类、香豆素类、环烯醚萜类、三萜类、生物碱类和鞣质等。《中华人民共和国药典》收录的药材有岩白菜和常山。

【药用植物】虎耳草 *Saxifraga stolonifera* Curt.（图 7-62）常绿草本，匍匐枝细长。单叶基生，肾状心形，被长柔毛。圆锥花序，花5数，两侧对称；雄蕊10枚；心皮2，合生；蒴果。分布于秦岭以南各地。全草（虎耳草）能疏风清热，凉血解毒。

常用药用植物还有：常山 *Dichroa febrifuga* Lour. 分布于秦岭以南各地，根（常山）能涌吐痰涎，截疟（APG系统归属山茱萸目绣球科）。岩白菜 *Bergenia purpurascens*（Hook. f. et Thoms.）Engl. 分布于四川、云南和西藏，根茎（岩白菜）能收敛止泻，止血止咳，舒筋活络。落新妇 *Astilbe chinensis*（Maxim.）Franch. et Savat. 根状茎（称红升麻）能祛风除湿，散瘀止痛，止咳。

虎耳草目重要的药用植物还有：

景天科（Crassulaceae）植物垂盆草 *Sedum sarmentosum* Bunge，大部分地区有分布，全草（垂盆草）能利湿退黄、清热解毒；大花红景天 *Rhodiola crenulata*（Hook. f. et Thoms.）H. Ohba 产青藏高原，根和根茎（红景天）能益气活血、通脉平喘。瓦松 *Orostachys fimbriatus*（Turcz.）Berg. 产东北至长江流域，地上部分（瓦松）能凉血止血、解毒、敛疮。

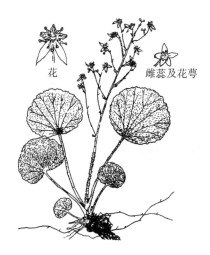

图 7-62 虎耳草

金缕梅科（Hamamelidaceae）植物枫香树 *Liquidambar formosana* Hance，产秦岭及淮河以南，果序（路路通）能祛风活络，利水通经；树脂（枫香脂）能解毒生肌，止血止痛。苏合香树 *L. orientalis* Mill.，原产小亚细亚南部，南方有引种栽培，香树脂（苏合香）能开窍，辟秽，止痛。

锁阳科（Cynomoriaceae）植物锁阳 *Cynomorium songaricum* Rupr. 产干旱荒漠地区，肉质茎（锁阳）能补肾阳，益精血，润肠通便。

（二十一）葡萄目 Vitales

本目仅葡萄科。

26. 葡萄科 Vitaceae $\male\female * K_{(4\sim5)} C_{(4\sim5)} A_{4\sim5} \underline{G}_{(2\sim6;2\sim6;1\sim2)}$

【形态特征】落叶藤本。卷须与叶对生。叶互生，掌状分裂、掌状或羽状复叶，有托叶。聚伞或圆锥花序与叶对生。花小，淡绿色，两性或单性异株，花萼4~5裂，花瓣4~5，雄蕊与花瓣同数而对生，生于环状花盘基部；心皮2~3，合生，子房上位，中轴胎座。浆果。

【资源分布】全球14或15属，800余种；广布于热带及温带。国产9属，约156种，南北均产；已知药用7属，100余种。分布有黄酮类、萜类、酚酸类、甾醇和挥发油等，葡萄属（Vitis）和蛇葡萄属（Ampelopsis）富含聚芪类化合物（oligostilbenes）。《中华人民共和国药典》收录的药材有白蔹。

图 7-63 白蔹

【药用植物】白蔹 *Ampelopsis japonica*（Thunb.）Makino（图7-63）攀缘藤本，全体无毛。根块纺锤形。掌状复叶，小叶3~5，羽状分裂或羽状缺刻，叶轴有阔翅。聚伞花序；花5数，子房2室。浆果熟时白色或蓝色。根（白蔹）能清热解毒，消肿止痛。

常见药用植物还有：三叶崖爬藤 *Tetrastigma hemsleyanum* Diels et Gilg，产秦岭以南各地，块根（称三叶青）能清热解毒、祛风化痰、活血止痛。葡萄 *Vitis vinifera* L. 各地均有栽培，品种较多；果实能解表透疹、利尿，也供食用和酿酒。乌蔹莓 *Cayratia japonica*（Thunb.）Gagnep. 产秦岭以南各地，全草能凉血解毒，利尿消肿，凉血散瘀。

（二十二）蒺藜目 Zygophyllales

本目包含刺球果科和蒺藜科2科。《中华人民共和国药典》收录的药材分布在蒺藜科。蒺藜科有27

属 350 种，分布于热带、亚热带和温带；国产 6 属，31 种，分布于西北荒漠和半荒漠地区。蒺藜科（Zygophyllaceae）植物蒺藜 *Tribulus terrestris* L.，果实（蒺藜）能平肝解郁，活血祛风，明目，止痒。

（二十三）豆目 Fabales

本目包含豆科、远志科和海人树科等 4 个科。《中华人民共和国药典》收录的药材分布在豆科和远志科。

27. 豆科 Fabaceae，Leguminosae ⓔ 微课 8　　　　　$\male\female * \uparrow K_{5,(5)} C_5 A_{(9)+1,10,\infty} \underline{G}_{1:1:1\sim\infty}$

【形态特征】草本或木本。叶互生，常复叶，有托叶。花两性，两侧对称或辐射对称；萼 5 裂，花瓣 5，常蝶形或假蝶形，少数辐射对称；雄蕊 10，二体雄蕊，少分离或下部合生，稀多数；心皮 1，子房上位，胚珠 1 至多数，边缘胎座。荚果；种子无胚乳。

【资源分布】全球约 750 属，19500 种，是被子植物的第 3 大科；全球广布。国产 172 属，2451 种，全国分布；已知药用 109 属，600 余种。分布有黄酮、生物碱、萜类、香豆素、蒽醌和鞣质类等。常依据花冠形态与对称性、花瓣排列方式、雄蕊数目与类型等，分为含羞草亚科、云实亚科（苏木亚科）和蝶形花亚科（表 7-4）。《中华人民共和国药典》收录的药材有合欢皮、合欢花、儿茶、决明子、猪牙皂、大皂角、皂角刺、苏木、鸡骨草、山豆根、鸡血藤、补骨脂、槐角、槐花、沙苑子、苦参、粉葛、葛根、甘草、黄芪、榼藤子等。

表 7-4　豆科各亚科和主要属检索表

```
1. 花辐射对称，花瓣镊合状排列，雄蕊多数或有定数 ······························· 含羞草亚科 Mimosoideae
   2. 雄蕊多数，荚果成熟时不裂为数节。
      3. 花丝连合成管状 ······························································· 合欢属 Albizia
      3. 花丝分离 ··································································· 金合欢属 Acacia
   2. 雄蕊 5 或 10，荚果成熟时裂为数节 ·············································· 含羞草属 Mimosa
1. 花两侧对称，花瓣覆瓦状排列，雄蕊常为 10。
   4. 花冠假蝶形，旗瓣小并位于最内方，雄蕊分离 ·············· 云实亚科（苏木亚科）Caesalpiniaceae
      5. 单叶 ········································································· 紫荆属 Cercis
      5. 偶数羽状复叶。
         6. 植株有刺。
            7. 花杂性或单性异株，小叶边缘有齿 ··································· 皂荚属 Gleditsia
            7. 花两性，小叶全缘 ················································ 云实属 Caesalpinia
         6. 植株无刺 ··································································· 决明属 Senna
   4. 花冠蝶形，旗瓣大并位于在最外方 ················································ 蝶形花亚科 Papilionoideae
      8. 雄蕊分离或仅基部合生 ······················································· 槐属 Styphnolobium
      8. 雄蕊合生成单体或二体。
         9. 单体雄蕊。
            10. 三出复叶，藤本。
               11. 花萼钟形，具块根 ············································· 葛属 Pueraria
               11. 花萼二唇形，不具块根 ·········································· 刀豆属 Canavalia
            10. 单叶，草本。
               12. 荚果不肿胀，常含 1 枚种子，成熟时不开裂 ······················ 补骨脂属 Cullen
               12. 荚果肿胀，含种子，2 枚以上，成熟时开裂 ······················ 猪屎豆属 Crotalaria
         9. 二体雄蕊。
            13. 三出复叶。
               14. 小叶边缘有锯齿，托叶与叶柄连合 ····························· 葫芦巴属 Trigonella
               14. 小叶全缘或具裂片，托叶不与叶柄连合。
                  15. 花序轴无节无瘤 ············································· 大豆属 Glycine
                  15. 花序轴于花着生处常凸出为节，或隆起如瘤。
                     16. 花柱不具须毛。
                        17. 旗瓣大于翼瓣和龙骨瓣，枝条有 ··························· 刺桐属 Erythrina
                        17. 所有花瓣长度近相等，枝条无刺 ························· 密花豆属 Spatholobus
                     16. 花柱上部具须毛，或柱头周围具毛茸。
                        18. 柱头倾斜，其下方具须毛 ······························ 豇豆属 Vigna
                        18. 柱头顶生，其周围或下方具须毛 ························ 扁豆属 Lablab
            13. 奇数羽状复叶。
               19. 木质藤本，圆锥花序 ············································ 崖豆藤属 Millettia
               19. 草本，总状、穗状或头状花序。
                  20. 花药等大，荚果通常肿胀，常因背缝线深延而纵隔为 2 室 ·········· 黄芪属 Astragalus
                  20. 花药不等大，荚果通常有刺或瘤状突起，1 室 ··················· 甘草属 Glycyrrhiza
```

【药用植物】

（1）含羞草亚科 Mimosoideae　乔木或灌木，稀藤本或草本。1~2 回羽状复叶。花辐射对称，萼片下部合生，花瓣镊合状排列，基部合生；雄蕊多数，稀 5 或 10 枚，花丝离生或合生。荚果横裂或不裂。全球约 40 属，2000 种。

合欢属（*Albizia* Durazz.）落叶乔木或灌木；二回羽状复叶；花瓣小，雄蕊多数，花丝远长于花冠，基部合生。约 50 种，国产 17 种。合欢 *A. julibrissin* Durazz.（图 7-64）乔木；头状花序呈伞房状排列；萼片小，筒状；花冠漏斗状，淡红色；花丝淡红色。产华东、西南和华南地区。树皮（合欢皮）能解郁安神，活血消肿；花序或花蕾（合欢花）能解郁、安神。

本亚科常用药用植物还有，儿茶 *Acacia catechu*（L. f.）Willd. 在浙江、台湾、广西、广东和云南有栽培，心材和去皮枝干的干燥煎膏（儿茶）能活血止痛、止血生肌、收湿敛疮、清肺化痰。榼藤 *Entada phaseoloides*（L.）Merr. 产台湾、福建、广西、广东和云南、西藏，种子（榼藤子）能补气补血，健胃消食，除风止痛，强筋硬骨。含羞草 *Mimosa pudica* L. 产热带地区，全草能安神、散瘀止痛。

（2）苏木亚科（云实亚科）Caesalpinioideae　木本，少草本。单叶或复叶，互生。花萼 5，常离，花冠假蝶形；雄蕊 10，多分离。全球约 150 属，2200 种。

决明属（*Cassia* L.）木本或草本；偶数羽状复叶，小叶对生；花常黄色，雄蕊（4~）10 枚，常不相等，有些花药退化。约 600 种，中国原产 10 余种。钝叶决明 *S. obtusifolia* L.（图 7-65）一年生草本；小叶 3 对，倒卵形或倒卵状长圆形；花黄色，成对腋生；雄蕊 10，能育雄蕊 7；荚果近四棱形，种子菱柱形，淡褐色，光亮。全国多地栽培或野生。种子（决明子）能清热明目，润肠通便。决明 *C. tora* L. 产长江流域及以南地区，种子与钝叶决明同等入药。

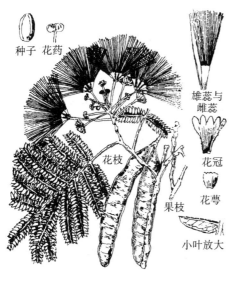

图 7-64　合欢

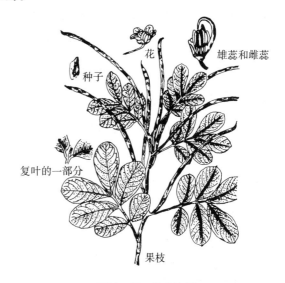

图 7-65　钝叶决明

本亚科常用药用植物还有：皂荚 *Gleditsia sinensis* Lam.，各地多栽培，成熟果实（大皂角）或不育果实（猪牙皂）能祛痰开窍、散结消肿；棘刺（皂角刺）能消肿托毒、排脓、杀虫。狭叶番泻 *Cassia angustifolia* Vahl 和尖叶番泻 *C. acutifolia* Delile ［*Senna acutifolia*（Delile）Batka］，原产热带非洲和埃及，南方有 31 种栽培；小叶（番泻叶）能泻热行滞、通便、利水。苏木 *Caesalpinia sappan* L.，原产东南亚，华南地区、云南和四川有栽培，心材（苏木）能活血祛瘀、消肿止痛。云实 *Caesalpinia decapetala*（Roth）Alston 的种子能解毒消积、止咳化痰、杀虫。

（3）蝶形花亚科 Papilionoideae　草木或木本。羽状复叶或三出复叶，稀单叶。蝶形花冠；雄蕊 10，二体雄蕊，稀分离。全球约560属，15000种。

1）槐属（*Sophora* L.）　木本或草本；奇数羽状复叶；萼齿5，旗瓣形状、大小多变；雄蕊10，分离或基部连合，丁字着药；荚果串珠状。约70种，国产21种，14变种。苦参 *S. flavescens* Ait.（图7-66）落叶亚灌木；根圆柱状，粗大，外皮黄白色；花淡黄白色；雄蕊离生；荚果串珠状不明显。全国各地均产。根（苦参）能清热燥湿、杀虫、利尿。槐 *S. japonica* L. 各地有栽培，花及花蕾（槐花）能凉血止血、清肝泻火；果实（槐角）能清热泻火、凉血止血。柔枝槐（越南槐）*S. tonkinensis* Gagnep. 产广西、广东；根和根茎（山豆根）能清热解毒、消肿利咽。

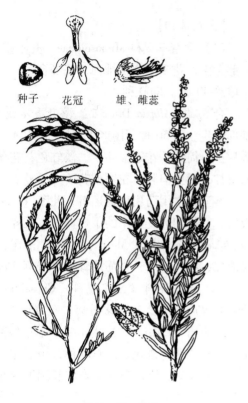

图7-66　苦参

2）黄芪属（*Astragalus* L.）　草本，具单毛或丁字毛；奇数羽状复叶，小叶全缘；龙骨瓣与翼瓣近等长或稍短，龙骨瓣先端钝；荚果常肿胀。约2000种，国产278种。膜荚黄芪 *A. membranaceus*（Fisch.）Bunge（图7-67）多年生草本，主根粗长；小叶9~25，两面被白色长柔毛；总状花序腋生；花黄白色，子房被柔毛。荚果膜质，膨胀。产东北、华北及西北。根（黄芪）能补气升阳，固表止汗，利水消肿，生津养血。蒙古黄芪 *A. membranaceus* var. *mongholicus*（Bunge）P. K. Hsiao 的根与膜荚黄芪同等入药。扁茎黄芪 *Astragalus complanatus* R. Br. 产东北、华北及西北，种子（沙苑子）能补肾助阳、固精缩尿、养肝明目。

3）甘草属（*Glycyrrhiza* L.）　多年生草本，根和根茎极发达；全体被鳞片状腺点或刺状腺体；小叶5~17枚；翼瓣短于旗瓣；荚果常有刺或瘤状突起。约20种，国产8种。甘草 *G. uralensis* Fisch.（图7-68）全株被白色短毛及刺毛状腺体，主根粗长，外皮红棕色或暗棕色；总状花序腋生，花蓝紫色，荚果呈镰刀状或环状弯曲，密被刺状腺毛及短毛。产东北、华北、西北。根和根茎（甘草）能补脾益气，清热解毒，祛痰止咳，缓急止痛，调和诸药。同属植物胀果甘草 *G. inflata* Batal. 和光果甘草 *G. glabra* L. 的根和根茎与甘草同等入药。

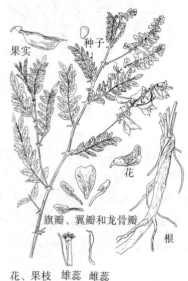

图7-67　膜荚黄芪

图7-68　甘草

本亚科常用药用植物还有：野葛 *Pueraria lobata*（Willd.）Ohwi ［*P. montana* var. *lobata*（Willd.） San. & Pred.］（图 7 - 69），全国各地均产；根（葛根）能解肌退热，生津止渴，透疹，升阳止泻，通经活络，解酒毒；花（称葛花）能解酒毒，止渴。粉葛 *P. thomsonii* Benth. 产长江流域以南，根（粉葛）与野葛的功效相同，块根中淀粉（称葛粉）供食用。多序岩黄芪 *Hedysarum polybotrys* Hand. - Mazz. 产川甘邻接地带；根（红芪）能补气升阳，固表止汗，利水消肿，生津养血，行滞通痹，托毒排脓，敛疮生肌。补骨脂 *Psoralea corylifolia* L.，产西双版纳和金沙江干热河谷；果实（补骨脂）能温肾助阳、纳气平喘、温脾止泻，外用消风祛斑。密花豆 *Spatholobus suberectus* Dunn，产云南、两广和福建；藤茎（鸡血藤）能活血补血、调经止痛、舒筋活络。广东相思子 *Abrus cantoniensis* Hance 产广东、广西，全株（鸡骨草）能利湿退黄、清热解毒、舒肝止痛。广东金钱草 *Desmodium styracifolium*（Osb.）Merr. 产广东、广西；地上部分（广金钱草）能利湿退黄，利尿通淋。胡芦巴 *Trigonella foenum - graecum* L.，南北均有栽培；种子（葫芦巴）能温肾助阳，祛寒止痛。降香檀 *Dalbergia odorifera* T. Chen 产海南，心材（降香）能化瘀止血、理气止痛。刀豆 *Canavalia gladiata*（Jacq.）DC.，长江以南有栽培；种子（刀豆）能温中、下气、止呃。扁豆 *Dolichos lablab* L.，广泛栽培；种子（白扁豆）能健脾化湿、和中消暑。赤小豆 *Vigna umbellate* Ohwi et Ohashi 和赤豆 *V. angularis* Ohwi et Ohashi，广泛栽培；种子（赤小豆）能利水消肿、解毒排脓。大豆 *Glycine max*（Linn.）Merr.，广泛栽培；发芽种子（大豆黄卷）能解表祛暑，清热利湿；成熟种子的发酵加工品（淡豆豉）能解表，除烦，宣发郁热；黑色种子（黑豆）能益精明目，养血祛风，利水，解毒。

花

果实

花枝   根

图 7 - 69 野葛

豆目重要的药用植物还有：远志科（Polygalaceae）植物远志 *Polygala tenuifolia* Willd. 产东北、华北、西北等地，根（远志）能祛痰利窍，安神益智；卵叶远志 *P. sibiria* L. 产全国各地，根与远志同等入药。瓜子金 *P. japonica* Houtt. 产全国各地，全草（瓜子金）能祛痰止咳、散瘀止血、安神。

（二十）蔷薇目 Rosales

本目包含蔷薇科、桑科、大麻科、胡颓子科、鼠李科、榆科和荨麻科等 9 个科。《中华人民共和国药典》收录的药材分布在上述前 5 个科中。

28. 蔷薇科 Rosaceae 微课9   ♀ * $K_5 C_5 A_\infty \underline{G}_{1 \sim \infty ; 1 \sim \infty} \overline{G}_{(2 \sim 5; 2 \sim 5; 2)}$

【形态特征】木本或草本，常具刺。单叶或复叶，多互生，常具托叶。花序各样，花两性，整齐；花萼与花丝常在下部与花托愈合成一碟状、杯状、坛状或壶状的托杯（hypanthium）或称被丝托，萼片、花瓣和雄蕊均着生在托杯边缘，子房上位，下位花或周围花，或子房下位，上位花；萼片、花瓣均 5 枚，有时具副萼；雄蕊多数；心皮 1 至多数，分离或结合。蓇葖果、瘦果、核果、梨果，或聚合蓇葖果、聚合瘦果、聚合核果。

【资源分布】全球约 90 属，2520 种；全球广布，以北温带较多。国产 46 属，1783 种，全国广布；已知药用 48 属，400 余种。分布有酚类、氰苷、香豆素、二萜、三萜类、生物碱和有机酸，尤以氰苷（如苦杏仁苷，amygdalin）和黄酮苷最普遍。根据托杯形状、花部位置、心皮数目、子房位置和果实类型和托叶变化，分为绣线菊亚科、蔷薇亚科、苹果亚科（梨亚科）和梅亚科（李亚科）4个亚科（表7-5，图7-70）。《中华人民共和国药典》收录的药材有金樱子、仙鹤草、鹤草芽、覆盆子、地榆、月季花、玫瑰花、委陵菜、翻白草、山楂、山楂叶、木瓜、枇杷叶、南山楂、桃仁、郁李仁、蓝布正、蕤仁、乌梅、苦杏仁等。

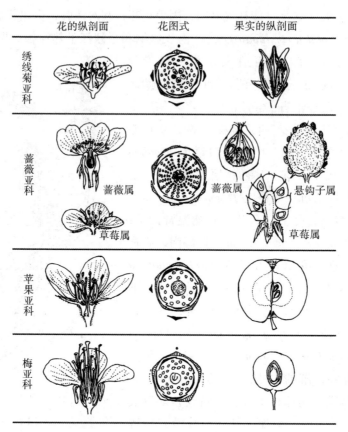

图7-70 蔷薇科四亚科花、果的比较图

表7-5 蔷薇科的亚科及主要植物属检索表

1. 聚合蓇葖果；离生心皮，常1~5；常无托叶 ·· 绣线菊亚科 spiraeoideae
1. 非聚合蓇葖果，有托叶。
　2. 子房上位。
　　3. 心皮通常多数，分离，聚合瘦果或聚合核果；萼宿存；多为复叶 ·········· 蔷薇亚科 Rosoideae
　　　4. 雌蕊由杯状或坛状的被丝托包围。
　　　　5. 雌蕊多数，果实成熟时被丝托肉质而有色泽，灌木 ················· 蔷薇属 Rosa
　　　　5. 雌蕊1~3，果实成熟时被丝托干燥坚硬，草本。
　　　　　6. 有花瓣，花萼裂片5，被丝托上部有钩状刺毛 ············· 龙芽草属 Agrimonia
　　　　　6. 无花瓣，花萼裂片4，被丝托上无钩状刺毛 ··············· 地榆属 Sanguisorba
　　　4. 雌蕊生于平坦或隆起的被丝托上。
　　　　7. 心皮内着生两枚胚珠，聚合核果，植株有刺 ··················· 悬钩子属 Rubus
　　　　7. 心皮内着生1枚胚珠，瘦果，分离，植株无刺。
　　　　　8. 花柱顶生或近顶生，在果期延长 ··················· 路边青（兰布政）属 Geum
　　　　　8. 花柱侧生，基生或近基生，在果期不延长。
　　　　　　9. 果实成熟时被丝托干燥 ··························· 委陵菜属 Potentilla
　　　　　　9. 果实成熟膨大被丝托肉质。
　　　　　　　10. 花白色，副萼片比萼片小 ··················· 草莓属 Fragaria
　　　　　　　10. 花黄色，副萼片比萼片大 ··················· 蛇莓属 Duchesnea
　　3. 心皮常1，稀2或5，核果，萼不宿存，单叶 ···················· 梅亚科 Prunoideae
　　　11. 果实有沟 ·· 李属 Prunus
　　　11. 果实无沟 ·· 樱属 Cerasus
　2. 子房下位或半下位 ·· 苹果亚科（梨亚科）Maloideae

续表

12. 果实成熟时内果皮骨质，果实含 1~5 小核 ·· 山楂属 *Crataegus*
12. 果实成熟时内果皮革质或纸质，每室子房含 1 至多数种子。
　　13. 伞房花序或总状花序，有时单生
　　　　14. 每室子房含 1~2 枚种子 ··· 梨属 *Pyrus*
　　　　14. 每室子房含 3 至多枚种子 ··· 木瓜属 *Chaenomeles*
　　13. 复伞房花序或圆锥花序。
　　　　15. 心皮全部合生，子房下位，叶常绿 ·································· 枇杷属 *Eriobotrya*
　　　　15. 心皮部分合生，子房半下位，常绿或落叶 ····················· 石楠属 *Photinia*

【药用植物】

（1）绣线菊亚科 spiraeoideae　灌木，多单叶，互生，常无托叶；托杯扁平或微凹；心皮 1~5（~12），离生，子房上位；聚合蓇葖果，稀蒴果。

绣线菊 *Spiraea salicifolia* L. 灌木，叶长圆状披针形至披针形；花瓣粉红色；聚合蓇葖果。分布于东北和华北地区。全株能通经活血，通便利水。

（2）蔷薇亚科 Rosoideae　灌木或草本，常羽状复叶，有托叶；托杯壶状或凸起；心皮多数，离生，子房上位，萼宿存；聚合瘦果或聚合核果。

1）蔷薇属（*Rosa* L.）　灌木，皮刺发达；奇数羽状复叶，托叶贴生于叶柄上；托杯壶状，雄蕊生托杯口；心皮多数，着生在凹陷的花托与托杯结合的壶状体内；聚合瘦果（又称蔷薇果）。200 余种，国产 80 余种。金樱子 *R. laevigata* Michx.（图 7-71）常绿攀缘灌木，羽状三出复叶；花大，白色，单生枝顶；蔷薇果倒卵形，密生直刺。产长江流域及以南地区。果实（金樱子）能固精缩尿、固崩止带，涩肠止泻。月季 *Rosa chinensis* Jacq.，各地有栽培，花（月季花）能活血调经，疏肝解郁；玫瑰 *R. rugosa* Thunb.，各地有栽培，花蕾（玫瑰花）能行气解郁，活血止痛。

2）龙牙草属（*Agrimonia* L.）　宿根草本，具根茎和地下芽；奇数羽状复叶，有托叶；花小，顶生穗状总状花序；花萼下有钩刺；花瓣 5，黄色；雄蕊 5-15；雌蕊常 2 枚；瘦果 1~2，包藏在具钩刺的萼筒内。约 10 种，国产 4 种。龙牙草 *A. pilosa* Ledeb.（图 7-72），全国各地均产，地上部分（仙鹤草）能收敛止血，补虚，越冬芽（鹤草芽）能驱虫。

3）悬钩子属（*Rubus* L.）　灌木，常有刺；掌状或羽状复叶，托叶与叶柄连合；花托球形或圆锥形，心皮各含胚珠 2 枚，聚合小核果。约 700 余种，国产约 200 种。掌叶覆盆子 *R. chingii* Hu，叶掌状深裂，托叶条形，具重锯齿；聚合小核果球形，红色。产长江中下游及福建；果实（覆盆子）能益肾、固精缩尿、养肝明目。

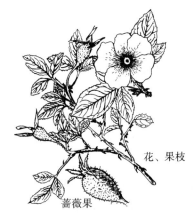

图 7-71　金樱子

图 7-72　龙牙草

本亚科常用的药用植物还有：地榆 *Sanguisorba officinalis* L. 产大部分地区，根（地榆）能凉血止血，解毒敛疮。委陵菜 *Potentilla chinensis* Ser. 产大部分地区，全草（委陵菜）能清热解毒，凉血止痢；翻白草 *P. discolor* Bunge 产大部分地区，全草（翻白草）能清热解毒，止痢，止血。路边青 *Geum aleppicum* Jacq. 或柔毛路边青 *G. japonicum* Thunb. var. *chinense* Bolle 分布于北温带及暖温带，全草（蓝布正）能益气健脾，补血养阴，润肺化痰。

（3）苹果亚科（梨亚科）Maloideae　木本，单叶或复叶，有托叶；心皮2～5，合生，与托杯内壁愈合成下位子房；中轴胎座，2～5室，每室胚珠2枚；梨果。

山楂属（*Crataegus* L.）落叶灌木或小乔木，具枝刺；单叶互生，有锯齿或裂片；心皮1～5，各有1枚成熟胚珠。山楂 *C. pinnatifida* Bunge（图7-73）小枝紫褐色，叶宽卵形，羽状分裂，托叶镰形；伞房花序；花白色；梨果近球形，熟时深红色。产我国北方。果实（山楂）能消食健胃，行气散瘀，化浊降脂；叶片（山楂叶）能活血化瘀，理气通脉，化浊降脂。山里红 *C. pinnatifida* var. *major* N. E. Br. 多栽培，果形较大，果实和叶片与山楂同等入药。野山楂 *C. cuneata* Siebold & Zucc. 产秦岭和黄河以南，果实（南山楂）能消食健胃，行气散瘀。

本亚科常用药用植物还有：贴梗海棠 *Chaenomeles speciosa*（Sweet）Nakai（图7-74），长江和淮河流域常见栽培，近成熟果实（木瓜）能舒筋活络，化湿和胃；枇杷 *Eriobotrya japonica*（Thunb.）Lindl.，南方栽种果树，叶（枇杷叶）能清肺止咳、降逆止呕；石楠 *Photinia serratifolia*（Desf.）Kalkman 的叶（称石楠叶）能祛风湿，强筋骨，益肝肾；梨属白梨 *Pyrus bretschneideri* Rehd.、沙梨 *P. pyrifolia*（Burm. F.）Nakai 和秋子梨 *P. ussuriensis* Maxim. 的果实能清肺止咳。

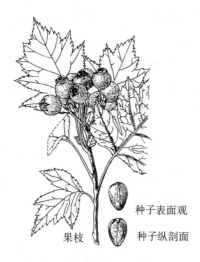

图7-73　山楂

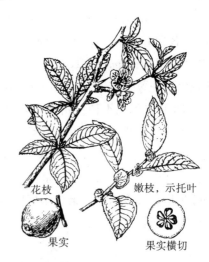

图7-74　贴梗海棠

（4）梅亚科（李亚科）Prunoideae　木本，单叶，有托叶。花5数。子房上位，1心皮，1室2胚珠，核果，内含1种子。

李属 *Prunus* L. 落叶乔木或灌木，顶芽常缺；叶柄仅顶端常有2小腺体；周位花；核果，种子1枚。杏 *P. armeniaca* L.（*Armeniaca vulgaris* L.）（图7-75）乔木，单叶互生，叶片卵圆形或宽卵形；先叶开花，单花顶生，白色或浅粉红色。核果球形，种子卵状心形。味苦的种子（苦杏仁）能降气止咳平喘，润肠通便。山杏 *P. armeniaca* L. var. *ansu* Maxim.（*Armeniaca vulgaris* L. var. *ansu* Maxim.）、西伯利亚杏 *Prunus sibirica* L.（*Armeniaca sibirica* L.）、东北杏 *P. mandshurica*（Maxim.）Koehne [*Armeniaca mandshurica*（Maxim.）Skv.] 的种子与杏同等入药。梅 *P. mume*（Sieb.）Sieb. et Zucc.（*Armeniaca mume* Sieb.），各地多有栽培，近成熟果实（乌梅）能敛肺、涩肠、生津、安蛔；花蕾（梅花）能疏肝

和中，化痰散结。桃 *P. persica*（L.）Batsch（*Amygdalus persica* L.），各地常见栽种果树；种子（桃仁）能活血祛瘀，润肠通便，止咳平喘；枝条（桃枝）能活血通络，解毒杀虫。山桃 *P. davidiana*（Carr.）Franch.〔*Amygdalus davidiana*（Carr.）C. de Vos〕的种子与桃同等入药。郁李 *P. japonica* Thunb.〔*Cerasus japonica*（Thunb.）Lois.〕和欧李 *P. humilis* Bge.〔*Cerasus humilis*（Bge.）Sok.〕主产黄河以北地区，长梗扁桃 *P. pedunculata* Maxim.（*Amygdalus pedunculata* Pall.）主产内蒙古和宁夏，三者的种子（郁李仁）能润肠通便，下气利水。

本亚科常用药用植物还有：蕤核 *Prinsepia uniflora* Batal. 或齿叶扁核木 *P. uniflora* Batal. var. *serrata* Rehd.，分布于河南、山西、陕西、内蒙古、甘肃和四川等地；果核（蕤仁）能疏风散热，养肝明目。

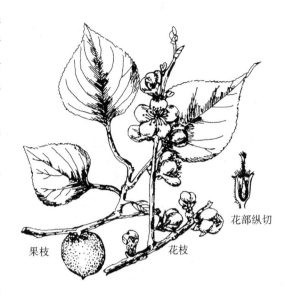

图 7 - 75 杏

果枝　花枝　花部纵切

29. 桑科 Moraceae ♂ $* P_{4\sim6} A_{4\sim6}$; ♀ $* P_{4\sim6} \underline{G}_{(2:1:1)}$

【形态特征】乔木、灌木或藤本，稀草本，木本类型具乳液。单叶互生，托叶早落。花小，单性，雌雄同株或异株；总状、头状、穗状、圆锥状或隐头花序；花被片4（~6）；雄花中雄蕊与花被片同数而对生，花丝内曲或直立；雌花2心皮合生，子房上位，1室，1胚珠。瘦果或核果聚生而成聚花果。

【资源分布】全球39属，1125种，分布于热带和亚热带。国产9属，144种；以长江流域以南最多；已知药用12属，约80种。分布有黄酮类、强心苷、昆虫变态激素、生物碱、三萜类、皂苷和酚类等化合物。叶片中常含有碳酸钙结晶（钟乳体）。《中华人民共和国药典》收录的药材有桑叶、桑白皮、桑枝、桑葚、火麻仁、楮实子。

【药用植物】

（1）桑属（*Morus* L.）　落叶乔木或灌木；基出脉3~5，叶缘具锯齿或缺刻；穗状花序腋生，花丝内弯，核果包裹在肉质花被内成聚花果。约12种，国产9种。桑 *M. alba* L.（图7-76）叶卵形或广卵形，托叶披针形；花单性，与叶同出；雌和雄花序短穗状；聚花果卵状椭圆形，成熟时红色或暗紫色。全国各地栽培或野生。根皮（桑白皮）能泻肺平喘，利水消肿；嫩枝（桑枝）能祛风湿，利关节；叶（桑叶）能疏散风热，清肺润燥，清肝明目；果穗（桑椹）能滋阴补血，生津润燥。

（2）榕属（*Ficus* L.）　直立、攀缘或附生；托叶大，托叶痕环状；隐头花序（榕果）。约1000种，国产约90种。无花果 *F. carica* L.（图7-77）落叶灌木，叶厚纸质，表面粗糙，3~5裂；榕果梨形，单生叶腋，成熟时紫红色或黄色。原产地中海沿岸，我国中部和南部有栽培。榕果（无花果）能润肺止咳，清热润肠；根、叶能散瘀消肿，止泻。薜荔 *F. pumila* L. 常绿藤本，叶两型；产华东至华南；榕果能补肾固精；茎藤能祛风除湿，活血解毒。粗叶榕 *F. hirta* Vahl 产华南，根（称五指毛桃）能健脾补肺，行气利湿，舒筋活络。

（3）大麻属（*Cannabis* L.）　仅1种2亚种。在APG系统中大麻属和葎草属（*Humulus* L.）归属大麻科。大麻 *C. sativa* L.（图7-78）一年生草本；叶掌状全裂，托叶线形；雌雄异株，花5数；瘦果单生于宿存苞片内。原产亚洲西部，南北各地有栽培。果实（火麻仁）能润肠、通便；雌花序能祛风镇痛，定惊安神。

图 7 - 76 桑

图 7 - 77 无花果

常用药用植物还有：构树 Broussonetia papyrifera （L.） Vent. ，落叶乔木，叶边缘具粗锯齿，托叶大；雌雄异株，聚花果成熟时橙红色，肉质；南北各地均产；果实（楮实子）能补肾清肝，明目，利尿；根皮能行水，止血；叶能凉血，利水。葎草 Humulus scandens （Lour.） Merr. 缠绕草本，全株具倒钩刺；南北常见杂草；全草（称葎草）能清热解毒，利尿消肿。啤酒花 H. lupulus L. 南北各地有栽培，未成熟果穗（称啤酒花）能健脾，安神，利尿。柘树 Cudraniatricus pidata （Carr.） Bur. ex Lavalle （Macluratricus pidata Carr. ），产华北至长江流域；根皮（称穿破石）能祛风通络，清热除湿，解毒消肿。

蔷薇目重要的药用植物还有：

胡颓子科（Elaeagnaceae）植物沙棘 Hippophae rhamnoides L. 产西北、西北地区和四川，成熟果实（沙棘）系蒙古族、藏族习用药材，能健脾消食，止咳祛痰，活血散瘀。

鼠李科（Rhamnaceae）植物枣 Ziziphus jujuba Mill. 全国各地栽培，成熟果实（大枣）能补中益气，养血安神；酸枣 Z. jujuba Mill. var. spinosa （Bunge） Hu ex H. F. Chou，产黄河和淮河以北地区，种子（酸枣仁）能养心补肝，宁心安神，敛汗，生津；枳椇 Hovenia acerba Lindl.，产秦岭以南；种子（称枳椇子）能止渴除烦、清湿热、解酒毒；肉质果序轴能健胃补血；鼠李 Rhamnus dahurica Pall. 产东北和河北、山西，树皮能清热通便，果能消炎、

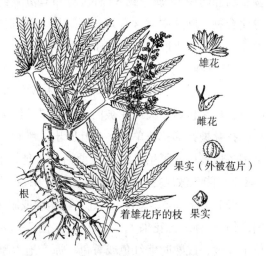

图 7 - 78 大麻

止咳；铁包金 Berchemia lineata （L.） DC.，产广东，广西、福建、台湾，茎藤或根（称铁包金）能消肿解毒、止血镇痛、祛风除湿。

荨麻科（Urticaceae）植物苎麻 Boehmeria nivea （L.） Gaudich.，我国中部和南部栽培或野生，根（苎麻根）能凉血止血，安胎，清热解毒。

（二十一）壳斗目 Fagales

本目包含壳斗科、杨梅科、胡桃科、南青冈科、木麻黄科和桦木科等 7 个科。《中华人民共和国药

典》收录的药材分布在胡桃科。

30. 胡桃科 Juglandaceae

$$\male \; * P_{1\sim4} A_{3\sim\infty} \; ; \; \female \; * P_{2\sim4} \overline{G}_{(2:1:1)}$$

【形态特征】落叶乔木，芽裸露，具树脂。奇数羽状复叶，互生，无托叶。花单性，雌雄同株；雄花组成柔荑花序，雄蕊3至多枚；雌花单生或簇生，或组成穗状花序或柔荑花序，雌蕊2心皮合生，子房下位，1室或2~4不完全室。假核果或具翅的坚果（翅由苞片发育而来）；种子无胚乳，子叶皱褶。

【资源分布】全球10属，70余种，集中分布在北温带。国产8属，27种；南北均产；已知药用6属9种。分布有黄酮类、萜类、萘醌类等。《中华人民共和国药典》收录的药材有核桃仁。

【药用植物】

（1）胡桃属（*Juglans* L.） 枝具片状髓；雄花具短梗，花被片3枚；雌花无梗，花被片4枚，柱头2；假核果，外果皮肉质，熟时不规则裂开，内果皮（核壳）硬骨质。20余种，国产5种。胡桃 *J. regia* L.（图7-79）：小叶5~9枚；果实近球状，果核具2条纵棱。西北、西南和北方地区栽培，栽培品种较多。成熟种子（核桃仁）能补肾，温肺，润肠；果隔（称分心木）能涩精缩尿，止血止带，止泻痢；根能止泻，止痛，乌须发；叶能收敛止带，杀虫消肿；果皮能止血，止痢，散结消痈，杀虫止痒。

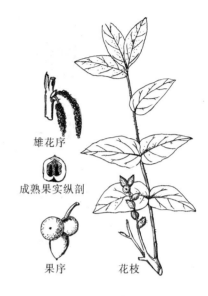

雄花序

成熟果实纵剖

果序　　　花枝

图7-79　胡桃

（2）枫杨属（*Pterocarya* Kunth） 枝具片状髓；雄花序单生，自芽鳞腋内或叶痕腋内生出；果实具2展开的果翅。约8种，国产7种。枫杨 *Pterocarya stenoptera* C. DC.，叶轴具明显的翅，小叶矩圆形或卵状矩圆形，顶端圆钝至急尖；南北各地均产，叶能解毒疗疮、杀虫止痒。

常见的药用植物还有：黄杞 *Engelhardia roxburghiana* Wall.，产南部和西南；树皮能行气、化湿、导滞；叶能清热、止痛。化香树 *Platycarya strobilacea* Sieb. & Zucc.，产黄河以南各地；果实能活血行气、止痛、杀虫止痒；叶能解毒疗疮、杀虫止痒。山核桃 *Carya cathayensis* Sarg.，产浙江和安徽；种仁能润肺滋养；根皮及外果皮能清热解毒、杀虫止痒。

（二十二）葫芦目 Cucurbitales

本目包含葫芦科、秋海棠科和马桑科等8个科。《中华人民共和国药典》收录的药材分布在葫芦科。

31. 葫芦科 Cucurbitaceae

$$\male \; * K_{(5)} C_{(5)} A_{5,(3\sim5)} \; ; \; \female \; * K_{(5)} C_{(5)} \overline{G}_{(3:1:\infty)}$$

【形态特征】攀缘或匍匐草质藤本，有螺旋状卷须。单叶互生，常掌状分裂，少复叶。花单性，雌雄同株或异株，单生或总状、聚伞或圆锥花序；花萼和花冠裂片5，合生，稀离瓣；雄蕊5枚，分离，或两两联合，1枚分离，形似3枚；药室常呈成S形；子房下位，3心皮1室，侧膜胎座。瓠果；种子多数，无胚乳。

【资源分布】全球约95属，960余种；分布于热带和亚热带。国产约30属，147种，分布于华南至西南；已知药用25属，92种。分布有葫芦素类四环三萜、达玛烷型四环三萜、齐墩果烷型五环三萜、木脂素类及酚性化合物等，葫芦素类是本科的特征性成分。《中华人民共和国药典》收录的药材有瓜蒌、瓜蒌皮、瓜蒌子、天花粉、罗汉果、木鳖子、丝瓜络、冬瓜皮、甜瓜子、土贝母。

【药用植物】

（1）栝楼属（*Trichosanthes* L.） 藤本，单叶；雌雄异株，花冠裂片先端流苏状；果实中等大。约50种，国产34种。栝楼 *T. kirilowii* Maxim.（图7-80）叶近心形，3~5浅裂至中裂，卷须2~3分枝；

花冠白色；果熟时橙黄色至橘黄色；种子卵状椭圆形，扁平。产华北、华中、华东及辽宁、陕西等地。成熟果实（瓜蒌）能清热化痰，宽胸散结，润燥滑肠；果皮（瓜蒌皮）能清肺化痰，利气宽胸；种子（瓜蒌子）能润肠通便，润肺化痰；块根（天花粉）能生津止渴，降火润燥。中华栝楼（双边栝楼）*T. rosthornii* Harms（图 7-80）叶 5 深裂；与栝楼同等入药。

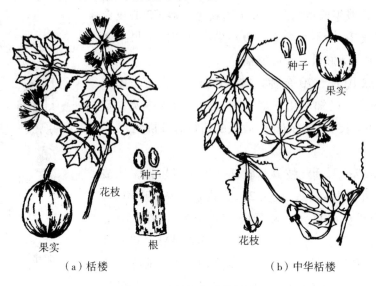

（a）栝楼　　　　　　　　（b）中华栝楼

图 7-80　栝楼和中华栝楼

（2）绞股蓝属（*Gynostemma* Blume）　攀缘草本，鸟足状复叶；腋生或顶生圆锥花序；浆果球形，不开裂，或蒴果顶端 3 裂。约 13 种，国产 11 种。绞股蓝 *G. pentaphyllum*（Thunb.）Makino（图 7-81）常绿藤本，鸟足状复叶，小叶 5~9。分布于陕西南部和长江以南各地。全草（绞股蓝）能清热解毒，止咳祛痰，含有人参皂苷类成分。

常用药用植物还有：木鳖子 *Momordica cochinchinensis*（Lour.）Spreng，产长江流域及以南各地，种子（木鳖子）有小毒，散结消肿、攻毒疗疮。丝瓜 *Luffa aegyptiaca* Miller，常见栽培蔬菜，成熟果实的维管束（丝瓜络）能清热解毒，活血通络，利尿消肿。冬瓜 *Benincasa hispida*（Thunb.）Cogn. 常见栽培蔬菜，外果皮（冬瓜皮）能清热利尿，消肿；种子（称冬瓜子）能润肺，化痰，排脓消肿，利湿。甜瓜 *Cucumis melo* L. 常见栽培瓜果，种子（甜瓜子）能清肺，润肠，化瘀，排脓，疗伤止痛。假贝母 *Bolbostemma paniculatum*（Max1m.）Franquet，产华北、西北地区和四川、重庆、湖南，野生或栽培，块茎（土贝母）能解毒，散结，消肿。罗汉果 *Siraitia grosvenorii*（Swingle）C. Jeffrey ex Lu et Z. Y. Zhang，产于广西、广东、贵州、湖南和江西，果实（罗汉果）能清肺止咳，润肠通便。雪胆 *Hemsleya chinensis* Cogn. ex Forbes et Hemsl. 产

图 7-81　绞股蓝

于湖北、四川、江西，块根（称雪胆）能清热解毒，散结，止痛；赤瓟 *Thladiantha dubia* Bunge.，产东北、西北地区和山东；果实（称赤瓟）能理气、活血、祛痰、利湿。

（二十三）卫矛目 Celastrales

本目包含鳞球穗科和卫矛科。常用药用植物分布在卫矛科。

32. 卫矛科 Celastraceae

$$\female * K_{(4\sim5)} C_{4\sim5} A_{4\sim5} \underline{G}_{(2\sim5:2\sim5:2)}$$

【形态特征】灌木或乔木，常攀缘状。单叶互生或对生。聚伞或总状花序；花两性，少单性，整齐；萼4~5裂，宿存；花瓣4~5；雄蕊与瓣同数且互生；子房上位，2~5室，花柱短或缺。蒴果、核果、翅果或浆果；种子具红色假种皮。

【资源分布】全球约60属，850余种，分布于温带至热带地区。我国12属，200余种，产长江流域及以南地区；已知药用9属，99种。分布有二萜内酯、大环生物碱等，二萜内酯如雷公藤素甲（triptolide）、雷公藤素乙（tripdiolide）等。

【药用植物】卫矛（鬼箭羽）*Euonymus alatus*（Thunb.）Sieb.（图7-82）灌木，小枝有2~4条木栓质阔翅。叶对生，倒卵形或椭圆形。花4数，花盘方形；花丝短。蒴果4瓣裂，假种皮肉质，红色或黄色。带翅的枝（称鬼箭羽）能破血通经、杀虫。

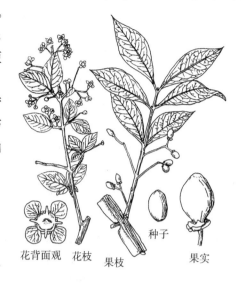

图7-82 卫矛

（图中标注：花背面观　花枝　果枝　种子　果实）

常见药用植物还有：雷公藤 *Tripterygium wilfordii* Hook. f.，叶较小，两面被毛，渐脱落；翅果较小，中央果体较宽大，果翅较果体窄。产长江中下游及以南地区；根（称雷公藤），大毒，能祛风、解毒、杀虫。昆明山海棠 *T. hypoglaucum*（Lévl.）Hutch. 叶背通常被白粉，无毛，叶片薄革质；果翅边缘平坦。产西南地区和浙江、安徽、湖南，用途同雷公藤。

（二十四）金虎尾目 Malpighiales

本目包含大戟科、杨柳科、堇菜科、藤黄科、金丝桃科、亚麻科、叶下珠科、西番莲科和红树科等36个科。《中华人民共和国药典》收录的药材分布在大戟科、堇菜科、金丝桃科和亚麻科。

33. 大戟科 Euphorbiaceae 微课10

$$\male * K_{0\sim5} C_{0\sim5} A_{1\sim\infty}; \female * K_{0\sim5} C_{0\sim5} \underline{G}_{(3:3:1\sim2)}$$

【形态特征】乔木、灌木或草本，常具乳汁。单叶互生，有时叶柄基部或顶端具1~2枚腺体，托叶早落或缺。花单性，同株或异株；聚伞或杯状聚伞花序或单花；单被或无花被，具花盘或退化成腺体；雄蕊1至多枚，花丝分离或合生；子房上位，3心皮，3室，中轴胎座。蒴果，少浆果或核果，胚乳丰富。

【资源分布】全球约217属，6745种，世界广布。国产约56属，253种，集中分布于西南和江南地区；已知药用39属，160余种。分布有生物碱、氰苷、硫苷、萜类和毒蛋白等。《中华人民共和国药典》收录的药材有京大戟、狼毒、甘遂、千金子、地锦草、余甘子、巴豆、飞扬草、蓖麻。

【药用植物】

（1）大戟属（*Euphorbia* L.） 草本或木本，乳汁白色；叶互生或对生，叶全缘，常无柄和托叶；杯状聚伞花序（即大戟花序）或组成复花序，每大戟花序由1雌花和多数雄花构成，雌花位于花序中央，雌、雄花均无花被；雄花仅1雄蕊，花丝与花柄相接处有关节；雌花仅1雌蕊，具子房柄，3心皮，3室，每室1胚珠；花序外由4~5苞片联合成花萼状总苞，常具腺体；蒴果裂成3个分果。约2000种，国产60余种。大戟 *E. pekinensis* Rupr.（图7-83）草本，根长圆锥状，茎上部分枝；单叶互生；总花序常5伞梗，每伞梗又作1至数回分叉，最末小伞梗顶端着生1杯状聚伞花序；杯状总苞顶端4裂，腺体4。蒴果，表面有疣状突起。分布全国各地；根（京大戟）能泄水逐饮，消肿散结，有毒。狼毒大戟 *E. fischeriana* Steud. 和甘肃大戟（月腺大戟）*E. kansuensis* Prokh.（*E. ebracteolata* Hayata），产东北和西北；根（狼毒）能散结，杀虫；有毒。续随子 *E. lathyris* L.，全国各地均产，种子（千金子）能逐水消肿，破血消瘀。甘遂 *E. kansui* T. N. Liou ex T. P. Wang，分布于河南、山西、陕西、甘肃和宁夏，块根（甘遂）能泻水逐饮，消肿散结。地锦 *E. humifusa* Willd. 和斑地锦 *E. maculata* L.，分布于全国大部分地区，全草（地锦草）能清热解毒，凉血止血。飞扬草 *E. hirta* L. 分布于长江下游及以南地区；全草（飞扬草）能清热解毒，利湿止痒，通乳。

（2）叶下珠属（*Phyllanthus* L.） 草本或灌木，无乳汁；叶互生，在侧枝上常排成2列；托叶早落；花小，单性同株或异株，无花瓣；单花腋生或排成聚伞花序，花萼4~6，花盘呈腺体状；雄蕊2~6；子房常3室，每室胚珠2枚；蒴果扁球形。约600种，国产33种。在APG系统中独立成叶下珠科。叶下珠 *P. urinaria* L.（图7-84）一年生小草本，叶片下面边缘有1~3列短硬毛；子房和果有疣状凸起。产长江流域及以南地区。全草（叶下珠）能清热利尿，明目，消疳止痢。余甘子 *P. emblica* L. 乔木，叶基不对称；果实核果状。产于华南和西南地区；果实（余甘子）能清热凉血，消食健胃，生津止咳。

常用的药用植物还有：巴豆 *Croton tiglium* L.，产长江以南各地；种子（巴豆）有大毒；生品外用蚀疮；炮制品（巴豆霜）能峻下冷积，逐水退肿，豁痰利咽。龙脷叶 *Sauropus spatulifolius* Beille，产广东、广西和福建；叶（龙脷叶）能润肺止咳，通便。蓖麻 *Ricinus communis* L.，全国各地有栽培；种子（蓖麻子）能泻下通滞，消肿拔毒。

葫芦目重要的药用植物还有：

金丝桃科（Hypericaceae）植物贯叶连翘 *Hypericum perforatum* L.，草本，小枝对生，单叶无柄，对生抱茎，叶片具黑色腺点；产长江和黄河流域；地上部分（贯叶金丝桃）能疏肝解郁，清热利湿，消肿通乳。

堇菜科（Violaceae）植物紫花地丁 *Viola yedoensis* Makino（*V. philippica* Cav.）矮小草本，叶基生，叶片常呈长圆形，基部截形；花较小，距较短而细；全国各地均有分布；全草（紫花地丁）能清热解毒，凉血消肿。

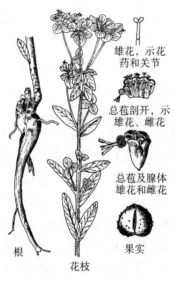

雄花，示花药和关节
总苞剖开，示雄花、雌花
总苞及腺体雄花和雌花
果实
根
花枝

图7-83 大戟

花、果枝
叶 果实

图7-84 叶下珠

亚麻科（Linaceae）植物亚麻 *Linum usitatissimum* L.，全国各地有栽培；种子（亚麻子）能润燥通便，养血祛风。

杨柳科（Salicaceae）植物旱柳 *Salix matsudana* Koidz.，分布于东北至长江流域，根、皮、枝、种子入药，能清热除湿，消肿止痛。

藤黄科（Clusiaceae）植物藤黄 *Garcinia hanburyi* Hook. f. 分布于广西、广东，树脂（藤黄）能消肿，攻毒，祛腐敛疮，止血，杀虫。

（二十五）牻牛儿苗目 Geraniales

本目包含牻牛儿苗科和新妇花科，国产牻牛儿苗科。

34. 牻牛儿苗科 Geraniaceae　$\female * K_5 C_5 A_{10\sim15} \underline{G}_{(2\sim5;2\sim5;1\sim2)}$

【形态特征】草本，稀灌木。叶互生或对生，常掌状或羽状分裂，具托叶。聚伞花序腋生或顶生；花两性，辐射对称；萼片和花瓣 5，稀 4；雄蕊 10~15，2 轮，外轮与花瓣对生，花丝基部合生或分离；子房上位，心皮 2~5，中轴胎座。蒴果，中轴常延伸成喙，成熟时果瓣爆裂，果瓣常由基部向上开裂，反卷或成螺旋状卷曲，顶部附着于中轴顶端。

【资源分布】全球约 11 属，750 种；分布于温带、亚热带和热带。国产 4 属，67 种；已知药用 4 属，51 种。《中华人民共和国药典》收录的药材有老鹳草。

【药用植物】牻牛儿苗 *Erodium stephanianum* Willd. 多年生草本，根较粗壮，茎多数；叶对生，叶二回羽状深裂，表面被毛，基生叶和茎下部叶具长柄，托叶三角状披针形；花瓣紫红色。蒴果。产长江以北地区。地上部分（老鹳草）能祛风湿，通经络，止泻痢。老鹳草 *Geranium wilfordii* Maxim. 产秦岭以北地区和四川，野老鹳草 *G. carolinianum* L. 产长江流域，以上两种与牻牛儿苗同等入药。

（二十六）桃金娘目 Myrtales

本目包含桃金娘科、使君子科、千屈菜科、柳叶菜科和野牡丹科等 9 个科。《中华人民共和国药典》收录的药材分布在上述前 4 科中。

35. 桃金娘科 Myrtaceae　$\female * K_{(4\sim5)} C_{4\sim5} A_{(2\sim\infty)} \overline{G}_{(2\sim5;1\sim5;\infty)}$

【形态特征】常绿木本。叶对生，全缘，具透明腺点，无托叶。单花腋生或各式花序；花两性，辐射对称；萼筒与子房合生，4~5 裂；花瓣 4~5，覆瓦状或黏合成帽状体；雄蕊多数，生花盘边缘；子房下位或半下位；心皮 2~5，1 至多室。浆果或蒴果。

【资源分布】全球约 100 属，3000 余种；分布于热带和亚热带地区。我国 9 属，126 种，分布于长江以南地区；已知药用 10 属，31 种。分布有黄酮类、三萜类和挥发油等，丁香和桉叶等的挥发油也是重要的化工原料。《中华人民共和国药典》收录的药材有丁香、母丁香。

【药用植物】丁香 *Eugenia caryophyllata* Thunb.（图 7-85）常绿乔木。单叶对生，叶片密布油腺点。萼筒肥厚；花冠短管状，4 裂，白色，稍带淡紫；子房下位。浆果长倒卵形，红棕色。原产印度尼西亚，我国广东、广西、云南有栽培；花蕾（丁香）能温中降逆、补肾助阳；成熟果实（母丁香）能温中降逆、补肾助阳。

常用的药用植物还有：桃金娘（岗稔）*Rhodomyrtus tomentosa* (Ait.) Hassk. 产热带地区，果实（称桃金娘）能养血止血、涩肠固精；花（称桃金娘花）能收敛止血；根用于慢性痢疾、风湿、肝炎和降血脂等。蓝桉 *Eucalyptus globulus* Labill.，西南地区有栽培；成长叶（称桉叶）能疏风解表、清热解毒、杀虫止痒；叶经水蒸气蒸馏提取的挥发油（称桉油）能祛风止痛。

桃金娘目重要的药用植物还有：

使君子科（Combretaceae）植物使君子 *Combretum indicum* (L.) Jongkind，产四川、贵州至南岭以南各地，果实（使君子）能杀虫消积；诃子 *Terminalia chebula* Retz.，在广东、广西和云南有栽培，成熟果实（诃子）能涩肠止泻，敛肺止咳，降火利咽，其幼果（西青

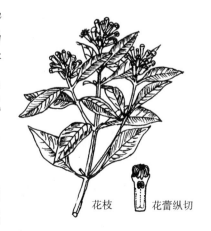

花枝　　花蕾纵切

图 7-85　丁香

果）能清热生津，解毒；绒毛诃子 Terminalia chebula Retz. var. tomentella Kurt，产云南，与诃子同等入药。毗黎勒 *T. bellirica*（Gaertn.）Roxb.，产云南南部，果实（毛诃子）能清热解毒，收敛养血，调和诸药。

石榴科（Punicaceae）植物石榴 *Punica granatum* L.（在 APG 系统中归并入千屈菜科），常见栽培果树；果皮（石榴皮）能涩肠止泻、止血、驱虫。

（二十七）缨子木目 Crossosomatales

本目包含旌节花科、省沽油科和缨子木科等 7 个科。《中华人民共和国药典》收录的药材分布在旌节花科和省沽油科。

（1）旌节花科（Stachyuraceae）　灌木或小乔木，小枝明显具髓，单叶互生；穗状花序或总状花序腋生，下垂或直立，花 4 数，雄蕊 8，2 轮；子房上位，4 室，中轴胎座；浆果，外果皮革质。仅 1 属 16 种，东亚特有科；我国 11 种，分布于秦岭以南。喜马山旌节花 *Stachyurus himalaicus* Hook. f. et Thoms. 灌木，叶披针形至长圆状披针形，穗状花序腋生，下垂；果实近球形。产秦岭以南各地；茎髓（小通草）能清热，利尿，下乳。中国旌节花 *S. chinensis* Franch.，叶片长圆状卵形或宽卵形，产秦岭以南各地，茎髓与喜马山旌节花同等入药。

（2）省沽油科（Staphyleaceae）　乔木或灌木；奇数羽状复叶，稀单叶，有托叶；花整齐，两性或杂性，5 基数，有花盘，子房上位；蓇葖果或不裂的核果或浆果。全球 5 属，60 种，产热带和北温带；国产 4 属，22 种，分布于南方各地。省沽油 *Staphylea bumalda* DC. 落叶灌木，叶对生，3 小叶，顶生小叶柄短；花萼分离，花盘明显；蒴果扁平，2 裂。产长江至东北地区；果实（省沽油）能润肺止咳。

（二十八）无患子目 Sapindales

本目包含无患子科、芸香科、苦木科、橄榄科、漆树科、楝科和熏倒牛科等 9 科。《中华人民共和国药典》收录的药材分布在上述前 6 个科中。

36. 无患子科 Sapindaceae

$$\male \female * \uparrow K_{4\sim5} C_{4\sim5,0} A_{8\sim10} \underline{G}_{(2\sim4:2\sim4:1\sim2)}$$

【形态特征】乔木或灌木。叶互生，羽状复叶或掌状复叶，无托叶。聚伞圆锥花序；花小，雌雄异株或同株，稀两性或杂性；花 4~5 数；花瓣离生或缺；花盘肉质；雄蕊 5~10，常 8 枚；雌蕊 2~4 心皮合生；子房上位；中轴胎座，常 3 室，每室胚珠 1 或 2。核果、蒴果、浆果或翅果。种子常具假种皮。

【资源分布】全球 143 属，1700~1900 种，分布于热带和亚热带地区。国产 25 属，56 种，分布于长江以南地区；已知药用 11 属，19 种。分布有三萜皂苷、黄酮、生物碱和鞣质等。《中华人民共和国药典》收录的药材有龙眼肉、荔枝核。

【药用植物】

龙眼（桂圆）*Dimocarpus longan* Lour.（图 7-86）常绿乔木；偶数羽状复叶，小叶 4~5 对；花序和花萼被星状毛，花杂性，5 基数；果外面稍粗糙。华南和西南栽培果树。假种皮（龙眼肉）能益脾，健脑，养血安神。

果枝

花枝　　花

图 7-86　龙眼

常用药用植物还有，荔枝 *Litchi chinensis* Sonn.，华南和西南栽培果树；种子（荔枝核）理气、散结、止痛；假种皮能生津、补脾，也供食用。无患子 *Sapindus mukorossi* Gaertn. 产东部、南部至西南部；果实（称无患子）能清热解毒，止咳化痰。

37. 芸香科 Rutaceae e 微课11　　　　　　　　　$\phi * K_{4\sim 5}C_{4\sim 5}A_{3\sim\infty}\underline{G}_{(2\sim\infty;2\sim\infty;1\sim 2)}$

【形态特征】木本，稀草本；叶、花、果常具透明腺点。叶互生，羽状、掌状或单身复叶，稀单叶，无托叶。花单生或排成各式花序，两性或杂性，整齐；萼片、花瓣 4 或 5，花瓣分离；雄蕊与瓣同数或倍数；心皮 2～5 或更多，常合生；子房上位，中轴胎座，生蜜腺盘上。柑果、蓇葖果、核果、蒴果，稀翅果。

【资源分布】全球 155 属，约 1600 种；主要分布于热带和亚热带。国产 28 属，约 150 种，全国广布；已知药用 23 属，约 105 种。分布有喹啉类生物碱、三萜苦味素、香豆素、黄酮类和挥发油等。《中华人民共和国药典》收录的药材有陈皮、青皮、橘红、橘核、化橘红、香橼、佛手、花椒、两面针、关黄柏、黄柏、白鲜皮、九里香、吴茱萸。

【药用植物】

（1）柑橘属（*Citrus* L.）　常绿乔木，枝有刺；叶互生，单身复叶；单花腋生或数花簇生，5 基数，花萼杯状，花盘有密腺；柑果。约 20 种，国产约 15 种。酸橙 *C. aurantium* L.（图 7-87）花白色，浓香；雄蕊 20 以上；雌蕊短于雄蕊；柑果近球形，表面粗糙。长江流域以南均有栽培。幼果（枳实）能破气消积，化痰散痞；近成熟果实（枳壳）能理气宽中，行滞消胀。橘 *C. reticulata* Blanco，华东、华南至西南栽培果树；果皮（陈皮）能理气化痰，和胃降逆；外层果皮（橘红）能理气宽中，燥湿化痰；幼果或未成熟果实的果皮（青皮）能疏肝破气，消积化滞；中果皮及内果皮间的维管束（称橘络）能通络，化痰；种子（橘核）能理气，散结，止痛。柚 *C.* grandis（L.）Osbeck［*C. maxima*（Burm.）Merr.］和橘红（化州柚）*C.* grandis' Tomentosa'（*C. maxima*' Tomentosa'），长江流域以南各地有栽培，成熟果皮（化橘红）能燥湿祛痰，健胃消食，前者习称"青光橘红"，后者习称"毛橘红"。枸橼 *C. medica* L. 和香圆 *C. wilsonii* Tanaka，在长江流域及以南有栽培，成熟果实（香橼）能理气宽中，化痰。佛手 *C. medica* L. var. *sarcodactylis*（Noot.）Swingle 在长江流域及以南有栽培，果实（佛手）能行气，开郁化痰。

（2）花椒属（*Zanthoxylum* L.）　灌木或小乔木，茎枝有皮刺；奇数羽状复叶，稀单叶；花小，单性或杂性，圆锥花序；开裂的蓇葖果，果瓣 1～5 枚，种子 1 粒，外果皮有油点。约 250 种，国产 40 余种。花椒 *Z. bungeanum* Maxim. 小叶 5～13 枚，叶轴有甚狭窄的叶翼；花黄绿色；雌花少有发育雄蕊，心皮 3 或 2；外果皮紫红色。四川、甘肃等常见栽培。成熟果皮（花椒）能温中止痛，杀虫止痒；种子（称椒目）能利水消肿。青椒 *Z. schinifolium* Sieb. et Zucc. 果皮草绿色或暗绿色，产五岭至辽宁地区；果皮与花椒同等入药。两面针 *Z. nitidum*（Roxb.）DC. 产华南和西南地区，根（两面针）能活血化瘀，行气止痛，祛风通络，解毒消肿。

（3）吴茱萸属（*Evodia* J. R. et G. Forst.）　灌木或乔木；奇数羽状复叶或单叶，叶及小叶均对生；花单性，雌雄异株；萼片及花瓣均 4 或 5 片；蓇葖果，每分果瓣种子 1 或 2 粒。约 150 种，国产 20 余种。吴茱萸 *Evodia rutaecarpa*（Juss.）Benth.（图 7-88）嫩枝及鲜叶揉之有腥臭气味，奇数羽状复叶；萼片及花瓣 5，雌花密集成簇；每分果瓣有成熟种子 1 粒。产于秦岭以南各地，近成熟果实（吴茱萸）能散寒止痛、降逆止呕。石虎 *E. rutaecarpa*（Juss.）Benth. var. *officinalis*（Dode）Huang 和疏毛吴茱萸 *E. rutaecarpa*（Juss.）Benth. var. *bodinieri*（Dode）Huang 与吴茱萸同等入药。

图 7 - 87 酸橙

图 7 - 88 吴茱萸

图 7 - 89 黄檗

（4）黄檗属（*Phellodendron* Rupr.） 落叶乔木，树皮内层黄色；奇数羽状复叶，对生；花单性，雌雄异株，圆锥状聚伞花序顶生；萼片、花瓣、雄蕊和心皮均 5 数；核果，近圆球形。约 4 种，产亚洲东部；国产 2 种。黄檗 *P. amurense* Rupr.（图 7 - 89）树皮木栓层发达；小叶 5～13 枚，卵形或卵状披针形，中脉基部具长柔毛。产东北及华北地区。除去栓皮的树皮（关黄柏）能清热泻火，燥湿解毒。黄皮树 *P. chinense* Schneid. 产于西南地区和湖南、湖北，树皮木栓层薄，树皮（黄柏）功效同关黄柏。

常用药用植物还有：白鲜 *Dictamnus dasycarpus* Turcz. 产于北方地区，根皮（白鲜皮）能清热解毒，燥湿，祛风止痒；九里香 *Murraya exotica* L. 产台湾、福建、广东、海南和广西，叶及带叶嫩枝（九里香）能行气止痛，活血散瘀。

无患子目重要的药用植物还有：

苦木科（Simaroubaceae）植物苦木 *Picrasma quassioides*（D. Don）Benn. 产黄河以南各地；枝和叶（苦木）能清热解毒，祛湿。臭椿 *Ailanthus altissima*（Mill.）Swingle. 产辽宁至广东各地；根皮或干皮（椿皮）能清热燥湿，收涩止带，止泻，止血。鸦胆子 *Brucea javanica*（L.）Merr. 产华南、福建、台湾和云南；成熟果实（鸦胆子）能清热解毒，截疟，止痢，外用腐蚀赘疣。

橄榄科（Burseraceae）植物橄榄 *Canarium album* Raeusch. 产福建、台湾、广东、广西、云南、四川；成熟果实（青果）能清热解毒，利咽，生津。地丁树 *Commiphora myrrha* Engl. 或哈地丁树 *C. molmol* Engl. ，进口药材；树脂（没药）能散瘀定痛，消肿生肌。乳香树 *Boswellia carterii* Birdw. 和 *B. bhaw - dajiana* Birdw. ，进口药材；树脂（乳香）能活血定痛，消肿生肌。

漆树科（Anacardiaceae）植物漆树 *Toxicodendron vernicifluum*（Stokes）F. A. Barkl. ，产辽宁至海南各地；树脂（干漆）能破瘀通经，消积杀虫。南酸枣 *Choerospondias axillaris*（Roxb.）Burtt et Hill 产长江流域及以南各地；果实（广枣）为蒙古族习用药材，能行气活血，养心，安神。

楝科（Meliaceae）植物楝 *Melia azedarach* L. 和川楝 *M. toosendan* Sieb. et Zucc. 在黄河以南各地有栽培；树皮和根皮（苦楝皮）能清热燥湿，杀虫（有小毒）；川楝的果实（川楝子）（有小毒）能舒肝行气，止痛杀虫。

（二十九）锦葵目 Malvales

本目包含锦葵科、瑞香科和龙脑香科等 10 个科，APG 系统将原来的椴树科、梧桐科、木棉科并入锦葵科。《中华人民共和国药典》收录的药材分布在锦葵科、瑞香科。

38. 锦葵科 Malvaceae ⓔ 微课12

$\male \ast K_{5,(5)} C_5 A_{(\infty)} \underline{G}_{(3\sim\infty;3\sim\infty;1\sim\infty)}$

【形态特征】草本或木本，韧皮纤维发达，具黏液，幼枝、叶常具星状毛。叶互生，单叶或掌状复叶，托叶早落。花单生或簇生；花两性，整齐；萼片 5，基部联合，其外常有副萼，萼宿存；花瓣 5，分离；单体雄蕊；子房上位，2 至多室，中轴胎座。蒴果，常几枚果爿分裂；种子肾形或倒卵形。

【资源分布】全球 240 多属，4300 余种；分布于温带和热带。我国 16 属，80 余种，分布于南北各地；已知药用 20 多属，200 余种。分布有黄酮苷、生物碱、简单苯丙素、木脂素和香豆素等。《中华人民共和国药典》收录的药材有木芙蓉叶、苘麻子、冬葵果、黄蜀葵花。

【药用植物】

木槿 *Hibiscus syriacus* L.（图 7 – 90）落叶灌木；叶卵形或菱状卵形，常 3 裂。单花腋生，具副萼，花萼钟状，5 裂，花瓣 5，柱头 5 裂；蒴果。全国各地有栽培。根、茎皮（称木槿皮）能清热燥湿，杀虫止痒；花（称木槿花）能清热止痢；果实（称朝天子）能清肝化痰，解毒止痛。

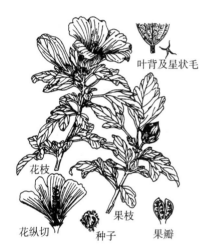

常用药用植物还有，木芙蓉 *Hibiscus mutabilis* L.，辽宁以南各地有栽培，叶（木芙蓉叶）能凉血、解毒、消肿、止痛；花（称芙蓉花）能清热解毒，凉血消肿；冬葵 *Malva verticillata* L. 各地有栽培，果实（冬葵子）能清热、利尿、消肿；黄蜀葵 *Abelmoschus manihot*（L.）Medic. 产河北以南各省区，花冠（黄蜀葵花）能清利湿热，消肿解毒；苘麻 *Abutilon theophrasti* Medic.，产除青藏高原外的各地，栽培或野生，种子（苘麻子）能清热利湿、解毒、退翳。玫瑰茄 *Hibiscus sabdariffa* L. 南方有引种栽培，花萼能清热解

图 7 – 90 木槿

渴，敛肺止咳。草棉 *Gossypium herbaceum* L.，云南、四川、甘肃和新疆有栽培；种子（称棉籽）能补肝肾、强腰膝、止痛、止血、避孕。

39. 瑞香科 Thymelaeaceae

$\male \ast K_{(4\sim5),(6)} C_0 A_{4\sim5,8\sim10,2} \underline{G}_{(2:1\sim2:1)}$

【形态特征】灌木，少乔木或草本；茎韧皮纤维发达。单叶互生或对生，全缘，无托叶。总状花序或头状花序；花两性，整齐，花萼 4～5 裂，花瓣状；花瓣缺或鳞片状；雄蕊与花萼同数或 2 倍，稀 2 枚；子房上位，1～2 室；每室胚珠 1 枚。浆果、核果或坚果，稀蒴果。种子胚直立，子叶厚而扁平。

【资源分布】全球 50 余属，500 余种，广布温带及热带地区。国产 9 属，90 余种，全国广布；已知药用 7 属，40 余种。分布有香豆素、黄酮、二萜酯、木脂素和挥发油等。《中华人民共和国药典》收录的药材有芫花、沉香。

【药用植物】

芫花 *Daphne genkwa* Sieb. et Zucc.（图 7 – 91）落叶灌木；单叶对生，叶椭圆状至卵状披针形；花先叶开放，淡紫色或淡紫红色，簇生，萼管 4 裂，花瓣状；雄蕊 8；子房 1 室，密被黄色柔毛；核果。产黄河和长江流域。花蕾（芫花）能泻水逐饮；外用杀虫疗疮，有毒。

常用药用植物还有：白木香 *Aquilaria sinensis*（Lour.）Gilg，南方有栽培；含树脂的木材（沉香）能行气止痛，温中止呕，纳气平喘。黄芫花（黄瑞香）*Daphne giraldii* Nitsche，产于东北、西北地区和四川，茎皮和根皮（称祖师麻）有小毒，麻醉止痛、祛风通络。甘肃瑞香 *D. tangutica* Maxim. 和凹叶瑞

香 *D. retusa* Hemsl. 产西北地区，茎皮、根皮与黄芫花同等入药。狼毒 *Stellera chamaejasme* L.，产北方和西南地区；根（称瑞香狼毒）能散结、杀虫，有毒。了哥王 *Wikstroemia indica* （L.）C. A. Mey.，产长江流域及以南，全株（称了哥王）有毒，消肿散结、泻下逐火、止痛。

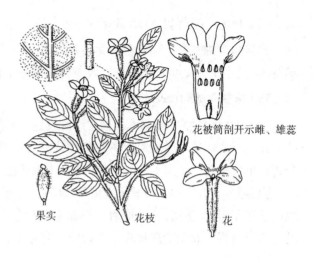

图 7 - 91　芫花

锦葵目重要的药用植物还有：

龙脑香科（Dipterocarpaceae）植物龙脑香 *Dipterocarpus turbinatus* Gaertn. f. 原产东南亚，广东、云南有引种栽培，树脂析出的天然结晶（冰片，又称老梅片）能开窍醒神，散热止痛，明目去翳。

梧桐科（Ailanthaceae）在 APG 系统中已并入锦葵科。胖大海 *Sterculia lychnophora* Hance，产于越南、泰国、印度尼西亚和马来西亚等国；种子（胖大海）能清热润肺、利咽开音、润肠通便。

木棉科（Bombacaceae）在 APG 系统中已并入锦葵科。木棉 *Bombax ceiba* L. ［*Gossampinus malabarica* （DC.）Merr.］，产华东、华南、西南等的亚热带地区；花（木棉花）能清热利湿、解毒。

椴树科（Tiliaceae）在 APG 系统中已并入锦葵科。破布叶 *Microcos paniculata* L.，产广东、广西和云南；叶（布渣叶）能消食化滞、清热利湿。

（三十）十字花目 Brassicales

本目包含十字花科、白花菜科、木樨草科、旱金莲科、辣木科、番木瓜科和山柑科等 17 个科。《中华人民共和国药典》收录的药材分布在十字花科。

40. 十字花科 Brassicaceae 📱微课13 $\quad \female * K_{2+2}C_4A_{2+4}\underline{G}_{(2:1\sim2:1\sim\infty)}$

【形态特征】草本，常具辛辣味。单叶互生，无托叶，基生叶莲座状。花两性，整齐，总状花序；萼片 4，2 轮，花瓣 4 枚，具爪，十字形排列；花托的蜜腺与萼片对生；雄蕊 6 枚，外轮 2 枚短，四强雄蕊；子房上位，2 枚心皮，侧膜胎座，假隔膜将子房分成 2 室。长角果或短角果，无胚乳。

【资源分布】全球 334 属，约 3660 种；世界广布，以北温带为多。国产 96 属，583 种，全国分布，以西北地区最多；已知药用 30 属，103 种。分布有硫苷、吲哚苷、强心苷、脂肪酸、黄酮类等。《中华人民共和国药典》收录的药材有板蓝根、大青叶、莱菔子、葶苈子、芥子、菥蓂。

【药用植物】

（1）芸苔属（Brassica L.）　全株无毛或有单毛，叶大头羽裂；内萼片基部成囊状；长角果，喙圆形，果瓣具 1 脉，种子 1 行。约 40 种，国产 14 种；大多数作蔬菜栽培，栽培品种丰富。常见有白菜（*B. campestris* L.）类、芥菜［*B. juncea* （L.）Czern.］类、甘蓝（*B. oleracea* L.）和芜青（*B. rapa* L.）类。芥 *B. juncea* （L.）Czern. et Coss. 广泛栽培，种子（白芥子）能化痰逐饮，散结消肿，通络止痛；白芥 *Sinapis alba* L. 的种子同等入药，前者称"白芥子"，后者称"黄芥子"。

（2）萝卜属（Raphanus L.）　茎上部叶不抱茎；花大，白色或紫色；长角果圆柱形，肉质，种子间有缢缩，常不裂。8～10 种，国内仅栽培 1 种。莱菔（萝卜）*R. sativus* L.（图 7 - 92）二年生草本，直根肉质粗壮；基生叶和茎下部叶大头羽状半裂。原产欧洲，各地广泛栽培。种子（莱菔子）能消食导气，降气化痰；老根（称萝卜头或地骷髅）能清肺利咽，散瘀消肿，消食理气。

（3）菘蓝属（Isatis L.）　基生叶有柄，茎生叶无柄；花瓣黄色；短角果，压扁，不开裂，有翅。约 30 种，国产 6 种。菘蓝 *I. indigotica* Fort.（图 7 - 93）1～2 年生草本，全株光滑无毛，主根圆柱形；

基生叶长圆状椭圆形；茎生长圆形或长圆状披针形，基部半抱茎；复总状花序顶生；种子1枚。全国各地有栽培。根（板蓝根）能清热解毒，凉血消肿；叶（大青叶）能清热解毒，凉血止血，消瘀。

图 7-92 莱菔

图 7-93 菘蓝

（4）独行菜属（*Lepidium* L.）　一年至多年生草本；总状花序，无苞片；花白色；短角果顶端常微缺，并呈翅状，2室，每室1种子。约150种，国产15种。独行菜 *L. apetalum* Willd. 基生叶匙形，茎生叶线形；雄蕊常2枚。产西南至东北各地。种子（葶苈子）能祛痰平喘，利水消肿。播娘蒿 *Descurainia sophia* (L.) Webb. ex Prantl 的种子称"南葶苈子"，功用与独行菜相似。

常用药用植物还有：菥蓂 *Thlaspi arvense* L.，全国广布，全草（菥蓂）能清热解毒，利水消肿。单花荠 *Pegaeophyton scapiflorum* (Hook. f. Thoms.) Marq. et Shaw，产青藏高原；根茎与根（高山辣根菜）为常用藏药；清热解毒，清肺止咳，止血消肿。蔊菜 *Rorippa indica* (L.) Hiern，全国广布，全草能祛痰止咳，解表散寒，利湿退黄，活血解毒。

七、真双子叶植物超菊类

超菊类包括基部类群和菊类分支，基部类群包括红珊藤目、檀香目和石竹目，菊类分支又包括基部的山茱萸目和杜鹃花目，以真菊类分支的唇形类和桔梗类两大次级谱系。《中华人民共和国药典》收录的药材分布在檀香目、石竹目、山茱萸目、杜鹃花目、丝缨花目、龙胆目、紫草目、茄目、唇形目、冬青目、菊目、川续断目、伞形目。

（三十一）檀香目 Santalales

本目包含铁青树科、山柚子科、蛇菰科、檀香科和桑寄生科等7科；在 APG 系统中将百蕊草科 Thesiaceae 和槲寄生科 Viscaceae 等并入了檀香科。《中华人民共和国药典》收录的药材分布在桑寄生科和檀香科。

41. 桑寄生科 Loranthaceae　　　　　　　　　　　　　　　$\female * P_{3 \sim 6} A_{3 \sim 6} \overline{G}_{(3 \sim 6;1;1 \sim \infty)}$

【形态特征】寄生性灌木。叶对生，全缘，无托叶。花两性或单性，花被片3~6，离生或不同程度合生成冠管状；雄蕊与花被片同数且对生；子房下位，心皮3~6合生成1室，无胚珠，仅具1至数个胚囊细胞。浆果，稀核果；种子1枚，无种皮，胚乳丰富。种子主要由鸟类传播。

【资源分布】全球约65属，1300种，主要分布在热带地区。国产11属，64种，南北均有分布，以华南和西南地区最多；已知药用9属，44种。分布有黄酮、三萜、外源凝集素和肽类等。《中华人民共和国药典》收录的药材有桑寄生和槲寄生。

【药用植物】

(1) 钝果寄生属 (*Taxillus* Tiegh.) 常绿半寄生性灌木；花两性，花序腋生，伞形或总状。约25种，国产15种。桑寄生 *T. chinensis* (DC.) Danser（图7-94）：伞形花序腋生，花1~4朵；花冠狭管状，紫红色，裂片4；浆果椭圆形或近球形。产华南地区和云南；带叶茎枝（桑寄生）能祛风湿，补肝肾，强筋骨，安胎元。同属多种植物的枝、叶常是桑寄生的地方习用品。

(2) 槲寄生属 (*Viscum* L.) 寄生性灌木或亚灌木；叶对生，脉基出，或退化呈鳞片状；雌雄同株或异株；聚伞花序，顶生或腋生。约70种，国产14种。在APG系统中本属被并入檀香科 Santalaceae。槲寄生 *V. coloratum* (Kom.) Nakai 灌木，雌雄异株，浆果球形。大部分地区均产；带叶茎枝（槲寄生）能祛风湿，补肝肾，强筋骨，安胎元。同属多种植物的枝、叶在产区常是槲寄生的地方习用品。

图7-94 桑寄生

檀香目重要的药用植物还有：

檀香科（Santalaceae）植物檀香 *Santalum album* L.，半寄生常绿小乔木，叶对生；花两性；核果球形，熟时黑色；原产太平洋岛屿，我国广东、台湾有引种；心材（檀香）能行气温中，开胃止痛。

（三十二）石竹目 Caryophyllales

本目包含白花丹科、柽柳科、番杏科、蓼科、落葵科、马齿苋科、茅膏菜科、商陆科、石竹科、土人参科、仙人掌科、苋科、猪笼草科、紫茉莉科等38科。《中华人民共和国药典》收录的药材分布在蓼科、马齿苋科、石竹科、柽柳科、商陆科和苋科（包括原藜科）。

42. 蓼科 Polygonaceae Juss. ⒠微课14

$$♀ * P_{3~6,(3~6)} A_{3~9} \underline{G}_{(2~4:1:1)}$$

【形态特征】草本，稀灌木。茎节常膨大。单叶互生，托叶常连合成膜质托叶鞘。花序穗状、总状或圆锥状，顶生或腋生；花两性，整齐；花被片3~6，瓣状，常2轮，宿存；雄蕊3~9；子房上位，3(2~4)心皮合生成1室，1基生胚珠。瘦果凸镜状或三棱形，常包于宿存花被内，种子胚乳丰富。

【资源分布】全球约50属，1150种，世界性分布，以北温带为多。我国13属，236种，分布全国各地；已知药用10属，136种。分布有蒽醌类、黄酮类、吲哚苷和鞣质等。《中华人民共和国药典》收录的药材有虎杖、萹蓄、何首乌、首乌藤、大黄、金荞麦、拳参、杠板归、水红花子、蓼大青叶。

【药用植物】

(1) 蓼属 (*Polygonum* L.) 草本，少灌木；托叶鞘膜质；花被常5裂，雄蕊8 (3~9)，花柱2~3。约230种，国产100余种。何首乌 *P. multiflorum* Thunb. [*Pleuropterus multiflorus* (Thunb.) Nakai] （图7-95）草质藤本，多分枝，茎基部木化；块根肥大，红褐色或黑褐色，断面有异型维管束形成的"云锦花纹"；叶卵状心形，托叶鞘短筒状；大型圆锥花序，花白色。全国各地均产。块根（何首乌）能解毒，润肠通便，消痈；茎（首乌藤）能养血，安神，祛风通络。虎杖 *P. cuspidatum* Sieb. et Zucc. (*Reynoutria japonica* Houtt.) （图7-96）粗壮草本，根茎粗壮，横走；茎中空，散生紫红色斑点；雌雄异株，外轮3枚花被片果时增大。产长江流域及以南各地。根茎和根（虎杖）能祛风利湿，散瘀定痛。红蓼 *P. orientale* L. [*Persicaria orientalis* (L.) Spach]，各地野生或栽培；果实（水红花子）能散血消瘀，消积止痛，利水消肿。蓼蓝 *P. tinctorium* Ait. [*Persicaria tinctoria* (Aiton) Spach]，全国各地均产，叶（蓼大青叶）能清热解毒，凉血消斑；也是加工青黛的原料。萹蓄 *Polygonum aviculare* L.，全国各地均产；全草（萹蓄）能利尿通淋、杀虫、止痒。杠板归 *P. perfoliatum* L. [*Persicaria perfoliata* (L.) H. Gross]，产全国大部分地区，地上部分（杠板归）能清热解毒，利水消肿。拳参 *Polygonum bistorta* L.

（*Bistorta officinalis* Del.），产长江流域以北，根状茎（拳参）能清热解毒，消肿止痛。水蓼（辣蓼）*P. hydropiper* L.［*Persicaria hydropiper*（L.）Spach］，全国各地均产。全草（称辣蓼）能祛风利湿，散瘀止痛，解毒消肿，杀虫止痒；也是加工生产六神曲、半夏曲等的辅料。

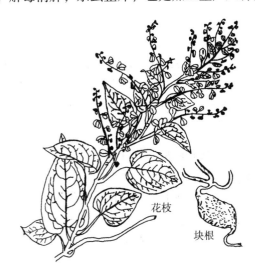

图 7-95 何首乌

图 7-96 虎杖

（2）大黄属（*Rheum* L.） 粗大草本；根及根茎粗壮，断面黄色；基生叶宽大，具长柄，托叶鞘长筒状；圆锥花序，花被片6，2轮，果时不增大，雄蕊9，柱头头状或近盾状；瘦果三棱状，棱缘翅状。约60种，国产约40种。本属中叶浅裂、深裂到条裂的类群（掌叶组）均具泻下作用，而叶全缘或波状的类群泻下作用不明显。掌叶大黄 *Rh. palmatum* L.（图7-97）基生叶长宽近相等，掌状浅裂至半裂，果枝聚拢；产于甘肃、四川、青海、西藏和陕西，野生或栽培。唐古特大黄（鸡爪大黄）*Rh. tanguticum* Maxim. ex Balf. 叶小裂片窄披针形，花序多分枝；产于青海、甘肃、四川、西藏。药用大黄 *Rh. officinale* Baill. 叶浅裂，裂片大齿形或宽三角形，果枝开展；产于陕西、重庆、湖北、四川、云南。以上三种植物的根及根茎（大黄）能泻下攻积，清热泻火，凉血解毒，逐瘀通经，利湿退黄。

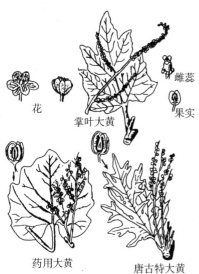

图 7-97 大黄属植物

（3）酸模属（*Rumex* L.） 草本，叶茎生或基生，托叶鞘易破裂，早落；圆锥花序，果时内轮3枚花被片增大呈翅状，雄蕊6，瘦果无翅。约150种，国产26种。常见有酸模 *R. acetosa* L. 和羊蹄 *R. japonicus* Houtt.，全国广布，全草或根能清热解毒、凉血，嫩茎、叶可作蔬菜或饲料。

（4）荞麦属（*Fagopyrum* Mill.） 一年或多年生草本；叶常三角形；花序总状或伞房状，花被5深裂，雄蕊8；瘦果较花被片长1~2倍。约15种，国产10种。苦荞麦 *F. tataricum*（L.）Gaertn. 和荞麦 *F. esculentum* Moench 是世界性的栽培粮食作物之一。金荞麦 *F. dibotrys*（D. Don）H. Hara，产长江流域，根茎（金荞麦）能清热解毒，排脓祛瘀。

43. 石竹科 Caryophyllaceae 微课15 $\male\female * K_{4\sim5,(4\sim5)} C_{4\sim5,0} A_{5\sim10} G_{(2\sim5:1:\infty)}$

【形态特征】草本，节常常膨大。单叶对生或轮生，基部常连合，全缘；托叶膜质或无。花单生或集成聚伞花序；花两性，整齐；萼片4~5，分离或连合成筒状，宿存；花瓣4~5枚，常具爪，稀无；

雄蕊常是花瓣倍数；子房上位，心皮2~5合生，特立中央胎座。蒴果齿裂或瓣裂，稀浆果或瘦果。

【资源分布】全球约100属，2200余种。国产33属，约420种，南北均产；已知药用10余属，100余种。分布有皂苷、黄酮类和挥发油等。《中华人民共和国药典》收录的药材有太子参、瞿麦、银柴胡、王不留行、金铁锁。

【药用植物】

孩儿参 *Pseudostellaria heterophylla*（Miq.）Pax（图7-98）草本，肉质根纺锤形；茎下部1~2对叶倒披针形，上部2~3对叶宽卵形或菱状卵形；花2型，开花受精花1~3枚，着生顶端总苞内，花冠白色，5数；闭花受精花着生茎下部叶腋，萼片4，无花瓣。产长江以北地区和贵州；块根（太子参）能益气健脾，生津润肺。

瞿麦 *Dianthus superbus* L.（图7-99）多年生草本；叶线形或披针形；聚伞花序顶生，萼筒粗短，顶端5裂；花瓣5，淡紫色，具长爪，顶端深裂成丝状；蒴果长筒形，顶端4齿裂。全国分布。地上部分（瞿麦）能利尿通淋，活血通经。同属植物石竹 *D. chinensis* L. 的地上部分与瞿麦同等入药。

常用药用植物还有：麦蓝菜 *Vaccaria segetalis*（Neck.）Garcke，除华南外各地均产；种子（王不留行）能活血调经、下乳消肿、利尿通淋。银柴胡 *Stellaria dichotoma* L. var. *lanceolata* Bge.，产西北地区和辽宁；根（银柴胡）能清热凉血，除疳热。金铁锁 *Psammosilene tunicoides* W. C. Wu et C. Y. Wu，产金沙江和雅鲁藏布江沿岸；根（金铁锁）能祛风除湿，散瘀止痛，解毒消肿。甘肃雪灵芝 *Arenaria kansuensis* Maxim.，产青藏高原南缘和东南缘；全草（称雪灵芝）能清热止咳，利湿退黄，蠲痹止痛。

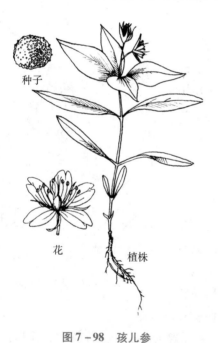

图 7-98　孩儿参

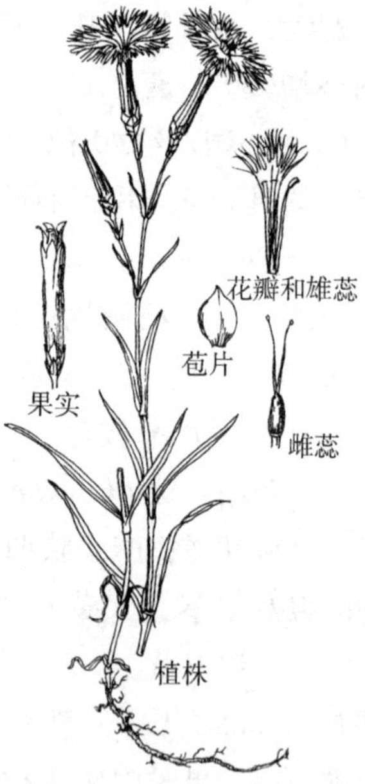

图 7-99　瞿麦

石竹目重要的药用植物还有：

苋科（Amaranthaceae）植物青葙 *Celosia argentea* L.，各地栽培或野生，种子（青葙子）能清肝泻火，明目退翳。牛膝 *Achyranthes bidentata* Blume，河南等地栽培品，根（牛膝）能逐瘀通经，补肝肾，强筋骨，利尿通淋，引血下行。川牛膝 *Cyathula officinalis* Kuan，四川等地栽培或野生，根（川牛膝）能逐瘀通经，通利关节，利尿通淋。鸡冠花 *Celosia cristata* L.，各地栽培或野生，花序（鸡冠花）能收敛止血，止带，止痢。

藜科（Chenopodiaceae）在 APG 系统中将藜科并入苋科。地肤 *Kochia scoparia*（L.）Schrad.，栽培或野生，果实（地肤子）能清热利湿，祛风止痒。

柽柳科（Tamaricaceae）植物柽柳 *Tamarix chinensis* Lour.，产于我国东部至西南部地区；嫩枝叶（西河柳）能疏风散寒，解表止咳，升散透疹，祛风除湿。

商陆科（Phytolaccaceae）植物商陆 *Phytolacca acinosa* Roxb. 和垂序商陆 *P. americana* L.，野生或栽培，根（商陆）能逐水消肿，通利二便，外用解毒散结。

马齿苋科（Portulacaceae）植物马齿苋 *Portulaca oleracea* L.，全国各地均产，地上部分（马齿苋）能清热解毒，凉血止血，止痢。

（三十三）山茱萸目 Cornales

本目包含蓝果树科、绣球科和山茱萸科等 7 科。《中华人民共和国药典》收录的药材分布在山茱萸科。

44. 山茱萸科 Cornaceae　$\male\female * K_{4\sim5,0} C_{4\sim5,0} A_{4\sim5} \overline{G}_{(2:1\sim4;1)}$

【形态特征】乔木或灌木，稀草本。单叶对生，少互生或轮生。花两性或单性异株，聚伞、圆锥或伞形花序，有时具苞片或总苞片；花萼 4~5 裂或缺；花瓣 4~5 或缺；雄蕊与花瓣同数且互生；子房下位；1~4 室，每室 1 胚珠。核果或浆果状。

【资源分布】全球 15 属，119 种；分布于温带和热带地区。国产 9 属，约 60 种，南北均有分布；已知药用 6 属，44 种。分布有环烯醚萜苷类、黄酮类、有机酸和鞣质等。《中华人民共和国药典》收录的药材有山茱萸、小通草。

【药用植物】

山茱萸 *Cornus officinalis* Siebold & Zucc.（图 7-100）落叶小乔木；叶卵状披针形或椭圆形，叶背脉腋具黄色锈毛；花先叶开放，总苞 4 枚；萼裂片和花瓣 4 枚；子房 2 室；核果长椭圆形，红色至紫红色。河南、陕西、四川等地栽培。果肉（山茱萸）能补益肝肾，收涩固脱。

常用药用植物还有：青荚叶 *Helwingia japonica*（Thunb.）Dietr.，产于黄河流域以南各省区；茎髓（小通草）能清热、利尿、下乳。西南青荚叶 *H. himalaica* Hook. f. et Thoms. ex C. B. Clarke 和中华青荚叶 *H. chinensis* Batal. 的茎髓常是小通草的地方习用品。APG 系统将青荚叶属独立为冬青目青荚叶科。

山茱萸目重要的药用植物还有：蓝果树科 Nyssaceae 植物喜树 *Camptotheca acuminata* Decne.，产长江以南各地。果实（称喜树果）能清热解毒，散结消癥；也是提取抗癌药喜树碱类活性物质的原料。

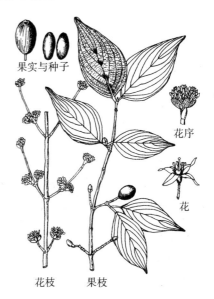

果实与种子

花序

花

花枝　　果枝

图 7-100　山茱萸

（三十四）杜鹃花目 Piperales　📱微课 16

本目包含凤仙花科、柿科、报春花科、山茶科、山矾科、岩梅科、安息香科、猕猴桃科、桤叶树科和杜鹃花科等 22 科。APG 系统将紫金牛科并入报春花科。《中华人民共和国药典》收录的药材分布在报春花科、杜鹃花科、柿科和安息香科。

46. 报春花科 Primulaceae

$$\male \ast K_{(5),5}C_{(5),0}A_5 \underline{G}_{(5:1:\infty)}$$

【形态特征】草本或木本，常有腺点或白粉。单叶基生、互生或轮生，基生叶呈莲座状，无托叶。花两性，整齐；花萼和花冠均4或5裂，萼宿存；雄蕊与冠裂片同数且对生；子房上位，特立中央胎座或基生胎座，胚珠多数。蒴果瓣裂或周裂，或浆果，种子嵌入肉质胎座轴中。

【资源分布】全球58属，约25900种，全球广布。国产17属，797种，全国分布，集中分布在西南和西北地区；已知药用72属，191种。分布有黄酮类、三萜及其苷类、挥发油、有机酸和酚类化合物。《中华人民共和国药典》收录的药材有金钱草。

【药用植物】过路黄 *Lysimachia christinae* Hance（图7－101），多年生匍匐草本，节上生根。叶、花萼和花冠具点状及条状黑色腺体。叶对生，心形或阔卵圆形。单花腋生，两两相对；花冠5裂，黄色。蒴果球形。产长江流域及以南部各地。全草（金钱草）能利湿退黄，利尿通淋，解毒消肿。

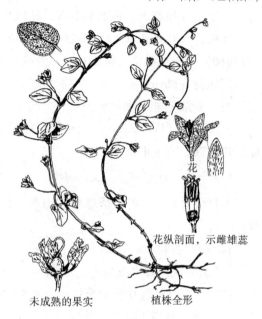

图7－101　过路黄

常见药用植物还有：灵香草 *Lysimachia foenum - graecum* Hance，产云南、广西和湖南，带根全草（称灵香草）能祛风寒、避秽浊。聚花过路黄 *Ly. Congestiflora* Hemsl.，产秦岭以南各地，全草治风寒感冒。点地梅（喉咙草）*Androsace umbellate*（Lour.）Merr.，全国大部分地区均产，全草能清热解毒、消肿止痛。

47. 杜鹃花科 Ericaceae

$$\male \ast K_{(4\sim5),5}C_{(4\sim5)}A_{(8\sim10,4\sim5)} \underline{G}_{(4\sim5:4\sim5:\infty)}$$

【形态特征】常绿木本。单叶互生，对生或轮生，革质，全缘。花两性，整齐或稍两侧对称；花萼和花冠均4或5裂，萼宿存；雄蕊常为冠裂片数2倍，花药2室，孔裂，具芒或尾状附属物；子房上位，稀下位，心皮4~5合生，4~5室，中轴胎座。蒴果，少浆果或核果。

【资源分布】全球103属，3350余种，世界广布，分布于温带和亚寒带；APG系统中杜鹃花科包括原鹿蹄草科、水晶兰科和岩高兰科。国产23属，1052种，全国分布；已知药用12属，127种。分布有黄酮类和简单酚类。《中华人民共和国药典》收录的药材有满山红和闹羊花。

【药用植物】兴安杜鹃 *Rhododendron dahuricum* L.（图7－102）常绿灌木，分枝多，小枝具鳞片和柔毛。叶集生小枝上部，椭圆形或长圆形，下面密被鳞片。先花后叶，1~2朵生枝端，紫红色或粉红色；雄蕊10，花丝下部有毛。产黑龙江、内蒙古、吉林等。叶（满山红）能祛痰，止咳；根用于治疗肠炎和痢疾。

常见药用植物还有：羊踯躅 *Rhododendron molle*（Bl.）G. Don，产长江流域及以南各地；花（闹羊花）有大毒，祛风除湿，镇痛，活血；果实（称八厘麻子）能定喘，止泻，止痛。杜鹃 *Rh. simsii* Planch.，产长江流域及以南各地；花（称杜鹃花）能活血，调经，祛风湿；叶（称杜鹃花叶）能清热解毒，止血。照山白 *Rh. micranthum* Turcz. 产长江以北

图7－102　兴安杜鹃

和四川；枝、叶、花有大毒，能祛风，通络止痛，化痰止咳。

杜鹃花目重要的药用植物还有：

紫金牛科（Myrsinaceae）植物紫金牛 *Ardisia japonica*（Thunb.）Blume，产陕西和长江流域以南各地；全株（矮地茶）能化痰止咳，清利湿热，活血化瘀。朱砂根 *Ardisia crenata* Sims，产西藏东南至台湾，湖北至海南岛；根（朱砂根）能解毒消肿，活血止痛，祛风除湿。在 APG 分类系统中紫金牛科已并入了报春花科。

鹿蹄草科（Pyrolaceae）植物鹿蹄草 *Pyrola calliantha* H. Andr. 和普通鹿蹄草 *P. decorata* H. Andr.，产西南和黄河以南地区；全草（鹿衔草）能祛风湿，强筋骨，止血，止咳。在 APG 分类系统中鹿蹄草科已并入了杜鹃花科。

柿树科（Ebenaceae）植物柿 *Diospyros kaki* Thunb.，全国各地常栽培；宿萼（柿蒂）能降逆止呃。

安息香科（Styracaceae）植物白花树 *Styrax tonkinensis*（Pierre）Craib ex Hart. 产云南、贵州、广西、广东、福建、湖南和江西；树脂（安息香）能开窍醒神，行气活血，止痛。

（三十五）丝缨花目 Garryales Mart.

本目包含杜仲科和丝缨花科。《中华人民共和国药典》收录的药材分布在杜仲科。

48. 杜仲科 Eucommiaceae

$\male\ P_0 A_{5 \sim 10}$；$\female\ P_0 \underline{G}_{(2:1:2)}$

【形态特征】落叶乔木，枝、叶折断后有银白色胶丝。单叶互生，无托叶。花单性异株，无花被；雄蕊 5 ~ 10 枚，花丝极短；雌花具苞片，子房上位，2 心皮合生，仅 1 心皮发育，1 室，胚珠 2，1 枚发育。翅果，种子具膜质外种皮。

【资源分布】1 属，1 种，我国特产种，产长江中游各地。分布有木脂素类、苯丙素类化合物、杜仲胶、环烯醚萜类等。《中华人民共和国药典》收录的药材有杜仲和杜仲叶。

【药用植物】杜仲 *Eucommia ulmoides* Olive.（图 7 - 103）特征同科特征。树皮（杜仲）能补肝肾，强筋骨，安胎；叶（杜仲叶）能补肝肾，强筋骨。

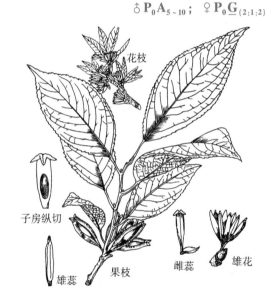

图 7 - 103　杜仲

（三十六）龙胆目 Gentianales

本目包含茜草科、龙胆科、马钱科、钩吻科和夹竹桃科等 5 科。APG 系统中将萝藦科并入夹竹桃科。《中华人民共和国药典》收录的药材分布在茜草科、龙胆科、夹竹桃科、萝藦科和马钱科。

49. 茜草科 Rubiaceae

$\female\ *\ K_{(4 \sim 5)} C_{(4 \sim 5)} A_{4 \sim 5} \overline{G}_{(2:2:1:\infty)}$

【形态特征】草本，灌木或乔木，或攀缘状。单叶对生或轮生，全缘；托叶生叶柄间或叶柄内，常 2 枚，宿存或脱落。二歧聚伞花序排成圆锥状或头状，少单生；花两性，整齐；花萼和花冠均 4 ~ 5（6）裂；雄蕊与花冠裂片同数且互生；子房下位，2 心皮，2 室，中轴胎座。蒴果、浆果或核果。

【资源分布】全球 614 属，13000 余种，广布热带和亚热带。国产 103 属，904 种，包括引种 5 属，分布于西南至东南部；已知药用 59 属，220 余种。分布有生物碱、环烯醚萜类和蒽醌类。《中华人民共和国药典》收录的药材有栀子、钩藤、茜草、巴戟天和红大戟。

【药用植物】

（1）金鸡纳亚科 Cinchonoideae Raf. 子房每室胚珠 2 至多数。国产 58 属，372 种。

1）栀子属（*Gardenia* Ellis）灌木或乔木；托叶生叶柄内，常部分合生；花冠裂片左旋转状排列；浆果，胚珠和种子嵌入肉质的胎座中。约 250 种，国产 5 种、1 变种。栀子 *Gardenia. jasminoides* Eills（图 7 - 104）常绿灌木；叶革质，椭圆状倒卵形，全缘，托叶合成鞘状；花大，白色，芳香，单生枝顶；花冠高脚碟状；子房下位，侧膜胎座 2～6 个。果近球形至长圆形，黄色或橙红色，长 1.5～3cm，翅状纵棱 5～9 条。产中部和南部地区。果实（栀子）能泻火解毒，清利湿热，利尿。

果实

花枝

图 7 - 104 栀子

2）钩藤属（*Uncaria* Schreber）木质藤本；茎、枝均有钩状刺；蒴果，外果皮厚；种子两端具长翅，下端翅深 2 裂。约 34 种，国产 11 种。钩藤 *U. rhynchophylla*（Miq.）Miq. ex Havil. 小枝四棱形，叶对生，托叶 2 深裂；头状花序腋生；花 5 数，花冠黄色。产于长江以南和西南各地；带钩的茎枝（钩藤）能清热平肝、熄风定惊。大叶钩藤 *U. macrophylla* Wall.、毛钩藤 *U. hirsuta* Havil.、华钩藤 *U. sinensis*（Oliv）Havil. 和无柄果钩藤 *U. sessilifructus* Roxb. 的带钩茎枝与钩藤同等入药。

本亚科常用药用植物还有：白花蛇舌草 *Hedyotis diffusa* Willd.，产于长江以南各地；全草（白花蛇舌草）能清热解毒，利湿。金鸡纳树 *Cinchona ledgeriana* Moens，原产于玻利维亚和秘鲁，我国云南和台湾有引种栽培；树皮能截疟、解热镇痛；也是提取奎宁的原料。

（2）茜草亚科 Rubioideae（Coffeoideae）K. Schum. 子房每室胚珠 1 枚。国产 40 属，304 种。

茜草属（*Rubia* L.）直立或攀缘草本，茎常具倒刺毛；叶 4～8枚轮生；聚伞花序，花 5 基数；浆果肉质，无毛。约 70 种，国产36 种。茜草 *R. cordifolia* L.（图 7 - 105）攀缘草本，根丛生，橙红色；茎四棱，棱上具倒生刺；叶 4 枚轮生，具长柄，卵形至卵状披针形；花小黄白色；浆果球形，橙黄色。产黄河以北及四川和西藏；根及根状茎（茜草）能凉血止血、祛瘀通经。

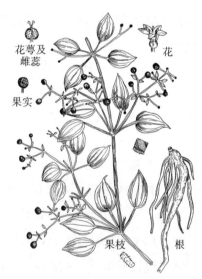

花萼及雌蕊

花

果实

果枝

根

图 7 - 105 茜草

本亚科常用药用植物还有：鸡矢藤 *Paederia scandens*（Lour.）Merr.，产长江流域及以南各地；全草（鸡矢藤）能祛风利湿，消化积食，活血消肿。红大戟 *Knoxia valerianoides* Thorel et Pit.，产华南地区和云南等地；块根（红大戟）能泻水逐饮，消肿散结。巴戟天 *Morinda officinalis* F. C. How，产广西、广东地区；根（巴戟天）能补肾壮阳，强筋骨，祛风湿。咖啡 *Coffea Arabica* L.，云南、海南和台湾有引种；果实能兴奋、强心、利尿、健胃。虎刺 *Damnacanthus indicus*（L.）Gaertn. f.，产长江流域及以南各地，根能祛风利湿、活血止痛；白马骨 *Serissaserissoides*（DC.）Druce 产长江流域及以南各地，全株能疏风解表、清热利湿、舒筋活络。

50. 龙胆科 Gentianaceae ♀ * K$_{(4-5)}$ C$_{(4-5)}$ A$_{4-5}$ G$_{(2:1:\infty)}$

【形态特征】草本。单叶对生，稀轮生，全缘，无托叶。聚伞花序顶生或腋生；花两性，整齐，4 或 5 基数；萼筒状、钟状或辐状；花冠漏斗状、辐状或筒状，裂片在花蕾中右向旋转排列，有时具距；雄蕊冠生，与冠裂片同数且互生；子房上位，2 心皮，1 室，侧膜胎座，胚珠多数。蒴果 2 瓣裂，种子胚乳丰富。

【资源分布】全球约 80 属，900 余种，全球广布，以北温带最丰富。国产 19 属，549 种，以西南山岳地区最集中；已知药用 15 属，105 种。分布有环烯醚萜、裂环烯醚萜苷、𠮷酮类、黄酮类、萜类和挥发油。《中华人民共和国药典》收录的药材有龙胆、秦艽、红花龙胆、青叶胆和当药。

【药用植物】

(1) 龙胆属 [*Gentiana* (Tourn.) L.] 草本，茎四棱形；单叶对生，无柄，基部常相连；花 5 基数，花冠管状钟形，裂片间有褶；雄蕊 5，冠生；子房 1 室，基部具轮生的腺体，花柱短或长丝状；蒴果 2 裂，种子具网纹。约 400 种，国产 247 种，以西南山区最多。龙胆 *G. scabra* Bunge（图 7-106）根细长，簇生，味苦；叶主脉 3~5 条；花蓝紫色，5 浅裂。产东北及华北等地。根及根状茎（龙胆）能清热燥湿，泻肝胆火。同属植物条叶龙胆 *G. manshurica* Kitag、三花龙胆 *G. triflora* Pall. 和坚龙胆 *G. rigescens* Franch. 的根和根茎与龙胆同等入药。红花龙胆 *G. rhodantha* Franch.，产中、西部地区；全草（红花龙胆）能清热除湿，解毒，止咳。

秦艽 *G. macrophylla* Pall. 主根细长、扭曲，茎基部具纤维状叶残基。产西北、华北、东北地区及四川等地。根（秦艽）能祛风湿，清湿热，止痹痛，退虚热。同属植物麻花秦艽 *G. straminea* Maxim.、达乌里秦艽（小秦艽）*G. dahurica* Fisch. 或粗茎秦艽 *G. crassicaulis* Duthie ex Burk. 根与秦艽同等入药。

(2) 獐牙菜属 (*Swertia* L.) 草本，主根明显；花单生或聚伞花序，4 或 5 基数，辐状；萼筒甚短；花冠深裂近基部，裂片基部或中部具腺窝或腺斑；蒴果常包被于宿存花被内。约 170 种，国产 79 种。川西獐牙菜 *S. mussotii* Franch.（图 7-107）一年生草本，茎四棱形，棱上有窄翅；叶卵状披针形至狭披针形，基部略心形，半抱茎。产于青藏高原南缘和东南缘；全草（称川西獐牙菜）为常用藏药，能清肝利胆，退诸热。青叶胆 *S. mileensis* T. N. Ho et W. L. Shih 产云南、四川；全草（青叶胆）能清肝利胆，清热利湿。瘤毛獐牙菜 *S. pseudochinensis* H. Hara.，产东北、华北地区和山东、河南；全草（当药）能清热利湿、健脾。

花冠纵剖

花萼纵剖

植株上部　　根及根茎

图 7-106　龙胆

种子

腺窝

植株

花

图 7-107　川西獐牙菜

常用的药用植物还有：椭圆叶花锚 *Halenia elliptica* D. Don，产我国中、西部地区；全草能清热、利湿。双蝴蝶 *Tripterospermum chinense*（Migo）H. Smith，产长江流域，全草能清肺止咳，解毒消肿。

51. 夹竹桃科 Apocynaceae　　　　　　　　　　　　　　$\male\female * K_{(5)} C_{(5)} A_5 \underline{G}_{2:2;\infty,(2:1-2:1-\infty)}$

【形态特征】木本或草本，常蔓生，具乳汁或水汁。单叶对生或轮生，全缘，常无托叶。花两性，整齐，5 基数，稀4；花萼合生成筒状或钟状，内侧基部具腺体；花冠高脚碟状、漏斗状，裂片旋转排列，喉部具鳞片或毛；雄蕊着生冠筒上或喉部，花药常箭形，花粉粒分离或黏合成块；具花盘，子房上位，2 心皮，分离或合生，中轴或侧膜胎座。蓇葖果，稀核果或浆果状，种子一端有毛或膜翅。

【资源分布】全球 366 属，5100 余种，分布于热带、亚热带地区。国产 87 属，423 种，分布于长江以南各地；已知药用 68 属 107 种。在 APG 系统中夹竹桃科包含原萝摩科。分布有生物碱、强心苷、倍半萜和 C_{21} 甾苷类等，其中吲哚类生物碱和强心苷是其特征性成分。《中华人民共和国药典》收录的药材有罗布麻叶和络石藤。

【药用植物】萝芙木 *Rauvolfia verticillata*（Lour.）Baill.（图 7-108）小灌木，具乳汁。单叶对生或 3~5 叶轮生，长椭圆状披针形。二歧聚伞花序顶生；花冠高脚碟状，白色；雄蕊 5；心皮 2，离生。核果卵形，熟时由红变黑色。产华南、西南。全株能活血止痛，清热解毒；是提取降压灵和利血平的原料。

长春花 *Catharanthus roseus*（L.）G. Don.（图 7-109）半灌木，具水液。叶对生。花冠红色。蓇葖果双生。种子具小瘤状突起。原产非洲，我国南方有栽培。全株有毒，用于提取长春碱和长春新碱。

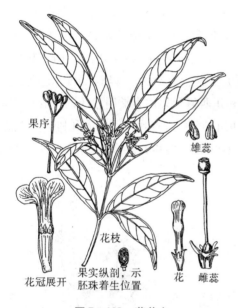

图 7-108　萝芙木

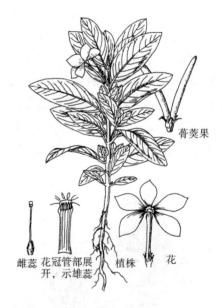

图 7-109　长春花

常用药用植物还有：络石 *Trachelospermum jasminoides*（Lindl.）Lem.，分布于河北至海南各地；茎叶（络石藤）能祛风通络，活血止痛。罗布麻 *Apocynum venetum* L.，我国北方有引种栽培；叶（罗布麻叶）能平肝安神、清热利水。杜仲藤 *Parabarium micranthum*（A. DC.）Pierre，产广西、广东和云南、四川，树皮能祛风活络、强筋壮骨。羊角拗 *Strophanthus divaricatus*（Lour.）Hook. et Arn.，产华南和云南，种子用于提取羊角拗苷；黄花夹竹桃 *Thevetia peruviana*（Pers.）K. Schum.，华南和云南有栽培，种子有毒，用于提取黄夹苷（强心灵）。

52. 萝摩科 Asclepiadaceae　　　　　　　　　　　　　　$\male\female * K_{(5)} C_{(5)} A_{(5),5} \underline{G}_{2:1;\infty}$

【形态特征】草本、藤本或灌木，具乳汁。单叶对生，少轮生，全缘；叶柄顶端常有腺体；无托叶。聚伞花序；花两性，整齐，5 基数；萼筒短，内面基部常有腺体；花冠辐状或坛状，副花冠生于冠管、雄蕊背部或合蕊冠上；5 枚雄蕊与雌蕊贴生成合蕊柱；花丝合生成具蜜腺的筒包围雌蕊，称合蕊冠，或花丝离生；药隔顶端具阔卵形的膜片，花粉粒粘合并包裹在薄膜内而成花粉块，每花药具 2 或 4 个花粉块，或内藏四合花粉的匙形花粉器；无花盘；子房上位，2 心皮，离生。蓇葖果双生，或 1 个不育而单生。种子顶端具丛生的绢丝状毛（图 7 –110）。

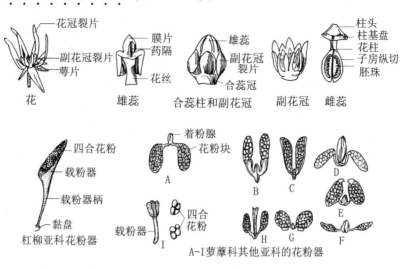

图 7 –110 萝藦科花及花粉器的形态和结构

【资源分布】全球约 180 属，2200 种，分布于热带、亚热带地区。国产 45 属，245 种，全国分布，以西南、华南最丰富；已知药用 33 属，112 种。在 APG 中萝藦科已并入夹竹桃科。分布有强心苷类、生物碱类、三萜类和黄酮类等。《中华人民共和国药典》收录的药材有香加皮、白薇、白前、徐长卿和通关藤。

【药用植物】

（1）鹅绒藤属（*Cynanchum* L.） 直立或攀缘；萼 5 深裂，副花冠杯状或筒状；花丝合生成筒状，每花药有 2 花粉块，每药室 1 个，着粉腺紫红色，有柄；蓇葖果双生或单生。约 200 种，国产 53 种。白薇 *C. atratum* Bunge.（图 7 –111）草本，全株被绒毛；聚伞花序，无梗；花紫红色；蓇葖果单生。产大多数地区；根及根茎（白薇）能清热凉血，利尿通淋，解毒疗疮。蔓生白薇 *C. versicolor* Bge. 根和根茎与白薇同等入药。徐长卿 *C. paniculatum*（Bunge）Kitag. 产辽宁以南各地；根及根茎（徐长卿）能祛风化湿，止痛止痒。柳叶白前 *C. stauntonii*（Decne.）Schltr. ex H. ev. 根及根茎（白前）能祛痰止咳，泻肺降气。

（2）杠柳属（*Periploca* L.） 蔓灌木，叶对生；花冠辐状，冠筒短，被柔毛；副花冠异形，环状；花丝短，离生；花粉器匙形，四合花粉；蓇葖 2，叉生。约 12 种，国产 4 种。杠柳 *P. sepium* Bunge（图 7 –112）落叶蔓灌木；叶披针形，膜质；花萼裂片内面基部各有 2 腺体；花冠紫红色；蓇葖果双生。产于长江以北地区及西南各地。根皮（香加皮）能利水消肿，祛风湿，强筋骨。

常用药用植物还有：通关藤 *Marsdenia tenacissma*（Roxb.）Moon，产云南和贵州；藤茎（通关藤）能止咳平喘，祛痰，通乳，清热解毒。娃儿藤 *Tylophora ovata*（Lindl.）Hook. Ex Steud.，产广东、广西、云南、湖南和台湾；根或全草能祛风除湿，散瘀止痛，止咳定喘，解蛇毒。马利筋 *Asclepias curassavica* L.，南北各地有栽培；全株有毒，能清热解毒，活血止血，消肿止痛。

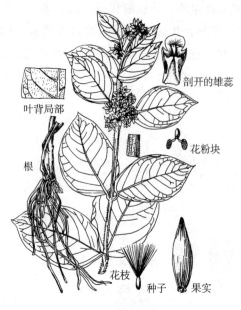

叶背局部
剖开的雄蕊
根
花粉块
花枝
种子
果实

图7-111　白薇

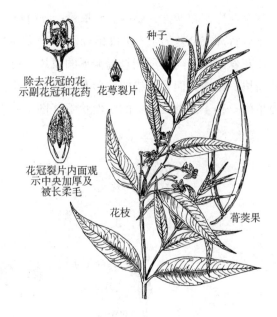

种子
除去花冠的花
示副花冠和花药
花萼裂片
花冠裂片内面观
示中央加厚及
被长柔毛
花枝
蓇葖果

图7-112　杠柳

龙胆目重要的药用植物还有：

马钱科（Loganiaceae）植物马钱 *Strychnos nux-vomica* L.，我国热带地区有引种栽培；成熟种子（马钱子）能通络止痛，散结消肿。密蒙花 *Buddleja officinalis* Maxim. 产西南、中南地区和陕西、甘肃；花蕾和花序（密蒙花）能清热泻火，养肝明目，退翳。

（三十七）紫草目 Boraginales 微课 17

本目仅紫草科 1 科。

53. 紫草科　Boraginaceace

$\male \ast K_{5,(5)} C_{(5)} A_5 \underline{G}_{(2:2:2)}$

【形态特征】草本，灌木至乔木，常被粗硬毛。单叶互生，全缘，无托叶。聚伞花序或蝎尾状聚伞花序，顶生；花两性，常整齐，5 基数；萼宿存；花冠喉部或筒部常具 5 个附属物；子房上位，2 心皮，2 室，每室 1 胚珠，或 4 裂成假 4 室，每裂瓣 1 胚珠；花柱顶生或基生。核果或 4 枚小坚果。

【资源分布】全球 143 属，2758 种，分布于温带和热带地区。国产 44 属，约 300 种，西北、西南地区分布最多；已知药用 22 属，62 种。分布有萘醌类色素和吡咯里西啶类生物碱等。《中华人民共和国药典》收录的药材有紫草。

【药用植物】新疆紫草 *Arnebia. euchroma*（Royle）Johnst.（图 7-113）多年生草本，全株被白色或淡黄色粗毛；花冠紫色；小坚果具瘤状突起。产新疆、甘肃、西藏；根（紫草）能清热凉血，活血解毒，透疹消斑。内蒙紫草 *A. guttata* Bunge 的根与新疆紫草同等入药。

常见药用植物还有：紫草 *Lithospermum erythrorhizon* Sieb. et Zucc.，产长江以北，根（称硬紫草）与新疆紫草效用相似；滇紫草属植物长花滇紫草 *Onosma*

花枝
植株下部
果实
花冠展开
子房

图7-113　新疆紫草

hookeri Clarke var. *longiflorum* Duthie、细花滇紫草 *O. hookeri* Clarke、滇紫草 *O. paniculatum* Bur. et-Franch.、露蕊滇紫草 *O. exsertum* Hemsl. 和密花滇紫草 *O. confertum* W. W. Smith，产于云南、贵州和四川，在产地常作紫草的地方习用品。附地菜 *Trigonotis peduncularis* (Trev.) Benth.，我国大部分地区均产，全草能温中健脾、消肿止痛、止血；鹤虱 *Lappula myosotis* V. Wolf.，产华北和西北，果实能杀虫消积。

（三十八）茄目 Solanales

本目包含旋花科、茄科、楔瓣花科和田基麻科等5科。《中华人民共和国药典》收录的药材分布在旋花科和茄科。

54. 旋花科 Convolvulaceae

$$\male\female * \mathbf{K}_{(5)} \mathbf{C}_{(5)} \mathbf{A}_5 \underline{\mathbf{G}}_{(2:1\sim\sim4:1\sim2)}$$

【形态特征】藤本，常有乳汁。单叶互生，无托叶。花单生或聚伞花序，两性，整齐，5基数；花萼分离或基部合生，宿存；花冠漏斗状或钟状，花蕾时常旋转状；雄蕊5，冠生；子房上位，2（稀3~5）心皮合生，具花盘，1~2室，或由假隔膜隔成4室，每室1~2胚珠。蒴果，稀浆果。

【资源分布】全球58属，约1650种；全球广布。国产20属，128种；全国广布，以西南和华南地区最多；已知药用16属，54种。分布有黄酮、香豆素、莨菪烷类生物碱、萜类和树脂苷等。《中华人民共和国药典》收录的药材有丁公藤、牵牛子和菟丝子。

【药用植物】裂叶牵牛 *Pharbitis nil* (L.) Choisy（图7-114）一年生缠绕草本；叶掌状3裂。花单生或2~3朵腋生，花冠漏斗状，浅蓝色或紫红色；子房3室，每室胚珠2。蒴果球形，种子卵状三棱形。原产美洲，广泛栽培或逸为野生。种子（牵牛子）有毒，泻水通便，消痰涤饮，杀虫攻积。圆叶牵牛 *P. purpurea* (L.) Voigt 的种子与牵牛同等入药。

菟丝子 *Cuscuta chinensis* Lam.（图7-115）一年生寄生草本，茎缠绕，黄色。叶退化成鳞片状。花簇生成球形，花冠壶状、黄白色。产华北、西北、东北、华中地区。种子（菟丝子）能补益肝肾，固精缩尿，安胎，明目，止泻；外用消风祛斑。南方菟丝子 *C. australis* R. Br. 种子与菟丝子同等入药。金灯藤 *Cuscuta japonica* Choisy，产南北各地；种子能补益肝肾、固精缩尿。

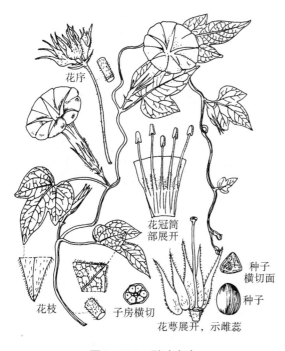

图7-114 裂叶牵牛

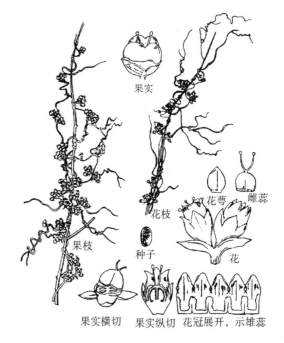

图7-115 菟丝子

常用药用植物还有：丁公藤 *Erycibe obtusifolia* Benth.，产广东中部及沿海岛屿；光叶丁公藤 *E. schmidtii* Craib，产广东和云南东南部、广西西南至东部；二者的藤茎（丁公藤）有小毒，能祛风除湿、消肿止痛。马蹄金 *Dichondra repens* Forst.，产长江流域及以南各地；全草清热利湿，解毒消肿。甘薯 *Ipomoea batatas*（L.）Lam.，普遍栽培；块根能益气健脾、养阴补肾，也供食用。

55. 茄科 Solanaceae $\male\; * \; K_{(5)} C_{(5)} A_{5,4} \underline{G}_{(2:2:\infty)}$

【形态特征】本草或灌木，稀小乔木。单叶互生，全缘，或羽状分裂或复叶，无托叶。花单生或聚伞花序，花两性，整齐，5 基数；萼宿存，果时常增大；花冠辐状、钟状、漏斗状；雄蕊 5，冠生，花药纵裂或孔裂；子房上位，2 心皮，2 室，或不完全 4 室，中轴胎座，胚珠多数。浆果或蒴果。

【资源分布】全球 102 属，约 2460 种；分布于温带至热带，尤以美洲中部和南部最集中。国产 26 属，115 种，广布全国各地；已知药用 25 属，84 种。分布有托品类、甾体类和吡啶类生物碱等。《中华人民共和国药典》收录的药材有枸杞子、洋金花、锦灯笼、辣椒、颠茄草、天仙子、地骨皮和华山参。

【药用植物】白花曼陀罗 *Datura metel* L.（图 7 – 116）一年生草本；叶卵形至广卵形。花单生，萼筒长圆筒状，基部宿存；花冠漏斗状或喇叭状，白色。蒴果疏生短刺，成熟后不规则 4 瓣开裂。产长江流域及以南地区，栽培或野生。花（洋金花）有毒，能平喘镇咳、麻醉止痛。曼陀罗 *D. stramonium* L. 和毛曼陀罗 *D. inoxia* Mill. 花常是洋金花的地方习用品，以上三种的全株是提取东莨菪碱的原料。

宁夏枸杞 *Lycium barbarum* L.（图 7 – 117）有刺灌木。叶互生或短枝上簇生，长椭圆状披针形。花数朵簇生，粉红色或淡紫色；萼 2 中裂；冠筒部明显长于裂片。浆果，熟时红色。产西北和华北地区，栽培或野生。果实（枸杞子）能补肝益肾，益精明目；根皮（地骨皮）能凉血除蒸，清肺降火。枸杞 *L. chinense* Mill.，广布全国，根皮与宁夏枸杞同等入药。

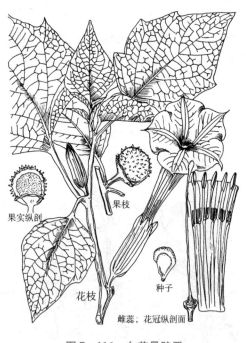

图 7 – 116　白花曼陀罗

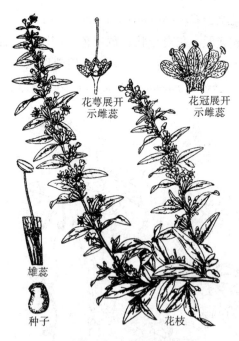

图 7 – 117　宁夏枸杞

常用药用植物还有：莨菪 *Hyoscyamus niger* L.，产华北、西北及西南地区；种子（天仙子）能解痉止痛、平喘、安神；全草是提取莨菪碱的原料。华山参 *Physochlaina infundibularis* Kuang，产秦岭中部到东部、河南和山西南部，根（华山参）有毒，安神、补虚、定喘。酸浆 *Physalis alkekengi* L. var. *franchetii*（Mast.）Makino，产我国大部分地区；宿萼或带果实的宿萼（锦灯笼）能清热解毒、利咽化痰。颠茄 *Atropa belladonna* L.，南北均有栽培；全草（颠茄草）是生产颠茄浸膏、颠茄酊、阿托品等抗胆碱药的原料。

马尿泡 *Przewalskia tangutica* Maxim. 或山莨菪 *Anisodus tanguticus*（Maxim.）Pasch.，产青藏高原东南缘，全株有毒，根能麻醉镇痛；二者是提取莨菪碱和东莨菪碱等的原料。龙葵 *Solanum nigrum* L.，分布全国，全草能清热解毒、活血、利尿、消肿；白英 *S. lyratum* Thunb.，分布全国，全草能清热解毒、祛风湿。辣椒 *Capsicum annuum* L.，栽培蔬菜；果实（辣椒）能温中散寒、开胃消食。烟草 *Nicotiana tabacum* L.，南北有栽培，叶能行气止痛、解毒杀虫，是烟草工业的原料，也用于生产生物农药。

（三十九）唇形目 Lamiales ⓔ 微课 18

本目包含木樨科、苦苣苔科、车前科、玄参科、母草科、芝麻科、爵床科、紫葳科、狸藻科、马鞭草科、唇形科、通泉草科、透骨草科、美丽桐科、泡桐科和列当科等 26 科。《中华人民共和国药典》收录的药材分布在木樨科、玄参科、爵床科、马鞭草科、唇形科、车前科、列当科和紫葳科。

56. 木樨科 Oleaceae　　　　　　　　　　　　　$\male \ast K_{(4)} C_{(4), 0} A_2 \underline{G}_{(2:2:2)}$

【形态特征】乔木或灌木。叶对生，稀互生，单叶或羽状复叶；无托叶。圆锥花序状、聚伞花序；花两性，整齐，稀单性异株；花萼、花冠 4 裂，稀无瓣；雄蕊 2；子房上位，2 心皮，2 室，每室 2 胚珠。核果、蒴果、浆果、翅果。

【资源分布】全球约 24 属，615 种，分布于温带、亚热带地区。国产约 10 属，160 余种，各地均有分布；已知药用 8 属，90 余种。分布有香豆素、苦味素、酚类、木脂素和芳香油等。《中华人民共和国药典》收录的药材有连翘、女贞子、秦皮和暴马子皮。

【药用植物】连翘 *Forsythia suspensa*（Thunb.）Vahl（图 7 - 118）落叶灌木，小枝中空。单叶或 3 裂至 3 出复叶，叶缘具锯齿。花黄色，春季先于叶开放，1 ~ 3 朵簇生叶腋。蒴果卵形，木质，表面散生瘤点；种子具翅。产长江以北各地，栽培或野生。果实（连翘）能清热解毒，消肿散结，疏散风热。同属植物金钟花 *F. viridissima* Lindl. 枝具片状髓，在长江以南各地广泛栽培，观赏植物。

女贞 *Ligustrum lucidum* Ait.（图 7 - 119）常绿乔木，全体无毛。单叶对生，革质，卵形或卵状披针形，全缘。花小，白色，大型圆锥花序顶生。花冠 4 裂；雄蕊 2。核果矩圆形，熟时紫黑色，被白粉。产长江流域以南各地。果实（女贞子）能滋补肝肾，明目乌发。

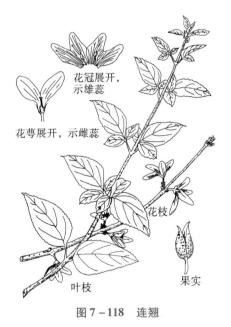

图 7 - 118　连翘

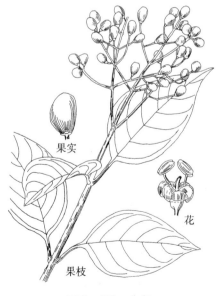

图 7 - 119　女贞

常用药用植物还有：白蜡树 *Fraxinus chinensis* Roxb.，产南北各地，常见栽培；枝皮和干皮（秦皮）能清热燥湿，收涩止痢，止带，明目。苦枥白蜡树 *F. rhyncophylla* Hance、尖叶白蜡树 *F. szaboana* Lingelsh. 和宿柱白蜡树 *F. stylosa* Lingelsh. 枝皮和干皮和白蜡树同等入药，以上 4 种也用以放养白蜡虫生产白蜡。暴马丁香 *Syringa reticulata*（Blume）H. Hara var. *mandshurica*（Maxim.）H. Hara.，产东北；干皮或枝皮（暴马子皮）能清肺祛痰，止咳平喘。茉莉花 *Jasminum sambac*（L.）Ait.，原产印度，广泛栽培的观赏植物，花能行气止痛、温中和胃、消肿解毒，也用于提取芳香油；木樨榄 *Olea europaea* L.，原产小亚细亚，我国长江流域及以南栽培，果实能平肝潜阳、清热解毒；主要用于生产橄榄油。

57. 玄参科 Scrophulariaceae　　　　　　　　　$♀↑K_{(4~5)}C_{(4~5)}A_{4,2}\underline{G}_{(2:2:∞)}$

【形态特征】草本或木本。叶互生、对生或轮生，无托叶。总状或聚伞花序；花两性，常两侧对称，萼4~5裂，宿存；花冠常2唇形，裂片4~5；雄蕊4，2强（稀2或5），冠生；花盘环状或一侧退化；子房上位，2心皮，2室，中轴胎座，胚珠多数，花柱顶生，宿存。蒴果。

【资源分布】全球约60属，1600种，分布于温带至热带地区。国产6属，66种，南北均产。在APGⅣ系统中，原有的玄参科中大部分属被移到车前科和列当科，并独立出母草科、通泉草科、透骨草科、泡桐科、荷包花科；又将原马钱科的醉鱼草属、原苦槛蓝科的苦槛蓝属等移入。分布有环烯醚萜苷、黄酮类和生物碱类。广义玄参科包含药用植物45属，233种；《中华人民共和国药典》收录的药材有玄参、地黄、北刘寄奴、苦玄参、胡黄连和洪连等。

【药用植物】

（1）玄参属（*Scrophularia* L.）　草本，具肉质根；叶对生，常有透明腺点；花冠筒球形或卵形，能育雄蕊4。约200种，国产约30种，南北均有分布。玄参 *Scrophularia ningpoensis* Hemsl.（图7-120）肉质根肥大，数条，纺锤状，干后变黑。聚伞圆锥花序大而疏散；花冠紫褐色。产黄河以南地区，常栽培。根（玄参）能凉血滋阴，泻火解毒。

（2）地黄属（*Rehmannia* Fisch. et Mey）　草本，具根茎，植株被多细胞长柔毛和腺毛；萼齿全缘，花冠上下唇近相等；蒴果室背开裂。6种，国产全部种类；在APG系统中本属被移到列当科。地黄 *Rehmannia glutinosa*（Gaertn.）Libosch.（图7-121）全株密被灰白色长柔毛及腺毛，根状茎肥大肉质；叶多基生，倒卵形。总状花序顶生；花下垂；萼钟状，花冠紫红色，2唇形。产河南、山西、陕西。新鲜根茎（鲜地黄）能清热生津，凉血止血；干燥品（生地黄）能清热凉血，养阴生津；炮制品（熟地黄）能滋阴补血，益精填髓。

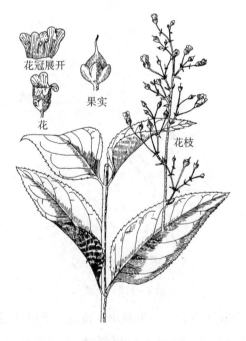

图7-120　玄参

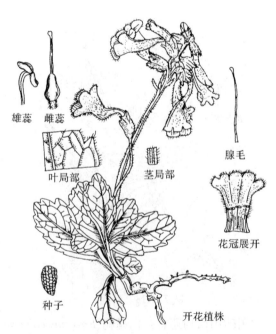

图7-121　地黄

广义玄参科中常用药用植物还有：在 APG 系统已移入车前科的胡黄连属植物胡黄连 *Picrorhiza scro-phulariiflora* Pennell.，产西藏、云南、四川接壤地带，根茎（胡黄连）能退虚热、除疳热、清湿热；兔耳草属植物短筒兔耳草 *Lagotis brevituba* Maxim.，产青藏高原东南部，全草（洪连）能清热、解毒、利湿、平肝、行血、调经。在 APG 移入车前科的毛地黄属植物紫花洋地黄 *Digitalis purpurea* L.，我国有引种栽培，叶为提取强心苷的原料。在 APG 系统已移入列当科的阴行草属植物阴行草 *Siphonostegia chinensis* Benth.，产全国大部分地区；全草（北刘寄奴）能活血祛瘀，通经止痛，凉血，止血，清热利湿。在 APG 系统已独立成母草科的苦玄参属植物苦玄参 *Picria felterrae* Lour.，产华南地区；全草（苦玄参）能清热解毒，消肿止痛。

58. 爵床科 Acanthaceae

$$\male\female \uparrow K_{(4\sim5)} C_{(4\sim5)} A_{4,2} \underline{G}_{(2:2:2\sim\infty)}$$

【形态特征】草本、灌木或藤本，节常膨大具关节。单叶对生，无托叶。聚伞或总状花序，每花具 1 苞片和 2 小苞片；花两性，两侧对称；花萼 5～4 裂；花冠 2 唇形或近等 5 裂；雄蕊 4，2 强，或 2 枚；子房上位，2 心皮，2 室，中轴胎座。蒴果，室背开裂，常借珠柄钩（或称种钩）将种子弹出。

【资源分布】全球约 250 属，4000 余种；广布热带和亚热带地区。国产 41 属，约 310 种，分布于长江及以南各地；已知药用 32 属，70 余种。分布有二萜内酯、环烯醚萜、黄酮、生物碱和木脂素等。《中华人民共和国药典》收录的药材有南板蓝根、穿心莲、小驳骨和青黛。

【药用植物】穿心莲 *Andrographis paniculata*（Burm. f.）Nees（图 7-122）一年生草本，茎四棱形。叶片卵状长圆形至披针形。总状花序集成大型圆锥花序；花冠 2 唇形，白色；雄蕊 2。蒴果。原产于东南亚地区，南方有引种栽培；地上部分（穿心莲）能清热解毒，凉血消肿。

马蓝 *Baphicacanthus cusia*（Nees）Bremek.（图 7-123）多年生草本，常对生分枝。叶卵圆形至长矩圆形。花冠 5 浅裂，淡紫色；2 强雄蕊。蒴果棒状。产于长江以南各地。根茎及根（南板蓝根）能清热解毒，凉血消斑；叶或茎叶用于制取"青黛"，能清热解毒，凉血消斑，泻火定惊。

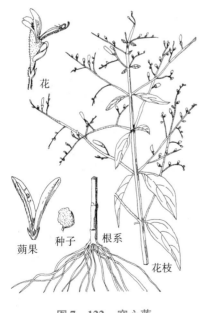

图 7-122　穿心莲

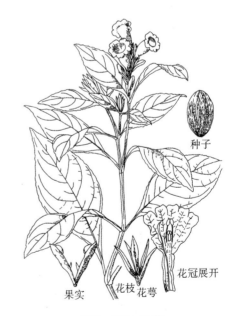

图 7-123　马蓝

常用药用植物还有：驳骨草属植物小驳骨 *Gendarussa vulgaris* Nees，产华南和台湾、云南；地上部分（小驳骨）能祛瘀止痛，续筋接骨。爵床 *Rostellularia procumbens*（L.）Nees，产秦岭以南，全草清热解毒、利尿消肿；九头狮子草 *Peristrophe japonica*（Thunb.）Bremek.，产秦岭以南，全草发汗解表、解毒消肿；白接骨 *Asystasiella neesiana*（Wall.）Lind.，产长江流域，全草止血祛瘀、清热解毒；水蓑衣 *Hygrophila salicifolia*（Vahl）Nees，产长江流域及以南各地，全草能清热解毒、化瘀止痛；孩儿草 *Rungia pectinata*（L.）Nees，产我国热带地区，全草能清肝明目、消积；狗肝菜 *Dicliptera chinensis*（L.）Nees，产华南和西南，全草能清热解毒、凉血利尿。

59. 马鞭草科 Verbenaceae

$$☿↑K_{(4\sim5)}C_{(4\sim5)}A_4\underline{G}_{(2:2\sim4:1\sim2)}$$

【形态特征】木本，稀草本，常具特殊气味。叶对生，稀轮生或互生，单叶或复叶；花序各式，花两性，两侧对称；萼片 4～5 裂，宿存；花冠二唇形或不等 4～5 裂；雄蕊 4（稀 5 或 2），2 强，冠生；子房上位，2 心皮，2～4 室，或因假隔膜层 4～10 室，每室 1 胚珠，花柱顶生，柱头 2 裂。核果、浆果状核果或裂为 4 枚小坚果。

【资源分布】全球 32 属，840 余种；分布于热带至温带地区。在 APG 系统中原马鞭草科许多属已移入唇形科。广义的马鞭草科我国约 20 属，174 种，以长江以南地区种类较多；已知 15 属，101 种药用。分布有环烯醚萜类、酚醛糖类化合物和挥发油等。《中华人民共和国药典》收录的药材有大叶紫珠、广东紫珠、紫珠叶、裸花紫珠、蔓荆子、牡荆叶和马鞭草。

【药用植物】

（1）马鞭草属（*Verbena* L.） 草本或亚灌木；花稍两侧对称，无柄或近无柄，穗状或近头状花序，花后延伸；雄蕊 4 或 2；2 心皮，子房 4 室，每室 1 胚珠。约 250 种，国产 1 种。马鞭草 *V. officinalis* L.（图 12 - 124）多年生草本，茎四方形；叶卵圆形至矩圆形，常分裂；穗状花序细长；花冠略二唇形；雄蕊 2 强；蒴果成熟时裂成 4 枚小坚果。广布全国；全草（马鞭草）能活血散瘀、解毒、利水、退黄、截疟。

（2）大青属（*Clerodendrum* L.） 灌木或小乔木；花萼钟状或杯状，花后增大；冠管不弯曲；雄蕊 4；核果浆果状。约 400 种，国产 34 种。APG 系统将其移入唇形科。海州常山 *C. trichotomum* Thunb.（图 7 - 125）枝内白色髓中具淡黄色横隔；叶椭圆形至宽卵形；花白色或粉红色；核果蓝紫色，包藏宿萼内。叶（称臭梧桐叶）能祛风除湿、止痛、降血压。大青 *C. cyrtophyllum* Turcz.，产于长江流域，叶是本草中"大青叶"的主要来源；根、茎、叶能清热解毒、消肿止痛。

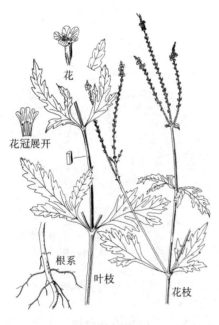

图 7 - 124 马鞭草

图 7 - 125 海州常山

（3）牡荆属（*Vitex* L.） 灌木或乔木，小枝四棱形；掌状复叶，小叶 3～8，稀单叶；花序顶生或腋生，花冠 2 唇形，雄蕊 2 强；核果球形。约 250 种，国产 14 种。APG 系统移入唇形科。蔓荆 *V. trifolia* L. 和单叶蔓荆 *V. trifolia* L. var. *simplicifolia* Cham. ，产辽宁至广东沿海各地；果实（蔓荆子）能疏散风热、清利头目。牡荆 *V. negundo* L. var. *cannadifolia*（Sieb. et Zucc.）Hand. - Mazz. ，产长江流域，叶（牡荆叶）能祛风解表，止咳祛痰，也是提取牡荆油的原料；果实（称牡荆子）能祛痰下气，平喘止咳，理气止痛。黄荆 *V. negundo* L. ，产长江以南各地；根、茎能清热止咳，化痰，截疟。

（4）紫珠属（*Callicarpa* L.） 灌木，小枝和叶常被毛和腺点；聚伞花序腋生；花小，常 4 基数，整齐；花萼果时不增大；核果或浆果状。约 190 种，国产 46 种。APG 系统将其移入唇形科。杜虹花 *C. formosana* Rolfe，产长江以南各地；叶（紫珠叶）能凉血收敛止血，散瘀解毒消肿。大叶紫珠 *C. macrophylla* Vahl，产华南和西南；叶及带叶嫩枝（大叶紫珠）能散瘀止血，消肿止痛。广东紫珠 *C. kwangtungensis* Chun，产长江以南地区和广西、云南；茎枝和叶（广东紫珠）能收敛止血，散瘀，清热解毒。裸花紫珠 *C. nudiflora* Hook. etArn. ，产华南；叶（裸花紫珠）能消炎，解肿毒，化湿浊，止血。

常见的药用植物还有：马缨丹（五色梅）*Lantana camara* L. 的根能解毒、散结、止痛，枝、叶能祛风止痒，解毒消肿，有小毒。莸属（APG 系统已移入唇形科）植物兰香草 *Caryopteris incana*（Thunb.）Miq. ，产长江以南各地，全草能祛风除湿，散瘀止痛；三花莸 *C. terniflora* Maxim. ，产河北、山西、陕西、甘肃、江西、湖北、四川、云南，全草能解表散寒，宣肺止咳。

60. 唇形科 Labitae，Lamiaceae　　　　　　　　　　　　$\male\female \uparrow K_{(5)} C_{(5)} A_{2+2} \underline{G}_{(2:4:1)}$

【形态特征】草本或灌木，具芳香气。茎常四棱形。叶对生或轮生，单叶或复叶。花序腋生，常集成各式复合花序；花两性，两侧对称；花萼 5 或 4 裂，宿存；花冠 5 裂，2 唇形，少单唇形（无上唇，下唇 5 裂，如草石蚕属 *Teucrium*），或假单唇形（上唇很短，2 裂，下唇 3 裂，如筋骨草属 *Ajuga*）；2 强雄蕊，或退化成 2 枚，贴生花冠管上，花药纵裂；具花盘；心皮 2，子房上位，常深裂成假 4 室，每室 1 胚珠；花柱 1，生子房基部；柱头 2 裂。果实裂成 4 枚小坚果的分果，稀核果状（图 7-126）。

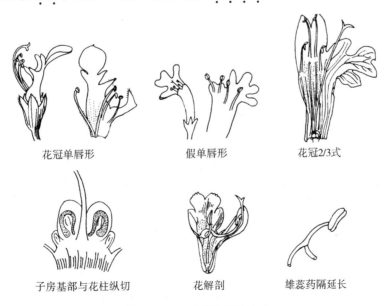

花冠单唇形　　　　　假单唇形　　　　　花冠2/3式

子房基部与花柱纵切　　　　花解剖　　　　　雄蕊药隔延长

图 7-126　唇形科花解剖图

【资源分布】全球 236 属，约 7170 种，世界广布。在 APG 系统将原马鞭草科的紫珠属、大青属、牡荆属和莸属等归入唇形科。国产 99 属，1399 种，全国广布；已知药用 79 属，480 余种（表 7-6）。含有单萜、倍半萜、二萜、三萜、黄酮、生物碱、昆虫蜕皮激素和挥发油，一些种类是世界性芳香精油或昆虫蜕皮激素的资源植物。《中华人民共和国药典》收录的药材有丹参、黄芩、益母草、茺蔚子、夏枯草、薄荷、藿香、紫苏子、紫苏叶、紫苏梗、半枝莲、冬凌草、泽兰和断血流等。

表7-6 唇形科部分分属检索表

1. 花冠单唇形或假单唇型。
  2. 花冠单唇，上唇很短，2裂，下唇3裂，花冠管内具毛状环；叶全缘 ·············· 筋骨草属 *Ajuga*
  2. 花冠假单唇，下唇5裂，花冠管内平滑，叶缘有齿 ·············· 香科属（草石蚕属）*Teucrium*
1. 花冠二唇形或整齐。
  3. 花萼唇形，裂片宽钝，全缘，上萼片具盾状附属物，花冠上唇盔瓣状 ·············· 黄芩属 *Scutellaria*
  3. 花萼常4~5裂，或二唇形，无附属物。
    4. 花冠下唇舟形，不分裂和外折，上唇4圆裂片，花冠管基部为囊状 ·············· 香茶菜属 *Rabdosia*
    4. 花冠下唇片非舟形。
      5. 花冠管包于萼内；花柱顶端等分成2钻状裂片；单叶不分裂 ·············· 罗勒属 *Ocimum*
      5. 花冠管不包于萼内。
        6. 花药非球形，药室平行或开叉，在药室顶不贯通，花粉散出后药室不展平。
          7. 花冠为明显二唇形，有不相等的裂片，上唇盔瓣状、镰刀形或弧形等。
            8. 雄蕊4，花药卵形。
              9. 后对（上侧）雄蕊比前对（下侧）雄蕊长。
                10. 药室初平行，后叉开，后对雄蕊下倾，花序密穗状 ·············· 藿香属 *Agastache*
                10. 药室初略叉开，以后叉开。
                  11. 后对雄蕊直立，叶有缺刻或分裂 ·············· 裂叶荆芥属 *Shizonepeta*
                  11.4枚雄蕊均上升，叶肾形或肾状心形，边缘有齿 ·············· 活血丹属 *Glechoma*
              9. 后对雄蕊比前对雄蕊短。
                12. 萼二唇形，果熟时闭合，上唇顶端截形，具3短齿 ·············· 夏枯草属 *Prunella*
                12. 萼非二唇形，果熟时张开，上唇上部不凹陷。
                  13. 小坚果多少呈三角形，顶平截。
                    14. 花冠上唇穹窿成盔状，萼齿顶端无刺，叶不分裂 ·············· 野芝麻属 *Lamium*
                    14. 花冠上唇直立，萼齿顶有刺，叶有裂片或缺刻 ·············· 益母草属 *Leonurus*
                  13. 小坚果倒卵形，顶端钝圆，顶生假穗状花序 ·············· 水苏属 *Stachys*
            8. 雄蕊2枚，药隔延长，和花丝有关节相连，花冠二唇形 ·············· 鼠尾草属 *Salvia*
        7. 花冠近辐射对称，有上唇则扁平或略弯隆。
          15. 雄蕊4，近相等，非二强雄蕊。
            16. 能育雄蕊2，生前边，药室略叉开 ·············· 地瓜儿苗属 *Lycopus*
            16. 能育雄蕊4，药室平行 ·············· 薄荷属 *Mentha*
          15. 雄蕊2或二强雄蕊。
            17. 能育雄蕊4 ·············· 紫苏 *Perilla*
            17. 能育雄蕊2 ·············· 石荠苧属 *Mosla*
        6. 花药球形，药室平叉分开，药室顶贯通，花粉散出后则平展 ·············· 香薷属 *Elsholtzia*

【药用植物】

（1）筋骨草属（*Ajuga* L.） 草本；花冠单唇，上唇很短，2裂，下唇3裂，花冠管内具毛状环。40~50种，国产18种，多种是提取昆虫蜕皮激素的资源。金疮小草 *A. decumbens* Thunb.，匍匐草本，叶倒卵状披针形或倒披针形至几长圆形；产长江以南各地；全草（称筋骨草）能清热解毒，凉血消肿。筋骨草 *A. decumbens* Thunb. 产长江流域至河北，全草活血止痛、清热解毒。

（2）鼠尾草属（*Salvia* L.） 草本；花冠2唇形；能育雄蕊2枚，杠杆雄蕊（花药裂片被延长的药隔分离，以花丝和药隔连接处为支点，像"杠杆"一样摆动，1枚裂片不育，1枚可育）；退化雄蕊呈棒状或不存在。约700（~1050）种，国产84种。丹参 *S. miltiorrhiza* Bunge（图7-127）全株被腺毛；根肥厚，外赤内白；奇数羽状复叶，对生；轮伞花组成假总状花序；花冠紫蓝色。大部分地区有栽培；根和根茎（丹参）能祛瘀止痛、活血通络、清心除烦。同属植物甘西鼠尾草 *S. przewalskii* Maxim. 和南丹参 *S. bowleyana* Dunn 等9种植物的根及根茎在产地是"丹参"的地方习用品。荔枝草 *S. plebeia* R. Brown，产除西北和西藏外地区，地上部分能清热解毒，利尿消肿，凉血止血；华鼠尾草 *S. chinensis*

Benth.，产黄河以南，全草能活血化瘀，清热利湿，散结消肿。

（3）黄芩属（*Scutellaria* L.）　草本或亚灌木；苞叶与茎叶同形或向上遂成苞片；花成对腋生组成顶生或侧生的总状或穗状花序，花偏向一侧；萼2唇形，上裂片背部有圆形、鳞片状的盾片或呈囊状突起，果时的宿存萼闭合。约300种，国产100余种。黄芩 *S. baicalensis* Georgi（图7-128）宿根草本；根肥厚，断面黄色；叶披针形，两面密被黑色腺点；总状花序顶生；花冠紫色、紫红色至蓝紫色。产黄河以北地区；根（黄芩）能清热燥湿、泻火解毒、止血、安胎。同属植物滇黄芩 *S. amoena* C. H. Wright、黏毛黄芩 *S. viscidula* Bunge、甘肃黄芩 *S. rehderiana* Diels 和丽江黄芩 *S. likiangensis* Diels 的根在产地是"黄芩"的地方习用品。半枝莲 *S. barbata* D. Don，产河北和山东以南的大部分地区；全草（半枝莲）能清热解毒、活血消肿。

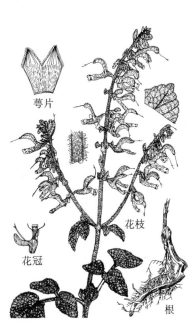

图7-127　丹参

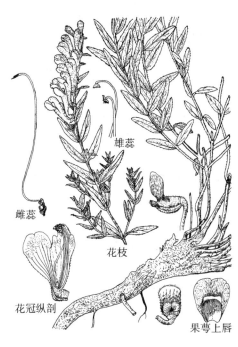

图7-128　黄芩

（4）益母草属（*Leonurus* L.）　草本；下部叶宽大，掌状分裂，上部茎叶及苞叶渐狭，具缺刻或3裂；轮伞花序多花密集，腋生，常排成长穗状花序；小坚果锐三棱形。约20种，国产12种。益母草 *L. japonicus* Houtt.（图7-129）一或二年生草本；叶二型，基生叶近卵形；茎生叶掌状3深裂成线性；花冠粉红至淡紫色，下上唇近等长。全国广布；地上部分（益母草）能活血调经、利尿消肿；成熟果实（茺蔚子）能活血调经、清肝明目；幼苗（称童子益母草）能活血调经、补血。国产同属植物的地上部分在产区常是"益母草"的地方习用品。

（5）薄荷属（*Mentha* L.）　芳香草本，叶背有腺点；轮伞花序腋生；花两性或单性，花冠整齐或稍不整齐，4裂；雄蕊4，明显伸出冠外。约30种，国产12种。薄荷 *M. haplocalyx* Briq.（图7-130）多年生草本，清凉浓香；叶披针状椭圆形、卵状矩圆形，具柄；花冠淡紫，上裂片较大，顶端2裂，其余3枚近等大。产华北、华东和华南地区；地上部分（薄荷）能宣散风热、清头目、透疹。留兰香 *M. spicata* L.，在长江流域栽培或逸为野生；全草能祛风散寒、止咳、消肿解毒。

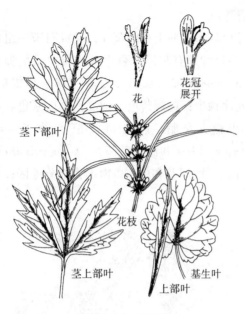

图 7 – 129　益母草

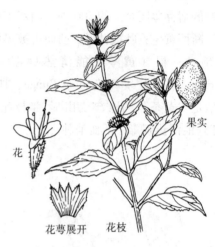

图 7 – 130　薄荷

（6）夏枯草属（*Prunella* L.）　草本，叶具锯齿或羽状分裂；轮伞花序 6 花，聚集成卵圆状穗状花序，苞片宽大；雄蕊 4，2 强。15 种，国产 4 种。夏枯草 *P. vulgaris* L.（图 7 – 131）叶卵状矩圆形，轮伞花序密集排列成粗的顶生假穗状花序，花紫、蓝紫或红紫。全国广布；果穗（夏枯草）能清火明目，散结消肿。

常用药用植物还有：广藿香 *Pogostemon cablin*（Blanco）Benth，华南有栽培；茎、叶（藿香）能芳香化浊，开胃止呕，发表解暑。紫苏 *Perilla frutescens*（L.）Britt.，产全国各地；果实（紫苏子）能降气化痰、止咳平喘、润肠通便。叶或带叶嫩枝（紫苏叶）能解表散寒、行气和胃；茎（紫苏梗）能理气宽中、止痛、安胎。碎米桠 *Rabdosia rubecens*（Hemsl.）Hara，产我国亚热带地区；地上部分（冬凌草）能清热解毒，活血止痛。地瓜儿苗 *Lycopus lucidus* Turcz. var. *hirtus* Regel.，产东北地区及陕西、河北、四川和云南；地上部分（泽兰）能活血通络，利尿。风轮菜 *Clinopodium chinense*（Benth.）Kuntze，产长江流域及以南各地；地上部分（断血流）能收敛止血；灯笼草 *C. polycephalum*（Vaniot）C. Y. Wu et S. J. Hsuan 与风轮菜同等入药。荆芥 *Schizonepeta tenuifolia* Briq.，产秦岭以北，地上部分（荆芥）能解表散风、透疹、止血（炒炭用）。石香薷 *Mosla chinensis* Maxim.，产秦岭以南各地，以及江香薷 *M. chinensis* 'Jiangxiangru' 的地上部分（香薷）能发汗解表，化湿和中。

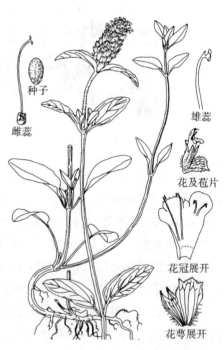

图 7 – 131　夏枯草

独一味 *Lamiophlomisrotata*（Benth.）Kudo，产青藏高原南部和东南部，地上部分（独一味）能活血止血，祛风止痛。藿香 *Agastache rugosus*（Fisch. et Meyer.）O. Ktze.，长江流域栽培调味品，全草能健胃、化湿、止呕、清暑热。活血丹 *Glechoma longituba*（Nakai）Kupr.，产除西北和西藏外各地均产，全草能利尿排石、清热解毒。

唇形目重要的药用植物还有：

车前科（Plantaginaceae）原来主要是车前属（*Plantago*），APG 系统将原玄参科的一些属并入车前科。主要特征是：总状（或穗状）花序，不分枝；花明显二唇形，上下唇每裂片基本等大。车前 *Plantago asiatica* L. 和平车前 *P. depressa* Willd. 分布几遍全国；成熟种子（车前子）能清热利尿通淋，渗湿止泻，明目，祛痰；全草（车前草）能清热利尿通淋，祛痰，凉血，解毒。

列当科（Orobanchaceae）原来仅有寄生的草本，APG 系统将原玄参科的一些属并入列当科。目前包括寄生、半寄生和自养的草本。主要特征是：大多为寄生或半寄生类植物，总状（或穗状）花序，不分枝；花明显二唇形，上唇明显较小，下唇较大。肉苁蓉 *Cistanche deserticola* Y. C. Ma，产西北荒漠地区；带鳞叶的肉质茎（肉苁蓉）能补肾阳，益精血，润肠通便。管花肉苁蓉 *C. tubulosa*（Schenk）Wight 带鳞叶肉质茎同等入药。列当 *Orobanche coerulescens* Steph. 和黄花列当 *O. pycnostachya* Harice，产长江以北地区，全草能补肾壮阳、强筋、止泻。野菰 *Aeginetia indica* L.，各地常见，全草有小毒，能解毒消肿、清热凉血；外用治疗蛇毒咬伤、疔疮。丁座草 *Boschniakia himalaica* Hook. f. et Thoms.，产西北和西南地区，全草能理气止痛、祛风活络、解毒杀虫。

紫葳科（Bignoniaceae）植物木蝴蝶 *Oroxylum indicum*（L.）Vent. 产华南和西南地区；成熟种子（木蝴蝶）能清肺利咽，疏肝和胃。凌霄 *Campsis grandiflora*（Thunb.）K. Schum.，产长江流域各地；花（凌霄花）能活血通经，凉血祛风；美洲凌霄 *Campsis radicans*（L.）Seem. 的花与凌霄同等入药。梓树 *Catalpa ovata* G. Don，产于长江流域及以北地区；果实（称梓实）能利尿消肿，根皮及茎皮能清热利湿、降逆止呕、杀虫止痒；叶能清热解毒、杀虫止痒。菜豆树 *Radermachera sinica*（Hance）Hemsl.，产华南、西南和台湾；根、叶及果实能清热解毒、散瘀止痛。

（四十）冬青目 Aquifoliales ⓔ微课19

本目包含粗丝木科、心翼果科、青荚叶科和冬青科等 5 科。《中华人民共和国药典》收录的药材在冬青科和青荚叶科，青荚叶科参见山茱萸相关类群。

61. 冬青科 Aquifoliaceae　　♂ ＊ $K_{(3\sim6)}$ $C_{4\sim5,(4\sim5)}$ $A_{4\sim5}$；♀ ＊ $K_{(3\sim6)}$ $C_{4\sim5,(4\sim5)}$ $\underline{G}_{(3\sim\infty:3\sim\infty:1\sim2)}$

【形态特征】乔木或灌木。单叶互生，叶片革质，具锯齿；托叶微小，早落。雌雄异株，花小，整齐，花萼、花瓣 4～8 裂，萼宿存；雄蕊与花瓣同数互生；子房上位，心皮 3 至多数，合生，3 至多室。浆果状核果；种子胚乳丰富。

【资源分布】全球 1 属，420 余种，分布于亚洲和美洲，少数在欧洲、南非和大洋洲。国产 204 种，已知药用 44 种。分布有黄酮类、鞣质、β-香树脂型和齐墩果烷型三萜酸及其皂苷等。《中华人民共和国药典》收录的药材有救必应、四季青和枸骨叶。

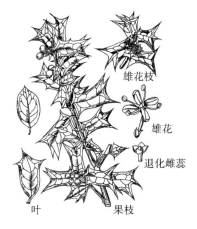

雄花枝

雄花

退化雌蕊

叶　　　果枝

图 7－132　枸骨

【药用植物】枸骨 *Ilex cornuta* Lindl. et Paxt.（图 7－132）常绿灌木。叶四角状长圆形而具宽刺齿。花单性异株，4 数，子房 4 室。核果红色，分核 4 枚。分布于长江流域及以南地区。叶（枸骨叶）能清热养阴，益肾，平肝。

常用药用植物还有：冬青属植物冬青 *Ilex chinensis* Sims，产长江流域以南各地；叶（四季青）能清热解毒，消肿祛瘀。铁冬青 *I. rotunda* Thunb.，产长江流域以南和台湾；树皮（救必应）能清热解毒，利湿止痛。大叶冬青 *I. latifolia* Thunb.，产长江流域和广西、云南；叶能清热解毒、清头目，嫩叶加工"苦丁茶"。毛冬青 *I. pubescens* Hook. et Arn.，产秦岭以南，根、叶能活血通络、清热解毒。

（四十一）菊目 Asterales

本目包含桔梗科、睡菜科、草海桐科和菊科等 11 科。《中华人民共和国药典》收录的药材分布在菊科和桔梗科。

62. 桔梗科 Campanulaceae $\male \female * \uparrow K_{(5)} C_{(5)} A_5 \overline{G}_{(2\sim5:2\sim5:\infty)}; \overline{G}_{(2\sim5:2\sim5:\infty)}$

【形态特征】草本，稀灌木；有乳汁。单叶互生，少对生或轮生；无托叶。总状或圆锥花序，或单生；花两性，稀单性，辐射或两侧对称。萼筒 5 裂，宿存；花冠钟状、管状或辐状，5 裂；雄蕊 5；子房下位或半下位，心皮 2~5，中轴胎座，胚珠多数；花蜜盘在子房之上，环状或管状。蒴果，少浆果。

【资源分布】全球 84 属，约 2380 种，世界广布。国产 14 属，159 种，南北均分布，以西南地区最丰富；已知药用 13 属，111 种。分布有苯丙素类、倍半萜、三萜皂苷、甾醇类、生物碱、多炔类和菊糖等。《中华人民共和国药典》收录的药材有桔梗、党参、半边莲和南沙参。

【药用植物】

（1）桔梗属（*Platycodon* A. DC.）　宿根草本，乳汁白色；叶轮生或对生；花 5 数，花冠宽钟形，子房半下位，5 室，柱头 5 裂；蒴果室背 5 裂；种子多数，黑色。本属仅 1 种。桔梗 *P. grandiflorus* （Jacq.）A. DC.（图 7–133），各地均有栽培；根（桔梗）能宣肺，利咽，祛痰，排脓。

（2）沙参属（*Adenophora* Fisch.）　宿根草本，有乳汁；花冠钟状、漏斗状，紫色或蓝色，浅裂；花丝下部片状扩大，镊合状排列成筒状；子房下位，花盘围绕花柱基部呈环状或筒状；蒴果基部 3 孔裂。约 50 种，国产 40 余种。沙参 *A. stricta* Miq.（图 7–134）根肥大肉质，叶无柄；假总状或狭圆锥状花序，花梗短，萼裂片长钻形，全缘，被毛。产西南、华中、华东地区；根（南沙参）养阴清肺、益胃生津、化痰、益气。轮叶沙参 *A. tetraphylla* （Thunb.）Fisch. 的根与沙参同等入药。荠苨 *A. trachelioides* Maxim. 产辽宁至淮河流域，杏叶沙参 *A. hunanensis* Nannf. 产长江中下游以南，二者的根在产地常作"南沙参"的地方习用品。

图 7–133　桔梗

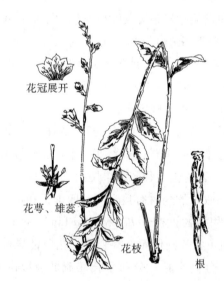

图 7–134　沙参

（3）党参属（*Codonopsis* Wall.）　缠绕藤本或直立，有特殊气味，根肥大；单花腋生或顶生；花 5 基数，花丝基部常扩大，花盘无腺体；子房下位或半下位，柱头 3~5 裂；蒴果室背开裂。约 40 种，国产 39 种。党参 *C. pilosula*（Franch.）Nannf.（图 7–135）缠绕藤本，根肉质，圆柱状，具多数瘤状茎痕；叶互生，两面具柔毛；花冠宽钟状，浅黄绿色；子房半下位；蒴果 3 瓣裂。产于秦巴山区及东北和华北；根（党参）能补中益气，健脾益肺。素花党参 *C. pilosula* Nannf. var. *modesta* （Nannf.）L. T.

Shen 和川党参 *C. tangshen* Oliv. 的根与党参同等入药。管花党参 *C. tubelosa* Kom. 产于西南地区，根在产地常是"党参"的地方习用品。羊乳 *C. lanceolata* Benth. et Hook. 产于东北、华北、华东和中南地区，根（称山海螺或四叶参）能滋阴润肺、排脓解毒。

（4）半边莲属（*Lobelia* L.）　草本或灌木；叶互生；单花腋生，或总状、圆锥花序顶生；花两性，稀单性，萼筒宿存，花冠两侧对称，背面纵裂至基部或近基部，檐部二唇形或近二唇形；子房下位或半下位，2 室；蒴果顶端 2 裂。约 350 种，国产 19 种。半边莲 *L. chinensis* Lour.（图 7 - 136）小草本，乳汁白色；主茎平卧，分枝直立。叶互生，近无柄，狭披针形。单花腋生，花冠粉红色，2 唇形，裂片偏向一侧；花丝分离，花药合生成环绕花柱的管；子房下位。产于长江流域及以南地区；全草（半边莲）能清热解毒，利尿消肿。

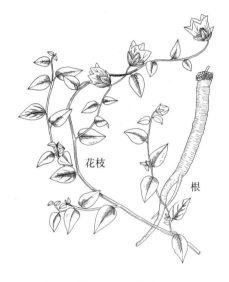

图 7 - 135　党参

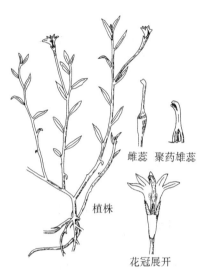

图 7 - 136　半边莲

常用药用植物还有：铜锤玉带草 *Pratianum mularia*（Lam.）A. Br. et Ascher. 产长江流域及以北各地；全草（称铜锤玉带草）能活血祛瘀、除风利湿。蓝花参 *Wahlenbergia marginata*（Thunb.）A. DC 产长江流域及以南各地；根或全草（称蓝花参）能益气补虚、祛痰、截疟。

63. 菊科 Compositae, Asteraceae　　$\male\female * \uparrow K_{0,\infty} C_{(3\sim5)} A_{(4\sim5)} \overline{G}_{(2:1:1)}$

【形态特征】草本，稀灌木；具有树脂道或芳香油，有些具乳汁。叶互生、少对生或轮生，单叶或分裂，或复叶，无托叶。头状花序有 1 至数层总苞片，单生或再排成各式花序；每花基部有 1 小苞片（称托片），或毛状（称托毛），或缺；萼片常退化成毛状（称冠毛）、刺状、鳞状或缺，宿存；花冠管状、舌状、二唇形、假舌状或漏斗状。头状花序中小花同型（即小花全为管状花或舌状花）或异型（即边缘为雌性或无性的舌状、假舌状、二唇形或漏斗状花，称缘花，中央为两性或无性管状花，称盘花）；小花多两性，少单性，雄蕊 5 枚（稀 4），花丝分离，花药聚合成管状（称聚药雄蕊）；子房下位，2 心皮，1 室，1 基生胚珠。连萼瘦果（称菊果），顶端有糙毛、羽状毛或鳞片状冠毛。

【资源分布】全球约 1690 属，25000～30000 种，占有花植物 1/10，是被子植物第一大科，全球广布，温带和亚热带种类较多。国产 227 属，2844 种，南北均有分布；已知药用 155 属，788 种，约占国产菊科植物的 1/3（表 7 - 7）。分布有黄酮、生物碱、香豆素、倍半萜内酯、聚炔、有机酸和挥发油等多种类型的天然产物；吡咯里西啶生物碱和喹啉生物碱集中分布在千里光族，其中水千里光碱（aquaticine）和野千里光碱（campestrine）等吡咯里西啶型生物碱具肝脏毒和致癌活性。《中华人民共和国药典》收录的药材有菊花、菊苣、野马追、野菊花、旋覆花、款冬花、紫菀、鹅不食草、菁草、蒲公英、豨莶草、漏芦、墨旱莲、鹤虱、一枝黄花、土木香、大蓟、千里光、川木香、小蓟、天山雪莲、木香、牛蒡子、水飞蓟、艾片、艾叶、白术、灯盏细辛、红花、苍术、苍耳子、青蒿、佩兰、金龙胆草、金沸草、茵陈、禹州漏芦和臭灵丹草等。

表7-7 菊科部分属检索表

1. 头状花序小花异型或同型管状花，中央非舌状花；植株无乳汁 ············ 管状花亚科 Carduoideae
  2. 头状花序仅有管状花（两性或单性）。
    3. 叶对生，或上部互生；每花序常有5朵管状花；瘦果具冠毛 ············ 泽兰属 Eupatorium
    3. 叶互生，总苞片2至多层。
      4. 无冠毛。
        5. 头状花序单性，雌花序仅有2朵小花，总苞外多钩刺 ············ 苍耳属 Xanthium
        5. 头状花序外层雌花，内层两性花，头状花序排成总状或圆锥状 ············ 蒿属 Artemisia
      4. 有冠毛。
        6. 叶缘有刺。
          7. 冠毛羽状，基部连合成环。
            8. 花序基部有叶状苞1~2层，羽状深裂；果被柔毛 ············ 苍术属 Atractylodes
            8. 花序基部无叶状苞；花序全为两性花；果无毛 ············ 蓟属 Cirsium
          7. 冠毛呈鳞片状或缺，总苞片外轮叶状，边缘有刺，花红色 ············ 红花属 Carthamus
        6. 叶缘无刺。
          9. 根具香气。
            10. 高大草本；基生叶互生，上面具短糙毛，下面无毛 ············ 云木香属 Aucklandia
            10. 矮草本；茎缩短，叶莲座状丛生，两面被糙伏毛 ············ 川木香属 Vladimiria
          9. 根不具香气。
            11. 总苞片顶端呈针刺状，末端钩曲；冠毛多而短，易脱落 ············ 牛蒡属 Arctium
            11. 总苞片顶端无钩刺；冠毛长，不易脱落 ············ 祁州漏芦属 Rhaponticum
  2. 头状花序有管状花和舌状花（单性或无性）。
    12. 冠毛较果长，有时单性花无冠毛或极短。
      13. 舌状花、管状花均为黄色，冠毛1轮；总苞片数层，舌状花较多 ············ 旋复花属 Inula
      13. 舌状花白色或蓝紫色，管状花黄色，冠毛1~2轮，外轮短，膜片状 ············ 紫菀属 Aster
    12. 冠毛较果短，或缺。
      14. 叶对生，冠毛缺。
        15. 舌状花1层，先端3裂；外轮总苞5枚，线状匙形，有黏质腺 ············ 豨莶草属 Siegesbeckia
        15. 舌状花2层，先端全缘或2裂；总苞片数层 ············ 鳢肠属 Eclipta
      14. 叶互生，总苞片边缘干膜质。花序轴顶端无托片；果有4~5棱 ············ 菊属 Dendranthema
1. 头状花序全为舌状花；植物通常有乳汁 ············ 舌状花亚科 Cichorioideae, Liguliflorae
  16. 冠毛有细毛，瘦果粗糙或平滑，有喙或无喙部。
    17. 头状花序单生花葶上，瘦果有向基部渐厚的长喙 ············ 蒲公英属 Taraxacum
    17. 头状花序排成伞房或伞房圆锥花序，果上端狭窄，无喙部 ············ 苦苣菜属 Sonchus
  16. 冠毛有糙毛、瘦果极扁或近圆柱形。
    18. 瘦果极扁平或较扁，具两个较强的侧肋或翅；顶端有羽毛盘 ············ 莴苣属 Lactuca
    18. 瘦果近圆柱形，果腹背稍扁。
      19. 瘦果具不等形的纵肋，常无明显的喙部 ············ 黄鹌菜属 Youngia
      19. 瘦果具10翅；花序少，总苞片显然无肋 ············ 苦荬菜属 Ixeris

【药用植物】

（1）管状花亚科 Carduoideae Kitam.（Asteroideae，Tubuliflorae）植物体无乳汁，常有挥发油的腺毛或树脂道；头状花序的小花同型（全为管状花）或异型（缘花舌状，盘花管状）。

1）菊属 [Chrysanthemum（DC.）Des Moul.] 草本或半灌木，有香气；异型头状花序单生茎顶或集成伞房状，总苞片3~4层；舌状花形色多样，1至多层，雌性，结实；管状花，黄色，两性；瘦果有纵肋，无冠毛。约30种，国产17种。菊 C. morifolium Ramat.（图7-137）茎基部木质，全体被白色绒毛；头状花序直径2.5~20mm。我国各地广泛栽培，品种甚多，花色各异；头状花序（菊花）能散风清热、平肝明目；商品药材和临床使用中，依据产地、品种和加工不同而将浙江北部生产的药材称"杭菊"，安徽亳州、滁县、歙县

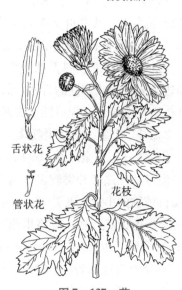

舌状花

管状花

花枝

图7-137 菊

等地生产者分别称"亳菊""滁菊""贡菊"，河南焦作生产者称"怀菊"。野菊 *C. indicum* L.，产东北、华北、华中、华南及西南；头状花序（野菊花）能清热解毒，泻火平肝。

2）苍术属（*Atractylodes* DC.）宿根草本，雌雄异株，根茎粗大；同型头状花序单生茎枝端，小花管状，黄色或紫红色；瘦果具羽毛冠毛。白术 *A. macrocephala* Koidz.（图7-138）根茎肥大，块状；叶常3裂，裂片边缘具锯齿；苞片叶状，羽状分裂，裂片刺状；管状花紫红色；瘦果密被柔毛。各地有栽培；根茎（白术）能健脾益气、燥湿利水、止汗、安胎。同属植物茅苍术 *A. lancea*（Thunb.）DC.（图7-139）根茎结节状，断面有红棕色油点，香气浓；叶无柄，下部叶常3裂；管状花白色。产华东、中南和西南地区；根茎（苍术）能燥湿健脾，祛风散寒，明目。北苍术 *A. chinensis*（DC.）Koidz. 产黄河以北，根茎与苍术同等入药。

3）蒿属（*Artemisia* L.）草本、亚灌木，常有浓烈气味；异型头状花序小而多，排成各式花序；花冠管状，缘花雌性，盘花两性，结实或不育；瘦果小，无冠毛。黄花蒿 *A. annua* L.，一年生草本；茎中部叶2~3回栉齿状羽状分裂，叶背黄绿色，腺点白色，叶中轴与羽轴两侧常无栉齿，中肋凸起；圆锥花序。全国广布；地上部分（青蒿）能清热解暑、除蒸、截疟，也是提取青蒿素的原料。同属植物茵陈 *A. capillaries* Thunb. 或滨蒿 *A. scoparia* Waldst. et Kit.，产黄河流域及以北地区；幼苗（绵茵陈）和地上部分（茵陈蒿）能清热利湿、利胆退黄。艾 *A. argyi* Lévl. et Vant.，分布几遍全国；叶（艾叶）能驱寒止痛、温经止血、平喘，也是制作灸条的原料。

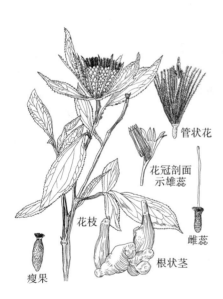

图7-138　白术

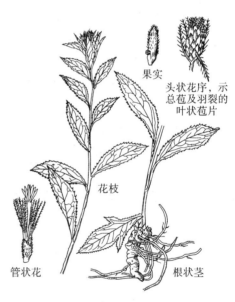

图7-139　茅苍术

本亚科常用药用植物还有：红花属植物红花 *Carthamus tinctorius* L.（图7-140），原产中亚，新疆、云南、四川和河南有栽培；管状花花冠（红花）能活血通经，散瘀止痛。木香属植物云木香 *Aucklandia lappa* Decne.（图7-141）原产克什米尔，四川、重庆、陕西、湖北等地有栽培；根（木香）能行气止痛，健脾消食。川木香属植物川木香 *Vladimiriasouliei*（Franch.）Y. Ling 与灰毛川木香 *V. souliei*（Franch.）Y. Ling var. *cinerea* Y. Ling，产青藏高原南部；根（川木香）能行气止痛。牛蒡属植物 *Arctium lappa* L.，各地广泛栽培；果实（牛蒡子）能疏散风热、宣肺透疹、解毒利咽，根、茎叶能清热解毒、活血止痛。紫菀属植物紫菀 *Aster tataricus* L. f.，产东北和黄河流域；根（紫菀）能润肺、祛痰、止咳。旋覆属植物旋覆花 *Inula japonica* Thunb.、欧亚旋覆花 *I. britannica* L.，产长江流域以北地区，头状花序（旋复花）能止咳化痰、平喘；旋覆花和条叶旋覆花 *I. linariifolia* Turcz. 的干燥地上部分（金沸草）能降气、消痰、行水。土木香 *I. helenium* L.，原产欧洲，新疆、河北等有栽培；根（土木香）能健脾和胃，行气止痛，安胎。豨莶属植物豨莶 *Siegesbeckia orientalis* L.、腺梗豨莶 *S. pubescens* Makino 和毛梗豨莶 *S. glabrescens* Makino，分布几遍全国；地上部分（豨莶草）能祛风湿，利关节，解毒。鳢肠属植物鳢肠 *Eclipta prostrata* L. 分布几遍全国，地上部分（墨旱莲）能凉血止血、滋阴补肾。泽兰属植物佩兰 *Eupatorium fortune* Turcz.，产长江流域以南地区，地上部分（佩兰）能化湿开胃、解暑热；轮叶泽兰 *E. lindleyanum* DC.，遍布全国各地，地上部分（野马追）能化痰、止咳、平喘。蓟属植物大蓟 *Cirsium japonicum* DC. 产黄河以南，地上部分（大蓟）能凉血止血，散瘀，解毒消痈；刺儿菜 *C. setosum* (Willd.) MB. 产长江以北，地上部分（小蓟）能凉血止血，散瘀，解毒消痈。苍耳属植物苍耳 *Xanthium sibiricum* Patr. et Widd.，产西南和黄河以北，带总苞果实（苍耳子）能发汗解表、通鼻窍。漏芦属植物祁州漏芦 *Rhaponticum uniflorum* (L.) DC.，产东北和华北；根（漏芦）能清热解毒，活血通乳。蓝刺头属植物蓝刺头 *Echinops latifolius* Tausch 产东北和西北，华东蓝刺头 *E. grijsii* Hance，产华东及辽宁、台湾；根（禹州漏芦）能清热解毒，消痈，下乳，舒筋通脉。天名精属植物天名精 *Carpesium abrotanoides* L. 产于华东、华南、华中、西南地区，果实（鹤虱）能杀虫消积。款冬属植物款冬 *Tussilago farfara* L.，产于长江以北；头状花序（款冬花）能润肺下气，化痰止嗽。千里光属植物千里光 *Senesio scandens* Buch. – Ham.，产于西北部至东南部，地上部分（千里光）能清热解毒、凉血明目、杀虫止痒。一枝黄花属植物一枝黄花 *Solidago decurrens* Lour. 产南方各地；全草（一枝黄花）能疏风泄热，解毒消肿。水飞蓟属植物水飞蓟 *Silybum marianum* (L.) Gaertn.，各地有引种栽培；果实（水飞蓟）能解毒，保肝。凤毛菊属植物天山雪莲 *Saussurea involucrata* (Kar. et Kir.) Sch. Bip，产新疆、西藏，地上部分（雪莲花）能温肾助阳、祛风胜湿、通经活血。六棱菊属植物翼齿六棱菊 *Laggera pterodonta* (DC.) Benth.，产西南地区，地上部分（臭灵丹草）能清热解毒、止咳祛痰。飞蓬属植物短葶飞蓬 *Erigeron breviscapus* (Vant.) Hand. – Mazz.，产西南地区，全草（灯盏细辛）能活血通络止痛，祛风散寒。石胡荽属植物石胡荽 *Centipeda minima* (L.) A. Br. et Aschers，分布几遍全国，全草（鹅不食草）能发散风寒，通鼻窍，止咳。蓍属植物高山蓍 *Achillea alpina* L.，产东北和西北；地上部分（蓍草）能解毒利湿，活血止痛。白酒草属植物苦蒿 *Conyza blinii* Levi.，产西南地区干热河谷地带；地上部分（金龙胆草）能清热化痰，止咳平喘，解毒利湿。艾纳香属植物艾纳香 *Blumea balsamifera* (L.) DC.，产西南、华南及福建、台湾；新鲜叶经提取加工制成的结晶（艾片）能开窍醒神，清热止痛。

图 7-140 红花

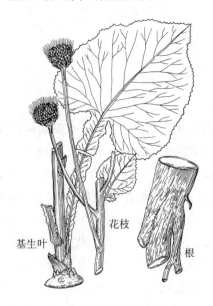

图 7-141 云木香

（2）舌状花亚科 Cichorioideae Kitam.　　植物体有乳汁，无香气；头状花序全为舌状花，小花两性。

蒲公英（*Taraxacum* F. H. Wigg.）叶根生，密集成莲座状；头状花序单生花葶顶端，外层总苞片短于内层，边缘浅色；瘦果有纵沟。约 2000 种，国产约 100 种。蒲公英 *T. mongolicum* Hand. – Mazz. 莲座状草本，叶羽状深裂，顶裂片较大；花葶数个，外层总苞片先端常有小角状突起；舌状花黄色；瘦果具细长的喙，冠毛白色。全国各地均产；全草（蒲公英）能清热解毒，消肿散结。碱地蒲公英 *T. borealisinense* Kitam. 以及同属数种植物的全草可与蒲公英同等入药。

本亚科常用药用植物还有：菊苣属植物腺毛菊苣 *Cichorium glandulosum* Boiss. et Huet，产新疆，菊苣 *C. intybus* L.，产秦岭以北，多地有栽培；地上部分或根（菊苣）能清肝利胆，健胃消食，利尿消肿。苦荬菜属植物苦荬菜 *Ixeris denticulata*（Houtt.）Stebb.，产黄河流域至长江流域；全草能清热解毒、消痈散结。苦苣菜属植物苦苣菜 *Sonchus oleraceus* L.，全国广布，全草能清热解毒、凉血。黄鹌菜属植物黄鹌菜 *Youngia japonica*（L.）DC.，全国广布，全草能清热解毒、利尿消肿、止痛。山莴苣属植物山莴苣 *Lactuca indica* L.，几遍布全国，嫩茎能清热解毒、利尿、通乳。

（四十二）川续断目 Dipsacales　🅔 微课 20

本目包含五福花科和忍冬科 2 科，APG 系统将原败酱科和川续断科并入忍冬科中。《中华人民共和国药典》收录的药材分布在忍冬科、败酱科和川续断科。

64. 忍冬科 Caprifoliaceae　　　　　　$\male\ast\uparrow K_{(4\sim5)} C_{(4\sim5)} A_{(4\sim5)} \underline{G}_{(2\sim5:2\sim5:1\sim\infty)}$

【形态特征】木本，稀草本。单叶对生，无托叶。聚伞花序或再组成其他花序；花两性，整齐或不整齐；花萼与子房贴生，4～5 裂；花冠管状，常 5 裂，有时 2 唇形，具蜜腺；雄蕊冠生，与冠裂片同数而互生；子房下位，2～5 心皮合生，1～5 室，常 3 室，每室 1 胚珠至多数。浆果、核果或蒴果。

【资源分布】全球 36 属，约 810 种，主产北温带。在 APG 系统将忍冬科原有荚蒾属和接骨木属等归入五福花科，而将恩格勒系统中败酱科和川续断科归并入忍冬科。狭义的忍冬科我国约 20 属，114 种；已知药用 9 属，106 种。分布有黄酮类、环烯醚萜类、三萜类、绿原酸类、香豆素和皂苷等。《中华人民共和国药典》收录的药材有金银花、山银花和忍冬藤。

【药用植物】忍冬 *Lonicera japonica* Thunb.（图 7 – 142）半常绿藤本。单叶全缘，幼时两面被短毛。花成对腋生，叶状苞片较大；初花白色，后变黄色，故称"金银花"，芳香，外被柔毛和腺毛；萼 5 裂；花冠 2 唇形，上唇 4 裂，直立，下唇反卷不裂。浆果，熟时黑色。各地有栽培。花蕾或初开的花（金银花）能清热解毒，疏散风热；茎枝（忍冬藤）能清热解毒，疏风通络。同属植物灰毡毛忍冬 *L. macranthoides* Hand. – mazz.、红腺忍冬 *L. hypoglauca* Miq.、华南忍冬 *L. confusa* DC. 和黄褐毛忍冬 *L. fulvotomentosa* Hus et S. C. Cheng 等的花蕾（山银花）能清热解毒，疏散风热。

雄蕊　花冠展开

果枝　　花枝

图 7 – 142　忍冬

常见药用植物还有：接骨木属（在 APG 系统并入五福花科）植物接骨木 *Sambucus willamsii* Hance 分布于东北、华北地区及内蒙古，茎枝能祛风通络，消肿止痛。荚蒾属（在 APG 系统并入五福花科）植物荚蒾 *Viburnum fordiae* Hance. 分布于黄河流域及以南各地；枝、叶能清热解毒，疏风解表；根能祛瘀消肿。

65. 败酱科 Valerianaceae

$$\male \uparrow K_{5\sim15,0}C_{(3\sim5)}A_{3,4}G_{(3:3:1)}$$

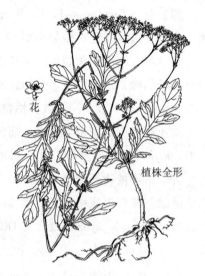

植株全形

图 7 – 143 黄花败酱

【形态特征】草本。根茎和根具强烈气味。叶全缘或羽状分裂。聚伞花序组成伞房花序；花小，两性，稍不整齐；萼齿小，或裂片羽毛状；花冠筒基部常有偏突的囊或距，3~5 裂；雄蕊 3 或 4，冠生；子房下位，3 心皮，3 室，仅 1 室发育，胚珠 1。瘦果，顶端宿存萼贴生于增大的膜质苞片上呈翅果状。

【资源分布】全球 13 属，约 400 种，主产北温带。国产 3 属，40 余种，南北均分布；已知药用 3 属，24 种。在 APG 系统将败酱科并入忍冬科。分布有黄酮类、倍半萜类、三萜皂苷类和挥发油等。《中华人民共和国药典》收录的药材有甘松和蜘蛛香。

【药用植物】黄花败酱 Patrinia scabiosaefolia Fisch. ex Trev. （图 7 – 143）草本。根状茎粗壮，具强烈气味。基生叶丛生不裂或羽状分裂；茎生叶羽状深裂或全裂。花冠黄色，雄蕊 4。瘦果无翅状苞片。分布几遍全国。全草（败酱草）能清热解毒，消肿排脓，祛痰止咳。白花败酱 P. villosa （Thunb.） Juss. 与黄花败酱同等入药。

常用药用植物还有，甘松 Nardostachys chinensis Batal. 产青藏高原南部；根及根茎（甘松）能理气止痛，开郁醒脾；外用祛湿消肿。蜘蛛香 V. jatamansi Jones，产西南地区、秦岭山区和西藏；根茎和根（蜘蛛香）能理气止痛，消食止泻，祛风除湿，镇惊安神。缬草 Valeriana officinalis L. 产东北至西南各地；根茎及根能安神，理气，止痛。

66. 川续断科 Dipsacaceae

$$\male * \uparrow K_{(4\sim5)}C_{(4\sim5)}A_4G_{(2:1:1)}$$

【形态特征】草本，被有长毛或刺毛。单叶对生，稀羽状复叶。头状花序有总苞或间断的穗状轮伞花序；花小，两性；花萼与子房合生，边缘具针状或羽状刚毛；花冠漏斗状，4~5 裂，2 唇形；雄蕊 4（~2），冠生；子房下位，2 心皮，1 室，1 倒生胚珠。瘦果包藏于小总苞内，宿存萼常呈羽毛状，或具刺钩。

【资源分布】全球 12 属，约 300 种；分布于地中海、亚洲及非洲南部。国产 5 属，28 种；已知药用 5 属，18 种。在 APG 系统将川续断科并入忍冬科。分布有三萜皂苷、环烯醚萜类和生物碱类等。《中华人民共和国药典》收录的药材有翼首草和续断。

【药用植物】川续断 Dipsacus asperoides D. Y. Cheng et T. M. Ai （图 7 – 144）草本，有数条圆柱形肉质根。基生叶和茎中下部叶羽状深裂。头状花序球形，总苞叶状；花小，白色或淡黄色。瘦果包藏小总苞内。产中南和西南部地区。根（续断）能行血消肿，生肌止痛，续筋接骨。

匙叶翼首草 Pterocephalus hookeri （C. B. Clarker） Hoeck （图 7 – 145）莲座状草本，全株被白色柔毛。叶匙形或条状匙形。头状花序，小总苞倒卵形；花冠 5 裂。果序球形，外层总苞片长卵形，宿萼具细软羽毛状毛。产青藏高原南缘和东南缘。全草（翼首草）为常用藏药，能解毒除瘟，清热止痢，祛风通痹。

常见药用植物还有：大花双参 Triplostegia grandiflora Gagnep.，产云南、四川；根（称白都啦）常用彝药，活血调经，益肾补血。双参 T. glandulifera Wall. ex DC. 的根与大花双参同等入药。

图 7 - 144 川续断

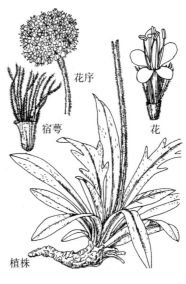

图 7 - 145 匙叶翼首草

（四十三）伞形目 Apiales

本目包含五加科、伞形科、鞘柄木科和海桐科等 7 个科。在 APG 系统中，将原属伞形科的天胡荽属（*Hydrocotyle*）和饰带花属等 4 属移入五加科，原属五加科的蓝伞木属（*Mackinlaya*）和鸟笛参属（*Stilbocarpa*）转入伞形科，而将原属五加科的裂果枫属（*Myodocarpus*）等 2 属独立成裂果枫科。《中华人民共和国药典》收录的药材分布在五加科和伞形科。

67. 五加科 Araliaceae 微课21 　　　　　　　　$\male\female * \uparrow K_{(4\sim5)} C_{(4\sim5)} A_4 \overline{G}_{(2:1:1)}$

【形态特征】木本，稀草本；茎常具刺。叶互生，掌状或羽状复叶，少单叶；托叶常与叶柄基部合生。伞形花序或再集成总状或圆锥花序；花小，两性，整齐，稀单性或杂性；萼筒与子房合生，边缘 5 小齿；花瓣 5（~10），雄蕊 5（~10），着生花盘边缘，花盘上位；子房下位，心皮 2~5，每室 1 胚珠。浆果或核果。

【资源分布】全球约 59 属，1460 种，广布于热带和温带地区。国产 22 属，192 种，分布于新疆外的大部分地区；已知药用 19 属，114 种（表 7 - 8）。分布有三萜皂苷、黄酮、香豆素和挥发油等，其中三萜皂苷主要是达玛烷型和齐墩果烷型。《中华人民共和国药典》收录的药材有人参、人参叶、红参、西洋参、三七、五加皮、竹节参、刺五加、珠子参和通草等。

表 7 - 8　五加科部分属检索表

1. 叶轮生；掌状复叶；草本 ·· 人参属 *Panax*
1. 叶互生；木本。
  2. 大型羽状复叶，有托叶；茎和叶常具皮刺；木本或多年生草本 ·················· 楤木属 *Aralia*
  2. 单叶或掌状复叶。
    3. 单叶，或同时具有单叶和掌状复叶。
      4. 叶片掌状分裂。
        5. 植物体无刺；花柱离生，子房 2 室；有托叶 ···················· 通脱木属 *Tetrapanax*
        5. 植物体有刺；花柱合生成柱状；无托叶 ···················· 刺楸属 *Kalopanax*
      4. 叶片不分裂，或在同株上有不分裂、分裂和掌状复叶三种叶片 ·········· 树参属 *Dendropanax*
    3. 掌状复叶，具皮刺；灌木 ·· 五加属 *Acanthopanax*

【药用植物】

（1）人参属（*Panax* L.）　多年生草本，根茎年生 1 节称"年节"，根茎短而直立时根粗壮肉质，或根茎匍匐呈竹鞭状或串珠状，肉质根不发达；茎单生，掌状复叶轮生茎顶；单伞形花序顶生，花两性或杂性；花萼、花瓣、雄蕊均5；花盘环状肉质；核果状浆果。约11种，国产8种。人参 *P. ginseng* C. A. Mey.（图7–146）根茎短而直立或斜生（称"芦头"），主根圆柱形或纺锤形，肉质肥大，黄白色，须根上有瘤状凸起（称"珍珠疙瘩"）。3～6枚掌状复叶轮生茎顶，幼株的叶和小叶数较少。花小，淡黄绿色；子房2室。浆果状核果扁圆形，熟时鲜红色。主产东北地区，栽培。根及根茎（人参）能大补元气，复脉固脱，补脾益肺，生津养血，安神益智；栽培品的根和根茎经蒸制后（红参）能大补元气，复脉固脱，益气摄血；叶（人参叶）能补气，益肺，祛暑，生津。同属植物三七 *P. notoginseng*（Burk）F. H. Chen ex C. Chow，产云南和广西，根（三七）能活血散瘀、消肿止痛。西洋参 *P. quinquefolium* L.，原产北美，河北和吉林有大量栽培；根（西洋参）益肺阴、清虚火、生津止渴。竹节参 *P. japonicus* C. A. Mey.，产长江流域中上游山区；根茎（竹节参）能散瘀止血、消肿止痛、祛痰止咳、补虚强壮。珠子参 *P. japonicus* C. A. Mey. var. *major*（Burk）C. Y. Wu et K. M. Feng 或羽叶三七 *P. japonicus* var. *bipinnatifidus*（Seem.）C. Y. Wu et K. M. Feng，产长江流域中上游山区，串珠状的根茎（珠子参）能补肺养阴、祛瘀止痛、止血。

（2）五加属（*Acanthopanax* Miq.） 灌木或小乔木，常具皮刺；掌状复叶，互生；花两性或杂性，萼5裂，花瓣5（4），雄蕊与花瓣同数；子房下位，2（～5）室；核果浆果状。约35种，国产26种。细柱五加 *A. gracilistylus* W. W. Smith（图7–147）灌木；小枝无刺或叶柄基部单生扁平刺；小叶5枚，无毛或仅脉上疏生刚毛；花黄绿色。产黄河以南大部分地区；根皮（五加皮）能祛风除湿，补益肝肾，强筋壮骨，利水消肿。同属植物刺五加 *A. senticosus*（Rupr. et Maxim）Harms，产东北、华北地区及山西等地；根和根茎或茎（刺五加）能益气健脾、补肾安神。无梗五加 *A. sessiliflorus*（Rupr. et Maxim）Seem. 产东北和山西，红毛五加 *A. giraldii* Harms 产青藏高原东南部和秦岭，前者的根皮和后者的枝皮，在产地常是五加皮的地方习用品。

（3）楤木属（*Aralia* L.） 木本，常有刺，或草本具根茎；1～4回大型羽状复叶，小叶边缘具各种锯齿；花杂性，花序顶生，由伞形、头状或总状花序再组成圆锥花序，花5基数，花梗具关节。约30种，国产30种。楤木 *A. chinensis* L. 产全国大多数地区；根皮能活血散瘀、健胃、利尿。土当归 *A. cordata* Thunb.，产长江流域和台湾，根和根茎（称九眼独活）能祛风除湿、舒筋活络、散寒止痛。

常用药用植物还有：通脱木 *Tetrapanax papyrifera*（Hook）K. Koch. 全株密生黄色星状厚绒毛，茎髓大，白色，层片状；叶大，集生于茎顶；花瓣4，白色；雄蕊4。产秦岭以南各地；茎髓（通草）能清热利尿，通气下乳。树参 *Dendropanax dentiger*（Harms）Merr.，产长江流域中游地区；根茎能祛风湿，散淤血，强筋骨。刺楸 *Kalopanax septemlobus*（Thunb.）Koidz，产大部分地区；茎皮（称川桐皮）能祛风利湿，活血止痛。

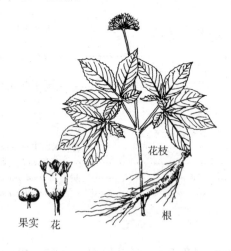

图7–146 人参

图7–147 细柱五加

68. 伞形科 Umbelliferae，Apiaceae e 微课22

$$\male \quad \ast \quad K_{(5),0}C_5A_5\overline{G}_{(2;2;1)}$$

【形态特征】芳香草本，茎中空，有纵棱。叶互生，常1至数回羽状分裂或三出羽状分裂或复叶，稀单叶；叶柄基部常膨大呈鞘状抱茎，无托叶。常复伞形花序，稀单伞形或头状；花小，常两性，整齐；萼齿5或不明显；花瓣5；雄蕊与花瓣同数并互生；雌蕊2心皮，子房下位，2室，花柱2，基部常膨大成盘状或短圆锥状的花柱基（stylopodium），即上位花盘。双悬果，成熟时心皮基部分离，顶部连接在1心皮轴上；种子胚小，胚乳丰富。分果外面有5条主棱（背棱1条，中棱2条，侧棱2条），主棱下面有维管束，主棱之间沟槽处有时发育出4条次（副）棱，而主棱不发育，棱槽内和合生面有纵向的油管1至多条。果实的压扁方式、主棱和次棱发育程度，以及油管数目和形状等常是伞形科分属的重要依据（图7-148，图7-149，表7-9）。

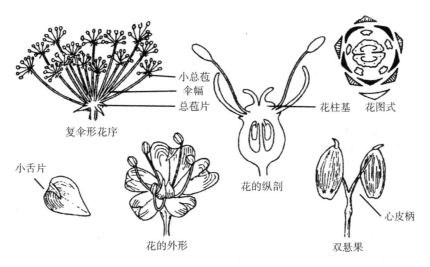

　　　　　　　　　　　　　小总苞
　　　　　　　　　　　　　伞幅
　　　　　　　　　　　　　总苞片　　　　　　　　花柱基　花图式

小舌片

　　　　　　　　　　　　　　　　　　　花的纵剖

　　　　　　　　　　　　　　　　　　　　　　　　　心皮柄

复伞形花序

花的外形　　　　　　　双悬果

图7-148　伞形科花、果模式图

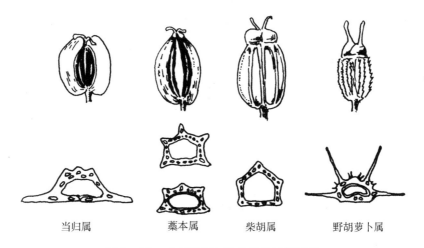

当归属　　　　藁本属　　　　柴胡属　　　　野胡萝卜属

图7-149　伞形科四属植物果实及横切面

【资源分布】全球约440属，3500余种；主产北温带和亚热带、热带高山。国产95属，783种，广布全国；已知药用55属，236种（表7-9）。分布有苯丙酸类衍生物（香豆素、黄酮和色原酮）、挥发油、三萜类皂苷、聚炔类和生物碱等。《中华人民共和国药典》收录的药材有川芎、小茴香、北沙参、白芷、当归、防风、羌活、阿魏、明党参、南鹤虱、独活、前胡、柴胡、积雪草、蛇床子、紫花前胡和藁本等。

表 7-9 伞形科部分属检索表

1. 单叶，叶圆肾形；伞形花序单生；内果皮木质；棱槽内无油管 ·········· 天胡荽亚科 Hydrocotyloideae
  2. 花瓣在花蕾时镊合状排列；果棱间无明显小横脉，表面不呈网状 ·········· 天胡荽属 Hydrocotyle
  2. 花瓣在花蕾时覆瓦状排列；果棱间有小横脉，表面具网状纹 ·········· 积雪草属 Centella
1. 羽状全裂或羽状复叶，少单叶；复伞形花序；内果皮不木化，油管在主棱或棱槽内。
  3. 单叶，掌状分裂至缺刻；内果皮为薄壁组织 ·········· 变豆菜亚科 Saniculoideae 变豆菜属 Sanicula
  3. 羽状全裂或羽状复叶，单叶则为弧形脉；内果皮具纤维层 ·········· 芹亚科 Apioideae
    4. 单叶，叶片披针形或条形，全缘，弧形脉；直立草本；复伞形花序 ·········· 柴胡属 Bupleurum
    4. 羽状全裂或羽状复叶。
      5. 果有刺或小瘤。
        6. 果有刺。
          7. 苞片较多，羽状分裂 ·········· 胡萝卜属 Daucus
          7. 苞片较少或缺 ·········· 窃衣属 Torilis
        6. 果有小瘤；小叶半裂 ·········· 防风属 Saposhnikovia
      5. 果无刺或瘤
        8. 果有绒毛；叶近革质；滨海植物 ·········· 珊瑚菜属 Glehnia
        8. 果无绒毛；叶非革质；非滨海植物。
         9. 果无棱或不明显。
           10. 一年生草本；果皮薄而硬，心皮不分离，无油管 ·········· 芫荽属 Coriandrum
           10. 二至多年生；果皮薄而柔软，心皮成熟后分离，油管明显。
             11. 3 至 4 回羽状细裂；花金黄色；果棱尖锐，具茴香气味 ·········· 茴香属 Foeniculum
             11. 三出式 2 至 3 回羽状分裂；果棱不明显，无茴香气味 ·········· 明党参属 Changium
         9. 果有棱。
           12. 果实全部果棱有狭翅或侧棱无翅。
             13. 花柱短；果棱无翅或非同形翅。
               14. 萼齿明显；背棱和中棱有翅，侧棱有时无翅 ·········· 羌活属 Notopterygium
               14. 萼齿不明显；棱翅薄膜质；总苞片或小总苞片发达 ·········· 藁本属 Ligusticum
             13. 花柱较长，较花柱基长 2~3 倍；果棱有同形翅 ·········· 蛇床属 Cnidium
           12. 果实背棱、中棱具翅或不具翅，侧棱的翅发达。
             15. 果实背腹扁平，背棱有翅。
               16. 侧棱的翅薄，常与果体的等宽或较宽，分果的翅不紧贴 ·········· 当归属 Angelica
               16. 侧棱的翅稍厚，较果体窄，分果的翅紧贴，熟后分离 ·········· 前胡属 Peucedanum
             15. 果实背腹极压扁，背棱条形，无翅，或不明显 ·········· 阿魏属 Ferula

【药用植物】

（1）天胡荽亚科 Hydrocotyloideae Drude　匍匐草本；单叶，叶片肾形或圆心形；伞形花序单生 2 枚叶状苞片间，或花序梗 3~6；果实两侧扁压，内果皮木质，无分离的心皮柄；棱槽内无油管。国产有积雪草属（Centella）、马蹄芹属（Dickinsia）和天胡荽属（Hydrocotyle），天胡荽属在 APG 系统归入五加科。积雪草 Centella asiatica (L.) Urban（图 7-150）匍匐茎细长，节上生根；叶圆形、肾形或马蹄形，具钝锯齿，基部阔心形；伞形花序梗 2~4，聚生叶腋；每伞形花序着 3~4 花，花无柄或柄短；果圆球形。产黄河以南；全草（积雪草）能清热解毒，利湿消肿。天胡荽 Hydrocotyle sibthorpioides Lam.，叶圆形或肾圆形；伞形花序与叶对生，着花 5~18。产秦岭以南各地；全草能清热、利尿、消肿、解毒。

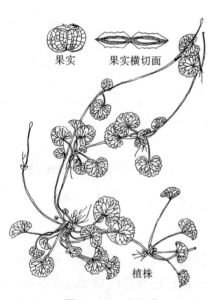

图 7-150　积雪草

（2）变豆菜亚科 Saniculoideae Drude　草本；单叶，常掌状分裂至齿状缺刻；单伞形花序生或集成总状或头状，花柱长，柱头头状，花盘环状；外果皮有鳞片、皮刺或小瘤，内果皮为薄壁组织，油管在主棱或棱槽内，或不明显。国产刺芹属（Eryngium）和变豆菜属（Sanicula）。薄片变豆菜 Saniculala melligera Hance，矮小草本，根茎短，茎直立；基生叶圆心形或近五角形，掌状 3 裂；小伞形花序中央有 1 两性花，花瓣白色、粉红色或淡蓝紫色；果直生鳞片状皮刺；油管 5。产长江流域中上游地区；全草治疗风寒感冒、咳嗽、经闭。

（3）芹亚科 Apioideae Drude　复叶，稀单叶；复伞形花序，稀单伞形花序，伞辐多数而明显；外果皮平滑或被柔毛或细刺，内果皮紧贴表皮下面有纤维层；花柱着生在花柱基顶端，幼果时油管在棱槽内，然后以各种形式分散出现。本亚科包含国产大部分种类。

1）当归属（*Angelica* L.）　二至多年生草本，直根圆锥状；叶三出式羽状或羽状分裂，叶鞘膨大成囊状；复伞形花序，总苞片和小总苞片多数至少数；双悬果长椭圆形，背腹扁平，背棱及主棱条形，侧棱有宽翅；每棱槽内油管1至数个；合生面2至数个。约50种，国产30余种。当归 *A. sinensis* (Oliv.) Diels（图7-151）主根短粗，下部支根数条；基生叶2~3回三出式羽状分裂，囊状叶鞘紫褐色；伞辐9~30，小苞片2~4，花白色。甘肃、云南、四川、湖北等地有栽培；根（当归）能补血活血，调经止痛，润肠通便。同属植物杭白芷 *A. dahurica* (Fisch. ex Hoffm.) Benth. et Hook. var. *formosana* (Boiss) Shan et Yuan，四川、浙江有栽培；根（白芷）能解表散寒，祛风止痛，宣通鼻窍，燥湿止带，消肿排脓。白芷 *A. dahurica* (Fisch. ex Hoffm.) Benth. et. Hook f.，河北、河南和安徽等地有栽培；根与杭白芷同等入药。重齿毛当归 *A. pubescens* Maxim. f. *biserrata* Shan et Yuan［*A. biserrata* (Shan et Yuan) Yuan et Shan］，在四川、湖北、陕西、重庆邻接的高山地区有栽培或野生，根（独活）祛风除湿，通痹止痛。

2）柴胡属（*Bupleurum* L.）　单叶，全缘，弧形脉；复伞形花序，疏松，具总苞和小总苞，花黄色；双悬果椭圆形或卵状长圆形，两侧稍扁平；每棱槽内有油管（1~）3，合生面（2~）4（~6）。100余种，国产约36种。柴胡 *B. chinense* DC.（图7-152），根分枝多，坚硬，黑褐色；茎略呈"之"字形分枝；果棱狭翅状，棱槽内油管3，合生面4。产黄河流域及以北地区，栽培或野生；根（柴胡）能疏散退热，疏肝解郁，升举阳气。狭叶柴胡 *B. scorzonerifolium* Willd.，产长江以北地区，根与柴胡同等入药，商品药材前者称"北柴胡"，后者称"南柴胡"。

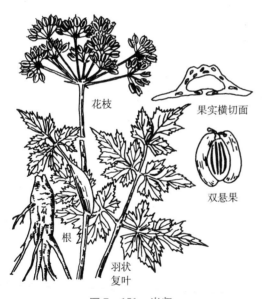

图7-151　当归

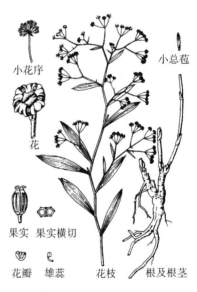

图7-152　柴胡

3）藁本属（*Ligusticum* L.）　多年生草本，基生叶和茎下部叶1~4回羽状全裂，茎上部叶简化；总苞片早落或无，小总苞片发达，萼齿不明显，花柱基圆锥状；主棱突起以至翅状，每棱槽内油管1~4，合生面油管6~8。约60种，国产30种。川芎 *L. chuanxiong* Hort.，根茎呈不规则的结节状拳形团块；茎丛生，基部节呈团状膨大；3~4回三出式羽状全裂，末回裂片线状披针形至长卵形；双悬果卵形。成都平原的都江堰和彭州等地有栽培；根茎（川芎）活血行气，祛风止痛。同属植物藁本 *L. sinense* Oliv. 产西南、西北和华中，辽藁本 *L. jeholense* Nakai et Kitag 产东北和华北地区，以上两种的根茎及根（藁本）能祛风，散寒，除湿，止痛。

4）防风属（*Saposhnikovia* Schischk.）　羽状全裂或羽状复叶，小叶半裂；外果皮有小瘤。防风 *S. divaricata* (Turcz.) Schischk. 多年生草本，根粗壮，茎基残留褐色叶柄纤维；基生叶二回或近三回羽状全裂，末回裂片条形至倒披针形；花白色；双悬果矩圆状宽卵形，幼时具瘤状突起。产东北和华北，栽培或野生；根（防风）能祛风解表，胜湿止痛，止痉。

5）前胡属（*Peucedanum* L.） 根颈短粗，常具纤维状叶鞘残迹和环状叶痕，羽状分裂；花瓣白色；果实背腹部扁压，中棱和背棱丝线形稍突起，侧棱扩展成较厚的窄翅，合生面紧紧锁合，不易分离。白花前胡 *P. praeruptorum* Dunn. 根圆锥形，粗大，有分枝；基生和茎下部叶 2 ~ 3 回三出羽状分裂；伞辐12 ~ 18；花白色；背棱和中棱线状，侧棱翅状。产长江中上游地区；根（前胡）能降气化痰，散风清热。紫花前胡 *P. decursivum*（Miq.）Maxim.，产全国大部分地区，根（紫花前胡）功效与白花前胡类同。

本亚科常用药用植物还有：羌活属植物羌活 *Notopterygium incisum* Ting et H. T. Chang 和宽叶羌活 *N. franchetii* H. de Boiss.，产青藏高原南缘和东南缘；根和根茎（羌活）能解表散寒，祛风除湿，止痛。珊瑚菜属植物珊瑚菜 *Glehnia littoralis* F. Schmidt ex Miq.，产辽宁至广东沿海地区；根（北沙参）能养阴润肺，益胃生津。茴香属植物茴香 *Foenicnlum vulgare* Mill.，各地常见栽培蔬菜或调味品；果实（小茴香）能散寒止痛，理气和胃。明党参属植物明党参 *Changium smyrnioides* Wolff，产长江下游地区，栽培或野生；根（明党参）能润肺化痰，养阴和胃，平肝，解毒。胡萝卜属植物野胡萝卜 *Daucus carota* L.，产长江流域各地；果实（南鹤虱）能杀虫消积。蛇床属植物蛇床 *Cnidium monnieri*（L.）Cuss.，产全国大部分地区；果实（蛇床子）能燥湿祛风，杀虫止痒，温肾壮阳。阿魏属植物新疆阿魏 *Ferula sinkiangensis* K. M. Shen 和阜康阿魏 *F. fukanensis* K. M. Shen，产新疆；树脂（阿魏）消积，化癥，散痞，杀虫。川明参属植物川明参 *Chuanminshen violaceum* Sheh et Shan，四川有栽培，根（称川明参）能养阴清肺，健脾，化痰。

复习思考题

1. 结合被子植物的特征，试论述被子植物在地球上繁茂的原因？
2. 为什么说禾本科是风媒传粉植物中最进化的类群？
3. 为什么说兰科是虫媒传粉植物中最进化的类群？兰科进化特征表现在哪些方面？
4. 试比较毛茛科与木兰科，五加科与伞形科，木兰科、樟科与小檗科，葡萄科与葫芦科，唇形科与玄参科、马鞭草科、爵床科，茜草科与忍冬科，百合科与鸢尾科、石蒜科，兰科与姜科的异同点。

书网融合……

思政导航	本章小结	微课1	微课2	微课3	微课4	微课5
微课6	微课7	微课8	微课9	微课10	微课11	微课12
微课13	微课14	微课15	微课16	微课17	微课18	微课19
微课20	微课21	微课22	题库			

第八章　药用植物成药的生物学基础

PPT

学习目标

知识目标

1. **掌握**　植物代谢的类型和生物合成途径；植物次生代谢的特征和分布规律。
2. **熟悉**　药用植物成药的遗传基础和环境条件；植物次生代谢与环境的关系。
3. **了解**　植物代谢起源与进化；中药性效与植物代谢的关系。

能力目标　通过本章学习，奠定从生命现象和规律认识中医药思路，以及中药资源发现、利用和药用植物栽培的基础知识和技能；培养中医药认识论和方法论下的守正创新思想，以及中医药与生命科学融合能力。

中药是植物长期适应环境进化结果与中医药文化耦合的产物，中药性效的物质基础是植物适应历史环境和现实环境的代谢过程和代谢产物。中医药理论使用四气、五味、归经、升降浮沉、功能与主治等专门描述术语，反映药物影响人体生理、生化和病理过程的表型变化，药物特性的这些描述常简称性效。中医药界根据这些描述术语和指标，采用多维度分类方法限定药物临床应用范围，确定每味中药来源的生物学范围。从中药基原物种来看，有些中药来源同属多个物种，有些中药仅来源于众多同属物种中的 1 个物种；甚至同一物种的不同器官组织成为不同中药，或同一物种在野生和人工栽培状态下成为不同中药，或相同器官组织在不同生长发育时期成为不同的中药等等。这些差异表明药用植物要成为中医临床使用的中药，需要有其遗传基础和环境条件，即植物成药的生物学基础。遗传因素决定了植物物种是否具有成为中药的潜势，环境决定着相应药用植物是否符合中医临床用药要求。

第一节　植物代谢网络与生长发育

植物界发生和演化是一个漫长的历史过程，植物通过自然选择、适应辐射、染色体突变、杂交与多倍化、遗传漂变、快速适应，以及同其他生物之间形成共生与互惠关系等方式适应环境变化。同时，植物体内也演化出丰富多样的物质代谢途径，以及种类繁多的代谢物，从而赋予植物适应多变环境和多样环境的生存能力，并在形态、生理和生态方面呈现出现极其丰富的多样性。

一、植物代谢的起源与演化

植物的原始代谢途径高度相互关联，由少数具广泛底物特异性的起始酶催化多个反应（图 8 - 1a）。然后，这些起始酶经历基因复制和功能分化以扩大酶的数量，进化出更专一的功能，导致产生更多不同的代谢途径，其中某些反应逐步由特定酶进行催化（图 8 - 1b）。新出现的酶还通过转化已有代谢物和产生新代谢物等方式进一步扩展整体代谢网络，经"代谢物—酶"的协同进化产生新代谢联系网络，代谢网络中一些反应代谢模块也会反复出现（图 8 - 1c）。通过不同或协同进化发生酶和反应模块的再利用，现存植物体内仍广泛存在混杂酶和多功能酶（如解毒酶和转氨酶），它们通过代谢反应支持代谢可塑性，也为新酶的进化提供了起点。

　　在植物长期应对多变和多样环境的演化过程中，经过不同进化机制在体内形成多条代谢途径和多种代谢网络，在物质吸收、代谢、能量转化和生长发育特性与表型等方面都表现出丰富的多样性。通常将与植物的生长发育和繁衍直接相关的物质代谢过程，称初生代谢（primary metabolism）；主要通过光合作用、三羧酸循环 TCA 等途径为植物生存、生长、发育、繁殖提供能源和中间产物，也为其他代谢提供能量和原料。植物体内与生长发育和繁衍没有直接关系的代谢过程，称次生代谢（secondary metabolism）。

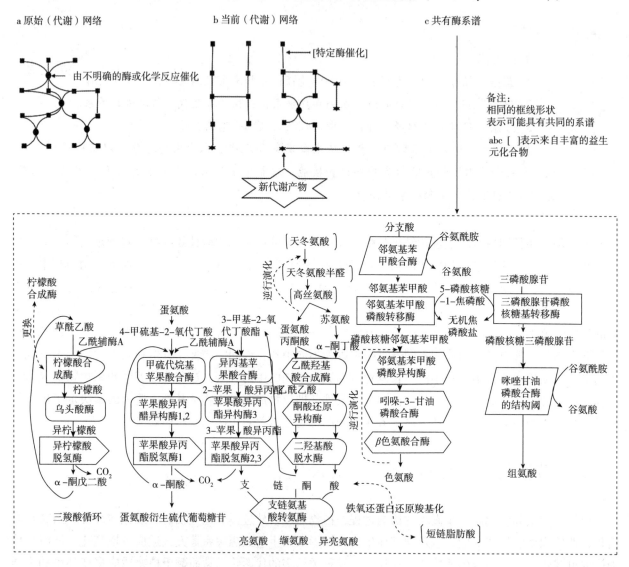

图 8-1　相同祖先潜在的共有酶和代谢模块（参照 Maeda HA 等改进）

　　1. 植物的初生代谢　植物基因组至少来源于三个祖先，真核宿主通过 α - 变形菌祖先内共生获得线粒体，随后又由蓝藻祖先内共生获得质体。同时，植物初生代谢通过古老基因转移表现出高度镶嵌的起源。初生代谢途径主要包括氨基酸合成、糖酵解和磷酸戊糖途径、TCA 循环和光合作用（图 8-2）。初生代谢途径之间存在相互作用，如光呼吸循环与光合作用、硝酸盐吸收、氨基酸代谢、C1 代谢和 TCA 循环等几种主要代谢途径的相互作用。

　　2. 植物的次生代谢　植物除从其他物种中获得初生代谢途径和酶以外，在适应性进化中产生了更多独特的代谢途径，即次生代谢途径，以应对环境变化带来的挑战（图 8-3）。植物在建立核心代谢后，在各谱系中出现丰富多样的次生代谢途径和产物，主要包括：启动子区域甲基化或拷贝数变异导致启动子强度的差异，编码区中编码酶活性、底物偏好或二者的单核苷酸多态性变化，过早终止密码子的多态性，基因融合，由转座子引起的基因缺失或插入，串联基因重复等。植物中普遍存在基因串联复制，然后形成核心代谢的酶，或作为特定代谢途径中的第一步反应酶，导致植物化学库的巨大扩张。例如，拟南芥中由 AOP2/3 和 MAM1/3 串联基因复制区域编码的硫苷葡萄糖苷多态性，在丝氨酸羧肽酶样（SCPL）串联复制中编码特异性苯酰化黄酮类化合物的关键酶。它们是串联基因复制后最近的新功能，在自然种质中表现出遗传多态性，并在最密切相关物种外的任何物种中均不保守。

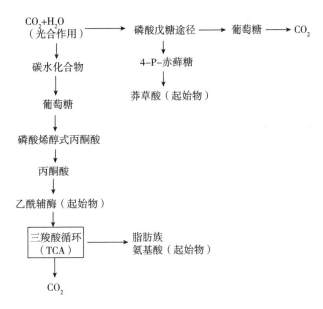

图 8-2 植物初生代谢途径

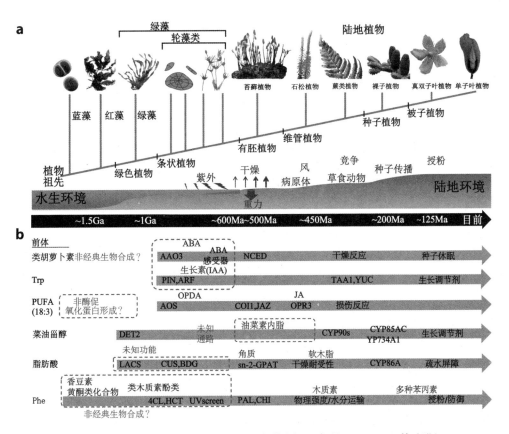

图 8-3 植物进化过程中演化出的新代谢途径（参照 Maeda HA 等改进）

二、植物次生代谢及主要功能

植物次生代谢产物（secondary metabolites）是一类细胞生命活动或植物生长发育正常运行非必需的小分子有机物，其产生和分布通常有种属、器官、组织以及生长发育时期的特异性。从生物合成途径看，次生代谢是从几个主要分支点与初生代谢相连接，初生代谢的一些关键产物是次生代谢的起始物，初生代谢和次生代谢之间并没有清晰的界限（图 8-4）。例如，乙酰辅酶 A 是初生代谢的一个重要"代谢枢纽"，在三羧酸循环，TCA 和能量代谢上占有重要地位，它又是次生代谢产生黄酮类、萜类和生物碱等化合物的起始物。可见，乙酰辅酶 A 能在一定程度上相互独立地调节次生代谢和初生代谢，并将整个物质代谢和 TCA 途径结合起来。

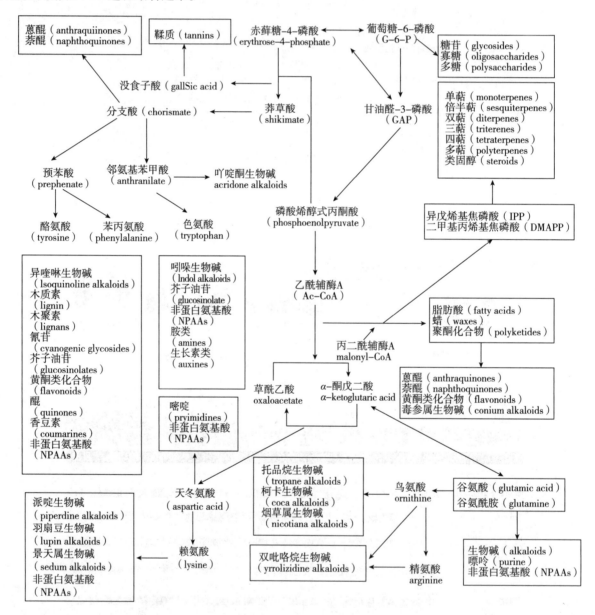

图 8-4 植物初生代谢和次生代谢的联系

植物次生代谢是消耗其生长发育物质和能量的过程。植物一旦遇到任何胁迫，常会开启多条次生代谢途径，合成维系自身生长和抵抗不良环境的物质。在植物与生物环境因子的关系中，次生代谢物介导植物之间的相互排斥或促进作用，称化感作用；诱导有益微生物与植物形成共生关系，或直接杀死或抑制病原菌定殖和繁殖，或作抗病信号分子诱导植物系统获得抗病性，或参与植物结构或物理防御屏障形成；干扰害虫的行为、取食、消化等，抑制害虫发育或生长。异戊二烯及莽草酸等途径合成的挥发性次生代谢物，能吸引捕食者或寄生蜂等害虫天敌，或吸引植物传粉的昆虫。在植物与非生物环境因子的关系中，次生代谢合成渗透调节物质或激素类物质，在调控植物抗逆性（干旱、寒冷、热害、盐碱）和植物生长发育中发挥作用。同时，各种胁迫因子诱导形成的逆境蛋白（包括病程相关蛋白、热激蛋白、冷响应蛋白、耐盐相关蛋白等）在植物适应逆境中发挥应激调控作用。

植物在逆境中通常开启 20 余条次生代谢途径，有 5 条途径与药用植物品质和化感物质形成密切相关。即合成含氮化合物的生物碱代谢途径，酚类化合物的酚类衍生代谢途径，黄酮类化合物的类黄酮类化合物代谢途径，合成和分泌有机酸的有机酸代谢途径，萜烯类和甾类化合物的萜类代谢途径。生物合成途径主要有乙酸-丙二酸途径、甲羟戊酸途径、桂皮酸途径、氨基酸途径及复合途径等。

1. 乙酸-丙二酸途径 乙酸-丙二酸途径（acetate-malonate pathway）以乙酰辅酶 A 为底物，酰基辅酶 A 为起点，3 个丙二酸单酰辅酶 A 加到底物上起延伸碳链的作用，经缩合和还原两个步骤交替进行以延长碳链，形成长链脂肪酸；酰基辅酶 A 直线聚合后再进行环合生成脂肪酸、多酮、聚炔、醌类、酚类化合物（图 8-4）。

2. 甲羟戊酸途径 甲羟戊酸途径（mevalonate pathway）是细胞质中合成单萜、倍半萜、三萜和甾类化合物的主要途径。该途径利用糖酵解的最终产物乙酰辅酶 A 为原料，在乙酰辅酶 A 硫解酶（AACT）、羟基戊二酰辅酶 A 还原酶（HMGR）、HMG-COA 缩合酶（HMGS）等酶的催化作用下生成甲羟戊酸（MVA），MVA 在甲羟戊酸激酶（MVK）、磷酸甲羟戊酸激酶（PMK）等酶的催化下形成异戊烯基焦磷酸（IPP），IPP 在异构酶的作用下形成异构体二甲基丙烯基二磷酸（DMAPP），再经异戊烯基转移酶（prenyltransferase）催化缩合成非环式牻牛儿基焦磷酸（GPP）、法尼基焦磷酸（FPP）和牻牛儿基牻牛儿基焦磷酸（GGPP），然后经环化、稠合、重排、氧化和缩合等变化，最终形成植物体内不同结构类型的萜类化合物（图 8-5）。

丙酮酸/磷酸甘油醛途径（pyruvate/glyceraldehydes-3-phosphate pathway）又称 2C-甲基-D-赤藓糖醇-4-磷酸途径（2C-Methyl-D-erythritol-4-phosphate pathway，MEP）或脱氧木酮糖磷酸还原途径（deoxyxylulose phosphate pathway，DOXP），主要在质体中合成某些单萜、二萜、类胡萝卜素等次生代谢物，在质体中，异戊烯基焦磷酸（IPP）的直接前体是丙酮酸和甘油醛-3-磷酸，甘油醛-3-磷酸和来自丙酮酸的二碳单位缩合生成五碳的中间成分脱氧木酮糖-5-磷酸（DOXP），在 1-脱氧-D-木酮糖-5-磷酸还原酶（DXR）、2-甲基-D-赤藓醇-4-磷酸脱氨酰转移酶（MCT）等酶的催化下形成异戊烯基焦磷酸（IPP）及其异构体二甲基丙烯基焦磷酸（DMAPP），在 IPP 基础上逐步合成二萜、四萜和多萜（图 8-5）。

萜类、甾体类化合物均由甲羟戊酸途径和丙酮酸/磷酸甘油醛途径合成。萜类化合物是由两个或两个以上异戊二烯单位按不同的方式头尾相连而成的化合物，根据含有 C_5 单元数量的不同，常划分为半萜、单萜、倍半萜、三萜、四萜、多萜等。甾体类化合物是指具有环戊烷骈多氢菲母核的化合物，是结构被"修剪"了的三萜，具有四环稠合结构，与三萜相比缺少 C_4 位和 C_{14} 位上的三个甲基，"甾"字形象地表示了这类化合物的基本骨架结构。包括植物甾醇、胆汁酸、强心苷、甾体生物碱和甾体皂苷等成分，如玄参科植物洋地黄所含的毒毛花苷等强心苷类成分，木樨科植物女贞所含的齐墩果酸和齐墩果烷等三萜类成分。

3. 桂皮酸途径 植物体内的大多酚类化合物由桂皮酸途径合成，以糖酵解产生的丙酮酸（PEP）和磷酸戊糖酸途径产生的 D-赤藓糖-4-磷酸合成中间产物 3-脱氧-D-阿拉伯庚酮糖-7-磷酸，进一步环合生成莽草酸，莽草酸再与 PEP 作用，莽草酸转化为分支酸，分支酸经预苯酸生成苯丙氨酸和酪氨酸，为苯丙烷类化合物生物合成的起始物。植物体内具有 C_6-C_3 单元的苯丙素类、香豆素类、木脂素类均由苯丙氨酸脱氨后生成的反式肉桂酸衍生而来，其过程如图 8-6 所示。桂皮酸途径（cinnamic acid pathway）曾称莽草酸途径（shikimic acid pathway），由于莽草酸既是桂皮酸途径的前体物质，又是苯丙氨酸、酪氨酸等芳香酸的前体物质，而这两者又是合成生物碱途径的前体物质，目前普遍用桂皮酸途径之名。例如，木兰科植物五味子所含木脂素类成分，伞形科植物白花前胡所含白花前胡甲素、白花前胡乙素和白花前胡 E 素等香豆素类成分的生物合成，均属于桂皮酸途径。

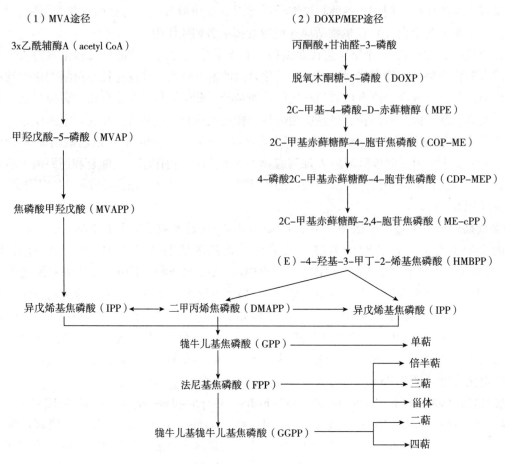

图 8－5　萜类生物合成途径

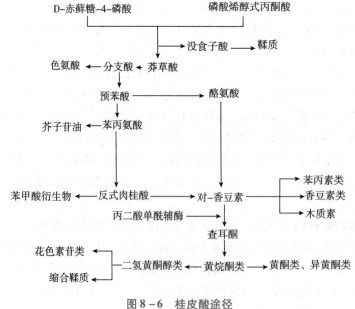

图 8－6　桂皮酸途径

从苯丙氨酸到羟基肉桂酸及其衍生物的合成途径即为苯丙烷类代谢途径，苯丙烷代谢以苯丙氨酸（由莽草酸途径产生）为起点，在苯丙氨酸解氨酶（Phenylalanine ammonialyase，PAL）的催化下生成反式肉桂酸，后在肉桂酸 – 4 – 羟化酶（Cinnamate 4 – hydroxylase，C_4H）的催化下生成对 – 香豆酸，接着在 4 – 香豆酸辅酶 A 连接酶（4 – coumarate：CoA ligase，4CL）催化下生成对香豆酰辅酶 A，最后在加氧酶、还原酶和转移酶催化下生成木质素、黄酮、花青素和香豆素等化合物。

4. 氨基酸途径 氨基酸途径是以氨基酸为前体合成生物碱的途径，而各类生物碱又分别由不同前体物质合成。它们起源的氨基酸多为谷氨酸、天冬氨酸、丝氨酸、丙氨酸、芳香族氨基酸。氨基酸通过脱羧成为胺类，再经过甲基化、氧化、还原、重排等一系列化学反应生成各类生物碱，如鸟氨酸、精氨酸可以形成莨菪烷类生物碱；赖氨酸可以形成喹诺里西啶生物碱和哌啶生物碱；苯丙氨酸和酪氨酸能形成小檗碱、吗啡、可待因等异喹啉类生物碱；色氨酸可形成吴茱萸碱、喜树碱、士的宁等吲哚类生物碱。

5. 复合途径 指由 2 个或 2 个以上的生物合成途径合成，大多黄酮类成分和鞣质成分由该途径合成，常见的复合途径组成如下：乙酸 – 丙二酸途径——桂皮酸途径，乙酸 – 丙二酸途径——甲羟戊酸途径，氨基酸途径——桂皮酸途径，氨基酸途径——乙酸 – 丙二酸途径。

黄酮类化合物泛指两个苯环（A 环和 B 环）通过三个碳原子相互连接形成的具有 $C_6 – C_3 – C_6$ 基本结构的化合物。如查耳酮类、二氢黄酮类化合物是桂皮酸途径和乙酸 – 丙二酸途径复合形成的，首先通过苯丙烷途径将苯丙氨酸转化为香豆酰辅酶 A，香豆酰辅酶 A 再进入黄酮合成途径，与 3 分子丙二酰辅酶 A 结合生成查耳酮，然后环化生成二氢黄酮。二氢黄酮是其他黄酮类化合物生物合成的主要前体物质，通过不同的分支合成途径，进一步生成黄酮、异黄酮、黄酮醇、黄烷醇和花色素等。萜类生物碱常来自甲羟戊酸途径及桂皮酸途径或乙酸 – 丙二酸途径。

值得注意的是，植物初生代谢产物合成的速度影响次生代谢产物的合成和积累；种类繁多、化学结构复杂、多样的植物次生代谢产物的生物合成过程和积累涉及大量酶和关键基因的调控，次生代谢产物的合成和积累又消耗物质和能量，从而影响植物生长发育和繁衍。

三、植物次生代谢的特点

植物初生代谢活动为植物提供能源和中间产物，直接与植物生长、发育和繁殖密切相关。次生代谢消耗能量以及中间产物作底物合成一系列化合物，并通过根系分泌、淋溶或逸散等方式进入环境，协调植物与环境之间的关系。例如，改善土壤营养条件，防止病原菌侵袭，吸引昆虫传粉或威慑昆虫咬噬，或发挥异株克生剂等作用。可见，次生代谢活动及其产物是植物适应复杂多变环境的表型之一，多条代谢途径并存给植物提供了应对不同环境变化的能力。植物次生代谢有如下特点。

1. 植物次生代谢的全能性 植物次生代谢途径中生物合成的全部遗传信息（转录、翻译、基因表达等）和生理基础（酶、底物、代谢枢纽）均存在于任何一个离体植物细胞中，在适宜的人工培养条件下，都具有亲本植物合成次生代谢产物的能力，称次生代谢全能性。它是植物细胞工程、植物代谢工程和无性繁殖的基础。

2. 植物次生代谢的多途径性 植物次生代谢具有"多途径性"，即同一底物可通过不同代谢途径合成不同的代谢产物；同一产物可由同一底物通过不同途径产生，也可由不同底物通过不同途径合成。例如，植物可由不同途径、不同底物合成黄酮类、多酚类等化合物。这些途径在时间上是并行与交错进行，在空间上是多方向进行（正反方向和分支）。不同生物合成途径在时间和空间上以不同强度与速度的搭配，一方面形成了次生代谢产物化学结构的多样性，另一方面出现远缘植物间主要成分的一致性和不同植物中同一化学成分生物活性的差异性（即结构异构或立体异构），这是主成分相似或相同的中药，性效不一致的科学内涵。

3. **植物次生代谢的可调控性**　从植物次生代谢物的生源发生和生物合成途径看，次生代谢是从几个主要分叉点与初生代谢相连结，初生代谢的一些关键产物是次生代谢的起始物，也是连结初生代谢与次生代谢的枢纽。光、温度、湿度、土壤营养、酶、激素等是调节初生代谢活动的重要因素，通过它们调节初生代谢就可以间接地调控次生代谢。

四、植物次生代谢物的分布规律

在植物系统进化和植物生活史中，其次生代谢物的合成和积累呈现出动态变化的过程，即具有种属特异性，以及器官、组织、细胞和个体发育阶段的特异性，还有植物地理分布与生长环境的差异性。因此，掌握次生代谢产物的分布规律是发掘新药用植物资源、提高次生代谢物产量的重要途径。次生代谢产物在植物界分布的复杂性、广泛性、狭窄性，是人类选择食物的基础，也是中医利用植物治疗人类疾病，以及形成特定中药基原物种的基础。

（一）植物界化学成分的分布特征

植物进化程度越高，次生代谢物种类越多，结构越复杂。在植物长期适应性进化过程中，亲缘关系相近物种保留有相似的代谢途径，能合成结构相似或相同的代谢物。由于不同次生代谢途径在不同组织中开启的状态不同，化学成分的结构类型及含量也不尽相同，在植物界分布具有广泛性、狭窄性和复杂性等特点。

1. **植物进化水平与化学成分**　植物进化经历由简单到复杂、由水生到陆生的系统演化过程，总体上，次生代谢途径是从无到有的演化过程，植物进化程度越高，化学成分结构越复杂。植物在适应性进化过程中，通过不同进化策略演化出应对复杂多变环境的多条次生代谢途径和丰富多样的化学成分。例如，在菌类、藻类等低等植物中仅分布有单萜、倍半萜和二萜，高等的蕨类中才出现三萜，在被子植物类群中则有聚异戊二烯的单萜、倍半萜、二萜和三萜等丰富结构类型的化合物分布；在菌类、藻类中没有黄酮类化合物分布，苔藓植物中仅有少量分布（3－去氧花色素、黄酮醇和苷），在蕨类植物中有少量结构简单的黄酮类成分，裸子植物和被子植物中不仅黄酮类成分多，且结构更加复杂。

2. **植物亲缘关系与化学成分**　植物在漫长演化过程中形成了或远或近的亲缘关系，亲缘关系越接近的物种，具有相同或相似的代谢途径和代谢网络，次生代谢物（化学成分）也就越近似，从而具有相似的生理生化特征。明确亲缘关系与化学成分分布的特征之间的关系，有助于解决形态分类中的疑难问题和药用植物的资源问题。例如，蒙古黄芪和膜荚黄芪都是中药黄芪的法定基源，二者的皂苷、黄酮、多糖等成分相近，它们的性效和临床用途相同。同时，有助于开发与利用新药用植物资源，如苯乙醇苷类化合物具有抗菌、抗病毒、抗肿瘤、免疫调节等显著的生物活性，并集中分布于核心双子叶植物的唇形目（唇形科、马鞭草科、玄参科、列当科、苦苣苔科、爵床科、紫葳科、车前科），该分布规律给苯乙醇苷类成分的新资源寻找、开发与利用提供了依据。

3. **化学成分的广泛性和狭窄性**　植物个体通常具有多条代谢途径，能合成结构类型和化合物种类丰富多样的代谢产物，这些化合物在植物界的合成和分布具有广泛性和狭窄性等特点。例如，生物碱在低等植物中仅少数菌类有分布，蕨类植物中只局限于小叶型，裸子植物中分布于三尖杉科、红豆杉科、罗汉松科和麻黄科。生物碱在被子植物中的结构进一步复杂化和多样化，并集中分布在双子叶植物100多科中，单子叶植物中分布较少，形成三个分布中心。第一个中心是真双子叶植物基部群的毛茛目，以苯胺类和异喹啉类等原始类型的生物碱为主；第二个中心是核心双子叶植物菊类的龙胆目、茄目、紫草目和菊目，以托哌类和吲哚类等较进化类型的生物碱为主；第三个中心是单子叶植物在百合目和天门冬目。同时，一些结构类型独特的化合物仅分布在特定植物类群中，如麻黄碱类生物碱只分布在麻黄属，莨菪烷型的生物碱仅分布在茄科，青蒿素仅分布在菊科蒿属的黄花蒿中，橡胶只大量存在于橡胶树或银胶菊中等等。而被子植物各分类群均分布有黄酮类化合物，但结构类型和取代基存在丰富的多样性。

4. 植物化学成分分布的复杂性 植物个体通常有数百至数千种化学成分，同种化学成分可分布在几种或数个分类群中，显示植物化学成分分布的复杂性。植物次生代谢以结构简单的初生代谢产物和众多酶促反应合成复杂多样的化学成分，如乙酸 – 丙二酸途径通过乙酰辅酶 A、丙二酸单酰辅酶 A 生成脂肪酸、多酮、聚炔、醌类、酚类等化合物。

植物进化过程中，总体上次生代谢途径是从无到有的演化过程，而串联基因重复是植物产生新代谢途径的重要方式。例如，茜草科中咖啡因和西红花苷的生物合成途径是从一个不具备这两条完整途径的共同祖先开始，发生基于串联基因重复的趋异进化而形成。植物一方面演化产生新代谢途径，另一方面又可能保留下原有的代谢途径，并在后续适应环境变化中逐步沉默和部分保留，而不出现祖先的化学成分。所以植物在适应性进化过程中，次生代谢途径演化与基于形态表型的演化可能不同步。在复杂多变环境压力下，不仅演化出一个纷繁复杂、绚丽多彩的宏观世界，也演化出了结构类型、化学成分和生理活性等丰富多样的化学世界。

（二）植物次生代谢与个体发育

植物次生代谢产物在体内存在合成、分布、储藏部位的差异，在生活史的不同阶段也存在明显差异。中医临床医学经验要求特定时间采集植物特定的器官组织入药，说明个体发育中次生代谢物的时空差异性决定中药性效的特质。

1. 植物次生代谢的周期性 植株或器官的生长速率随昼夜或季节更替发生有规律的变化，表现为生长大周期、季节周期性和昼夜周期性。植物的周期性不仅表现出产量的变化，还表现出植物次生代谢物种类和含量的周期性，中医药界历来都注重采收时间，如孙思邈在《备急千金要方》中强调"早则药势未成，晚则盛势已歇。"说明植物化学成分合成、积累与生长年限、发育期、季节相关，即采收时间影响着中药的临床疗效。

（1）次生代谢物的生长年限变化 植物在不同生长年限，次生代谢途径的开启和活动强度存在差异，导致次生代谢物类型和含量也有所变化。例如，黄芪根中黄酮类和皂苷类成分含量随着生长年限增加而增加；人参根中皂苷类成分含量随植株年龄增长逐年增加，5 年生植株接近 6 年生植株的水平，但 4 年生植株仅为 6 年生植株的 1/2 左右。

（2）次生代谢物的生长发育时期变化 植物在不同生长发育时期，受到的环境胁迫压力也不同，开启的次生代谢途径和强度也不同，导致次生代谢物类型和含量也不同。例如，花蕾期采收的槐米，黄酮类（芦丁）成分含量约 23.0%，而开花后降至 12.0% 左右；滇重楼根茎中皂苷成分含量在营养期较低，在授粉期较高，果熟期降至授粉期的 1/2，衰老期继续呈下降趋势。

（3）次生代谢物的季相变化 植物在不同季节，次生代谢产物合成和积累存在差异。例如，春、秋两季采收的蒲公英中咖啡酸和总黄酮含量远高于夏季；在 5 ~ 6 月份，黄芩中黄芩苷等黄酮类成分的含量达到峰谷后逐渐上升，在 7 ~ 8 月达到峰顶，而黄芩素等苷元的含量在 5 月达到峰顶，之后逐渐降低。

2. 植物次生代谢的组织器官差异性 植物次生代谢物通常有特定合成部位，经过特殊的运输途径，最终储存在植物的某些器官、组织或细胞内，从而表现出器官和组织特异性。一方面，次生代谢过程常发生在不同的细胞或组织中，两者相互协调或独立完成代谢过程，次生代谢物合成与积累分别在不同器官、组织、细胞中进行。例如，丹参酮类成分生物合成的前半段在叶中进行，后半段在根中进行并储存在木栓层和栓内层；芦荟素在芦荟叶片同化组织细胞叶绿体的片层中合成，然后运送到维管束的大型薄壁细胞内，并储存在液泡中。另一方面，在不同器官组织中次生代谢物的种类不同，或同种次生代谢物在不同器官组织中含量存在明显差异。例如，羽扇豆酮和豆甾醇的含量在芭蕉茎中普遍高于芭蕉根，而芭蕉叶中基本检测不出；二苯乙烯类和蒽醌类的含量在虎杖根和根状茎中普遍最高，而黄酮类成分则在花和叶中最高；银杏外种皮中黄酮含量1.30%，而叶中黄酮含量高达5.90%。同时，同一器官不同组织中化学成分种类或同种化学成分的含量也不同。

（三）植物次生代谢的地理空间差异

植物次生代谢途径是其历史环境的结果，而次生代谢种类和含量是其所处现实环境的结果。同种植物，由于在生长发育的现实环境中受到的胁迫压力不同，开启的代谢途径和代谢强度也不尽相同。植物生长发育所需的光、温、水气、土壤营养、pH、伴生植物和微生物等存在地理空间差异性（地带性和地域性），导致植物次生代谢物的形成、转化和积累存在地理空间差异性。药用植物次生代谢物的地理空间差异性，不仅表现出含量变化，还可能表现出化学结构类型和成分种类的变化。例如，秦岭–淮河以南分布的苍术，有2个化学型，大别山区的茅苍术挥发油中以茅术醇和 β – 桉叶醇为主，根茎切开后可以"起霜"（茅术醇和 β – 桉叶醇的结晶）；江苏茅山的茅苍术挥发油以苍术酮和苍术素为主，根茎则少出现"起霜"现象。达尔文发现，在新斯科金（Nova Scotia）地区生长的欧乌头（*Aconitum napellus* L.）无毒，而生长在地中海则是有剧毒的植物。又如，同一变种的欧莨菪（*Scopolia carniolica* Jac.）在高加索地区生物碱含量超过1%，而在瑞典生长者则只含0.3%。因此，掌握药用植物次生代谢物的产生和分布规律，对阐明药材的道地性和保证优质药材生产具有重要意义。

第二节　药用植物的代谢与生长环境

环境（environment）指基于特定的主体由各种环境因素组成的综合体。自然界生长的植物或多或少受到环境因子的限制。植物在相关环境胁迫因子诱导时，可启动次生代谢途径相关酶基因的表达，使相关酶催化次生代谢物的生物化学合成。不同的环境胁迫因子不仅影响植物新陈代谢过程，还影响次生代谢物合成、分布和积累，引起中药所含化学成分种类及其比例变化，进而影响中药临床疗效。

一、药用植物的环境类型

药用植物的环境是指直接、间接影响特定物种个体或群体生存和代谢活动的一切事物的总和。构成药用植物环境的因素众多、尺度各异、性质不同，存在不同划分标准和方法。这里根据环境中的主体是植物群体还是个体，将药用植物的环境分为宏观生态环境和微观生态环境，前者在个体以上研究药用植物与环境的生态关系，后者在个体及以下研究药用植物与环境的关系。这些各层次的环境组成要素都会不同程度影响植物生长和代谢过程，从而影响药材的产量和质量。

1. 药用植物的宏观生态环境　指药用植物生活空间在群落环境及以上空间尺度的外界条件。在空间尺度上包括全球环境、区域环境、地区环境、生态系统环境和群落环境。从人类影响程度上包括：自然环境、人工环境、半人工环境。根据药用植物研究特点可为大环境和小环境。

（1）药用植物的大环境（macro‑environment）　指植物生活空间在地区空间尺度以上的环境，包括全球环境、区域环境和地区环境。全球环境（或地球环境）是指地球表面由大气圈、水圈、土壤圈、岩石圈和生物圈共同构成的全球尺度的宏观环境。大洲和大洋等受大气环流及太阳高度和角度等因素影响，在地球表面形成了不同的区域环境（section environment）。例如，太平洋区域、地中海区域、热带、亚热带、温带、寒温带、亚寒带、寒带等；同一区域气候下，山脉、河流等不同地形因素差异导致了不同的地理单元，形成了不同的地区环境（district environment）。例如，青藏高原地区、四川盆地地区、金沙江干旱河谷地区等。全球环境的主导环境要素是地球表面的太阳辐射；区域环境的主导环境要素是气候因子；地区环境的主导环境要素是地形因子。区域环境和地区环境共同决定了植物和药用植物的区系分布，也决定着生态系统环境，它们是药用植物引种栽培的生态条件。

（2）药用植物的小环境（microscale‑environment） 指对药用植物生长有直接影响的邻接环境，也称生境（habitat）。一方面，包括特定药用植物所属生态系统所在的无机环境，如大气环境、土壤环境、生境、坡向、水体或湿地或旱地等，又称生态系统环境。另一方面，包括药用植物所属群落中多种密切接触和相关的生物所构成的生物环境，如群落建群种、伴生植物、土壤动物、传粉昆虫等。按人类影响程度不同，分为自然环境、人工环境、半人工环境。小环境是光照、温度、湿度、生物因素等多种生态因子共同形成的特定组合，主导因子较复杂，主要包括土壤因子、地形因子、生物因子、人为因子。小环境是影响特定药用植物产量和质量的直接条件，也是道地药材形成和生产的环境条件。

2. 药用植物的微观生态环境 药用植物是植物和其相关微生物共同组成的生命共同体。植物相关的微生物参与植物生长发育、繁殖、死亡的全过程，也参与植物营养吸收、物质合成和生存斗争。药用植物的微观生态环境是指植物个体直接接触的微域环境，可分为微环境和内环境，它们相互作用共同影响植物植株发育和代谢活动。

（1）微环境（micro‑environment） 指接近植株表面的光照环境、气体环境、水环境、土壤环境、微生物环境等。药用植物微环境中的非生物因子主要包括接近植株表面的光照、温度、水分、通气状况、pH、营养元素、渗透梯度、化感物质等；生物因子主要包括与植株相关的动物、植物、微生物等。生物因子常常只作用于种群中的某些个体，且影响个体的程度又常与种群的密度有关，属于生态学中的密度制约因子。

微环境从空间位置和功能可分成根际环境（rhizosphere）和叶际环境（phyllosphere）。根际环境是植物与土壤进行物质、能量和信息交换的界面，由液、固、气三相组成，组分复杂，包括矿物质、有机质、根际分泌物和各种微生物。在植物矿物营养物质活化、吸收、抵御土传病和防止昆虫咬噬，以及生物固氮中均具有重要作用。也是药用植物栽培过程中，人为干预最多的环境要素。叶际环境是植物‑大气界面的空间环境，包括空气湿度、CO_2浓度、光照强度和光质，以及叶际空间存在的各种微生物。叶际环境直接与植物同化作用相关，叶际微生物参与着同化过程和次生代谢过程，也发挥吸引有益昆虫，抵御病害和防止动物啃食的作用。

（2）药用植物的内环境（inner environment） 指药用植物体内的空间环境，即植物细胞所处的体内直接环境，包括器官环境、组织环境、细胞间环境。例如，叶肉细胞直接接触的气腔、气室、细胞间隙等，叶肉细胞对光能转化、CO_2固定以及呼吸作用等生理活动，都是在内环境中进行。

药用植物内环境中，非生物因子主要包括植物体内的水分条件，胞间CO_2浓度、O_2浓度、衬质势、pH、质外体中的信号物质等直接影响植物细胞生命活动的非生物要素，这些因素调控植物的光合作用、呼吸作用、防御保护作用、次生代谢过程等。生物因子主要包括植物体内寄生或共生的各种微生物，这些微生物包括真菌、细菌、放线菌、藻类等。根据功能可分为有益菌、中性菌和有害菌，按存在的时间长短和频度又可分为常驻菌（或固有菌）和"过路"菌，其中不乏有大量的"机会致病菌"，它们共同构成了宿主植物极其复杂的内环境。有益微生物通常能提高植物抗病性、抗虫性，促进药用植物生长，提高产量，完善和丰富药用植物代谢途径，提高活性成分的含量等。

二、药用植物的环境生态因子

环境因子指构成环境的所有环境要素，其中对植物生长、发育、生殖、行为和分布有直接或间接影响的各种环境要素，称环境生态因子（ecological factor）。环境生态因子依据不同的研究目标和划分标准，分为多种类型。常按因子是否有生命分为非生物因子（abiotic factor）和生物因子（biotic factor）。

1. 非生物因子 在药用植物不同尺度环境中，非生物因子的构成有所不同。直接或间接影响药用植物产量和质量的主要非生物因子，包括气候因子、土壤因子和地理因子。气候因子包括光、温、水、气、雷电等，土壤因子包括土壤物理、化学、土壤肥力等，地理因子包括海拔、山地、高原、平原、低地、坡度、坡向等。气候因子常直接影响植物的同化和呼吸作用，土壤因子直接影响植物无机盐，地理因子主要通过影响局部的气候因子和土壤因子而发挥作用。

2. 生物因子 环境生物因子包括植物、微生物、动物，以及人类活动等。生物因子是稳定和非周期变化因子，人类活动（人类因子）对植物的影响远远超过自然因子，但人类因子必须与自然因子结合，才能发挥更大作用。

在多数情况下，上述各类因子综合影响植物生长和代谢活动等，进而影响药用植物生产力。在分析特定生态现象时，要考虑生态因子作用的综合性、非等价性、不可替代性和互补性，以及限定性。

三、药用植物的环境统一性

药用植物的环境常人为地划分成不同尺度的环境，但它们是针对具体研究主体或目标人为设定的相对尺度范围。全球环境、区域环境、地区环境、生态系统环境、群落环境、微环境和内环境，逐级都有其具体的研究主体或目标。总体而言，大环境直接影响、制约着小环境，上级环境制约下级环境，下级环境又反映上级特征和特性，相邻两级环境间相互影响最直接和明显。例如，受太阳辐射量分布的影响，地表形成了不同热量带，从赤道地区开始向两极地区温度逐渐降低；区域环境的温度上限和温度下限决定了小环境和微环境的热量范围，从而制约着药用植物分布的南线和北线。

植物的各级外环境直接或间接地影响其内环境，从而影响药用植物微生态系统的经济效益（药材产量和质量）。例如，大气中 CO_2 分压直接影响植物胞间 CO_2 浓度，气温直接影响叶片内部温度等；生态系统环境的各种生态因子综合作用决定土壤环境，而土壤和空气中的微生物，又直接干预植物微生物组的组成，并直接影响药用植物的产量和品质；植物微生物组的群落结构又能在一定程度上表征土壤微生物的群落特征，反映生态系统环境、群落环境的特征。尽管，药用植物生长和代谢过程是各级外环境和其内环境共同作用的结果，但人工构建药用植物生态系统环境和群落环境能实现药用植物异地引种栽培。例如，在广东采用自动化设备人工构建青藏高原生态环境，实现了冬虫夏草的人工培养。可见，药用植物要成为满足中医临床使用的药物，必须有相应的各级环境，生态系统环境和群落环境是其成药的前提条件，而微生态环境则是优质药材生产的基础。

四、药用植物次生代谢与环境

植物次生代谢途径及其产物是植物一种适应环境变化的生存策略。当环境因子改变超过一定幅度时，植物次生代谢途径和代谢环节必然响应环境的变化，从而导致植物中代谢产物类型和数量在器官组织中的分配发生改变，但次生代谢响应环境因子程度因物种和代谢途径不同而异。特定种质只有在特定环境因子或几种组合因子影响（胁迫）下，才能产生特定的代谢产物类型和数量的组合。

植物次生代谢物合成和积累受到各种生态因子的综合作用，各种生态因子组合影响植物代谢，存在时空效应。不同物种和不同次生代谢途径响应生态因子的效应各不相同，导致中药出现单道地产区、多道地产区和无明确道地产区等类型。因此，掌握主导药用植物特定次生代谢类型和数量（与中药性效相关）的环境因子或组合，是解析优质中药材形成机制，实现优质中药材生产的关键。

1. 非生物因子与植物次生代谢　非生物因子是生物因子发挥生态效应的基础条件，也是影响药用植物产量和质量的重要条件。这里重点讨论光、温、水和土壤等非生物因子的影响。

（1）光因子效应　光照强度、光质和光照时间直接影响植物同化作用或损伤修复，间接影响植物次生代谢过程和产物，进而影响中药材的产量和质量。不同药用植物种类和不同生长发育时期对光需求不同，依据光照强度需求不同常分为阳性植物、阴性植物和半阴性植物；依据对光周期的反应不同又分为长日植物、短日植物、中间型植物。协调植物在不同生长发育时期的光需求，有利于提高药用植物的产量和有效成分含量，获得高产优质的药材。例如，紫外光照射可提高肉苁蓉中黄酮类化合物含量，蓝光可显著增加刺五加根部半乳糖代谢中肌醇和甘油的累积，增加光照强度可提高紫花地丁中黄酮类和香豆素类成分的含量；西洋参中各单体皂苷的合成随日照时数增加而增加，总皂苷含量随年日照时数增加呈线性增加趋势；在20%透光度下，人参根中皂苷含量最高，而15%透光度时叶片中皂苷含量最高，光强过高时人参皂苷含量反而会下降。

（2）温度效应　温度通过改变酶活性而影响植物代谢，进而影响次生代谢物的质和量。温度因子包括平均温度、最低温度、最高温度、地温、积温、节律性变温和非节律性变温等，不同药用植物种类和不同生长发育时期对温度的需求不同，依据植物对温度要求差异可划分为耐寒植物、半耐寒植物、喜温植物和耐热植物四种类型。通常，适宜温度有利于多糖、淀粉等无氮物质合成和积累；高温有利于生物碱、蛋白质等含氮化合物合成和积累。例如，高温条件下，金鸡纳、罂粟、颠茄等体内生物碱的含量升高；低温通常促进植物体内黄酮类、苯丙素类、萜类等成分以及植物保护素合成和积累。

（3）水分效应　水是维持植物细胞组织紧张度（膨压）和固有形态，以及各种代谢正常运行的基础条件。环境的水分通过影响植物体内正常水分，进而影响植物生理代谢和生长发育过程。依据植物适应水分的能力和方式，常划分为旱生植物、湿生植物、中生植物和水生植物四种类型。环境水湿的变化不仅影响药用植物的生长发育，也影响其次生代谢物的合成和积累。干旱环境通常有利于生物碱和其他次生代谢物的积累。例如，适度干旱胁迫，能提高银柴胡中总黄酮和总皂苷，红景天中的红景天苷，党参中党参苷 I～VI，北苍术中白术内酯 II、β-桉叶醇和苍术酮，铁皮石斛中多糖，丹参根茎中丹参酮与隐丹参酮，紫苏叶中挥发油，薄荷叶中的萜类物质等有效成分的含量。

（4）土壤因子效应　土壤条件是植物获得养分和水分的基础。土壤因子包括土壤的物理、化学、生物特性、pH、土壤肥力等。土壤因子对药用植物生长发育，以及代谢物的合成、积累有着重要影响。例如，柠檬草中总黄酮含量与土壤中钾元素呈正相关，而与钙元素呈负相关；适宜氮磷钾肥与有机肥配施可提高川麦冬中皂苷类和黄酮类成分的含量；北方的碱性土壤有利于益母草生物碱积累，而南方的酸性黄壤、黄棕壤不利于生物碱积累；西洋参则在土壤 pH 5.5 时总皂苷含量最高；盐胁迫引起黄芩中黄酮类成分的种类和含量发生改变。

2. 生物因子与植物次生代谢　药用植物的环境生物因子包括所处生态系统中目标植物相关联的其他植物、动物和微生物，其中微生物是影响植物生长发育和代谢的直接生物因子，微生物可通过调节植物的代谢直接或间接地参与防御病原体、害虫、食草动物和介导生物相互作用，通常相关联的其他生物（如生态系统的植物）也是通过直接影响微生物而间接影响植物生长发育和代谢，植物可以通过分泌各种代谢物来影响其微生物，微生物也可影响宿主植物的代谢物（图8-7）。其中，根际微生物、叶际微生物和内生菌是影响植物的直接生物因子。

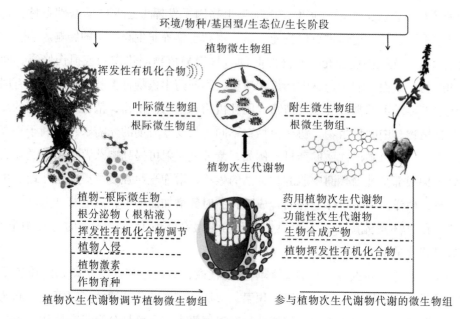

图8-7 影响植物次生代谢物-植物微生物组互作的因素（参照 Zhiqiang Pang 等改进）

（1）根际微生物效应 根际微生物是一种特殊微生物群落，具有独特的群落组成和生态功能，包括细菌、真菌、放线菌和微小动物等，它们与根际土壤空间、植物根系分泌物共同构成植物根际生态系统。根际微生物通过调控植物中次生代谢途径相关基因的表达，合成转化植物活性成分前体的关键酶等机制，促进药用植物有效成分积累。例如，板蓝根际的伯克霍尔德菌参与板蓝中靛蓝的合成；黄花蒿根际接种棘孢木霉 ACCC 30536 可增加青蒿素生物合成关键酶基因的表达，提高叶片中青蒿素的含量；栝楼接种根际促生菌可提高根部多糖和天花粉蛋白积累。尽管根际微生物大多数无害或利于植物生长，但根际也存在土传病原微生物，可产生有毒物质，引起植物病害。同时，植物次生代谢物也影响根际微生物群落结构。例如，黄酮能促进外生菌根真菌孢子萌发，并能刺激双色乳酸菌产生共生效应蛋白。

（2）叶际微生物效应 叶际微生物指植物地上部分存在的微生物，以细菌和酵母菌为主，并与叶际分泌物、叶际空间共同构成植物叶际生态系统。叶际微生物能提高植物营养的吸收、耐受逆境（干旱、紫外线辐射、霜冻等），保护植物不受外部病原菌侵害，以及参与植物碳、氮循环，并在促进植物生长和调节代谢平衡等方面起着重要作用，也与植物次生代谢物积累相关。例如，芥菜的叶际细菌种群密度与 β-胡萝卜素含量呈正相关，而与 2-苯基乙醇硫代葡萄糖苷含量呈负相关。叶际微生物群落结构受光、空气湿度影响较大，并由植物的免疫和水分平衡网络来共同维持叶际微生物群落平衡。同时，叶际微生物也受植物挥发性次生代谢物的影响，如柠檬烯、β-蒎烯、苯类和 β-石竹烯等。

（3）内生菌效应 内生菌指存在健康植物体内，且不引起植株病害症状的各类微生物，主要是土壤微生物、植物或种子中固有微生物相互作用形成的微生物群落。植物内生菌在植物的生长发育和系统演化起着重要的作用。内生菌携带与植物能量代谢、激素合成及次生代谢途径相关的基因，参与植物体内物质、能量和信息物质的合成和代谢，并与植物生老病死息息相关。一方面，一些内生菌含有植物次生代谢相同或相近的代谢途径，能在植物体内直接合成植物次生代谢产物，且不同内生菌能促进同一类活性成分的合成。例如，短叶红豆杉、中国红豆杉等的多种内生菌能合成紫杉醇或类似结构成分，人参内生菌能合成人参中相似的三萜皂苷类成分，喜树内生真菌能合成喜树碱结构类似物。另一方面，一些内生菌的代谢途径与宿主代谢途径互补或协同合成次生代谢物，或诱导植物次生代谢物合成。例如，从龙血树分离出的镰孢霉回接到健康树干或落叶上，能在较短的时间内产生高质量的龙血竭；内生链霉菌能调控宿主植物次生代谢产物，改变桉树酚类化合物和黄酮类水平。又如，青蒿素具有过氧桥结构，也是抗疟作用的活性中心，曾一直没有找到环内过氧键合酶，最终发现催化环内过氧键合酶元件来源于黄花蒿的共生真菌，由此解开了过氧桥合成的世界难题。

值得注意的是，药用植物生长的各级环境因子最终通过影响植物内环境，进而影响药用植物的品质。例如，印度尼西亚和日本栽培的金鸡纳中，都具有部分能合成奎宁的内生菌，但这类内生菌的数量在印度尼西亚的金鸡纳体内较日本的多，二者在属水平上存在差异，导致印度尼西亚的金鸡纳中奎宁含量远高于日本。可见，不同产地环境因子差异导致植物内生菌差异，进而导致药用植物次生代谢产物的产地差异，即内生菌产地差异性决定着药材品质的产地差异。

⟫ 第三节　中药性效的生物学基础

中药性效物质基础是植物的代谢产物，包括植物次生代谢物、初生代谢物和信息物质（如非编码RNA）等，植物合成积累这些物质是植物长期适应环境变化进化出的一种生存策略。它不仅与植物适应性进化过程有关，也与植物生长的现实环境有关，即优质药材 = 遗传 + 环境。

一、中药性效的遗传基础

植物在长期适应性进化过程中，通过基因突变、基因流和基因重组等遗传变异及自然选择的作用，演化出适应不同生态环境和环境变化的各种性状特征，并形成了现今庞大的植物类群。它们不仅表现在形态结构、生态适应性、繁殖系统等方面，还表现在 DNA 序列、代谢途径和代谢网络等的多样性和复杂性。特定物种不仅有其稳定的形态特征和地理分布特征，还有 DNA 序列、代谢途径和代谢网络及其代谢产物等特征。中医药界从植物形态特征和性效（代谢产物）特征确定药物的植物来源，如《新修本草》谓："窃以动植形生，因方舛性。"就是用植物形态特征和产地确定药物的植物来源的思路和方法。然而，DNA 序列是形态特征、地理分布特征、代谢途径和代谢网络及其代谢产物特征的遗传物质基础，特别是 DNA 携带能表达的信息（mRNA）直接决定植物的上述特征。能表达代谢途径和代谢网络的信息决定了植物代谢的结构类型和化合物种类，而基因表达合成酶量又决定了各种化合物的含量。即 DNA 的遗传信息决定了植物特定器官或组织或部位中化合物的结构类型、种类和含量，从而决定着中药干预人体生理、生化和病理的过程和环节。可见，植物的遗传背景是中药性效成立的前提条件，尤其是次生代谢途径和代谢网络相关的遗传背景。

1. 亲缘关系相近，中药性效相同　植物亲缘关系相近不仅形态表型相似，还表现在代谢途径和代谢网络相同，代谢组相似，药用部位的性效相同，这是多基原中药成立以及基原有限性的基础。例如，黄连属植物黄连、三角叶黄连、云连等，不仅表型相似，还均有苄基异喹啉类衍生物合成途径，化学成分也相似，它们的性味归经和功能主治也相同。

2. 亲缘关系相近，中药性效同中有异　亲缘关系相近的植物，代谢途径和代谢网络相近，代谢组相近，药用部位的性效同中有异，而独立成不同的中药。例如，人参属的人参、西洋参、三七、珠子参和竹节参均存在三萜皂苷的合成途径，都具"甘、苦"之味，具有补益强壮作用，化学成分相似性高，但三萜皂苷类成分的组成和比例不同，导致它们的性效有别，成为相互独立的中药。又如，延胡索和夏天无均来自紫堇属植物，具有异喹啉类生物碱合成途径，生物碱化学成分类型相似，二者都是"辛、苦，温；归肝经"，能"活血、止痛"，但它们分属实心延胡索组和叠生延胡索组，二者代谢组不同，前者还归脾经，后者还归肾经，功效与主治也不相同。

3. 亲缘关系相近，中药性效不同　植物的形态表型相似，也可能代谢途径和代谢网络不同，代谢组不同，药用部位的性效不同。例如，在300余种蒿属植物中，黄花蒿中青蒿素类成分合成途径不同，独有截疟作用。

从上可见，植物亲缘关系相近的物种不仅形态表型相似，通常代谢途径和代谢网络也相似，往往具有相近似的代谢组（即化学成分组），也具有相同或相似的生理活性。但植物在适应性进化过程中，次生代谢途径演化与基于形态表型的演化可能不同步，以致基于形态表型或DNA分子片段的亲缘关系中，次生代谢产物也可能存在较大差异，导致中药性效和其基原物种的亲缘关系不是完全对等的关系。植物亲缘关系和相同代谢途径决定着中药性效的共性，而不同的代谢网络和代谢特质决定中药性效的个性，只有共性大于个性的植物才能作为同一种中药，如川贝母、大黄等多基原中药；若个性大于共性则成为独立的中药，如当归属植物当归、白芷、独活，木兰属植物辛夷、厚朴，蒿属植物艾、茵陈、黄花蒿等。

二、中药性效成立的环境条件

中医药界长期重视植物生长环境影响中药临床疗效的问题，如陶弘景谓："诸药所生，皆有境界。"《新修本草》谓："离其本土，则质同而效异。"孙思邈强调："古之医者，用药必依土地，所以治十得九。"《本草衍义》谓："凡诸草本昆虫，产之有地，……失其地，则性味少异。"以及"用药必择州土所宜者，则药力具，用之有据。"李时珍谓："性从地变，质与物迁。"这些古代医药学家的临床实践经验和认识表明，植物要成为满足中医临床要求的药物，不仅需要特定遗传背景，还需要生长环境条件。即中药性效成立具有相应环境条件。

植物生长环境影响中药的临床疗效，不仅在长期的临床实践中得到证实，也被现代研究所证明。例如，在127种中药中，81.2%的寒凉性属喜光植物，62.7%的温热性属喜阴植物；苦味药和寒性药主要分布在青藏高原，辛味药和涩味药在华中地区，甘味药和咸味药在蒙新荒漠成分中比例较高，苦味药、寒性药比例与海拔高度呈正相关，辛味药、咸味药、酸味药、淡味药、温性药、微温性药、平性药比例与海拔高度呈负相关；西南区的药材以温性、寒性为主，苦味药占比最大，辛味、甘味药次之，归肝、肺、胃、脾经者较多。可见，在区域环境的尺度上，中药药性和有效成分随三向地带性变化，存在"环境—成分—药性"的传递关系。从而进一步证实中药性效成立存在环境条件。

中药性效的物质基础是植物代谢组或活性成分组，而具体的植物物种具有特定分布区域和生态环境。植物在长期适应性进化过程中，形成不同物种和不同的生态适应性，不仅表现在形态表征上，也体现在植物的代谢途径和代谢网络的表征上。即使相同种质的植物，具有相同的代谢途径和代谢网络，但启动各条次生代谢途径和调控网络的相关环境胁迫因子不尽相同，相同环境胁迫因子启动次生代谢途径的强度也不尽相同，导致在不同环境下相同种质的植物只有70%的代谢成分相同。一些广域药用植物，它们仍然存在一些形态表征和代谢特征的差异性，这些代谢差异性也影响中药的临床疗效。

从上可见，药用植物存在"遗传—环境—成分—性效"传递关系，中药性效成立具有相应的环境条件。但不同尺度环境要素在这种传递关系中发挥的作用不同，不同中药需要的环境尺度要素也不相同，中药性效成立的具体环境条件则需要具体品种具体分析。而微生态环境因子直接参与植物代谢活动，又是人类最容易干预的生态因子，可能成为调控药用植物重要的策略。

复习思考题

1. 试述植物次生代谢途径类型和代谢网络及其与中药性效的关系。
2. 试述植物次生代谢产物的合成积累与不同尺度环境的关系。
3. 举例一种具体的药用植物分析在成药过程中，环境因素发挥的作用。

书网融合……

思政导航　　　　　本章小结　　　　　微课　　　　　题库

（王祥培　沈昱翔）

第九章 药用植物生长发育与调控

PPT

◎ 学习目标

知识目标
1. 掌握 植物药用器官的生长发育、调控方法、调控类型和各自的特点。
2. 熟悉 植物器官、生境、性效之间关联的生物学基础。
3. 了解 中药象思维的认知思维模式，以及对中医药发展的影响。
能力目标 通过本章学习，奠定中药象思维的基础，以及学习药用植物栽培的基础知识；培养严谨求实的学习工作作风，以及唯物主义的科学精神。

中药材生产的目标是获取满足中医临床需求的物质，而忽视中药性效特质的变化特点，仅采用有效成分或指标性成分指导药用植物生产，或仅关注药材的产量问题，往往可能偏离中医临床的客观需求。在长期适应性进化过程中，植物逐渐演化出适应环境变化的特定生理代谢和器官形态构造。即器官形态构造特征在一定程度上能表征植物适应环境变化的代谢活动进程，这也是"辨状论质"和"优形优质"的生物学基础。因此，药用植物生长发育调控必须注重植物代谢活动和器官形态建成的统一，才能生产出符合中医临床需求的"优形优质"药材。

▷ 第一节 中药与植物器官特征

植物器官的形态构造特征是其遗传特性和代谢特质的体现，一些器官形态构造特征能明显表征植物生境、生长年限和代谢特质等，在生产中，常用这些特征确定药用植物的采收时间，辨识中药材的真伪优劣。历史上，众多医药学家也试图利用象数思维模式建立中药品质控制，寻找发现新药物的模式或方法。

一、中药性效与植物器官形态构造

秦汉时期的医家融合象、阴阳、五行、精气等哲学思想和自然科学的知识和方法，逐渐发展出象数思维、整体思维、变易思维、直觉思维、虚静思维和顺势思维等中医学的独特思维方式。在《黄帝内经》中建立了中医学有关人体生理、病理过程和治则治法等知识体系，以及药物气、味、颜色与脏腑经络之间网络系统，并成为有效指导中医临床实践的方法学。中医药发展过程中，常假借象与数进行思维，取象比类，触类旁通，象以定数，数以证象，以发展理性思维的一种象数思维模式，并深刻影响着中医药学医理、药理等寻理的发展进程。

中医理论中，象包括"物象"（形质）和"气象"（功能）。在宋儒理学"格物穷理"思潮下，进一步推动中医药界采用象数思维进行医理、药理的寻理。例如，北宋《圣济经》（公元前1118年）谓："天之所赋，不离阴阳；形色自然，皆有法象"以及"一物具一性，一性具一理"，主要指仿效和效法；取象，指从自然事物的形态、属性出发，探索事物运行变化法则。在观察动、植物本质的基础上，从法象角度推衍了药物的药理作用，倡导医者在"指掌斯见"中，物色万殊，熟识药性。金元时期，大兴药物作用原理的探求之风，法象药理学也得到空前的发展，出现了"药象阴阳补泻图""天地六位脏象图""气味厚薄寒热阴阳升降之图""药类法象分类法"等。在法象药理学的影响下，明清医药学家进一步将药用生物生长环境、产地和行为，以及药用部位或药材的形状、颜色、质地、气味形、色、气、味、质地、产地、生境、采收时间、加工方法等药物的自身特征，采用类比、推演等方法关联中药性效，用以解释药物作用机制。例如，《本草崇原》谓："不探其原，只言其治，是药用也，非药性也。"在中药性效的认识上，基于物从其类、同形相趋、同气相求等观点，提出了动物"以情治病"、植物"以形治病"，出现"皮以治皮、节以治骨、核以治丸""子能明目"和"蔓藤舒筋脉，枝条达四肢"等诸多观点。然而，法象药理学源于药物功效确定后的说理，本身就是一种不完全归纳法，加之古代医药家并不完全了解很多药用生物的特征和特性，明显带有认识的直觉性和概念的不确定性，从而有很大的局限性和自圆其说的性质。

植物器官的形态构造特征不仅反应了植物适应性进化历程，也体现了植物在现实环境变化中的生理代谢和形态建成的动态变化过程。植物系统发育研究中，依据器官（主要是繁殖器官）形态构造特征建立物种的辨识特征或标准，以及植物各类群之间的系统发育关系。法象药理学以"物生而后有象，象而后有滋，滋而后有数"的思维逻辑，提出中药性效取决于药物的形、色、气、味、体、质以及所生之地、所成之时等自然属性，力图建立植物器官构造特征、生态环境、生长发育时期等与中药性效之间的有机联系。然而，中药性效的物质基础是植物代谢物，尤其是植物次生代谢物；而次生代谢途径演化与基于形态表型的演化并不完全同步，且植物器官构造存在性状的趋同现象，这是法象药理学未能发现普适性规律的重要原因。尽管，从整个生物整体而言，植物器官构造与中药性效之间缺乏必然联系，但植物代谢物和器官构造特征是遗传与环境相互作用的结果，二者之间必然存在联系。对于具体的物种或有限的类群而言，中药性效与植物遗传、环境之间存在有机联系。植物具体物种的器官构造特征通常能在一定程度上表征植物适应环境变化的代谢活动进程，即药用器官或药材的构造特征能反应中药性效特质的变化，这也是"辨状论质"和"优形优质"的生物学内涵。因此，从植物的综合特性和环境不同空间尺度解析中药性效与植物特性、环境等之间的有机联系，建立"形性—成分—性效"的传递关系，有助于揭示古人"以形寻药""以地寻药"和"形地结合控药"的内涵，从而重建中药发现应用规律，指导药用植物的资源生产。

二、中药品质与植物器官形态构造

植物器官的形态构造是植物进化历程和现实生存环境的综合表征，部分植物的器官形态构造特征能有效地表征植物的生境、生长年限和代谢特质。中医药界长期利用植物器官形态构造所携带的生物学信息，确定药用植物的采收时间，并根据这些信息辨识中药材的真伪、优劣。在长期的医疗实践中，逐步形成了"辨状论质""优形优质"和"以形控质"的中药质量控制方法，以保证中医的临床疗效。例如，人参以地上叶片、叶形判断采收时限，而以药材根状茎上（芦头）和根的形态构造特征判断物种特性，根状茎的茎痕（芦碗）数量判断生长年限，并结合根状茎上不定根（枣核艼）、根如人形、主根上横环纹（铁线纹）和根充实程度（丰满）等形态构造特征辨识生长环境，从而实现"以形控质"。可见，植物器官形态建成在药材生产和保证中医临床疗效中具有重要的意义。

⊗ 第二节　植物生长发育的生理活性物质

在植物的生长发育过程中，由于不同细胞逐渐向不同方向分化，从而形成了具有特殊构造和功能的细胞、组织和器官，该过程称形态建成（morphogenesis）。植物器官形态建成过程中，受光、地磁、重力、温度、湿度、氧，以及昼夜节奏和运动性等的影响，几何空间也影响植物器官形态和功能。植物光形态建成是形态建成的重要部分，光不仅为植物光合作用提供辐射能，同时还是重要的外源环境信号，以调控植物整个生长发育过程，以便更好地适应外界环境，包括种子的萌发、幼苗的形态建成、植株的开花以及生物周期节律等。植物激素等生理活性物质和调控因子参与和调控器官形态建成。

一、植物激素

植物激素（phytohormones）是指植物体内合成，并从合成部位运送到作用部位后能显著调节植物生长发育的微量有机物。植物激素有生长素（auxin）、细胞分裂素（cytokini）、赤霉素（gibberellin，GA）、脱落酸（abscisic acid，ABA）、乙烯（ethylene）、油菜素（brassin，BR）、茉莉酸（jasmonic acid，JA）、水杨酸（salicylic acid，SA）、多胺类、多肽类等。植物激素不仅能调节植物生长发育，也能调节次生代谢过程和代谢产物。

1. 生长素（auxin） 主要包括吲哚乙酸（IAA）、吲哚丁酸（IBA）、苯乙酸（PAA）和 4 - 氯 - 3 - 吲哚乙酸（4 - Cl - IAA）等，其中 IAA 是最主要的生长素。植物体内生长素的含量 $10 \sim 100ng/g$ 鲜重，主要分布在嫩叶、根尖和茎尖等植物幼嫩部位，以游离型（free auxin）或束缚型（bound auxin）存在。游离型生长素能被植物直接利用，束缚型常与天冬氨酸、糖或肌醇结合；束缚型能防止氧化和防止游离型过多造成的毒害，并利于贮藏和运输。常见的植物生长调节剂有 α - 萘乙酸（α - NAA）、IBA、2,4 - 二氯苯氧乙酸（2,4 - D）、2,4,5 - 三氯苯氧乙酸（2,4,5 - T）等。

生长素只能从形态学上端向下端运输，IAA 的生物合成有吲哚乙醛肟途径、吲哚丙酮酸途径、色胺途径和吲哚乙酰胺等 4 条途径。IAA 降解或失活有 4 条途径，形成生长素束缚型、转化形成吲哚丁酸、通过酶进行脱羧或非脱羧降解、光氧化分解成吲哚醛等。

生长素的生理功能多样，主要是促进植物体内细胞分裂、细胞伸长和分化、营养器官和生殖器官的生长、成熟和衰老、调控营养成分在植物体内的流动等。此外，生长素还可促进离体植物切口处细胞分裂和分化，诱导根原基生成，促进离体植物形成不定根。通常双子叶植物对生长素较单子叶植物敏感，营养器官较生殖器官敏感，根比芽敏感，芽比茎敏感，幼嫩细胞比成熟细胞敏感。

2. 赤霉素（gibberellin，GA） 天然赤霉素主要有 C_{20} 和 C_{19} 两类，以 GA_1、GA_3、GA_4、GA_7、GA_{30} 和 GA_{38} 的活性最强，通常分布在根尖、茎尖、嫩叶、发育中的果实和种子等部位。植物体内以 GA - 葡萄糖酯和 GA - 葡萄糖苷等束缚型 GA 进行贮藏和运输，根尖合成的 GA 随蒸腾流上升，叶原基合成的 GA 则经韧皮部向下运输。商品 GA 主要是赤霉酸（GA_3）或 GA_4 和 GA_7 的混合物。

GA 能促进种子萌发和茎叶伸长生长，雄花分化，抽苔开花，提高结实率，单性结实。抑制成熟、侧芽休眠、衰老和块根形成等，但 GA 无高浓度抑制问题。

3. 细胞分裂素（cytokinin，CTK） 主要包括玉米素（zeatin）、玉米素核苷（ZR）、二氢玉米素（DHZ）、异戊烯基腺苷（IPA）、异戊烯基腺嘌呤（IP）等 30 多种。CTK 主要在根尖合成，随蒸腾流运送到地上部分产生效应；叶合成的 CTK 也可经韧皮部向下运输，CTK 在根、茎之间的运输受氮代谢的影响和调节。植物生长调节剂以激动素（KT）、6 - 苄基腺嘌呤（6 - BA）应用最广泛。

CTK 能促进细胞质分裂，细胞膨大，形成层活动，地上部分分化，侧芽生长，叶片扩大，叶绿体发育，营养物质运输，气孔张开，偏向性生长，伤口愈合，种子发芽，果实生长；抑制不定根和侧根形成，延缓叶片衰老。

4. 脱落酸（abscisic acid，ABA） 维管植物各器官、组织中都能合成 ABA，在逆境胁迫下含量迅速增加。ABA 在胞内与单糖或氨基酸结合而失活，以游离态或脱落酸糖苷形式在木质部和韧皮部运输，无极性运输。

ABA 能促进叶、花、果脱落，气孔关闭，块根休眠，叶片衰老，光合产物向种子运输，果实种子成熟，增加抗逆性；抑制种子发芽，IAA 运输，以及植株生长。

5. 乙烯（ethylene，ETH）　植物各器官、组织中都能合成 ETH，在花或叶脱落、果实成熟时产生乙烯最多，机械损伤和逆境胁迫时也会增加。ETH 在体内 $0.01 \sim 0.1\mu l/L$ 就能产生生理效应，易于移动，长距离运输则以前体形式进行。

ETH 能促进茎或根的横向增粗生长，抑制茎和根的伸长生长；促进不定根形成，中性花形成，开花和雌花分化，叶片衰老脱落，催熟果实，介导防御反应。

6. 其他植物激素　①油菜素（brassin，BRs）：植物体内活性最强是油菜素内酯（brassinolide，BL）。BRs 调控光形态建成、细胞分裂和分化、生殖发育、开花、衰老等植物生长发育过程，并响应逆境的过程，提高植物抗逆性。②水杨酸（salicylic acid，SA）：包括水杨酸及其衍生物。SA 能增强植物抗病，生殖器官产热，影响开花，诱导次生代谢产物的合成。③茉莉酸（jasmonic acid，JA）：主要有茉莉酸甲酯和茉莉酸乙酯，是植物受外界伤害（机械、动物咬噬等）和病原物侵染时诱导抗性反应中的信号分子。JA 能调控表皮毛的形成，诱导侧根的生长，诱导萜类化合物、苯丙素、生物碱等次生代谢产物的合成。④多胺（ployamines，PA）：包括二胺、三胺、四胺及其他胺类，通常胺基数目越多，生物活性越强。PA 能促进植物生长、防止衰老、提高抗性等。

二、植物生长调节剂

植物生长调节剂（plant growth regulator）是指人工合成的植物激素类物质，属农药类，由相关部门批准使用。主要用于调控果实颜色、芽或种子休眠、开花坐果及果实发育，诱导或控制叶片或果实的脱落、促进植株从土壤中吸收矿质营养、增加植物的抗病虫能力和抗逆能力等。

植物生长调节剂按功能有 5 类。①生长促进剂：促进细胞分裂和伸长、新器官分化形成，防止果实脱落；主要有吲哚乙酸、吲哚丁酸、萘乙酸、胺甲萘（西维因）、增产灵、赤霉素、激动素、玉米素等。②生长延缓剂：主要是阻止赤霉素生物合成，抑制茎顶端下部区域细胞分裂和伸长生长，使节间缩短诱导矮化，促进开花；主要有矮壮素（CCC）、B9（比久）、助壮素（调节安）等。③生长抑制剂：主要让植物失去顶端优势，增加侧枝发育；主要有 MH（抑芽丹）、增甘膦、氯甲丹（整形素）。④果实催熟剂：催促果实成熟，类似于乙烯的乙烯利。⑤抗性诱导制剂：主要是诱导植物获得性抗性，主要有水杨酸类、茉莉酸类和寡糖素类，它们除提高植物的抗性外，也影响植物生长。

三、药用植物生产调控的方法和策略

药用植物栽培生产是解决野生资源不足，保证资源供给的重要手段。但植物从野生环境到大田后，原有生态系统不复存在，水、肥、气、光、热等条件发生了很大的变化，导致栽培药材在形状特征和代谢特征都会发生或多或少的变化。药用植物引种栽培生产同样是人类经济活动、追求经济效益是其重要的特征。因此，药用植物生产调控策略就是在药材产量和质量之间求得平衡，既保证药材品质能满足中医临床的需求，又要保障生产者的经济效益。引导中药材有序生产和规范化生产。主要有药用植物种质改良、环境与土壤改良和农艺措施干预等方法和策略。

1. 种质创新和良种选育　植物遗传因素是药用器官形态建成和次生代谢物合成的前提条件，决定着药材产量和质量。栽培药用植物通常选育出多个优良品种，这是目前药用植物选育的主要工作内容。同时，杂交育种、太空育种，以及脱毒苗生产技术也用于药用植物的栽培生产。但药用植物的种质创新工作相对薄弱，尤其是产地适宜性优良品种的培育还有待深入，这是将来的发展方向。

2. 修复土壤环境功能和主导生态因子 环境主导因子调控着药用植物"基因时空特异表达",在形成药用器官的"形态特征"和"代谢特质"中发挥着重要作用。通过药用植物栽培地壤环境功能修复,通过调控水、肥、气、光、热等生态环境主导因子,可实现优质药材的生产,从而明确主导药用器官和活性成分合成的生态因子是调控的关键。例如,采用20%的荫棚透光率,能使人参中的人参皂苷含量提高到干重的4.5%。

3. 应用农艺调控措施 药用植物生长发育和代谢活动需要各种无机元素,不同植物对元素种类和数量需求各不相同,它们影响植物生长发育、药材产量和次生代谢物等。目前,大部分栽培药用植物都开展过播种、种植密度、施肥、灌水及病虫害防治等环节的研究,并获得了相关的栽培生产数据,以及影响次生代谢物的肥料数据。例如,氮、磷缺乏会导致西洋参中皂苷含量降低,施用有机肥可提高西洋参中人参皂苷含量;氮、磷和钾肥均能提高银杏叶中总黄酮醇苷的含量,尤以氮肥和磷肥合用的效果明显;氮肥和磷肥均能增加贝母中生物碱的含量;施用铵态氮 + 硝态氮时,黄连根状茎小檗碱的含量最高,仅用铵态氮次之,而仅用硝态氮则含量更低。同时,农业生产中的光、温、水等调控技术也广泛应用在药用植物栽培生产中,特别在未来中药设施农业中,更需要加强这方面的研究,以保证高效生产优质中药材。

值得注意的是,目前在药用植物生产中存在植物生长调节剂滥用现象,虽然提高了药用部位的产量,却忽视生长调节剂引起药用植物次生代谢改变和药材性状改变。因此,药用植物生产中必须控制使用或不使用植物生长调节剂。

第三节 植物地下药用器官的生长发育

药用植物的地下器官包括根和地下茎的变态,它们占药材来源的大部分。药用植物的地下部分和地上部分既相互依存,又相互制约。相互依存体现在"根深叶茂",相互提供所需物质和能量;相互制约体现在对水分和养分的争夺上。二者的相关性常用根冠比(root – top ratio,R/T),即地下部分重量与地上部分重量的比值来表示。在生长前期以茎叶生长为主,R/T 值小;中期的茎叶生长减缓,地下部分迅速增长,R/T 值随之增大;生长后期以地下部分增长为主,R/T 值达最高值。以根或根状茎入药的药用植物,常通过调整其 R/T 值提高药材产量,生长前期 0.2 左右,生长后期 2 左右较适宜。

植物根系有趋肥性、趋水性,在水分丰富地区,采用起垄,深施肥;在干旱半干旱地区采用"以肥调水"措施。营养和根系发育间互作性是"以肥调水"的基础。一方面,营养可调控根系的形态建成;另一方面,根系的发育状况决定了植物的营养效率和整个群落生态系统中营养的消减,进而影响了群落生物量的大小。营养亏缺对植物发育的影响最容易观察到的现象是根冠比增大,尤其是对能够适应高肥料位点的快速生长物种,N、P、K 的亏缺都能导致干物质分配的转变而有利于根系生长。

一、根的生长发育

根是植物吸收营养的器官,药用部位主要是不定根和贮藏根,二者的功能不同,调控方法和策略也不同。前者通常根冠比低,栽培宜浅,浅施肥,保水,不宜深耕;后者根冠比高,土层要厚,深施肥,保持低水位等。

1. 定根的生长发育 甘草、黄芪、党参等植物为定根形成的直根系,主根常形成肉质直根,常以主根较粗长,侧根较少为优质指标。根的生长受多种激素的调控,其中赤霉素和生长素促进主根伸长,而乙烯抑制主根伸长。生长素、茉莉酸与水杨酸可促进侧根形成,而脱落酸能抑制侧根形成。目前许多根类药用植物栽培时使用生长调节剂。如矮壮素、缩节胺和多效唑能增加白芷药材产量30%左右;矮壮素提高当归产量 22% ~25% ；低浓度茉莉酸甲酯（0.01~0.05mmol/L）能提高远志药材产量和质量。

2. 不定根的生长发育　细辛、龙胆、威灵仙等植物是根状茎产生不定根形成的须根系，产量构成来自根状茎及不定根。不定根原基数量决定了不定根的数量。生长素是促进不定根形成的最重要激素，茉莉酸、水杨酸也能促进不定根形成，细胞分裂素、赤霉素则抑制不定根形成。激素之间的比例对其发挥作用很重要，如 IAA/ABA 值、ABA/GA 值较高时有利于不定根原基的发生，促使产生更多的不定根。目前 IAA、NAA、ABA 已应用于提高龙胆、细辛等须根系药材的产量。

3. 块根的生长发育　根据药用植物块根的发育机制，可分为以下 3 种类型。

（1）麦冬型　指由根尖伸长区部位的皮层细胞层数增加和皮层细胞体积增大形成的块根，如麦冬、山麦冬、郁金等。但不同植物块根膨大的机制有所不同，如麦冬块根膨大时皮层细胞层数和皮层细胞体积均增大；而山麦冬块根膨大是以皮层细胞层数增加为主，皮层细胞体积增大为辅。

（2）地黄型　指由根成熟区后方的次生分生组织活动使根迅速增粗形成的块根，如地黄、何首乌、太子参、乌药、甘遂、栝楼等。不同植物块根膨大机制存在差异，如地黄块根的形成是由于维管形成层产生大量的木质部薄壁细胞以及这些细胞体积增大的结果；何首乌块根的形成是由于木质部产生大量薄壁细胞以及在皮层产生异常维管组织引起的膨大。

（3）附子型　指毛茛科乌头属植物的不定根膨大形成的块根。乌头种子萌发后，当年地上部分只有几枚基生叶，但主根及下胚轴迅速加粗生长，缩短的地下茎及腋芽、下胚轴和主根在地下越冬；第二年春季，主根顶端的顶芽发育长出茎叶，主根继续加粗，地下茎上的腋芽水平生长形成匍匐茎，在匍匐茎的第一节的远轴方产生不定根突起并迅速生长增粗，形成块根，此时块根上依然存在一个极短的匍匐茎。第三年春天，种子形成的主根渐渐枯朽，块根顶端匍匐茎的顶芽萌发形成地上部分，同时茎基部侧面又通过腋芽形成匍匐茎产生新的块根。从而附子本质上是乌头类植物横走根状茎的节间上不定根膨大形成的块根，膨大的原因主要是次生韧皮部细胞数目的增加和体积的增大。

二、地下茎的生长发育

药用植物的地下茎主要起贮藏作用，包括根状茎、块茎、鳞茎等。

1. 根状茎的生长发育　根状茎是许多药用植物的入药部位，如苍术、知母、黄精、玉竹、生姜、穿山龙等。双子叶植物根状茎的初生生长过程与地上茎基本相同，次生生长过程趋同于根的发育过程，如甘草根状茎初生生长过程与地上茎基本相同，在次生生长过程中产生周皮、韧皮纤维、木纤维以及大量的贮藏薄壁细胞。单子叶植物根状茎在生长点存在初生加厚分生组织（primary thickening meristem），其细胞不断进行平周分裂，再加上其衍生细胞体积不断增大，使根状茎早期迅速伸长和增粗。在山药根状茎膨大期喷施矮壮素，可以明显促进根状茎的生长发育，提高山药的药材产量。

2. 块茎的生长发育　块茎一般由地下横走的根状茎膨大形成，也是药用植物重要的入药部位，如延胡索、半夏、天南星、天麻等。这里以延胡索为例介绍块茎的形成过程，延胡索种子繁殖的一年生植株不形成根状茎，故也不能产生块茎；生长两年以上的延胡索可由根状茎膨大形成块茎，通常 1 株延胡索可产生多个块茎，块茎的形成和生长年限、深度及根状茎的长度有关；延胡索的块茎也可由母块茎更新产生，块茎形成第二年后，在母块茎中心可产生更新块茎，更新块茎不断膨大，母块茎逐渐萎缩，产生空泡，最终形成颓废的周皮而脱落。野生的延胡索常为单个更新块茎，少数为两个，栽培品可见多个更新块茎。块茎的发育能通过喷施植物生长调节剂来调控，如喷施适当浓度的三十烷醇，能使延胡索的块茎增产 18% 、使半夏的块茎增产 22% ；喷施矮壮素和赤霉素（GA_3）也能提高半夏块茎的产量。

3. 鳞茎的生长发育　鳞茎是药用植物常见药用部位之一，如贝母类药材、百合、薤白等。鳞茎的形成有多种方式，这里以百合为例，说明鳞茎的形成过程。百合以鳞叶扦插繁殖，鳞叶基部近轴面组织首先脱分化形成分生组织，分生组织继续发育形成愈伤组织，愈伤组织膨大形成鳞茎；鳞茎的鳞叶内有腋芽，腋芽也可发育膨大形成鳞茎。植物激素及生长调节剂可调控鳞茎的生长发育。细胞分裂素是鳞茎形成的启动因素之一，但不影响鳞茎的膨大；茉莉酸、乙烯都能促进鳞茎的膨大。除此之外，其他植物激素也影响鳞茎的产量，如浙贝母叶面喷施三十烷醇能增加11%左右的产量。

药用植物地下器官生长发育和药材产量密切相关，植物生长调节剂能有效调控植物地下器官的生长发育。目前，壮根灵、膨大素和膨大剂等通用生长调节剂，或地黄、太子参等专用生长调节剂都能提高块根或根状茎类药材的产量。但滥用植物生长调节剂可导致中药材品质下降，还增加人们对中药安全性的疑虑。因此，需要在阐明植物生长调节剂和植物生长发育、药材品质关系的基础上，合理、安全、控制地利用植物生长调节剂。

◈ 第四节　植物地上药用器官的生长发育

植物地上药用器官包括茎、叶、花、果实和种子等，植物地上部主要是光形态建成。光周期、光质和光强的变化对药材质量和产量的影响最显著。因此，光调控、水肥调控是药用植物地上器官生长发育调控的重心，通过改变光周期、光质和光照强度等调控药用植物生长发育、生理生化代谢和次生代谢产物积累。

一、茎叶的生长发育

药用植物的茎叶也是一类重要的入药部位，植物的顶芽长出主茎，侧芽长出侧枝，主茎的顶芽来源于胚芽，侧枝由腋芽发育而来。叶的发育是植物形态建成的一个重要方面，与植物株型的形成密切相关，并由多种复杂的途径相互作用进行调控。一方面，叶的发育过程具有很强的可塑性，环境因素可影响叶的大小和形态；另一方面，植物叶片的发育过程普遍遵循一个基本模式，即叶原基从植物地上部分的顶端分生组织周围区起始发育，经过一系列细胞分裂和分化的程序最终发育成成熟的叶。早期叶片发育可分为三个阶段：叶原基的起始、腹背性的建立和叶片的延展，在这些阶段中发生的任何突变都有可能造成叶片发育和叶片形态的缺陷。

植物光形态建成是植物茎叶建成的核心，从而改变光周期、光质和光照强度等可调控药材质量。例如，麻黄茎生物碱含量随光照时间延长而提高；日照时数较少则有利于黄花蒿中青蒿素的合成和积累，黄花蒿现蕾前期随着短日照处理天数的增加，青蒿素的含量可快速提高。红光可促进穿心莲株高生长，蓝光、黄光则抑制穿心莲株高生长，在自然光下穿心莲的产量显著高于单色光下穿心莲的产量；红光利于穿心莲内酯和脱水穿心莲内酯的合成，而蓝光、黄光仅利于脱水穿心莲内酯的合成和积累；蓝光可提高灵芝中三萜酸含量，绿光可促进绞股蓝总皂苷的积累。在强光下朝鲜淫羊藿的总黄酮和淫羊藿苷积累较多，在弱光下总黄酮阐和淫羊藿苷积累显著降低；黄花蒿中青蒿素的合成随着光照强度的增大得到明显促进；银杏叶片光照强度高于或低于某一范围，叶片中黄酮含量和内酯含量均降低；绞股蓝在相对照度65%左右时，绞股蓝总皂苷含量最高，当低于50%或高于85%时其总皂苷含量均呈降低趋势。

合理施肥有利于药材的优质高产。例如，增加贯叶连翘根部氯素供应可增加叶中金丝桃素水平；适量硼肥能提高菊花中总黄酮和$3,5-O-$二咖啡酰基奎宁酸含量，而高量的硼胁迫虽然能显著提高菊花的总黄酮等物质含量，但却能显著降低菊花产量；常量元素（氮、磷、钾）、微量元素硼和稀土镧配施时，营养元素影响银杏叶黄酮含量的效应顺序是氮＞硼＞磷＞钾＞镧，随着氮浓度的升高，银杏叶黄酮含量呈先升高后降低的趋势，中高浓度硼和磷更有利于银杏叶黄酮积累，钾和镧对银杏叶黄酮含量影响不显著。

植物生长调节剂也影响药材的质量。例如，穿心莲叶面喷洒 GA 和 ABA，能显著提高穿心莲内酯含量，且随时间增长含量增加；黄花蒿喷洒三十烷醇可显著提高青蒿素的含量；益母草叶面喷施 GA$_3$、6－BA 或多效唑，其中 GA$_3$ 或 GA$_3$＋6－BA 能显著促进益母草地上部分生长，提高单位面积的产量，而喷施多效唑则抑制地上部分的生长。

二、花的生长发育

植物生长到一定年龄后，在适宜的内部和外界条件下，枝端分生组织就分化出生殖器官，然后开花、授粉、受精、结实。花形成标志着植物从营养生长转变为生殖生长，该转变只能发生在植物一生的某一时刻，即植物必须达到一定年龄或生理状态，在适宜条件下才能感受外界信号刺激诱导成花，该状态称花熟状态（ripeness to flower state）。在没有达到花熟状态之前，即使满足植物成花所需环境条件，也不能成花，尤以春化（vernalization）和光周期（photoperiod）重要。花原基形成、花芽各部分分化与成熟的过程，称花器官形成或花芽分化（flower bud differentiation）。植物达到花熟状态后，在适宜的外界刺激下，营养顶端转变成生殖顶端。茎生长锥伸长或呈扁平头状，表面积增大，生长锥表面细胞分裂迅速，表层和内部细胞分裂速率不同，使生长锥表面出现褶皱，在原来形成叶原基的部位形成花原基。花原基上再依序发育出花器官原基，被子植物的花从外到内由萼片、花瓣、雄蕊、心皮、胚珠组成。花器官分化和发育受一组同源异型基因调控，决定花器官特征的基因属 MADS－box 基因，在花发育过程中起到"开关"的作用，"ABCDE"模型是解释花器官形成基因控制的重要模型。

光调控是调控花产量和品质的主要手段，除疏枝等农艺措施外，还可改变光周期、光质和光照强度等调控措施。例如，随光照强度的增强，忍冬花蕾长、宽及花蕾干重逐渐升高，在全光照条件下，花中绿原酸和木樨草苷的含量远高于遮光处理；黄光处理下，滁菊植株干物质的积累较多，提高了滁菊光能转化利用效率，有利于滁菊活性成分合成和积累；黄光和蓝光处理条叶旋覆花，能提高花序黄酮类含量，长波光有利于条叶旋覆花产量和质量形成；短日照抑制菊花株高、冠幅等营养生长，也影响花芽分化和开花进程，30 天短日照是菊花花芽分化和开花的敏感时期，条件适宜时植株提前完成花芽分化并开花，不适宜时不能诱导花芽分化或出现成花逆转；长日照处理抑制花芽的形成和开花，但促进菊花的营养生长；先短日照后长日照处理，菊花在短日照期间形成的花芽在转入长日照时花芽会停止发育和膨大，最终难以开花。红花苗期处于短日照条件下，使之根繁叶茂，在此基础上再给予长日照以促进开花。

植物生长发育所必需元素中，多数影响植物开花，氮素在一定范围内能增加花量。氮、磷、钾肥的施用，可提高药用花产量，也能增加花次生代谢产物合成代谢。金银花中绿原酸随着氮、磷、钾施肥量的增加先增加，达到一定施肥量后含量下降，其中氮可有效地提高金银花产量，但对花中绿原酸含量有明显负效应，磷肥也可增加金银花绿原酸含量。此外，适当干旱有利于植物花芽分化，连续阴雨天、天气湿度较大、白天温度较低和光照不足等都会延迟开花。温度调控主要包括低温对花芽分化的促进（即春化作用）和对花芽发育进程的影响。例如，西红花在花芽分化期、成花和开花过程中对温度十分敏感，花芽分化适温范围为 25℃左右；花芽在分化发育过程中，要求温度具有"低—高—低"的变化节律，前期温度略低对花芽分化有利；中期温度较高，花芽分化快，成花数多，在种球贮藏期间给予较高温度处理，能促使提早开花；后期花器官的生长又要求较低的温度。开花期适温为 15～18℃，5℃以下花朵不易开放，20℃以上待放花苞能迅速开放，但又会抑制芽鞘中幼花的生长。此外，利用植物生长调节剂促进或是抑制花芽分化，以提高产量。例如赤霉素不仅能使金银花花期提前 4～8 天，还能提高金银花的干重、花蕾长度和绿原酸含量。

三、果实和种子的生长发育

植物在传粉、受精后，子房在花粉分泌的生长素作用下开始膨大并稳定下来称坐果；坐果后子房生长膨大成熟产生了一系列变化。果实的生长发育是细胞分裂和细胞体积、重量增加的过程，先期以细胞分裂、数量增加为主，后期以细胞体积增大为主，呈"慢—快—慢"的"S"形生长曲线。但桃、杏、李、柿子、葡萄等一些植物果实的生长曲线呈双"S"形，即在生长中期有一个缓慢期，该时期正好是珠心和珠被生长停止的时期。大多数植物的种子随果实发育逐步成熟，就是胚从小长大，至胚成熟，以及营养物质在种子中转化和积累的过程。主要表现在外形和物性变化、物质输入与转化、发芽力三方面的变化，三方面相互依存、协调发展，种子方能正常发育。

果实发育成熟，主要受营养、光、温、水分的影响。例如，在一定范围内，施氮量增加能提高枸杞果实中甜菜碱、黄酮和总糖含量，逐渐降低类胡萝卜素和枸杞多糖含量；氮肥施用量过高反而降低枸杞果实甜菜碱的含量；枸杞开花至果熟期气象因子中的降水日数和平均日照影响枸杞多糖的含量；适宜水分亏缺有利于提高枸杞糖分积累、果实品质，严重亏缺则影响生长和果实品质。施氮肥能明显提高山茱萸每花序成果数，提高坐果率，在施氮肥的前提下磷肥也可以提高每花序成果数，从而提高产量。施用 $ZnSO_4 - MnSO_4$ 混合微肥能改善药材外观质量，提高挥发油的含量。

根据生产目标，选用适宜的生长调节剂，有利于提高药材产量和品质。乙烯、细胞分裂素、茉莉酸、脱落酸、赤霉素等与坐果率、果实品质和成熟有关。高水平的赤霉素和生长素，低水平脱落酸时，坐果率较高；高水平的脱落酸抑制果实生长。例如，叶面喷施三十烷醇、GA 都能明显减少补骨脂落花落果，提高坐果率，增加产量。α - NAA、6 - BA 和 CEPA 均能诱导北五味子雌花分化，以 CEPA 作用效果最好。5 - 氨基乙酰丙酸能促进果实可溶性固形物、可溶性糖和花青素的积累。

复习思考题

1. 试述植物激素有哪些类型和特点？它们应用在药材生产中有哪些利害关系？
2. 通过查阅文献，试述中药材的辨状论质和优形优质的生物学机制。
3. 试述药用植物生产中地上部分和地下部分的调控各有何技术特点？

书网融合……

思政导航　　　　本章小结　　　　题库

（李　骁）

第十章　药用植物资源的开发利用

PPT

学习目标

知识目标
1. **掌握**　新药用植物资源发现和获得繁殖新材料的途径的途径。
2. **熟悉**　植物新药用材料的类型和获得途径；药用植物利用与保护的关系。
3. **了解**　药用植物新型繁殖材料的开发的技术方法。

能力目标　通过本章学习，培养药用植物资源开发和利用的思维，严谨求实的学习工作作风，以及科学求索精神和创新情感，同时树立科学发展观和价值观。

药用植物资源包括基因、细胞、组织、器官或植株等的自然形态和人工加工形态，它是中药和天然药的主要来源。目前除植物完整遗传物质表达产物（细胞、组织、器官或植株）外，还有植物部分功能基因的表达产物。基因工程技术、细胞工程、植物代谢工程、发酵工程等现代科学技术给获取药用资源，提供了引种栽培和组织培养以外的一些新途径和新方案，已成为或即将成为植物药用资源开发和利用的新方法、新技术。

第一节　植物新药用资源的发现途径

药用植物新资源是指从植物界新发现或新获得，充分证明具有医疗、保健价值，并以一定形式用于医疗用途的产品。包括以前未发现药用价值的物种，具有药用价值的新物种，药用植物新品种或新繁殖材料，新药用部位或新临床用途等；从产品形式上包括中药材、中药饮片、提取物、化学组分或单体，以及组织培养物及其提取物等。药用植物新资源开发利用主要包括以下途径。

一、从本草医药学文献开发新资源

我国有五千年文明史和 56 个民族，各民族在长期与疾病抗争过程中积累了丰富的用药经验，留存有大量的本草和医学文献。例如，全国图书馆藏中医药书籍达 10124 种，蒙医文献达 2600 部，藏医药学古籍文献达 600 多卷等。这些数量庞大的古代医药学文献，提供了丰富的新资源开发线索和实践经验，是发现新药用资源的重要途径，研读本草和医药学文献，常常能从中找到发现新药用资源的线索。例如，受《肘后备急方》记载治疟疾"青蒿一握，以水二升渍，绞取汁，尽服之"的启发，从黄花蒿 *Artemisia annua* L. 中开发出高效抗疟的青蒿素系列产品；依据《本草纲目拾遗》载鸦胆子 *Brucea javanica*（L.）Merr. 治痢疾、疟疾、疣、鸡眼等线索，从中分离出抗癌活性成分。

二、从民族民间药中开发新资源

我国的民族民间药多达 3500 种，大多数缺乏系统的理论指导，或无文字记载，但在局部地区有长期临床实践，流传至今。以临床用药经验为线索，进行药理药效筛选，往往短时间就能确立开发利用目标，发掘出植物新药用资源。例如，从苗族用药雷公藤 *Tripterygium wilfordii* Hook. f. 中开发出治类风湿关节炎的雷公藤片；从彝族用药苦蒿 *Conyza blinii* H. Lév. 中开发出治老年慢性支气管炎的金龙胆片；从短葶飞蓬 *Erigeron breviscapus*（Vant.）Hand. – Mazz. 中开发出灯盏花素注射液和灯盏素片；从河南民间药冬凌草 *Rabdosia rubescens*（hemsl.）Hara 中开发出抗癌药冬凌素片；从江西民间药草珊瑚 *Sarcandra glabra*（Thunb.）Nakai 中开发出草珊瑚含片等。

三、从国外药用植物中开发新资源

国外和境外同样存在大量的药用植物，包括世界各地的传统药和民间药。据《世界药用植物速查辞典》记载，国内未使用的药用植物还有 16000 余种，数量远大于国内文献记载的药用植物。从 20 世纪50 开始，欧美等发达国家相继从药用植物中寻找抗癌药、心血管系统药、强壮药、避孕药以及神经系统药等，开展了植物鉴定、成分和活性研究，研发出长春碱、紫杉醇、美登木碱等抗癌药。

国外和境外药用植物也是植物新药用资源开发的重要途径，以及丰富中药资源库的内容。首先，从疗效确切的植物药中选择国产同属近缘种进行中药替代资源或新用途、新药的开发研究。例如，我国借鉴国外用药经验，从萝芙木属、薯蓣属、小檗属等植物中开发出多种新药。其次，直接引种国外一些药用植物。例如，木香、广藿香、穿心莲、西红花、西洋参等都是引种栽培的国外植物，以及曼地亚红豆杉 *Taxus* × *media* Rehder、紫锥菊 *Echinacea purpurea*（L.）Moench、水飞蓟 *Silybumn marianum*（L.）Gaertn.、大果越橘 *Vaccinium macrocarpon* Ait.、欧洲越橘 *V. myrtillus* L. 等，丰富了本地药源。

四、利用植物亲缘关系开发新资源

植物亲缘关系、化学成分与疗效之间存在内在联系，这种联系有助于发现新的药用植物资源。例如，印度从蛇根木 *Rauvolfia serpentina*（L.）Benth. et Kurz 提取降压药的活性成分，根据植物亲缘关系和地理分布规律，我国发现同属植物萝芙木 *R. verticillata*（Lour.）Baill. 也含有降压药活性成分，萝芙木就成为新的药用植物资源。美国从埃塞俄比亚的卫矛科植物卵叶美登木 *Maytenus ovatus* 中发现其抗癌活性成分美登木素（maytansine），但含量甚微。利用植物亲缘关系，很快在肯尼亚发现巴昌美登木中美登木素的含量较卵叶美登木高 3.5 倍，之后又发现南川卫矛 *Euonymus bockii* 中美登木素的含量又比巴昌美登木高 6 倍。我国根据兴安杜鹃 *Rhododendron dahuricum* 的叶能治疗慢性支气管炎，通过研究扩大到使用杜鹃属多种植物的叶。

五、利用现代生物工程技术开发新资源

生物工程（bioengineering）指以生物学（分子生物学、微生物学、遗传学、生物化学和细胞学等）的理论和技术为基础，结合现代工程的方法和技术，按照预先设计和改造生物的结构与功能，绿色、高效、经济地生产各种产品。生物工程的产品包括动植物或微生物优良品系，生物体部分、组织、细胞或其代谢产物等。植物基因组、转录组、蛋白组和代谢组研究的快速发展，植物次生代谢途径和功能基因越来越明确，利用基因工程、细胞工程、发酵工程等相关技术将植物相关功能基因导入工程菌、细胞、毛状根，甚至整体植物中，生产药用次生代谢产物或新化合物，是现代药用植物新资源开发和利用的热点领域之一，尤其合成生物学是目前的研究热点。

六、利用提取分离技术开发新资源

植物次生代谢物复杂多样，同种药材中往往含有多种生理活性成分或毒性成分，甚至目前生产和生

产中未被利用的成分也常具有生理活性。通过系统提取分离提取，可充分利用药材中各种生理活性物质。例如，细叶小檗 *Berberis poiretii* Schneid. 提取小檗碱后，还可提取升高白细胞的成分小檗胺；苦杏仁含有大量的脂肪油和止咳成分苦杏仁苷，可以先将脂肪油溶出来，再提取苦杏仁苷；人参初加工时的刷参水中含有少量皂苷及水溶性维生素、氨基酸等，经沉淀、过滤、浓缩得到的流浸膏可代替人参浸膏，用于化妆品和食品工业中。一些活性成分和毒性成分共存的植物，通过化学提取分离技术，可获得生物活性成分并去掉有毒成分，从而使非药用植物成为新药用资源。例如，银杏叶中含有黄酮和内酯两类活性成分，也含有银杏酸等毒性成分，通过提取分离就能获得治疗心血管疾病的银杏叶提取物，将历史上临床不使用的银杏叶转变成新的药用资源。

植物次生代谢产物直接药用时，可能存在活性、毒性、吸收代谢或资源不足等成药性问题。采用化学合成、结构修饰和优化技术，以天然产物作先导物或进行结构改造，能够改善原天然产物的理化性质，提高活性和稳定性，消除或降低不良反应。例如，将五味子丙素的亚甲二基和甲氧基位置调换，打开八元环，合成保肝作用更强的中间体联苯双酯；将青蒿素的羰基还原成羟基，经醚化为蒿甲醚，或酯化为青蒿琥酯，均改善了溶解性。

临床广泛使用的 β – 内酰胺、大环内酯、糖肽类、紫杉醇、蒽环类、烯二炔类等药物，均是在天然产物基础上，经半合成或衍生而成的物质，或天然产物的全合成物质。经过化学提取分离、半合成或结构修饰等方法，不仅解决化合物成药性问题，也解决天然产物资源不足问题。以上发现新资源的途径，仅是新资源开发利用的起点，还要联合药理、药化、药剂等学科共同研究，才能将新资源转化为新药。

七、利用化学结构寻找新资源

植物体内往往存在多条次生代谢途径和代谢调控网络，同一种化合物也可有不同途径合成。同种化合物及其同系物可能在亲缘关系近的物种出现，也可能在亲缘关系较远的物种中发现。根据目标化合物在植物界的分布现状，再利用植物亲缘关系和化学成分的关系，就能筛选出高含量的植物资源。例如，从湖南土家族用紫金牛 *Ardisia japonica* (Thunberg) Blume 治疗慢性支气管炎的经验中，发现镇咳成分岩白菜素（bergenin）；而岩白菜素最早从虎耳草科植物分离得到，据此很快从虎耳草科挖掘出多种岩白菜素含量高的资源植物。

◎ 第二节　药用植物新型繁殖材料开发

药用植物的传统繁殖材料（种子和种苗等）存在生产周期较长、繁殖系数低、保存占用空间大、物种数量有限、管理烦琐、容易染菌死亡和保存时间短等不足。利用细胞工程和基因工程技术离体生产和保存种子、种苗，不受自然环境限制，实现短时间内大量繁殖，降低劣变发生频率，实现随时生产和长期保存优良种质资源。同时，还可去掉植物病毒或病原体，或将一些功能基因引入药用植物获得新抗性性状等。目前主要有以下几方面的开发途径。

一、再生苗和人工种子

植物组织培养（tissue culture）是指在无菌条件下，将植物离体的器官、组织、细胞、胚胎、原生质体等接种在人工培养基上，给予适宜培养条件，诱导产生愈伤组织、潜伏芽等，进而培育成完整植株的一种技术方法。主要包括外植体的选择、灭菌、接种、愈伤组织诱导和继代培养、丛生芽诱导培养、生根培养、炼苗和移栽等环节。若在外植体时选用茎尖或采用热处理脱毒，就生产出脱毒植株；若在愈伤组织建立细胞系，进行细胞质融合建立远缘或近缘杂交细胞株，就能生产出杂种植株；若在细胞株上转入外源功能基因或进行基因编辑，就能生产出抗性或高产或低毒的遗传改良植株。上述所有类型的细胞株系，可培养成胚状体，用于人工种子生产。同时，将植物组织培养和基因工程技术结合不仅可以缩短品种选育过程，还能实现种苗、脱毒苗、杂种苗或抗性植株苗等的大量繁育。

人工种子（artificial seeds）是指用能提供养分的胶囊包裹组织培养产生的胚状体，再在胶囊外包上一层保护膜，形成一种类似于天然种子的结构；包括人工种胚、人工胚乳和人工种皮。最外层用天然或合成材料制成的薄膜，防止水分丧失及外部物理力量的冲击；中间人工胚乳含有营养成分和植物激素，以作为胚状体萌发时的能量和刺激因素；人工种胚位于中心，体细胞胚、微芽、茎段、毛状根、体细胞胚和愈伤组织等均可作人工种胚。人工种子除具有试管苗生产的优点外，还有更好的营养供应和抗病能力、能保持优良品种的遗传特性、方便贮藏运输与机械播种等优点。

再生苗（试管苗）技术和人工种子技术不仅具有需要材料少、繁殖速度快、种苗性状均一等优点，还能赋予种苗新的遗传特性或减少病毒危害等，从而降低育种和种子生产成本，也是缓解野生资源不足和保护濒危珍稀植物的有效手段。目前已建立有人参、当归、党参、西洋参、三七、玄参、黄连等200余种药用植物的组织培养技术体系。

二、转基因育种技术

转基因技术（transgenic technology）是指通过分子生物学技术将一个或多个功能性状基因（高产、抗逆、抗病虫、提高营养品质等）添加到一个植物基因组，获得具有改良性状特征的生物的方法。该方法能克服植物远缘杂交不亲和障碍，扩大物种杂交范围，并加快变异速度，实现了植物的定向创造。植物转基因技术主要有农杆菌介导法、基因枪法、花粉管通道法、电激穿孔法、显微注射法等，以农杆菌介导法应用最多、技术较成熟、结果较理想。抗病性和抗逆性的转基因育种是目前应用最广的遗传改良和新品种创制的方法。在丹参 *Salvia miltiorrhiza* Bunge、菘蓝 *Isatis indigotica* Fortune、铁皮石斛、蓖麻 *Ricinus communis* L. 等植物材料上取得成功。转基因技术的安全问题一直是争论和关注的热点，转基因药用植物不仅涉及生物安全问题，还涉及药物安全问题，应持有严谨的科学态度，进行更加系统深入的研究，只有在不改变中药性效的前提下，才适宜进行转基因药用植物生产。

三、基因编辑技术

基因编辑（gene editing）是指通过基因编辑技术对生物体基因组中靶基因或转录产物进行敲除、插入和定点突变等精确修饰的基因工程技术，主要通过人工核酸酶实现基因插入、缺失、替换或精确修饰，从而改变其遗传信息和表现型特征。基因编辑技术颠覆了传统育种模式，实现高效、精准化品种改良。基因编辑技术主要有锌指核酸酶（ZFNs）技术、转录激活因子样效应物核酸酶（TALENs）技术和CRISPR/Cas9技术，以CRISPR基因编辑技术应用广泛，并于2020年获得诺贝尔化学奖。基因编辑技术能够在不引入外源基因的条件下实现对目标基因的定向突变，从而短时间内快速创新种质资源，具有常规育种技术不可比拟的优势。已在甜橙、铁皮石斛、罂粟、丹参、地黄、人参、灵芝、金针菇、竹黄、蛹虫草、茯苓等植物中研究和应用。该技术具有操作简单、编辑高效、价格低廉等特点，但是也存在一定的"脱靶效应"，部分药用植物品种基因编辑效率有待提高。

◈ 第三节　植物新药用材料的类型和途径

药用植物中多数活性成分含量低微，结构复杂，性质不稳定，化学合成困难或产率较低，且直接提取又面临成本高、资源少等问题。现代生物技术在一定程度上能改善人类长期依赖天然资源的状态，按照需要生产供利用的植物器官、组织及其活性成分，目前主要有以下几种类型和途径。

一、细胞培养物及其提取物

植物组织培养技术通过建立高产细胞株和规模化生产条件，规模化高效生产药用植物的细胞、组织培养物或活性成分，简化产物提取分离技术，降低生产成本，其产品是细胞粉或提取物。通过转基因技术、基因编辑技术、原生质体融合技术或代谢调控技术将目标成分提高到植物体的数倍至数十倍，或抑制毒性物质合成进一步降低生产成本。目前，200 多种药用植物进行过细胞培养工作，我国已实现了人参、软紫草 *Arnebia euchroma*（Royle）Johnst. 和雪莲花 *Saussurea involucrata*（Kar. et Kir.）Sch. – Bip. 等细胞培养的产业化生产。

植物细胞也是常用生物反应器，用于成分转化和化学结构修饰。例如，在毛地黄 *Digitalis purpurea* L. 细胞培养中加入毛地黄毒素和 β – 甲基毛地黄毒素，培养细胞使之羟基化转化速率近 100%，德国采用该技术工业化生产强心药—地高辛。

二、毛状根培养物及其提取物

毛状根（hairy roots）培养技术是植物基因工程与细胞工程相结合的一项技术，利用发根农杆菌（*Agrobacteriom rhizogenes*）含有 Ri – 质粒中的 T – DNA 片段整合到植物细胞的 DNA 上，诱导出毛状根，从而建立起毛状根培养系统。毛状根生长迅速、周期短、激素自主、遗传稳定性强、易于大量培养，并具有植物完整代谢通路等优势。在未引入外源基因时，次生代谢途径及其产物与植物相似程度高；引入相关功能基因则能提高毛状根的产能能力，或合成新的化合物。从毛状根培养物中已获得了数百种具有开发利用价值的次生产物，建立有 100 多种植物的毛状根培养系统。我国建立了甘草、青蒿、人参、丹参、川贝母、绞股蓝等 40 多种毛状根培养系统，实现了人参毛状根 20 吨培养的商品化生产规模。

三、药用植物代谢工程

植物代谢工程（plant metabolic engineering）是指在明确植物代谢途径和代谢网络调控的基础上，通过基因工程技术在分子水平上调控代谢途径，以提高目标代谢物产量或降低有害代谢物的积累。采用 DNA 重组技术修饰植物次生代谢途径，简化生化反应过程或引进新生化反应，去除或抑制有害物质合成途径，从而实现目标代谢物的高效生产。例如，通过莨菪烷生物碱合成的 2 个关键酶基因 PMT 和 H6H 过表达，提高了莨菪 *Hyoscyamus niger* L. 毛状根中东莨菪碱的含量；过表达关键酶 PLR 成功提高了菘蓝 *Isatis indigotica* Fort. 毛状根中落叶松脂素的含量；将 TDC 和 STR 的嵌合基因连接组成型启动子转入长春花 *Catharanthus roseus*（L.）G. Don，使转基因培养细胞中萜类吲哚生物碱含量得到提高。

四、药用植物合成生物学

药用植物合成生物学（synthetic biology）是指在阐明并模拟目标成分生物合成的基本规律之上，达到人工设计并构建新的、具有特定生理功能的生物系统（植物或微生物），建立活性成分或新功能材料的生物制造途径。实现了青蒿素的细胞工厂生产、酵母中阿片类化合物的合成等，构建了鼠尾草酸、人参皂苷、大麻素类等化合物的一系列工程菌株，在微生物中高效生产中药活性成分或其前体化合物。同时，也能人工设计并构建新的药用植物种质，增强抗病能力、提高产量和有效成分含量，并减少对化学农药和肥料的依赖。

五、植物相关微生物发酵产物

药用植物相关微生物特别是内生菌能合成宿主植物相同或相似次生代谢产物，还能产生许多新的活性成分，已成为生产植物次生代谢产物和发现新天然活性物质的重要源泉。1993 年，在短叶红豆杉 *Taxus brevifolia* Nutt 内生真菌 *Taxomyces andreanae* 中发现紫杉醇后，相继发现了多种产紫杉醇的菌株。从喜树、长春花、丹参、银杏、川贝母、桃儿七等数百种植物的内生真菌中，筛选到产生与宿主植物相同或相似次生代谢产物的菌株。同时，植物内生菌的代谢产物中还发现了一些结构新颖、活性强的化合物，成为新药开发的新资源。

植物相关微生物也用于成分转化和化学结构修饰，将一些低活性或毒性高效地转化成成药性更好的活性物质。例如，利用能水解人参皂苷的活性菌株产生的酶，对人参皂苷的一定部位进行酶催化反应可获得特定结构的产物，从而提高疗效；皂苷 Rg_1 具有促进 DNA 生物合成和调节血压等功效，通过微生物作用皂苷 Rg_1，可转化为皂苷 Rh。皂苷 Rh 具有较强的提高机体免疫的能力，对黑色素瘤、乳腺癌、卵巢癌等具有很好疗效。

◎ 第四节　药用植物资源利用与保护

中华文明发展中逐步认识到人与自然之间的内在联系，形成了人类发展和环境资源保护协调统一的"天人合一"思想。在不同历史时期，常设置有主管山林、河川、渔业等资源的官职。目前，我国政府制定了自然资源和生态环境保护的相关法律法规，这是药用植物资源开发利用和保护的法律依据。

一、药用植物资源利用保护现状

1. 药用植物资源基本特征　药用植物资源具有实用价值和科学价值，资源种类多、分布零散、来源复杂、性质各异，除具植物自身生物学、生态学、生理和遗传学特性外，从药用植物资源开发利用角度，尚有以下几种基本特征。

（1）地域性　不同生态环境中生长着不同类型的药用植物，每种药用植物都有自身的环境需求，特别是道地药材，只能在特定的地域生产。这是药用植物引种栽培和开发利用的重要依据之一。

（2）分散性　药用植物的自然资源分散在各种植物群落中，往往零星生长，很少集中成片生长形成优势种群，通常融合在森林、草原和农业资源中。

（3）可解体性和有限性　药用植物资源受自然灾害或人为破坏而导致种群减少乃至灭绝的特性，当种群减少到一定数量时，就会威胁该物种的生存和繁殖，最终导致物种解体。野生资源受到破坏后很难短期自然恢复，地域性和分散性也决定其蕴藏量的有限性。

（4）可再生性和栽培性　药用植物资源在自然或人为条件下，具有不断自然更新和繁殖的特性。但资源的再生、增殖是有限的，资源开发利用必须与其再生、增殖、换代、补偿能力相适应。通过引种驯化、栽培和野生抚育等可扩大药用植物资源的数量。

（5）时间性和空间性　药用植物的采收利用具有时间和空间特性，采收时期与地域直接关系到药材产量和品质。例如，根和根茎等器官常在地上部分枯萎至萌发前采收，叶常在花未开放或果实未成熟前采收，花多在花蕾含苞待放或花朵初开时采收。果实多在自然成熟或近成熟时采收，全草常在植物生长最旺盛而将开花前采收。

（6）多样性和多用性 植物种类和功能多样性决定了药用植物资源具有多种用途，这是进行综合开发、多种经营的依据。药用植物除作药物资源外，尚有防风固沙、水土保持、消除污染和美化环境等功能。同时，同种药用植物也具有不同的用途，既可直接入药，又能提取有效成分，作为化工品、食品或饲料添加剂等的原料，或入药部位本身就是农业和林业的副产品。

（7）研究和利用的国际性 药用植物的分布、研究和利用均具有国际性，一方面药用植物可分布在同一气候带的不同国家，另一方面不同国家对相同或近缘药用植物各自进行研究和利用工作，即使狭域种也能被其他国家所利用。

2. 中国药用植物资源利用现状

（1）药用植物种类繁多，人均占有资源量不足。我国植物物种占全球总数的 10% ~ 14%，但人口众多，人均占有资源不足。同时，随着天然药物和天然保健品需求的日益增长，非药用用途不断被发现和利用，以及出口贸易增加，使我国野生药用植物资源面临着巨大压力。

（2）资源与环境破坏严重，药用植物保育形势严峻。我国城市化、农林业规模化以及水利开发进程飞速发展，以及化肥农药和除草剂的大面积使用，严重地破坏了药用植物的资源生态环境。野生药用植物呈岛屿化，种类、数量和质量急剧下降，难以满足市场需求。尤其是生存和繁衍能力弱的狭域种，环境依赖性强，生态环境的破坏使物种自然更新困难，是药用植物资源保育的重点对象。

（3）资源利用效率低，综合利用不足。目前，主要利用的物种集中在 1000 种左右，以种子植物较多，而数量庞大的藻类、菌类的利用较少。同时，在利用药用器官或目标成分时，丢弃大部分，缺乏综合利用，尤其是提取单一目标产物。

（4）引种栽培的基础研究薄弱，存在诸多急需解决的问题。我国 70% 中药材来自栽培，从 2022 年 6 月 1 日开始施行《中药材生产质量管理规范（试行）》。但药用植物引种栽培的基础研究薄弱，生产中存在诸多急需解决的问题。例如，种质不清、种质退化严重，生产加工技术不规范，农药残留超标，连作障碍等问题，也出现道地产区生产非道地药材的现象。

3. 中国药用植物资源保护现状 《中华人民共和国宪法》（1982）中规定：国家保障自然资源的合理利用，保护珍贵的动物和植物。同时颁布系列相关植物资源保护和管理的法规，如《中华人民共和国环境保护法》（1979）、《中华人民共和国自然保护区条例》（1980）、《中华人民共和国野生植物资源保护条例》（1980）、《中国珍稀濒危保护植物名录》（1984）、《中国生物多样性保护行动》（1995）、《中华人民共和国植物新品种保护条例》（1997）、《国家重点保护野生植物名录》（1999）等。

我国从 1956 年建立鼎湖山自然保护区开始，建立有 2541 个各类自然保护区，总面积 14700 万 hm^2，约占陆地国土面积的 14.7%。使全国 90% 的陆地生态系统种类、85% 的野生动物和 65% 的高等植物，特别是重点保护的 300 多种野生动物和 130 多种野生植物的栖息地得到有效的保护。建立保护区是保护药用植物资源的重要手段之一，如长白山自然保护区受保护的药用植物达 1500 余种，其中包括人参、黄芪、贝母、天麻、细辛、刺五加等名贵药用植物 300 余种。

植物园在保护植物资源、植物引种驯化、收集或栽培多样化等方面起着重要的作用，是药用植物资源迁地保护的主要措施。我国已建成野生植物引种保存基地（包括植物园、树木园、各类引种圃）250 多个，大多数珍稀濒危植物种类都在各级植物园得到有效的保存，许多植物园中都专门设立药用植物园区。中国医学科学院在北京、云南、海南、广西建的 4 座药用植物园，总占地面积超过 200hm²，保存药用植物种质资源 4000 余种。同时，全国许多院校和研究所都建有药用植物园，已初步形成了较完善的药用植物活体标本保存体系。

4. 中国药用植物特色和濒危资源

（1）特色药用植物资源 我国有药用植物 11118 种，其中低等植物有 92 科，179 属，463 种；高等植物物有 293 科，2134 属，10553 种；少数民族使用的药用植物有 7020 种，以藏族、土家族、傣族、蒙古族、瑶族最多。不同地区都有其道地药材，如四川的川贝母、川芎，吉林的人参，云南的三七，河南的牛膝、地黄，浙江的玄参、白芷，西藏的冬虫夏草，宁夏的枸杞等。

我国高等植物中，有 250 多个特有属，15000 ~ 18000 个特有种。常用药用植物中包括许多特有种和狭域种，这是我国用植物资源的优势。例如，银杏 *Ginkgo biloba* L.、杜仲 *Eucommia ulmoides* Oliver、羌活 *Notopterygium incisum* Ting ex H. T. Chang、知母 *Anermarrhena asphodeloides* Bunge、通脱木 *Tetrapanax papyrifer*（Hook.）K. Koch、金铁锁 *Psammosilene tunicoides* W. C. Wu et C. Y. Wu 等等。

（2）濒危药用植物资源 特指《中国珍稀濒危植物保护名录》《国家重点保护野生药材物种名录》中规定重点保护的药用植物类群。常用药用植物中的濒危物种是应重点研究和保护的对象。例如，黄连 *Coptis chinensis* Franch.、三角叶黄连 *C. deltoidea* C. Y. Cheng et Hsiao、云连 *C. teeta* Wall.、甘草 *Glycyrrhiza uralensis* Fisch.、胀果甘草 *G. inflata* Bat.、光果甘草 *G. glabra* L.，杜仲 *Eucommia ulmoides* Oliv.、黄皮树 *Phellodendron chinense* Schneid.、黄檗 *P. amurense* Rupr.，厚朴 *Magnolia officinalis* Rehd. et Wils.、凹叶厚朴 subsp. *biloba* Rehd. et Wils.、人参 *Panax ginseng* C. A. Mey.、剑叶龙血树 *Dracaena cochinchinensin*（Lour.）S. C. Chen、胡黄连 *Picrorhiza scrophulariiflora* Pennell、紫草 *Lithospermum erythrorhizon* Sieb. et Zucc. 等。

二、药用植物资源保护与管理

1. 药用植物资源保护的意义

（1）保护生物多样性 生物多样性包括基因、细胞、组织、器官、种群、物种、群落、生态系统和景观等多个层次，其中意义较大的有遗传多样性、物种多样性、生态系统多样性和景观多样性 4 个层次。以上 4 个层次有着密不可分的内在联系，其中遗传多样性是物种多样性和生态系统多样性的基础。中国珍稀濒危物种估计达 4000 ~ 5000 种，并有 40% 的生态系统处于退化或严重退化状态。药用植物保护与环境保护和生物多样性保护有着相辅相成关系。

（2）实现药用资源可持续利用 资源保护和利用是对立统一的关系。从长远来看，只有搞好资源保护，才能更好地、持续稳定地利用资源。掠夺式采集，过分强调开发利用，必然会加速某些物种的濒危灭绝。因此，正确处理好药用植物保护和开发利用的关系，充分合理利用现有资源，保护野生资源及其生存和发展的生态环境，才能实现药用植物的可持续利用。

（3）推进中医药国际化和现代化进程 国际贸易和国内经济发展，推动中医药国际化和现代化向前发展。药用植物资源不仅是中药的原料，还是保健品、食品、化妆品和其他产业的原料。中医药走向世界和现代化、产业化需要大量资源作保障，否则将是无根之木、无源之水。因此，保护好药用植物资源，才能为中药现代化和产业化发展持续地提供物质保障。

2. 药用植物资源保护的目标 植物资源的合理和充分利用是社会经济的需求，保护则是保持其存在、再生能力和资源生态环境，以满足人类长期利用的需要，并非消极地让其自生自灭。首先，保护药用植物的生存，因物种一旦灭绝就不能再生；其次，保护资源的再生能力，让植物有休养生息的机会；最后，保护药用植物生存环境，生存环境缺失将影响植物生长发育，甚至导致死亡。因此，药用植物资源与其他相关资源的开发利用过程中应注重其资源生态环境，促进其恢复和发展。

药用植物资源保护的目标，首先是进行 400 种常用和 100 种珍稀濒危药用植物资源调查、收集和保存，建立动态监测机制，遏制资源过度利用的趋势。其次是建设 20～30 个以药用植物为主题的自然保护区，重视和协调药用植物资源保护与林业、农业、水电和城市化等发展的关系，有效保护常用和珍稀濒危药用植物的生态环境。同时，加强野生变家种、综合利用和替代资源的研究。

3. 药用植物资源保护与管理的途径和措施

（1）就地保护　以保护药用植物资源及其生存环境为目的。一方面，建立常用和珍稀野生药用植物的专题保护区，以及在现有自然保护区中重视野生药用植物的保护。另一方面，在药材主产区实行分山轮采制度，给资源休养生息的机会，在这些区域杜绝毁林开荒、低效林改造、过度放牧等，以保护其生存环境。

（2）迁地保护　将药用植物迁出自然生长地，保存在植物园内，进行引种驯化研究。我国已保存了大部分重要药用植物，如海南兴隆热带药用植物园保存有多数南药品种，在南方地区引种了儿茶、诃子、苏木、肉桂、益智、安息香、马钱子、白豆蔻、沉香、槟榔等，有效缓解了供求矛盾。

（3）离体保护　以保存药用植物遗传资源为目的，建立种质资源库。保存对象包括种子、营养器官、组织、细胞、培养物和原生质体等。常用保存方法有组织培养法和超低温保存法。我国在昆明植物研究所建成了国家野生生物种质资源库，保存有 8444 种，7.5 万份野生生物种质资源。在北京、四川、海南有国家中药资源种质资源库，有助于药用植物种质资源保存、研究和种质创新工作。

（4）科学预测，协调利用与保护的关系　在调查研究基础上，掌握野生药用植物资源蕴藏量、再生更新规律和资源承载能力等，制订出各地区合理利用、保护和发展计划，采取科学的再生、更新和保护措施促进种群发展，避免资源遭到破坏或恢复已受损的资源。常采用的方法有：采挖和更新并举，把资源更新和药材采挖结合起来，尽可能为其更新创造良好条件，如边采边栽、采大留小、采育结合等方法。在保护建群种前提下，促进药用植物的更新，防止群落的不良演替；寻找替代资源，寻找新药源和珍稀濒危植物资源类似品或代用品。野生抚育，在其原生境或相似环境中，人为或自然增加种群数量，使其资源量达到能采集利用的规模，并能继续保持群落平衡。仿野生栽培，在野生资源退化严重的原生境或相似环境中，完全采用人工种植方式，培育和繁殖目标药用植物种群，建立人工群落。一方面使药用植物资源得到发展，另一方面可以保持水土，逐渐恢复生态平衡。

（5）立法保护药用植物资源和宣传教育　我国政府制定了自然资源和生态环境保护的相关法律法规，这是药用植物资源保护的法律依据。但开发利用野生植物资源的单位和部门很多，个别部门以近期利益为重，缺乏整体效益和长远发展的战略思想，致使许多药用植物资源的开发利用不合理。可见，需建立以负责保护和统一协调开发利用的管理机构。同时，可实行收取资源开发生态补偿费，规范开发行为，减少开发过程的浪费，积累生态系统恢复、重建资金。另一方面，应将药用植物资源保护的宣传教育工作纳入环境教育之中，增强全民的资源保护意识。

三、人类未来发展与药用植物生产

1. 未来农业与药用植物生产　植物药安全、有效长期备受人们青睐，也是将来药品研发生产的源泉之一。人工栽培也必然是植物药开发利用的重要内容，而药用植物栽培与农业发展息息相关。在农业生产向生态农业、有机农业和设施农业发展，以及我国现代化推进过程中，药用植物的生产模式和生产技术也将随之发生变化。

生态农业模式下，应该依据生态学、经济学和系统工程的原理，运用现代技术和管理手段，吸收传统种植的有效经验，建立能获得较高经济效益、社会效益和环境效益的药用植物生产模式。特别应注意维护药用植物生产的生态环境，确保药用植物资源安全，并提升传统种植经验的内涵。

有机农业模式下，应吸收国内外有机农业生产的经验，发掘历代药用植物栽培的科学内涵，建立不施用任何合成肥料、农药、生长调节剂，也不采用基因工程品种及其产物的药用植物生产模式。这也是药用植物生产的重要发展方向。

设施农业模式下，应吸取国内外设施农业生产的经验，结合具体药用植物的生物学特性，建立药用植物高效生产模式。

药用植物生产朝着集约化、产业化的方向发展，良种的选育与推广应用，将使得栽培植物遗传多样性急剧降低，甚至使病害大面积流行的风险增加。因此，利用药用植物品种遗传多样性和多种农作物进行间、混、套作，提高作物抗性水平，降低病虫危害，也是将来药用植物栽培生产的发展模式。

2. 未来林业与药用植物生产　林业生产的树种常常是野生药用植物生态环境的建群种，在维护药用植物资源生态环境的稳定中起到了重要的作用。而木材生产一直是林业生产的核心，特别是低效林改造和速生丰产用材生产中，药用植物自然种群和生存的环境遭到严重破坏。因此，药用植物研究应积极参与到未来林业生产中，一方面保护环境，实现生态效益最大化；另一方面，可保障药用植物生产和木材生产有机结合，实现未来林业效益最大化。

复习思考题

1. 试述药用植物资源发现、生产途径和策略有哪些？
2. 试述为何要保护药用植物资源？如何科学地进行保护与发展？
3. 在中医药国际化进程中，药用植物有何作用？如何发挥作用？

书网融合……

思政导航　　　　本章小结　　　　题库

（郭庆梅）

附　录

附录一　裸子植物门分科检索表

1. 棕榈状常绿木本植物，茎多无分枝，叶羽状深裂 ……………………………………… 苏铁科 Cycadaceae
1. 植物体非棕榈状态，多分枝，叶为单叶。
  2. 叶为扇形，具有叶柄，叶脉二叉状 ……………………………………………… 银杏科 Ginkgoaceae
  2. 叶为针状、鳞片状、线形，稀为椭圆形或披针形。
    3. 种子及种鳞（果鳞）集生为木质球果或浆果状。
      4. 叶束生、丛生或螺旋状散生。
        5. 每种鳞具种子 2 枚，种子具有斧形的宽翅；雄蕊具有 2 个花粉囊 ……………… 松科 Pinaceae
        5. 每种鳞具种子 2 ~ 9 枚，种子周边具有一环形狭翅；雄蕊具有 2 ~ 9 个花粉囊 …… 杉科 Taxodiaceae
      4. 叶对生。
        6. 叶为落叶性，种鳞 7 ~ 8 对，呈交互对生（水杉 Metasequoia glyptostroboides）………………………
        ……………………………………………………………… 水杉科 Metasequoiaceae
        6. 叶为常绿性，种鳞数对，为镊合状、覆瓦状或盾状排列 ………………… 柏科 Cupressaceae
    3. 种子多单生，为核果状。
      7. 叶为线形、披针形或稀为椭圆形，叶脉非羽状脉；雌花无管状假花被。
        8. 胚珠单生。
          9. 雄蕊有 2 ~ 8 个花粉囊，花粉无翼 ………………………… 红豆杉科 Taxaceae
          9. 雄蕊仅有 2 个花粉囊，花粉有翼 ………………………… 罗汉松科 Podocarpaceae
        8. 胚珠 2 枚 ……………………………………………… 三尖杉科 cephalotaxaceae
      7. 叶为鳞片状或为椭圆形，而椭圆形叶为具羽状叶脉；雌花有管状假花被。
        10. 直立性灌木或亚灌木，叶为细小鳞片状，非羽状脉 …………………… 麻黄科 Ephedraceae
        10. 缠绕性藤本，叶为稍微阔的椭圆形，具有羽状叶脉 [买麻藤（倪藤）Gnetum indicum] ………
        ………………………………………………… 买麻藤科（倪藤科）Gnetaceae

附录二　被子植物门分科检索表

1. 子叶 2 枚，极稀 1 枚或较多；茎具中央髓部；多年生木本植物具有年轮；叶常具网状脉；花常 5 数或 4 数。（次 1 项见 327 页）……………………………………………………………… 双子叶植物纲 Dicotyledoneae

  2. 花无真正的花冠（花被片逐渐变化，呈覆瓦状排列成 2 至数层的，也可在此检查）；花萼有或无，有时花冠状。（次 2 项见 306 页）

    3. 花单性，雌雄同株或异株；雄花，或雌花和雄花均成荑黄花序或类似荑黄状的花序。（次 3 项见 297 页）

      4. 无花萼，或在雄花中存在。

        5. 雌花以花梗着生于椭圆形膜质苞片的中脉上；心皮 1 …………………………………………………………… 漆树科 Anacardiaceae（九子不离母属 *Dobinea*）

        5. 雌花非如上述情形；心皮 2 或更多数。

          6. 多木质藤本；单叶全缘，具掌状脉；浆果 ……………………………………… 胡椒科 Piperaceae

          6. 乔木或灌木；叶各式，常为羽状脉；果实非浆果。

            7. 旱生性植物，小枝轮生或假轮生，具节，叶退化为鳞片状，4 至多枚轮生并连合成为具齿的鞘状物 …………………………… 木麻黄科 Casuarinaceae（木麻黄属 *Casuarina*）

            7. 植物体非上述情形。

              8. 蒴果；种子多数，具丝状种毛 ……………………………… 杨柳科 Salicaceae

              8. 小坚果、核果或核果状坚果，种子 1 枚。

                9. 羽状复叶；雄花有花被 ……………………………… 胡桃科 Juglandaceae

                9. 单叶（杨梅科中有时羽状分裂）。

                  10. 果实为肉质核果；雄花无花被 ……………………… 杨梅科 Myricaceae

                  10. 果实为小坚果；雄花有花被 ………………………… 桦木科 Betulaceae

      4. 有花萼，或在雄花中不存在。

        11. 子房下位。

          12. 叶对生，叶柄基部互相连合……………………… 金粟兰科 Chloranthaceae

          12. 叶互生。

            13. 叶为羽状复叶 …………………………………… 胡桃科 Juglandaceae

            13. 叶为单叶。

              14. 果实为蒴果 …………………………………… 金缕梅科 Hamamelidaceae

              14. 果实为坚果。

                15. 坚果封藏于一变大呈叶状的总苞中 ……………… 桦木科 Betulaceae

                15. 坚果有一总苞发育成的壳斗，包着坚果底部至全包坚果 …………………………………………………… 山毛榉科（壳斗科）Fagaceae

        11. 子房上位。

          16. 植物体中具白色乳汁。

            17. 子房 1 室；桑椹果 ……………………………… 桑科 Moraceae

            17. 子房 2~3 室；蒴果 …………………………… 大戟科 Euphorbiaceae

         16. 植物体中无乳汁，或在大戟科的重阳木属 *Bischofia* 中具红色汁液。

18. 子房为单心皮所成；雄蕊的花丝在花蕾中向内屈曲 ·················· 荨麻科 Urticaceae
18. 子房为 2 枚以上的连合心皮所组成；雄蕊的花丝在花蕾中常直立（在大戟科的重阳木属 *Bischofia* 及巴豆属 *Croton* 中则向前屈曲）。
　19. 果实为 3 个（稀 2~4）离果瓣组成的蒴果；雄蕊 10 枚至多数，有时少于 10 ················· 大戟科 Euphorbiaceae
　19. 果实非上述情形；雄蕊少数至数枚（大戟科黄桐树属 *Endospermum* 6~10），或与萼片同数且对生。
　　20. 雌雄同株的乔木或灌木。
　　　21. 子房 2 室；蒴果 ·············· 金缕梅科 Hamamelidaceae
　　　21. 子房 1 室；坚果或核果 ············· 榆科 Ulmaceae
　　20. 雌雄异株的植物。
　　　22. 草本或草质藤本；叶为掌状分裂或为掌状复叶 ············· 桑科 Moraceae
　　　22. 乔木或灌木；叶全缘，或在重阳木属为 3 小叶所成的复叶 ········· 大戟科 Euphorbiaceae
3. 花两性或单性，但并不成为葇荑花序。
　23. 子房或子房室内有数个至多数胚珠。（次 23 项见 299 页）
　24. 寄生性草本，无绿色叶片 ················· 大花草科 Rafflesiaceae
　24. 非寄生性植物，有正常绿叶，或叶退化而以绿色茎代行叶的功用。
　　25. 子房下位或部分下位。
　　　26. 雌雄同株或异株在为两性花时，则成肉质穗状花序。
　　　　27. 草本。
　　　　　28. 植物体含多量液汁；单叶常不对称 ········· 秋海棠科 Begoniaceae（秋海棠属 *Begonia*）
　　　　　28. 植物体不含多量液汁；羽状复叶 ········· 四数木科 Tetramelaceae（野麻属 *Datisca*）
　　　　27. 木本。
　　　　　29. 花两性，成肉质穗状花序；叶全缘 ····· 金缕梅科 Hamamelidaceae（假马蹄荷属 *Chunia*）
　　　　　29. 花单性，成穗状、总状或头状花序；叶缘有锯齿或具裂片。
　　　　　　30. 花成穗状或总状花序；子房 1 室 ········· 四数木科 Datiscaceae（四数木属 *Tetrameles*）
　　　　　　30. 花成头状花序；子房 2 室 ··· 金缕梅科 Hamamelidaceae（枫香树亚科 Liquidambaroideae）
　　　26. 花两性，但不成肉质穗状花序。
　　　　31. 子房 1 室。
　　　　　32. 无花被；雄蕊着生在子房上 ··············· 三白草科 Saururaceae
　　　　　32. 有花被；雄蕊着生在花被上。
　　　　　　33. 茎肥厚，绿色，常具棘针；叶常退化；花被片和雄蕊都多数；浆果 ·········· 仙人掌科 Cactaceae
　　　　　　33. 茎不成上述形状；叶正常；花被片和雄蕊皆为 5 数或 4 数，或雄蕊数为前者的 2 倍；蒴果 ········ 虎耳草科 Saxifragaceae
　　　　31. 子房 4 室或更多室。
　　　　　34. 乔木；雄蕊不定数 ··············· 海桑科 Sonneratiaceae
　　　　　34. 草本或灌木。
　　　　　　35. 雄蕊 4 枚 ··············· 柳叶菜科 Onagraceae（丁香蓼属 *Ludwigia*）
　　　　　　35. 雄蕊 6 枚或 12 枚 ··············· 马兜铃科 Aristolochiaceae

25. 子房上位。

  36. 雌蕊或子房 2 个，或数目更多。

    37. 草本。

      38. 复叶或多少分裂，稀单叶（仅驴蹄草属 *Caltha*）全缘或具齿裂；心皮多数至少数 ………………………………………………………………………………… 毛茛科 Ranunculaceae

      38. 单叶，叶缘有锯齿；心皮和花萼裂片同数 ………… 虎耳草科 Saxifragaceae（扯根菜属 *Penthorum*）

    37. 木本。

      39. 花的各部为整齐的 3 基数 ……………………………………………………… 木通科 Lardizabalaceae

      39. 花非上述情形。

        40. 雄蕊数枚至多数连合成单体 ………………………… 梧桐科 Sterculiaceae（苹婆族 *Sterculieae*）

        40. 雄蕊多数，离生。

          41. 花两性；无花被 ………………… 昆栏树科 Trochodendraceae（昆栏树属 *Trochodendron*）

          41. 花雌雄异株，具 4 枚小形萼片 ………… 连香树科 Cercidiphyllaceae（连香树属 *Cercidiphyllum*）

  36. 雌蕊或子房单独 1 个。

    42. 雄蕊周位，即着生于萼筒或杯状花托上。

      43. 有不育雄蕊，且和 8 ~ 12 枚能育雄蕊互生 ……… 大风子科 Flacourtiaceae（山羊角树属 *Carrierea*）

      43. 无不育雄蕊。

        44. 多汁草本植物；花萼裂片呈覆瓦状排列，成花瓣状，宿存；蒴果盖裂 …………………………………………………………………………… 番杏科 Aizoaceae（海马齿属 *Sesuvium*）

        44. 植物体非上述情形；花萼裂片不成花瓣状。

          45. 叶为双数羽状复叶，互生；花萼裂片呈覆瓦状排列；果实为荚果；常绿乔木 ………………………………………………………… 豆科 Leguminosae 云实亚科 Caesalpinoideae）

          45. 叶为对生或轮生单叶；花萼裂片呈镊合状排列；非荚果。

            46. 雄蕊不定数；子房 10 室或更多室；果实浆果状 ……………… 海桑科 Sonneratiaceae

            46. 雄蕊 4 ~ 12 枚（不超过花萼裂片的 2 倍）；子房 1 室至数室；果实蒴果状。

              47. 花杂性或雌雄异株，微小，成穗状花序，再成总状或圆锥状排列 ………………………………………………………………… 隐翼科 Crypteroniaceae（隐翼属 *Crypteronia*）

              47. 花两性，中型，单生至排列成圆锥花序 ……………… 千屈菜科 Lythraceae

    42. 雄蕊下位，即着生于扁平或凸起的花托上。

      48. 木本；叶为单叶。

        49. 乔木或灌木；雄蕊常多数，离生；胚珠生于侧膜胎座或隔膜上 ……… 大风子科 Flacourtiaceae

        49. 木质藤本；雄蕊 4 或 5 枚，基部连合成杯状或环状；胚珠基生（即位于子房室的基底）………………………………………………………………………… 苋科 Amaranthaceae

      48. 草本或亚灌木。

        50. 植物体沉没水中，常为一具背腹面呈原叶体状的构造，苔藓状 ………… 河苔草科 Podostemaceae

        50. 植物体非如上述情形。

          51. 子房 3 ~ 5 室。

            52. 食虫植物；叶互生；雌雄异株 ………… 猪笼草科 Nepenthaceae（猪笼草属 *Nepenthes*）

            52. 非为食虫植物；叶对生或轮生；花两性 ………… 番杏科 Aizoaceae（粟米草属 *Mollugo*）

51. 子房 1~2 室。

  53. 叶为复叶或多少有些分裂 ·· 毛茛科 Ranunculaceae

  53. 叶为单叶。

    54. 侧膜胎座。

      55. 花无花被 ·· 三白草科 Saururaceae

      55. 花具 4 离生萼片 ··· 十字花科 Cruciferae

    54. 特立中央胎座。

      56. 花序呈穗状、头状或圆锥状；萼片多少为干膜质·············· 苋科 Amaranthaceae

      56. 花序呈聚伞状；萼片草质 ·································· 石竹科 Caryophyllaceae

23. 子房或其子房室内仅有 1 至数个胚珠。

  57. 叶片中常有透明微点。

    58. 叶为羽状复叶 ··· 芸香科 Rutaceae

    58. 叶为单叶，全缘或有锯齿。

      59. 草本植物或有时在金粟兰科为木本植物；花无花被，常成简单或复合的穗状花序，但在胡椒科齐头绒属 *Zippelia* 则成疏松总状花序。

      60. 子房下位，仅 1 室有 1 胚珠；叶对生，叶柄在基部连合·············· 金粟兰科 Chloranthaceae

      60. 子房上位；叶如为对生时，叶柄也不在基部连合。

        61. 雌蕊由 3~6 近于离生心皮组成，每心皮各有 2~4 胚珠 ·······················

            ·· 三白草科 Saururaceae（三白草属 *Saururus*）

        61. 雌蕊由 1~4 合生心皮组成，仅 1 室，有 1 胚珠 ·······················

           ·························· 胡椒科 Piperaceae（齐头绒属 *Zippelia*，豆瓣绿 *Peperomia*）

      59. 乔木或灌木；花具一层花被；花序有各种类型，但不为穗状。

      62. 花萼裂片常 3 枚，呈镊合状排列；子房为 1 心皮所成，成熟时肉质，常以 2 瓣裂开；雌雄异株

           ··· 肉豆蔻科 Myristicaceae

      62. 花萼裂片 4~6 枚，呈覆瓦状排列；子房为 2~4 合生心皮所成。

      63. 花两性；果实仅 1 室，蒴果状，2~3 瓣裂开 ····· 大风子科 Flacourtiaceae（山羊角树属 *Carrierea*）

      63. 花单性，雌雄异株；果实 2~4 室，肉质或革质，很晚才裂开 ·······················

           ····································· 大戟科 Euphorbiaceae（白树属 *Suregada*）

  57. 叶片中无透明微点。

    64. 雄蕊连为单体，至少在雄花中有这现象，花丝互相连合成筒状或成一中柱。

      65. 肉质寄生草本植物，具退化呈鳞片状的叶片，无叶绿素 ············ 蛇菰科 Balanophoraceae

      65. 植物体非为寄生性，有绿叶。

      66. 雌雄同株，雄花成球形头状花序，雌花以 2 个同生于 1 个有 2 室而具钩状芒刺的果壳中 ·········

           ······························· 菊科 Compositae（苍耳属 *Xanthium*）

      66. 花两性，如为单性时，雄花及雌花也无上述情形。

        67. 草本植物；花两性。

          68. 叶互生 ·· 藜科 Chenopodiaceae

          68. 叶对生。

          69. 花显著，有连合成花萼状的总苞 ················ 紫茉莉科 Nyctaginaceae

          69. 花微小，无上述情形的总苞·························· 苋科 Amaranthaceae

        67. 乔木或灌木，稀可为草本；花单性或杂性；叶互生。

          70. 萼片呈覆瓦状排列，至少在雄花中如此 ··············· 大戟科 Euphorbiaceae

70. 萼片呈镊合状排列。

   71. 雌雄异株；花萼常具 3 裂片；雌蕊为 1 心皮所成，成熟时肉质，且常以 2 瓣裂开 ⋯⋯⋯⋯⋯⋯⋯⋯

⋯⋯⋯⋯⋯⋯⋯⋯⋯⋯⋯⋯⋯⋯⋯⋯⋯⋯⋯⋯⋯⋯⋯⋯⋯⋯⋯⋯⋯⋯⋯⋯⋯ 肉豆蔻科 Myristicaceae

   71. 花单性或雄花和两性花同株；花萼具 4~5 裂片或裂齿；雌蕊为 3~6 近于离生的心皮所成，各心皮

     于成熟时为革质或木质，呈蓇葖果状而不裂开 ⋯⋯⋯⋯⋯⋯ 梧桐科 Sterculiaceae（苹婆族 *Sterculieae*）

64. 雄蕊各自分离，有时仅为 1 枚，或花丝成为分枝的簇丛（如大戟科的蓖麻属 *Ricinus*）。

72. 每花有雌蕊 2 个至多数，近于或完全离生；或花的界限不明显时，则雌蕊多数，成 1 球形头状花序。

  73. 花托下陷，呈杯状或坛状。

    74. 灌木；叶对生；花被片在坛状花托的外侧排列成数层 ⋯⋯⋯⋯⋯⋯⋯ 蜡梅科 Calycanthaceae

    74. 草本或灌木；叶互生；花被片在杯或坛状花托的边缘排列成一轮 ⋯⋯⋯⋯⋯ 蔷薇科 Rosaceae

  73. 花托扁平或隆起，有时可延长。

    75. 乔木、灌木或木质藤本。

      76. 花有花被 ⋯⋯⋯⋯⋯⋯⋯⋯⋯⋯⋯⋯⋯⋯⋯⋯⋯⋯⋯⋯⋯⋯⋯ 木兰科 Magnoliaceae

      76. 花无花被。

        77. 落叶灌木或小乔木；叶卵形，具羽状脉和锯齿缘；无托叶；花两性或杂性，在叶腋中丛生；

          翅果无毛，有柄 ⋯⋯⋯⋯⋯⋯⋯ 昆栏树科 Trochodendraceae（领春木属 *Euptelea*）

        77. 落叶乔木；叶广阔，掌状分裂，叶缘有缺刻或大锯齿；有托叶围茎成鞘，易脱落；花单性，

          雌雄同株，分别聚成球形头状花序；小坚果，围以长柔毛而无柄 ⋯⋯⋯⋯⋯⋯⋯⋯

          ⋯⋯⋯⋯⋯⋯⋯⋯⋯⋯⋯⋯⋯⋯⋯ 悬铃木科 Platanaceae（悬铃木属 *Platanus*）

    75. 草本或稀为亚灌木，有时为攀缘性。

      78. 胚珠倒生或直生。

        79. 叶片多少有些分裂或为复叶；无托叶或极微小；有花被（花萼）；胚珠倒生；花单生或成各种

          类型的花序 ⋯⋯⋯⋯⋯⋯⋯⋯⋯⋯⋯⋯⋯⋯⋯⋯⋯⋯ 毛茛科 Ranunculaceae

        79. 叶为全缘单叶；有托叶；无花被；胚珠直生；花成穗形总状花序 ⋯⋯⋯ 三白草科 Saururaceae

      78. 胚珠常弯生；叶为全缘单叶。

        80. 直立草本；叶互生，非肉质 ⋯⋯⋯⋯⋯⋯⋯⋯⋯⋯⋯⋯⋯⋯ 商陆科 Phytolaccaceae

        80. 平卧草本；叶对生或近轮生，肉质 ⋯⋯⋯⋯⋯⋯ 番杏科 Aizoaceae（针晶粟草属 *Gisekia*）

72. 每花仅有 1 个复合或单雌蕊，心皮有时于成熟后各自分离。

 81. 子房下位或半下位。（次 81 项见 302 页）

   82. 草本。

    83. 水生或小形沼泽植物。

      84. 花柱 2 个或更多；叶片（尤其沉没水中的）常成羽状细裂或为复叶 ⋯⋯ 小二仙草科 Haloragidaceae

      84. 花柱 1 个；叶为线形全缘单叶 ⋯⋯⋯⋯⋯⋯⋯⋯⋯⋯⋯⋯⋯⋯ 杉叶藻科 Hippuridaceae

    83. 陆生草本。

      85. 寄生性肉质草本，无绿叶。

        86. 花单性，雌花常无花被；无珠被及种皮 ⋯⋯⋯⋯⋯⋯⋯⋯⋯⋯ 蛇菰科 Balanophoraceae

        86. 花杂性，有一层花被，两性花具 1 雄蕊；具珠被及种皮 ⋯⋯⋯⋯⋯⋯⋯⋯⋯⋯⋯⋯⋯

          ⋯⋯⋯⋯⋯⋯⋯⋯⋯⋯⋯⋯⋯ 锁阳科 Cynomoriaceae（锁阳属 *Cynomorium*）

      85. 非寄生性植物，或于百蕊草属 *Thesium* 为半寄生性，但均有绿叶。

        87. 叶对生，其形宽广而有锯齿缘 ⋯⋯⋯⋯⋯⋯⋯⋯⋯⋯⋯ 金粟兰科 Chloranthaceae

        87. 叶互生。

88. 平铺草本（限于我国植物），叶片宽，三角形，多少有些肉质 ⋯⋯⋯⋯⋯⋯⋯⋯
⋯⋯⋯⋯⋯⋯⋯⋯⋯⋯⋯⋯⋯⋯⋯⋯⋯⋯ 番杏科 Aizoaceae（番杏属 *Tetragonia*）

88. 直立草本，叶片窄而细长 ⋯⋯⋯⋯⋯⋯⋯⋯ 檀香科 Santalaceae（百蕊草属 *Thesium*）

82. 灌木或乔木。

89. 子房 3~10 室。

90. 坚果 1~2 个，同生在一个木质且可裂为 4 瓣的壳斗里 ⋯⋯⋯⋯⋯⋯⋯⋯⋯
⋯⋯⋯⋯⋯⋯⋯⋯⋯⋯⋯⋯ 壳斗科 Fagaceae（山毛榉科）（水青冈属 *Fagus*）

90. 核果，并不生在壳斗里。

91. 雌雄异株，成顶生的圆锥花序，后者并不为叶状苞片所托 ⋯⋯⋯⋯⋯⋯⋯⋯
⋯⋯⋯⋯⋯⋯⋯⋯⋯⋯⋯⋯⋯ 山茱萸科 Cornaceae（鞘柄木属 *Toricellia*）

91. 花杂性，形成球形的头状花序，后者为 2~3 白色叶状苞片所托 ⋯⋯⋯⋯⋯⋯⋯
⋯⋯⋯⋯⋯⋯⋯⋯⋯⋯⋯⋯⋯⋯⋯⋯ 珙桐科 Nyssaceae（珙桐属 *Davidia*）

89. 子房 1 或 2 室，或在铁青树科的青皮木属 *Schoepfia* 中，子房的基部可为 3 室。

92. 花柱 2 个。

93. 蒴果，2 瓣裂开 ⋯⋯⋯⋯⋯⋯⋯⋯⋯⋯⋯⋯⋯⋯ 金缕梅科 Hamamelidaceae

93. 果实呈核果状，或为蒴果状的瘦果，不裂开⋯⋯⋯⋯⋯⋯⋯ 鼠李科 Rhamnaceae

92. 花柱 1 个或无花柱。

94. 叶片下面多少有些具皮屑状或鳞片状的附属物 ⋯⋯⋯⋯⋯⋯⋯ 胡颓子科 Elaeagnaceae

94. 叶片下面无皮屑状或鳞片状的附属物。

95. 叶缘有锯齿或圆锯齿，稀可在荨麻科的紫麻属 *Oreocnide* 中有全缘者。

96. 叶对生，具羽状脉；雄花裸露，有雄蕊 1~3 枚 ⋯⋯⋯⋯⋯⋯ 金粟兰科 Chloranthaceae

96. 叶互生，大都于叶基具三出脉；雄花具花被及雄蕊 4 枚（稀可 3 或 5 枚）⋯⋯⋯⋯⋯
⋯⋯⋯⋯⋯⋯⋯⋯⋯⋯⋯⋯⋯⋯⋯⋯⋯⋯⋯⋯⋯⋯⋯⋯ 荨麻科 Urticaceae

95. 叶全缘，互生或对生。

97. 植物体寄生在乔木的树干或枝条上；果实呈浆果状 ⋯⋯⋯⋯⋯⋯ 桑寄生科 Loranthaceae

97. 植物体大多陆生，或有时可为寄生性；果实呈坚果状或核果状；胚珠 1~5 枚。

98. 花多为单性；胚珠垂悬于基底胎座上 ⋯⋯⋯⋯⋯⋯⋯⋯⋯ 檀香科 Santalaceae

98. 花两性或单性；胚珠垂悬于子房室的顶端或中央胎座的顶端。

99. 雄蕊 10 枚，为花萼裂片的 2 倍数 ⋯⋯⋯⋯ 使君子科 Combretaceae（诃子属 *Terminalia*）

99. 雄蕊 4 或 5 枚，和花萼裂片同数且对生⋯⋯⋯⋯⋯⋯⋯⋯ 铁青树科 Olacaceae

81. 子房上位，如有花萼时，和它相分离，或在紫茉莉科及胡颓子科中，当果实成熟时，子房为宿存萼筒所包围。

100. 托叶鞘围抱茎的各节；草本，稀为灌木 ⋯⋯⋯⋯⋯⋯⋯⋯⋯⋯ 蓼科 Polygonaceae

100. 无托叶鞘，在悬铃木科有托叶鞘但易脱落。

101. 草本，或有时在藜科及紫茉莉科中为亚灌木。（次 101 项见 303 页）

102. 无花被。

103. 花两性或单性；子房 1 室，内仅有 1 基生胚珠。

104. 叶基生，由 3 小叶而成；穗状花序在一个细长基生无叶的花梗上 ⋯⋯⋯⋯⋯⋯
⋯⋯⋯⋯⋯⋯⋯⋯⋯⋯⋯⋯⋯⋯ 小檗科 Berberidaceae（裸花草属 *Achlys*）

104. 叶茎生，单叶；穗状花序顶生或腋生，但常和叶相对生 ········ 胡椒科 PiPeraceae（胡椒属 *Piper*）
103. 花单性；子房 3 或 2 室。
   105. 水生或微小的沼泽植物，无乳汁；子房 2 室；每室胚珠 2 枚 ·································
            ················· 水马齿科 Callitrichaceae（水马齿属 *Callitriche*）
   105. 陆生植物；有乳汁；子房 3 室，每室胚珠仅 1 枚 ·············· 大戟科 Euphorbiaceae
102. 有花被，当花为单性时，特别是雄花是如此。
   106. 花萼呈花瓣状，且呈管状。
      107. 花有总苞，有时这总苞类似花萼 ·························· 紫茉莉科 Nyctaginaceae
      107. 花无总苞。
         108. 胚珠 1 枚，在子房的近顶端处 ··················· 瑞香科 Thymelaeaceae
         108. 胚珠多数，生在特立中央胎座上 ········ 报春花科 Primulaceae（海乳草属 *Glaux*）
   106. 花萼非如上述情形。
      109. 雄蕊周位，即位于花被上。
         110. 叶互生，羽状复叶而有草质的托叶；花无膜质苞片；瘦果 ·············
             ················· 蔷薇科 Rosaceae（地榆属 *Sanguisorba*）
         110. 叶对生，或在蓼科的冰岛蓼属 *Koenigia* 为互生，单叶无草质托叶；花有膜质苞片。
           111. 花被片和雄蕊各为 5 或 4 枚，对生；囊果；托叶膜质 ············· 石竹科 Caryophyllaceae
           111. 花被片和雄蕊各为 3 枚，互生；坚果；无托叶 ······ 蓼科 Polygonaceae（冰岛蓼属 *Koenigia*）
      109. 雄蕊下位，即位于子房下。
         112. 花柱或其分枝为 2 或数个，内侧常为柱头面。
           113. 子房常为数个至多数心皮连合而成 ·················· 商陆科 Phytolaccaceae
           113. 子房常为 2 或 3（或 5）心皮连合而成。
              114. 子房 3 室，稀可 2 或 4 室 ················· 大戟科 Euphorbiaceae
              114. 子房 1 或 2 室。
                115. 叶为掌状复叶或具掌状脉而有宿存托叶 ········ 桑科 Moraceae（大麻亚科 Cannaboideae）
                115. 叶具羽状脉，或稀可为掌状脉而无托叶，也可在藜科中叶退化成鳞片或为肉质而形如圆筒。
                   116. 花有草质而带绿色或灰绿色的花被及苞片 ·········· 藜科 Chenopodiaceae
                   116. 花有干膜质而常有色泽的花被及苞片 ·········· 苋科 Amaranthaceae
         112. 花柱 1 个，常顶端有柱头，也可无花柱。
           117. 花两性。
              118. 雌蕊为单心皮；花萼由 2 膜质且宿存的萼片组成；雄蕊 2 枚 ·············
                ············· 毛茛科 Ranunculaceae（星叶草属 *Circaeaster*）
              118. 雌蕊由 2 合生心皮而成。
                119. 萼片 2 枚；雄蕊多数 ·········· 罂粟科 Papaveraceae（博落回属 *Macleaya*）
                119. 萼片 4 枚；雄蕊 2 或 4 枚 ·········· 十字花科 Cruciferae（独行菜属 *Lepidium*）
           117. 花单性。
              120. 沉没于淡水中的水生植物；叶细裂成丝状 ·························
              ············· 金鱼藻科 Ceratophyllaceae（金鱼藻属 *Ceratophyllum*）
              120. 陆生植物；叶为其他情形。

121. 叶含多量水分；托叶连接叶柄的基部；雄花的花被 2 枚；雄蕊多数 ………………………………
………………………………………… 假牛繁缕科 Theligonaceae（假牛繁缕属 *Theligonum*）

121. 叶不含多量水分；如有托叶时，也不连接叶柄的基部；雄花的花被片和雄蕊均各为 4 或 5 枚，二者相对生 ……………………………………………………………… 荨麻科 Urticaceae

101. 木本植物或亚灌木。

122. 耐寒旱性的灌木，或在藜科的梭梭属 *Haloxylon* 为乔木；叶微小，细长或呈鳞片状，也可有时（如藜科）为肉质而成圆筒形或半圆筒形。

123. 雌雄异株或花杂性；花萼为三出数，萼片微呈花瓣状，和雄蕊同数且互生；花柱 1，极短，常有6~9 放射状且有齿裂的柱头；核果；胚体劲直；常绿而基部偃卧的灌木；叶互生，无托叶 ………
…………………………………………… 岩高兰科 Empetraceae（岩高兰属 *Empetrum*）

123. 花两性或单性，花萼为五出数，稀可三出或四出数，萼片或花萼裂片草质或革质，和雄蕊同数且对生，或在藜科中雄蕊由于退化而数较少，甚或 1 个；花柱或花柱分枝 2 或 3 个，内侧常为柱头面；胞果或坚果；胚体弯曲如环或弯曲成螺旋形。

124. 花无膜质苞片；雄蕊下位；叶互生或对生；无托叶；枝条常具关节 ………… 藜科 Chenopodiaceae

124. 花有膜质苞片；雄蕊周位；叶对生，基部常互相连合；有膜质托叶；枝条不具关节 …………
…………………………………………………………… 石竹科 Caryophyllaceae

122. 不是上述的植物；叶片矩圆形或披针形，或宽广至圆形。

125. 果实及子房均为 2 至数室，或在大风子科中为不完全的 2 至数室。

126. 花常两性。

127. 萼片 4 或 5 枚，稀可 3 枚，呈覆瓦状排列。

128. 雄蕊 4 枚；4 室的蒴果 ………………… 水青树科 Tetracentraceae（水青树属 *Tetracentron*）

128. 雄蕊多数；浆果状的核果 ………………………………… 大风子科 Flacourtiaceae

127. 萼片多 5 枚，呈镊合状排列。

129. 雄蕊为不定数；具刺的蒴果 ……………… 杜英科 Elaeocarpaceae（猴欢喜属 *Sloanea*）

129. 雄蕊和萼片同数；核果或坚果。

130. 雄蕊和萼片对生，各 3~6 枚 ………………………… 铁青树科 Olacaceae

130. 雄蕊和萼片互生，各 4 或 5 枚 ……………………… 鼠李科 Rhamnaceae

126. 花单性（雌雄同株或异株）或杂性。

131. 果实各种；种子无胚乳或有少量胚乳。

132. 雄蕊常 8 枚；果实坚果状或为有翅的蒴果；羽状复叶或单叶 ………… 无患子科 Sapindaceae

132. 雄蕊 5 或 4 枚，且和萼片互生；核果有 2~4 枚小核；单叶 ………………………
…………………………………………… 鼠李科 Rhamnaceae（鼠李属 *Rhamnus*）

131. 果实多呈蒴果状，无翅；种子常有胚乳。

133. 果实为具 2 室的蒴果，有木质或革质的外种皮及角质的内果皮 … 金缕梅科 Hamamelidaceae

133. 果实纵为蒴果时，也不像上述情形。

134. 胚珠具腹脊；果实有各种类型，但多为胞间裂开的蒴果 ……… 大戟科 Euphorbiaceae

134. 胚珠具背脊；果实为胞背裂开的蒴果，或有时呈核果状 ……………… 黄杨科 Buxaceae

125. 果实及子房均为 1 或 2 室，稀可在无患子科荔枝属 *Litchi* 及韶子属 *Nephelium* 中为 3 室，或在卫矛科十齿花属 *Dipentodon* 及铁青树科铁青树属 *Olax* 中，子房下部为 3 室，而上部为 1 室。

135. 花萼具显著的萼筒，且常呈花瓣状。

136. 叶无毛或下面有柔毛；萼筒整个脱落 ……………………… 瑞香科 Thymelaeaceae

136. 叶下面具银白色或棕色的鳞片；萼筒或其下部永久宿存，当果实成熟时，变为肉质而紧密包着子房 ·· 胡颓子科 Elaeagnaceae
135. 花萼不是像上述情形，或无花被。
　137. 花药以 2 或 4 舌瓣裂开 ·· 樟科 Lauraceae
　137. 花药不以舌瓣裂开。
　　138. 叶对生。
　　　139. 果实为有双翅或呈圆形的翅果 ··· 槭树科 Aceraceae
　　　139. 果实为有单翅而呈细长形兼矩圆形的翅果 ·································· 木樨科 Oleaceae
　　138. 叶互生。
　　　140. 叶为羽状复叶。
　　　　141. 叶为二回羽状复叶，或退化仅具叶状柄（特称为叶状叶柄 phyllodia）··················· ··· 豆科 Leguminosae（金合欢属 *Acacia*）
　　　　141. 叶为一回羽状复叶。
　　　　　142. 小叶边缘有锯齿；果实有翅··················· 马尾树科 Rhoipterleaceae（马尾树属 *Rhoipterlea*）
　　　　　142. 小叶全缘；果实无翅。
　　　　　　143. 花两性或杂性 ·· 无患子科 Sapindaceae
　　　　　　143. 雌雄异株 ····························· 漆树科 Anacardiaceae（黄连木属 *Pistacia*）
　　　140. 叶为单叶。
　　　　144. 花均无花被。
　　　　　145. 多为木质藤本；叶全缘；花两性或杂性，成紧密的穗状花序 ························· ·· 胡椒科 Piperaceae（胡椒属 *Piper*）
　　　　　145. 乔木；叶缘有锯齿或缺刻；花单性。
　　　　　　146. 叶宽广，具掌状脉或掌状分裂，叶缘具缺刻或大锯齿；有托叶，围茎成鞘，但易脱落；雌雄同株，雌花和雄花分别成球形的头状花序；雌蕊为单心皮而成；小坚果为倒圆锥形而有棱角，无翅也无梗，但围以长柔毛 ············ 悬铃木科 Platanaceae（悬铃木属 *Platanus*）
　　　　　　146. 叶椭圆形至卵形，具羽状脉及锯齿缘；无托叶；雌雄异株，雄花聚成疏松有苞片的簇丛，雌花单生于苞片的腋内；雌蕊为 2 心皮而成；小坚果扁平，具翅且有柄，但无毛 ········· ··· 杜仲科 Eucommiaceae（杜仲属 *Eucommia*）
　　　　144. 常有花萼，尤其在雄花。
　　　　　147. 植物体内有乳汁 ·· 桑科 Moraceae
　　　　　147. 植物体内无乳汁。
　　　　　　148. 花柱或其分枝 2 或数个，但在大戟科的核实树属 *Drypetes* 中则柱头几无柄，呈盾状或肾脏形。
　　　　　　　149. 雌雄异株或有时为同株；叶全缘或具波状齿。
　　　　　　　　150. 矮小灌木或亚灌木；果实干燥，包藏于具有长柔毛而互相连合成双角状的 2 苞片中；胚体弯曲如环 ··············· 藜科 Chenopodiaceae（优若藜属 *Eurotia*）
　　　　　　　　150. 乔木或灌木；果实呈核果状，常 1 室含 1 种子，不包藏于苞片内；胚体劲直 ········· ··· 大戟科 Euphorbiaceae
　　　　　　　149. 花两性或单性；叶缘多有锯齿或具齿裂，稀可全缘。
　　　　　　　　151. 雄蕊多数 ··· 大风子科 Flacourtiaceae
　　　　　　　　151. 雄蕊 10 枚或较少。
　　　　　　　　　152. 子房 2 室，每室有 1 枚至数枚胚珠；果实为木质蒴果 ··· 金缕梅科 Hamamelidaceae
　　　　　　　　　152. 子房 1 室，仅含 1 胚珠；果实不是木质蒴果 ·················· 榆科 Ulmaceae
　　　　　　148. 花柱 1，也可有时（如荨麻属）不存，而柱头呈画笔状。

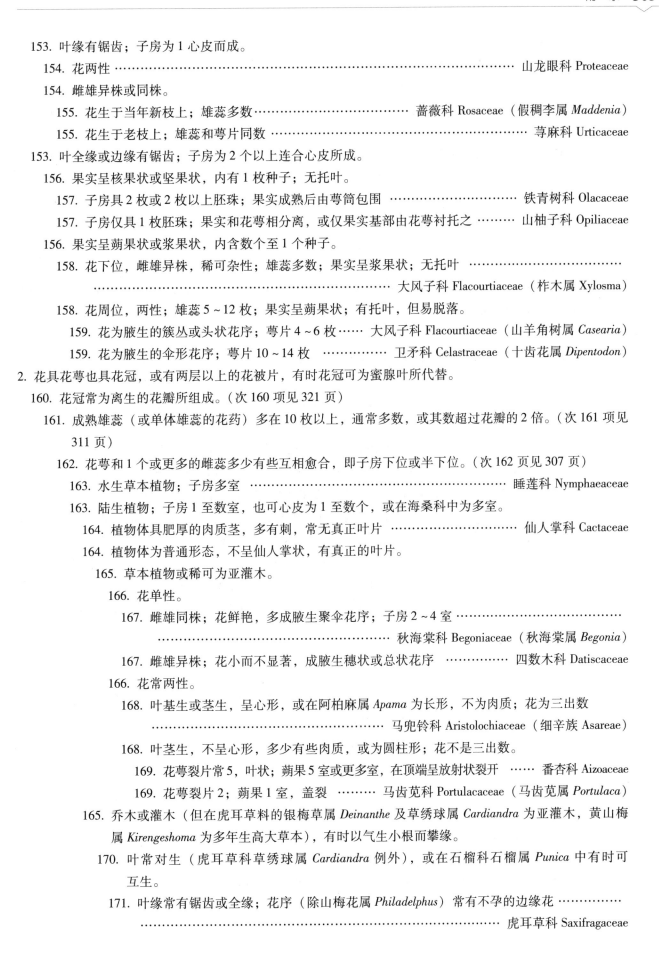

153. 叶缘有锯齿；子房为 1 心皮而成。

  154. 花两性 ……………………………………………………………… 山龙眼科 Proteaceae

  154. 雌雄异株或同株。

    155. 花生于当年新枝上；雄蕊多数………………… 蔷薇科 Rosaceae（假稠李属 *Maddenia*）

    155. 花生于老枝上；雄蕊和萼片同数 ………………………………………… 荨麻科 Urticaceae

153. 叶全缘或边缘有锯齿；子房为 2 个以上连合心皮所成。

  156. 果实呈核果状或坚果状，内有 1 枚种子；无托叶。

    157. 子房具 2 枚或 2 枚以上胚珠；果实成熟后由萼筒包围 ……………… 铁青树科 Olacaceae

    157. 子房仅具 1 枚胚珠；果实和花萼相分离，或仅果实基部由花萼衬托之 ……… 山柚子科 Opiliaceae

  156. 果实呈蒴果状或浆果状，内含数个至 1 个种子。

    158. 花下位，雌雄异株，稀可杂性；雄蕊多数；果实呈浆果状；无托叶 ……………………………

    …………………………………………………………… 大风子科 Flacourtiaceae（柞木属 *Xylosma*）

    158. 花周位，两性；雄蕊 5~12 枚；果实呈蒴果状；有托叶，但易脱落。

      159. 花为腋生的簇丛或头状花序；萼片 4~6 枚 …… 大风子科 Flacourtiaceae（山羊角树属 *Casearia*）

      159. 花为腋生的伞形花序；萼片 10~14 枚 …………… 卫矛科 Celastraceae（十齿花属 *Dipentodon*）

2. 花具花萼也具花冠，或有两层以上的花被片，有时花冠可为蜜腺叶所代替。

160. 花冠常为离生的花瓣所组成。（次 160 项见 321 页）

  161. 成熟雄蕊（或单体雄蕊的花药）多在 10 枚以上，通常多数，或其数超过花瓣的 2 倍。（次 161 项见
  311 页）

    162. 花萼和 1 个或更多的雌蕊多少有些互相愈合，即子房下位或半下位。（次 162 页见 307 页）

      163. 水生草本植物；子房多室 ……………………………………………… 睡莲科 Nymphaeaceae

      163. 陆生植物；子房 1 至数室，也可心皮为 1 至数个，或在海桑科中为多室。

        164. 植物体具肥厚的肉质茎，多有刺，常无真正叶片 ……………………… 仙人掌科 Cactaceae

        164. 植物体为普通形态，不呈仙人掌状，有真正的叶片。

          165. 草本植物或稀可为亚灌木。

            166. 花单性。

              167. 雌雄同株；花鲜艳，多成腋生聚伞花序；子房 2~4 室 …………………………………

              ………………………………………… 秋海棠科 Begoniaceae（秋海棠属 *Begonia*）

              167. 雌雄异株；花小而不显著，成腋生穗状或总状花序 …………… 四数木科 Datiscaceae

            166. 花常两性。

              168. 叶基生或茎生，呈心形，或在阿柏麻属 *Apama* 为长形，不为肉质；花为三出数

              ………………………………………… 马兜铃科 Aristolochiaceae（细辛族 *Asareae*）

              168. 叶茎生，不呈心形，多少有些肉质，或为圆柱形；花不是三出数。

                169. 花萼裂片常 5，叶状；蒴果 5 室或更多室，在顶端呈放射状裂开 …… 番杏科 Aizoaceae

                169. 花萼裂片 2；蒴果 1 室，盖裂 ……… 马齿苋科 Portulacaceae（马齿苋属 *Portulaca*）

          165. 乔木或灌木（但在虎耳草料的银梅草属 *Deinanthe* 及草绣球属 *Cardiandra* 为亚灌木，黄山梅

          属 *Kirengeshoma* 为多年生高大草本），有时以气生小根而攀缘。

            170. 叶常对生（虎耳草科草绣球属 *Cardiandra* 例外），或在石榴科石榴属 *Punica* 中有时可

            互生。

              171. 叶缘常有锯齿或全缘；花序（除山梅花属 *Philadelphus*）常有不孕的边缘花 ……………

              ………………………………………………………………… 虎耳草科 Saxifragaceae

171. 叶全缘；花序无不孕花。

  172. 叶为脱落性；花萼呈朱红色 ······················· 石榴科 Punicaceae（石榴属 *Punica*）

  172. 叶为常绿性；花萼不呈朱红色。

    173. 叶片中有腺体微点；胚珠常多数 ····································· 桃金娘科 Myrtaceae

    173. 叶片中无微点。

      174. 每子房室胚珠多数 ······································· 海桑科 Sonneratiaceae

      174. 每子房室仅 2 枚胚珠，稀可较多 ························· 红树科 Rhizophoraceae

170. 叶互生。

  175. 花瓣细长形兼长方形，最后向外翻转 ············· 八角枫科 Alangiaceae（八角枫属 *Alangium*）

  175. 花瓣不成细长形，或纵为细长形时，也不向外翻转。

    176. 叶无托叶。

      177. 叶全缘；果实肉质或木质 ··············· 玉蕊科 Lecythidaceae（玉蕊属 *Barringtonia*）

      177. 叶缘多少有些锯齿或齿裂；果实呈核果状，其形歪斜 ··· 山矾科 Symplocaceae（山矾属 *Symplocos*）

    176. 叶有托叶。

      178. 花瓣呈旋转状排列；花药隔向上延伸；花萼裂片中 2 枚或更多枚在果实上变大而呈翅状 ······
··· 龙脑香科 Dipterocarpaceae

      178. 花瓣呈覆瓦状或旋转状排列（如蔷薇科的火棘属 *Pyracantha*）；花药隔并不向上延伸；花萼裂片也无上述变大情形。

        179. 子房 1 室，内具 2~6 侧膜胎座，各有 1 枚至多数胚珠；果实为革质蒴果，自顶端以 2~6 片裂开 ·· 大风子科 Flacourtiaceae（天料木属 *Homalium*）

        179. 子房 2~5 室，内具中轴胎座，或其心皮在腹面互相分离而具边缘胎座。

          180. 花成伞房、圆锥、伞形或总状等花序，稀可单生；子房 2~5 室，或心皮 2~5 枚，下位，每室或每心皮有胚珠 1~2 枚，稀可有时为 3~10 枚或为多数；果实为肉质或木质假果；种子无翅 ················· 蔷薇科 Rosaceae（梨亚科 Pomoideae）

          180. 花成头状或肉穗花序；子房 2 室，半下位，每室有胚珠 2~6 枚；果为木质蒴果；种子有或无翅 ············· 金缕梅科 Hamamelidaceae（马蹄荷亚科 Bucklandioideae）

162. 花萼和 1 个或更多的雌蕊互相分离，即子房上位。

  181. 花为周位花。

    182. 萼片和花瓣相似，覆瓦状排列成数层，着生于坛状花托的外侧 ···································
··· 蜡梅科 Calycanthaceae（夏蜡梅属 *Calycanthus*）

    182. 萼片和花瓣有分化，在萼筒或花托的边缘排列成 2 层。

      183. 叶对生或轮生，有时上部者可互生，但均为全缘单叶；花瓣常于蕾中呈皱折状。

        184. 花瓣无爪，形小，或细长；浆果 ···················· 海桑科 Sonneratiaceae

        184. 花瓣有细爪，边缘具腐蚀状的波纹或具流苏；蒴果 ·········· 千屈菜科 Lythraceae

      183. 叶互生，单叶或复叶；花瓣不呈皱折状。

        185. 花瓣宿存；雄蕊的下部连成一管 ························· 亚麻科 Linaceae

        185. 花瓣脱落性；雄蕊互相分离。

          186. 草本植物，具二出数的花朵；萼片 2 枚，早落性；花瓣 4 枚 ·················
··· 罂粟科 Papaveraceae（花菱草属 *Eschscholtzia*）

186. 木本或草本植物，具五出或四出数的花朵。

　187. 花瓣镊合状排列；果实为荚果；叶多为二回羽状复叶，有时叶片退化，而叶柄发育为叶状柄；心皮
　　　1 枚 ……………………………………………… 豆科 Leguminosae（含羞草亚科 Mimosoideae）

　187. 花瓣覆瓦状排列；果实为核果、蓇葖果或瘦果；叶为单叶或复叶；心皮 1 个至多数
　　　……………………………………………………………………………… 蔷薇科 Rosaceae

181. 花为下位花，或至少在果实时花托扁平或隆起。

　188. 雌蕊少数至多数，互相分离或微有连合。

　189. 水生植物。

　　190. 叶片呈盾状，全缘 …………………………………………… 睡莲科 Nymphaeaceae

　　190. 叶片不呈盾状，多少有些分裂或为复叶 ………………… 毛茛科 Ranunculaceae

　189. 陆生植物。

　191. 茎为攀缘性。

　　192. 草质藤本。

　　　193. 花显著，为两性花 ………………………………………… 毛茛科 Ranunculaceae

　　　193. 花小形，为单性，雌雄异株 ……………………………… 防己科 Menispermaceae

　　192. 木质藤本或为蔓生灌木。

　　　194. 叶对生，复叶由 3 小叶所成，或顶端小叶形成卷须 …………………………………
　　　　　……………………………………… 毛茛科 Ranunculaceae（锡兰莲属 *Naravelia*）

　　　194. 叶互生，单叶。

　　　　195. 花两性或杂性；心皮数个，果为蓇葖果 ……… 五桠果科 Dilleniaceae（锡叶藤属 *Tetracera*）

　　　　195. 花单性。

　　　　　196. 心皮多数，结果时聚生成一球状的肉质体或散布于极延长的花托上 ………………………
　　　　　　……………………………………… 木兰科 Magnoliaceae（五味子亚科 Schisandroideae）

　　　　　196. 心皮 3~6 枚，果为核果或核果状 …………………………… 防己科 Menispermaceae

　191. 茎直立，不为攀缘性。

　　197. 雄蕊的花丝连成单体 ……………………………………………… 锦葵科 Malvaceae

　　197. 雄蕊的花丝互相分离。

　　　198. 草本植物，稀可为亚灌木；叶片多少有些分裂或为复叶。

　　　　199. 叶无托叶；种子有胚乳 …………………………………… 毛茛科 Ranunculaceae

　　　　199. 叶多有托叶；种子无胚乳 ………………………………………… 蔷薇科 Rosaceae

　　　198. 木本植物；叶片全缘或边缘有锯齿，也稀有分裂者。

　　　　200. 萼片及花瓣均为镊合状排列；胚乳具嚼痕 ………………… 番荔枝科 Annonaceae

　　　　200. 萼片及花瓣均为覆瓦状排列；胚乳无嚼痕。

　　　　　201. 萼片及花瓣相同，三出数，排列成 3 层或多层，均可脱落 ………… 木兰科 Magnoliaceae

　　　　　201. 萼片及花瓣甚有分化，多为五出数，排列成 2 层，萼片宿存。

　　　　　　202. 心皮 3 枚至多数；花柱互相分离；胚珠为不定数 …………… 五桠果科 Dilleniaceae

　　　　　　202. 心皮 3~10 枚；花柱完全合生；胚珠单生 … 金莲木科 Ochnaceae（金莲木属 *Ochna*）

188. 雌蕊 1 枚，但花柱或柱头 1 至多数。

  203. 叶片中具透明微点。

    204. 叶互生，羽状复叶或退化为仅有 1 顶生小叶 ················· 芸香科 Rutaceae

    204. 叶对生，单叶 ··················· 藤黄科 Guttiferae

  203. 叶片中无透明微点。

    205. 子房单纯（单雌蕊的子房），1 室。

      206. 乔木或灌木；花瓣呈镊合状排列；果实为荚果 ··· 豆科 Leguminosae（含羞草亚科 *Mimosoideae*）

      206. 草本植物；花瓣呈覆瓦状排列；果实不是荚果。

        207. 花 5 基数；蓇葖果 ······················· 毛茛科 Ranunculaceae

        207. 花 3 基数；浆果 ······················· 小檗科 Berberidaceae

    205. 子房为复合性（2 至多枚心皮的复雌蕊子房），1 至多室。

      208. 子房 1 室，或在马齿苋科的土人参属 *Talinum* 中子房基部为 3 室。

        209. 特立中央胎座。

          210. 草本；叶互生或对生；子房的基部 3 室，有多数胚珠 ·············

            ········· 马齿苋科 Portulacaceae（土人参属 *Talinum*）

          210. 灌木；叶对生；子房 1 室，内有成为 3 对的 6 个胚珠 ·············

            ········· 红树科 Rhizophoraceae（秋茄树属 *Kandelia*）

        209. 侧膜胎座。

          211. 灌木或小乔木（在半日花科中常为亚灌木或草本植物），子房柄不存在或极短；果实为蒴果或浆果。

            212. 叶对生；萼片不相等，外面 2 枚较小，或有时退化，内面 3 枚呈旋转状排列 ···········

              ········· 半日花科 Cistaceae（半日花属 *Helianthemum*）

            212. 叶常互生，萼片相等，呈覆瓦状或镊合状排列。

              213. 植物体内含有色泽的汁液；叶具掌状脉，全缘；萼片 5 枚，互相分离，基部有腺体；种皮肉质，红色 ··········· 红木科 Bixaceae（红木属 *Bixa*）

              213. 植物体内不含有色泽的汁液；叶具羽状脉或掌状脉；叶缘有锯齿或全缘；萼片 3～8 枚，离生或合生；种皮坚硬，干燥 ··········· 大风子科 Flacourtiaceae

          211. 草本植物，如为木本植物时，则具有显著的子房柄；果实为浆果或核果。

            214. 植物体内含乳汁；萼片 2～3 枚 ··········· 罂粟科 Papaveraceae

            214. 植物体内不含乳汁；萼片 4～8 枚。

              215. 叶为单叶或掌状复叶；花瓣完整；长角果 ··········· 白花菜科 Capparidaceae

              215. 叶为单叶，或为羽状复叶或分裂；花瓣具缺刻或细裂；蒴果仅于顶端裂开 ···········

              ········· 木樨草科 Resedaceae

      208. 子房 2 室至多室，或为不完全的 2 至多室。

        216. 草本植物，具多少有些呈花瓣状的萼片。

          217. 水生植物；花瓣为多数雄蕊或鳞片状的蜜腺叶所代替 ···········

            ········· 睡莲科 Nymphaeaceae（萍蓬草属 *Nuphar*）

          217. 陆生植物；花瓣不为蜜腺叶所代替。

            218. 一年生草本植物；叶呈羽状细裂；花两性 ··· 毛茛科 Ranunculaceae（黑种草属 *Nigella*）

            218. 多年生草本植物；叶全缘而呈掌状分裂；雌雄同株 ···········

            ········· 大戟科 Euphorbiaceae（麻风树属 *Jatropha*）

216. 木本植物，或陆生草本植物，常不具呈花瓣状的萼片。

 219. 萼片于蕾内呈镊合状排列。

  220. 雄蕊互相分离或连成数束。

  221. 花药1室或数室；叶为掌状复叶或单叶，全缘，具羽状脉 ························ 木棉科 Bombacaceae

  221. 花药2室；叶为单叶，叶缘有锯齿或全缘。

   222. 花药以顶端2孔裂开 ······························· 杜英科 Elaeocarpaceae

   222. 花药纵长裂开 ··································· 椴树科 Tiliaceae

  220. 雄蕊连为单体，至少内层者如此，并且多少有些连成管状。

   223. 花单性；萼片2或3枚 ······················· 大戟科 Euphorbiaceae（油桐属 *Aleurites*）

   223. 花常两性；萼片多5枚，稀可较少。

    224. 花药2室或更多室。

     225. 无副萼；多有不育雄蕊；花药2室；叶为单叶或掌状分裂 ············· 梧桐科 Sterculiaceae

     225. 有副萼；无不育雄蕊；花药数室；叶为单叶，全缘且具羽状脉 ··············
      ············ 木棉科 Bombacaceae（榴莲属 *Durio*）

    224. 花药1室。

     226. 花粉粒表面平滑；叶为掌状复叶 ············· 木棉科 Bombacaceae（木棉属 *Gossampinus*）

     226. 花粉粒表面有刺；叶有各种情形 ··················· 锦葵科 Malvaceae

 219. 萼片于蕾内呈覆瓦状或旋转状排列，或有时（如大戟科的巴豆属 *Croton*）近呈镊合状排列。

  227. 雌雄同株或稀可异株；果实为蒴果，由2~4个各自裂为2片的离果所成
   ·· 大戟科 Euphorbiaceae

  227. 花常两性，或在猕猴桃科的猕猴桃属 *Actinidia* 中为杂性或雌雄异株；果实为其他情形。

   228. 萼片在果实时增大且成翅状；雄蕊具伸长的花药隔 ············· 龙脑香科 Dipterocarpaceae

   228. 萼片及雄蕊二者不为上述情形。

    229. 雄蕊排列成二层，外层10个和花瓣对生，内层5个和萼片对生 ··············
     ·············· 蒺藜科 Zygophyllaceae（骆驼蓬属 *Peganum*）

    229. 雄蕊的排列为其他情形。

     230. 食虫的草本植物；叶基生，呈管状，其上再具有小叶 ············· 瓶子草科 Sarraceniaceae

     230. 不是食虫植物；叶茎生或基生，但不呈管状。

      231. 植物体呈耐寒旱状；叶为全缘单叶。

       232. 叶对生或上部者互生；萼片5枚，互不相等，外面2枚较小或有时退化，内面3枚较大，成旋转状排列，宿存；花瓣早落 ···················· 半日花科 Cistaceae

       232. 叶互生；萼片5枚，大小相等；花瓣宿存；在内侧基部各有2舌状物 ···············
        ·············· 柽柳科 Tamaricaceae（琵琶柴属 *Reaumuria*）

      231. 植物体不是耐寒旱状；叶常互生；萼片2~5枚，彼此相等；呈覆瓦状或稀可呈镊合状排列。

       233. 草本或木本植物；花为四出数，或其萼片多为2枚且早落。

        234. 植物体内含乳汁；无或有极短子房柄；种子有丰富胚乳 ········ 罂粟科 Papaveraceae

        234. 植物体内不含乳汁；有细长的子房柄；种子无或有少量胚乳 ··············
         ···················· 白花菜科 Capparidaceae

233. 木本植物；花常为五出数，萼片宿存或脱落。

  235. 果实为具 5 个棱角的蒴果，分成 5 个骨质各含 1 或 2 种子的心皮后，再各沿其缝线而 2 瓣裂开 ………………………………………………………… 蔷薇科 Rosaceae（白鹃梅属 *Exochorda*）

  235. 果实不为蒴果，如为蒴果时则为胞背裂开。

    236. 蔓生或攀缘灌木；雄蕊分离；子房 5 室或更多；浆果，常可食 ………… 猕猴桃科 Actinidiaceae

    236. 乔木或灌木；雄蕊至少在外层者连为单体，或连成 3 ~ 5 束而着生于花瓣基部；子房 5 ~ 3 室。

      237. 花药能转动，以顶端孔裂开；浆果；胚乳颇丰富 ……… 猕猴桃科 Actinidiaceae（水冬哥属 *Saurauia*）

      237. 花药能或不能转动，常纵长裂开；果实有各种情形；胚乳通常量微小 ……… 山茶科 Theaceae

161. 成熟雄蕊 10 枚或较少，如多于 10 枚时，其数并不超过花瓣的 2 倍。

  238. 成熟雄蕊和花瓣同数，且和它对生。（次 238 项见 312 页）

    239. 雌蕊 3 个至多数，离生。

      240. 直立草本或亚灌木；花两性，五出数 ……………… 蔷薇科 Rosaceae（地蔷薇属 *Chamaerhodos*）

      240. 木质或草质藤本花单性，常为三出数。

        241. 常单叶；花小型；核果；心皮 3 ~ 6 枚，星状排列，各含 1 胚珠 ……… 防己科 Menispermaceae

        241. 掌状复叶或由 3 小叶组成；花中型；浆果；心皮 3 枚至多数，轮状或螺旋状排列，各含 1 或多数胚珠 …………………………………………………………………… 木通科 Lardizabalaceae

    239. 雌蕊 1 个。

      242. 子房 2 至数室。

        243. 花萼裂齿不明显或微小；以卷须缠绕它物的灌木或草本植物 ………………… 葡萄科 Vitaceae

        243. 花萼具 4 ~ 5 裂片；乔木、灌木或草本植物，有时虽也可为缠绕性，但无卷须。

          244. 雄蕊连成单体。

            245. 单叶；每子房室胚珠 2 ~ 6 枚（或在可可树亚族 *Theobromineae* 中为多数）…………………………………………………………………………………… 梧桐科 Sterculiaceae

            245. 掌状复叶；每子房室胚珠多数 ………………… 木棉科 Bombacaceae（吉贝属 *Ceiba*）

          244. 雄蕊互相分离，或稀可在其下部连成一管。

            246. 叶无托叶；萼片各不相等，呈覆瓦状排列；花瓣不相等，在内层的 2 枚常很小 …………………………………………………………………………………… 清风藤科 Sabiaceae

            246. 叶常有托叶；萼片同大，呈镊合状排列；花瓣均大小同形。

              247. 叶为单叶 …………………………………………………………… 鼠李科 Rhamnaceae

              247. 叶为 1 ~ 3 回羽状复叶 ……………………… 葡萄科 Vitaceae（火筒树属 *Leea*）

      242. 子房 1 室（在马齿苋科的土人参属 *Talinum* 及铁青树科的铁青树属 *Olax* 中则子房的下部多少有些成为 3 室）。

        248. 房下位或半下位。

          249. 叶互生，边缘常有锯齿；蒴果 ………… 大风子科 Flacourtiaceae（天科木属 *Homalium*）

          249. 叶多对生或轮生，全缘；浆果或核果 ………………… 桑寄生科 Loranthaceae

        248. 子房上位。

          250. 花药以舌瓣裂开 ………………………………………………… 小檗科 Berberidaceae

          250. 花药不以舌瓣裂开。

            251. 缠绕草本；胚珠 1 个；叶肥厚，肉质 ………… 落葵科 Basellaceae（落葵属 *Basella*）

            251. 直立草本，或有时为木本；胚珠 1 个至多数。

              252. 雄蕊连成单体；胚珠 2 个 ………… 梧桐科 Sterculiaceae（蛇婆子属 *Waltheria*）

              252. 雄蕊互相分离；胚珠 1 个至多数。

253. 花瓣 6～9 枚；雌蕊单纯 ·· 小檗科 Berberidaceae
253. 花瓣 4～8 枚；雌蕊复合。

　254. 常草本；花萼有 2 个分离萼片。

　　255. 花瓣 4 枚；侧膜胎座 ································ 罂粟科 Papaveraceae（角茴香属 *Hypecoum*）

　　255. 花瓣常 5 枚；基生胎座 ··································· 马齿苋科 Portulacaceae

　254. 乔木或灌木，常蔓生；花萼呈倒圆锥形或杯状。

　　256. 通常雌雄同株；花萼裂片 4～5；花瓣呈覆瓦状排列；无不育雄蕊；胚珠有 2 层珠被 ············
　　　　 ·· 紫金牛科 Myrsinaceae（信筒子属 *Embelia*）

　　256. 花两性；花萼于开花时微小，而具不明显的齿裂；花瓣多为镊合状排列；有不育雄蕊（有时代
　　　　 以蜜腺）；胚珠无珠被。

　　　257. 花萼于果时增大；子房的下部为 3 室，上部为 1 室，内含 3 个胚珠 ··················
　　　　　 ·· 铁青树科 Olacaceae（铁青树属 *Olax*）

　　　257. 花萼于果时不增大；子房 1 室，内仅含 1 个胚珠 ····················· 山柚子科 Opiliaceae

238. 成熟雄蕊和花瓣不同数，如同数时则雄蕊和它互生。

258. 雌雄异株；雄蕊 8 枚，不相同，其中 5 枚较长，有伸出花外的花丝，且和花瓣相互生，另 3 个则较短
　　 而藏于花内；灌木或灌木状草本；互生或对生单叶；心皮单生；雌花无花被，无梗，贴生于宽圆形的
　　 叶状苞片上 ································ 漆树科 Anacardiaceae（九子不离母属 *Dobinea*）

258. 花两性或单性，纵为雌雄异株时，其雄花中也无上述情形的雄蕊。

　259. 花萼或其筒部和子房多少有些相连合。（次 259 项见 314 页）

　260. 每子房室内含胚珠或种子 2 个至多数。（次 260 项见 313 页）

　　261. 花药顶端孔裂；草本或木本；叶对生或轮生，叶片基部多数具 3～9 脉 ···············
　　　　 ·· 野牡丹科 Melastomaceae

　　261. 花药纵长裂开。

　　　262. 草本或亚灌木；有时为攀缘性。

　　　　263. 具卷须的攀缘草本；花单性 ···························· 葫芦科 Cucurbitaceae
　　　　263. 无卷须的植物；花常两性。

　　　　　264. 萼片或萼裂片 2 枚；植物体多少肉质而多水分 ························
　　　　　　　································ 马齿苋科 Portulacaceae（马齿苋属 *Portulaca*）

　　　　　264. 萼片或萼裂片 4～5 枚；植物体常不为肉质。

　　　　　　265. 萼裂片覆瓦状或镊合状排列；花柱 2 或更多；种子具胚乳 ····· 虎耳草科 Saxifragaceae

　　　　　　265. 萼裂片镊合状排列；花柱 1，柱头 2～4 裂，或呈头状；种子无胚乳 ·············
　　　　　　　　································ 柳叶菜科 Onagraceae

　　　262. 乔木或灌木，有时为攀缘性。

　　　　266. 叶互生。

　　　　　267. 花数朵至多数成头状花序；常绿乔木；叶革质，全缘或具浅裂 ···············
　　　　　　　································ 金缕梅科 Hamamelidaceae

　　　　　267. 花成总状或圆锥花序。

　　　　　　268. 灌木；叶掌状分裂，基部具 3～5 脉；子房 1 室，有多数胚珠；浆果 ·············
　　　　　　　　································ 虎耳草科 Saxifragaceae（茶藨子属 *Ribes*）

　　　　　　268. 乔木或灌木；叶缘有锯齿或细锯齿，有时全缘，具羽状脉；子房 3～5 室，每室胚珠
　　　　　　　　2 至数个，或在山茉莉属 *Huodendron* 为多数；干燥或木质核果，或蒴果，有时具棱角
　　　　　　　　或翅 ································ 野茉莉科 Styracaceae

266. 叶常对生（使君子科榄李属 *Lumnitzera* 例外，风车子属 *Combretum* 有时互生，或互生和对生共存于一枝上）。

  269. 胚珠多数，除冠盖藤属 *Pileostegia* 自子房室顶端垂悬外，均位于侧膜或中轴胎座上；浆果或蒴果；叶缘有锯齿或为全缘，但均无托叶；种子含胚乳 ·········· 虎耳草科 Saxifragaceae

  269. 胚珠2个至数个，近于自房室顶端垂悬；叶全缘或有圆锯齿；果实多不裂开，内有种子1至数个。

    270. 乔木或灌木，常蔓生，无托叶，不为形成海岸林的组成分子（榄李树属 *Lumnitzera* 例外）；种子无胚乳，落地后始萌芽 ·········· 使君子科 Combretaceae

    270. 常绿灌木或小乔木，具托叶；多为形成海岸林的主要组成分子；种子常有胚乳，在落地前即萌芽（胎生）·········· 红树科 Rhizophoraceae

260. 每子房室内仅含胚珠或种子1个。

  271. 果实裂开为2个干燥的离果，并共同悬于一果梗上；花序常为伞形花序（在变豆菜属 *Sanicula* 及鸭儿芹属 *Crypbtotaenia* 中为不规则的花序，在刺芫荽属 *Eryngium* 中，则为头状花序）··········
·········· 伞形科 Umbelliferae

  271. 果实不裂开或裂开而非上述情形；花序可为各种型式。

    272. 草本植物。

      273. 花柱或柱头2~4个；种子具胚乳；果实为小坚果或核果，具棱角或有翅 ··········
·········· 小二仙草科 Haloragidaceae

      273. 花柱1个，具有1头状或呈2裂的柱头；种子无胚乳。

        274. 陆生草本植物，具对生叶；花为二出数；果实为一具钩状刺毛的坚果 ··········
·········· 柳叶菜科 Onagraceae（露珠草属 *Circaea*）

        274. 水生草本植物，有聚生而漂浮水面的叶片；花为四出数；果实为具2~4刺的坚果（栽培种果实可无显著的刺）·········· 菱科 Trapaceae（菱属 *Trapa*）

    272. 木本植物。

      275. 果实干燥或蒴果状。

        276. 子房2室；花柱2 ·········· 金缕梅科 Hamamelidaceae

        276. 子房1室；花柱1。

          277. 花序伞房状或圆锥状 ·········· 莲叶桐科 Hernandiaceae

          277. 花序头状 ·········· 珙桐科 Nyssaceae（旱莲木属 *Camptotheca*）

      275. 果实核果状或浆果状。

        278. 叶互生或对生；花瓣呈镊合状排列；花序有各种型式，但稀为伞形或头状，有时且可生于叶片上。

          279. 花瓣3~5枚，卵形至披针形；花药短·········· 山茱萸科 Cornaceae

          279. 花瓣4~10枚，狭窄形并向外翻转；花药细长 ··········
·········· 八角枫科 Alangiaceae（八角枫属 *Alangium*）

        278. 叶互生；花瓣呈覆瓦状或镊合状排列；花序常为伞形或呈头状。

          280. 子房1~2室；花柱1；花杂性，异株，雄花单生或少数至数朵聚生，雌花多数，腋生为有花梗的簇丛 ·········· 珙桐科 Nyssaceae（蓝果树属 *Nyssa*）

          280. 子房2室或更多室；花柱2~5；若子房1室而具1花柱时（如马蹄参属 *Diplopanax*），则花两性，形成顶生类似穗状的花序 ·········· 五加科 Araliaceae

259. 花萼和子房相分离。

  281. 叶片中有透明微点。

  282. 花整齐，稀可两侧对称；果实不为荚果 ·········· 芸香科 Rutaceae

  282. 花整齐或不整齐；果实为荚果 ·········· 豆科 Leguminosae

281. 叶片中无透明微点。

283. 雌蕊 2 个或更多，互相分离或仅有局部的连合；也可子房分离而花柱连合成 1 个。

284. 多水分的草本，具肉质的茎及叶 ……………………………………… 景天科 Crassulaceae

284. 植物体非上述情形。

285. 花为周位花。

286. 花的各部分呈螺旋状排列，萼片逐渐变为花瓣；雄蕊 5 或 6 枚；雌蕊多数 …………
………………………………… 蜡梅科 Calycanthaceae（蜡梅属 *Chimonanthus*）

286. 花的各部分呈轮状排列，萼片和花瓣甚有分化。

287. 雌蕊 2~4 枚，各有多数胚珠；种子有胚乳；无托叶 ………… 虎耳草科 Saxifragaceae

287. 雌蕊 2 枚至多数，各有 1 至数个胚珠；种子无胚乳；有或无托叶 …… 蔷薇科 Rosaceae

285. 花为下位花，或在悬铃木科中微呈周位。

288. 草本或亚灌木。

289. 各子房合具 1 共同的花柱或柱头；羽状复叶；花 5 数；花萼宿存；花中有和花瓣互生的腺体；雄蕊 10 枚 ……………… 牻牛儿苗科 Geraniaceae（熏倒牛属 *Biebersteinia*）

289. 各子房的花柱互相分离。

290. 叶常互生或基生，多少有些分裂；花瓣脱落性，较萼片为大，或于天葵属 *Semiaquilegia* 稍小于成花瓣状的萼片 ……………………………… 毛茛科 Ranunculaceae

290. 叶对生或轮生，为全缘单叶；花瓣宿存性，较萼片小 ………………………………
………………………………………… 马桑科 Coriariaceae（马桑属 *Coriaria*）

288. 乔木、灌木或木本的攀缘植物。

291. 叶为单叶。

292. 叶对生或轮生 ……………………… 马桑科 Coriariaceae（马桑属 *Coriaria*）

292. 叶互生。

293. 叶脱落性，具掌状脉；叶柄基部扩张成帽状以覆盖腋芽 ……………………………
………………………………………… 悬铃木科 Platanaceae（悬铃木属 *Platanus*）

293. 叶常绿性或脱落性，具羽状脉。

294. 心皮 4 枚至多数，离生；花萼果时不增大。

295. 雌蕊 7 枚至多数（稀可少至 5 个）；直立或缠绕性灌木；花两性或单性………
………………………………………………… 木兰科 Magnoliaceae

295. 雌蕊 4~6 枚，常仅 1 个发育；乔木或灌木；花两性 …………………………
………………………………… 漆树科 Anacardiaceae（山檨子属 *Buchanania*）

294. 子房深裂，心皮 5 或 6 枚，花柱 1，各子房均可熟为核果；花萼果时增大
………………………………………… 金莲木科 Ochnaceae（赛金莲木属 *Gomphia*）

291. 叶为复叶。

296. 叶对生 ……………………………………… 省沽油科 Staphyleaceae

296. 叶互生。

297. 木质藤本；叶为掌状复叶或三出复叶 ……………… 木通科 Lardizabalaceae

297. 乔木或灌木（有时在牛栓藤科中有缠绕性者）；叶为羽状复叶。

298. 果实为 1 含多数种子的浆果，状似猫屎 … 木通科 Lardizabalaceae（猫儿屎属 *Decaisnea*）

298. 果实非上述情形。

299. 果实为蓇葖果 ………………………………… 牛栓藤科 Comnaraceae

299. 果实为离果，或在臭椿属 *Ailanthus* 中为翅果 …………… 苦木科 Simaroubaceae

283. 雌蕊 1 个，或至少其子房为 1 个。
  300. 雌蕊或子房确是单纯的，仅 1 室。
    301. 果实为核果或浆果。
      302. 花为三出数，稀可二出数；花药以舌瓣裂开 …………………………… 樟科 Lauraceae
      302. 花为五出或四出数；花药纵长裂开。
        303. 落叶据具刺灌木；雄蕊 10 枚，周位，均可发育 ……… 蔷薇科 Rosaceae（扁核木属 Prinsepia）
        303. 常绿乔木；雄蕊 1~5 枚，下位，常仅其中 1 枚或 2 枚发育 …………………………
        …………………………………………………… 漆树科 Anacardiaceae（芒果属 Mangifera）
    301. 果实为蓇葖果或荚果。
      304. 果实为荚果 …………………………………………………………… 豆科 Leguminosae
      304. 果实为蓇葖果。
        305. 落叶灌木；叶为单叶；蓇葖果内含 2 至数个种子 …………………………………
        …………………………… 蔷薇科 Rosaceae（绣线菊亚科 Spiraeoideae）
        305. 常为木质藤本；叶多为单数复叶或具 3 小叶，有时因退化而只有 1 枚小叶；蓇葖果内仅含 1 个
        种子 …………………………………………………… 牛栓藤科 Connaraceae
  300. 雌蕊或子房并非单纯者，有 1 个以上的子房室或花柱、柱头、胎座等部分。
    306. 子房 1 室或因有 1 假隔膜的发育而成 2 室，有时下部 2~5 室，上部 1 室。（次 306 项见 317 页）
    307. 花下位，花瓣 4 枚，稀可更多。
      308. 萼片 2 枚 ……………………………………………………… 罂粟科 Papaveraceae
      308. 萼片 4~8 枚。
        309. 子房柄常细长，呈线状 …………………………………… 白花菜科 Capparidaceae
        309. 子房柄极短或不存在。
          310. 子房为 2 个心皮连合组成，常具 2 子房室及 1 假隔膜 ………………… 十字花科 Cruciferae
          310. 子房 3~6 个心皮连合组成，仅 1 子房室。
            311. 叶对生，微小，为耐寒旱性；花为辐射对称；花瓣完整，具瓣爪，其内侧有舌状的鳞片
            附属物 …………………………… 瓣鳞花科 Frankeniaceae（瓣鳞花属 Frankenia）
            311. 叶互生，显著，非为耐寒旱性；花为两侧对称；花瓣常分裂，但其内侧并无鳞片状的附
            属物 …………………………………………………… 木樨草科 Resedaceae
    307. 花周位或下位，花瓣 3~5 枚，稀可 2 枚或更多。
      312. 每子房室内仅有胚珠 1 个。
        313. 乔木，或稀为灌木；叶常为羽状复叶。
          314. 叶常为羽状复叶，具托叶及小托叶 ……… 省沽油科 Staphyleaceae（瘿椒树属 Topiscia）
          314. 叶为羽状复叶或单叶，无托叶及小托叶 ……………… 漆树科 Anacardiaceae
        313. 木本或草本；叶为单叶。
          315. 通常均为木本，稀可在樟科的无根藤属 Cassytha 则为缠绕性寄生草本；叶常互生，无膜质托叶。
            316. 乔木或灌木；无托叶；花 3 数或 2 数；萼片和花瓣同形，稀可花瓣较大；花药以舌瓣裂
            开；浆果或核果 …………………………………………… 樟科 Lauraceae
            316. 蔓生性的灌木，茎为合轴型，具钩状的分枝；托叶小而早落；花为五出数，萼片和花瓣
            不同形，前者且于结实时增大成翅状；花药纵长裂开；坚果 ……………
            …………………………… 钩枝藤科 Ancistrocladaceae（钩枝藤属 Ancistrocladus）
          315. 草本或亚灌木；叶互生或对生，具膜质托叶 ……………………… 蓼科 Polygonaceae

312. 每子房室内有胚珠 2 个至多数。

  317. 乔木、灌木或木质藤本。（次 317 项见 317 页）

    318. 花瓣及雄蕊均着生于花萼上 ··· 千屈菜科 Lythraceae

    318. 花瓣及雄蕊均着生于花托上（或于西番莲科中雄蕊着生于子房柄上）。

     319. 核果或翅果，仅有 1 种子。

      320. 花萼具显著的 4 或 5 裂片或裂齿，微小而不能长大 ········· 茶茱萸科 Icacinaceae

      320. 花萼呈截平头或具不明显的萼齿，微小，但能在果实上增大 ································
      ·· 铁青树科 Olacaceae（铁青树属 *Olax*）

     319. 蒴果或浆果，内有 2 个至多数种子。

      321. 花两侧对称。

       322. 叶为 2~3 回羽状复叶；雄蕊 5 枚 ·············· 辣木科 Moringaceae（辣木属 *Moringa*）

       322. 叶为全缘的单叶；雄蕊 8 枚 ·· 远志科 Polygalaceae

      321. 花辐射对称；叶为单叶或掌状分裂。

       323. 花瓣具有直立而常彼此衔接的瓣爪 ········ 海桐花科 Pittosporaceae（海桐花属 *Pittosporum*）

       323. 花瓣不具细长的瓣爪。

        324. 植物体为耐寒旱性，有鳞片状或细长形的叶片；花无小苞片 ········ 柽柳科 Tamaricaceae

        324. 植物体非为耐寒旱性，具有较宽大的叶片。

         325. 花两性。

          326. 花萼和花瓣不甚分化，且前者较大 ····································
          ······························ 大风子科 Flacourtiaceae（红子木属 *Erythrospermum*）

          326. 花萼和花瓣很有分化，前者很小 ·············· 堇菜科 Violaceae（三角车属 *Rinorea*）

         325. 雌雄异株或花杂性。

          327. 乔木；花的每一花瓣基部各具位于内方的一鳞片；无子房柄 ····················
          ···························· 大风子科 Flacourtiaceae（大风子属 *Hydnocarpus*）

          327. 多为具卷须而攀缘的灌木；花常具一为 5 鳞片所成的副冠，各鳞片和萼片相对生；
          有子房柄 ·················· 西番莲科 Passifloraceae（蒴莲属 *Adenia*）

317. 草本或亚灌木。

 328. 胎座位于子房室的中央或基底。

  329. 花瓣着生于花萼的喉部 ·· 千屈菜科 Lythraceae

  329. 花瓣着生于花托上。

   330. 萼片 2 枚；叶互生，稀可对生 ·· 马齿苋科 Portulacaceae

   330. 萼片 5 或 4 枚；叶对生 ··· 石竹科 Caryophyllaceae

 328. 胎座为侧膜胎座。

  331. 食虫植物，具生有腺体刚毛的叶片 ·· 茅膏菜科 Droseraceae

  331. 非为食虫植物，也无生有腺体毛茸的叶片。

   332. 花两侧对称。

    333. 花有一位于前方的距状物；蒴果 3 瓣裂开 ···························· 堇菜科 Violaceae

    333. 花有一位于后方的大型花盘；蒴果仅于顶端裂开 ···················· 木樨草科 Resedaceae

   332. 花整齐或近于整齐。

    334. 植物体为耐寒旱性；花瓣内侧各有 1 舌状的鳞片 ·····························
    ·· 瓣鳞花科 Frankeniaceae（瓣鳞花属 *Frankenia*）

334. 植物体非为耐寒旱性；花瓣内侧无鳞片的舌状附属物。

335. 花中有副冠及子房柄 ………………………………… 西番莲科 Passifloraceae（西番莲属 *Passiflora*）

335. 花中无副冠及子房柄 ……………………………………………………………… 虎耳草科 Saxifragaceae

306. 子房 2 室或更多室。

336. 花瓣形状彼此极不相等。

337. 每子房室内有数个至多数胚珠。

338. 子房 2 室 ………………………………………………………………………… 虎耳草科 Saxifragaceae

338. 子房 5 室 ………………………………………………………………………… 凤仙花科 Balsaminaceae

337. 每子房室内仅有 1 个胚珠。

339. 子房 3 室；雄蕊离生；叶盾状，叶缘具棱角或波纹 …………………………………………

…………………………………………………………… 旱金莲科 Tropaeolaceae（旱金莲属 *Tropaeolum*）

339. 子房 2 室（稀可 1 或 3 室）；雄蕊连合为一单体；叶不呈盾状，全缘 ……… 远志科 Polygalaceae

336. 花瓣形状彼此相等或微有不等，且有时花也可为两侧对称。

340. 雄蕊数和花瓣数既不相等，也不是它的倍数。（次 340 项见 318 页）

341. 叶对生。

342. 雄蕊 4～10 枚，常 8 枚。

343. 蒴果 ……………………………………………………………………… 七叶树科 Hippocastanaceae

343. 翅果 ……………………………………………………………………………… 槭树科 Aceraceae

342. 雄蕊 2 或 3 枚，也稀可 4 或 5 枚。

344. 萼片及花瓣均 5 数；雄蕊多为 3 枚 ……………………………………… 翅子藤科 Hippocrateaceae

344. 萼片及花瓣常均 4 数；雄蕊 2 枚，稀 3 枚 ………………………………… 木樨科 Oleaceae

341. 叶互生。

345. 叶为单叶，多全缘，或在油桐属 *Aleurites* 中可具 3～7 裂片；花单性 …… 大戟科 Euphorbiaceae

345. 叶为单叶或复叶；花两性或杂性。

346. 萼片为镊合状排列；雄蕊连成单体 …………………………………… 梧桐科 Sterculiaceae

346. 萼片为覆瓦状排列；雄蕊离生。

347. 子房 4 或 5 室，每子房室内有 8～12 胚珠；种子具翅 ……………… 楝科 Meliaceae

347. 子房常 3 室，每子房室内有 1 至数个胚珠；种子无翅。

348. 花小型或中型，下位，萼片互相分离或微有连合 ……………… 无患子科 Sapindaceae

348. 花大型，美丽，周位，萼片互相连合成一钟形的花萼 …………………………………

………………………………… 钟萼木科 Bretschneideraceae（钟萼木属 *Bretschneidera*）

340. 雄蕊数和花瓣数相等，或是它的倍数。

349. 每子房室内有胚珠或种子 3 个至多数。

350. 叶为复叶。

351. 雄蕊连合成为单体 ……………………………………………… 酢浆草科 Oxalidaceae

351. 雄蕊彼此相互分离。

352. 叶互生。

353. 叶为 2～3 回的三出叶，或为掌状叶 …… 虎耳草科 Saxifragaceae（落新妇亚族 *Astilbinae*）

353. 叶为 1 回羽状复叶 ………………………………………………… 楝科 Meliaceae

352. 叶对生。

354. 偶数羽状复叶 ·················· 蒺藜科 Zygophyllaceae

354. 奇数羽状复叶 ·················· 省沽油科 Staphyleaceae

350. 叶为单叶。

355. 草本或亚灌木。

356. 花周位；花托多少有些中空。

357. 雄蕊着生于杯状花托的边缘 ·················· 虎耳草科 Saxifragaceae

357. 雄蕊着生于杯状或管状花萼（或即花托）的内侧 ·················· 千屈菜科 Lythraceae

356. 花下位；花托常扁平。

358. 叶对生或轮生，常全缘。

359. 水生或沼泽草本，有时（例如田繁缕属 *Bergia*）为亚灌木；有托叶 ······· 沟繁缕科 Elatinaceae

359. 陆生草本；无托叶 ·················· 石竹科 Caryophyllaceae

358. 叶互生或基生；稀可对生，边缘有锯齿，或叶退化为无绿色组织的鳞片。

360. 草本或亚灌木；有托叶；萼片呈镊合状排列，脱落性 ··················
·················· 椴树科 Tiliaceae（黄麻属 *Corchorus*，田麻属 *Corchoropsis*）

360. 常绿草本，或腐生肉质而无绿色组织；无托叶；萼片呈覆瓦状排列，宿存
·················· 鹿蹄草科 Pyrolaceae

355. 木本植物。

361. 花瓣常有彼此衔接或其边缘互相依附的柄状瓣爪 ··················
·················· 海桐花科 Pittosporaceae（海桐花属 *Pittosporum*）

361. 花瓣无瓣爪，或仅具互相分离的细长柄状瓣爪。

362. 花托空凹；萼片呈镊合状或覆瓦状排列。

363. 叶互生，边缘有锯齿，常绿性 ·················· 虎耳草科 Saxifragaceae（鼠刺属 *Itea*）

363. 叶对生或互生，全缘，脱落性。

364. 子房 2～6 室，仅具 1 花柱；胚珠多数，着生于中轴胎座上 ······· 千屈菜科 Lythraceae

364. 子房 2 室，具 2 花柱；胚珠数个，垂悬于中轴胎座上 ··················
·················· 金缕梅科 Hamamelidaceae（双花木属 *Disanthus*）

362. 花托扁平或微凸起；萼片呈覆瓦状或于杜英科中呈镊合状排列。

365. 花为四出数；果实呈浆果状或核果状；花药纵长裂开或顶端舌瓣裂开。

366. 穗状花序腋生于当年新枝上；花瓣先端具齿裂 ··················
·················· 杜英科 Elaeocarpaceae（杜英属 *Elaeocarpus*）

366. 穗状花序腋生于昔年老枝上；花瓣完整 ··· 旌节花科 Stachyuraceae（旌节花属 *Stachyurus*）

365. 花为五出数；果实呈蒴果状；花药顶端孔裂。

367. 花粉粒单纯；子房 3 室 ·················· 山柳科 Clethraceae（山柳属 *Clethra*）

367. 花粉粒复合，成为四合体；子房 5 室 ·················· 杜鹃花科 Ericaceae

349. 每子房室内有胚珠或种子 1 或 2 个。

368. 草本植物，有时基部呈灌木状。

369. 花单性、杂性，或雌雄异株。

370. 具卷须的藤本；叶为二回三出复叶 ··· 无患子科 Sapindaceae（倒地铃属 *Cardiospermum*）

370. 直立草本或亚灌木；叶为单叶 ·················· 大戟科 Euphorbiaceae

369. 花两性。

371. 萼片呈镊合状排列；果实有刺 ·················· 椴树科 Tiliaceae（刺蒴麻属 *Triumfetta*）

371. 萼片呈覆瓦状排列；果实无刺。

372. 雄蕊彼此分离；花柱互相连合 ·················· 牻牛儿苗科 Geraniaceae

372. 雄蕊互相连合；花柱彼此分离 ·· 亚麻科 Linaceae
368. 木本植物。

373. 叶肉质，通常仅为 1 对小叶所组成的复叶 ······························ 蒺藜科 Zygophyllaceae
373. 叶非上述情形。

374. 叶对生；果实为 1、2 或 3 个翅果所组成。

375. 花瓣细裂或具齿裂；每果实有 3 个翅果 ······························ 金虎尾科 Malpighiaceae
375. 花瓣全缘；每果实具 2 个或连合为 1 个的翅果 ······················ 槭树科 Aceraceae
374. 叶互生，如为对生时，则果实不为翅果。

376. 叶为复叶，或稀可为单叶而有具翅的果实。

377. 雄蕊连为单体。

378. 萼片及花瓣均为三出数；花药 6 个，花丝生于雄蕊管的口部 ·········· 橄榄科 Burseraceae
378. 萼片及花瓣均为四出至六出数；花药 8 ~ 12 个，无花丝，直接着生于雄蕊管的喉部或裂齿之间 ·· 楝科 Meliaceae
377. 雄蕊各自分离。

379. 叶为单叶；果实为一具 3 翅而其内仅有 1 个种子的小坚果 ·······················
·· 卫矛科 Celastraceae（雷公藤属 *Tripterygium*）
379. 叶为复叶；果实无翅。

380. 花柱 3 ~ 5 个；叶常互生，脱落性 ································· 漆树科 Anacardiaceae
380. 花柱 1 个；叶互生或对生。

381. 叶为羽状复叶，互生，常绿性或脱落性；果实有各种类型 ····· 无患子科 Sapindaceae
381. 叶为掌状复叶，对生，脱落性；果实为蒴果 ················ 七叶树科 Hippocastanaceae
376. 叶为单叶；果实无翅。

382. 雄蕊连成单体，或如为 2 轮时，至少其内轮者如此，有时其花药无花丝（例如大戟科的三宝木属 *Trigonostemon*）。

383. 花单性；萼片或花萼裂片 2 ~ 6 枚，呈镊合状或覆瓦状排列 ·········· 大戟科 Euphorbiaceae
383. 花两性；萼片 5 枚，呈覆瓦状排列。

384. 果实呈蒴果状；子房 3 ~ 5 室，各室均可成熟 ················· 亚麻科 Linaceae
384. 果实呈核果状；子房 3 室，大都其中的 2 室为不孕性，仅另 1 室可成熟，而有 1 或 2 个胚珠 ·································· 古柯科 Erythroxylaceae（古柯属 *Erythroxylum*）
382. 雄蕊各自分离，有时在毒鼠子科中可和花瓣相连合而形成管状物。

385. 果呈蒴果状。

386. 叶对生或互生；花周位 ···································· 卫矛科 Celastraceae
386. 叶互生或稀可对生；花下位。

387. 叶脱落性或常绿性；花单性或两性；子房 3 室，稀可 2 或 4 室，有时可多至 15 室（例如算盘子属 *Glochidion*） ·························· 大戟科 Euphorbiaceae
387. 叶常绿性；花两性；子房 5 室 ··· 五列木科 Pentaphylacaceae（五列木属 *Pentaphylax*）
385. 果呈核果状，有时木质化，或呈浆果状。

388. 种子无胚乳，胚体肥大而多肉质。

389. 雄蕊 10 枚·· 蒺藜科 Zygophyllaceae
389. 雄蕊 4 或 5 枚。

390. 叶互生；花瓣 5 枚，各 2 裂或成 2 部分 ·································
··· 毒鼠子科 Dichapetalaceae（毒鼠子属 *Dichapetalum*）

390. 叶对生；花瓣 4 枚，均完整 ……………………… 刺茉莉科 Salvadoraceae（刺茉莉属 *Azima*）

388. 种子有胚乳，胚体有时很小。

  391. 植物体为耐寒旱性；花单性，三出或二出数 ………… 岩高兰科 Empetraceae（岩高兰属 *Empetrum*）

  391. 植物体为普通形状；花两性或单性，五出或四出数。

    392. 花瓣呈镊合状排列。

      393. 雄蕊和花瓣同数 ……………………………………………… 茶茱萸科 Icacinaceae

      393. 雄蕊为花瓣的倍数。

        394. 枝条无刺，而有对生的叶片 ……………… 红树科 Rhizophoraceae（红树族 *Gynotrocheae*）

        394. 枝条有刺，而有互生的叶片 …………………… 铁青树科 Olacaceae（海檀木属 *Ximenia*）

    392. 花瓣呈覆瓦状排列，或在大戟科的小束花属 *Microdesmis* 中为扭转兼覆瓦状排列。

      395. 花单性，雌雄异株；花瓣较小于萼片 …………… 大戟科 Euphorbiaceae（小盘木属 *Microdesmis*）

      395. 花两性或单性；花瓣常较大于萼片。

        396. 落叶攀缘灌木；雄蕊 10 枚；子房 5 室，每室内有胚珠 2 枚 ………………………………………
          …………………………… 猕猴桃科 Actinidiaceae（藤山柳属 *Clematoclethra*）

        396. 多为常绿乔木或灌木；雄蕊 4 或 5 枚。

          397. 花下位，雌雄异株或杂性；无花盘 ……………… 冬青科 Aquifoliaceae（冬青属 *Ilex*）

          397. 花周位，两性或杂性；有花盘 ……… 卫矛科 Celastraceae（异卫矛亚科 *Cassinioideae*）

160. 花冠为多少有些连合的花瓣所组成。

  398. 成熟雄蕊或单体雄蕊的花药数多于花冠裂片。

    399. 心皮 1 个至数个，互相分离或大致分离。

      400. 叶为单叶或有时可为羽状分裂，对生，肉质 ………………………… 景天科 Crassulaceae

      400. 叶为二回羽状复叶，互生，不呈肉质 ……………… 豆科 Leguminosae（含羞草亚科 *Mimosoideae*）

    399. 心皮 2 个或更多，连合成一复合性子房。

      401. 雌雄同株或异株，有时为杂性。

        402. 子房 1 室；无分枝而呈棕榈状的小乔木 …………… 番木瓜科 Caricaceae（番木瓜属 *Carica*）

        402. 子房 2 室至多室；具分枝的乔木或灌木。

          403. 雄蕊连成单体，或至少内层者如此；蒴果 ……… 大戟科 Euphorbiaceae（麻风树科 *Jatropha*）

          403. 雄蕊各自分离；浆果 ……………………………………………… 柿树科 Ebenaceae

      401. 花两性。

        404. 花瓣连成一盖状物，或花萼裂片及花瓣均可合成为 1 或 2 层的盖状物。

          405. 叶为单叶，具有透明微点 …………………………………… 桃金娘科 Myrtaceae

          405. 叶为掌状复叶，无透明微点 …………… 五加科 Araliaceae（多蕊木属 *Tupidanthus*）

        404. 花瓣及花萼裂片均不连成盖状物。

          406. 每子房室中有 3 枚至多数胚珠。

            407. 雄蕊 5 ~ 10 枚或其数不超过花冠裂片的 2 倍，稀可在野茉莉科的银钟花属 *Halesia* 其数可达 16 个，而为花冠裂片的 4 倍。

              408. 雄蕊各自分离；花药顶端孔裂；花粉粒为四合型 …………………… 杜鹃花科 Ericaceae

              408. 雄蕊连成单体或其花丝于基部互相连合；花药纵裂；花粉粒单生。

                409. 叶为复叶；子房上位；花柱 5 个 ………………………… 酢浆草科 Oxalidaceae

                409. 叶为单叶；子房下位或半下位；花柱 1 个；乔木或灌木，常有星状毛 …………………
                  ………………………………………………………… 野茉莉科 Styracaceae

            407. 雄蕊为不定数。

410. 萼片和花瓣常各为多数，而无显著的区分；子房下位；植物体肉质，绿色，常具棘针，而其叶退化
   ………………………………………………………………………………… 仙人掌科 Cactaceae
410. 萼片和花瓣常各为 5 枚，而有显著的区分；子房上位。
   411. 萼片呈镊合状排列；雄蕊连成单体 ………………………………………… 锦葵科 Malvaceae
   411. 萼片呈显著的覆瓦状排列。
      412. 雄蕊连成 5 束，且每束着生于 1 花瓣的基部；花药顶端孔裂开；浆果
         ………………………………………… 猕猴桃科 Actinidiaceae（水冬哥属 *Saurauia*）
      412. 雄蕊的基部连成单体；花药纵长裂开；蒴果 ………… 山茶科 Theaceae（紫茎属 *Stewartia*）
406. 每子房室中常仅有 1 或 2 个胚珠。
   413. 花萼中的 2 枚或更多枚于结实时能长大成翅状 ……………… 龙脑香科 Dipterocarpaceae
   413. 花萼裂片无上述变大的情形。
      414. 植物体常有星状毛茸 ……………………………………………… 野茉莉科 Styracaceae
      414. 植物体无星状毛茸。
         415. 子房下位或半下位；果实歪斜 ……………………… 山矾科 Symplocaceae（山矾属 *Symplocos*）
         415. 子房上位。
            416. 雄蕊相互连合为单体；果实成熟时分裂为离果 ……………………… 锦葵科 Malvaceae
            416. 雄蕊各自分离；果实不是离果。
               417. 子房 1 或 2 室；蒴果 …………… 瑞香科 Thymelaeaceae（沉香属 *Aquilaria*）
               417. 子房 6 ~ 8 室；浆果 …………… 山榄科 Sapotaceae（紫荆木属 *Madhuca*）
398. 成熟雄蕊并不多于花冠裂片或有时因花丝的分裂则可过之。
   418. 雄蕊和花冠裂片为同数且对生。
      419. 植物体内有乳汁 …………………………………………………………… 山榄科 Sapotaceae
      419. 植物体内不含乳汁。
         420. 果实内有数个至多数种子。
            421. 乔木或灌木；果实呈浆果状或核果状 ……………………… 紫金牛科 Myrsinaceae
            421. 草本；果实呈蒴果状 …………………………………………… 报春花科 Primulaceae
         420. 果实内仅有 1 个种子。
            422. 子房下位或半下位。
               423. 乔木或攀缘性灌木；叶互生 ……………………………… 铁青树科 Olacaceae
               423. 常为半寄生性灌木；叶对生 ……………………………… 桑寄生科 Loranthaceae
            422. 子房上位。
               424. 花两性。
                  425. 攀缘性草本；萼片 2；果为肉质宿存花萼所包围 …… 落葵科 Basellaceae（落葵属 *Basella*）
                  425. 直立草本或亚灌木，有时为攀缘性；萼片或萼裂片 5；果为蒴果或瘦果，不为花萼所包围
                     …………………………………………………………………… 蓝雪科 Plumbaginaceae
               424. 花单性，雌雄异株；攀缘性灌木。
                  426. 雄蕊连合成单体；雌蕊单纯性 ……… 防己科 Menispermaceae（锡生藤亚族 *Cissampelinae*）
                  426. 雄蕊各自分离；雌蕊复合性 …………… 茶茱萸科 Icacinaceae（微花藤属 *Iodes*）
   418. 雄蕊和花冠裂片为同数且互生，或雄蕊数较花冠裂片为少。
      427. 子房下位。（次 427 项见 323 页）
         428. 植物体常以卷须而攀缘或蔓生；胚珠及种子皆为水平生长于侧膜胎座上 … 葫芦科 Cucurbitaceae
         428. 植物体直立，如为攀缘时也无卷须；胚珠及种子并不为水平生长。

429. 雄蕊互相连合。
　　430. 花整齐或两侧对称，成头状花序，或在苍耳属 *Xanthium* 中，雌花序为一仅含 2 花的果壳，其外生有
　　　　钩状刺毛；子房 1 室，内仅有 1 个胚珠 ·· 菊科 Compositae
　　430. 花多两侧对称，单生或成总状或伞房花序；子房 2 或 3 室，内有多数胚珠。
　　　　431. 花冠裂片呈镊合状排列；雄蕊 5 枚，具分离的花丝及连合的花药 ·······························
　　　　······································· 桔梗科 Campanulaceae（半边莲亚科 *Lobelioideae*）
　　　　431. 花冠裂片呈覆瓦状排列；雄蕊 2 枚，具连合的花丝及分离的花药 ·······························
　　　　··· 花柱草科 Stylidiaceae（花柱草属 *Stylidium*）
429. 雄蕊各自分离。
　　432. 雄蕊和花冠相分离或近于分离。
　　　　433. 花药顶端孔裂开；花粉粒连合成四合体；灌木或亚灌木 ·······························
　　　　·······································杜鹃花科 Ericaceae（乌饭树亚科 *Vaccinioideae*）
　　　　433. 花药纵长裂开，花粉粒单纯；多为草本。
　　　　　　434. 花冠整齐；子房 2~5 室，内有多数胚珠 ················· 桔梗科 Campanulaceae
　　　　　　434. 花冠不整齐；子房 1~2 室，每子房室内仅有 1 或 2 个胚珠 ········· 草海桐科 Goodeniaceae
　　432. 雄蕊着生于花冠上。
　　　　435. 雄蕊 4 或 5 枚，和花冠裂片同数。
　　　　　　436. 叶互生；每子房室内有多数胚珠 ···························· 桔梗科 Campanulaceae
　　　　　　436. 叶对生或轮生；每子房室内有 1 个至多数胚珠。
　　　　　　　　437. 叶轮生，如为对生时，则有托叶存在 ·························· 茜草科 Rubiaceae
　　　　　　　　437. 叶对生，无托叶或稀可有明显的托叶。
　　　　　　　　　　438. 花序多为聚伞花序 ································· 忍冬科 Caprifoliaceae
　　　　　　　　　　438. 花序为头状花序 ··································· 川续断科 Dipsacaceae
　　　　435. 雄蕊 1~4 枚，其数较花冠裂片为少。
　　　　　　439. 子房 1 室。
　　　　　　440. 胚珠多数，生于侧膜胎座上 ···························· 苦苣苔科 Gesneriaceae
　　　　　　440. 胚珠 1 个，垂悬于子房的顶端 ························· 川续断科 Dipsacaceae
　　　　　　439. 子房 2 室或更多室，具中轴胎座。
　　　　　　　　441. 子房 2~4 室，所有的子房室均可成熟；水生草本 ······ 胡麻科 Pedaliaceae（茶菱属 *Trapella*）
　　　　　　　　441. 子房 3 或 4 室，仅其中 1 或 2 室可成熟。
　　　　　　　　　　442. 落叶或常绿的灌木；叶片常全缘或边缘有锯齿 ····················· 忍冬科 Caprifoliaceae
　　　　　　　　　　442. 陆生草本；叶片常有很多的分裂 ················· 败酱科 Valerianaceae
427. 子房上位。
　443. 子房深裂为 2~4 部分；花柱或数花柱均自子房裂片之间伸出。
　　　444. 花冠两侧对称或稀可整齐；叶对生 ································· 唇形科 Labiatae
　　　444. 花冠整齐；叶互生。
　　　　445. 花柱 2 个；多年生匍匐性小草本；叶片呈圆肾形 ··· 旋花科 Convolvulaceae（马蹄金属 *Dichondra*）
　　　　445. 花柱 1 个 ······································· 紫草科 Boraginaceae
　443. 子房完整或微有分割，或为 2 个分离的心皮所组成；花柱自子房的顶端伸出。
　　　446. 雄蕊的花丝分裂。
　　　　447. 雄蕊 2 枚，各分为 3 裂 ··········· 罂粟科 Papaveraceae（紫堇亚科 Fumarioideae）

447. 雄蕊5枚，各分为2裂 ··· 五福花科 Adoxaceae（五福花属 *Adoxa*）
446. 雄蕊的花丝单纯。

448. 花冠不整齐，常多少有些呈二唇状。

449. 成熟雄蕊5枚。

450. 雄蕊和花冠离生 ·· 杜鹃花科 Ericaceae

450. 雄蕊着生于花冠上 ··· 紫草科 Boraginaceae

449. 成熟雄蕊2或4枚，退化雄蕊有时也可存在。

451. 每子房室内仅含1或2枚胚珠（如为后一情形时，也可在次451项检索之）。

452. 叶对生或轮生；雄蕊4枚，稀可2枚；胚珠直立，稀可垂悬。

453. 子房2~4室，共有2枚或更多的胚珠 ····························· 马鞭草科 Verbenaceae

453. 子房1室，仅含1枚胚珠 ····················· 透骨草科 Phrymaceae（透骨草属 *Phryma*）

452. 叶互生或基生；雄蕊2或4枚，胚珠垂悬；子房2室，每室仅1胚珠 ·····················
·· 玄参科 Scrophulariaceae

451. 每子房室内有2枚至多数胚珠。

454. 子房1室具侧膜胎座或中央胎座（有时可因侧膜胎座的深入而为2室）。

455. 草本或木本植物，不为寄生性，也非食虫性。

456. 多为乔木或木质藤本；叶为单叶或复叶，对生或轮生，稀可互生，种子有翅，无胚
·· 紫葳科 Bignoniaceae

456. 多为草本；叶为单叶，基生或对生；种子无翅，有或无胚乳 ·····················
·· 苦苣苔科 Gesneriaceae

455. 草本植物，为寄生性或食虫性。

457. 植物体寄生于其他植物的根部，而无绿叶存在；雄蕊4枚；侧膜胎座
·· 列当科 Orobanchaceae

457. 植物体为食虫性，有绿叶存在；雄蕊2枚；特立中央胎座；多为水生或沼泽植物，且
有具距的花冠 ··· 狸藻科 Lentibulariaceae

454. 子房2~4室，具中轴胎座，或于角胡麻科中为子房1室而具侧膜胎座。

458. 植物体常具分泌黏液的腺体毛茸；种子无胚乳或具一薄层胚乳。

459. 子房最后成为4室；蒴果的果皮质薄而不延伸为长喙；油料植物 ·····················
·································· 胡麻科 Pedaliaceae（胡麻属 *Sesamum*）

459. 子房1室；蒴果的内皮坚硬而呈木质，延伸为钩状长喙；栽培花卉 ·····················
··························· 角胡麻科 Martyniaceae（角胡麻属 *Pooboscidea*）

458. 植物体不具上述的毛茸；子房2室。

460. 叶对生；种子无胚乳，位于胎座的钩状突起上 ··················· 爵床科 Acanthaceae

460. 叶互生或对生；种子有胚乳，位于中轴胎座上。

461. 花冠裂片具深缺刻；成熟雄蕊2枚 ········· 茄科 Solanaceae（蝴蝶花属 *Schizanthus*）

461. 花冠裂片全缘或仅其先端具一凹陷；成熟雄蕊2或4枚 ··· 玄参科 Scrophulariaceae

448. 花冠整齐，或近于整齐。

462. 雄蕊数较花冠裂片为少。

463. 子房2~4室，每室内仅含1或2个胚珠。

464. 雄蕊2枚 ·· 木樨科 Oleaceae

464. 雄蕊4枚。

465. 叶互生，有透明腺体微点存在 ································· 苦槛蓝科 Myoporaceae

465. 叶对生，无透明微点 ·· 马鞭草科 Verbenaceae

463. 子房 1 或 2 室，每室内有数个至多数胚珠。

466. 雄蕊 2 枚；每子房室内有 4～10 个胚珠垂悬于室的顶端 ····· 木樨科 Oleaceae（连翘属 *Forsythia*）

466. 雄蕊 4 或 2 枚；每子房室内有多数胚珠着生于中轴或侧膜胎座上。

467. 子房 1 室，内具分歧的侧膜胎座，或因胎座深入而使子房成 2 室 ········· 苦苣苔科 Gesneriaceae

467. 子房为完全的 2 室，内具中轴胎座。

468. 花冠于蕾中常折迭；子房 2，心皮的位置偏斜 ······························ 茄科 Solanaceae

468. 花冠于蕾中不折迭，而呈覆瓦状排列；子房的 2 心皮位于前后方 ··· 玄参科 Scrophulariaceae

462. 雄蕊和花冠裂片同数。

469. 子房 2 个，或为 1 个而成熟后呈双角状。

470. 雄蕊各自分离；花粉粒也彼此分离 ································ 夹竹桃科 Apocynaceae

470. 雄蕊互相连合；花粉粒连成花粉块 ································ 萝藦科 Asclepiadaceae

469. 子房 1 个，不呈双角状。

471. 子房 1 室或因 2 侧膜胎座的深入而成 2 室。

472. 子房为 1 心皮所成。

473. 花显著，呈漏斗形而簇生；果实为主瘦果，有棱或有翅 ···································
··· 紫茉莉科 Nyctaginaceae（紫茉莉属 *Mirabilis*）

473. 花小型而形成球形的头状花序；果实为 1 荚果，成熟后则裂为仅含工种子的节荚
··· 豆科 Leguminosae（含羞草属 *Mimosa*）

472. 子房为 2 个以上连合心皮所成。

474. 乔木或攀缘性灌木，稀攀缘性草本，而体内具有乳汁（例如心翼果属 *Cardiopteris*）；果实呈
核果状（但心翼果属则为干燥的翅果），内有 1 个种子 ················ 茶茱萸科 Icacinaceae

474. 草本或亚灌木，或于旋花科的麻辣仔藤属 *Erycibe* 中为攀缘灌木；果实呈蒴果状（或于麻辣
仔藤属中呈浆果状），内有 2 个或更多的种子。

475. 花冠裂片呈覆瓦状排列。

476. 叶茎生，羽状分裂或为羽状复叶（限于我国植物如此）···································
··· 田基麻科 Hydrophyllaceae（水叶族 *Hydrophylleae*）

476. 叶基生，单叶，边缘具齿裂 ···
··· 苦苣苔科 Gesneriaceae（苦苣苔属 *Conandron*，黔苣苔属 *Tengia*）

475. 花冠裂片常呈旋转状或内折的镊合状排列。

477. 攀缘性灌木；果实呈浆果状，内有少数种子 ····· 旋花科 Convolvulaceae（丁公藤属 *Erycibe*）

477. 直立陆生或漂浮水面的草本；果实呈蒴果状，内有少数至多数种子 ·····················
··· 龙胆科 Gentianaceae

471. 子房 2～10 室。

478. 无绿叶而为缠绕性的寄生植物 ················ 旋花科 Convolvulaceae（菟丝子亚科 *Cuscutoideae*）

478. 不是上述的无叶寄生植物。

479. 叶常对生，且多在两叶之间具有托叶所成的连接线或附属物 ············ 马钱科 Loganiaceae

479. 叶常互生，或有时基生，如为对生时，其两叶之间也无托叶所成的连系物，有时其叶也可轮生。

480. 雄蕊和花冠离生或近于离生。

481. 灌木或亚灌木；花药顶端孔裂；花粉粒为四合体；子房常 5 室 ··· 杜鹃花科 Ericaceae

481. 一年或多年生草本，常为缠绕性；花药纵长裂开；花粉粒单纯；子房常 3～5 室 ·······
··· 桔梗科 Campanulaceae

480. 雄蕊着生于花冠的筒部。
 482. 雄蕊 4 枚，稀可在冬青科为 5 枚或更多。
  483. 无主茎的草本，具由少数至多数花朵所形成的穗状花序生于一基生花葶上 ┄┄┄┄┄┄┄┄ ┄┄┄┄┄┄┄┄┄┄┄┄┄┄┄┄┄┄┄┄ 车前科 Plantaginaceae（车前属 *Plantago*）
  483. 乔木、灌木，或具有主茎的草本。
   484. 叶互生，多常绿 ┄┄┄┄┄┄┄┄┄┄ 冬青科 Aquifoliaceae（冬青属 *Ilex*）
   484. 叶对生或轮生。
    485. 子房 2 室，每室内有多数胚珠 ┄┄┄┄┄┄┄┄┄ 玄参科 Scrophulariaceae
    485. 子房 2 室至多室，每室内有 1 或 2 个胚珠 ┄┄┄┄┄┄┄ 马鞭草科 Verbenaceae
482. 雄蕊常 5 枚，稀可更多。
 486. 每子房室内仅有 1 或 2 个胚珠。
  487. 子房 2 或 3 室；胚珠自子房室近顶端垂悬；木本植物；叶全缘。
   488. 每花瓣 2 裂或 2 分；花柱 1 个；子房无柄，2 或 3 室，每室内各有 2 个胚珠；核果；有托叶 ┄┄┄┄┄┄┄┄┄┄ 毒鼠子科 Dichapetalaceae（毒鼠子属 *Dichapetalum*）
   488. 每花瓣均完整；花柱 2 个；子房具柄，2 室，每室内仅有 1 个胚珠；翅果；无托叶 ┄┄┄┄┄┄┄┄┄┄┄┄┄┄┄┄┄┄┄┄┄┄ 茶茱萸科 Icacinaceae
  487. 子房 1～4 室；胚珠在子房室基底或中轴的基部直立或上举；无托叶；花柱 1 个，稀可 2 个，有时在紫草科的破布木属 *Cordia* 中其先端可成两次的 2 裂。
   489. 果实为核果；花冠有明显的裂片，并在蕾中呈覆瓦状或旋转状排列；叶全缘或有锯齿；通常均为直立木本或草本，多粗壮或具刺毛 ┄┄┄┄┄┄┄┄┄ 紫草科 Boraginaceae
   489. 果实为蒴果；花瓣完整或具裂片；叶全缘或具裂片，但无锯齿缘。
    490. 通常为缠绕性，稀可为直立草本，或为半木质的攀缘植物至大型木质藤本（例如盾苞藤属 *Neuropeltis*）；萼片多互相分离；花冠常完整而几无裂片，于蕾中呈旋转状排列，也可有时深裂而其裂片成内折的镊合状排列（例如盾苞藤属）┄┄┄┄┄┄┄┄┄┄┄ ┄┄┄┄┄┄┄┄┄┄┄┄┄┄┄┄┄┄┄┄┄┄┄┄ 旋花科 Convolvulaceae
    490. 通常均为直立草本；萼片连合成钟形或筒状；花冠有明显的裂片，唯于蕾中也成旋转状排列 ┄┄┄┄┄┄┄┄┄┄┄┄┄┄┄┄┄┄┄┄┄┄ 花葱科 Polemoniaceae
 486. 每子房室内有多数胚珠，或在花葱科中有时为主至数个；多无托叶。
  491. 高山区生长的耐寒旱性低矮多年生草本或丛生亚灌木；叶多小型，常绿，紧密排列成覆瓦状或莲座式；花无花盘；花单生至聚集成几为头状花序；花冠裂片成覆瓦状排列；子房 3 室；花柱 1 个；柱头 3 裂；蒴果室背开裂 ┄┄┄┄┄┄┄┄┄┄ 岩梅科 Diapensiaceae
  491. 草本或木本，不为耐寒旱性；叶常为大型或中型，脱落性，疏松排列而各自展开；花多有位于子房下方的花盘。
   492. 花冠不于蕾中折迭，其裂片呈旋转状排列，或在田基麻科中为覆瓦状排列。
    493. 叶为单叶，或在花葱属 *Polemonium* 为羽状分裂或为羽状复叶；子房 3 室（稀可 2 室）；花柱 1 个；柱头 3 裂；蒴果多室背开裂 ┄┄┄┄┄┄┄┄┄┄ 花葱科 Polemoniaceae
    493. 叶为单叶，且在田基麻属 *Hydrolea* 为全缘；子房 2 室；花柱 2 个；柱头呈头状；蒴果室间开裂 ┄┄┄┄┄┄┄┄ 田基麻科 Hydrophyllaceae（田基麻族 *Hydroleeae*）
   492. 花冠裂片呈镊合状或覆瓦状排列，或其花冠于蕾中折迭，且成旋转状排列；花萼常宿存；子房 2 室；或在茄科中为假 3 室至假 5 室；花柱 1 个；柱头完整或 2 裂。
    494. 花冠多于蕾中折迭，其裂片呈覆瓦状排列；或在曼陀罗 *Datura* 成旋转状排列，稀可在枸杞属 *Lycium* 和颠茄属 *Atropa* 等属中，并不于蕾中折迭，而呈覆瓦状排列，雄蕊的花丝无毛；浆果，或为纵裂或横裂的蒴果 ┄┄┄┄┄┄┄┄┄┄ 茄科 Solanaceae

494. 花冠不于蕾中折迭，其裂片呈覆瓦状排列；雄蕊的花丝具毛茸（尤以后方的 3 个如此）。

　　495. 室间开裂的蒴果 ……………………………… 玄参科 Scrophulariaceae（毛蕊花属 *Verbascum*）

　　495. 浆果，有刺灌木 …………………………………………… 茄科 Solanaceae（枸杞属 *Lycium*）

1. 子叶 1 枚；茎无中央髓部，也无呈年轮状的生长；叶多具平行叶脉；花 3 数，有时 4 数，极少为 5 数 … …………………………………………………………………………… 单子叶植物纲 Monocotyledoneae

496. 木本植物，或其叶于芽中呈折迭状。

　　497. 灌木或乔木；叶细长或呈剑状，在芽中不呈折迭状 ……………………… 露兜树科 Pandanaceae

　　497. 木本或草本；叶甚宽，常呈羽状或扇形的分裂，在芽中呈折迭状而有强韧的平行脉或射出脉。

　　　　498. 木本，呈棕榈状，主干不分枝或少分枝；圆锥或穗状花序，托以佛焰状苞片 ⋯⋯ 棕榈科 Palmae

　　　　498. 多年生草本，无主茎，叶片常深裂为 2 片；紧密的穗状花序 …………………………………… ………………………………………… 环花草科 Cyclanthaceae（巴拿马草属 *Carludovica*）

496. 草本植物或稀可为木质茎，但其叶子芽中从不呈折迭状。

　　499. 无花被或在眼子菜科中很小。（次 499 项见 329 页）。

　　　　500. 花包藏于或附托以呈覆瓦状排列的壳状鳞片（特称为颖）中，由多花至 1 花形成小穗（自形态学观点而言，此小穗实即简单的穗状花序）。

　　　　　　501. 秆多少有些呈三棱形，实心；茎生叶呈三行排列；叶鞘封闭；花药以基底附着花丝；果实为瘦果或囊果 …………………………………………………………………… 莎草科 Cyperaceae

　　　　　　501. 秆常以圆筒形；中空；茎生叶呈二行排列；叶鞘封闭；花药以其中附着花丝；果实通常为颖果 ………………………………………………………………………………… 禾本科 Graminecea

　　　　500. 花虽有时排列为具总苞的头状花序，但并不包藏于呈壳状的鳞片中。

　　　　　　502. 植物体微小，无真正的叶片，仅具无茎而漂浮水面或沉没水中的叶状体 …… 浮萍科 Lemnaceae

　　　　　　502. 植物体常具茎，也具叶，其叶有时可呈鳞片状。

　　　　　　　　503. 水生植物，具沉没水中或漂浮水面的片叶。

　　　　　　　　　　504. 花单性，不排列成穗状花序。

　　　　　　　　　　　　505. 叶互生；花成球形的头状花序 ………… 黑三棱科 Sparganiaceae（黑三棱属 *Sparganium*）

　　　　　　　　　　　　505. 叶多对生或轮生；花单生，或在叶腋间形成聚伞花序。

　　　　　　　　　　　　　　506. 多年生草本；雌蕊为 1 个或更多而互相分离的心皮所成胚珠自子房室顶端垂悬 ………………………………… 眼子菜科 Potamogetonaceae（果藻族 *Zannichellieae*）

　　　　　　　　　　　　　　506. 一年生草本；雌蕊 1 个，具 2～4 柱头；胚珠直立于子房室的基底 ……………………… …………………………………………………… 茨藻科 Najadaceae（茨藻属 *Najas*）

　　　　　　　　　　504. 花两性或单性，排列成简单或分歧的穗状花序。

　　　　　　　　　　　　507. 花排列于 1 扁平穗轴的一侧。

　　　　　　　　　　　　　　508. 海水植物；穗状花序不分歧，但具雌雄同株或异株的单性花；雄蕊 1 枚，具无花丝而为 1 室的花药；雌蕊 1 个，具 2 柱头；胚珠 1 个，垂悬于子房室的顶端 …………………… …………………………………………… 眼子菜科 Potamogetonaceae（大叶藻属 *Zostera*）

　　　　　　　　　　　　　　508. 淡水植物；穗状花序常分为二歧而具两性花；雄蕊 6 个或更多，具极细长的花丝和 2 室的花药；雌蕊为 3～6 个离生心皮所成；胚珠在每室内 2 枚或更多，基生 ………… …………………………………………… 水蕹科 Aponogetonaceae（水蕹属 *Aponogeton*）

　　　　　　　　　　　　507. 花排列于穗轴的周围，多为两性花；胚珠常仅 1 枚 ………… 眼子菜科 Potamogetonaceae

503. 陆生或沼泽植物，常有位于空气中的叶片。

  509. 叶有柄，全缘或有各种形状的分裂，具网状脉；花形成一肉穗花序，后者常有一大型而常具色彩的佛焰苞片 ·· 天南星科 Araceae

  509. 叶无柄，细长形、剑形，或退化为鳞片状，其叶片常具平行脉。

    510. 花形成紧密的穗状花序，或在帚灯草科为疏松的圆锥花序。

      511. 陆生或沼泽植物；花序为由位于苞腋间的小穗所组成的疏散圆锥花序；雌雄异株；叶多呈鞘状 ·· 帚灯草科 Restionaceae（薄果草属 *Letocarpus*）

      511. 水生或沼泽植物；花序为紧密的穗状花序。

        512. 穗状花序位于一呈二棱形的基生花葶的一侧，而另一侧则延伸为叶状的佛焰苞片；花两性 ·· 天南星科 Araceae（石菖蒲属 *Acorus*）

        512. 穗状花序位于一圆柱形花梗的顶端，形如蜡烛而无佛焰苞；雌雄同株 ······ 香蒲科 Typhaceae

    510. 花序有各种型式。

      513. 花单性，成头状花序。

        514. 头状花序单生于基生无叶的花葶顶端；叶狭窄，呈禾草状，有时叶为膜质 ·· 谷精草科 Eriocaulaceae（谷精草属 *Eriocaulon*）

        514. 头状花序散生于具叶的主茎或枝条的上部，雄性者在上，雌性者在下；叶细长，呈扁棱形，直立或漂浮水面，基部呈鞘状 ············ 黑三棱科 Sparganiaceae（黑三棱属 *Sparganium*）

      513. 花常两性。

        515. 花序呈穗状或头状，包藏于2个互生的叶状苞片中；无花被；叶小，细长形或呈丝状；雄蕊1或2个；子房上位，1~3室，每子房室内仅有1个垂悬胚珠 ······ 刺鳞草科 Centrolepidaceae

        515. 花序不包藏于叶状的苞片中；有花被。

          516. 子房3~6个，至少在成熟时互相分离 ······ 水麦冬科 Juncaginaceae（水麦冬属 *Triglochin*）

          516. 子房1个，由3心皮连合所组成 ·· 灯心草科 Juncaceae

499. 有花被，常显著，且呈花瓣状。

  517. 雌蕊3个至多数，互相分离。

    518. 死物寄生性植物，具呈鳞片状而无绿色叶片。

      519. 花两性，具2层花被片；心皮3个，各有多数胚珠 ········ 百合科 Liliaceae（无叶莲属 *Petrosavia*）

      519. 花单性或稀可杂性，具一层花被片；心皮数个，各仅有1个胚珠 ·· 霉草科 Triuridaceae（喜阴草属 *Sciaphila*）

    518. 不是死物寄生性植物，常为水生或沼泽植物，具有发育正常的绿叶。

      520. 花被裂片彼此相同；叶细长，基部具鞘 ············ 水麦冬科 Juncaginaceae（芝菜属 *Scheuchzeria*）

      520. 花被裂片分化为萼片和花瓣2轮。

        521. 叶（限于我国植物）呈细长形，直立；花单生或成伞形花序；蓇葖果 ·· 花蔺科（莕菜科）Butomaceae（莕菜属 *Butomus*）

        521. 叶呈细长兼披针形至卵圆形，常箭镞状而具长柄；花常轮生，成总状或圆锥花序；瘦果 ·· 泽泻科 Alismataceae

  517. 雌蕊1个，复合性或于百合科的岩菖蒲属 *Tofieldia* 中其心皮近于分离。

    522. 子房上位，或花被和子房相分离。

      523. 花两侧对称；雄蕊1枚，位于前方，即着生于远轴的1枚花被片的基部 ·· 田葱科 Philydraceae（田葱属 *Philydrum*）

      523. 花辐射对轴，稀可两侧对称；雄蕊3枚或更多。

524. 花被分化为花萼和花冠 2 轮，后者于百合科的重楼族中，有时为细长形或线形的花瓣所组成，稀可缺如。

  525. 花形成紧密而具鳞片的头状花序；雄蕊 3 枚；子房 1 室 ……………………… 黄眼草科 Xyridaceae（黄眼草属 *Xyris*）

  525. 花不形成头状花序；雄蕊在 3 枚以上。

    526. 叶互生，基部具鞘，平行脉；聚伞花序腋生或顶生；雄蕊 6 枚，或因退化而数较少 …………………… 鸭跖草科 Commelinaceae

    526. 叶 3 至多枚轮生于茎顶端，网状脉，基出脉 3~5；单花顶生；雄蕊 6 枚、8 枚或 10 枚 ………… 百合科 Liliaceae（重楼族 *Parideae*）

524. 花被裂片彼此相同或近于相同，或于百合科的白丝草属 *Chinographis* 中则极不相同，又在同科的油点草属 *Tricyrtis* 中其外层 3 个花被裂片的基部呈囊状。

  527. 花小型，花被裂片绿色或棕色。

    528. 花位于一穗形总状花序上；蒴果自一宿存的中轴上裂为 3~6 瓣，每果瓣内仅有 1 枚种子 …………………… 水麦冬科 Juncaginaceae（水麦冬属 *Triglochin*）

    528. 花位于各种型式的花序上；蒴果室背开裂为 3 瓣，内有多数至 3 枚种子 ………………… 灯心草科 Juncaceae

  527. 花大型或中型，或有时为小型，花被裂片多少有些具鲜明的色彩。

    529. 叶的顶端变为卷须（限于我国植物），并有闭合的叶鞘；每室胚珠仅 1 枚；花排列为顶生的圆锥花序 …………………… 须叶藤科 Flagellariaceae（须叶藤属 *FLagellaria*）

    529. 叶的顶端不变为卷须；胚珠在每子房室内为多数，稀可仅为 1 个或 2 个。

      530. 直立或漂浮的水生植物；雄蕊 6 枚，彼此不相同，或有时有不育者 ………………… 雨久花科 Pontederiaceae

      530. 陆生植物；雄蕊 6 枚，4 枚或 2 枚，彼此相同。

        531. 花为四出数，叶（限于我国植物）对生或轮生，具有显著纵脉及密生的横脉 ………… 百部科 Stemonaceae（百部属 *Stemona*）

        531. 花为三出或四出数；叶常基生或互生 ……………………… 百合科 Liliaceae

522. 子房下位，或花被多少有些和子房相愈合。

  532. 花两侧对称或为不对称形。

    533. 花被片均成花瓣状；雄蕊和花柱多少有些互相连合 ……………………… 兰科 Orchidaceae

    533. 花被片并不是均成花瓣状，其外层者形如萼片；雄蕊和花柱相分离。

      534. 后方的 1 枚雄蕊常为不育性，其余 5 枚则均发育而具有花药。

        535. 叶和苞片排列成螺旋状；花常因退化而为单性；浆果；花管呈管状，其一侧不久即裂开 …………………… 芭蕉科 Musaceae（芭蕉属 *Musa*）

        535. 叶和苞片排列成 2 行；花两性，蒴果。

          536. 萼片互相分离或至多可和花冠相连合；居中的 1 花瓣并不成为唇瓣 ………………… 芭蕉科 Musaceae（鹤望兰属 *Strelitzia*）

          536. 萼片互相连合成管状；居中（位于远轴方向）的 1 花瓣为大型而成唇瓣 ………………… 芭蕉科 Musaceae（兰花蕉属 *Orchidantha*）

      534. 后方的 1 枚雄蕊发育而具有花药。其余 5 枚则退化，或变形为花瓣状。

        537. 花药 2 室；萼片互相连合为一萼筒，有时呈佛焰苞状 …………… 姜科 Zingiberaceae

        537. 花药 1 室；萼片互相分离或至多彼此相衔接。

538. 子房 3 室，每子房室内有多数胚珠位于中轴胎座上；各不育雄蕊呈花瓣状，互相于基部简短连合 ……………………………………………………………………… 美人蕉科 Cannaceae（美人蕉属 *Canna*）

538. 子房 3 室或因退化而成 1 室，每子房室内仅含 1 个基生胚珠；各不育雄蕊也呈花瓣状，唯多少有些互相连合 ……………………………………………………………………… 竹芋科 Marantaceae

532. 花常辐射对称，也即花整齐或近于整齐。

539. 水生草本，植物体部分或全部沉没水中 ………………………………… 水鳖科 Hydrocharitaceae

539. 陆生草本。

540. 植物体为攀缘性；叶片宽广，具网状脉（还有数主脉）和叶柄 ………… 薯蓣科 Dioscoreaceae

540. 植物体不为攀缘性；叶具平行脉。

541. 雄蕊 3 枚。

542. 叶 2 行排列，两侧扁平而无背腹面之分，由下向上重叠跨覆；雄蕊和花被的外层裂片相对生 ……………………………………………………………………… 鸢尾科 Iridaceae

542. 叶非 2 行排列；茎生叶呈鳞片状；雄蕊和花被的内层裂片相对生 ……………………………………………………………………… 水玉簪科 Burmanniaceae

541. 雄蕊 6 枚。

543. 果实为浆果或蒴果，而花被残留物多少和它相合生，或果实为一聚花果；花被的内层裂片各于其基部有 2 舌状物；叶呈带形，边缘有刺齿或全缘 ………………… 凤梨科 Bromeliaceae

543. 果实为蒴果或浆果，仅为 1 花所成；花被裂片无附属物。

544. 子房 1 室，侧膜胎座，胚珠多数；伞形花序，总苞片长丝状 ………… 蒟蒻薯科 Taccaceae

544. 子房 3 室，中轴胎座，胚珠多数至少数。

545. 子房部分下位 …………………………………………………………… 百合科 Liliaceae（肺筋草属 *Aletris*，沿阶草属 *Ophiopogon*，球子草属 *Peliosanthes*）

545. 子房完全下位 ………………………………………………… 石蒜科 Amaryllidaceae

附录三　药用植物学课程学习网址

1. 在线中国植物志：

http：//www. cn – flora. ac. cn

2. 中国植物志英文修订版：

http：//www. iplant. cn/foc

3. 中国数字植物标本馆网址：

https：//www. cvh. ac. cn

4. 中国植物图像库：

ppbc. iplant. c

5. 多识植物百科

https：//duocet. ibiodiversity. net/index. php？ title

6. 中国药科大学药用植物学慕课：

https：//coursehome. zhihuishu. com/courseHome/1000006545#teachTeam

7. 天津中医药大学药用植物学慕课：

https：//coursehome. zhihuishu. com/courseHome/1000009048#teachTeam

8. 广东药科大学药用植物学慕课：

https：//coursehome. zhihuishu. com/courseHome/1000009718#teachTeam

9. 安徽中医药大学药用植物学慕课：

https：//coursehome. zhihuishu. com/courseHome/1000000566#teachTea

10. 河南中医药大学药用植物学慕课：

https：//www. icourse163. org/course/HACTCM1456184161 – ？ from = searchPage&outVendor = zw＿ mooc＿ pcssjg

11. 成都中医药大学药用植物学慕课：

http：//www. pmphmooc. com/mooc＿ student/#/moocDetails？ courseID = 3453

12. APG Ⅳ 系统：https：//duocet. ibiodiversity. net/index. php？ title = APG＿ Ⅳ 系统.

参考文献

［1］中国科学院中国植物志编辑委员会．中国植物志［M］．北京：科学出版社，1956－2004．

［2］国家中医药管理局中华本草编委会．中华本草［M］．上海：上海科学技术出版社，1999．

［3］南京中医药大学．中药大辞典（第二版）（上、下册）［M］．上海：上海科学技术出版社，2006．

［4］艾铁民．中国药用植物志．第1~12卷［M］．北京：北京大学医学出版社，2013－2021．

［5］杨春澍．药用植物学［M］．上海：上海科学技术出版社，1997．

［6］姚振生．药用植物学［M］．2版．北京：中国中医药出版社，2007．

［7］艾铁民．药用植物学［M］．北京：北京大学医学出版社，2004．

［8］汪劲武．种子植物分类学［M］．2版．北京：高等教育出版社，2009．

［9］董诚明，王丽红．药用植物学［M］．北京：中国医药科技出版社，2016．

［10］严铸云，郭庆梅．药用植物学［M］．2版．北京：中国医药科技出版社，2018．

［11］刘春生，谷巍．药用植物学［M］．北京：中国中医药出版社，2021

［12］路金才．药用植物学［M］．北京：中国医药科技出版社，2020．

［13］严铸云，张水利．药用植物学［M］．北京：人民卫生出版社，2022．

［14］张宏达，黄云晖，缪汝槐，等．种子植物系统学［M］．北京：科学出版社，2004．

［15］潘富俊．本草缘情－中国古典文学中的植物世界［M］．北京：商务印书馆，2016．

［16］周云龙．植物生物学［M］．2版．北京：高等教育出版社，2004．

［17］陆树刚．蕨类植物学［M］．北京：高等教育出版社，2007．

［18］周荣汉，段金廒．植物化学分类学［M］．上海：上海科学技术出版社，2005．

［19］Richard Crang, Sheila Lyons－Sobaski, Robert Wise. Plant Anatomy［M］. Heidelberg：Springer, 2018.

［20］Walter S. Judd. Plant Systematics［M］. Sunderland（Massachusetts）：Sinauer Associates, Inc. 2016.